"十二五"国家重点出版规划项目

/现代激光技术及应用丛书/

超高时空分辨多维信息获取技术及其应用

赵 卫 等编著

国防工业出版社
·北京·

内 容 简 介

本书介绍了多种超高时空分辨多维信息获取技术原理、研究进展和应用实例，包括超分辨光学显微成像技术及应用、空间高分辨光学技术在空间遥感中的应用、超快科学中的高时空多维分辨技术及应用、超高速大容量光子信息传输与处理以及强激光驱动器中的精密控制与诊断技术。

本书不拘泥于具体的公式推导环节，重点在于介绍每种技术的物理过程、技术特点与应用实例，可为信息领域从事光学与光电子技术应用研究的科研人员提供重要的参考依据，也为有志于从事信息领域科研工作的研究生和本科生提供一条快速入门的途径。

图书在版编目（CIP）数据

超高时空分辨多维信息获取技术及其应用/赵卫等编著.
—北京：国防工业出版社，2016. 11
（现代激光技术及应用）
ISBN 978-7-118-11156-9

Ⅰ. ①超…　Ⅱ. ①赵…　Ⅲ. ①光学—研究　Ⅳ. ①O43

中国版本图书馆 CIP 数据核字（2016）第 305322 号

※

国防工業出版社出版发行
（北京市海淀区紫竹院南路 23 号　邮政编码 100048）
北京嘉恒彩色印刷有限责任公司印刷
新华书店经售

*

开本 710×1000　1/16　**印张** 23　**字数** 430 千字
2016 年 11 月第 1 版第 1 次印刷　**印数** 1—2500 册　**定价** 106.00 元

国防书店：（010）88540777　　发行邮购：（010）88540776
发行传真：（010）88540755　　发行业务：（010）88540717

序

世界上第一台激光器于1960年诞生在美国，紧接着我国也于1961年研制出第一台国产激光器。激光的重要特性（亮度高、方向性强、单色性好、相干性好）决定了它五十多年来在技术与应用方面迅猛发展，并与多个学科相结合形成多个应用技术领域，比如光电技术、激光医疗与光子生物学、激光制造技术、激光检测与计量技术、激光全息技术、激光光谱分析技术、非线性光学、超快激光学、激光化学、量子光学、激光雷达、激光制导、激光同位素分离、激光可控核聚变、激光武器等。这些交叉技术与新的学科的出现，大大推动了传统产业和新兴产业的发展。可以说，激光技术是20世纪最具革命性的科技成果之一。我国也非常重视激光技术的发展，在《国家中长期科学与技术发展规划纲要（2006—2020年）》中，激光技术被列为八大前沿技术之一。

近些年来，我国在激光技术理论创新和学科发展方面取得了很多进展，在激光技术相关前沿领域取得了丰硕的科研成果，在激光技术应用方面取得了长足的进步。为了更好地推动激光技术的进一步发展，促进激光技术的应用，国防工业出版社策划并组织编写了这套丛书。策划伊始，定位即非常明确，要“凝聚原创成果，体现国家水平”。为此，专门组织成立了丛书的编辑委员会。为确保丛书的学术质量，又成立了丛书的学术委员会。这两个委员会的成员有所交叉，一部分人是几十年在激光技术领域从事研究与教学的老专家，一部分人是长期在一线从事激光技术与应用研究的中年专家。编辑委员会成员以丛书各分册的第一作者为主。周寿桓院士为编辑委员会主任，我们两位被聘为学术委员会主任。为达到丛书的出版目的，2012年2月23日两个委员会一起在成都召开了工作会议，绝大部分委员都参加了会议。会上大家进行了充分讨论，确定丛书书目、丛书特色、丛书架构、内容选取、作者选定、写作与出版计划等等，丛书的编写工作从那时就正式地开展起来了。

历时四年至今日，丛书已大部分编写完成。其间两个委员会做了大量的工作，又召开了多次会议，对部分书目及作者进行了调整，组织两个委员会的委员对编写大纲和书稿进行了多次审查，聘请专家对每一本书稿进行了审稿。

总体来说，丛书达到了预期的目的。丛书先后被评为“十二五”国家重点出版规划项目和国家出版基金项目。丛书本身具有鲜明特色:①丛书在内容上分三个部分,激光器、激光传输与控制、激光技术的应用,整体内容的选取侧重高功率高能激光技术及其应用;②丛书的写法注重了系统性,为方便读者阅读,采用了理论—技术—应用的编写体系;③丛书的成书基础好,是相关专家研究成果的总结和提炼,包括国家的各类基金项目,如973项目、863项目、国家自然科学基金项目、国防重点工程和预研项目等,书中介绍的很多理论成果、仪器设备、技术应用获得了国家发明奖和国家科技进步奖等众多奖项;④丛书作者均来自国内具有代表性的从事激光技术研究的科研院所和高等院校,包括国家、中科院、教育部的重点实验室以及创新团队等,这些单位承担了我国激光技术研究领域的绝大部分重大的科研项目,取得了丰硕的成果,有的成果创造了多项国际纪录,有的属国际首创,发表了大量高水平的具有国际影响力的学术论文,代表了国内激光技术研究的最高水平,特别是这些作者本身大都从事研究工作几十年,积累了丰富的研究经验,丛书中不仅有科研成果的凝练升华,还有着大量作者科研工作的方法、思路和心得体会。

综上所述,相信丛书的出版会对今后激光技术的研究和应用产生积极的重要作用。

感谢丛书两个委员会的各位委员、各位作者对丛书出版所做的奉献,同时也感谢多位院士在丛书策划、立项、审稿过程中给予的支持和帮助!

丛书起点高、内容新、覆盖面广、写作要求严,编写及组织工作难度大,作为丛书的学术委员会主任,很高兴看到丛书的出版,欣然写下这段文字,是为序,亦为总的前言。

2015年3月

前言

在信息化时代,对信息的获取、传输和处理越来越向精细化和超高速方向发展。精细化主要是指宏观和微观两个方面越来越高的空间分辨力。宏观是指空间科学探测和光学遥感的高分辨光学信息获取,它已被我国和世界主要科技大国列为未来五十年认知宇宙空间、改变人类生存环境和人类未来命运的重大科技问题。微观领域的高分辨与超分辨能够达到纳米分辨能力,可以探索和认知人类疾病的缘由及演变,从而改变人类健康状况和生存状况。超高速是指如何高效地利用现代技术的发展所产生的海量信息,海量信息的传输、交换与应用已成为目前的重大科学技术问题。可以看出,针对当今信息获取和利用的超高分辨及超高速发展潮流与需求,激光与光电子学技术将发挥越来越重要的作用。本书介绍了多种超高时空分辨多维信息获取技术的最新研究进展、设计原理与应用实例,包括超分辨光学显微成像技术及应用、空间高分辨光学技术在空间遥感中的应用、超快科学中的高时空多维分辨技术及应用、超高速大容量光子信息传输与处理以及强激光驱动器中的精密控制与诊断技术。本书面向从事光学与光电子学专业研究的科研工作者,既突出技术方法的先进性和基础性,又通过实例介绍强调技术的工程应用可行性和实用性,以便于科研工作者快速理解和熟悉最新技术原理与技术方法,也为快速推动技术发展和相关领域应用奠定基础。

本书第 1 章由姚保利编写,第 2 章由薛彬和朱少岚编写,第 3 章由赵卫、程昭、刘红军、王屹山、曾健华、胡晓鸿、田进寿、白永林等共同编写,第 4 章由刘雪明、谢小平、刘元山、张文富编写,第 5 章由达争尚编写。解培月、赵意意、惠丹丹、李昊、刘蓉、王强强、汪伟、胡辉、黄新宁、段弢、李红光、王虎山等参加了部分章节的编写和整理,全书由赵卫研究员设计框架并统稿。

本书学科覆盖面广,内容丰富,由于时间紧迫,难免存在疏漏,欢迎读者批评指正。

作者

2016 年 8 月

目录

第1章　超分辨光学显微成像技术及应用

第2章　空间高分辨光学技术在空间遥感中的应用

第3章 超快科学中的高时空多维分辨技术及应用

第4章 超高速大容量光子信息传输与处理

第5章 强激光驱动器中的精密控制与诊断技术

第1章 超分辨光学显微成像技术及应用

1.1 光学显微成像技术概述

1.1.1 光学显微成像的分辨力极限

自从17世纪初意大利科学家伽利略(Galileo,1564—1642)发明天文光学望远镜,17世纪中荷兰商人列文胡克(Leeuwenhoek,1632—1723)发明光学显微镜以来,光学成像技术极大地推动了人类文明的进程,使人类的观察视野一下延伸到了两个极端的世界:浩瀚的宇宙和神秘的微观世界。在这400年里,人们不断地发展新的技术以提高光学成像系统的分辨力。直到19世纪末20世纪初,德国科学家阿贝(Abbe,1840—1905)和英国科学家瑞利(Rayleigh,1842—1919)从光的波动理论证明,在成像光学系统中,由于光的衍射效应,理想物点经过系统所成的像不再是理想的几何点像,而是有一定大小的光斑(即艾里斑),当两个物点过于靠近以至于其像斑重叠在一起时,就不能分辨出是两个物点的像,即光学系统中存在着一个分辨极限。这个分辨极限通常采用瑞利提出的判据:当一个艾里斑的中心与另一个艾里斑的第一级暗环重合时,刚好能分辨出是两个点,即著名的瑞利判据(Rayleigh Criterion),用公式表示为[1]

$$\delta = 1.22\frac{\lambda}{D}f \tag{1-1}$$

式中:λ为在像方介质中光的波长;f为系统焦距;D为孔径;D/f为相对孔径。在显微光学系统中通常使用数值孔径($\mathrm{NA} = n\sin\alpha$)表征,式(1-1)可以改写为

$$\delta = 0.61\frac{\lambda_0}{\mathrm{NA}} \tag{1-2}$$

式中:λ_0为光的真空波长。由式(1-1)、式(1-2)可知,要达到高分辨本领,可以缩短波长或提高相对(数值)孔径,在可见光范围内其分辨力极限约为200nm。

阿贝-瑞利衍射极限是在光的标量衍射理论框架下得到的,实际上光是一

种矢量波，描述它不仅有频率、振幅和相位参量，还具有偏振特征。因此，完整描述光波应该用矢量方程。20 世纪中，美国科学家理查德（Richards）和沃尔夫（Wolf）给出了精确计算焦场分布的理查德－沃尔夫衍射积分公式[2]：

$$\boldsymbol{E}(\boldsymbol{r}) = \frac{-\mathrm{i}kf}{2\pi}\int_0^{\theta_{\max}}\int_0^{2\pi}\sqrt{\cos(\theta)}\,l_0(\theta,\phi)\boldsymbol{u}(\theta,\phi)\exp(\mathrm{i}\boldsymbol{k}\cdot\boldsymbol{r})\sin\theta\mathrm{d}\phi\mathrm{d}\theta \quad (1-3)$$

式中：$l_0(\theta,\phi)$ 为物镜入瞳面内场的复振幅分布；$\boldsymbol{u}(\theta,\phi)$ 为入瞳面内各个光线的偏振矢量经过转迹后在像空间内的偏振矢量。可以证明，当入射光为线偏振均匀照射时，即 $l_0(\theta,\phi)\boldsymbol{u}(\theta,\phi)=1$，由积分式（1－3）可以得到分辨力式（1－1）和式（1－2）。因此，理查德－沃尔夫积分公式是更一般的计算公式，它同时考虑了入射场的振幅、相位和偏振分布。那么，在特定的偏振、相位和振幅分布情况下，所得到的光斑尺寸有可能小于阿贝－瑞利衍射极限决定的值。例如，在径向偏振光照明的情况下，光斑的面积约为线偏振光照明下光斑面积的61.5%[3]，可显著缩小光斑尺寸。通过设计特殊的波前振幅或相位“滤波器”，也可以达到缩小光斑尺寸的目的[1]，例如用一个不透明的圆形物体来阻挡入瞳处入射场的中心区域，即采用环形光入射，当被阻挡的中心区域增大时，聚焦亮斑逐渐缩小。

由上述分析可见，对于聚焦扫描成像光学系统，采用特殊调制的入射光束可以获得更小的聚焦光斑尺寸，突破常规的阿贝－瑞利衍射极限，但是其改善程度并不是很大。而对宽场成像光学系统，则不能使用这种照明方式，需要其他特殊的结构光照明方式来提高分辨力。以上是从纯光学方法的角度考虑来提高成像的分辨力，如果利用光与物质相互作用的一些非线性光学效应，则可以获得更加丰富多彩的超分辨光学成像方法。另外，光学系统的成像分辨力除了与光学镜头有关以外，还与探测器的分辨力、信噪比、灵敏度，以及图像处理技术等因素有关，需要综合考虑。

1.1.2 远场超分辨光学显微成像方法

现代生物学和材料科学的发展对微观结构的研究提出了越来越高的分辨力需求，希望从分子水平揭示生命过程和材料性能的物理本质。受光学衍射极限的限制，普通光学显微镜的横向分辨力一般只能达到 200nm，纵向分辨力约为500nm。这对于研究亚细胞结构和分子结构已无能为力。虽然电子显微镜和原子力显微镜可以达到亚纳米的分辨力，但是其只能对非活性离体细胞样品进行观测的缺点限制了其在生物领域的广泛应用。因此，如何利用光学方法突破传统光学显微镜的分辨力极限进入纳米观测领域，成为光学显微成像技术的一个重要挑战和机遇。

光学显微成像技术在生物学中的普遍应用，很大程度得益于各种荧光探针分子的出现,使用不同的荧光分子可以标记样品的不同部位和细胞器,通过探测特定波长激发荧光分子发出的荧光(主动成像技术),可以对活细胞内的单分子进行实时成像[4-6]。也正是因为荧光探针分子的使用,利用激发光与荧光分子相互作用的一些非线性光学效应,发展了各种各样的超分辨光学成像方法。光学显微成像技术根据探测模式可以分为两大类:点扫描成像技术和宽场成像技术。

以激光共聚焦荧光显微(Confocal Microscopy)为代表的点扫描成像技术,用高度聚焦的激光束对样品逐点扫描成像,荧光信号经过探测针孔滤波后被光电倍增管探测收集,由于只有激光焦点处激发的荧光可以通过探测针孔,所以激光共聚焦显微具有极低的背景噪声,而且通过逐层扫描样品,可以实现三维成像[7]。但是激光共聚焦荧光显微的横向分辨力并没有超过衍射极限。多光子荧光显微与共聚焦显微很类似,不同的是它使用超短脉冲激光作为激发光源,由于多光子吸收是非线性效应,只发生在焦点处,所以探测器前不需要针孔滤光,并且由于激发光使用长波段的近红外光,具有探测样品更深层结构的能力。

宽场成像技术采用面阵图像传感器(如CCD),可以在一个时间点获得一幅完整的二维图像,具有速度快、图像灰度级高等优点。但是由于受样品离焦部分的干扰,普通的宽场成像技术不具有三维层析成像能力。全内反射荧光显微(Total Internal Reflection Fluorescent Microscope,TIRFM)是一种宽场成像技术,它利用光线全反射后在界面产生衰逝波激发样品,因为衰逝波强度垂直于界面呈指数衰减,使激发区域仅限定在样品表面的一薄层范围内(小于200nm),从而大大降低了背景光噪声,近年来已广泛应用于单分子的荧光成像中[8],但其分辨力也受到衍射极限的制约。

近场扫描光学显微(Scanning Near-field Optical Microscope,SNOM)不受衍射极限的制约。1928年,Synge[9]提出用亚波长的小孔在样品表面扫描获取样品衰逝场信息,从而可以获得亚波长的分辨力。但是受制于工作距离以及样品,SNOM基本属于接触测量,不适用于活体生物样品的观察。另外,近场图像是样品与探测针尖信息的混合物,如果针尖大于被分析物体的细微结构,所得到的像则更多地与针尖特性有关,而不是与样品的结构相关[10]。

近年来,随着各种新型荧光探针分子的出现和成像方法的改进,远场光学成像的分辨力已经突破了衍射极限的限制。这里重点介绍远场光学超分辨荧光显微成像技术,主要分为两大类:一类是基于单分子定位技术的超分辨显微成像方法,包括光激活定位显微(Photoactivated Localization Microscopy,PALM)技术和随机光学重构显微(Stochastic Optical Reconstruction Microscopy,STORM)技术;另一类是基于特殊强度分布照明光场的超分辨显微成像方法,包括受激发射损耗显微(Stimnlated Emission Depletion,STED)技术和结构照明显微(Structured Illumination Microscopy,SIM)技术。除此之外,对于非荧光显微成像方法,将介绍具有三维成像能力的数字全息显微成像技术。

1.2 单分子定位超分辨显微成像方法

使用高灵敏度的探测器和高信噪比的显微成像技术可以得到单个荧光分子的光学图像,但是这个单个荧光分子的显微图像是一个接近衍射极限的艾里斑,其强度半高宽取决于光学系统的点扩散函数(Point Spread Function, PSF)。单分子荧光成像本身不能突破衍射极限,但是当显微镜视场中只有一个或几个荧光分子时,该荧光分子的位置通过特定的算法拟合,可以达到亚纳米级的精确测量。单分子的二维定位精度 a 可近似地表示为 $a = \Delta x/\sqrt{N}$,其中 Δx 为光学系统 PSF 的半高宽,N 为单个荧光分子发出的光子数。对于量子效率较高的荧光染料,单个荧光分子图像可以贡献 106 个光子,因此单分子定位精度可以达到 1nm 以下[11-14]。

1.2.1 光激活定位显微成像技术

2006 年,Betzig 等[15]首次提出了基于单分子定位技术的光激活定位显微(PALM)技术。PALM 的基本原理是用光活化绿色荧光蛋白(PA-GFP)来标记蛋白质,通过调节 405nm 激光器的能量,低能量照射细胞表面,一次仅激活视野下稀疏分布的几个荧光分子,然后再用 488nm 激光照射激发荧光,通过高斯拟合来精确定位这些荧光单分子的位置。随后再使用 488nm 激光照射来漂白这些已经定位精确的荧光分子,使它们不被下一轮的激光再激活出来。之后,再分别用 405nm 和 488nm 激光来激活和漂白其他的荧光分子,进入下一次循环。经过持续多次循环后,细胞内大多数荧光分子被精确定位。将这些分子的图像合成到一张图上,最后可以得到比传统光学显微镜高 10 倍分辨力的显微图像,如图1-1所示。PALM 技术只能用来观察外源表达的蛋白质,对于分辨细胞内源蛋白质的定位无能为力。

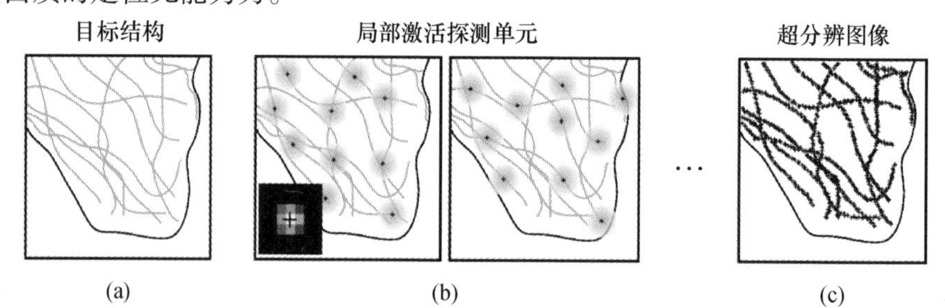

图 1-1 基于单分子定位技术的超分辨显微成像方法(PALM & STORM)原理示意图

每次只激发少数离散的荧光分子发光,并且不会产生空间上的重叠。不断重复激发和探测,最终可以精确地定位出足够多的荧光分子,利用这些多幅子图像重建出超分辨的图像。在图(b)左下角显示的实验图像中,蓝色部分表示单个荧光分子显微图像,红色十字是该荧光分子的精确位置[18]。

1.2.2 随机光学重构显微成像技术

2006年底,美国霍华德－休斯研究所的华裔科学家庄晓薇等[16]开发出一种类似于PALM的方法,可以用来研究细胞内源蛋白的超分辨力定位。他们发现,不同的波长可以控制化学荧光分子Cy5在荧光激发态和基态之间切换,例如橙色561nm的激光可以激活Cy5发射荧光,但长时间照射可以将Cy5分子转换成基态不发光。之后,用蓝色的488nm激光照射Cy5分子时,又可以将其从基态转换成荧光态,而此过程的长短依赖于第二个荧光分子Cy3与Cy5之间的距离。因此,当Cy3和Cy5交联成分子对时,具备了特定的激发光转换荧光分子发射波长的特性。将Cy3和Cy5分子对交联到特异的蛋白质抗体上,就可以用抗体来标记细胞的内源蛋白[17]。应用特定波长的激光来激活探针,然后应用另一个波长激光来观察、精确定位以及漂白荧光分子,此过程多次循环后就可以得到最后的内源蛋白的高分辨力影像。他们命名该技术为随机光学重构显微技术(Stochastic Optical Reconstruction Microscopy, STORM)[16]。

PALM与STORM的分辨力仅仅受限于单分子的定位精度,理论上可以达到亚纳米量级,能与电子显微镜相媲美。但是根据奈奎斯特采样定律,若频带宽度有限,要从抽样信号中无失真地恢复原信号,采样频率应大于2倍信号最高频率。因此,PALM与STORM所采样荧光分子的空间间隔应该小于其分辨力的1/2。由于每一幅子图像只能定位一定数量的离散荧光分子,因此得到一幅高分辨力的样品显微图像,需要对数万甚至上千万幅原始图片进行合成,导致得到1帧图像往往需要几小时。如图1－2所示,如果取样精度不够,就不能重构出高分辨力的样品图像。最新的PALM技术虽然已经可以实现几十秒1帧图像的处理速度,但还是不能适用于那些要求实时观察的活体细胞[19]。

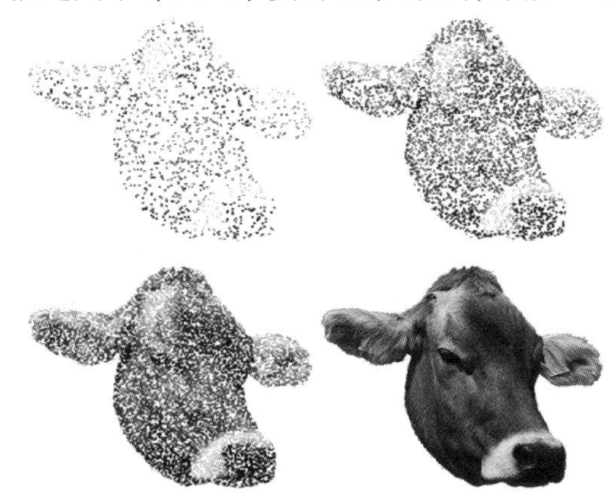

图1－2　单分子定位成像技术中图像重构过程示意图

随着采样点的增加,重构图像的清晰度也在逐步提高[20]。

1.3 特殊强度分布照明光场超分辨显微成像方法

1.3.1 受激发射损耗显微成像技术

1994 年,德国科学家 Stefan Walter Hell 等[21,22]提出一种受激发射损耗显微成像技术。如图 1-3 所示,其基本原理是用一束脉冲激发荧光分子发光的同时,用另外一束空心的脉冲激光(STED 激光)将第一束光斑周边大部分的荧光分子通过受激发射损耗过程将其荧光猝灭,因此可发射荧光的区域被限制在小于衍射极限的空心区域内,从而获得一个小于衍射极限的荧光发光点。其强度半高宽从传统的 $\dfrac{\lambda}{2n\sin\alpha}$ 变成 $\dfrac{\lambda}{2n\sin\alpha\sqrt{1+I/I_{\mathrm{sat}}}}$,其中 I 为 STED 激光的聚焦强度,I_{sat} 为荧光分子的饱和吸收强度。由此公式可看出,当 I/I_{sat} 的值很大时,STED 成像的点光源可以趋于无穷小。使用特殊的不漂白的量子点荧光材料,目前报道的 STED 显微成像技术最高分辨力可达到 6nm[23]。但是在生物成像中,可以加载到生物样品的激光功率是有限的,过高的激光功率会对样品造成损伤,这是制约 STED 空间分辨力的主要因素。STED 显微成像技术的最大优点是可以快速地观察活细胞内实时变化的过程,目前可以实现空间分辨力 62nm、每秒 28 帧的速度采集图像[24]。

需要指出的是,STED 显微成像技术是一种点扫描成像技术,高的图像采集速率是以牺牲光束扫描范围来实现的。与宽场成像技术相比,点扫描成像一般具有较强的荧光漂白效应,有可能对活体生物组织带来损伤。另外,STED 系统光路复杂,价格非常昂贵。

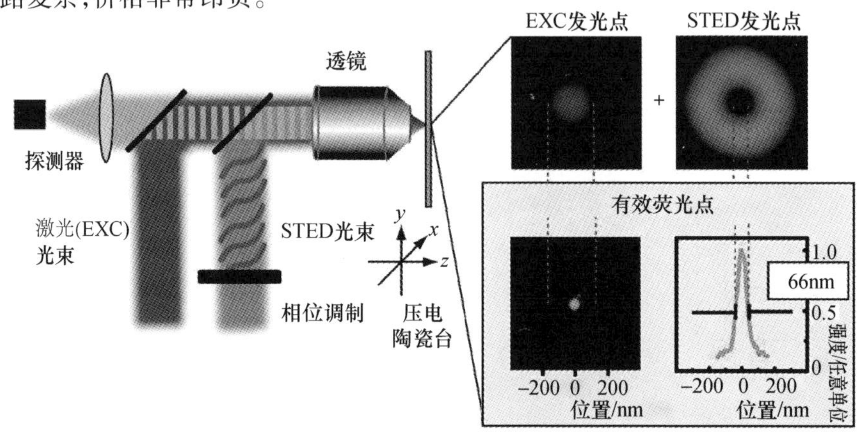

图 1-3 STED 荧光显微成像原理示意图

紫色代表的是激发激光,黄色代表的是空心受激发射损耗激光(STED 激光),两束激光经过时间和空间调制后同时照射在样品上。由右图中可以看出,激发光斑(紫色)经 STED 激光(黄色)调制后,极大地减少了荧光分子发光的光斑大小(绿色),其半高宽可以达到 66nm[25]。

1.3.2　结构照明显微成像技术

突破光学衍射极限远场光学显微的另一种方法是结构照明显微成像技术。SIM 是一种宽场光学显微成像技术,使用面阵 CCD 并行采集图像,具有比 STED 更高的时间分辨力,与普通宽场显微不同的是它还具有三维层析成像的能力[26,27]。SIM 的原理如图 1-4 所示,显微物镜的空间分辨力取决于它能采集到的最大空间频率 f_0,f_0 取决于显微物镜的光学传递函数(OTF),$f_0=2NA/\lambda$。当样品包含的高频信息 $f>f_0$ 时,样品的细节将难以分辨。如果使用空间频率为 f_1 的正弦条纹结构光照明样品,则会产生空间频率为 $f_m=|f-f_1|$ 的低频莫尔条纹(Moiré Fringes)。莫尔条纹实际上是样品与结构光的拍频(Beat Frequency)信号,它包含样品超衍射分辨的高频信息 f。当 $f_m<f_0$ 时,莫尔条纹可以在显微物镜下观察到,通过软件解码,可以提取出样品的超分辨力信息,重组出样品的高分辨力图像。从频域来看,SIM 将物镜能收集到的最大空间频率从 f_0 提高到了 f_0+f_1。因此 f_1 越大,SIM 显微的空间分辨力就越高。但是结构照明光场的空间频率 f_1 是受衍射极限限制的,当 $f_1>f_0$ 时,它将不能分辨。因此,SIM 显微最大可以将光学显微系统的空间分辨力提高 1 倍。

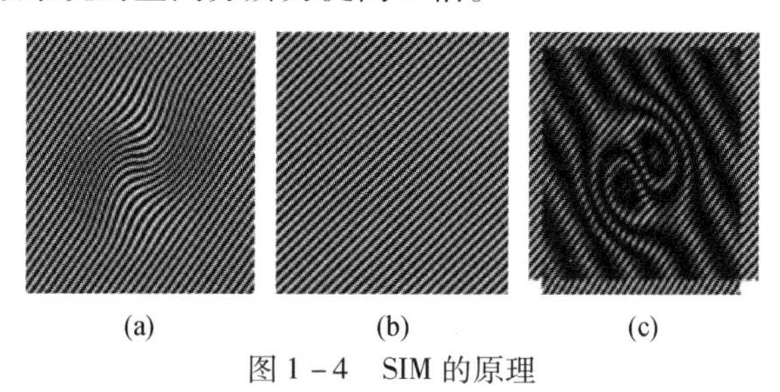

图 1-4　SIM 的原理

(a) 当样品高频信息 f 超出物镜能接受的最大空间频率 f_0 时,物镜将丢失这部分信息;(b) 使用空间频率为 f_1 的结构光场照明样品;(c) 结构照明光场与样品高频分量拍频产生的低频摩尔条纹 $f_m=|f-f_1|<f_0$ 可以被物镜分辨[27]。

纵向分辨力远低于横向分辨力一直是困扰远场光学显微的问题,结构照明显微还可以提高纵向分辨力。多光束干涉可以产生具有三维周期分布的结构照明光场,从而可实现三维空间的超分辨成像[28]。2008 年,美国 Gustafsson 小组[29]使用三光束干涉 SIM,成功地观察到细胞核膜上核孔复合体的精细三维结构,其横向分辨力达到 100nm,纵向分辨力达到 200nm。同年,他们使用六光束干涉并结合非相干光干涉照明干涉成像显微技术(Incoherent Interference Illumination Image Interference Microscopy, I^5M),实现了纵向及横向空间分辨力均为 100nm 的三维结构照明显微,使得从微观上精确定位细胞内部各种细胞器及观测活体细胞内的活动和反应成为可能[30]。

综上所述,PALM 和 STORM 是基于单分子定位的超分辨显微成像技术,需要使用特殊的荧光探针分子进行激活/淬灭,反复迭代,最后定位,具有极高的空间分辨力,但是时间分辨力很低。STED 与 SIM 都是基于结构化光照明的超分辨显微成像技术,是从物理上超越衍射极限。STED 的时间分辨力取决于每一个扫描点的停留时间、扫描步长,以及扫描范围。SIM 不需要扫描,每次曝光可以得到一幅完整的样品二维光强分布图像,其时间分辨力取决于结构照明光场的加载速度和 CCD 的图像采集速度,与其他三种超分辨显微成像技术相比,SIM 的空间分辨力较低,但更适用于那些需要较高时间分辨力的活体生物成像研究。

1.4 高分辨三维数字全息显微成像方法

前面介绍的荧光显微成像方法利用光与物质相互作用的非线性特性,可以达到很高的横向分辨力,但是纵向分辨力仍然受到限制。特别是对于一些不能用荧光探针分子标记的生物样品或材料,上述超分辨显微成像技术不能使用。数字全息显微(Digital Holographic Microscopy,DHM)成像技术可以解决这个问题,成为一个重要的发展方向。数字全息显微成像技术将光学显微与光学全息相结合,与传统的明场显微成像技术相比,其优势是能三维成像,纵向分辨力可以达到 1nm 量级,且具有自动调焦能力,特别适合于不能用荧光探针分子标记的透明生物样品。

数字全息显微成像技术的特点是干涉记录、数字再现。它是传统干涉显微引入数字化技术后的发展和延伸。传统的干涉显微采用干涉的方法来记录物光波的相位信息,并利用肉眼直接判读干涉图样,是一种像面全息成像技术,干涉图样直接反映了被测物体的厚度或折射率分布,没有三维成像能力。数字图像传感器 CCD 的出现使得全息图的数字记录和数字再现成为可能。当采用 CCD 来记录全息图并进行数字再现时,干涉显微便过渡为数字全息显微。下面分别介绍与数字全息显微和干涉显微相关的成像技术。

1.4.1 数字全息显微成像技术

数字全息显微的原理如图 1-5(a)所示:分光棱镜 BS_1 将激光束分成沿正交方向传播的两束光。其中一束光经过扩束器 BE 扩束准直后作为参考光;另一束光用来照明样品,被用作物光。物光被显微物镜 MO 和透镜 L_1 组成的望远镜系统放大,并在分光棱镜 BS_2 的作用下与参考光进行干涉,两者的干涉图样被 CCD 记录。从一幅载频干涉图样或多幅相移干涉图样中可以数字再现出被测样品的振幅和相位分布,其中相位分布反映了被测物体的三维形貌或折射率分

布。图 1－5(b)是瑞士 Lunceetec 公司开发的 DHM-1000 投射式数字全息显微镜；图 1－5(c)是该 DHM 拍摄的血红细胞的三维图像。

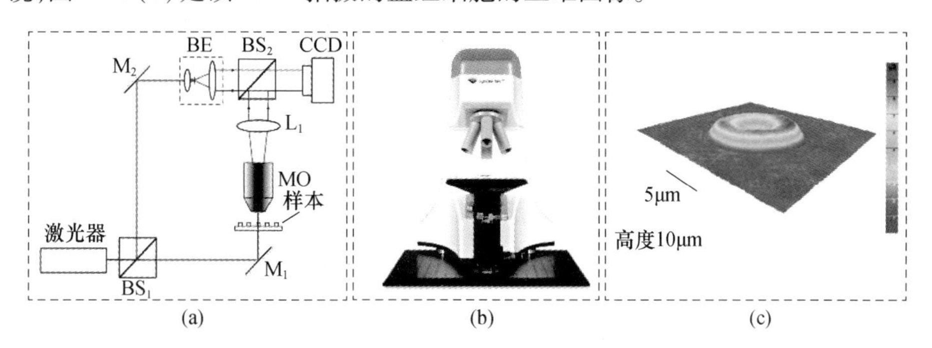

图 1－5　数字全息显微的原理

(a)原理示意图；(b)实物图；(c)血红细胞的三维图像[31]。

数字全息显微成像技术的纵向分辨力可达纳米量级，但横向分辨力还主要依赖于物镜的数值孔径。为了突破物镜数值孔径对全息显微成像横向分辨力的限制，Mico[31]等和 Schwarz[32]等采用不同方向的照明光依次照明样品来记录多幅干涉图样，最后将这些全息图对应的再现像进行合成。该方法通过“合成数值孔径”突破了显微镜数值孔径对成像分辨力的限制，从而实现了 DHM 的超分辨成像。

1.4.2　微分干涉对比显微成像技术

微分干涉对比(Differential Interference Contrast, DIC)显微成像技术的基本原理如图 1－6(a)所示：入射光被渥拉斯顿棱镜 1 分成强度相等且偏振方向正交的两束线偏振光，这两束光经过透镜准直后变成平行光并同时照明样品。穿过样品后的光波经物镜放大，然后在渥拉斯顿棱镜 2 的作用下重新合在一起沿相同的方向传播。通过检偏器后，两光束发生干涉。干涉图样反映了被测样品在剪切方向上的相位导数的分布，如图 1－6(b)所示。物平面上两束平行光之间的距离对应于微分干涉中的剪切量。通过对两个正交方向上的相位梯度进行积分，最终可以求出样品的相位分布。

DIC 具有物参共路的光学结构，因此具有抗振动能力强的优点。同时，DIC 还具有较高的空间分辨力、高的图像对比度和光学层析能力。近年来，还有许多学者对其进行研究，如 Fu 等[34]利用光栅衍射原理，将物光的 0 级和 +1 级衍射光进行干涉，实现对海拉细胞的 DIC 定量测量。McIntyre 等[35,36]利用空间光调制器调节 DIC 图像的剪切方向、剪切量和相位延迟，使之达到最佳效果，并实现了实时定量 DIC 观测。Heise 和 Stifter[37]利用 DIC 的层析能力，观测了油层中的粒子分布。

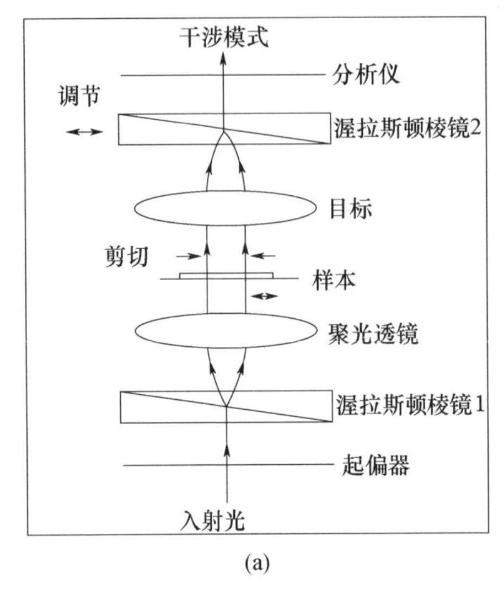

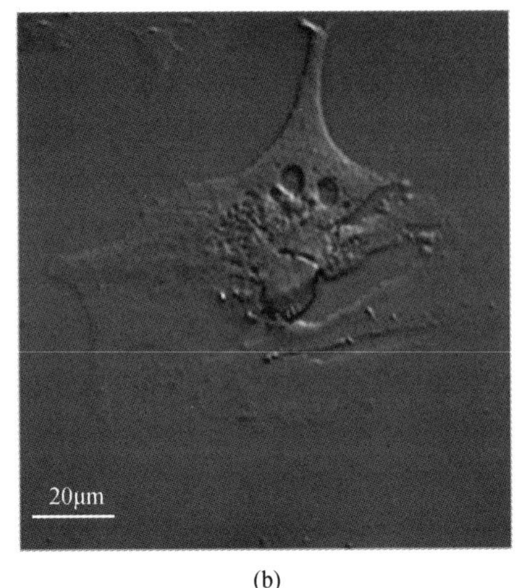

(a) (b)

图1-6 微分干涉对比(DIC)显微成像技术原理及观察效果

(a)DIC 原理图;(b)DIC 观察细胞效果图[33]。

1.4.3 相衬干涉显微成像技术

相衬干涉显微(Phase Contrast Interference Microscopy)成像技术,通过改变物光零频分量的相位,使零频分量与高频分量干涉,将物光的相位信息变为强度信息[38]。如图1-7(a)所示,经过透镜 L_1 的傅里叶变换,含有样品信息的物光的频谱出现在透镜 L_1 的焦平面上。一个相位掩模板(Phase Plate)被放置在该频谱面上,用于延迟物光零频分量的相位。通过透镜 L_2 的逆傅里叶变换后,物光的相位信息变成了干涉图的强度信息。图1-7(b)和(c)显示的是一个相位圆环在传统光学显微镜和相衬显微镜下所成的像。美国麻省理工学院 Popescu 等[39]通过改变物光零频分量的相位延迟量,得到了多幅相移干涉图样,实现了对被测样品相位分布的定量测量。

平行光照明具有横向分辨力低、相干噪声大的缺点。泽尼克相衬干涉显微镜采用了环形照明光,如图1-8(a)所示[41]。在显微镜聚光镜的前焦面上放置一个环形光阑(Condenser Annulus),该环形光阑上每一点发出的光以不同方向照明样品。经物镜的傅里叶变换,物光的频谱出现在物镜的后焦平面上。环形照明光的频谱分布仍然为一圆环。照明光的零频分量分布在圆环上,高频分量分布在零频分量周围。将一相位掩模板置于此频谱面上,用来延迟物光零频分量的相位。该方法具有相干噪声低、横向分辨力高的优点。然而,用环状相位掩模板来延迟圆环上零频分量相位的同时,也延迟了分布在环上的高频分量的相位。因此,产生了相位畸变——“光晕”效应。本书采用离散的点状照明代替环状照明克服了上述

"光晕"现象,同时采用相移技术实现了对相位的定量测量[40]。

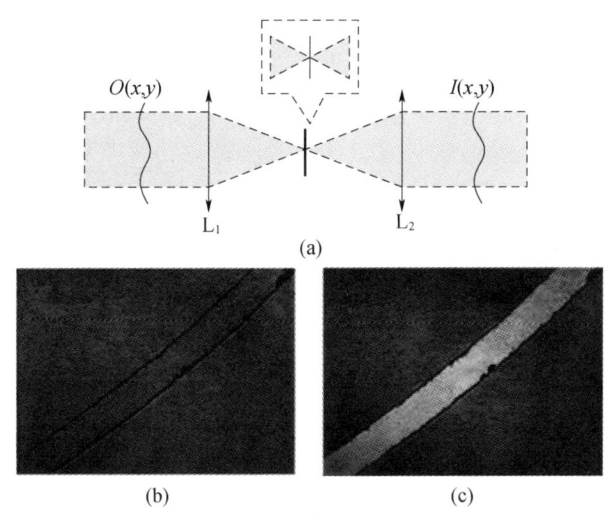

图1-7　相衬干涉显微

(a)相衬干涉原理示意图;(b)透明圆环的一部分在普通明场显微镜下成的像(对比度低);(c)透明圆环的一部分在相衬显微镜下成的像(对比度高)。

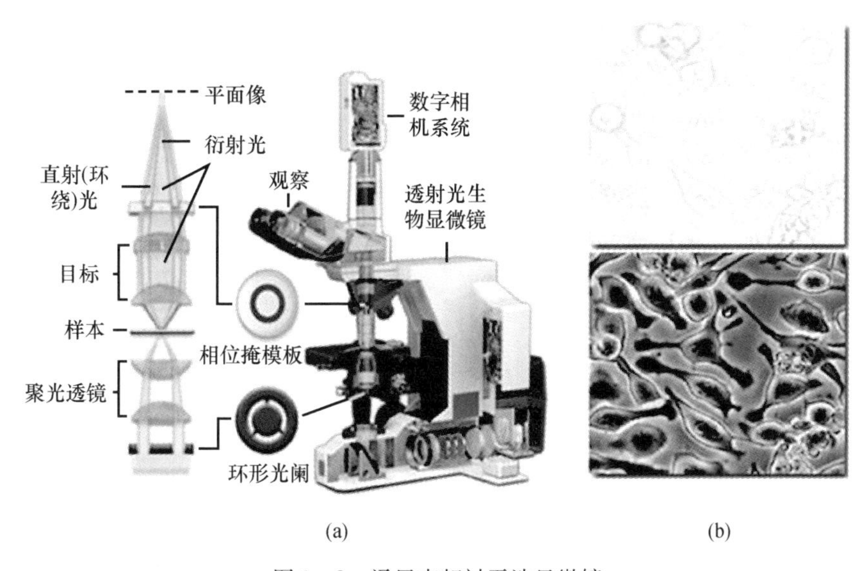

图1-8　泽尼克相衬干涉显微镜

(a)泽尼克相衬干涉显微装置图;(b)生物细胞在普通明场显微镜和泽尼克相衬干涉显微镜下的成像[41]。

1.4.4　低相干干涉显微成像技术

普通的全息干涉显微成像技术使用相干性好的激光照明,只能测量物体的轮廓信息或被测物体内部折射率的平均值,而对于被测物体内部结构或多层折射率的检测无能为力。低相干干涉显微,通过采用低相干的照明光源可以进行层析成像,克服了普通全息干涉显微的这一缺点。

低相干干涉显微的原理如图 1-9(a)所示[41,42],低相干光源(如 LED、卤素灯)发出的光经过分光棱镜后被分成两束——物光和参考光。物光和参考光分别经样品表面和参考面反射后,沿原路返回并同时被 CCD 所接受。当物光和参考光之间的光程差在相干长度范围内时,两光束发生干涉。通过移动参考光路中的反射镜得到相移量分别为 0、$\pi/2$、π 和 $3\pi/2$ 的相移干涉图样,如图 1-9(b)所示。从这些相移干涉图样中可以得到该深度内样品信息,如图 1-9(c)所示。由于来自样品其他平面的反射光和参考光不相干,在干涉图样处理过程中可以被滤除掉。通过纵向移动样品或反射镜可以得到不同深度的样品信息(即实现层析),最后可以得到被测物体结构或折射率的三维分布。该方法的纵向测量精度取决光源的光谱宽度,光源的光谱宽度越宽,纵向测量精度越高。低相干干涉显微能对高散射介质,如生物组织进行非介入快速成像,因而在活体生物组织的微结构分析和疾病诊断方面有重要的应用价值。

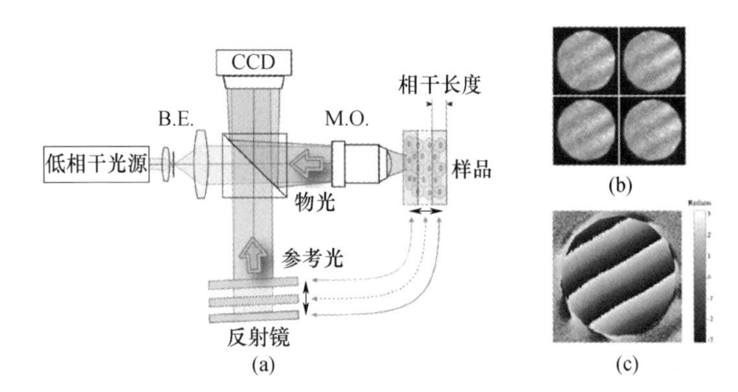

图 1-9 低相干干涉显微的原理

(a)低相干干涉成像示意图;(b)相移干涉图样;(c)被测样品的再现相位分布[41,42]。

1.5 总结与展望

综上所述,超分辨光学显微成像技术在生物领域的发展和应用取得了长足的进步,新原理和新方法不断涌现,部分技术已经突破了阿贝-瑞利衍射极限,分辨力记录在不断刷新。但是每种技术都有自身的优缺点,人们还在不断地探索新的超分辨光学成像原理和技术,如量子成像原理。美国已将突破衍射极限列为 21 世纪光学的五大研究计划之首。我国在这方面的研究还比较薄弱,还没有这方面系统的规划,需要加强。全章小结如下:

(1)基于单分子定位的远场超分辨荧光显微成像技术(PALM 和 STORM)具

有亚纳米量级的空间分辨力,但是时间分辨力很低,并且需要使用特殊的荧光探针标记样品,因此在应用中有着很大的局限性。

(2)基于特殊强度分布照明光场的远场超分辨荧光显微成像技术(STED和SIM)具有10~100nm的空间分辨力,时间分辨力高,都具有三维成像能力,更适用于活体生物组织的荧光成像。

(3)数字全息显微成像技术的特点是干涉记录、数字再现。其优势是具有三维成像能力,纵向分辨力可以达到1nm量级,具有自动调焦能力。因此,特别适合于不能用荧光探针分子标记的透明生物样品。

参考文献

[1] Born M, Wolf E. 光学原理[M]. 7版. 杨葭荪,译. 北京:电子工业出版社, 2006.

[2] Richards B, Wolf E. Electromagnetic diffraction in optical systems II. Structure of the image field in an aplanatic system[J]. Proc. Roy. Soc. A, 1959, 253: 358 - 379.

[3] Dorn R, Quabis S, Leuchs G. Sharper focus for a radially polarized light beam[J]. Phys. Rev. Lett., 2003, 91: 233901.

[4] Giepmans B N, Adams S R, Ellisman M H, et al. The fluorescent toolbox for assessing protein location and function[J]. Science, 2006, 312: 217 - 224.

[5] Lord S J, Lee H L, Moerner W E. Single - molecule spectroscopy and imaging of biomolecules in living cells [J]. Anal. Chem., 2010, 82: 2192 - 2203.

[6] Xie X S, Choi P J, Li G W, et al. Single - molecule approach to molecular biology in living bacterial cells [J]. Annu. Rev. Biophys., 2008, 37: 417 - 444.

[7] Pawley J B. Handbook of Biological Confocal Microscopy[M]. 3rd ed. New Yor k: Springer, 2006.

[8] Forkey J N, Quinlan M E, Goldman Y E. Measurement of single macromolecule orientation by total internal reflection fluorescence polarization microscopy[J]. Biophys. J., 2005, 89(2): 1261 - 1271.

[9] Synge E H. A suggested method for extending microscopic resolution into the ultra - microscopic region [J]. Philos. Mag., 1928, 6: 356 - 362.

[10] Betzig E, Lewis A, Harootunian A, et al. Near - field scanning optical microscopy (NSOM)—Development and biophysical applications[J]. Biophys. J., 1986, 49: 269 - 279.

[11] Moerner W E. New directions in single - molecule imaging and analysis[J]. Proc. Natl. Acad. Sci. USA., 2007, 104: 12596 - 12602.

[12] Thompson R E, Larson D R. Precise nanometer localization analysis for individual fluorescent probes [J]. Biophys. J., 2002, 82(5): 2775 - 2783.

[13] Yildiz A, Forkey J N, McKinney S A, et al. Myosin V walks hand - over - hand: single fluorophore imaging with 1.5nm localization[J]. Science, 2003, 300: 2061 - 2065.

[14] Pertsinidis A, Zhang Y, Chu S. Subnanometre single - molecule localization, registration and distance measurements[J]. Nature, 2010, 466: 647 - 651.

[15] Betzig E, Patterson G H, Sougrat R, et al. Imaging intracellular fluorescent proteins at nanometer resolution [J]. Science, 2006, 313(5793): 1642 - 1645.

[16] Rust M J, Bates M, Zhuang X W. Sub – diffraction – limit imaging by stochastic optical reconstruction microscopy (STORM)[J]. Nat Methods., 2006, 3(10): 793 – 795.

[17] 吕志坚，陆敬泽，吴雅琼，等. 几种超分辨力荧光显微技术的原理和近期进展[J]. 生物化学与生物物理进展, 2009, 36(12): 1626 – 1634.

[18] Huang B, Bates M, Zhuang X. Super – resolution fluorescence microscopy[J]. Annu. Rev. Biochem., 2009, 78: 993 – 1016.

[19] Shroff H, Galbraith C G, Galbraith J A, et al. Live – cell photoactivated localization microscopy of nanoscale adhesion dynamics[J]. Nat Methods., 2008, 5(5): 417 – 423.

[20] Patterson G, Davidson M, Manley S, et al. Superresolution imaging using single – molecule localization [J]. Annu. Rev. Phys. Chem., 2010, 61: 345 – 367.

[21] Hell S W, Wichmann J. Breaking the diffraction resolution limit by stimulated emission: stimulated – emission – depletion fluorescence microscopy[J]. Opt. Lett., 1994, 19(11): 780 – 782.

[22] Klar T A, Jakobs S, Dyba M, et al. Fluorescence microscopy with diffraction resolution barrier broken by stimulated emission[J]. Proc Natl Acad Sci USA., 2000, 97(15): 8206 – 8210.

[23] Rittweger E, Han K Y, Irvine S E, et al. STED microscopy reveals crystal colour centres with nanometric resolution[J]. Nat. Photon., 2009, 3: 144 – 147.

[24] Westphal V, Rizzoli S O, Lauterbach M A, et al. Video – rate far – field optical nanoscopy dissects synaptic vesicle movement[J]. Science, 2008, 320(5873): 246 – 249.

[25] Willig K I, Rizzoli S O, Westphal V, et al. STED microscopy reveals that synaptotagmin remains clustered after synaptic vesicle exocytosis[J]. Nature, 2006, 440(7086): 935 – 939.

[26] Gustafsson M G L. Surpassing the lateral resolution limit by a factor of two using structured illumination microscopy[J]. J. Microsc., 2000, 198: 82 – 87.

[27] Gustafsson M G L. Nonlinear structured – illumination microscopy: wide – field fluorescence imaging with theoretically unlimited resolution[J]. Proc. Natl. Acad. Sci. USA, 2005, 102(37): 13081 – 13086.

[28] Gustafsson M G L, Shao L, Cariton P M, et al. Three – dimensional resolution doubling in wide – field fluorescence microscopy by structured illumination[J]. Biophys. J., 2008, 94(12): 4957 – 4970.

[29] Schermelleh L, Carlton P M, Haase S, et al. Subdiffraction multicolor imaging of the nuclear periphery with 3D structured illumination microscopy[J]. Science, 2008, 320(5881): 1332 – 1336.

[30] Shao L, Isaac B, Uzawa S, et al. I^5M: Wide – field light microscopy with 100nm – scale resolution in three dimensions[J]. Biophys. J., 2008, 94(12): 4971 – 4983.

[31] Mico V, Zalevsky Z, Ferreira C, et al. Superresolution digital holographic microscopy for three – dimensional samples[J]. Opt. Express, 2008, 16: 19260 – 19270.

[32] Schwarz C J, Kuznetsova Y, Brueck S R J. Imaging interferometric microscopy[J]. Opt. Lett., 2003, 28: 1424 – 1426.

[33] Allen R D, David G B, Nomarski G. The Zeiss – Nomarski differential equipment for transmitted light microscopy[J]. Z. Wiss. Mickrosk. 1969, 69(4): 193 – 221.

[34] Fu D, Oh S, Choi W, et al. Quantitative DIC microscopy using an off – axis self – interference approach [J]. Opt. Lett., 2010, 35(14): 2370 – 2372.

[35] McIntyre T J, Maurer C, Bernet S, et al. Differential interference contrast imaging using a spatial light modulator[J]. Opt. Lett., 1999, 34(19): 2988 – 2990.

[36] McIntyre T J, Maurer C, Fassl S, et al. Quantitative SLM – based differential interference contrast imaging [J]. Opt. Express, 2010, 18(13): 14063 – 14078.

[37] Heise B, Stifter D. Quantitative phase reconstruction for orthogonal - scanning differential phase - contrast optical coherence tomography[J]. Opt. Lett., 2009, 34(9): 1306 - 1308.

[38] Zernike F. Phase contrast, a new method for the microscopic observation of transparent objects[J]. Physica 9, 1942, Part I: 686 - 698, Part II: 974 - 986.

[39] Popescu G, Deflores L P, Vaughan J C, et al. Fourier phase microscopy for investigation of biological structures and dynamics[J]. Opt. Lett., 2004, 29: 2503 - 2505.

[40] Gao P, Yao B, Harder I, et al. Phase - shifting Zernike phase contrast microscopy for quantitative phase measurement[J]. Opt. Lett., 2011, 36: 4305 - 4307.

[41] Li X, Yamauchi T, Iwai H, et al. Full - field quantitative phase imaging by white - light interferometry with active phase stabilization and its application to biological samples[J]. Opt. Lett., 2006, 31: 1830 - 1832.

[42] Massatsch P, Charrière F, Cuche E, et al. Time - domain optical coherence tomography with digital holographic microscopy[J]. Appl. Opt., 2005, 44: 1806 - 1812.

第2章 空间高分辨光学技术在空间遥感中的应用

1957年，人类首颗人造地球卫星诞生，作为一种新的平台，实现了在前所未有的高度上对世界的探测。自此，人类逐渐将视点从地面、低空扩展到太空。高分辨力观测卫星随之进入了人类的视野，它们个个"身怀绝技"，成为人类在太空安装的高效"监控眼"，使人类能更全面、更清楚、更深刻地了解地球及其周围环境。众所周知，光学在人类信息获取中占有重要地位，据报道，人类通过视觉系统获取的知识约占总量的70%，因而空间高分辨光学技术成为空间遥感中最为常用的手段，它将光辐射作为信息载体实现了对目标定性、定量及定位探测，在对地遥感、大气监测、天文观测以及深空探测等领域得到了广泛应用[1-4]。

2.1 高分辨空间立体成像技术及应用

2.1.1 空间成像原理与基础理论

光学成像技术是利用光承载的空间辐射信息实现对目标二维空间分布的探测，而立体成像技术则是从多个视角的光学成像中利用数字处理方法得到目标三维空间分布。因此对于高分辨空间立体成像技术，高分辨光学成像是前提，空间立体解析是关键。

1. 成像原理

光学成像基本原理是光的独立传播定律，从目标发出的光经光学系统后，通过直线传播、折射、反射以及选择性吸收到达探测器，经光/电转换为电子学信号进行接收处理后得到图像。整个过程中，某一点出发的光最终汇聚到焦平面的一个点(像元)上，在理想成像系统中非常好地保证了系统空间位置的相对关系。图2-1所示为相机成像原理。

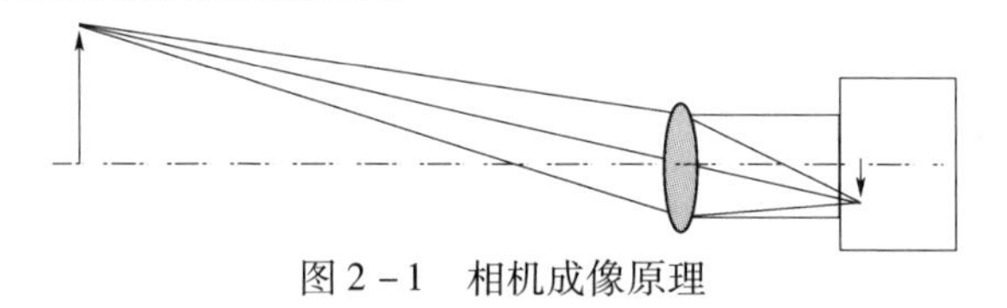

图2-1 相机成像原理

描述成像系统空间特性的重要参数如下：

(1)视场：描述成像范围，通常用视场角或刈幅宽度表述。

(2)分辨力：描述能够最小分辨的物体上两点间的距离，通常用角分辨力或空间分辨力表述。

(3)像主点：摄影中心与像平面的垂线与像平面的交点，也是像面坐标系的原点。

(4)畸变：由光学镜头所引起的系统误差，由于像面上各点的放大倍数不同，导致的变形。

(5)焦距：光学系统的焦距，是像面坐标系与遥感器坐标系的关键参数。

前两个参数描述成像系统获取空间信息的能力，后三个参数为反演空间信息的关键参数，通常称为成像系统的内方位元素。

2. 立体成像基础理论

空间立体图像是靠空间体视效应实现的，其体视觉深度和分辨力取决于体视仪器的基线长度。例如人的双眼即是一种典型的体视仪器，其基线长度为瞳孔距，一般在 55 ~ 65mm，体视深度在 1000m 左右。根据双目视觉原理，为了增加体视深度提高分辨力，就应加大基线长度。目前，飞机和星体的尺寸为几米到十几米，在该尺寸范围安放空间体视设备，基线长度一般不会超过 10m，它所能达到的体视深度，远远满足不了星载立体的成像要求，也就得不到立体图像。为了加大基线长度以达到一定的基高比，一般采用“三线阵立体成像原理”[3]，即利用空间平台在轨道上的运动，在星体上对同一目标采用前视、直视和后视的方式拍摄三幅二维平面图，然后重构三维立体影像(图 2 - 2)。其基高比越大，立体成像效果就越好。

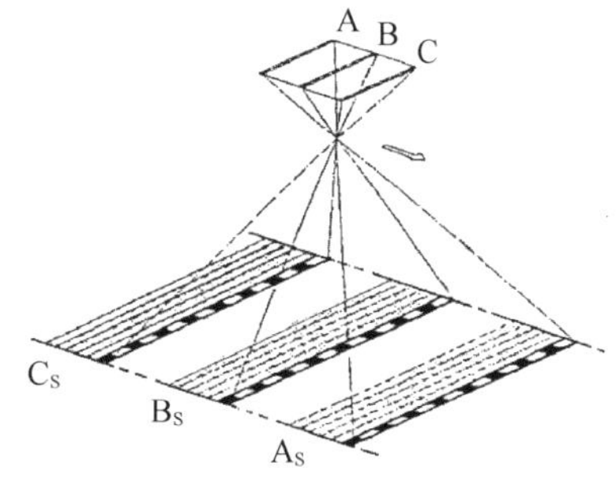

图 2 - 2　三线阵立体成像原理

三线阵立体相机摄影测量原理(图 2 - 3)：假定一个目标点 $P_i(X_i, Y_i, Z_i)$ 在时刻 n_A，它正好成像在前视传感器 A 上，它的像点为 $P_A(N_A, x_A, y_A)$，当卫星向前飞行时，在时刻 N_B，这个目标点 P_i 正好成像在正视传感器 B 上，它的像点为

$P_B(N_B, x_B, y_B)$，再向前推扫时，P_i 点的像正好成在后视传感器 C 上，同样有 $P_C(N_C, x_C, y_C)$。

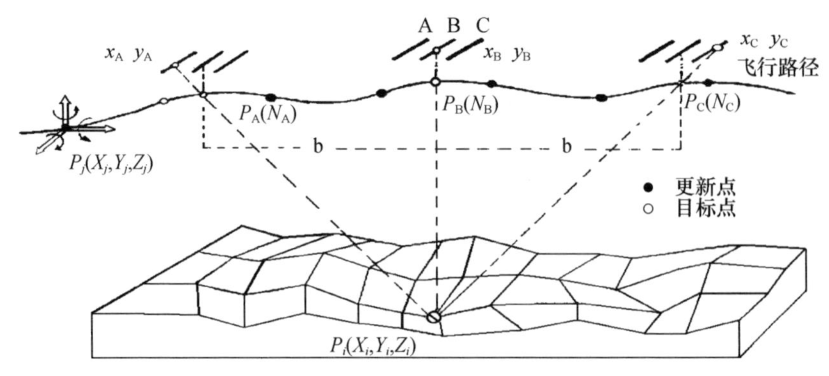

图 2-3　三线阵立体相机摄影测量原理

为了完成立体测绘，还必须满足两个条件：

(1) 已知三线阵立体相机的内方位元素 $[f, \phi, (x_0, y_0)]$。f 为焦距，ϕ 为交汇角，(x_0, y_0) 为像主点坐标。

(2) 已知三线阵立体相机在每一时刻 t 的外方位元素 $[X_s(t), Y_s(t), Z_s(t), \theta(t), \phi(t), \psi(t)]$。

对于某一物点 P 的影像坐标为 $(x_A, y_A)(x_B, y_B)$ 和 (x_C, y_C)，称为同名点影像坐标，它们可以通过图像的相关来确定。三线阵荷耦合之件(Charge Coupled Device, CCD)相机的内方位元素可以在实验室里通过精密标定获得，而某时刻 N 的外方位元素则由轨道测量和姿态测量的方法提供。

上述三个传感器 A、B、C 中，传感器 B 用来制作正射相片，传感器 A 与 C 所获得的航带图像 A_S 及 C_S 用于立体测量。

根据摄影测量理论[5,6]进行求解，共线方程表达式为

$$\begin{cases} x = -f\dfrac{a_1(X - X_s) + b_1(Y - Y_s) + c_1(Z - Z_s)}{a_3(X - X_s) + b_3(Y - Y_s) + c_3(Z - Z_s)} \\ y = -f\dfrac{a_2(X - X_s) + b_2(Y - Y_s) + c_2(Z - Z_s)}{a_3(X - X_s) + b_3(Y - Y_s) + c_3(Z - Z_s)} \end{cases} \tag{2-1}$$

式中：x、y 为 CCD 像点坐标；X、Y、Z 为目标点的地面坐标；X_s、Y_s、Z_s 为摄影中心的坐标；a、b、c 为含有卫星(相机)姿态角元素 θ、ϕ、ψ 构成的方向余弦；f 为焦距。另外，在三线阵立体相机的影像中，像点的 x 坐标是常数。

前视相机 A：$x_A = f\tan\alpha$。

正视相机 B：$x_B = 0$。

后视相机 C：$x_C = f\tan\beta$。

其中 α、β 分别为前、后视相机与正视相机的夹角。

2.1.2 高分辨空间成像关键因素分析

1. 空间分辨力进一步提高面临的挑战

空间分辨力通常用像元分辨力(又称地元分辨力)来表示,在理想光学系统及噪声忽略的情况下,与空间物体到光学镜头的距离和CCD像元尺寸的乘积成正比,与光学系统的焦距成反比。经典光学系统都是衍射受限系统,意味着不能单纯依靠减小CCD的像元尺寸或增大光学系统的焦距来无限制地提高空间分辨力。另外,对于图像而言,信噪比是一个重要的性能指标,成像系统的信号收集能力也是一个重要的设计约束,它正比于系统相对孔径的平方。因此,要获得更高分辨力的图像,需要增大光学系统的口径,但口径的增加必然导致仪器体积和质量的增大,使得研制、发射和运行等费用也相应变得更加昂贵。

2. 大视场系统面临的挑战

大视场是提高成像系统观测效率的重要参数,其实现手段主要包括平台或转台摆扫方式、大视场角光学系统成像方式。前者主要受限于平台或转台的稳定性,后者主要受限于光学系统视场角和探测器规模。

3. 长焦系统的清晰度面临挑战

高空间分辨力意味着对外界环境因素的要求更加严格,包括大气扰动、平台稳定性及速高比匹配性等。

2.1.3 新型高分辨空间成像方法

1. 提高衍射极限的方法

当光学系统的口径增大到一定程度时,传统的整体口径光学系统已经不能满足要求,而分块可展开成像系统及超大口径薄膜反射镜光学系统是实现大口径光学系统的有效途径[7]。此外,稀疏孔径成像技术、超大口径二元光学成像技术等也成为近年来研究的热点[8]。图2-4所示为超大口径实现技术。

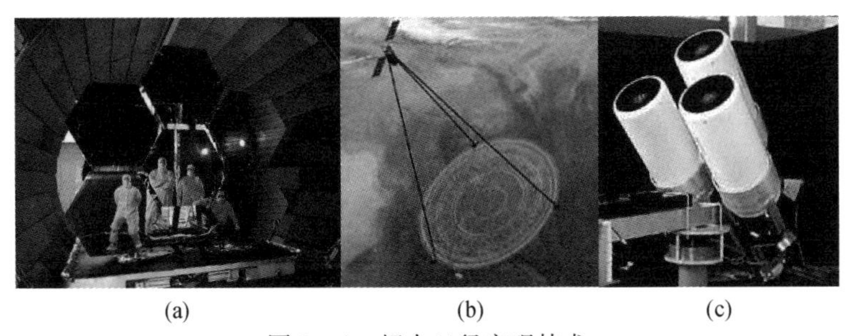

(a)　　(b)　　(c)

图2-4　超大口径实现技术

(a)"韦伯"空间望远镜;(b)大口径薄膜反射镜概念;(c)Golay-3成像。

(1) 分块可展开成像技术。采用传统成像理论,卫星发射时光学系统折叠到一个可接受的尺寸,入轨后依次展开光学系统的主结构、主镜及其他部件。其中主镜按设计的排列方式展开,并精确地“拼接”成一个整体。例如,目前美国正研制的下一代空间望远镜——“韦伯”空间望远镜(JWST)[9],其主镜由 18 个 1m 的六边形分块子镜组成,等效口径为 6.5m。

(2) 超大口径薄膜反射镜技术[10]。采用超薄可控薄膜作为空间光学反射镜材料,实现超轻、超大口径光学系统。薄膜反射镜根据不同的控制手段主要分为充气膜基反射镜、静电拉伸薄膜反射镜及光致形变薄膜反射镜。目前世界上最先进的薄膜反射镜口径可达 3.6m,厚度 52 μm,面密度 $80g/m^2$。

(3) 稀疏孔径成像技术[11]。采用中小口径光学镜片或子望远镜系统,根据斐索干涉原理实现等效大口径光学系统的新型成像技术。稀疏孔径成像系统有两种实现方式:一是由子镜面组成稀疏孔径主镜以代替满口径主镜;二是通过固定在同一结构上单独的望远镜构成稀疏孔径成像系统。美国自适应侦察格雷-3(Golay-3)光学卫星项目采用三个孔径实现斐索型干涉成像,三个子孔径每个 0.2m,等效口径达 0.38m。欧洲泰雷兹-阿莱尼亚航天公司(TAS)研制的稀疏孔径成像系统,采用六个子镜实现斐索型干涉成像,等效口径可达 7m 以上。

(4) 超大口径二元光学成像技术[12]。该系统由物镜和目镜系统组成,物镜为超大口径二元光学透镜,目镜系统一般包括一个中继光学系统和色差校正系统。其工作原理是首先通过衍射透镜汇聚光线,再由位于其焦点处的中继光学系统汇聚光线,并经过色差校正系统成像到相机焦面上。美国劳伦斯-利弗莫尔国家实验室(LLNL)于 2001 年提出了“眼镜”(Eyeglass)计划,采用衍射成像技术,实现了地球静止轨道成像,分辨力优于 1m。

2. 提高探测灵敏度的方法

足够的信号强度是保证图像质量的前提,由于信号强度正比于光学系统相对孔径的平方,要在较小的相对孔径下实现高分辨力,必须提高探测器的灵敏度。

(1) 时间延迟积分(Time Delayed and Integration)CCD(TDI-CCD)[13]。它是在 CCD 技术基础上发展起来的一种新的探测器件,基于对同一目标多次曝光,通过延迟积分的方法大大增加了光能的收集,与一般线阵 CCD 相比,它大大提高了灵敏度,并拓宽了动态范围。在米级及亚米级高分辨力卫星相机上(如 QuickBird、OrbView-3、“嫦娥”2 号和“火星快车”等)得到了很大的发展和应用。

(2) 亚像元成像技术[13]。若采用减小 CCD 像元尺寸来提高空间采样频率,意味着接收信号量的减少,不利于灵敏度的提高。但亚像元成像技术利用重叠采样后处理的方法,在不减小探测器尺寸的前提下解决空间采样问题,是一种非常经济有效的实现遥感卫星高分辨力和小型化的技术途径。早在 1984 年,Tsni 和 Huang 就首次提出用多幅欠采样图像来提高图像空间分辨力的设想;随后,国外许多研究所、大学和公司相继开展了这方面的研究。Kodak 公司利用增频采样获取的多幅图像进行超分辨力融合得到更高分辨力的图像。美国 Dayton 大学和 Wright 实验室在美国空军的支持下,对红外 CCD 相机进行了机载试验,利用重复拍照的 20 幅低分辨力红外图像,取得了分辨力提高近 5 倍的结果。在空间对地观测中,法国 SPOT、美国 EarthSat、德国 BIRD 卫星都曾尝试采用该项技术,利用增频采样、卫星重访和多个卫星获取图像的方式,获得重构高分辨力图像。其中 SPOT－5 卫星更是在其超级模式下,利用两幅同时获取的 5m 分辨力全色图像重采样得到 2.5m 分辨力的全色图像。

2.1.4　高分辨空间成像系统应用

1. 深空探测中的应用

"嫦娥"1 号 CCD 立体相机[3]采用广角、远心、消畸变的优质光学系统和面阵 CCD 探测器的第一行、中间行、最后行,实现了空间分辨力 120m、幅宽 61.4km、基高比 0.6 的指标(图 2－5)。该系统具有结构紧、质量小、体积小,容易配准且配准精度高,对航天环境适应能力强的优点。

图 2－5　"嫦娥"1 号 CCD 立体相机照片

"嫦娥"2 号卫星 CCD 立体相机[4]在继承"嫦娥"1 号相机的基础上重新研制,加长了光学系统的焦距,并将面阵探测器更换为两条 96 级的 TDI－CCD,其中一条为前视 8°,另一条为后视 17.2°,以自推扫模式成像(图 2－6)。TDI－CCD 技术可解决信号强度问题,但对平台的要求较高,在设计中利用轨道预报和激光高度计实时测量的方式,速高比补偿行频调整方案,非常好地解决了由于速高比失配所引发的沿飞行方向调制传递函数(MTF)过度下降的问题。最终在 100km 轨道高度上月表空间地元分辨力达到 7m,幅宽达到 43km,获得了目前覆盖月球最为完整的 7m 分辨力影像,并在 15km 轨道高度上获得月表空间地元分辨力 1m 左右的高分辨力影像,为"嫦娥"3 号备选着落区选择提供了影像支持。

火星探测中,搭载在火星侦察轨道器上的高分辨成像科学设备[14](High

图 2-6 “嫦娥”2 号卫星有效载荷 CCD 立体相机及其推扫示意图

Resolution Imaging Science Experiment, HiRISE)为反射镜口径达到 0.5m 的大口径相机(图 2-7)。这是深空任务中使用过的最大望远镜,可拍摄分辨力达 0.3m 的火星表面影像,并且可拍摄波长在 400~600 nm、550~850 nm 和 800~1000 nm 的三种颜色影像。它可帮助科学家更好地研究火星上的渠道、谷地、火山地形,可能的古代湖、海以及其他存在于火星表面的地表特征。

图 2-7 HiRISE 照片及其焦平面组件

2. 对地观测系统中的应用

高分辨光学技术在对地观测系统中的应用更为广泛,遍及了土地管理、制图、环境、农业、油气开发、自然资源管理、林业、电力、国防安全、应急等行业。典型的对地观测卫星有法国的 SPOT 系列卫星、美国的 WorldView 卫星等。

SPOT 系列卫星是法国空间研究中心研制的一种地球观测卫星系统,其发展路线如图 2-8 所示,SPOT1,SPOT2,SPOT3 上搭载的高分辨力遥感器(HRV)采用 CCD(Charge Coupled Device)作为探测元件来获取地面目标物体的图像,HRV 具有多光谱成像和全色成像两种模式,全色波段具有 10m 的空间分辨力,多光谱具有 20m 的空间分辨力。SPOT4 增加了短波红外波段(SWIR),简化了传感器结构。SPOT5 上搭载 2 台高分辨几何成像装置(HRG)、1 台高分辨立体成像装置(HRS)、1 台宽视域植被探测仪(VGT)等,可拍摄全色 5m 分辨力和多光谱 10m 图像,全色模式通过亚像元成像(Supermode)技术分辨力可提高到 2.5m。SPOT6 和 SPOT7 分辨力提高到 1.5 m 全色和 6 m 多光谱。

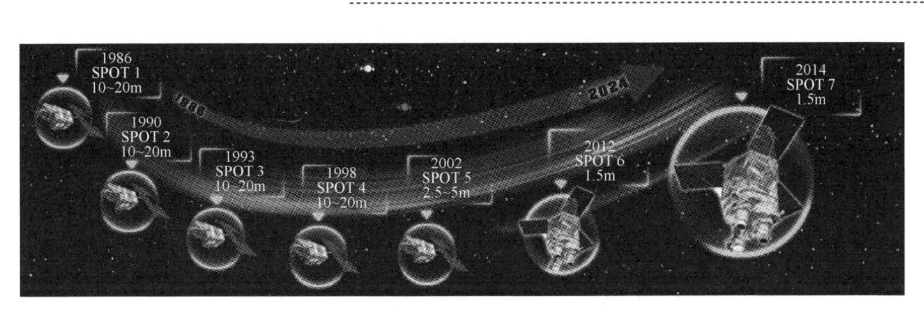

图2-8　SPOT卫星系列发展路线

WorldView卫星是Digitalglobe公司的下一代商业成像卫星系统。目前已发射3颗卫星，WorldView-Ⅰ于2007年9月18日发射成功，提供0.5m全色图像，在很长一段时间内被认为是全球分辨力最高、响应最敏捷的商业成像卫星。WorldView-Ⅱ(图2-9)能够提供0.46m全色图像和1.8m分辨力的多光谱图像，包括8个谱段。WorldView-Ⅲ卫星空间分辨力达到0.31m，是目前空间分辨力最高的商业成像卫星。

图2-9　WorldView-Ⅱ卫星照片

2.2　高分辨光谱成像与探测技术及应用

高分辨光谱成像与探测技术简称高光谱技术，是当前遥感领域的前沿技术，它以高光谱分辨力获取景物或目标的高光谱图像，包含了丰富的空间、辐射和光谱三重信息，可以应用于地物精确分类、地物识别、地物特征信息的提取，在国民经济和现代军事国防中具有广泛应用。

2.2.1　空间光谱成像原理及基础理论

自然界的各种物质都对入射光具有一定的反射能力，本身又具有一定的温度，也能发生光辐射，把这种反射光和辐射光的特性以波长为参数记录下来，即得到该物质的“谱分布”。不同物质都有自己特有的谱分布，成像光谱仪对目标进行光谱探测,就是以物质对光波的反射和辐射特性作为依据的。

成像光谱仪是在 20 世纪 80 年代中期出现的红外行扫描仪和多光谱扫描仪等遥感仪的原理基础上发展起来的,具有扫描成像和精细分光两种功能。基本原理:在扫描成像的基础上,将成像的波段划分成更狭窄的多个波段,以获得同一景物多个光谱波段的图像[15-17]。

1. 成像光谱仪的扫描成像方式

由于探测单元规模的限制,成像光谱仪的视场通常比较小,为了扩大视场,需要进行扫描成像。根据扫描方式和光电探测器的种类,成像光谱仪系统可划分为两大类(图 2-10):一是光机扫描式,又称摆扫式,即采用机械扫描成像方式和线阵列探测器接收各波段的像元辐射;二是推扫式,采用大型面阵列探测器件实现推扫成像和光谱信息采集。最近,国际上出现了快照式成像光谱技术,该技术无须扫描,一次拍摄即可获取全视场的光谱和空间信息。

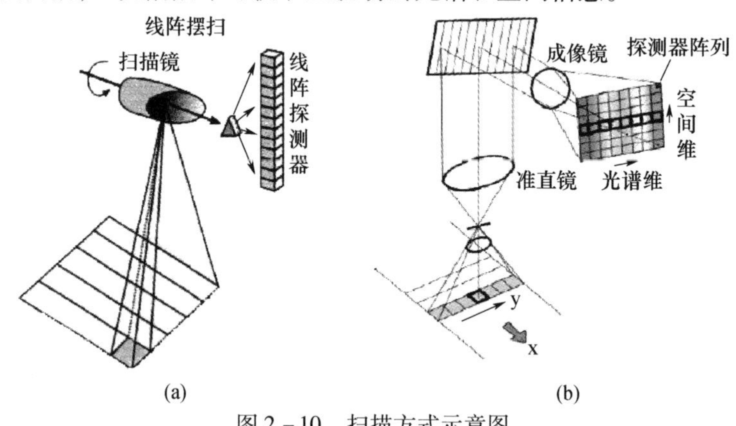

图 2-10 扫描方式示意图
(a)光机扫描;(b)推扫式。

1)光机扫描式

光机扫描式成像光谱仪的结构包括机械扫描成像和分光探测。与红外行扫描仪类似的光学—机械实行行扫描(光机扫描),在平台飞行中进行穿轨方向扫描,每个地面分辨元的辐射依次进入仪器的分光部件后,按特定的光谱间隔实现色散(分光),将复色光的每一个谱段分别成像到线阵列探测器的每个光敏元上,探测器元数即像元分光谱段的个数,每个探测器的输出便是特定波段的地面景物信息,每行扫描时间 T 等于平台在沿轨方向扫描过一个瞬时视场的时间。

光机扫描的方式分为物面扫描和像面扫描。物面扫描一般是在小视场物镜前的光路中加入扫描部件,使物方瞬时视场扫描过物面的不同位置,获得较大的空间覆盖。该方式的优点是系统的光学视场即为瞬时视场,物镜视场小,易于获得高像质;缺点是一般物镜口径较大,要实现大范围扫描,特别是二维扫描,机械装置比较复杂笨重。

像面扫描部件是将经物镜会聚的光束进行偏折，可做得小巧。由于该扫描方式的中继系统视场较小，物镜视场很大，要得到高像质，设计、制作都有难度。目前，物面扫描用得较多。值得注意的是，光机扫描在某些场合会产生像面的旋转，称为像旋。可以用旋转 K 镜、旋转棱镜等方法消除像旋，如像旋较小，也可直接用数学方法来校正。

2）推扫式

要进一步提高成像光谱仪的空间分辨力和光谱分辨力，光机扫描方式就不能胜任。随着高性能硅光电材料和微电子技术的发展，各种新型的面阵 CCD 和红外焦平面器件纷纷问世，基于面阵 CCD 和红外焦平面器件的推扫式成像光谱仪成为技术发展的主流，探测器的一维完成空间成像，另一维完成光谱探测。在穿轨方向，地面目标成像在面阵探测器行方向探测器单元上，形成图像信号。在沿轨方向，每个地面分辨元的辐射被分光（色散）后将各光谱波段的辐射按特定光谱宽度和顺序再汇聚到列方向探测器光敏元上，形成光谱信号。例如，推扫式成像光谱仪采用 $m \times n$ 元的焦平面面阵探测器件，行方向探测器元数为 m，即成像一行地面图像的像元数，列方向探测器元数为 n，即光谱波段的数目。

理论上，推扫式成像光谱仪相对于光机扫描式，像元的凝视时间大大增加，每个像元上的光积分时间是光机扫描的 m 倍，可以提高系统的灵敏度，进而具有更高的空间分辨力提高潜力，由于没有光谱扫描机构，仪器体积较小。

2. 成像光谱仪的分光方式

分光部件是成像光谱仪系统中的关键部件，直接决定着系统的分光性能。成像光谱仪的分光方式有多种，根据光谱测量方式的不同，可分为棱镜分光、光栅分光、傅里叶变换分光（干涉分光）、AOTF、LCTF 等。

1）棱镜分光原理

棱镜分光主要利用棱镜的色散原理，单色光经光楔折射后将发生偏转，不同的波长会产生不同的偏转角，从而达到分光的目的。其优点是结构简单，所有的光学能量都能通过棱镜形成唯一的光谱色散谱线，光谱利用率高。缺点是不同波长的光线经过棱镜后，色散是非均匀性的，而使得不同波长波段间的空间位置和信号严重不均衡。由于用于长波红外色散的棱镜材料非常少，棱镜分光大都用于可见和近红外波段。

2）光栅分光原理

光栅分光主要利用了光学衍射原理，最基本的透射型衍射光栅由大量大小相等、间隔相等的小狭缝组成，单个狭缝引起一个衍射条纹，不同狭缝通过的光波发生干涉，因而透镜焦面上会形成一种组合的干涉—衍射条纹，条纹极大，位置与波长有关，从而获得所需要的色散谱线。其最大优点是光谱色散线性，最大衍射能量的波长位置可通过改变闪耀光栅的闪耀角进行调整，在全谱段均可使用,结构相对比较简单。缺点是有高阶光谱存在,既损失了部分能量,又会对光谱形成干扰。

为了提高光栅分光系统的效率,简化结构,在平面光栅的基础上又发展了曲面光栅,包括凹面光栅和凸面光栅,特别是在发散光束中使用凸面光栅的方法不仅结构简单、体积小、质量小,而且可以通过选择光栅常数和成像系统的变焦来满足空间和光谱分辨力的要求,并可克服准直光束应用方法中像面弯曲的问题。采用凸面光栅和离轴反射系统在视场、光学效率、像质等方面具有优势,已成为光栅式成像光谱仪的首选。把光栅和棱镜结合,保留各自的优点,出现了棱镜—光栅—棱镜(PGP)新型结构的分光系统,目前也得到商业应用。

3)傅里叶变换分光

干涉成像光谱技术也称傅里叶变换光谱成像技术,通过干涉组件对白光进行调制,在像面上得到的是调制白光图像,经过傅里叶逆变换获得目标光谱分布。干涉成像光谱技术从探测模式上可分为三大类:一是时间调制型干涉成像光谱技术,即以迈克尔逊干涉仪为原型,含有动镜扫描的干涉成像光谱技术;二是空间调制型干涉成像光谱技术,它将 Sagnac 等横向剪切干涉仪放置在狭缝的一次像面后,经傅里叶变换镜和柱面镜后在空间域形成干涉图,无须动镜扫描机构,一次性获得目标的干涉图;三是时空调制型干涉成像光谱技术,它与空间调制型的区别是,无狭缝,横向剪切干涉仪放置在平行光路中,经成像镜会聚到探测器上,实际得到经干涉调制的图像,即某一时刻对图像中的每一目标点只能得到某一光程差的干涉信息,必须经过推扫后使得目标点在列方向上分别成像后,才能得到其完整干涉图。图 2-11 给出了时间调制型、空间调制型和时空混合调制型干涉成像光谱原理。

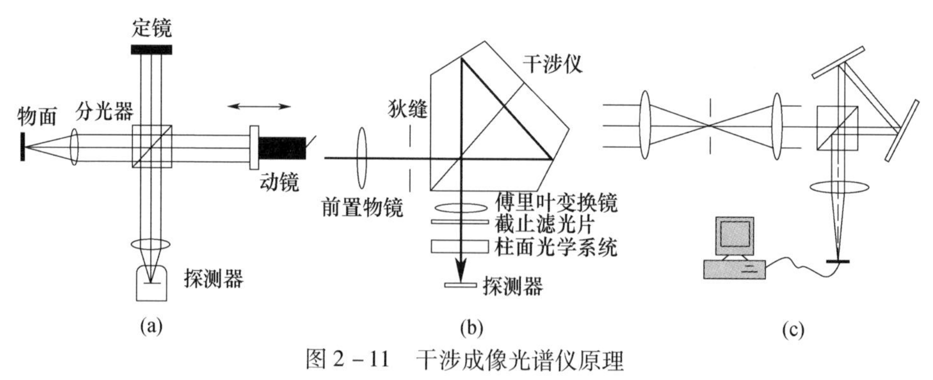

图 2-11 干涉成像光谱仪原理

(a)时间调制型;(b)空间调制型;(c)时空混合调制型。

从含有运动部件来分类,傅里叶变换光谱成像技术可分为动镜型和静态(无动镜)干涉成像光谱技术两大类,上述的时间调制干涉成像光谱为第一类,主要分光部件为直线动镜式迈克尔逊干涉仪和转镜式迈克尔逊干涉仪;空间调制型和时空混合调制型干涉成像光谱技术为第二类，主要部件是 Sagnac 型、双角反射体型、基于 Savart 偏振型等干涉仪。

与其他分光类型相比，傅里叶干涉分光的优点是高光通量、多通道的优势。时间调制型干涉成像光谱仪和时空调制型干涉成像光谱仪具有与普通照相机相近的能量利用率，通过增加光程差可以实现极高的光谱分辨力，在高光谱和超光谱分辨领域扮演着十分重要的角色。空间调制型干涉成像光谱仪在形式上与色散型成像光谱仪更为相似，实质性的区别是狭缝宽度和形状与光谱分辨力无关，在许多应用场合，这一特点足以克服色散型成像光谱仪能量利用率低的技术难题，使成像光谱技术向前发展一大步。

2.2.2 高空间分辨光谱成像探测技术

空间分辨力是遥感追求的重要指标，由平台高度和瞬时视场角决定，瞬时视场角受限于系统的帧频，帧频又直接影响系统光通量，进而影响信噪比，因而空间分辨力提高是多项指标综合优化平衡的结果。大孔径静态干涉光谱成像技术是在普通成像系统的平行光路中加入横向剪切干涉仪，探测器上接收到的是复色光的能量，因而有与成像系统相近的能量利用率。色散型成像光谱仪将复色光色散为单色光后进行探测，与普通成像相比，能量减少了几十至几百倍，必须增加积分时间才能达到足够的信噪比，运动补偿是最为常用的方式。

1. 大孔径静态干涉光谱成像技术

大孔径静态干涉成像光谱仪（Large Aperture Static Imaging Spectrometry，LASIS）是在普通照相系统中加入横向剪切干涉仪，从而使像面上得到的不再是目标的直接图像，而是迭代干涉信息的干涉图像，如图 2-12 所示。目前，该原理正逐渐成为国际上又一个新的研究热点，意大利的星载光谱成像仪 ALISEO、法国的机载成像光谱仪 SYSIPHE 等最新仪器采用了该技术。

大孔径静态的提法是针对干涉系统的特点而言的，与空间调制型干涉成像光谱仪相比没有入射狭缝，因而是“大孔径”的；与时间调制型干涉成像光谱仪相比没有扫描运动部件，因而是“静态”的[19]。LASIS 采用面阵探测器并依靠推扫获得二维空间信息和一维光谱信息，系统没有扫描运动部件和用于限制视场的狭缝，能量利用率和普通照相系统相近，光谱分辨力（波段数）主要受限于探测器单元数和帧频，一般为 $10^2 \sim 10^3$。因此，LASIS 是一种高稳定度和高能量通过率优势并存的成像光谱仪。

LASIS 属于时空调制型干涉成像光谱仪，其数据获取原理如图 2-12 所示，图 2-12（a）表示数据立方体推扫获取原理，图 2-12（b）表示干涉图提取原理。

LASIS 的关键部件是横向剪切干涉仪，它的作用是将一个点光源沿垂直于光轴的方向等光程地分成两个。一束入射光经横向剪切分束器后成为两束互相

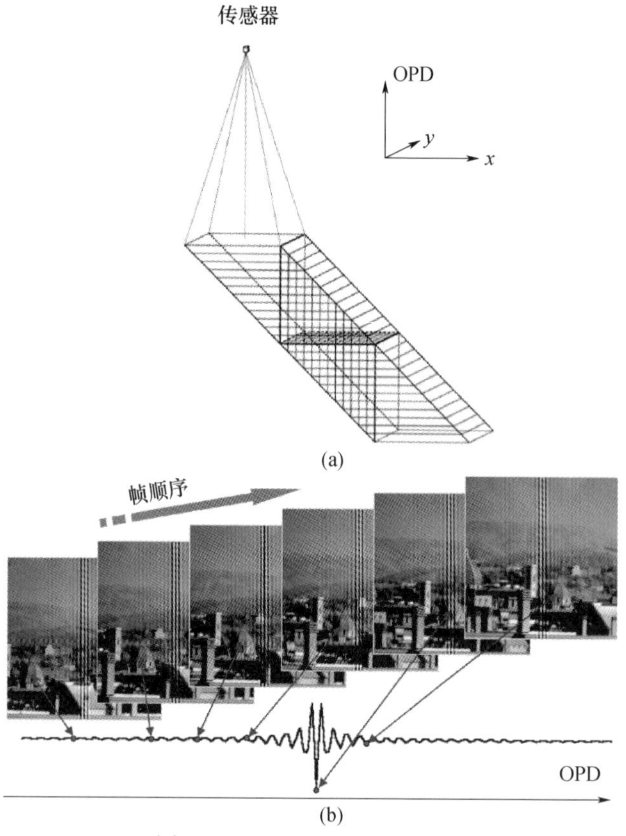

图 2-12　LASIS 数据获取原理

(a)数据立方体推扫获取原理;(b)干涉图提取原理。

平行的相干光,由于这两束光对于前面的分束器来说,等光程面是垂直于光轴方向的,而对于后面的成像系统来说则是垂直于光线方向的,对于视场角不为 0 的光线,这两个等光程面是不重合的,因此当两束平行的相干光会聚到收集镜 L_2 的后焦面 P_2 上同一点时就存在光程差,从而发生干涉。

设被剪切开的两束光之间的横向距离(沿垂直于光轴方向度量)为 Z,当视场角 ω 很小时,它们在像面 P_2 上干涉时的光程差为

$$\Delta(\omega) = \frac{Zx}{f_2} \tag{2-2}$$

式中:x 为干涉点的横向坐标;f_2 为收集镜的焦距。

图 2-12(b)表示某一时刻序列图像中的目标点从最左边移动到最右边,相当于对干涉仪的视场角将从正的最大值变到 0 又变到负的最大值,不同的像点位置对应着不同的光程差,因此提取同一目标点在不同位置时探测器输出的干涉强度,将得到与目标点的光谱分布相对应的干涉图,表示为

$$I(x) = \int_{\sigma1}^{\sigma2} B(\sigma)\cos(2\pi\sigma Zx/f_2)\mathrm{d}\sigma \tag{2-3}$$

式中:σ_1、σ_2分别为光源所包含的最小和最大波数。根据傅里叶变换光谱学的基本关系式,光源光谱分布可由干涉图的傅里叶变换来求得,即

$$B(\sigma) = \int_0^{\Delta_m} I(\Delta)\cos(2\pi\sigma\Delta)\,d\Delta \tag{2-4}$$

式中:Δ_m为系统最大光程差[19]。

在干涉型成像光谱仪中,作为分束器的横向剪切干涉仪是核心元件。目前常用的横向剪切干涉仪有萨尼亚克型、双角反射体型等。基于横向剪切干涉仪的大孔径静态干涉成像光谱仪具有许多优点,主要表现在:① 原理简单,使得系统结构简化,系统设计难度降低;② 没有运动部件,提高了系统的稳定性、可靠性、抗震动性和抗冲击性,适用于野外和航空航天环境,从而扩大了仪器的使用范围;③ 允许有很大的视场和任意形状、大小的通光口径,在满足光通量的要求下可以大大减小仪器的体积、质量、功耗等。

2. 运动补偿型高光谱成像技术

运动补偿是指通过指向镜反向扫描或平台回摆,使成像光谱仪推扫成像范围是卫星同一时段飞行距离的$1/n$,从而增加仪器积分时间,提高系统信噪比。运动补偿已成为星载成像光谱仪增加积分时间最为常用的办法,其原理如图2-13所示,指向反射镜45°放置时,系统将对星下点进行观测。在飞行平台位于位置1时,将指向镜转动$\alpha/2$角,使瞬时视场的光轴沿飞行方向前摆α角指向星下点B_1前方的D_1点,然后控制指向镜按一定规律转动,使光轴逆飞行方向相对平台后摆,到位置3完成一次运动补偿。然后再迅速调整指向镜,使光轴由C_1点指向B_2点,进行下一次运动补偿。若平台由位置1飞行到位置3对应的星下点距离为$A_1B_1 = n \times L$,对应的地面观测距离$C_1D_1 = L$,则相对于不做运动补偿的情况,探测器对目标区域C_1D_1的积分时间增大为n倍,可提高系统的信噪比。存在的不足是:①由于扫描原因,会导致系统有效工作时间是间断式的,无法实现连续整轨采样;②实际得到景物光谱辐射和大气散射辐射随瞬时视场光轴摆角变化的现象[20,21]。

2.2.3 超高光谱分辨探测技术

光谱分辨力是指遥感器各波段的光谱带宽,表示传感器对地物光谱的探测能力,包括遥感器总的探测波谱的宽度、波段数、各波段的波长范围和间隔。遥感器的光谱分辨力越高,就能更好地反映出地物的光谱特性,探测能力就越强。

1. 直线动镜扫描干涉光谱技术

动镜扫描干涉光谱技术可获得很大的最大光程差,由于光谱分辨力与最大光程差成正比,因此可实现非常高的光谱分辨力。

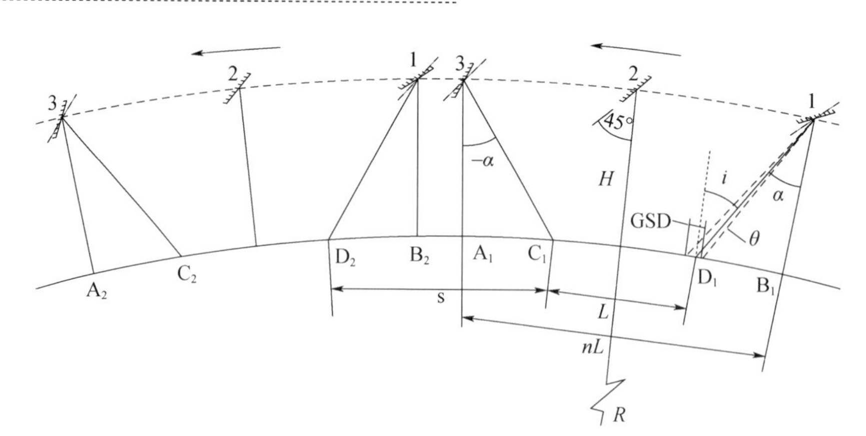

图 2－13　运动补偿示意图

基于迈克尔逊干涉仪的直线动镜扫描干涉光谱技术是最经典的时间调制型干涉成像光谱仪,通过干涉仪动镜的直线往复运动来改变两个干涉光路之间的光程差,从而获取不同光程差下的干涉强度。它由准直镜、分束器、平面动镜、平面定镜、收集镜和探测器等部分组成。

直线动镜扫描干涉光谱技术的光学原理如图 2－14 所示,图中显示了从物面两点发出的有代表性的两束光的各自成像过程。该物面可以是实际物的被测面,也可以是被测面经前置望远光学系统后在其焦面上所成的像;同时,该物面也是准直镜的前焦面。物面上任一像元的光谱辐射经准直镜后变成平行光束入射到分束器上被分为两束,一束被平面动镜反射后返回分束器,另一束被平面定镜反射后返回分束器;这两束光在分束器的半反射面再次反射和透射,形成两路相干光束,一路返回入射光束方向,另一路经收集镜会聚后,成像在焦平面上,成像放大率为准直镜与收集镜的焦距之比,即 f/f'。同时,焦面上所成的像对应于平面动镜和平面定镜之间光程差的干涉成像,所以通过动镜的机械扫描,在焦平面上测得物面的时间序列干涉图,对测得的每一像元的时间序列干涉图进行傅里叶变换,便得到相应像元辐射的光谱图。

迈克尔逊型傅里叶变换成像光谱仪的动镜和定镜主要分为平面镜、猫眼镜和角锥体三种。平面镜系统的优点在于对镜子二维方向的横移无严格要求,但对镜子的倾斜非常敏感,其代表有美国的 IRIS(V)、IRIS(M)及 FTS,日本的 IMG 系统和 ATRAS 系统等。猫眼镜和角锥体对镜子的倾斜无严格要求,但对横移非常敏感,其代表主要有美国的 ATMOS、CIRS,欧洲的 IASI 等。

直线动镜扫描干涉光谱技术的优点为①可以获得很大的光程差,得到很高的光谱分辨力,因此可以实现相当高精度的光谱测量;②光通量大、信噪比高等。其缺点为:①由于迈克尔逊干涉成像光谱仪是非共光路干涉和时间调制的,因而光谱测量对扰动和机械扫描精度都很敏感,要求很好的稳定机构和高精度机械

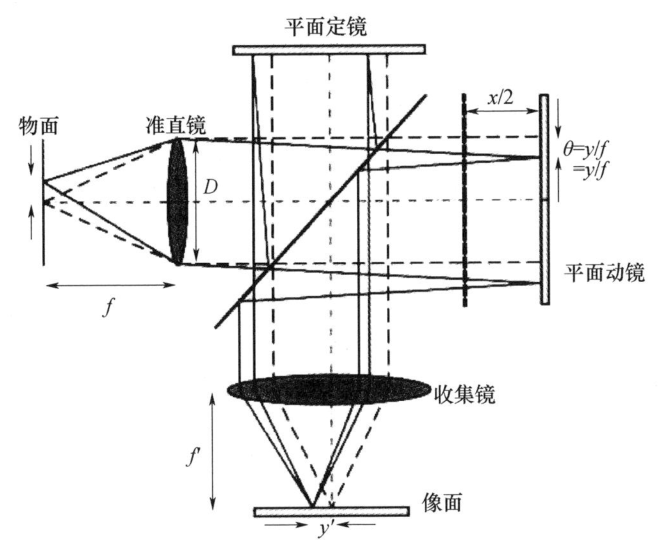

图 2－14　迈克尔逊干涉成像光谱仪原理

扫描机构，这使光谱仪结构复杂、成本高；②由于干涉图是时间调制型的，对干涉图完成采样需动镜运动一个完整周期，不适宜对快速变化的目标进行光谱测量，应用领域受到限制。

2. 转镜扫描干涉光谱技术

直线型的动镜扫描系统依靠动镜的直线往复运动改变光程差，对动镜驱动系统的精度要求很高，而且实时性不好，因此国外提出了转镜式动镜系统的高速成像光谱技术。它利用转镜代替原来直线移动的精密动镜而改变光程差，仪器可靠性和稳定性大大提高，研制难度降低，如加拿大的 ACE[22] 和日本的 SOFIS[23]。典型的转镜扫描干涉光谱仪有高速转镜干涉光谱仪（Rotary Fourier Transform Spectrometer，RTFTS）、转镜式高灵敏度干涉成像光谱仪（Rotary spectral Imager，ROSI）和格里菲思（Griffiths）干涉光谱仪。

图 2－15 为高速转镜干涉光谱仪 RTFTS 的原理图。来自目标的光束经前置光学系统变成平行光束，由高速转镜干涉系统产生两束相干光，经后置镜会聚被红外探测器接受，形成随光程差变化的一系列干涉强度分布，经傅里叶变换复原成所需的光谱图[24]。

RTFTS 克服了直线动镜对扰动和机械扫描精度的敏感，但由于依靠透射材料及其转动角度产生光程差，产生光程差会由于不同波长光折射率不同带来光程差的非线性。转镜与水平方向的交角称转角 θ，当转角 θ 在 $\pm 5°$ 范围内时，θ 的变化对光程差的影响近似为线性；θ 增大到一定值时，非线性会比较严重。在实际应用中，扫描的角度限制在 $\pm 15°$ 以内，最大占空比为 33%。

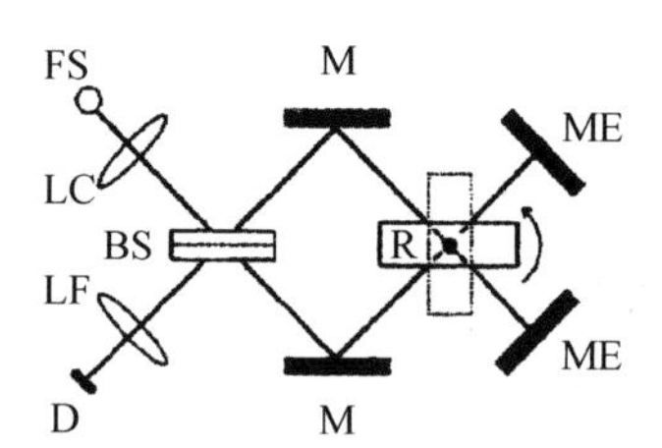

图 2 - 15　高速转镜干涉光谱仪 RTFTS 原理

FS - 视场光阑；LC - 前置光学系统；BS - 分束板；M - 反射镜；ME - 末端反射镜；LF - 后置光学系统；D - 探测器；R - 转镜。

图 2 - 16 为转镜式高灵敏度干涉成像光谱仪 ROSI，它采用了萨尼亚克形式的共光路设计，而将其中一个静态反射镜改为一个可以旋转的反射镜。该仪器不需要对目标进行推扫，依靠旋转反射镜就能得到目标的二维空间信息和一维光谱信息，即当转镜扫描速度与探测器曝光频率相配合时，能够得到目标上任何点在不同光程差时的干涉度，从而获得目标的数据立方体[25]。

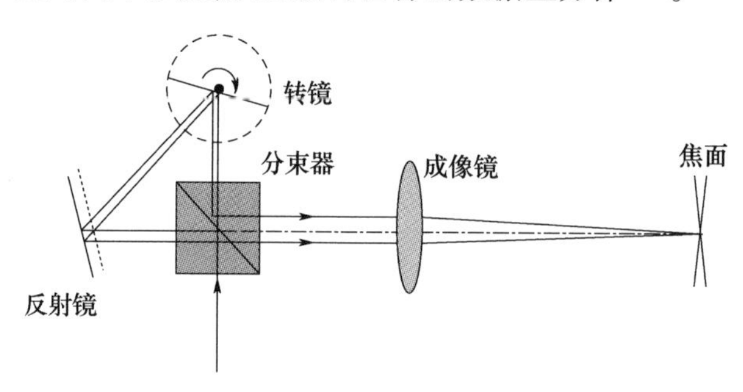

图 2 - 16　转镜式高灵敏度干涉成像光谱仪 ROSI

著名学者格里菲思在 1999 年提出了一种高速转镜式时间调制干涉光谱仪，该方案采用了相对稳定的转镜系统，设计十分巧妙，经过高速转镜四次反射，波面并未倾斜，保持了很好的相干性[26,27]，其原理如图 2 - 17 所示。图中有一倾角很小的平面反射镜 M1 固定在电动机的转轴上，随电动机转动。目标物发出的光线经分束器分成两路，一路经倾斜平面反射镜 M1 反射到角锥体反射镜，经角锥体反射镜反射回的光线再经倾斜平面反射镜 M1 反射，垂直入射到平面反射镜 M2，再经平面反射镜 M2 反射，使光线原路返回；另一路光线垂直入射到平面反射镜 M3，经平面反射镜 M3 反射光线原路返回，两路光线最终在探测器处干涉。两路光线的光程差随着倾斜平面反射镜 M1 旋转而变化，当电动机带着倾斜平面反射镜 M1 旋转一周时，探测器就可得到目标的干涉图。该设计的巧妙之处在于光线经过多次反射仍能原路返回倾斜平面反射镜 M1。从上面的分析可知，光谱仪电动机转动一周仅能得到目标物上一个点（一个视场）的干涉图，要得到目标物上某点的不同光程差的干涉强度，必须配合扫描机构进行成像。

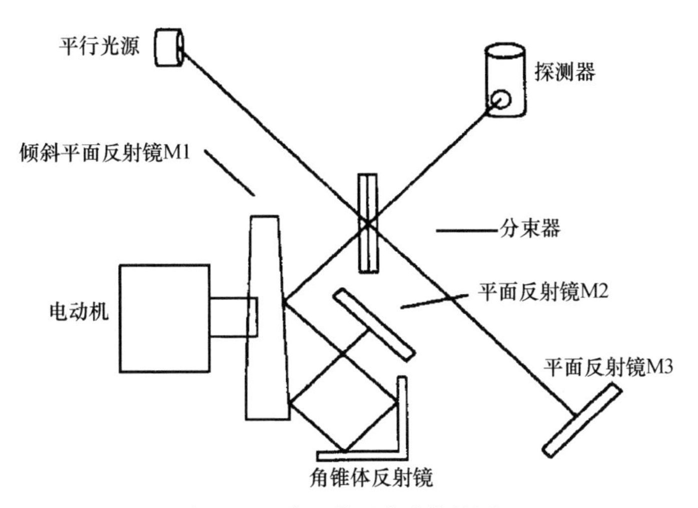

图2-17 格里菲思光谱仪的原理

转镜扫描干涉光谱技术的优点:①可以获得较大光程差,从而得到较高的光谱分辨力;②光通量大、信噪比高等;③解决了平面动镜倾斜带来的误差,提高了仪器的稳定性和可靠性。缺点:光程差与转(摆)角为非线性关系,降低了光谱分辨力。总之,虽然转镜扫描干涉光谱技术解决了平面动镜倾斜带来的误差,提高了仪器的稳定性和可靠性,但因其光程差与转(摆)角为非线性关系,因此只适用于中低分辨力光谱仪。

3. 空间外差光谱技术

空间外差光谱技术(Spatial Heterodyne Spectroscopy,SHS)是20世纪70年代提出、90年代发展起来的一种新型超光谱技术。空间外差光谱仪的光学系统原理如图2-18所示,衍射光栅1、光栅2代替了传统迈克尔逊干涉仪中的两个平面反射镜。光束进入光阑A,经透镜L_1准直后入射到分束器上,分束器将入射光分为强度相等的两束相干光:一束经分束器反射后入射到光栅1上,并经光栅1衍射后返回分束器上;另一束透过分束器入射到光栅2上,经光栅2衍射后反射回到分束器。两束出射光发生干涉形成定域干涉条纹,并由光学成像系统L_2、L_3成像于探测器上,经过傅里叶变换处理后得到待测光谱曲线。

空间外差光谱仪中,光栅与光轴正交面成利特罗角θ倾斜放置。轴向光以θ角入射到光栅上,某一波数的光将以θ角原方向衍射回来,此波长称为利特罗波数。利特罗波数的光经光栅衍射后的两出射波面都与光轴垂直,位相差为零,干涉条纹的空间频率为零。非利特罗波数的光经光栅衍射返回,传播方向与光轴有一小的夹角$\pm\gamma$。其他波数单色光的两波面将有一夹角2γ,中心光程差为零,两端光程差最大,夹角γ由光栅方程决定:

$$\sigma(\sin\theta + \sin(\theta - \gamma)) = m/d \tag{2-5}$$

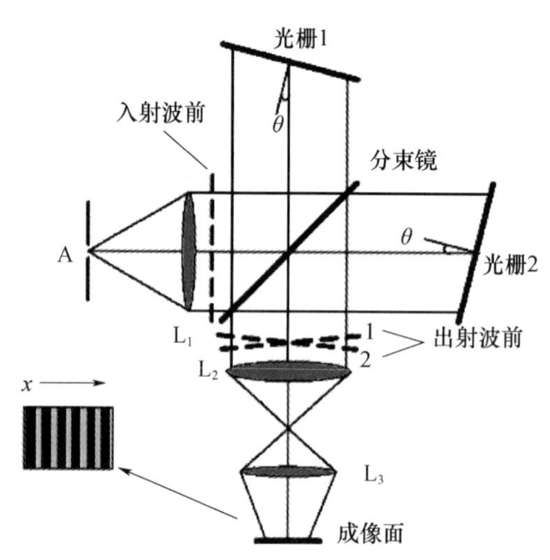

图 2-18　空间外差光谱仪的光学系统原理

式中：σ 为入射光的波数；m 为衍射级（一般取 $m=1$）；$1/d$ 为刻线密度。任意波数为 σ 的光束与利特罗波数 σ_0 的光束出射角相差角度 γ，两光栅出射光波面相差角度为 2γ，故波数为 σ 的两束光干涉空间频率为

$$f_x = 2\sigma\sin\gamma \approx 4(\sigma - \sigma_0)\tan\theta \tag{2-6}$$

当入射光为 $B(\sigma)$ 时，所得干涉图为

$$I(x) = \int_0^{\infty} B(\sigma)(1 + \cos(2\pi(4(\sigma - \sigma_0)x\tan\theta)))\mathrm{d}\sigma \tag{2-7}$$

通过对干涉图 $I(x)$ 傅里叶变换可得到入射光谱图 $B(\sigma)$。由式(2-7)所得光谱图是$(\sigma-\sigma_0)$的一个函数 $B(\sigma-\sigma_0)$，确切地说，干涉图经傅里叶变换得到的光谱应为 $\sigma_0 \pm \Delta\sigma$，其中 $\Delta\sigma$ 为光谱范围。传统傅里叶变换光谱技术产生零空间频率干涉条纹的光频率始终为零（不可选），其傅里叶变换的光谱范围始终从零开始，浪费了探测器的空间频率；而空间外差光谱技术产生零空间频率干涉条纹的光频率为光栅的利特罗波数（可选），其傅里叶变换的光谱范围起始点为利特罗波数，那么选择合理的利特罗波数就可以充分地利用探测器的空间频率，实现超分辨光谱探测[28]。

空间外差光谱仪的分辨能力取决于两干涉光束的光程差，从图 2-18 可以得出干涉图采样的最大光程差为 $\Delta U=2W\sin\theta$（W 为光栅宽度），根据采样定理，其分辨极限为

$$\delta\sigma = \frac{1}{2\Delta U} = \frac{1}{4W\sin\theta} \tag{2-8}$$

则光谱分辨能力为

$$R = \frac{\sigma}{\delta\sigma} = 4W\sigma\sin\theta = \frac{2W}{d} \tag{2-9}$$

从式(2-9)看出,空间外差光谱仪的分辨能力取决于光栅的分辨能力,它等于两光栅分辨能力的总和,光栅的分辨能力主要取决于光栅宽度与刻线密度 $1/d$[29]。

空间外差光谱技术的主要优点:①继承了傅里叶变换光谱技术高通量的特点;②不需要运动部件;③干涉条纹的零空间频率对应的光频率可选,即傅里叶变换的光谱范围起始点可选,因此在一个确定的中心波长范围内可以获得超高的光谱分辨力。

2.2.4　高分辨光谱成像应用实例

1. 高分辨力成像光谱技术的应用

在对地观测系统,如地质找矿和制图、大气和环境监测、农业和森林调查、海洋生物和物理研究等领域,高分辨力成像光谱技术发挥着越来越重要的作用。

在环境监测方面,环境1号超光谱成像仪[30](图2-19)采用干涉光谱成像技术,在可见近红外的谱段数达到128个,在环境监测、重大自然灾害的监测评估与预警以及海洋、地质遥感等方面,得到了较好的应用。

图2-19　环境1号超光谱成像仪及其应用实例

在深空探测方面,"嫦娥"1号卫星干涉成像光谱仪[31](图2-20)作为我国首颗探月卫星的主要载荷之一,用于"分析月球表面有用元素成分与物质类型的含量分布"科学目标探测,空间分辨力200m,在可见-近红外谱段内光谱通道数32个,共获取全月面79%的多光谱图像,应用科学家利用这些数据完成"全月表矿物吸收中心分布"图,反演了FeO和TiO_2,与国际结果比对,都符合得非常好。

2. 超光谱分辨力光谱技术的应用

超光谱技术具有非常高的光谱分辨力,在大气痕量气体探测方面具有明显优势[32],已成为大气成分探测、化学战剂探测主要手段,探测的大气成分从臭氧逐步扩展到二氧化氮、二氧化硫、一氧化碳、甲烷、二氧化碳等。

该类成像光谱仪的实现形式也主要有两类,首先是以光栅为色散元件的色散型成像光谱仪,其代表是美国EOS-Aqua上所搭载的大气红外探测仪[33]

图2－20　“嫦娥”1号卫星干涉成像光谱仪及其成像原理

(The Atmospheric Infrared Sounder, AIRS),它的星下点空间分辨力为13km,光谱分辨力为0.55～2cm^{-1},该光谱分辨力对大气成分的探测灵敏度较低,若进一步提高光谱分辨力与探测灵敏度,色散型就难以胜任。目前,国际上特别是美国、欧洲与日本都致力于开展时间调制型干涉成像光谱仪的研究,其中代表性的航天光学遥感器有美国的高光谱红外大气探测仪[34](图2－21)(Geosynchronous Imaging Fourier Transform Spectrometer, GIFTS)以及欧洲的红外大气探测仪[35](图2－22)(The Infrared Atmospheric Sounding Interferometer, IASI),前者光谱分辨力为0.3～0.6 cm^{-1},后者为0.35～0.55 cm^{-1}。

面向大气微量成分探测(化学战剂)及大气污染的探测,国际上希望把光谱分辨力再提高一个量级,时间调制型干涉成像光谱仪是研究的重点。

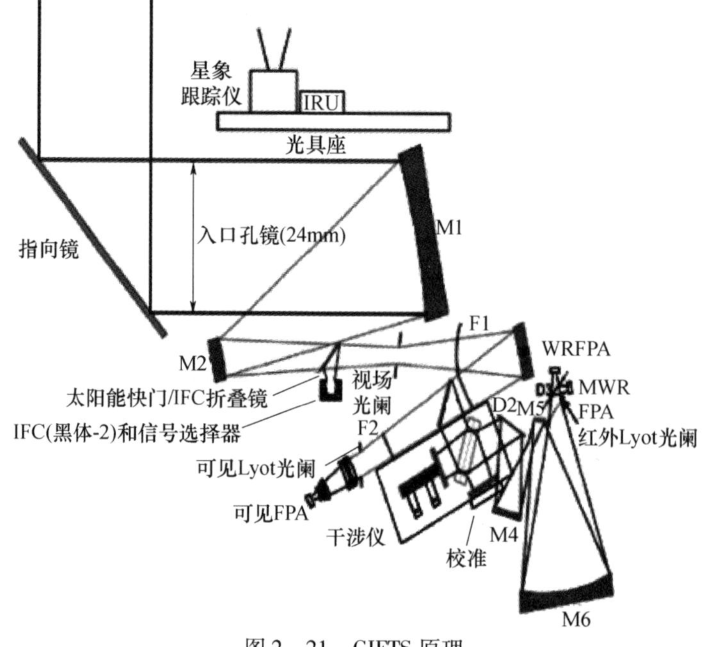

图2－21　GIFTS原理

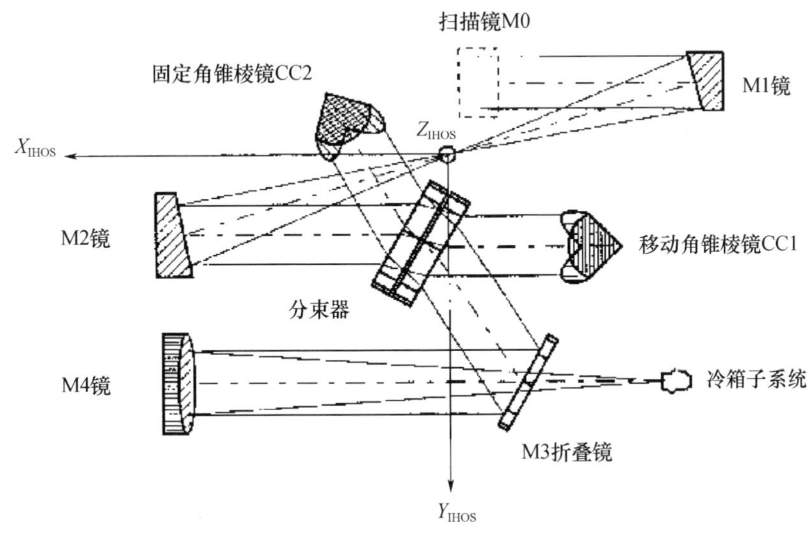

图 2 - 22　IASI 光学原理

2.3　高分辨激光雷达成像技术及应用领域

2.3.1　激光雷达的成像原理与组成

激光雷达是一种工作在光波频段的雷达,通过主动发射激光照射目标,并接收和处理目标反射回来的激光信号来获取目标的位置、运动状态和形状等信息[36,37]。

激光三维成像雷达是一种最典型的激光雷达,通过激光测距和测角技术直接获取目标的距离—方位角—俯仰角信息,直接生成目标三维立体图像,在三维立体测绘、自动驾驶、导航、机器人视觉和大型工程施工等领域具有广泛的应用[36-41]。

目前典型的激光三维成像雷达大多采用单元探测器探测的扫描成像方式[38-41],其基本组成如图 2 - 23 所示。激光器在雷达控制系统的控制下按一定的时序发射激光,激光束经发射光学系统整形后,在扫描系统的指向控制下照射被探测目标;照射到目标上的激光将被目标反射或散射,形成激光回波信号被接收光学系统接收,并聚焦到光电探测器上进行光电转换,形成的电信号经处理电路处理后,获取目标的距离信息和目标反射强度(灰度)信息;结合扫描系统同步测量得到的方位角和俯仰角信息,可计算出该激光照射点的目标空间坐标。激光雷达对目标进行二维扫描探测测量可获取大量的目标点云数据,这些点云数据经处理后,可获取目标的三维立体图像信息。

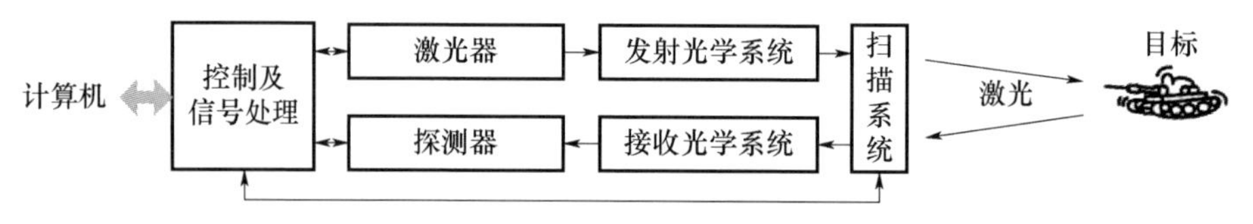

图 2－23　激光三维成像雷达基本组成示意图

激光测距技术是激光三维成像雷达的核心技术之一。我们知道,所有的电磁波均以光速在真空中传播,如果能将激光在目标与雷达之间的往返传播时间精确测量出来,就可精确获得雷达与目标之间的相对距离。

激光在两者之间往返传播的时间与雷达和目标之间相对距离的关系为:

$$t = \frac{2R}{c} \tag{2-10}$$

式中:R 为雷达和目标之间的相对距离;c 为光速。

雷达和目标之间的相对距离为

$$R = \frac{1}{2}|t|c \tag{2-11}$$

激光三维成像雷达可通过直接或者间接的方法测量出激光的往返传播时间。目前常用的直接测量方法主要是激光脉冲飞行时间测量技术,通过直接测量激光脉冲在雷达与被测物之间的飞行时间来获取目标的距离信息。间接的测量方法主要是激光相位测距技术和连续波线性调频激光测距技术两种:前者通过测量激光调制波的相位差,反推目标的距离信息;后者通过测量激光调制波的频率差来反推目标的距离信息。激光脉冲飞行时间测量技术可通过发射大能量、高峰值功率的激光脉冲来实现远距离的测距,但精度较低,一般在分米至米量级;激光相位测距和连续波线性调频的探测距离较近,但其精度非常高,可实现毫米至微米量级的测距精度。

下面分别对激光脉冲测距和激光相位测距的基本原理进行说明。

1. 激光脉冲测距基本原理

激光脉冲测距通过直接测量激光脉冲在目标与雷达或测距仪之间的往返飞行时间来获得目标距离,激光脉冲飞行时间与目标距离的关系如式(2－11)所示,图 2－24 给出了激光脉冲飞行时间测量的基本原理时序图。当激光器发射激光脉冲时,同步给出一个开始计时信号触发计时电路开始计时;当激光雷达接收到目标反射的回波信号后,形成结束计时信号触发计时电路结束计时;计时电路通过计算开始计时信号和结束计时信号两者之间的计时时钟脉冲个数来获取时间差,从而推算出目标距离。可以看出,激光脉冲测距技术的距离分辨力与计时时钟频率相关,计时时钟的频率越高,距离分辨力越高。但随着计时时钟频率的提高,相应地对硬件电路的器件、电路板的设计和加工要求也越来越高,硬件

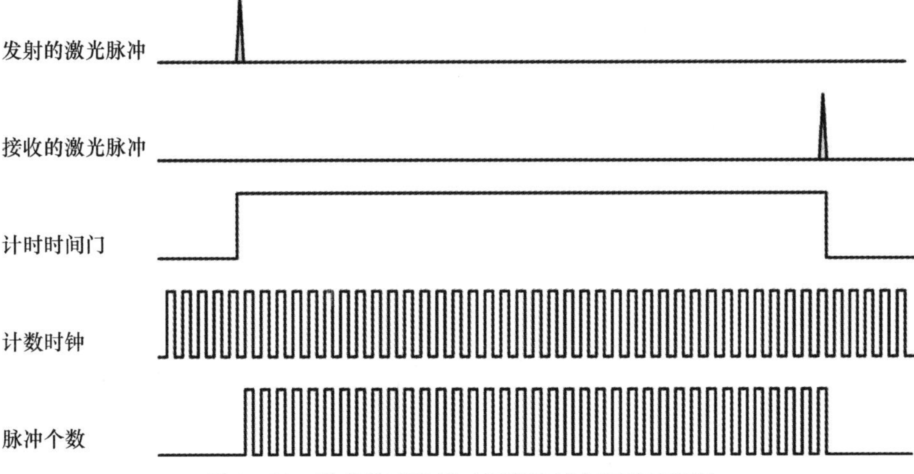

图 2－24 激光脉冲飞行时间测量基本原理时序图

电路的实现难度将越来越大。

2. 激光相位测距基本原理

激光相位测距是一种间接的激光飞行时间测距法，通过测量被调制的激光信号在目标与雷达之间往返传播产生的相位差来获取距离信息。其基本原理如图 2－25 所示。

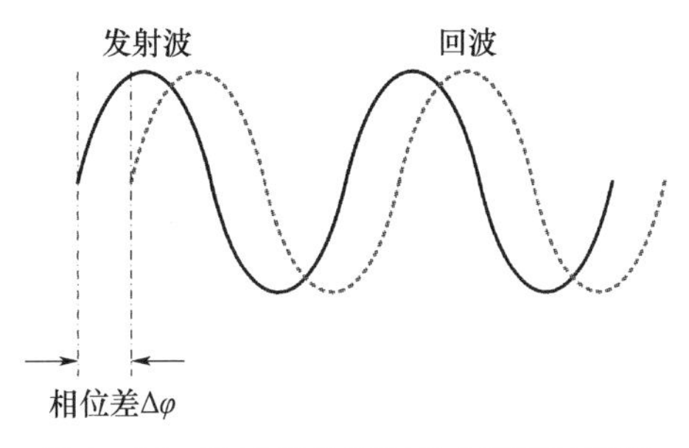

图 2－25 激光相位测距基本原理示意图

假设发射的激光束幅值的被调制成正弦波变化，其调制频率为 f，则接收到距离为 d 的目标反射信号的相位变化应为

$$\Delta\varphi = \omega t_{d} = 2\pi f \frac{2d}{C} \tag{2-12}$$

式中：ω 为调制角频率；f 为调制频率；t_{d}为激光的往返时间。

因此，距离 d 为

$$d = \frac{C}{2f}\frac{\Delta\varphi}{2\pi} \tag{2-13}$$

由于相位位移是以 2π 为周期变化的，相移测量时，相位变化的整周期数是无法确定的，利用式(2－13)解算距离值时存在模糊多解问题。为解决这一问题，可选择较低的调制频率，使其调制周期大于激光在待测距离 d 上的往返时间，即使激光信号在待测距离 d 上往返传播形成的相移小于 2π。若调制频率为 f，则不存在模糊多解的非模糊距离 nar 应满足

$$\Delta\varphi = \omega t_{\mathrm{d}} = 2\pi f \frac{2nar}{C} = 2\pi \tag{2-14}$$

则

$$nar = \frac{C}{2f} \tag{2-15}$$

为了获得足够远的量程和足够高的测距精度，激光相位测距技术常采用多频率调制方式，采用长波长调制在大范围内进行粗测，采用高频调制进行精测。

激光相位测距的距离分辨力由相位分辨力决定，即

$$\delta_{\mathrm{d}} = \frac{C}{2f}\frac{\delta_{\varphi}}{2\pi} \tag{2-16}$$

为了获得高的相位分辨力，激光相位测距常采用外差探测技术将信号频率降低后再进行相位差测量处理。

假设：

发射的激光信号为

$$S_0(t) = E\cos(\omega_1 t) \tag{2-17}$$

雷达接收到目标反射的激光回波信号为

$$S_{\mathrm{rec}}(t) = \alpha E\cos(\omega_1 t + \varphi_{\mathrm{d}}) \tag{2-18}$$

以及参考光信号为

$$S_{\mathrm{ref}}(t) = E\cos(\omega_2 t + \psi) \tag{2-19}$$

式中：ω_1、ω_2 为信号角频率；E 为信号幅值；φ_{d} 为相位差；ψ 为参考光信号初相；α 为衰减系数。

将发射激光信号和激光回波信号分别与本振光信号进行混频，得

$$\begin{aligned} X_{\mathrm{mes}} &= S_{\mathrm{rec}}S_{\mathrm{ref}} \\ &= \frac{1}{2}\alpha E^2\{\cos[(\omega_1+\omega_2)t+(\varphi_{\mathrm{d}}+\psi)] + \\ &\quad \cos[(\omega_1-\omega_2)t+(\varphi_{\mathrm{d}}-\psi)]\} \end{aligned} \tag{2-20}$$

$$\begin{aligned} X_{\mathrm{ref}} &= S_0 \cdot S_{\mathrm{ref}} \\ &= \frac{1}{2}\alpha E^2\{\cos[(\omega_1+\omega_2)t+\psi] + \cos[(\omega_1-\omega_2)t-\psi]\} \end{aligned} \tag{2-21}$$

当这两路信号通过低通滤波器进行滤波后，可得

$$\begin{cases} X_{\text{mes}} = \dfrac{1}{2}\alpha E^2 \cos[(\omega_1 - \omega_2)t + \varphi_{\text{d}} - \psi] \\ X_{\text{ref}} = \dfrac{1}{2}\alpha E^2 \cos[(\omega_1 - \omega_2)t - \psi] \end{cases} \tag{2-22}$$

信号 X_{mes} 和 X_{ref} 之间的相位位移 φ_{d} 就是测距所需要测量的相差。如果 $\omega_1 = 300\text{MHz}$、$\omega_2 = 299.99\text{MHz}$，则 $\omega_1 - \omega_2 = 10\text{kHz}$，这可将最终需要处理的信号频率降低99.9967%，从而大幅度提高相位测量的精度。

2.3.2　高分辨激光雷达成像方法

激光雷达的成像方法种类繁多[41]，根据探测方式的不同，激光雷达的成像方法分为直接探测成像和相干探测成像两种；根据成像方式的不同大致又可分为扫描成像和凝视成像两种。下面仅对扫描成像、凝视成像和合成孔径成像这三种常用的成像方法进行介绍。

1. 扫描成像激光雷达技术

采用单元探测器探测的扫描成像体制通过激光发射和接收的同步扫描测量，逐点获取目标的距离—方位角—俯仰角三维数据。扫描成像方式不仅可采用成熟的高灵敏度单元探测器进行探测，信号处理电路只需对一路信号进行处理即可，对处理电路的要求较低，而且将激光能量集中利用，对激光器的功率和能量要求较低。扫描成像是目前主流的激光雷达工作体制，目前已有成熟的地面、车载和机载的商业化扫描成像激光雷达出售[40]。但扫描成像方式需通过长时间的逐点扫描测量来获取扫描视场的三维场景，成像速度慢，搭载平台和目标的相对运动以及大气的扰动均容易引起图像的撕裂和变形，成像质量较差。而且为避免出现距离模糊问题，扫描成像的测量频率或速度将随着观测目标距离的增加而降低，这将进一步影响激光雷达的成像质量。

扫描成像激光雷达比较适用于观测静态目标或者相对运动速度较低的目标。

2. 凝视成像激光雷达技术

凝视成像激光雷达采用阵列探测器进行探测，仅需发射一个激光脉冲或者一次激光照射即可获取整个视场的三维立体图像，成像速度快、帧频高、成像质量好，是目前直接探测成像激光雷达的发展方向。

凝视成像激光雷达无论是对激光器、探测器，还是对处理电路的要求都非常高。首先，凝视成像激光雷达需要采用阵列探测器进行探测，但目前阵列探测器的成熟度较低；其次，采用阵列探测器探测就意味着在同样的探测距离下，激光器发射的激光功率或者能量将是采用单元探测器探测的 $M \times N$（M、N 为阵列探测器的行数、列数）倍；最后，必须对阵列探测器接收到的信号进行并行处理，对处理电路的要求非常高，一般都将处理电路（读出电路）与阵列探测器集成为一体。

目前，MIT 林肯实验室、美国 Raytheon 公司、陆军实验室和 Spectrolab 公司等机构均研制出了不同的激光雷达阵列探测器[42-49]，并进行了凝视成像技术验证。图 2-26 所示为 MIT 林肯实验室从 1996—2009 年研制的 Geiger-Mode 雪崩二极管（Avalanche Photodiode，APD）阵列探测器照片。MIT 林肯实验室利用 32×32Geiger-Mode APD 阵列探测器研制出激光雷达样机进行了地面和直升机搭载成像试验，图 2-27 为 MIT 林肯实验室研制的激光雷达样机及其直升机搭载试验结果[43]。图 2-28 和图 2-29 分别为 Raytheon 公司研制的 HgCdTe APD 阵列探测器照片和利用 128×2 的 HgCdTe APD 阵列探测器研制的激光雷达样机照片及其成像试验结果[48]。

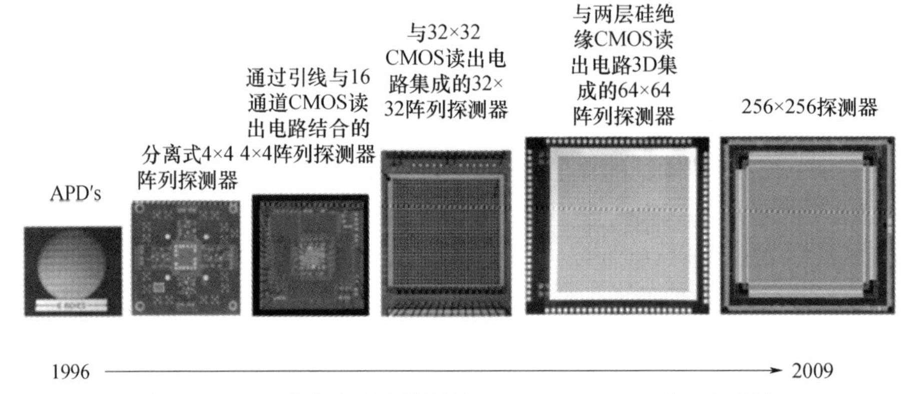

图 2-26　MIT 林肯实验室研制的 Geiger-Mode APD 阵列探测器

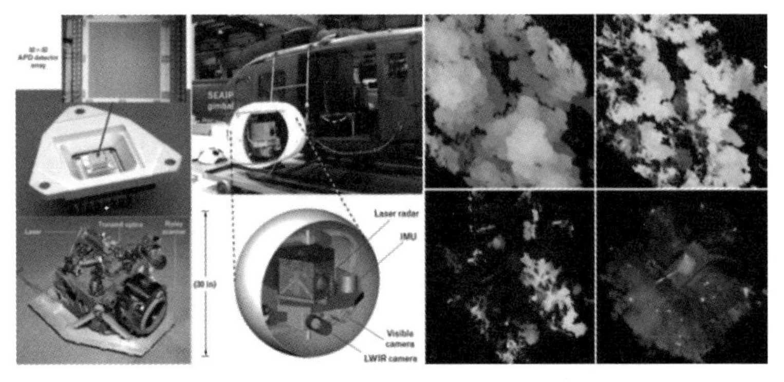

图 2-27　MIT 林肯实验室采用 32×32 的 Geiger-Mode APD 阵列探测器研制的激光三维成像雷达样机及机载成像试验结果

3. 合成孔径成像激光雷达技术

激光雷达成像系统的空间分辨力受系统接收孔径的限制，对于一定工作波段和一定接收孔径大小的成像系统，其分辨力将随着距离的增加而降低。为提

高远距离成像的分辨力，增大系统接收孔径是一种常用的技术途径，但在实际的系统中，系统接收孔径不可能无限增加，成像系统接收孔径的增加将受到加工工艺、平台搭载质量和搭载体积等因素的限制。

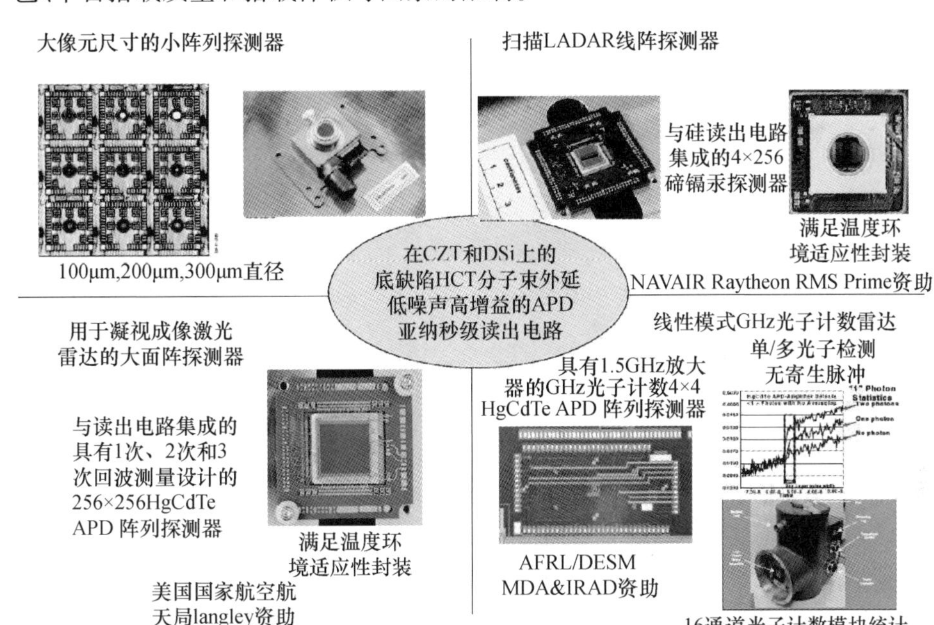

图 2－28　Raytheon 公司研制的 HgCdTe APD 阵列探测器

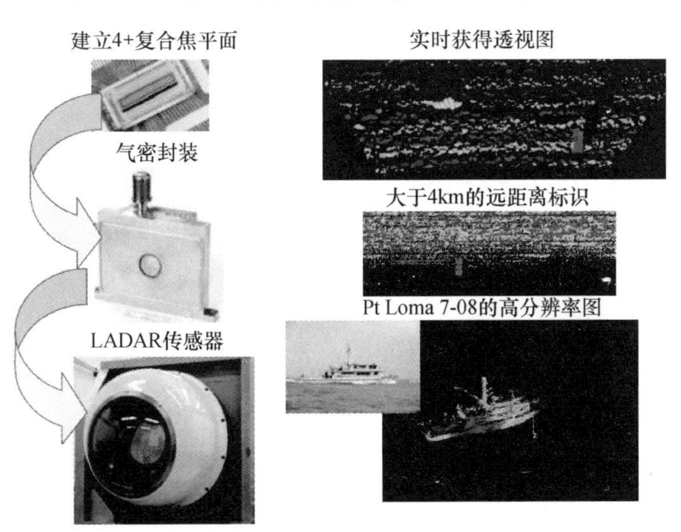

图 2－29　Raytheon 公司采用线性光子计数模式 128×2 HgCdTe APD 探测器阵列研制的激光三维成像雷达样机及成像试验结果

合成孔径雷达技术利用雷达与目标的相对运动，把尺寸较小的真实天线孔径通过数据处理的方法合成为较大的等效天线孔径，其理论分辨力可达到波长量级[50]，合成雷达孔径技术是雷达成像发展的一个重要里程碑。同样，激光雷达也可以采用合成孔径技术实现高分辨力的成像。由于激光雷达的工作频率远高于微波，对于相对运动相同的目标可产生更大的多普勒频移，能够提供比微波合成孔径雷达更高的方位分辨力，而且还可克服普通激光雷达波束窄、搜索目标困难等缺点，可实现大面积成像[41,51-53]。

2.3.3 应用实例

激光的固有特点为成像激光雷达带来了非常多的优点：

(1) 具有非常窄的波束发散角。因为激光的频率比微波高 2~3 个数量级，所以利用很小的发射口径即可获得比微波雷达小得多的波束发散角，从而使得成像激光雷达具有非常高的角分辨力；同时，较窄的波束发散角使得激光成像雷达具有较高的抗干扰能力，多路效应较小，适合探测低空飞行目标。

(2) 具有极高的分辨力和测量精度。激光雷达可实现微波雷达难以媲美的角分辨力和距离分辨力。

(3) 获取的信息量丰富。成像激光雷达可直接获取目标的距离、方位角、俯仰角和反射强度信息，通过全波形处理技术还可获得激光传播方向景物的距离分布；激光对一定郁闭度以下的森林、植被或伪装网具有一定的穿透能力，可对植被以下或伪装网以下的目标进行成像。

(4) 主动光学成像系统。成像激光雷达通过主动发射激光束照射目标进行成像，其性能不依赖于目标的光照条件和辐射特性，可全天时工作。

但激光的固有特点也为成像激光雷达带来了以下问题：

(1) 激光易受大气的影响，在能见度较低和雨、雪天气条件下难以正常工作，大气湍流易影响激光束的指向。

(2) 当激光雷达的波束较窄时，不利于目标的搜索和捕获，以及大面积、宽覆盖成像。

激光雷达在地球科学研究、行星探测、地形测绘、大型工程建设、目标监视、战场侦察和智能导航等领域均具有非常广泛的应用。

1. 应用实例一：地球科学研究

搭载地球科学激光高度计系统（Geoscience Laser Altimeter System，GLAS）的ICESat（Cloud and Land Elevation Satellitet）是地球科学事业地球观测系统（EOS）项目的一部分，该项目自 1988 年开始启动研制，于 2002 年 1 月 13 日美国在加利福尼亚州的范登堡空军基地使用德尔塔 II7320 运载火箭成功发射卫星，在轨运行了六年多的时间，获取了大量的地球科学数据。ICESat 的主要任务：①测量极地的冰盖总量，研究冰盖总量对海平面变化的影响。②测量云和气溶胶的分布及垂直结构，其中云参数的观测包括多层云的高度、云顶和云底的高度、散射截面的垂直廓线和薄云的光学厚度;气溶胶的观测包括气溶胶检测、霾层的高度、消光截面的廓线及气溶胶光学厚度等。③测量冰面(如格陵兰和南极冰层)、陆地地形和植被的冠盖高度,了解表面粗糙度、反射率、植被高度和冰雪面的特征。

ICESat－I 在轨运行示意图如图 2－30 所示,经六年多时间的在轨运行,获取了大量的地球冰层、地表高程、植被和云层等地球科学数据,分别如图 2－31、图 2－32、图 2－33 所示,为美国的地球科学研究提供了大量的基础数据[54]。美国将发射 ICESat－II 卫星来获取更多和更高精度的地球科学数据[55]。

图 2－30 ICESat－I 在轨运行示意图

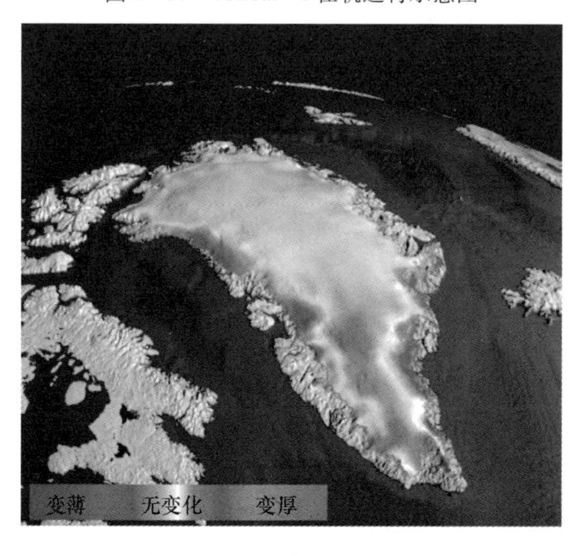

图 2－31 ICESat－I 获取的格陵兰岛冰层从 2003—2006 年的变化情况

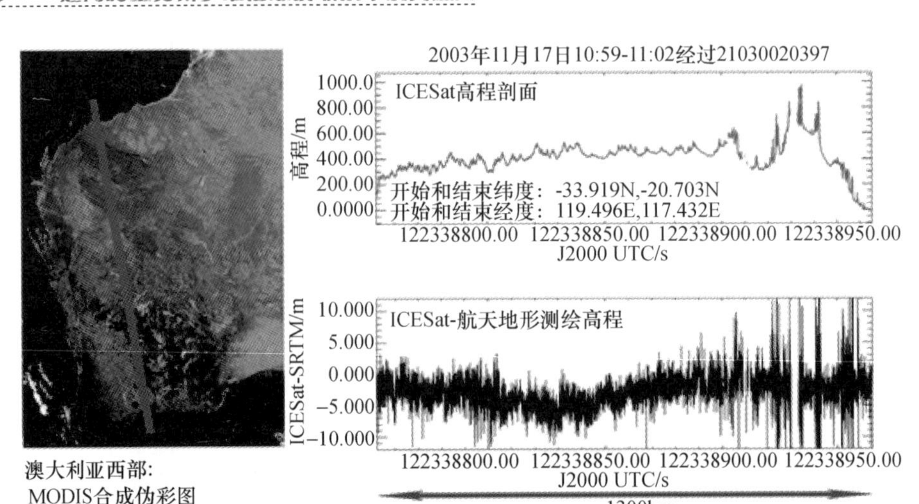

图 2-32　ICESat-I 可获取高精度的地表高程数据,用于验证和校正 DEM 数据

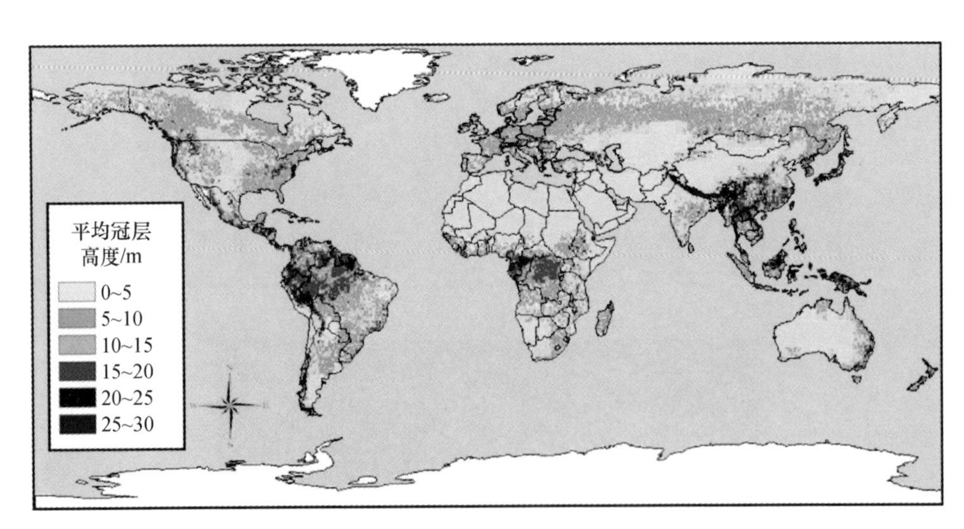

图 2-33　ICESat-I 获取的全球树冠平均高度评估图

2. 应用实例二:行星探测

MGS 是 NASA 新的火星系列飞行器中的第一颗,它的任务是在一个火星年(约为两个地球年)的时间里对整个火星表面、大气和火星内部进行研究。搭载"火星轨道激光高度计"(Mars Orbiter Laser Altimeter,MOLA)的"火星全球勘测者"(Mars Global Surveyor,MGS)(图 2-34)于 1996 年 11 月 7 日在佛罗里达州卡纳维拉尔角用德尔塔 II 7925 型运载火箭发射[56]。"火星全球勘测者"于 1999 年 2 月进入轨道并开始科学测绘,在 2006 年 11 月 2 日因为失联结束任务。

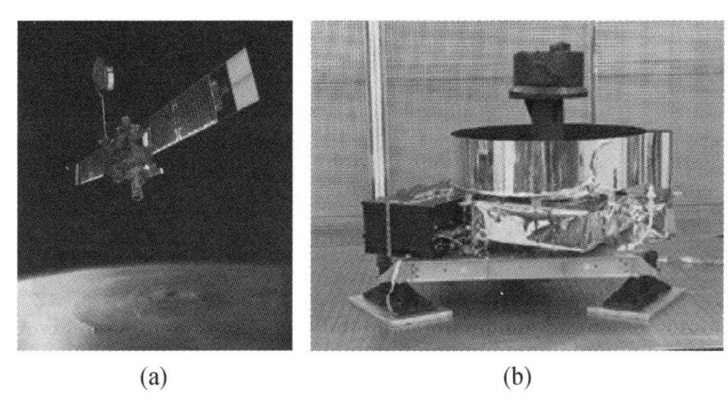

(a)　　　　　　　　(b)

图2-34　火星全球勘测者示意图(a)和MOLA照片(b)

图2-35为MOLA获取的火星三维高程图。

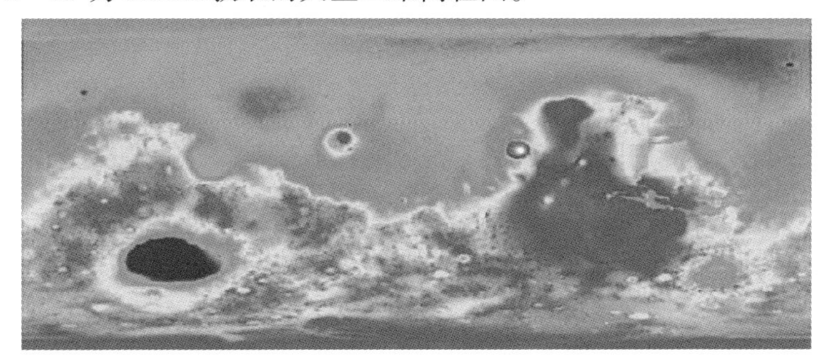

图2-35　MOLA获取的火星三维高程图

参考文献

[1] 李德仁,郑肇葆. 解析摄影测量学[M]. 北京:北京测绘出版社,1992.

[2] 王家骐,等. 航天光学遥感器像移速度矢计算数学模型[J]. 光学学报,2004,24(12)1585-1589.

[3] 赵葆常,杨建峰,常凌颖,等. 嫦娥一号卫星成像光谱仪光学系统设计与在轨评估[J]. 光子学报,2009,38(3):479-483.

[4] 赵葆常,李春来,黄江川,等. 嫦娥二号月球卫星CCD立体相机在轨图像分析[J]. 航天器工程,2012,11:1-7.

[5] 金光. 立体测绘小卫星有效载荷一传输型三线阵CCD立体摄影测量相机[J]. 遥感技术与应用,1999,14.

[6] 王任享. 三线阵CCD影像卫星摄影测量原理[M]. 北京:北京测绘出版社,2006.

[7] 王小勇,陈晓丽,苏云. 当代高分辨力光学载荷前沿技术[J]. 国际太空,2013,05:13-18.

[8] 姜挺,龚志辉,江刚武,等. 基于三线阵航天遥感影像的DEM自动生成[J]. 测绘学院学报,2004,21(3):178-150.

[9] 詹姆斯·韦伯太空望远镜网站[OL],http://www.jwst.nasa.gov/launch.html.

[10] 金光. 空间薄膜反射镜的研究发展现状[J]. 中国光学与应用光学,2009,2(2):91.

[11] 易红伟. 光学稀疏孔径成像系统关键问题研究[D]. 西安:中国科学院研究生院西安光学精密机械

研究所，2007.

[12] 刘韬，周一鸣，王景泉，等．波带片衍射成像技术在对地观测卫星中的应用[J]．航天器工程，2012，03：88－95.

[13] 张毅．TDICCD 亚像元成像中的图像质量评价[D]．西安：中国科学院研究生院西安光学精密机械研究所，2005.

[14] Alan Delamere. MRO HiRISE: Instrument Development[C]//. 6th International Mars Conference. Pasadena: NASA，2003.

[15] 童庆禧，张兵，郑兰芬．高光谱遥感－原理、技术与应用[M]．北京：高等教育出版社，2006.

[16] 王建宇，舒嵘，刘银年，等．成像光谱技术导论[M]．北京：科学出版社，2011.

[17] 程欣．大视场光纤成像光谱仪光学系统研究[D]．长春：长春光学精密机械与物理研究所，2012.

[18] 董瑛，相里斌，赵葆常．大孔径静态干涉成像光谱仪的干涉系统分析[J]．光学学报，2001，21(3)：330－334.

[19] 董瑛，相里斌，赵葆常．大孔径静态干涉成像光谱仪中的横向剪切干涉仪[J]．光子学报，1999，28(11)：991－995.

[20] 李欢，向阳，冯玉涛．运动补偿成像光谱仪的地面分辨力[J]．光学精密工程，2009，17(4)：745－749.

[21] 冯玉涛，向阳，陈旭．运动补偿下短波红外成像光谱仪的信噪比特性[J]．红外技术，2009，31(2)：107－111.

[22] Giroux J G，Souey M A，Chateauneuf F，et al. Design of the atmospheric chemistry experiment instrument [C]. SPIE，2000，4131：334－347.

[23] Akihiko Kuze，Hideaki Nakajima，Jun Tanii，et al. Conceptual design of solar occultation FTS for inclined－orbit satellite(SOFIS) on GCOM－A1[C]. SPIE，2000，4131：305－314.

[24] Winthrop Wadsworth，Jens P. Dybwad. Ultra High speed chemical imaging spectrometer[C]. SPIE，Eleetro－Optical Technology for Remote Chemical Detection and Identification II，1997，3082：148－154.

[25] 袁艳，相里斌．转镜式高灵敏度干涉光谱成像仪[J]．光子学报，2005，34(6)：935－935.

[26] Griffith Peter R，Hirsche Blayne L，Manning Christopher J. Ultra－Rapid－scanning Fourier transform Infrared spectrometry[J]. Vibration Spectroscopy，1999，19：165－176.

[27] 张文喜，相里斌，袁艳．高速转镜干涉成像光谱仪[J]．光子学报，2006，35(8)：1153－1155.

[28] 叶焕玲，叶松，王日明．空间外差光谱技术与 FTS 的比较研究[J]．光学技术，2009，35(1)：102－108.

[29] 叶松，方勇华，洪津．空间外差光谱仪系统设计[J]．光学精密工程，2006，14(6)：959－964.

[30] 相里斌，王忠厚，刘学斌．环境与灾害监测预报小卫星高光谱成像仪[J]．遥感技术与应用，2009，03：257－262.

[31] 薛彬．CE－1 干涉成像光谱仪信息处理及应用研究[D]．西安：中国科学院研究生院西安光学精密机械研究所，2006.

[32] 赵其昌，杨勇，李叶飞，等．大气痕量气体遥感探测仪发展现状和趋势[J]．中国光学，2013，02：156－162.

[33] Aumann H，Strow L. AIRS，the first hyper－spectral infrared sounder for operational weather forecasting [J]. Proceedings of IEEE Aerospace Conference，2001，4：1683－1692.

[34] Zhou D K，Larar A M，Xu L. Geosynchronous imaging Fourier transform spectrometer (GIFTS)：Imaging and tracking capability[C]. Geoscience and Remote Sensing Symposium，2007. IGARSS 2007. IEEE International，2007，3855－3857.

[35] Siméoni D，Singer C，Chalon G. Infrared atmospheric sounding interferometer[J]. Acta Astronautica，1997，

40(2-8):113-118.

[36] Richmond Richard D, Cain Stephen C. Direct - detection LADAR systems[M]. New York: SPIE Press,2010.

[37] Jelalian AIbert V. Laser Radar Systems[M]. Boston:Artech House, Inc., 1992.

[38] Shan Jie,Toth Charles K. Topographic laser ranging and scanning: principles and processing[M]. Boca Raton:CRC Press,2008.

[39] Heritage George L,Large Andrew RG. Laser Scanning for the Environmental Sciences[M]. Oxford:Blackwell Publishing Ltd., 2009.

[40] Baltsavias E P. Airborne laser scanning: existing systems and firms and other resources[J]. ISPRS J. Photogramm. Remote Sensing,1999,54:164.

[41] McManamon Paul F. Review of ladar: a historic, yet emerging, sensor technology with rich phenomenology [J]. Opt. Eng. 2012,51:060901.

[42] Albota M A,Aull B F,Fouche D G, et al. Three - dimensional imaging laser radars with Geiger - mode avalanche photodiode arrays[J]. MIT Lincoln Laboratory Journal,2002,13: 351.

[43] Marino R M,Jr. Jigsaw W R Davis. A foliage - penetrating 3Dimaging laser RADAR system[J]. Lincoln Laboratory J. 2005, 15:23.

[44] Cho Peter,Anderson Hyrum,Hatch Robert,et al. TReal - Time 3D Ladar Imaging[J]. Proc. of SPIE, 2006, 6235:62350G.

[45] Asbrock J,Bailey S,Baley D,et al. Ultra - High sensitivity APD based 3D LADAR sensors: linear mode photon counting LADAR camera for the Ultra - Sensitive Detector program[J]. Proc. SPIE, 2008, 6940: 694020.

[46] McKeag William, Veeder Tricia, Wang Jinxue, et al. New Developments in HgCdTe APDs and LADAR Receivers[J]. Proc. SPIE, 2011,8012:801230.

[47] Jack Michael,Chapman George,Edwards John,et al. Advances in LADAR Components and Subsystems at Raytheon[J]. Proc. SPIE, 2012, 8353:8353F.

[48] Ruff William,Aliberti Keith,Dammann John,et al. Performance of an FM/cw prototype ladar using a 32 - element linear self - mixing detector array[J]. Proc. SPIE, 2003, 5086:58.

[49] Itzler Mark A,Entwistle Mark,Owens Mark,et al. Comparison of 32 × 28 and 32 × 32 Geiger - mode APD FPAs for single photon 3D LADAR imaging[J]. Proc. SPIE, 2011, 8033:80330G.

[50] 保铮, 邢孟道, 王彤. 雷达成像技术[M]. 北京:电子工业出版社, 2005.

[51] Beck S M,Buck J R,Buell W F, et al. Synthetic - aperture imaging laser radar: laboratory demonstration and signal processing[J]. Appl. Opt. 2005,44:7621.

[52] Buell W,Marechal N,Buck J,et al. Demonstrations of Synthetic Aperture Imaging Ladar[J]. Proc. SPIE, 2005,5791:152.

[53] Krause Brian W,Buck Joe,Ryan Chris,et al. Synthetic Aperture Ladar Flight Demonstration[C]. 2011 Conference on Lasers and Electro - Optics, 2011, 1-2.

[54] The National Aeronautics and Space Administration[R]. Report from the ICESat - II WorkshopJune, NASA, 2007.

[55] Abdalati Waleed, Jay Zwally H,Bindschadler Robert, et al. The ICESat-2 Laser Altimetry Mission [J]. Proc. IEEE, 2010,98:735.

[56] Smith David E,Zuber Mafia T,Frey Herber V, et al. Mars Orbiter Laser Altimeter Experiment summary after the first year of global mapping of Mars[J]. J. Geophys. Res. ,2001,106:23689.

第3章 超快科学中的高时空多维分辨技术及应用

3.1 超短超强激光新理论与新型光源技术

3.1.1 飞秒钛宝石多通放大技术

1. 超短脉冲激光放大技术及应用简介

超快激光技术的发展大大促进了极端条件下光与物质相互作用的研究及应用,如激光等离子体、高次谐波产生、热核反应快速点火、时间分辨全息术、激光同步加速器实验、超快表面科学等[1-4]。其中强场科学的应用研究需要 10^{10} ~ 10^{15}W 的高峰值功率,这样的高功率激光短脉冲必须由超短脉冲激光放大系统产生。目前,超短脉冲激光系统的能量放大已超过 10^7 倍,这样高的峰值功率通过聚焦强度可大于 10^{20}W/cm^2[5-9],相当于把整个太阳光聚焦在地球上一个针头上的强度。通常,激光能量决定激光系统的规模大小,但通过压缩脉宽可以同时实现高集成度和高功率密度,目前,可以很容易在实验室中实现小尺度的千赫激光系统,通过压缩脉宽到 10 ~ 20fs,它的光强可相当于约束价电子在原子中的电场强度。

20 世纪末至今,超快激光放大技术的发展已大大促进了强场光科学的研究进展,目前已经可以开展原子、分子、等离子体以及固体物理中的高非线性过程,同时还可以探索新的物质态,如通过高次谐波技术、超快激光等离子体技术产生超短紫外线、软 X 射线及硬 X 射线激光,这些软 X 射线及硬 X 射线可以直接同时探测长短范围的原子动态特性,以及监测高激发态系统的演变过程,另外,这种短脉冲高强度激光系统可以产生脉宽在阿秒尺度的相干 X 射线激光[10,11]。

超短脉冲放大能量主要受限于放大激光介质的饱和能量密度,即

$$J_{sat} = \frac{h\nu}{\sigma_g} \tag{3-1}$$

式中:ν 为跃迁频率;σ_g 为增益截面;h 为普朗克常数。20 世纪 80 年代后期,传统的有机染料和准分子放大器的能量只能达到 10mJ 级,其典型的饱和能量密

度在 1 ~ 2mJ/cm^2。随后，由于超短脉冲固体激光器的发展，一些固体激光介质也应用在高功率超短脉冲放大器上，包括钛宝石、钕玻璃、绿宝石（alexandrite）、Cr:LiSAF 等，这些激光介质结合了相对长的上能级寿命、高可饱和能量密度（约 1J/cm^2）、宽带宽和高损伤阈值等特点，其中由 Moulton 在 80 年代早期发明的钛宝石晶体已在超快放大器中得到最广泛的应用，它具有理想放大激光介质的优点，如高损伤阈值（8 ~ 10J/cm^2）、高饱和能量密度（0.9J/cm^2）、高热传导率（在 300K 时达 46W/mK）、合适的峰值增益截面（$\sigma_g \approx 2.7 \times 10^{-19}$cm^2），同时由于它具有所有激光材料中最宽的增益带宽（230nm），如图 3 - 1 所示，可支持非常短的脉宽，同时它在 500nm 处具有一个很宽的吸收带（峰值 500nm 处的 $\sigma_{abs} \approx 6.5 \times 10^{-20}$cm^2），非常适合于倍频 Nd:YAG、Nd:YLF 激光泵浦。用于钛宝石激光产生与放大的浓度典型值是 0.05% ~ 0.25%（质量），由于宝石基质是双折射材料，钛宝石必须切割使得泵浦光和放大光偏振方向沿着晶体 c 轴，因为在这个方向增益截面是最高的。

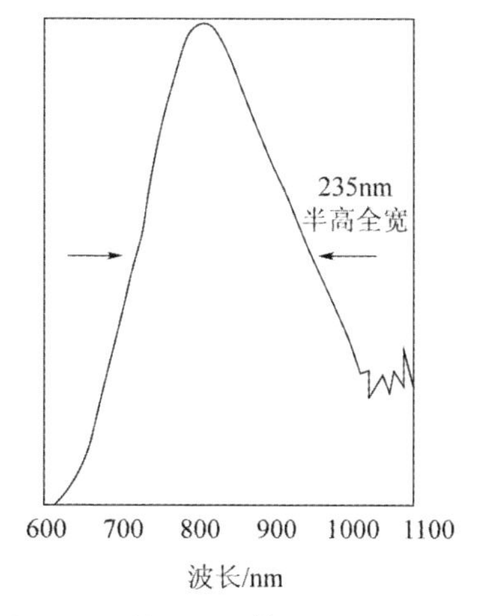

图 3 - 1　钛宝石晶体的增益截面分布

对于高功率超短脉冲放大器，再生放大腔和多通放大腔是两种典型的飞秒高功率啁啾脉冲放大系统结构[12]。如图 3 - 2 所示，再生放大腔和激光谐振腔非常类似，首先低能量的啁啾脉冲通过一个时间选通偏振装置（如普克尔盒和薄膜偏振片）注入放大腔中，在经过约 20 次增益介质放大后，在一个高能量点通过时间选通偏振旋转从放大腔内释放出来，一般再生腔用于低增益放大，它可以有效抑制放大自发辐射（Amplified Spontaneous Emission，ASE）的产生，对于高增益放大状态，再生腔很容易产生放大自发辐射并消耗翻转粒子数。再生放大腔中信号光束与泵浦光束重合非常好，放大效率可达 25%，采用这种腔型的放大器一般用于大能量、长脉冲（50 ~ 100fs）、高功率激光系统的前端放大，因为再生放大腔中的多次放大会引入大的高阶色散而很难压缩到短脉冲。多通放大器是采用一种非谐振腔结构实现多次穿越增益介质,因此 ASE 会被有效抑制,它可用于单通高增益放大,因此它只需很少次数通过增益介质放大(一般为 10 通),相应的高阶相位积累比较小,通过压缩可实现更短脉冲。多通放大的效率没有再生放大高,因为每次经过增益介质时信号光与泵浦光重合不同。一般多通预放大效率可达 15%,多通功率放大可达 30%。

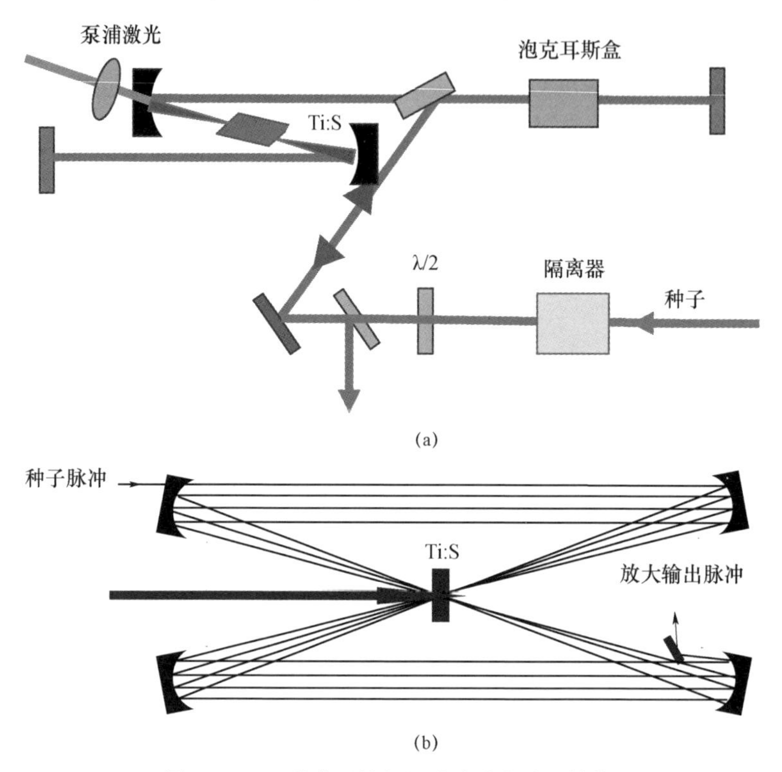

图 3-2　两种典型的超短脉冲放大腔型结构

(a)再生放大腔;(b)多通放大腔。

高功率激光放大系统可以工作在高重复频率(简称重频)和低重复频率状态,低重频激光放大系统能量达数毫焦以上,钛宝石低重频激光放大系统能量可达焦耳量级,峰值功率可达数百太瓦,主要用于产生短波长激光系统、由激光引导等离子体产生的皮秒短脉冲 X 射线源,ICF 物理中的快点火应用,脉宽要求一般在 0.5~1ps 之间。而钛宝石高重频(kHz)激光放大系统能量一般可达毫焦量级,脉宽达 20~30fs,其聚焦强度可达 10^{17} W/cm^2,这个强度已经足够开展大部分强场原子和等离子物理实验。同时由于其高重频、高平均功率和短脉宽等特点而具有更广泛的应用领域,如相干紫外线和软 X 射线辐射、极紫外测量学、材料超精细加工、相干太赫兹产生、光学相干层析术。

2. 飞秒固体激光放大过程中的主要物理问题[13]

1）增益窄化效应

由于放大工作介质带宽有限，只要在放大过程中增加脉冲能量，光谱就会被整形和移动，这可以从放大因子的表达式中看出：

$$n(t,\omega) = n(0,\omega)\mathrm{e}^{\sigma(\omega)\Delta N} \tag{3-2}$$

式中：ΔN 为沿光路方向总激发态粒子数；$n(t,\omega)$ 为放大因子。这种由放大过程引起的光谱窄化称为增益窄化，图 3－3(a)是假定在无限宽平输入光谱和无泵浦耗尽下增益因子为 10^7 时得到的输出光谱，即使在类似白光谱输出下输出光谱也只有 47nm，同时放大介质的有限增益截面可导致光谱红移或蓝移，主要取决于初始脉冲的中心波长和增益峰值的偏差位置。在图 3－3(b)中将输入脉冲中心波长设定为 760nm 来保证最宽的放大光谱，由于钛宝石增益分布规律是短波比长波下降得快，而且增益饱和会使光谱红移，最佳的输出光谱峰值应该大于 800nm，增益介质增益带宽越窄，光谱的移动和整形越严重，图 3－3(c)表示在输入光谱为优化情况下，放大光谱宽度窄化为 36nm。

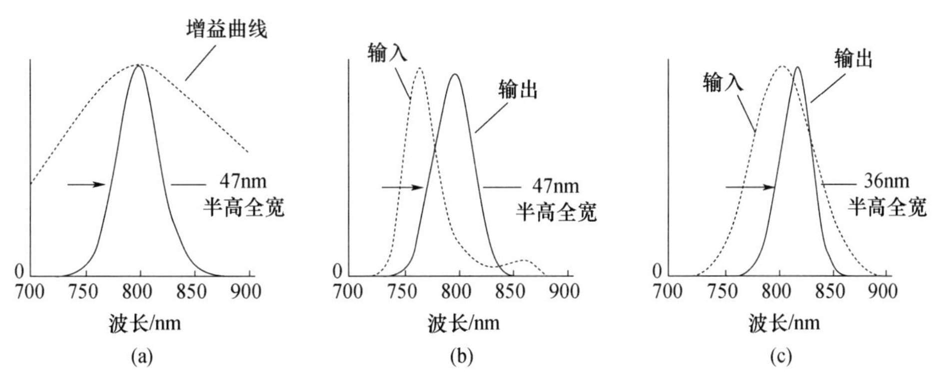

图 3－3　(a)无限宽平输入光谱情况；(b)输入光谱最优化情况；
(c)输入光谱未优化情况下增益窄化效应。

2）增益饱和效应

对于大的放大因子，一旦放大脉冲强度和介质的饱和强度可比拟，脉冲的放大就取决于瞬间激发态粒子数。在均匀展宽下增益饱和由下式计算：

$$g = \frac{g_0}{1 + E/E_{\mathrm{sat}}} \tag{3-3}$$

式中：g 为增益；g_0 为小信号增益；E 为信号能量密度；E_{sat} 为饱和能量密度（对于钛宝石是 $0.9\mathrm{J/cm^2}$）。对于宽脉宽的啁啾脉冲，脉冲的前沿将消耗激发态粒子数，红移的前沿比蓝移的后沿增益更大。对于宽带增益介质，必须考虑增益窄化、光谱移动、增益饱和问题，对于小于 30fs 的脉冲放大，增益窄化是光谱主要的限制因素，当然要获得短脉冲还必须考虑高阶色散的控制问题。

3. 飞秒钛宝石多通放大理论模型的建立及数值分析

1）模型的建立

考虑增益窄化和增益饱和效应，我们建立了基于多通啁啾脉冲放大器的理论模型，并进行了数值模拟和分析，为实验研究提供理论设计依据。模型的建立基于以下传输方程[14]：

$$\frac{\partial I(z,t)}{\partial z} = \sigma N(z,t) I(z,t) \tag{3-4}$$

$$\frac{\partial N(z,t)}{\partial t} = -\frac{2^{*}\sigma}{\hbar\omega} N(z,t) I(z,t) \tag{3-5}$$

式中：$I(z,t)$为脉冲强度；$N(z,t)$为反转粒子数；σ为激光介质的受激发射截面；$\hbar = h/2\pi$为约化普朗克常数；z、t为脉冲传输坐标；2^{*}为位于1～2的一个数值因子，这里取为1，因为相对于脉宽来说，激光的更低能级倒空快得多。通过在放大器介质长度上进行积分，式(3-4)可以改为

$$\int_{I=I_{\text{in}}(t)}^{I=I_{\text{out}}(t)} \frac{\mathrm{d}I}{I} = \sigma \int_{z=0}^{z=L} N(z,t)\,\mathrm{d}z \tag{3-6}$$

式中：$I_{\text{in}}(t)$为放大器的输入脉冲强度；$I_{\text{out}}(t)$为输出信号强度。式(3-6)右边的积分被定义为放大器中的总反转粒子数：

$$N_{\text{tot}}(t) = \int_{z=0}^{z=L} N(z,t)\,\mathrm{d}z \tag{3-7}$$

从式(3-6)可以得到输入强度和输出强度的关系：

$$I_{\text{out}}(t) = I_{\text{in}}(t)\,\mathrm{e}^{\sigma N_{\text{tot}}(t)} = G(t) I_{\text{in}}(t) \tag{3-8}$$

式中：$G(t) = \exp[\sigma N_{\text{tot}}(t)]$为脉冲中任意时刻的时间变化或者部分饱和增益。联合式(3-4)和式(3-5)，得

$$\frac{\partial N(z,t)}{\partial t} = -\left(\frac{1}{\hbar\omega}\right)\frac{\partial I(z,t)}{\partial z} \tag{3-9}$$

式(3-9)在整个放大器长度上积分，得

$$\frac{\partial}{\partial t}\int_{z=0}^{z=L} N(z,t)\,\mathrm{d}z = -\left(\frac{1}{\hbar\omega}\right)\int_{z=0}^{z=L} \frac{\partial I(z,t)}{\partial z}\mathrm{d}z \tag{3-10}$$

简化为

$$\frac{\partial N(z,t)}{\partial t} = -\frac{1}{\hbar\omega}[I_{\text{out}}(t) - I_{\text{in}}(t)] \tag{3-11}$$

利用式(3-8)，式(3-11)又可以写成

$$\frac{\partial N(z,t)}{\partial t} = -\frac{1}{\hbar\omega}[\mathrm{e}^{\sigma N_{\text{tot}}(t)} - 1] I_{\text{in}}(t) \tag{3-12}$$

$$= -\frac{1}{\hbar\omega}[1 - \mathrm{e}^{-\sigma N_{\text{tot}}(t)}] I_{\text{out}}(t) \tag{3-13}$$

对式(3-12)和式(3-13)进行积分，得

$$\int_{N_0}^{N_{tot}(t)} \frac{dN_{tot}(t)}{e^{\sigma N_{tot}(t)} - 1} = -\frac{1}{\hbar\omega}\int_{-\infty}^{t} I_{in}(t)dt \tag{3-14}$$

$$\int_{N_0}^{N_{tot}(t)} \frac{dN_{tot}(t)}{1 - e^{-\sigma N_{tot}(t)}} = -\frac{1}{\hbar\omega}\int_{-\infty}^{t} I_{out}(t)dt \tag{3-15}$$

式中：$N_0 = (\eta E_{abs})/(h\omega_p)$ 为激光介质中初始总反转粒子数；η 为耦合效率；E_{abs}、ω_p 分别为激光介质吸收的泵浦能量密度和泵浦光频率。

与时间相关的能量密度定义为

$$J_{in}(t) = \int_{-\infty}^{t} I_{in}(t)dt \tag{3-16}$$

$$J_{out}(t) = \int_{-\infty}^{t} I_{out}(t)dt \tag{3-17}$$

饱和能量密度为

$$J_{sat} = \frac{\hbar\omega}{\sigma} \tag{3-18}$$

联合式(3-14)~式(3-17)，得

$$J_{in}(t) = J_{sat}\ln\left[\frac{1-1/G_0}{1-1/G(t)}\right] \tag{3-19}$$

$$J_{out}(t) = J_{sat}\ln\left[\frac{G_0-1}{G(t)-1}\right] \tag{3-20}$$

式中：$G_0 = \exp(N_0\sigma)$ 为放大器初始单通功率增益，瞬时增益 $G(t)$ 与输入能量密度的关系可以写成

$$G(t) = \frac{G_0}{G_0-(G_0-1)e^{-J_{in}(t)/J_{sat}}} \tag{3-21}$$

2）增益饱和效应模拟分析

对于多通放大，第 n 通的输入强度 $I_{in}^{(n)}$ 与输出强度 $I_{out}^{(n)}$ 有关系：

$$I_{out}^{(n)}(t) = G^{(n)}(t)I_{in}^{(n)}(t)(1-l) \tag{3-22}$$

式中：l 为损耗系数。第 n 通的增益 $G^{(n)}(t)$ 为

$$G^{(n)}(t) = \frac{G_0^{(n)}}{G_0^{(n)}-[G_0^{(n)}-1]e^{-J_{in}^{(n)}(t)/J_{sat}}} \tag{3-23}$$

式中：$G_0^{(n)} = G^{(n-1)}(\infty)$ 为脉冲通过后最后的 $G(t)$ 值。第 n 通输入强度和第 $(n-1)$ 通输出强度的关系为

$$I_{in}^{(n)}(t) = I_{out}^{(n-1)}(t) \tag{3-24}$$

类似地，对于第 n 通输入和输出能量密度，有

$$J_{out}^{(n)}(t) = J_{sat}\ln\left[\frac{G_0^{(n)}-1}{G^{(n)}(t)-1}\right] \tag{3-25}$$

$$J_{in}^{(n)}(t) = J_{out}^{(n-1)}(t) \tag{3-26}$$

根据式(3－22)~式(3－26),对多通放大中的增益饱和效应进行了数值模拟分析,依据实验条件,选取参数如下:输入脉冲能量为3nJ,钛宝石泵浦光能量为8mJ,晶体中的泵浦光光斑为450μm,初始反转总粒子数为$4\times10^{18}cm^2$,钛宝石的受激跃迁截面σ为$3.5\times10^{-19}cm^2$,每通放大的损耗为2%,图3－4为每通放大的瞬时增益,为比较部分饱和增益随时间变化,图中同时给出了基于种子脉冲光谱的带有啁啾的变换极限脉冲,从图中可以看出,从第8通到第9通出现了强的增益饱和效应,图3－5给出了输出能量随放大次数n的变化。

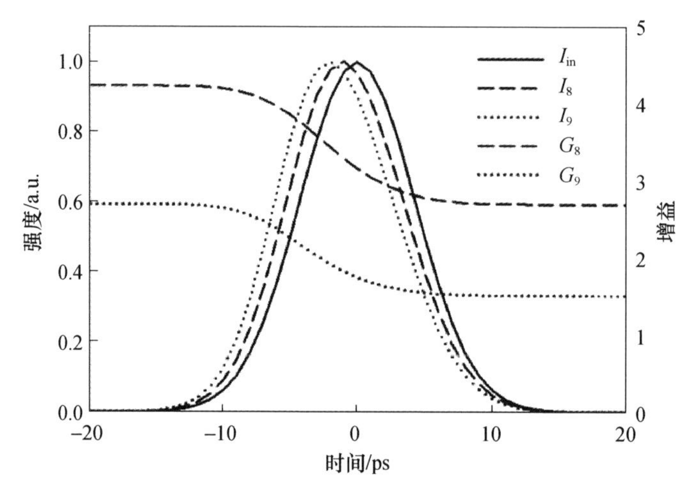

图3－4　瞬时增益随放大次数的变化以及引起的脉冲畸变

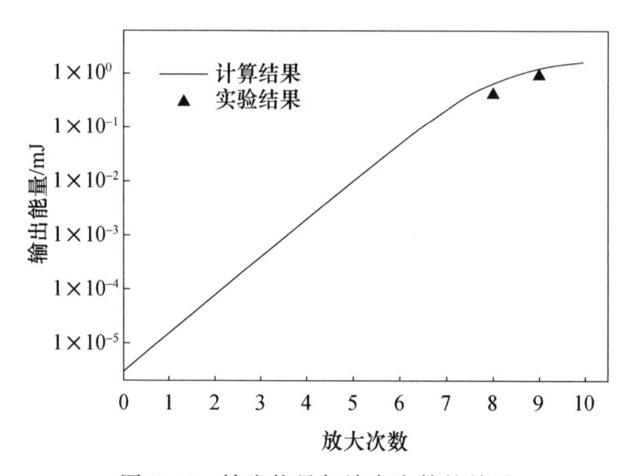

图3－5　输出能量与放大次数的关系

由于在脉冲内某时刻出现的增益饱和效应,脉冲的前沿增益是未饱和增益G_0,脉冲的后沿是部分饱和增益,这会使输入脉冲的前沿发生陡峭畸变,不同放大次数下的输出脉冲畸变可从图3－5中看出,随着放大次数增大,脉冲畸变程度更严重。

增益饱和效应在啁啾脉冲放大中还可以引起光谱移动。当脉冲经过色散延迟线时,瞬时频率随脉冲的时间分布发生变化,通常正色散延迟线(如经过一定长度的介质或光栅延迟线)用于在放大之前展宽脉冲。这种情况下,低频成分(长波)位于脉冲的前沿,高频成分(短波)位于脉冲的后沿,由于增益饱和效应,脉冲的前沿(长波长成分)比脉冲的后沿(短波长成分)取得更高的增益,结果导致脉冲光谱的红移现象发生。

对于线性啁啾脉冲,瞬时频率与脉冲时刻有关系:

$$\omega = \omega_0 + Ct \tag{3-27}$$

式中:ω_0 为脉冲的载波频率;C 为啁啾参数。由于与时间相关的总增益 $G_{tot}(t)$ 为

$$G_{tot}(t) = \prod G^{(n)}(t) \tag{3-28}$$

结合式(3-27),总增益与波光的关系如图3-6所示。

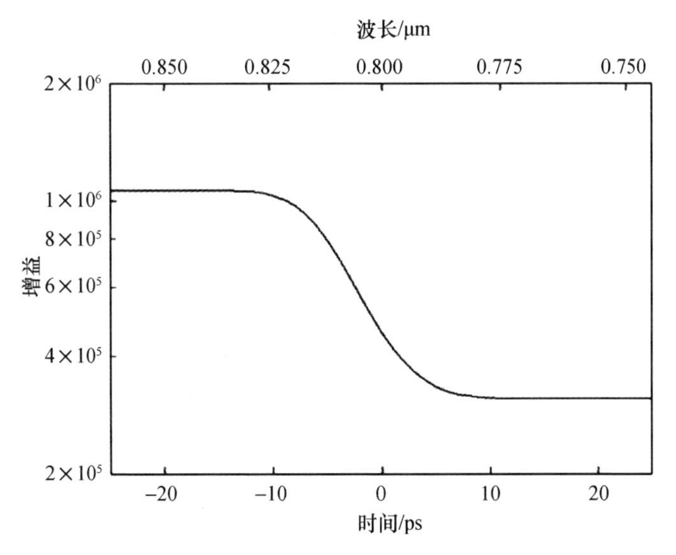

图3-6 总增益与波长的关系

3)增益窄化效应模拟分析

在频域中,由于原子跃迁引起的原子增益系数为

$$\alpha_m(\omega) = \frac{1}{2}\sigma N \frac{1}{1 + [2(\omega - \omega_a)/\Delta\omega_a]^2} \tag{3-29}$$

式中:ω_a 为原子跃迁频率;$\Delta\omega_a$ 为原子线宽;N 为反转粒子数。

单通功率增益为

$$G(\omega) = \exp[2\alpha_m(\omega)l] \tag{3-30}$$

$$= \exp\left\{\sigma Nl \frac{1}{1 + [2(\omega - \omega_a)/\Delta\omega_a]^2}\right\} \tag{3-31}$$

由于与频率有关的原子增益系数 $\alpha_m(\omega)$ 出现在增益表达式的指数部分,这会导致增益带宽比原子线宽窄,而且随着增益提高,窄化越严重。对于多通钛宝石放大器,忽略增益饱和,放大脉冲的光谱 $I_{out}(\omega)$ 与种子脉冲的光谱 $I_{in}(\omega)$ 有关系:

$$I_{out}(\omega) = I_{in}(\omega) G(\omega)^n \tag{3-32}$$

在多通放大器中,其强增益特性使得其增益带宽下降至 40nm 或更低,为了提高放大脉冲的光谱带宽,可以利用光谱滤波器对种子脉冲光谱整形,这种滤波器在增益峰值处的衰减比两翼大。

图 3-7 显示的是依据我们实验中种子脉冲光谱理论计算得到的放大光谱,放大光谱宽度约为 45nm。

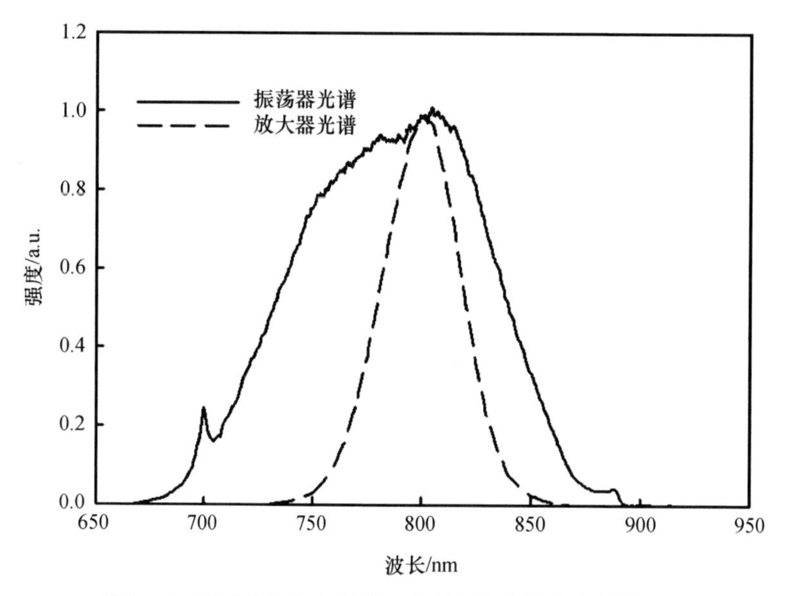

图 3-7 种子光谱与理论计算得到的放大脉冲光谱的对比

4. 飞秒钛宝石多通放大理论模型的建立及数值分析

基于前面的理论模拟分析,我们设计了 1kHz 单级九通飞秒钛宝石放大器结构,整个激光放大系统由飞秒种子源、展宽器、放大器及压缩器四部分组成。如图 3-8 所示。

飞秒种子源采用啁啾镜色散补偿的宽带飞秒振荡器(FemtoSource sPro; Femtolasers GmbH),泵浦源采用半导体泵浦的 Nd:YVO_4 倍频绿光激光器(Millennia, Spectra-Physics, Inc.),输出种子脉冲光谱带宽大于 100nm,脉冲重复频率为 75MHz,输出平均功率为 400~500mW,经隔离器 FI (BB8-5R, EOT)后进入展宽器。

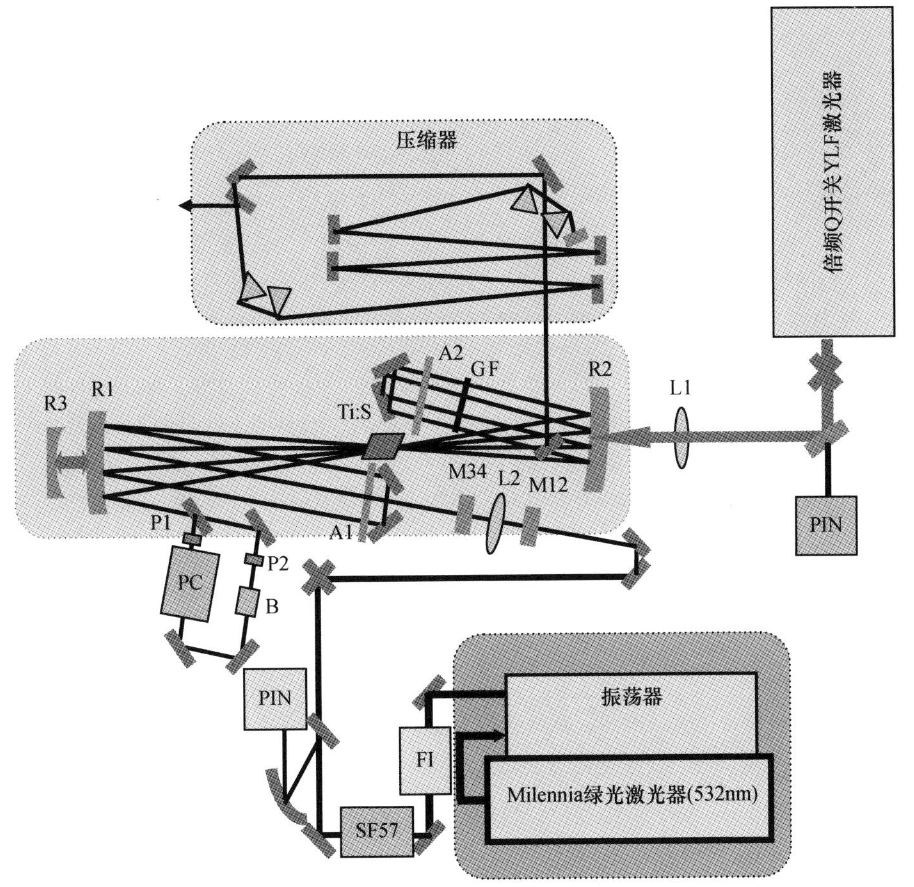

图3-8　九通放大器系统结构

FI—法拉第隔离器;SF57—重火石玻璃;P1,P2—偏振器;B—Berek偏振补偿器(Model 5540;New Focus);PC—普克尔盒1;A1,A2—光栏;GF—高斯滤波器。

1）超短脉冲压缩器理论分析与设计[15,16]

在超短脉冲激光技术的研究中,如何通过色散补偿来得到脉冲宽度的最佳压缩是一个核心的重要课题,也是一个必须首先解决的关键技术环节。

(1) 色散对超短脉冲的影响。当超短光脉冲在介质中传输时,可以得到描述光波场传输特性的方程:

$$\frac{\partial \bar{A}}{\partial z}+\frac{\alpha}{2}\bar{A}+\frac{\mathrm{i}}{2}\beta_2\frac{\partial^2\bar{A}}{\partial T^2}-\frac{1}{6}\beta_3\frac{\partial^3\bar{A}}{\partial T^3}=\mathrm{i}\gamma\left[|\bar{A}|^2\bar{A}+\frac{2\mathrm{i}}{\omega_0}\frac{\partial}{\partial T}(|\bar{A}|^2\bar{A})-T_{\mathrm{R}}\bar{A}\frac{\partial|\bar{A}|^2}{\partial T}\right] \tag{3-33}$$

式中:A为光场振幅;α为吸收系数;β为模传输常数:

$$\beta(\omega)=n(\omega)\frac{\omega}{c}=\beta_0+(\omega-\omega_0)\beta_1+\frac{1}{2}(\omega-\omega_0)^2\beta_2+\frac{1}{6}(\omega-\omega_0)^3\beta_3+\cdots \tag{3-34}$$

$$T = t - z/v_g = t - \beta_1 z$$

①二阶色散对脉冲的影响。假定激光介质对光波的吸收很小($\alpha \approx 0$),且非线性效应可以忽略($\gamma \approx 0$),对脉冲宽度大于 100fs 的脉冲,只考虑最低阶色散($\beta_2 \neq 0, \beta_3 = 0, \beta_4 = 0$)的情况下,线性色散介质中脉冲传输时的 GVD 效应,上面的光传输方程变为

$$\frac{\partial \overline{A}}{\partial z} + \beta_1 \frac{\partial \overline{A}}{\partial t} = -\frac{i}{2}\beta_2 \frac{\partial^2 \overline{A}}{\partial t^2} \tag{3-35}$$

考虑线性色散介质中光脉冲传输时的群速弥散(GVD)效应。如果利用下面的定义引入归一化振幅 $U(z,T)$:

$$\overline{A}(z,t) = \sqrt{P_0}\,U(z,T)\,e^{-\alpha z/2} \tag{3-36}$$

式中:P_0 为输入脉冲的峰值功率;α 为光纤损耗系数,则由式(3-36)可得 $U(z,T)$ 满足如下微分方程:

$$i\frac{\partial U}{\partial z} = \frac{1}{2}\beta_2 \frac{\partial^2 U}{\partial T^2} \tag{3-37}$$

式中:$U(z,T)$ 可由其傅里叶分量叠加而成,即

$$U(z,T) = \int_{-\infty}^{+\infty} U(z,\omega)\,e^{-i\omega T}\,d\omega \tag{3-38}$$

由此可以得到脉冲频谱的演化方程为

$$i\frac{\partial U(z,\omega)}{\partial z} = -\frac{1}{2}\beta_2 \omega^2 U(z,\omega) \tag{3-39}$$

求解可得

$$U(z,\omega) = U(0,\omega)\,e^{\frac{i}{2}\beta_2\omega^2 z} \tag{3-40}$$

式(3-40)表明,GVD 改变了脉冲的每个频谱分量的相位,且其改变量依赖于频率及传输距离,尽管这种相位变化不会影响脉冲频率,但它能改变脉冲形状。把式(3-40)代入式(3-38),可得式(3-37)的通解为

$$U(z,T) = \int_{-\infty}^{\infty} U(0,\omega)\,e^{\left[\frac{i}{2}\beta_2\omega^2 z - i\omega T\right]}\,d\omega \tag{3-41}$$

若考虑一峰值为 1 的无啁啾高斯型输入脉冲:

$$U(0,T) = e^{\left[-\frac{T^2}{2T_0^2}\right]} \tag{3-42}$$

利用式(3-41)和式(3-42),可以得到在光纤中传输距离 z 后的输出脉冲振幅为

$$U(z,T) = \frac{T_0^2}{T_0^2 - i\beta_2 z}\,e^{\left[-\frac{T^2}{2(T_0^2 - i\beta_2 z)}\right]} \tag{3-43}$$

式(3-43)表明,经光纤传输 z 距离后,光脉冲仍为高斯脉冲,但其宽度变为

$$T_1 = T_0\left[1 + (z/L_d)^2\right]^{\frac{1}{2}} \tag{3-44}$$

式中：$L_d = T_0^2/|\beta_2|$ 为光纤的色散长度。因此，GVD 展宽了脉冲，其展宽程度取决于色散长度 L_d，与初始脉冲相比展宽了 $[1+(z/L_d)^2]^{\frac{1}{2}}$ 倍。可见，脉冲的加宽与传输距离、初始宽度和色散参数有关。

②高阶色散对脉冲的影响。当脉冲宽度很窄时（小于 100fs），其包含的光谱成分已很宽，$\Delta\omega/\omega$ 已是不可忽略的量，这时在 $\beta(\omega)$ 的展开式中就必须考虑更高的色散项 β_3，其传输方程为

$$\mathrm{i}\frac{\partial U}{\partial z} = \frac{1}{2}\beta_2\frac{\partial^2 U}{\partial T^2} + \frac{\mathrm{i}}{6}\beta_3\frac{\partial^3 U}{\partial T^3} \tag{3-45}$$

该方程的解为

$$U(z,T) = \frac{1}{2\pi}\int_{-\infty}^{\infty} U(0,\omega)\mathrm{e}^{\left[\frac{\mathrm{i}}{2}\beta_2\omega^2 z+\frac{\mathrm{i}}{6}\beta_3\omega^3 z-\mathrm{i}\omega T\right]}\mathrm{d}\omega \tag{3-46}$$

由式（3-46）可知，高阶色散使脉冲宽度变宽，而且它使得脉冲的前沿（$\beta_3 < 0$）或脉冲的后沿（$\beta_3 > 0$）出现振荡，从而改变脉冲的形状，并使其变得具有对称性。

（2）宽带脉冲双棱镜对压缩器理论分析与设计[17]。当超短光脉冲通过激光介质时，会产生很强的二阶正群速度色散（GVD）和三阶色散，如果要得到理想的超短脉冲，就需要插入负的色散元件对正的色散进行补偿。目前在激光腔内进行色散补偿的方法主要有多层介质膜的啁啾镜和棱镜对，而在腔外对脉冲进行色散补偿的方法主要是光栅对和棱镜对。由于衍射光栅色散量不容易在正负之间调节，而棱镜对插入损耗小，色散调节非常方便，所以在中低功率的超短脉冲激光系统中是主要的补偿手段。

由于双棱镜多色散补偿系统具有插入损耗小、容易调节及集成度较高等优点，在超短脉冲激光产生及放大技术中扮演了一个非常重要的角色。由一对单棱镜和四棱镜系统进行正色散补偿的概念是由 Fork[18] 和 Sherriff[19] 分别提出的。由于石英四棱镜系统的二阶色散较小，不能充分补偿介质的正色散，SF10 等高色散棱镜又存在三阶色散较高的特点，Proctor[20] 等人提出了一种双棱镜对（A pair of prism or double prisms）补偿方案，其结构如图 3-9 所示，此补偿系统不仅能形成较大的二阶负色散量，而且由于是石英材料，其三阶色散也很小，所以有可能产生短于 20fs 的脉冲。在这些研究工作中，尽管研究者对此系统进行了较为详细的分析，但在分析的过程中都做了近似，如将最小偏离条件用于所有的波长，而这一条件只能用于参考波长（中心波长）；又如以前所发表的所有文章仅给出了角色散引起的 GVD，未包含材料色散产生的 GVD 等，他们的 GDD 计算仅仅给出的是参考波长（中心波长）的 GDD 量，并不包含棱镜材料的色散。随着超短脉冲的带宽越来越宽，在整个波段上的色散都应进行考虑。我们进行了详细的理论分析，并得出了对任意棱镜顶角没有任何近似的一般数学表达。

应用这个数学表达可以计算由角度和材料所引起的色散,还可以计算高阶色散。由于在双棱镜对系统中角色散和材料色散的符号是相反的,所以在应用此系统补偿超宽带脉冲时将具有一定的局限性,对此我们也进行了分析。

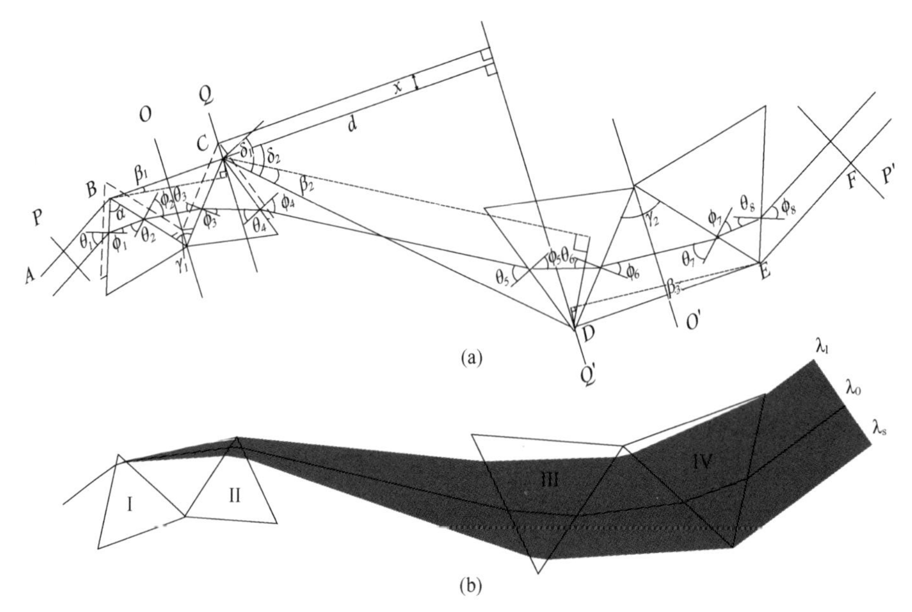

图 3-9　双棱镜对色散补偿系统结构

① 具有任意棱镜对顶角的群色散表达。群色散可以表示为

$$\frac{\mathrm{d}^2\Phi(\omega)}{\mathrm{d}\omega^2}=\frac{\lambda^3}{2\pi c^2}\frac{\mathrm{d}^2P(\lambda)}{\mathrm{d}\lambda^2}\tag{3-47}$$

式中:$P(\lambda)$ 为光脉冲在该系统中传输总的光学长度;$\Phi(\omega)$ 为由光学系统所引起的总的相位。为了计算双棱镜对的 GDD,就要得到 $P(\lambda)$ 的表达。

双棱镜对的结构如图 3-9 所示,四个棱镜具有相同的相对于参考波长λ_0最小的偏离角α。θ_i 和 $\phi_i(i=1\sim8)$ 表示在八个表面的入射和折射角。从平面 P 到平面 P'相位的延迟可以表示为

$$P(\lambda)=AB+BC\cos\beta_1(\lambda)+CD\cos\beta_2(\lambda)+DE\cos\beta_3(\lambda)+EF\tag{3-48}$$

这里,应用几何光学原理,得

$$\beta_1(\lambda)=\phi_2(\lambda)-\theta_1\tag{3-49}$$

$$\beta_2(\lambda)=\delta_1-\phi_4(\lambda)\tag{3-50}$$

$$\beta_3(\lambda)=\theta_7(\lambda)-\phi_8\tag{3-51}$$

把式(3-49)~式(3-51)代入式(3-48),并进行微分,得

$$\frac{\mathrm{d}^2P(\lambda)}{\mathrm{d}\lambda}=l_1\left\{-\frac{\mathrm{d}^2\phi_2(\lambda)}{\mathrm{d}\lambda^2}\sin\beta_1(\lambda)-\left[\frac{\mathrm{d}\phi_2(\lambda)}{\mathrm{d}\lambda}\right]^2\cos\beta_1(\lambda)\right\}+$$

$$l_2\left\{\frac{d^2\phi_4(\lambda)}{d\lambda^2}\sin\beta_2(\lambda)-\left[\frac{d\phi_4(\lambda)}{d\lambda}\right]^2\cos\beta_2(\lambda)\right\}+$$

$$l_3\left\{-\frac{d^2\phi_7(\lambda)}{d\lambda^2}\sin\beta_3(\lambda)-\left[\frac{d\phi_7(\lambda)}{d\lambda}\right]^2\cos\beta_3(\lambda)\right\} \quad (3-52)$$

式中：l_1、l_2、l_3 分别代表 BC、CD 和 DE。

假设 d 是两个通过顶点 C 和 D 的平面 Q 和 Q' 之间的垂直距离。Q 和 Q' 相对于两个参考平面是平行的。这样，当棱镜对沿着轴来回移动时，d 不变；当偏离很小时，应有 $\theta_1=\phi_8$、$\gamma_1=\gamma_2=2\theta_1$ 和 $\sin\theta_1=n(\lambda_0)\sin\left(\frac{1}{2}\alpha\right)$。由图3-9可得出 $\delta_1=\delta_2+(\alpha-\gamma_1/2)=\gamma_2+(\alpha-\theta_1)$，这里 $\cos\gamma_2=d/l_2$。

由Snell定理和关系 $\alpha=\phi_1(\lambda)+\theta_2(\lambda)=\phi_3(\lambda)+\theta_4(\lambda)=\phi_5(\lambda)+\theta_6(\lambda)=\phi_7(\lambda)+\theta_8(\lambda)$，能得出 $\phi_2(\lambda)=\theta_7(\lambda)$ 及 $\beta_1(\lambda)=\beta_3(\lambda)$，所以式(3-52)可以表示为

$$\frac{d^2P(\lambda)}{d\lambda^2}=(l_1+l_3)\left\{\frac{d^2\phi_2(\lambda)}{d\lambda^2}\sin[\theta_1-\phi_2(\lambda)]-\left[\frac{d\phi_2(\lambda)}{d\lambda}\right]^2\cos[\theta_1-\phi_2(\lambda)]\right\}+$$

$$l_2\left\{\frac{d^2\phi_4(\lambda)}{d\lambda^2}\sin[\delta_1-\phi_4(\lambda)]-\left[\frac{d\phi_4(\lambda)}{d\lambda}\right]^2\cos[\delta_1-\phi_4(\lambda)]\right\} \quad (3-53)$$

通过Snell定理，得

$$\frac{d\phi_2(\lambda)}{d\lambda}=\frac{1}{\sqrt{1-n^2(\lambda)\sin^2\Theta_1(\lambda)}}\left\{\frac{dn(\lambda)}{d\lambda}\sin\Theta_1(\lambda)+\frac{\sin\theta_1}{n(\lambda)}\frac{\cos\Theta_1(\lambda)}{\sqrt{1-\frac{\sin^2\Gamma(\lambda)}{n^2(\lambda)}}}\frac{dn(\lambda)}{d(\lambda)}\right\} \quad (3-54)$$

$$\frac{d\phi_4(\lambda)}{d\lambda}=\frac{1}{\sqrt{1-n^2(\lambda)\sin^2\Theta_2(\lambda)}}\left\{\frac{dn(\lambda)}{d\lambda}\sin\Theta_2(\lambda)+\frac{\sin\Gamma(\lambda)}{n(\lambda)}\frac{\cos\Theta2(\lambda)}{\sqrt{1-\frac{\sin^2\Gamma(\lambda)}{n^2(\lambda)}}}\frac{dn(\lambda)}{d(\lambda)}+\right.$$

$$\left.\cos\Gamma(\lambda)\frac{\cos\Theta_2(\lambda)}{\sqrt{1-\frac{\sin^2\Gamma(\lambda)}{n^2(\lambda)}}}\frac{\phi_2(\lambda)}{d\lambda}\right\} \quad (3-55)$$

这里

$$\Theta_1(\lambda)=\alpha-\arcsin\left(\frac{\sin\theta_1}{n(\lambda)}\right) \quad (3-56)$$

$$\Theta_2(\lambda)=\alpha-\arcsin\left(\frac{\sin\Gamma(\lambda)}{n(\lambda)}\right) \quad (3-57)$$

$$\Gamma(\lambda)=\gamma_1-\phi_2(\lambda) \quad (3-58)$$

从式(3-54)和式(3-55)，可以得到 $d^2\phi_2(\lambda)/d\lambda^2$ 和 $d^2\phi_4(\lambda)/d\lambda^2$。把式(3-

54)和式(3-55)代入式(3-53)就可以得到解析表达式。所以应用式(3-47)和式(3-53),结合式(3-54)和式(3-55),可以没有任何近似地计算出在任意顶角条件下确切的色散,高阶也能确切地计算出来。这个解析表达式包含了在棱镜对沿轴 O 和 O' 移动时,由于插入棱镜材料尺寸的变化而导致的光谱色散的变化。例如,当中心光束λ_0沿着 A、B、C、D、E 到 F,且有 $\delta_1=\theta_1$ 和 $\delta_2=2\theta_1-\alpha$ 时,没有材料的色散。当棱镜对沿轴向移动一段距离 x 后,δ_2 从 $2\theta_1-\alpha$ 变为 $\arctan\{[d\tan(2\theta_1-\alpha)+x]/d\}$,$l_2$从 $\sqrt{d^2+d^2\tan^2(2\theta-\alpha)}$ 变为 $\sqrt{d^2+[d\tan(2\theta-\alpha)+x]^2}$。此时,色散的变化不仅由距离 l_2(负色散的改变量较大)的变化引起,而且也由角度 δ_2(负色散的改变量较小)的改变而变化。实际上,由角度 δ_2 的变化而引起的色散改变的原因是材料色散的变化。

应当注意:整个系统的色散量是由两对单棱镜和一双棱镜对三部分产生的;在中心波长λ_0处由棱镜对产生的 GVD(式(3-53)右手第二个大括号内)是一双单棱镜所产生 GVD(式(3-53)右手第一个大括号内)的 2^2倍,但是三阶色散并不存在这个关系,意味着这个色散关系仅仅对中心波长λ_0有效。正如所看到的,因为 $\theta_1=\phi_2(\lambda_0)$、$\delta_1=\phi_4(\lambda_0)$,所以

$$\left.\frac{\mathrm{d}\phi_4(\lambda)}{\mathrm{d}\lambda}\right|_{\lambda_0}=2\left.\frac{\mathrm{d}\phi_2(\lambda)}{\mathrm{d}\lambda}\right|_{\lambda_0}=\frac{4}{n(\lambda_0)}\tan\theta_1\left.\frac{\mathrm{d}n(\lambda)}{\mathrm{d}\lambda}\right|_{\lambda_0}\tag{3-59}$$

类似地,能推导出三棱镜对所产生的 GVD 应是一双单棱镜的 3^2倍。

为了与文献[21,22,23]中的结果相比较,我们计算并分别画出了带有布儒斯特角的一双单棱镜(图3-10a)和双棱镜对(图3-10b)系统的 GDD 与波长的函数曲线。图中的实线是我们的结果,虚线是文献[21,22,23]的结果。图中分别表明了两种系统在波长为 780nm 的时的曲线。文献[21,22,23]中的 GDD 公式除了中心波长外对其他所有的波长都是近似。

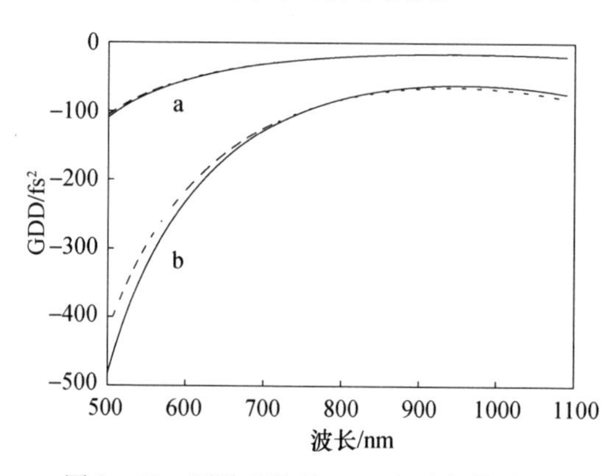

图3-10 两种系统的 GDD 与波长的关系

② 双棱镜对进行色散补偿应用的局限性分析。正如上面所提到的,在仅考

虑参考波长(中心波长)的棱镜系统中所计算出的色散并不包含材料色散。在这种情况下,较长波长的光由棱镜Ⅰ色散出棱镜Ⅱ之外,较短的波长由棱镜Ⅰ和Ⅱ色散出棱镜Ⅲ,而且仅考虑参考波长(中心波长)是不现实的,尤其是对于具有超宽带光谱的光脉冲。为了让全部的光谱都进入棱镜对,两个棱镜对沿 O 和 O'轴相向的放置。第一个棱镜对的移动确定让较长波长的光能进入棱镜对内部,而第二个棱镜对确定能让较短波长的光全部进入棱镜对内部图3-9(b)。由于棱镜对的插入,材料本身的正色散就抵消了一部分棱镜对系统所产生的负色散。对距离已定的棱镜对而言,光脉冲光谱越宽,负色散量相对就越小。最终这个受限的宽带光谱所要求的色散量超出了参考波长所能提供的色散量,这时不论距离 d 有多大,总的色散量为正。我们以熔石英为例,在不同波长(包括临界波长)、不同带宽、不同距离条件下对GDD进行了计算和比较,图3-11(a)表明了在不同距离的条件下GDD和短波长之间的关系;图3-11(b)表明了在带宽不变的条件下GDD与距离的关系;图3-12表明了GDD在不同带宽和不同

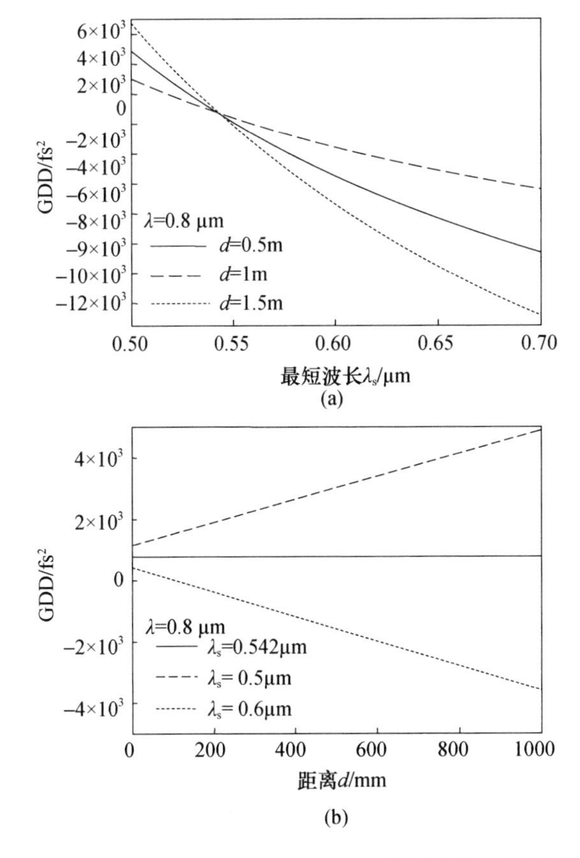

图3-11　(a) GDD (λ_0 = 0.8μm)与最短波长 λ_s 的关系;
(b) GDD (λ_0 =0.8μm) 与 d 的关系。

距离的条件下与波长的关系。这些研究内容和结果对于超宽带激光器的设计和实验具有重要的指导意义。

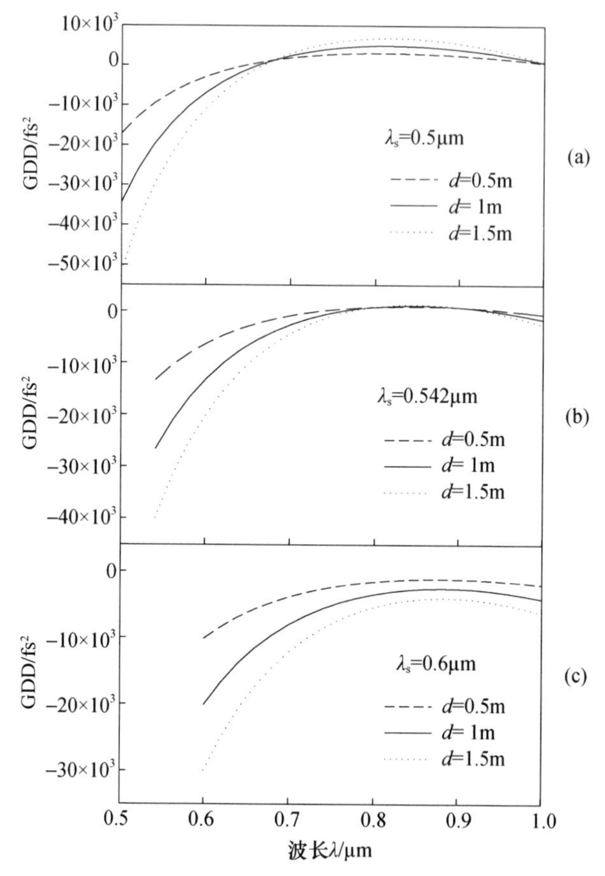

图 3-12 不同带宽和距离条件下 GDD 与波长的关系

2）展宽器设计考虑

一般啁啾脉冲技术中采用光栅结构对飞秒种子脉冲进行展宽，它最大的优点是色散系数大，可以把种子脉冲展宽至数百皮秒，从而有效降低放大过程中的非线性及避免损伤问题。但光栅展宽器带来的问题也很突出，如结构复杂、损耗大、像散问题等，尤其光栅引起的高阶色散比较严重，由于高阶色散带来的非线性啁啾难以补偿，影响到放大脉冲的进一步压缩。

由于种子源的宽带光谱特性，我们考虑采用一段高色散介质进行展宽，它的特点是低损耗、结构简单、调节容易、无空间像散、高阶色散小，这样可以有效克服光栅带来的问题，有利于获得短脉冲。展宽后的脉宽为

$$\frac{\tau}{\tau_0}=\sqrt{1+\left(\frac{4\ln 2\times \mathrm{GDD}}{\tau_0^2}\right)^2} \tag{3-60}$$

式中：τ_0、τ 分别为展宽前和展宽后的脉宽；GDD 为高色散介质引入的色散量。实验中采用长为100mm 的 SF57 重火石玻璃作为展宽器，结合系统中其他光学元件带来的材料色散，可以把带宽为100nm 的种子脉冲展宽至10ps 左右，再注入多通放大器中。

3）多通放大器[24]

整个多通放大器由四通预放级、脉冲选择器及五通放大器组成。放大腔采用一对凹面镜构成共焦放大腔，这种结构简单紧凑，同时最大限度地提高了在钛宝石晶体中与泵浦光的重合程度，提高了放大总增益。共焦放大腔的凹面镜 R1 和 R2 屈率半径分别为800mm 和500mm，放大器泵浦源采用美国灯泵的调 Q：YLF 倍频激光器（Photonics Industries，Inc.），泵浦光经透镜 L1 聚焦在钛宝石晶体上，透过钛宝石剩余的泵浦光由聚焦镜 R3 反射重新聚焦到钛宝石晶体上，钛宝石晶体直径为5mm，长度为4mm，吸收系数 $\alpha_{514\mathrm{nm}} = 2.76\mathrm{cm}^{-1}$，布氏角切割。放大光每通放大后经 R1 或 R2 准直后由角反射器返回。在准直光路中加入光栏 A1 和 A2 用于抑制高增益放大系统的放大自发辐射（ASE）。

4）脉冲选择器

脉冲选择器由一个起偏器 P1、普克尔盒 PC（Model5046，Lasermetrics）和一个潜望镜结构的偏振旋转器构成，整个脉冲选择器置于四通预放级之后和五通主放大之前，通过普克尔盒的时间选通方法有效抑制了前四通放大带来的 ASE 背景噪声，提高了信噪比。同时利用 Berek 偏振补偿器 B 和检偏器 P2 进一步优化放大脉冲和 ASE 背景之间的对比度。

种子脉冲序列经前四通预放大后加入脉冲选择器，通过优化调节普克尔盒延迟器和时间选通门，把预放大序列脉冲中的峰值脉冲选出，选出后的1kHz 脉冲被重新注入放大器中进行后五通的主放大，其中在第八通放大后，经过焦距为1m 的透镜 L2 后再进行第九通放大，L2 主要用于校正放大过程非线性效应造成的光束畸变，使得在钛宝石中放大光束和泵浦光束更好地重合，达到增益饱和状态。

为了克服放大过程中的增益窄化效应，在一通放大后和二通放大前加入一个高斯滤波片，这个高斯滤波片在脉冲光谱中心波长处的损耗大于两翼。

5）钛宝石热透镜效应分析[25]

虽然钛宝石晶体具有优良的热传导特性，但在高重复率放大器中，由于热量的累积仍会引起强热透镜效应，它会导致放大光束发生热畸变，影响放大效率，同时重复率越高，热效应越严重。假定径向对称和均匀泵浦下，热透镜焦距由以下公式给出：

$$f_{\mathrm{therm}} = 2kv \frac{1}{R \dfrac{\partial n}{\partial T} J_{\mathrm{sat}} \log(G_0)} \tag{3-61}$$

式中：k、v、$\frac{\partial n}{\partial T}$、$J_{sat}$分别为热传导率、热扩散能量和吸收能量之间的量子率、热折射率梯度、饱和能量密度。对于钛宝石来说，在室温和1kHz条件下，在小信号增益为3的情况下，热透镜焦距约为1m。采用液氮冷却技术可以将晶体的热特性提高到100K，热透镜焦距比在室温下大20倍，可以完全忽略，但这种低温冷却技术结构复杂，运转困难。我们在实验上采用半导体制冷器和水冷两种方式相结合的方法，首先将带有钛宝石晶体的热沉贴于半导体制冷器的低温面，将其高温面置于带有水冷通道的热沉之上。实验结果表明，钛宝石晶体的温度可以到－40℃，从而有效抑制在高重复率下的热效应。同时为了防止外界灰尘及钛宝石表面由于高功率密度产生的电离吸附效应，把整个钛宝石晶体冷却系统置于一个小型真空室，避免损伤钛宝石或放大性能下降。

5. 实验结果讨论

种子光在注入放大器之前平均功率为400mW，其典型的光谱如图3－13所示。经过前四通预放大后，放大脉冲包络峰值与种子脉冲幅度比大于800倍，通过优化脉冲选择器和偏振控制器，最终放大的脉冲与ASE背景噪声对比度大于2×10^{3}。通过探测脉冲选择器之后的检偏器P2的反射光可以清楚观察到脉冲放大的演变过程，如图3－14所示，同时显示了功率主放大中的增益饱和过程。

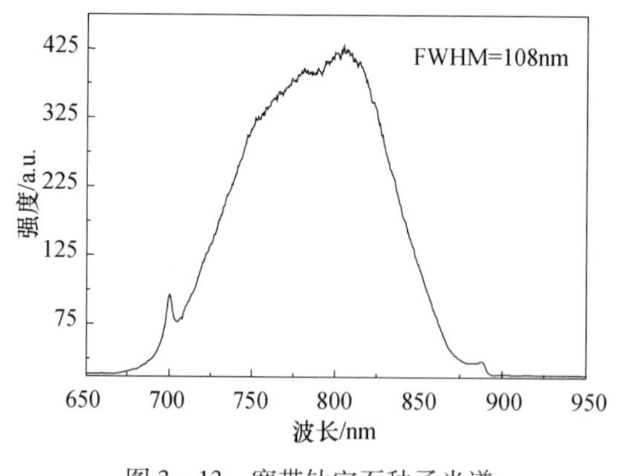

图3－13　宽带钛宝石种子光谱

实验中，比较了加入高斯滤波器前后的情况，滤波器加在一通放大之后和四通放大之前。图3－15结果显示，在加入滤波器之后，光谱带宽由47nm展宽为70nm，有效抑制了增益窄化效应；图3－16为经过压缩器后得到的干涉自相关曲线及其光谱，脉冲最短为26fs；图3－17显示的结果表明，压缩后，激光空间分布接近高斯分布。最终放大输出平均功率达1W，压缩后能量达800μJ，压缩器透过效率达80%，图3－18为我们建立的飞秒钛宝石多通放大器实验系统。

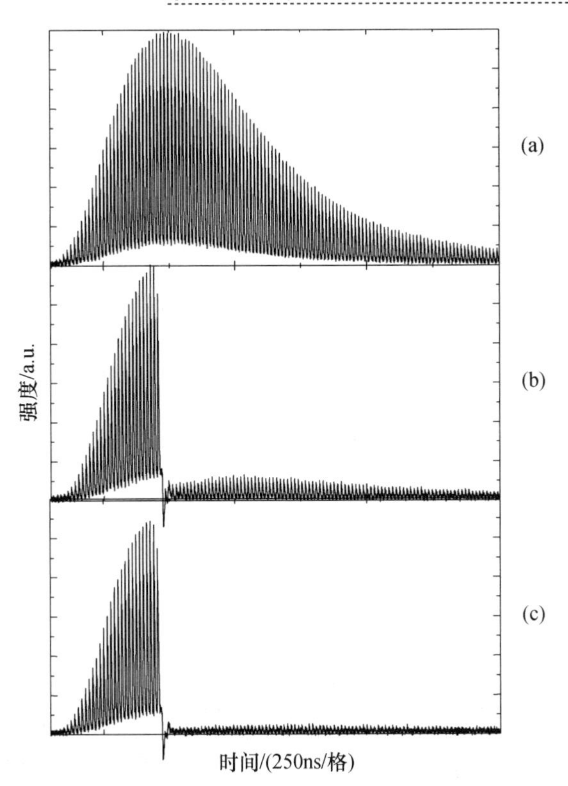

图3-14 前四通预放大脉冲的放大演变过程
(a)被选出的脉冲还没有进行放大的情况;(b)被选出的脉冲已经过第八通放大;
(c)被选出的脉冲已经过第九通放大。

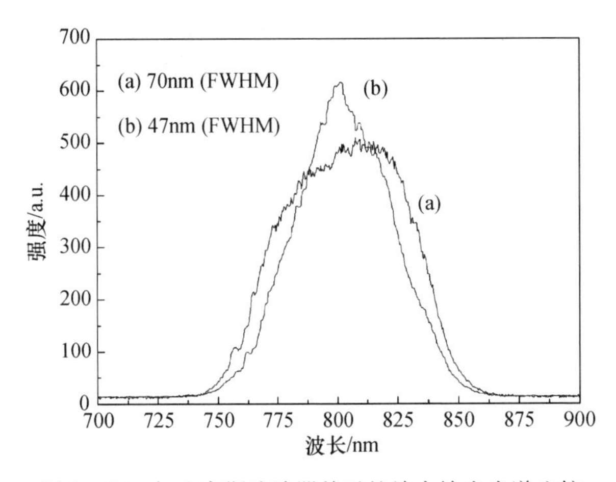

图3-15 加入高斯滤波器前后的放大输出光谱比较
(a)加入滤波器以后的放大脉冲光谱;(b)未加高斯滤波器时的放大光谱。

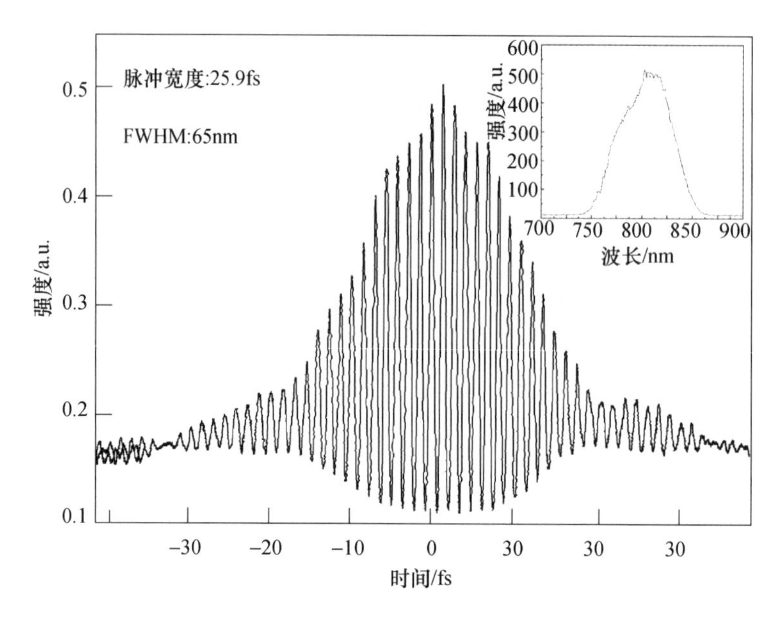

图 3-16　压缩后脉冲的干涉自相关曲线及其光谱分布

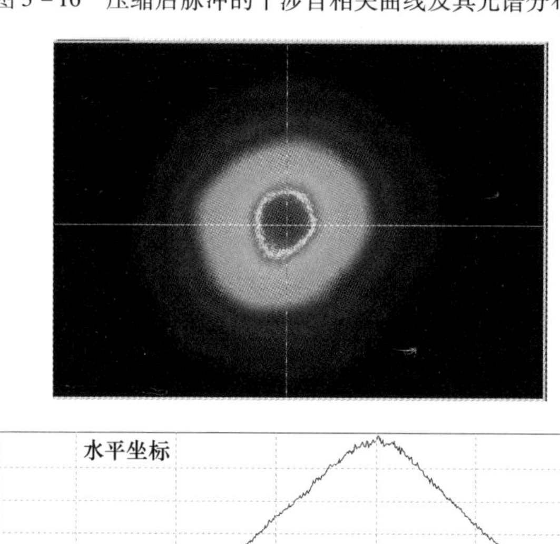

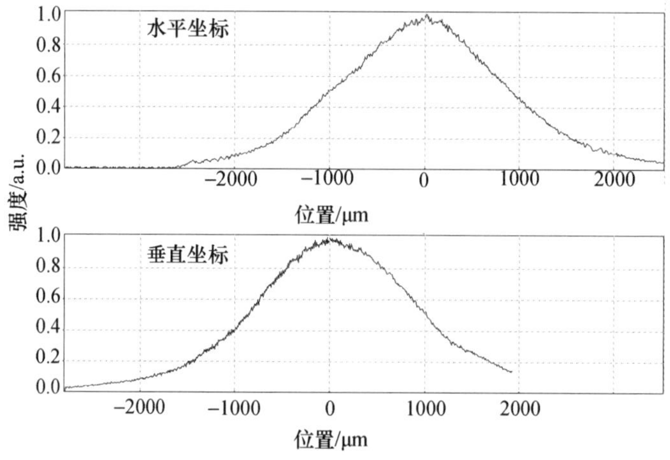

图 3-17　放大压缩后的输出光斑分布

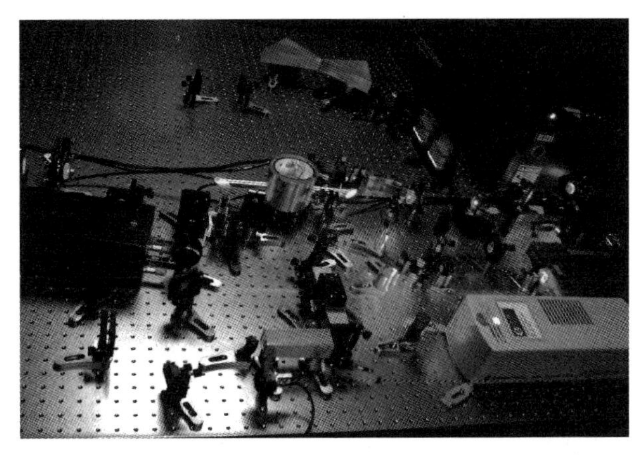

图3-18　建立的飞秒钛宝石多通放大器实验系统

3.1.2　周期量级超短超强激光技术及CEP控制

1. 周期量级超短超强脉冲产生

啁啾脉冲放大技术(Chirped Prulse Amplification,CPA)可将从振荡器产生的纳焦量级的超短脉冲放大到毫焦甚至焦耳量级。但是放大过程中的增益窄化效应及展宽压缩中残余高阶色散,使得从啁啾脉冲放大器得到的最短脉冲在20~30fs[26-29]。要获得周期量级超短超强脉冲,就要将啁啾脉冲放大器的输出脉冲光谱通过非线性材料中的自相位调制(Self Phase Modulation,SPM)效应展宽到可以支持其量级脉冲的宽度,再通过色散补偿压缩器将自相位调制产生的色散进行补偿,从而得到周期量级超短超强脉冲。目前用于超强脉冲的光谱展宽技术是基于充有惰性气体的空心光纤作为非线性源通过自相位调制展宽光谱[29-32]。这种技术容大直径模波导及高损伤域值非线性材料所具有的优势于一体。和基模相比,能量的损耗及相关联的空间效应的累积使得高阶模被限制于相对短的传输长度。而对于基模,其空间均匀的自相位调制可通过比较长距离地累积。因此,和用做非线性源的固体材料相比,空心光纤波导可提供具有高能量的、非常强的非线性相位积累而没有光束质量的退化。结合超宽带啁啾镜压缩技术,这种有效的光谱展宽技术已将脉冲压缩到小于5fs[29,30,32]。

1) 空心光纤波导的色散及传输特性

光沿着空心光纤传输可看做光在介质内表面的掠反射。因为反射引起的损耗可显著地鉴别出高阶模,而具有大尺寸的基模可传输有效长的空心光纤。从空心介质波导中光的传输模式[33],可以得到不同模式的传输常数 β 及衰减常数 α:

$$\beta_{nm} = \frac{2\pi}{\lambda}\left[1 - \frac{1}{2}\left(\frac{u_{nm}\lambda}{2\pi a}\right)^2\right]$$

$$\alpha_{nm} = \left(\frac{u_{nm}}{2\pi}\right)\frac{\lambda^2}{a^3}\begin{cases}\dfrac{1}{\sqrt{n_0^2 - 1}}, \text{TE}_{0m} \text{ 模式}(n = 0) \\ \dfrac{n_0^2}{\sqrt{n_0^2 - 1}}, \text{TM}_{0m} \text{ 模式}(n = 0) \\ \dfrac{n_0^2 + 1}{2\sqrt{n_0^2 - 1}}, \text{EH}_{nm} \text{ 模式}(n \neq 0)\end{cases} \tag{3-62}$$

式中：u_{nm}为贝赛尔函数 $J_{n-1}(u_{nm}) = 0$ 的第 m 次根；n_0 为介质的折射率。如果 $n_0 > 2.02$，具有最小衰减的模是 TE_{01}。如果 $n_0 < 2.02$，具有最小衰减的模是 EH_{11}。因此，对于空心石英光纤，其具有最小损耗的是 EH_{11} 混合模。

图 3-19 给出了内径为 250μm 的石英光纤的群色散随波长的变化及其透射率随光纤长度的变化。可以看出，空心石英光纤可提供少量的负的二阶色散 GVD 及正的三阶色散 TOD。

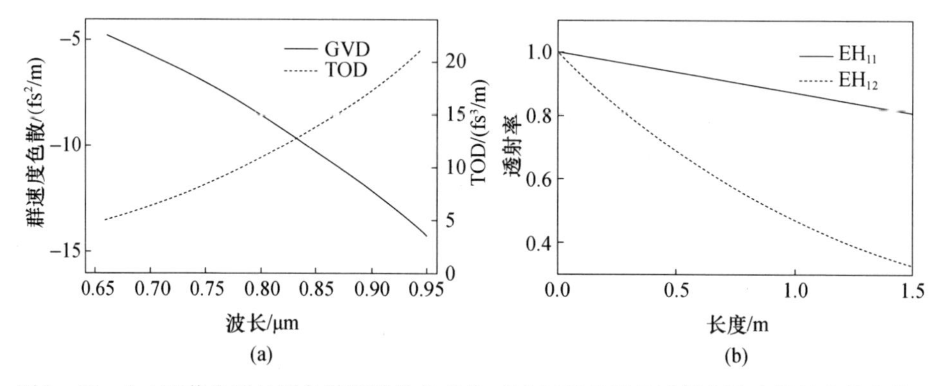

图 3-19 (a)石英光纤的群色散随波长的变化；(b)石英光纤的透射率随光纤长度的变化。

2）惰性气体的线性及非线性折射率

惰性气体的三阶超极化率为

$$\gamma_{1111}^{(3)}(-3\omega;\omega,\omega,\omega) = \frac{\omega_0 - 3\omega_a}{\omega_0 - 3\omega}\gamma_{1111}^{(3)}(-3\omega_a;\omega_a,\omega_a,\omega_a)\,(\text{cm}^2/\text{V}^3) \tag{3-63}$$

式中：$\gamma_{1111}^{(3)}(-3\omega_a;\omega_a,\omega_a,\omega_a)$ 为频率为 ω_a 的三阶超极化率的典型值；$\omega_0 = 2\pi\nu$ 为最小的电子转换频率。非线性电极化率 $\chi^{(3)}$ 可用三阶超极化率表示为

$$\chi^{(3)}(-3\omega;\omega,\omega,\omega) = \frac{N_0 p T_0 L}{\varepsilon_0 p_0 T}\gamma_{1111}^{(3)}(-3\omega;\omega,\omega,\omega)\,(\text{m}^2/\text{V}^2) \tag{3-64}$$

式中：$L = (n_1^2 + 2)^3(n_3^2 + 2)/81$ 为洛伦兹局部场矫正系数；$N_0 = p_0/kT_0$ 为标准条件 $p_0 = 1\text{atm}$，$T_0 = 273.15\text{K}$ 下的气体密度；n_1、n_3 分别为频率 ω 及 3ω 的线性折射系数。

非线性折射系数可表示为

$$n_2(\lambda) = \frac{3}{\varepsilon_0 cn(\lambda)}\chi^{(3)}(-\omega;\omega,0,0)(\mathrm{m^2/W}) \tag{3-65}$$

线性折射系数 $n(\lambda)$ 与气压及温度的关系为

$$n(\lambda) = \sqrt{\frac{2[n_0^2(\lambda)-1]pT_0+[n_0^2(\lambda)+2]p_0T}{[n_0^2(\lambda)+2]p_0T-[n_0^2(\lambda)-1]pT_0}} \tag{3-66}$$

标准条件下的折射率 $n_0(\lambda)$ 可以从折射率公式[34]得到。

图3-20分别给出了惰性气体及氮气 N_2 的非线性折射系数 $n_2(\lambda)$ 随波长及气压的变化。从图3-20可以看出,氦气的非线性折射系数最小而氙气的非线性折射系数最大,氩气和氮气具有几乎相同的非线性折射系数。

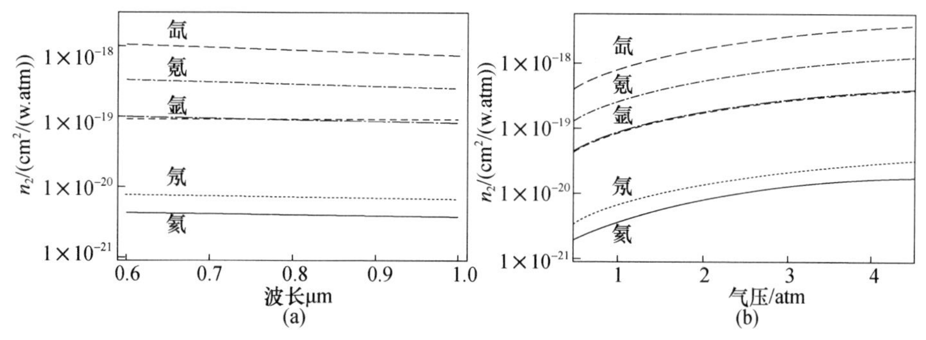

图3-20 不同惰性气体非线性折射系数随气压(a)及温度(b)的变化

图3-21给出了惰性气体的群速延时在标准条件下随波长的变化及群速延时在800nm波长时随气压的变化。图3-21清楚地表示氩气、氙气和氮气具有非常接近的群速延时。

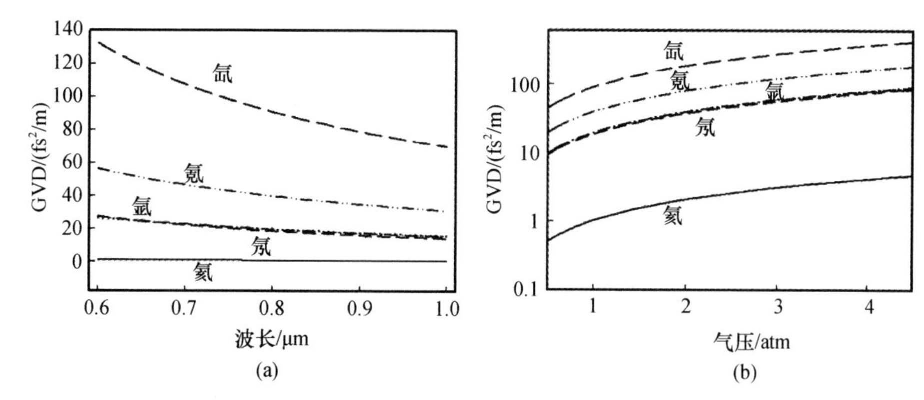

图3-21 群速延时随波长(a)及气压(b)的变化

3)超连续谱的产生及脉冲的压缩

虽然与固体材料相比,空心光纤波导可用于高能量的脉冲光谱展宽,但对入射脉冲的峰值功率及峰值强度有一定的要求。其峰值功率必须小于自聚焦的临界功率 $P_{cr} = \lambda^2/2\pi n_2$。我们知道,$n_2$ 取决于不同的气体及气压,同时气体的隧穿电离阈值决定了最大峰值强度。根据 BSI 理论[35],阈值强度 I_{th} 可近似地表示为 $I_{th} = \dfrac{cE^4}{128\pi e^6 Z^2}$。这里 E 为电离能;Z 为离子电荷态。我们知道,惰性气体电离能的大小依次为氦、氖、氩、氪、氙,所以氦气具有最大电离阈值强度,而氙气具有最小电离阈值强度。因此对于不同能量,不同宽度的脉冲,可以通过选择不同气体、不同气压以及不同内径的光纤,而得到所需要的光谱展宽。

将钛宝石多通放大器产生的 20fs,重复频率为 1kHz 的脉冲通过 1m 的聚焦透镜耦合到充有氩气的内径为 260μm,长度为 85cm 的空心石英光纤中。在脉冲能量为 1~1.2mJ,气压为 0.5bar 时,展宽器的输出能量为 0.6~0.7mJ。其输入输出光谱见图 3-22(a)。

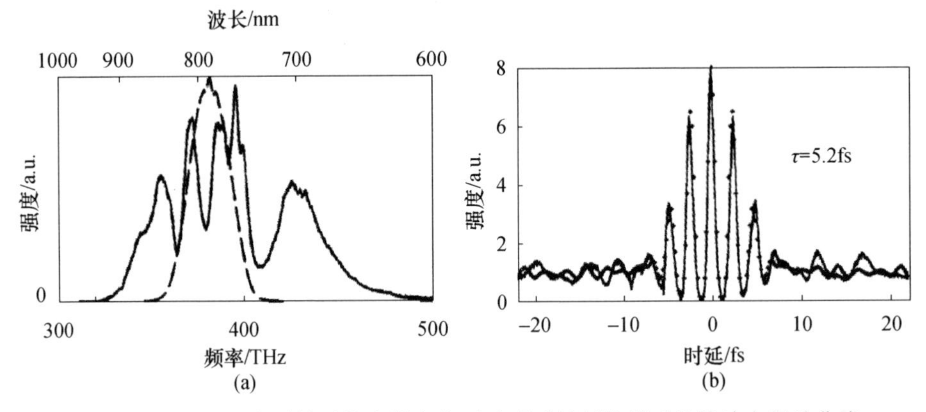

图 3-22 (a)空心光纤前后的光谱变化;(b)啁啾镜压缩器后的脉冲自相关曲线。

展宽器的输出光束经过曲率半径 R = 2m 的银镜准直,并经过在 650~950nm 带宽内具有负二阶色散接近于常数的 5 个啁啾镜压缩后,得到了 5.2fs 的光脉冲(图 3-22(b))。

为了进一步展宽光谱,通过优化输入脉冲能量及氩气气压,在输入能量为 0.5mJ、气压为 1bar 时,得到了 400~1100nm 的超连续谱(见图 3-23(b)中实线)。将该光谱通过啁啾镜进行初步压缩后再温和地聚焦在空气中,最后经过超宽带(600~1000nm,见图 3-23(a))啁啾镜压缩器及一对薄楔形片进行色散微调,得到了 2.6 个条纹的干涉自相关曲线(图 3-24)。在假设光谱相位为常数时,根据测得光谱(见图 3-23(b)中虚线)的傅里叶变换对干涉自相关曲线进行拟合(见图 3-24 中的虚线),得到峰值功率为 30MW 的 4fs 的光脉冲。

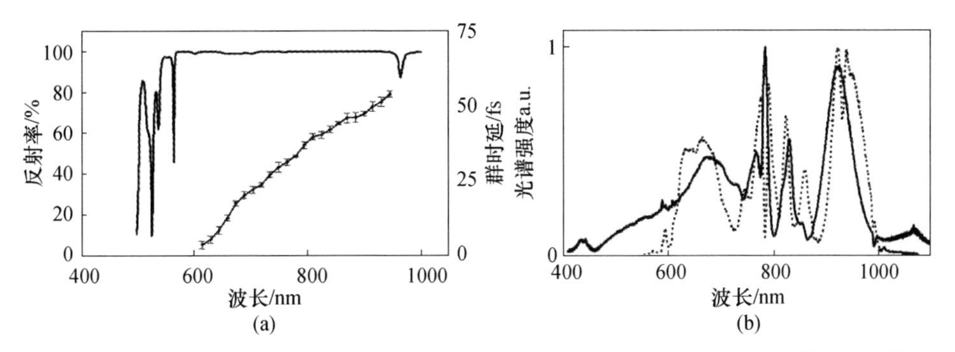

图3－23　(a)超宽带啁啾镜反射率及群延时曲线;(b)超宽带啁啾镜压缩器前后的比较。

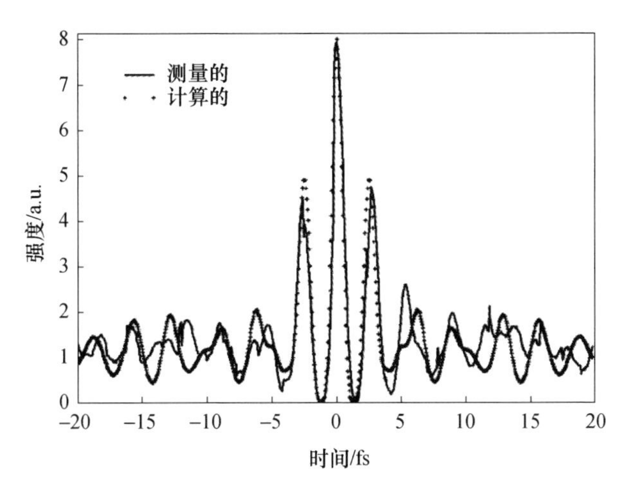

图3－24　测量及计算的二次压缩后的自相关曲线

最近,我们将宽度为20fs、能量为800μJ、重复频率为4kHz的光脉冲耦合到充有氖气的,内径为250μm、长度为1m的空心石英光纤中。展宽的光谱经过新型的超宽带啁啾镜压缩及一对薄楔形片色散微调,测得了2个条纹的干涉自相关曲线(图3－25)。通过拟合,估算该干涉自相关曲线对应于宽度为2.7fs的脉冲。

2. 周期量级超短超强脉冲测量

飞秒脉冲的测量和其产生一样变得越来越重要。目前还没有直接测量飞秒脉冲的方法。一般都采用自参考测量技术。传统的方法包括二阶自相关技术。二阶自相关技术是通过测量飞秒脉冲的二阶自相关曲线,在假设脉冲形状下,得到二阶自相关曲线宽度所对应的脉冲宽度。而二阶自相关技术又可分为二阶强度自相关及二阶干涉自相关。二阶强度自相关技术由于其对脉冲相位的不敏感及相关曲线宽度的非直接标定,不可能用于测量周期量级超短脉冲。二阶干涉自相关技术测量脉冲的二阶干涉信号,因此对脉冲相位比较

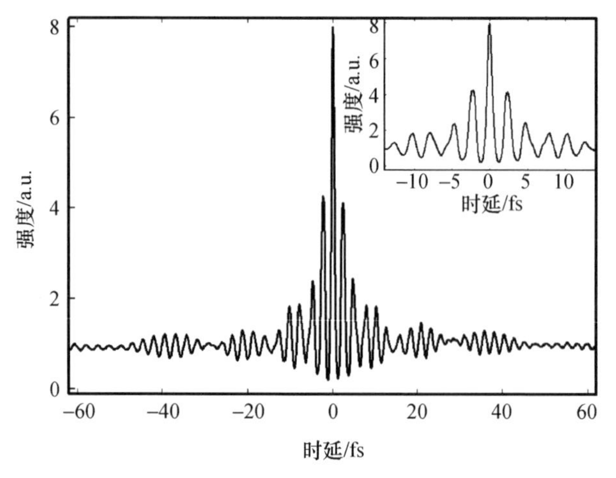

图 3-25　两个条纹的自相关曲线

敏感,而且其干涉条纹可直接用于测量的精确标定。虽然二阶干涉自相关技术对脉冲相位比较敏感,但却不能给出相位信息。而相位信息对周期量级超短脉冲非常重要。最近几年,几种脉冲振幅及相位重构技术相继出现。脉冲振幅及相位重构技术基本上可概括为两类:一是光谱干涉测量技术;二是频谱轨迹扫描技术。而光谱干涉测量技术又可分为两种:一是线性的光谱干涉测量技术[36]。它是通过测量一个已知特性的参考脉冲和未知的被测脉冲的干涉光谱,从中提取未知脉冲的相位及振幅信息而实现脉冲电场的重构。二是非线性的光谱干涉测量技术[37]。它不同于线性光谱干涉测量技术的是,参考脉冲来自于具有一定频移或者称频率剪裁的自参考脉冲。而这种具有频移的自参考脉冲产生于一个复制脉冲与一个具有大啁啾的复制脉冲的和频。通过测量具有频移的两个复制脉冲的干涉光谱,从中提取被测脉冲的相位及振幅信息而实现脉冲电场的重构。同样,频谱轨迹扫描技术也可分为两种:一是相位扫描频谱轨迹(相位频谱图)技术[38]。它是通过测量施加有已知的参考相位扫描的被测脉冲的二次谐波谱,得到一个二维相位频谱轨迹(相位频谱图)。通过迭代算法,从恢复的相位频谱图中提取未知脉冲的相位及振幅信息而实现脉冲电场的重构。二是时间扫描频谱轨迹(时间频谱图)技术,如二次谐波产生频率分辨光学快门(Second - Harmonic Generation Freguency - Resoh Optical Gating, SHG - FROG)[39]。和相位扫描频谱轨迹(相位频谱图)技术不同的是,通过测量不同延时的两个被测脉冲的二次谐波谱,得到一个二维时间频谱轨迹(时间频谱图)。通过迭代算法,从恢复的时间频谱图中提取未知脉冲的相位及振幅信息而实现脉冲电场的重构。以下就 SHG - FROG 在周期量级超短脉冲测量中几个主要影响因素做介绍。

1）有限相位匹配带宽

倍频晶体的有限相位匹配带宽在宽带光谱的二次谐波产生中起了一个限制作用，会导致二次谐波谱变形。这个因素在自相关测量中并不重要。但在 SHG - FROG 测量中由于需要测量两个脉冲在不同延时下的二次谐波光谱，有限相位匹配带宽会起到关键的作用。我们在频域及时域分别解析了使用于周期量级的慢变化包络方程，得到了 SHG - FROG 信号的表达式，计算了随频率变化的二次谐波的转换效率以及 KDP 和 BBO 晶体有限相位匹配带宽在 SHG - FROG 测量中引入的相对系统误差。

从通用的标量波方程[40]：

$$(\partial_z^2+\nabla_\perp^2)E_s(r,t)-\frac{1}{c^2}\partial_t^2\int_{-\infty}^{t}\mathrm{d}t'\varepsilon_s(t-t')E_s(r,t')=\frac{4\pi}{c^2}\partial_t^2P_{nl}(r,t) \tag{3-67}$$

得到频域的标量波方程：

$$(\partial_z^2+\nabla_\perp^2)E_s(r,\omega)+k_s^2(\omega)E_s(r,w)=-\frac{4\pi}{c^2}\omega^2P_{nl}^{(2)}(r,\omega) \tag{3-68}$$

式中：$k_s(\omega)=\sqrt{\varepsilon_s(\omega)}\omega/c=n_s(\omega)\omega/c$。

为了简化，假设电场在 Z 轴方向传输，而在 X 轴、Y 轴电场是均匀的。这样式(3 - 68)可简化为

$$\partial_z^2E_s(z,\omega)+k_s^2(\omega)E_s(z,w)=-\frac{4\pi}{c^2}\omega^2P_{nl}^{(2)}(z,\omega) \tag{3-69}$$

考虑到两个电场传输中的色散，用与频率有关的波矢 κ 来表示。这样两个电场可分解为

$$\begin{aligned}E(z,\omega)&=A(z,\omega)\mathrm{e}^{\mathrm{i}k(\omega)z}\\E_s(z,\omega)&=A_s(z,\omega)\mathrm{e}^{\mathrm{i}k_s(\omega)z}\end{aligned} \tag{3-70}$$

将式(3 - 70)及倍频信号的非线性极化强度：

$$\begin{aligned}P_{nl}^{(2)}(r,\omega)&=2\pi\int_{-\infty}^{\infty}\mathrm{d}\omega_1\int_{-\infty}^{\infty}\mathrm{d}\omega_2\chi^{(2)}E(r,\omega_1)E(r,\omega_2)\mathrm{e}^{\mathrm{i}\omega_2\tau}\delta(\omega-\omega_1-\omega_2)\\&=2\pi\int_{-\infty}^{\infty}\mathrm{d}\omega_2\chi^{(2)}E(r,\omega-\omega_2)E(r,\omega_2)\mathrm{e}^{\mathrm{i}\omega_2\tau}\end{aligned} \tag{3-71}$$

代入式(3 - 69)并忽略高阶项∂_z^2 后，得

$$\partial_zA_s(z,\omega)=\frac{4\pi^2}{c}\frac{\omega}{n_s(\omega)}\int_{-\infty}^{\infty}\mathrm{d}\omega_2\chi^{(2)}A(z,\omega-\omega_2)A(z,\omega_2)\mathrm{e}^{\mathrm{i}[k(\omega-\omega_2)+k(\omega_2)-k_s(\omega)]z}\mathrm{e}^{\mathrm{i}\omega_2\tau} \tag{3-72}$$

将 $k(\omega)$ 及 $k_s(\omega)$ 按载波频率 ω_0 及 $\omega_s(\omega_s=2\omega_0)$ 展开：

$$\begin{aligned}k(\omega)&=\beta_0+(\omega-\omega_0)\beta_1+O(\omega-\omega_0)\\k_s(\omega)&=\beta_{s0}+(\omega-\omega_s)\beta_{s1}+O_s(\omega-\omega_s)\end{aligned} \tag{3-73}$$

式中：$\beta_0 = \omega_0 n_0/c$；$\beta_{s0} = \omega_s n_{s0}/c$；$\beta_1 = \partial_\omega k(\omega)|_{\omega_0}$；$\beta_{s1} = \partial_\omega k_s(\omega)|_{\omega_s}$。

而 $O(\omega-\omega_0)$ 及 $O_s(\omega-\omega_s)$ 为高阶色散。将式(3-73)代入式(3-72)并忽略高阶色散后得

$$\begin{aligned}\partial_z A_s(z,\omega) &= \frac{4\pi^2}{c}\frac{\omega}{n_s(\omega)}\int_{-\infty}^{\infty} d\omega_2 \chi^{(2)} A(z,\omega-\omega_2)A(z,\omega_2)e^{i[\Delta\beta_0-(\omega-2\omega_0)\Delta\beta_1]z}e^{i\omega_2\tau}\\ &= \frac{4\pi^2}{c}\frac{\omega}{n_s(\omega)}e^{i[\Delta\beta_0-(\omega-2\omega_0)\Delta\beta_1]z}\int_{-\infty}^{\infty} d\omega_2 \chi^{(2)} A(z,\omega-\omega_2)A(z,\omega_2)e^{i\omega_2\tau}\end{aligned} \tag{3-74}$$

式中：$\Delta\beta_0 = 2\beta_0 - \beta_{s0}$；$\Delta\beta_1 = \beta_{s1} - \beta_1$。

假设基波场在二次谐波产生中没有衰减并忽略与频率有关的二阶非线性电极化率$\chi^{(2)}$，从式(3-74)得

$$A_s(L,\omega) = \frac{4\pi^2\chi^{(2)}}{c}\frac{\omega}{n_s(\omega)}e^{i[\Delta\beta_0-(\omega-2\omega_0)\Delta\beta_1]\frac{L}{2}}\operatorname{sinc}\left\{[\Delta\beta_0-(\omega-2\omega_0)\Delta\beta_1]\frac{L}{2}\right\} \int_{-\infty}^{\infty} d\omega_2 A(0,\omega-\omega_2)A(0,\omega_2)e^{i\omega_2\tau} \tag{3-75}$$

这样，SHG-FROG 信号的表达式可写为

$$\begin{aligned}S(\tau,\omega) &= |E_s(L,\omega)|^2 = |A_s(L,\omega)e^{ik_s(\omega)L}|^2\\ &\Rightarrow \frac{\omega^2}{n_s^2(\omega)}\operatorname{sinc}^2\left\{[\Delta\beta_0-(\omega-2\omega_0)\Delta\beta_1]\frac{L}{2}\right\}\left|\int_{-\infty}^{\infty} d\omega_2 A(0,\omega-\omega_2)A(0,\omega_2)e^{i\omega_2\tau}\right|^2\\ &= \frac{\omega^2}{n_s^2(\omega)}\operatorname{sinc}^2\left\{[\Delta\beta_0-(\omega-2\omega_0)\Delta\beta_1]\frac{L}{2}\right\}S_0(\tau,\omega)\end{aligned} \tag{3-76}$$

式中：$S_0(\tau,\omega) = \left|\int_{-\infty}^{\infty} d\omega_2 A(0,\omega-\omega_2)A(0,\omega_2)e^{i\omega_2\tau}\right|^2$ 为理想的 SHG-FROG 信号。

类似地对式(3-76)在时间域求解，可得到相似的 SHG-FROG 信号的表达式：

$$\begin{aligned}S(\tau,\omega) &= |E_s(L,\omega)|^2\\ &\Rightarrow \frac{\omega^2}{n_{s0}^2}\operatorname{sinc}^2\left\{[\Delta\beta_0-(\omega-2\omega_0)\Delta\beta_1]\frac{L}{2}\right\}\left|\int_{-\infty}^{\infty} A_f(t)A_f(t-\tau)e^{i(\omega-\omega_s)t}dt\right|^2\\ &= \frac{\omega^2}{n_{s0}^2}\operatorname{sinc}^2\left\{[\Delta\beta_0-(\omega-2\omega_0)\Delta\beta_1]\frac{L}{2}\right\}S_0(\tau,\omega)\end{aligned} \tag{3-77}$$

式中：

$$\begin{aligned}S_0(\tau,\omega) &= \left|\int_{-\infty}^{\infty} A_f(t)A_f(t-\tau)e^{i(\omega-\omega_s)t}dt\right|^2\\ &= \left|\int_{-\infty}^{\infty} d\Omega A(0,\omega-\Omega)A(0,\Omega)e^{i\Omega\tau}\right|^2\end{aligned}$$

为理想的 SHG - FROG 信号。当脉冲宽度比光周期大很多时,算符 $1+(\mathrm{i}/\omega_s)\partial_\tau \approx 1$ 。这样,式(3-77)变为

$$S(\tau,\omega) \Rightarrow \mathrm{sinc}^2\left\{\left[\Delta\beta_0-(\omega-2\omega_0)\Delta\beta_1\right]\frac{L}{2}\right\}S_0(\tau,\omega) \qquad (3-78)$$

这正是一般文献中所用的公式[41,42]。

像式(3-77)所揭示的,由基波和二次谐波的群速失配所引起的有限相位匹配带宽会限制 SHG - FROG 测量装置的带宽。如果脉冲的光谱带宽 $\Delta\omega$ 满足条件 $\Delta\omega \leqslant 1/\Delta\beta_1 L$,那么式(3-76)和式(3-77)推导中做的近似是合理的。这个条件确保了二次谐波光谱不被有限相位匹配带宽明显地扭曲。在这个近似范围内,式(3-76)和式(3-77)比文献[41]中类似的公式更精确。因为在我们的表达式中,考虑了所有和频组合 $\omega_s=\omega_1+\omega_2$ 对频谱分量 $S(\tau,\omega)$ 的贡献(图3-26);而在文献[41]中相应的公式仅考虑了二次谐波 $\omega_s=2\omega_0$ 的贡献。

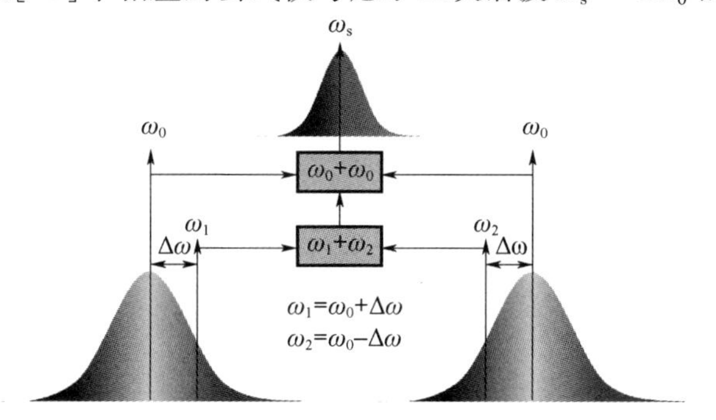

图3-26 和频及二次谐波对频谱分量 ω_s 的贡献

为了比较厚度为20μm 的 KDP 和 BBO 晶体的有限相位匹配带宽,计算了在无限宽的脉冲带宽下 $S(0,\omega)$ 随频率的变化曲线(见图3-27中的虚线)。而实线为不考虑晶体的有限相位匹配带宽时计算得到的5fs 傅里叶转换极限脉冲的二次谐波光谱。

从图3-27可以看出,与 KDP 相比,BBO 的有限相位匹配带宽比较窄。对20μm 的 KDP 晶体而言,基波和二次谐波的群速失配对5fsFROG 信号的扭曲很小。有趣的是,当调谐频率(在此频率下相速失配为零)设为950nm 时,FROG 频谱透射曲线的峰值会蓝移到390nm。这可从式(3-76)和式(3-77)中的系数 ω^2 看出。

为了获得有限相位匹配带宽对系统误差的影响,我们从式(3-77)得到的高斯脉冲的 FROG 频谱图重构了脉冲宽度。图3-28分别给出了20μmKDP 和 BBO 晶体的有限相位匹配带宽引入的相对系统误差。图3-28清楚地表明,相对于同样厚度的 BBO 晶体,KDP 晶体的有限相位匹配带宽引入的相对系统误差非常小,特别对测量小于10fs 的光脉冲。

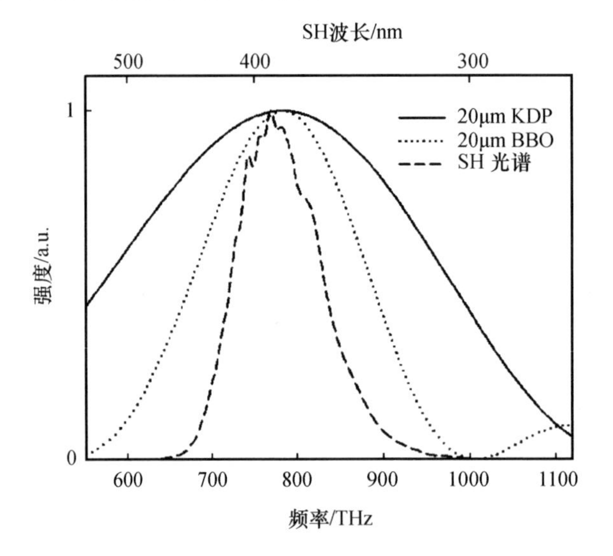

图 3-27 KDP 和 BBO 晶体的有限相位匹配带宽及 5fs 的光谱计算得到的二次谐波谱

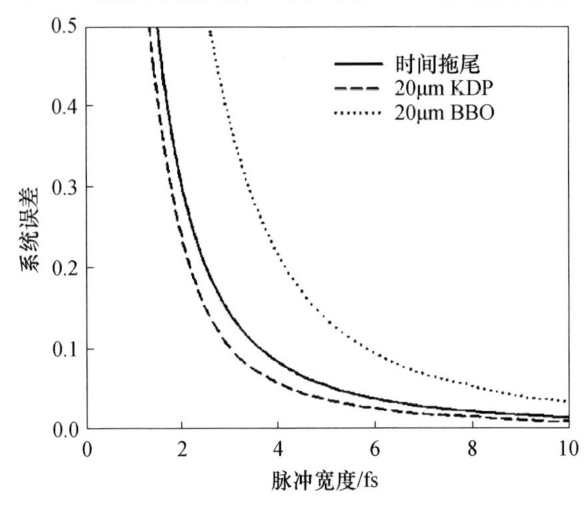

图 3-28 不同脉宽时有限相位匹配带宽及时间拖尾效应与相对系统误差的关系

2)几何时间拖尾

除了有限相位匹配带宽效应以外,在非共线的几何结构下,有限光束尺寸也会改变 FROG 信号[43]。这种效应在实验上称为几何时间拖尾(图 3-29(a))。为了定量地了解这种效应,我们分析了三维空间上的非共线几何结构(图 3-29(b))。

如图 3-29 所示,基波波矢位于 yz 平面上并与 z 轴对称。这样二次谐波波矢将位于 z 轴上。$A(x,y,z)$ 是晶体上一任意点,$O(0,0,0)$ 表示探测光脉冲在 $t=0$时的最大值及参考光脉冲在 $t=\tau$ 时的最大值位置。OB、OC 为两个光束的中心传输线。A、B 两点位于探测光束的同一波前上,而 A、B 两点位于参考光束的同一波前上。这样,得

$$
\begin{aligned}
AB &= \sqrt{x^2 + y^2\cos^2\theta + z^2\sin^2\theta - yz\sin2\theta} \\
AC &= \sqrt{x^2 + y^2\cos^2\theta + z^2\sin^2\theta + yz\sin2\theta} \\
OB &= z\cos\theta + y\sin\theta \\
OC &= z\cos\theta - y\sin\theta
\end{aligned}
\tag{3-79}
$$

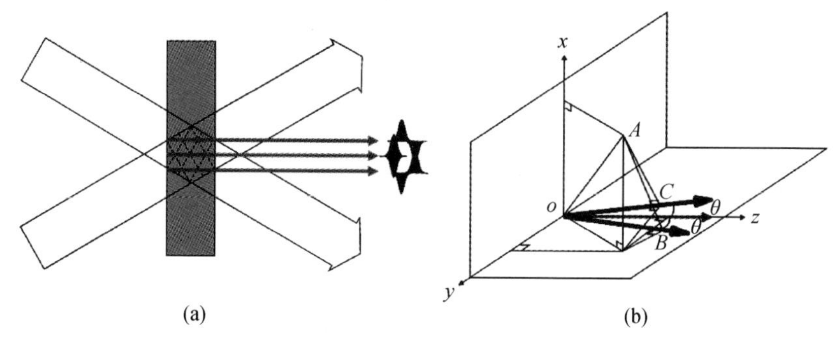

图3-29　非共线几何结构时间拖尾(a)和三维非共线几何结构(b)

假设两个脉冲的光斑分布为具有束腰半径 ϖ_0 的高斯形,两个光脉冲在位置 $A(x,y,z)$ 的光场可分别表示为

$$
\begin{aligned}
E_1(t) &= \exp\left(-\frac{AB^2}{\omega_0^2}\right)E\left(t + \frac{OB}{v_g}\right) \\
E_2(t) &= \exp\left(-\frac{AC^2}{\omega_0^2}\right)E\left(t + \frac{OC}{v_g} + \tau\right)
\end{aligned}
\tag{3-80}
$$

式中:v_g 为晶体中的群速度。当几何时间拖尾发生时,测得的 FROG 信号可写成

$$
S(\omega,\tau) = \int_{-l}^{l}\int_{-\infty}^{\infty}\int_{-\infty}^{\infty}\left|\int_{-\infty}^{\infty}\exp\left(-\frac{AB^2}{\omega_0^2}-\frac{AC^2}{\omega_0^2}\right)E\left(t+\frac{OB}{v_g}\right)E\left(t+\frac{OC}{v_g}+\tau\right)\times\exp(i\omega t)\,dt\right|^2 dx\,dy\,dz \tag{3-81}
$$

式中:l 为晶体的半长度。首先对 x,z 积分,式(3-81)变为

$$
S(\omega,\tau) = \frac{\sqrt{\pi}\omega_0}{2}\int_{-l}^{l}\exp\left(-\frac{4z^2\sin^2\theta}{\omega_0^2}\right)dz
$$

$$
\int_{-\infty}^{\infty}\left|\int_{-\infty}^{\infty}\exp\left(-\frac{2y^2\cos_\theta^2}{\omega_0^2}\right)E(t)E\left(t-\frac{2y\sin\theta}{v_g}+\tau\right)\exp(i\omega t)\,dt\right|^2 dy \tag{3-82}
$$

为了简单,假设光脉冲是脉宽为 τ_p、线性啁啾为 β 的高斯脉冲。对式(3-82)中的 y、t 分别进行积分,最终得到 FROG 信号为

$$
S(\omega,\tau) = \frac{\pi^2a^2\omega_0}{8\sqrt{1+\beta^2a^2}}\frac{\exp\left[-\dfrac{\omega^2a^2}{4(1+a^4\beta^2)}\right]}{\sqrt{\dfrac{\sin^2\theta}{a^2v_g^2}+\dfrac{\cos^2\theta}{\omega_0^2}}}\exp\left(-\frac{\tau^2}{a^2+\dfrac{\omega_0^2}{v_g^2}\tan^2\theta}\right)\times\int_{-l}^{l}\exp\left(-\frac{4\sin^2\theta}{\omega_0^2}z^2\right)dz \tag{3-83}
$$

式中：$a=\tau_{\mathrm{p}}/\sqrt{2}\ln 2$。从式(3-81)~式(3-83)可以看出以下几点：

(1)对 x、z 积分得到的是与时间 t 无关的常数，而对 y 积分得到的是与时间 t 有关的常数。

(2)时间拖尾效应受制于束腰半径 ϖ_0、群速度 v_{g} 以及光束的夹角 2θ，但与晶体长度无关。

(3)脉冲宽度 τ_{p} 对时间拖尾效应有很大影响，而线性啁啾 β 与此无关，至少对高斯脉冲是如此。

(4)几何效益只影响时间域，而对频域无影响。

(5)对线性几何结构无时间拖尾。

从式(3-83)中与 τ 有关的项可以看出，对于高斯分布的脉冲，非共线的 SHG-FROG 信号时间拖尾使其时间域从 τ 压缩到 $\tau/(1+\delta)$。由时间拖尾所引起的误差 $\delta=\sqrt{1+\delta\tau^2/\tau_{\mathrm{p}}^2}-1$，这里 $\delta\tau=\sqrt{2\ln 2}\,\varpi_0\tan\theta/v_{\mathrm{g}}\approx\sqrt{2\ln 2}\,d/\omega_0\varpi_{\mathrm{m}}$。$\varpi_{\mathrm{m}}$ 和 d 分别为聚焦镜上高斯光束的光斑半径及光束间距。像文献[44]给出的，当光束在聚焦镜上的间距为 $2\varpi_{\mathrm{m}}$ 时，时间拖尾引起的误差 δ 最小。这时 $\delta\tau\approx\sqrt{2\ln 2}/\omega_0$。在我们的实验中，$\delta\tau\approx 1.6\mathrm{fs}$。

图3-28中的实线表示时间拖尾误差。可以看出，当脉冲宽度大于5fs时，系统的相对误差小于5%，KDP有限相位匹配带宽及时间拖尾效应可以忽略。当脉冲宽度小于5fs时，有限相位匹配带宽及时间拖尾效应比较大，需要对式(3-77)及式(3-83)做矫正。

3) 5fs脉冲的SHG-FROG测量

5fs脉冲的SHG-FROG测量装置见图3-30。脉冲通过非共线的迈克耳孙干涉仪后经焦距为7.5cm的凹面镜聚焦在20μm的KDP晶体上。用于记录二次谐波的光谱仪经过波长及强度标定。延时的步距经过氦氖光相干标定为0.5fs。总延时范围为240fs。测量的数据经过Femtosoft Technologies公司的迭代算法处理。

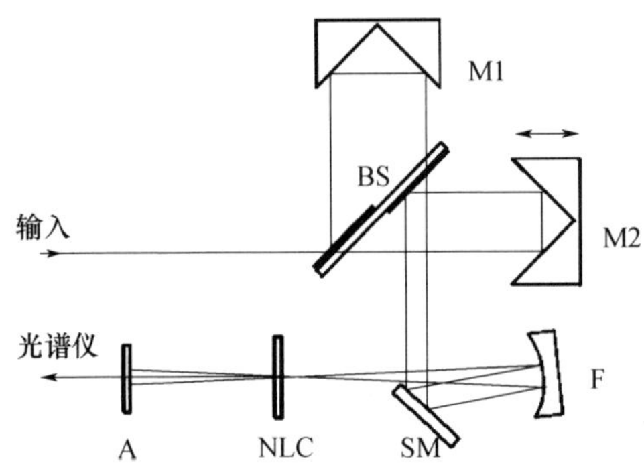

图3-30 SHG-FROG测量装置图

我们用该装置测量了前面介绍的空心光纤压缩器输出的5fs 的光脉冲。图3-31给出了测量和计算得到的 FROG 时间频谱。

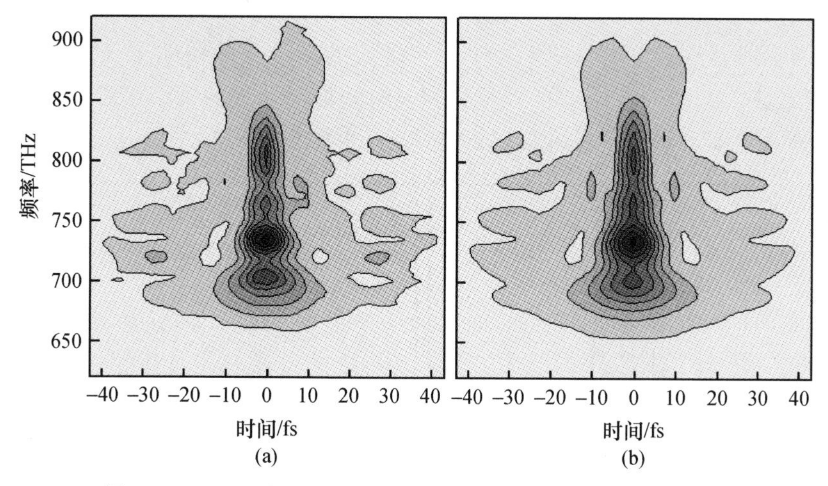

图3-31　(a)测量的 FROG 时间频谱;(b)计算的 FROG 时间频谱。

由于 SHG-FROG 是时间对称的,即时间反转模糊,因此无法直接给出脉冲的前后沿。为了解决这个问题,将被测脉冲经过一个薄形石英片,展宽约50%。通过这些啁啾脉冲的 FROG 测量可确定被测的非啁啾脉冲的前后沿。这样得到的被测量脉冲时间、光谱及其相位特性见图3-32。在没有对有限相位匹配带宽及时间拖尾引起的系统误差进行矫正的情况下,得到的脉冲宽度为5.5fs。

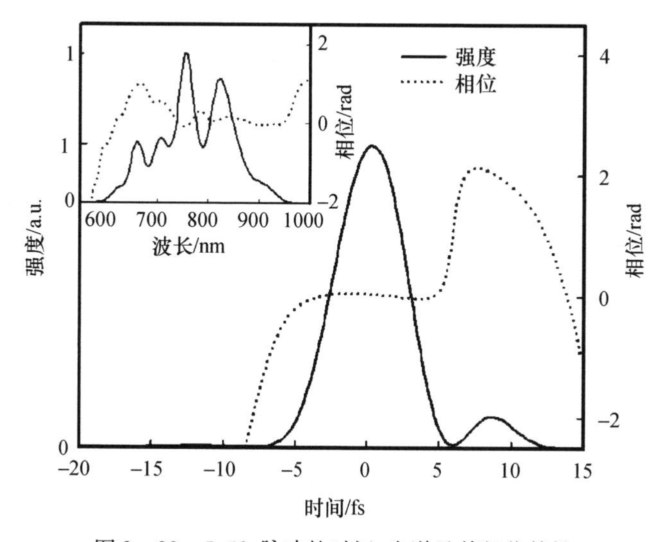

图3-32　5.5fs 脉冲的时间、光谱及其相位特性

为了比较测量结果的可靠性，同时直接测量了脉冲的光谱及干涉自相关曲线。图 3－33(a)给出了干涉自相关仪测量的自相关曲线及由图 3－32 所示脉冲形状计算的干涉自相关曲线。而图 3－33(b)给出了由脉冲的光谱计算的自卷积及 FROG 边际曲线[45]。图 3－33 中实虚线的高度一致说明了无须对系统误差进行校正。通过对有限相位匹配带宽及时间拖尾引起的微小系统误差进行矫正，得到几乎不可辨别的脉冲形状的变化，脉冲宽度为 5. 3fs。

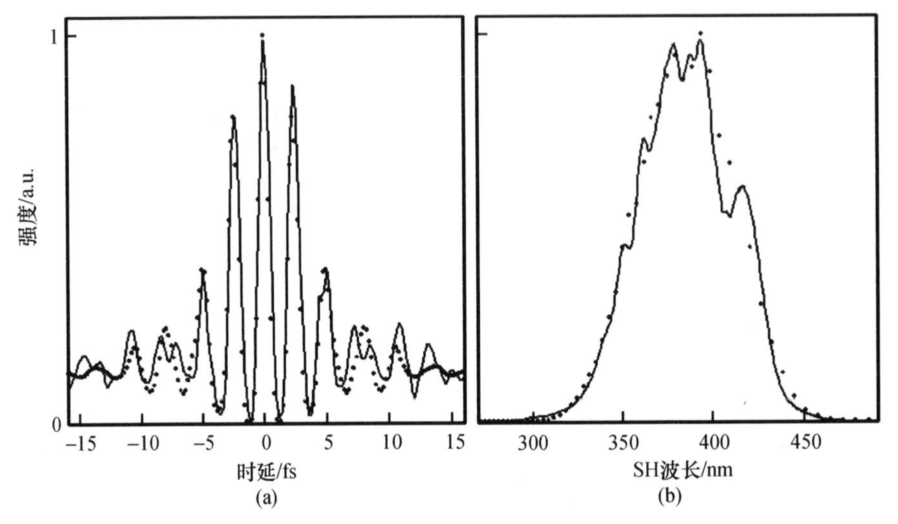

图 3－33　(a)实线和虚线分别为测量及计算的干涉自相关曲线；(b)实线为 FROG 给出的边际曲线，虚线为由脉冲的光谱计算的自卷积。

3. 周期量级超短超强脉冲 CEP 控制

飞秒脉冲的出现，极大地促进了超快现象的研究。极端条件下光与物质相互作用的研究需要高峰值功率周期量级超短超强脉冲。而更深的高阶非线性物理现象的研究如阿秒脉冲的产生，强烈地依赖于周期量级超短超强脉冲的振幅。对于宽度在十几飞秒以上的光脉冲，脉冲包络内两个相邻载波振幅相差很小，因而载波包络相位(CEP)对振幅的影响甚微。但对周期量级脉冲，包络内两个相邻载波振幅相差极大，因而载波包络相位(CEP) ϕ_{cep} 完全决定了包络内载波振幅的大小(图 3－34)。所以周期量级脉冲 CEP 的控制与稳定非常重要。

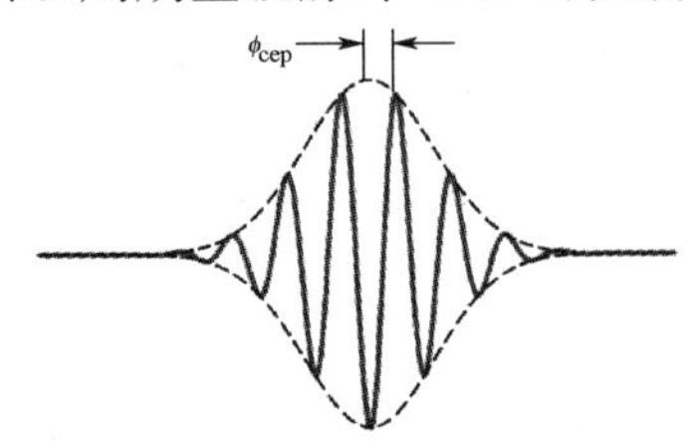

图 3－34　载波包络相位 ϕ_{cep} 及载波振幅

1）周期量级锁模激光器脉冲 CEP 的滑移及其稳定

（1）CEP 的滑移与偏置频率。在频域里，允许在一个空的 Fabry – Pérot 腔内振荡的频率为 $\omega_{\mathrm{m}}=m\pi\dfrac{c}{l}$。这些频率构成的频梳具有频率间隔 $\delta\omega=\pi\dfrac{c}{l}$，偏置频率（零阶模频率）$\omega_{\mathrm{ceo}}=0$。

而对于一个非空的 Fabry – Pérot 激光腔，激光介质等材料具有与频率有关的折射率，其振荡的频率遵循相位方程：

$$\phi(\omega_m)=2\int_0^l k(\omega_m,x)\mathrm{d}x=2\int_0^l \omega_m/v_{\mathrm{p}}(\omega_m,x)\mathrm{d}x==2\int_0^l n(\omega_m,x)/c\mathrm{d}x=2m\pi \tag{3-84}$$

式中：$k(\omega_m,x)=\dfrac{n(\omega_m,x)\omega_m}{c}=\omega_m/v_{\mathrm{p}}(\omega_m,x)$ 为波矢；$v_{\mathrm{p}}(\omega_m,x)=\dfrac{c}{n(\omega_m,x)}$ 为相速度。

为了实现稳定锁模，相邻模的频率间隔必须是恒定的。用数学表示就是 ω_m 对 m 的导数为常数。这样 ω_m 对 m 的二阶微分必须为零。

为了得到 ω_m 的微分，先对式(3－84)两边求导，得

$$\frac{\mathrm{d}\phi(\omega_m)}{\mathrm{d}\omega_m}\frac{\mathrm{d}\omega_m}{\mathrm{d}m}=2\pi \tag{3-85}$$

$$\frac{\mathrm{d}\phi(\omega)}{\mathrm{d}\omega}=2\int_0^l \frac{\mathrm{d}k(\omega,x)}{\mathrm{d}\omega}\mathrm{d}x=2\int_0^l \frac{1}{v_{\mathrm{g}}(\omega,x)}\mathrm{d}x=T_{\mathrm{g}}(\omega) \tag{3-86}$$

式中：$v_{\mathrm{g}}(\omega,x)=1/\dfrac{\mathrm{d}k(\omega)}{\mathrm{d}\omega}$ 为群速度；$T_{\mathrm{g}}(\omega)$ 为群延时。

再进一步对式(3－85)微分，得

$$\frac{\mathrm{d}^2\phi(\omega)}{\mathrm{d}\omega^2}\left(\frac{\mathrm{d}\omega_m}{\mathrm{d}m}\right)^2+\frac{\mathrm{d}\phi(\omega)}{\mathrm{d}\omega}\frac{\mathrm{d}^2\omega_m}{\mathrm{d}m^2}=0 \tag{3-87}$$

从式(3－87)可以看出，要使 ω_m 对 m 的二阶微分 $\dfrac{\mathrm{d}^2\omega_m}{\mathrm{d}m^2}$ 为零，群延时色散 $\dfrac{\mathrm{d}^2\phi(\omega)}{\mathrm{d}\omega^2}$ 必须为零，即群延时 $T_{\mathrm{g}}(\omega)=\dfrac{\mathrm{d}\phi(\omega)}{\mathrm{d}\omega}=2\displaystyle\int_0^l \frac{1}{v_{\mathrm{g}}(\omega,x)}\mathrm{d}x=T_{\mathrm{g}}$ 是与 ω 无关的常数。也就是说虽然对不同的频率 ω，其群速度 $v_{\mathrm{g}}(\omega,x)$ 不同，但是不同的频率 ω 在激光腔中以其群速度 $v_{\mathrm{g}}(\omega,x)$ 的度越时间 T_{g} 都一样。

由式(3－85)、式(3－86)，得

$$\frac{\mathrm{d}\omega}{\mathrm{d}m}=2\pi/\frac{\mathrm{d}\phi(\omega)}{\mathrm{d}\omega}=2\pi/2\int_0^l \frac{1}{v_{\mathrm{g}}(\omega,x)}\mathrm{d}x=2\pi/T_{\mathrm{g}} \tag{3-88}$$

对式(3－88)积分，得

$$\omega_m=2\pi m/\frac{\mathrm{d}\phi(\omega)}{\mathrm{d}\omega}+\omega_{\mathrm{off}}=2\pi m/2\int_0^l \frac{1}{v_{\mathrm{g}}(x)}\mathrm{d}x+\omega_{\mathrm{ceo}}=2\pi m/T_{\mathrm{g}}+\omega_{\mathrm{off}} \tag{3-89}$$

式中：ω_{off}为偏置频率，是与 m 无关的常数。

由式(3－84)，得到相延时：

$$T_{\mathrm{p}}(\omega_m) = \frac{\phi(\omega_m)}{\omega_m} = 2\int_0^l 1/v_{\mathrm{p}}(\omega_m, x)\,\mathrm{d}x = \frac{2m\pi}{\omega_m} \tag{3-90}$$

结合式(3－89)和式(3－90)，得

$$\omega_m = 2\pi m/\frac{\mathrm{d}\phi(\omega)}{\mathrm{d}\omega} + \omega_{\mathrm{off}} = 2\pi m/2\int_0^l \frac{1}{v_{\mathrm{g}}(x)}\mathrm{d}x + \omega_{\mathrm{off}} = 2\pi m/T_{\mathrm{g}} + \omega_{\mathrm{off}}$$

$$\omega_{\mathrm{off}} = \omega_m - \omega_m T_{\mathrm{p}}(\omega_m)/T_{\mathrm{g}} = (T_{\mathrm{g}} - T_{\mathrm{p}}(\omega_m))\omega_m/T_{\mathrm{g}} = (T_{\mathrm{g}} - T_{\mathrm{pc}})\omega_{\mathrm{c}}/T_{\mathrm{g}} \tag{3-91}$$

式中：ω_{c}、T_{pc}为光谱的中心频率及在此频率时的相延时。

这样

$$\omega_m = \frac{2\pi}{T_{\mathrm{g}}}m + \frac{T_{\mathrm{g}} - T_{\mathrm{cp}}}{T_{\mathrm{g}}}\omega_{\mathrm{c}} \tag{3-92}$$

式(3－92)合出的频率构成的频梳具有频率间隔 $\delta\omega = \dfrac{2\pi}{T_{\mathrm{g}}}$，偏置频率(零阶模频率)为

$$\omega_{\mathrm{ceo}} = \omega_{\mathrm{off}}\big|_{\mathrm{mod}\{\delta\omega\}} = \frac{T_{\mathrm{g}} - T_{\mathrm{pc}}}{T_{\mathrm{g}}}\omega_{\mathrm{c}}\bigg|_{\mathrm{mod}\{\delta\omega\}} \tag{3-93}$$

在时域里，CEP 是由脉冲的相速和群速不同引起的。在锁模激光器中，由于其非空腔，脉冲在腔内渡越一次后，其 CEP 的变化为

$$\Delta\phi_{\mathrm{ce}} = \omega_{\mathrm{c}}(T_{\mathrm{g}} - T_{\mathrm{pc}}) = \omega_{\mathrm{c}}\left(2\int_0^l 1/v_{\mathrm{g}}(x)\,\mathrm{d}x - 2\int_0^l 1/v_{\mathrm{pc}}(x)\,\mathrm{d}x\right)$$

$$= \omega_{\mathrm{c}}\left(\frac{\mathrm{d}\phi(\omega)}{\mathrm{d}\omega} - \frac{\phi(\omega)}{\omega}\right)\bigg|_{\omega_{\mathrm{c}}} \tag{3-94}$$

因此振荡器输出的相邻两个脉冲的 CEP 差，也就是 CEP 的滑移：

$$\Delta\phi_{\mathrm{cep}} = \Delta\phi_{\mathrm{ce}}\big|_{\mathrm{mod}\{2\pi\}}$$

从式(3－93)和式(3－94)，可以得到 CEP 的滑移 $\Delta\phi_{\mathrm{cep}}$与偏置频率 ω_{ceo}的关系：

$$\Delta\phi_{\mathrm{cep}} = \omega_{\mathrm{ceo}}T_{\mathrm{g}} = 2\pi\omega_{\mathrm{ceo}}/\delta\omega = \omega_{\mathrm{ceo}}/f_{\mathrm{r}} \tag{3-95}$$

式中：$f_{\mathrm{r}} = \delta\omega/2\pi$ 为锁模激光器的重复频率。

(2) 偏置频率的测量。周期量级脉冲 CEP 可通过共线的 $f-2f$ 光谱干涉仪测量[46]。由于现有光谱仪的时间响应远大于锁模激光器脉冲间隔，因此无法测得单脉冲的 CEP，也就无法控制 CEP 的滑移 $\Delta\phi_{\mathrm{cep}}$。但是可以通过测量锁模激光器频率梳的偏置频率 ω_{ceo}来稳定锁模激光器 CEP 的滑移 $\Delta\phi_{\mathrm{cep}}$。

目前用于测量偏置频率 ω_{ceo}的有两种方法：一是用于窄带宽锁模激光器的 $f-2f$(SHG) M－Z 干涉仪[47]。首先将锁模激光器光谱经过光子晶体光纤展宽

到一个光频程($\lambda_s=2\lambda_l$),再将展宽的光谱入射到具有双色分束镜的M-Z干涉仪。一路分束为短波波段(如$\lambda_s=500$nm)的光,另一路分束为长波波段(如$\lambda_l=1000$nm)的光再经过SHG倍频及相邻模的和频得到新的短波波段($\lambda_s=500$nm)的光。两路短波波段($\lambda_s=500$nm)的光拍频得到偏置频率ω_{ceo},见图3-35。

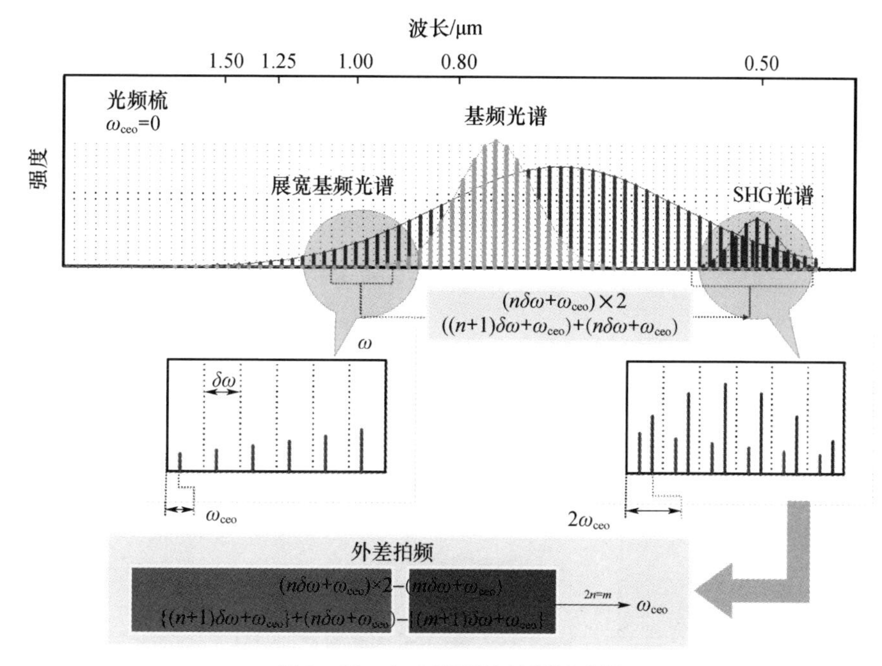

图3-35 $f-2f$(SHG)拍频示意图

二是用于宽带宽锁模激光器的0-f(DFG)线性干涉仪[48]。当锁模激光器的光谱已足够宽,但还不到一个光频程时,输出脉宽已小于7~8fs。将此脉冲聚焦到高差频产生(DFG)非线性效应的晶体(如PPLN)上。在非线性晶体中,既通过DFG产生短波波段(如$\lambda_s=610$nm)与长波波段(如$\lambda_l=1050$nm)的差频光(如$\lambda_d=1455$nm),又通过自相位调制(SPM)将长波波段(如$\lambda_l=1050$nm)展宽到更长波段(如1455nm)。这两种红外波段(1455nm)的光拍频即可得到偏置频率ω_{ceo},见图3-36。

与$f-2f$(SHG) M-Z干涉仪相比,0-f(DFG)线性干涉仪采用线性干涉仪而且没有非线性光纤,使其机构更简单、更稳定。

(3)偏置频率的稳定。目前,用于稳定偏置频率ω_{ceo}的也有两种技术路线:一是反馈控制技术[49]。它是将用上述方法测得的锁模激光器的偏置频率ω_{ceo}通过锁相环,锁定到一个稳定的参考频率ω_{ref}。偏置频率ω_{ceo}有微量的变化时,锁相环中的检相器会检测到这一微量的变化。泵浦光束中的声光调制器

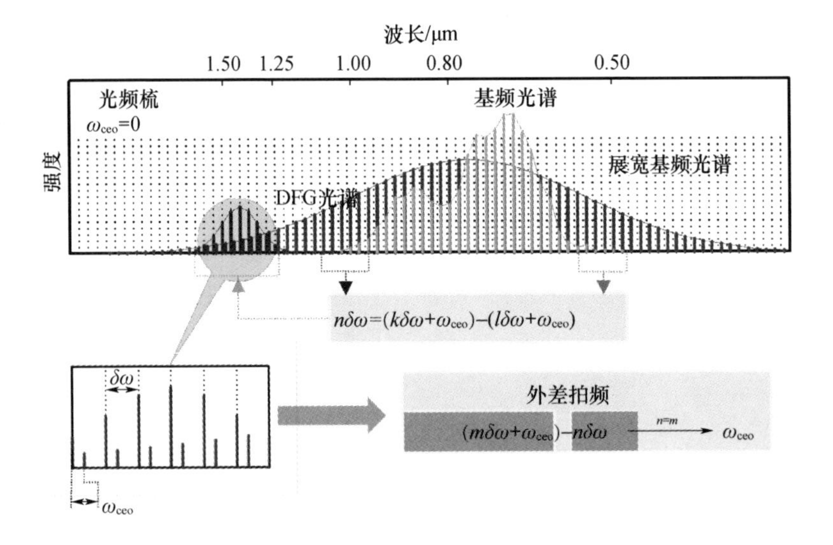

图 3-36　0-f(DFG)拍频示意图

(AOM)将这一变化转化为泵浦功率的变化,进一步地转化为锁模激光器腔内功率的变化。由于克尔效应,腔内功率的变化直接引起晶体折射率的波动,从而调节偏置频率 ω_{ceo},直到两个频率再次一致(图 3-37)。

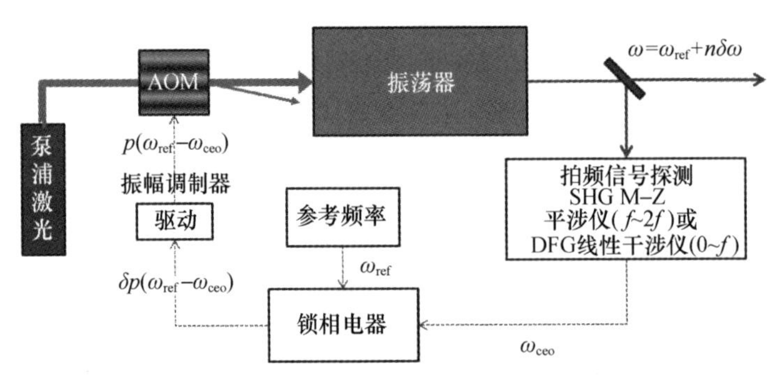

图 3-37　偏置频率反馈控制技术示意图

二是跟踪控制技术[50]。它是将测得的锁模激光器的偏置频率 ω_{ceo} 与一个稳定的参考频率 ω_{ref} 通过混频器混频。用产生的新频率 $\omega_{ceo}+\omega_{ref}$ 控制多普勒频移,改变通过 AOM 的光频率,从而得到一个新的光频梳 $\omega=(\delta\omega-\omega_{ref})+m\delta\omega$。这个新生成的光频梳的偏置频率 $(\delta\omega-\omega_{ref})$ 与激光器本身的偏置频率 ω_{ceo} 无关,而依赖于参考频率及激光器的重复频率。如果参考频率为激光器的重复频率,那么得到的新的光频梳偏置频率为零(图 3-38)。

与反馈控制相比,跟踪控制不影响振荡器的稳定性,对泵浦激光器噪声特性要求低。而且其为频率控制,不会引入振幅噪声。

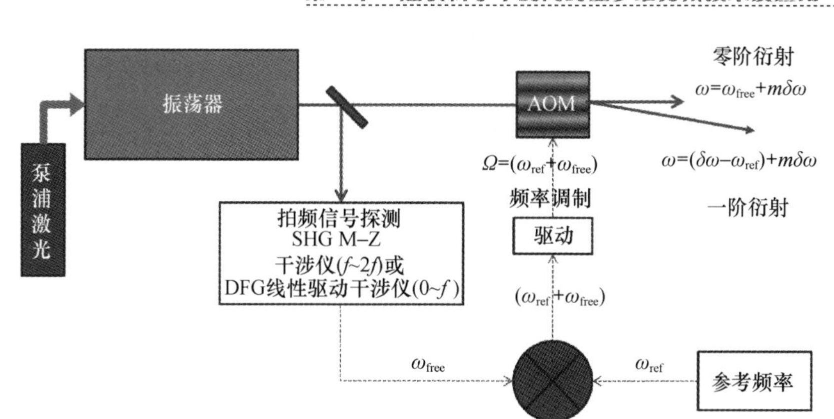

图3-38　偏置频率跟踪控制技术示意图

(4)放大脉冲CEP的测量与稳定。为了给出放大脉冲CEP,需要得到振荡器偏置频率 ω_{ceo} 与放大器偏置频率 ω_{cea} 的关系。假设锁模激光器所有可能存在的模的振幅与纵模频率的关系遵循高斯分布

$$A_n = A\exp\left(-\frac{2\ln 2\,(\omega_n-\omega_c)^2}{\Delta\omega^2}\right) \tag{3-96}$$

式中:ω_c 为中心频率,即第 c 模的角频率;$\Delta\omega$ 为高斯分布的半高全宽。对于锁模激光器,不仅要求所有纵模相位差保持不变,而且频率间隔也保持不变,即 $\omega_{n+1}-\omega_n=\delta\omega$ 及 $\phi_{n+1}-\phi_n=\delta\phi$。这样,第 n 模的电场分量变为

$$\begin{aligned}E_n(t) &= A_n\cos(\omega_n t+\phi_n) = A_n\cos\{\omega_c t+(\omega_n-\omega_c)t+\phi_c+(\phi_n-\phi_c)\}\\ &= A\exp\left(-\frac{2\ln 2\,(n-c)^2\delta\omega^2}{\Delta\omega^2}\right)\cos\{\omega_c t+(n-c)\delta\omega t+\phi_c+(n-c)\delta\phi\}\end{aligned} \tag{3-97}$$

式中:ϕ_n、ϕ_c 分别为第 n、c 模的初相位。令 $j=n-c$,由于 $\Delta\omega \ll \omega_c$ 而且 $c \gg 1$,因此对 $n\leqslant 0$, $\exp\left(-\frac{2\ln 2\,(n-c)^2\delta\omega^2}{\Delta\omega^2}\right)\approx 0$。这样,锁模激光器产生的光波电场为

$$E(t) = A\sum_{j=-\infty}^{\infty}\exp\left(-\frac{2\ln 2 j^2\delta\omega^2}{\Delta\omega^2}\right)\cos\{\omega_c t+j\delta\omega t+\phi_c+j\delta\phi\} \tag{3-98}$$

由泊松公式对式(3-98)做转换,再做变量转换 $t\to t-\frac{\delta\phi}{\delta\omega}$,得

$$\begin{aligned}E(t) &= \frac{A\Delta\omega\sqrt{\pi}}{\delta\omega}\left\{\sum_{m=-\infty}^{\infty}\exp\left(-\frac{(2\pi m+\delta\omega t)^2}{8\ln 2\left(\frac{\delta\omega}{\Delta\omega}\right)^2}\right)\right\}\cos\left[\omega_c t-\frac{\delta\phi}{\delta\omega}\omega_c+\phi_c\right]\\ &= \frac{A\Delta\omega\sqrt{\pi}}{\delta\omega}\left\{\sum_{m=-\infty}^{\infty}\exp\left(-\frac{(Tm+t)^2\Delta\omega^2}{8\ln 2}\right)\right\}\cos\left[\omega_c t-\frac{\delta\phi}{\delta\omega}\omega_c+\phi_c\right]\end{aligned} \tag{3-99}$$

从式(3－99)可以看出，锁模激光器产生的光场表现为振幅包络为

$$r(t)=\frac{A\Delta\omega\sqrt{\pi}}{\delta\omega}\left\{\sum_{m=-\infty}^{\infty}\exp\left(-\frac{(Tm+t)^2\Delta\omega^2}{8\ln 2}\right)\right\}$$

载波频率为 ω_c，相位 $\phi(t)=\phi_0-\frac{\delta\phi}{\delta\omega}\omega_0$ 的函数。其振幅包络 $r(t)$ 为周期 $T=2\pi/\delta\omega$ 的高斯脉冲函数，m 表示了脉冲的序数。但是对电场来说，只有当纵模频率 $\omega_c=c\delta\omega$（即偏置频率为零）时，其才为周期 $T=2\pi/\delta\omega$ 的函数。也就是说，由于相邻两脉冲包络的相移为

$$\begin{aligned}\Delta\phi_{ce}&=\left\{\omega_c(T+1)-\frac{\delta\phi}{\delta\omega}\omega_c+\phi_c\right\}-\left(\omega_c T-\frac{\delta\phi}{\delta\omega}\omega_c+\phi_c\right)\\&=2\pi\omega_c/\delta\omega=2\pi\left(\frac{\omega_{ceo}}{\delta\omega}+c\right)\end{aligned}\tag{3-100}$$

当偏置频率为零时，相移为 2π 的整数倍。像式(3－95)，式(3－100)也给出了 CEP 滑移与偏置频率的关系。

由式(3－99)，可得到光场强度为

$$I(t)\propto A^2\pi\left(\frac{\Delta\omega}{\delta\omega}\right)^2\left\{\sum_{m=-\infty}^{\infty}\exp\left(-\frac{(Tm+t)^2\Delta\omega^2}{8\ln 2}\right)\right\}^2\tag{3-101}$$

对一般的锁模激光器，$T\Delta\omega\gg 2\sqrt{2\ln 2}$。因此，第$(m-1)$和$(m+1)$脉冲对第 m 个脉冲的振幅的贡献可忽略。这样式(3－101)变为

$$I(t)\propto A_0^2\pi\left(\frac{\Delta\omega}{\delta\omega}\right)^2\sum_{m=-\infty}^{\infty}\exp\left(-\frac{(Tm+t)^2\Delta\omega^2}{4\ln 2}\right)\tag{3-102}$$

式中：$T\left(m+\frac{1}{2}\right)>t>T\left(m-\frac{1}{2}\right)$。

由此可得到光脉冲宽度为 $\tau_p=2\sqrt{2\ln 2}/\Delta\omega$。

为了更清楚地给出光场的频率分布，对式(3－98)做傅里叶转换：

$$\begin{aligned}E(\omega)&=\int_{-\infty}^{\infty}E(t)\exp(-i\omega t)\,dt\\&=\pi A_0\sum_{j=-\infty}^{\infty}\exp\left(-\frac{2\ln 2j^2\delta\omega^2}{\Delta\omega^2}\right)\begin{Bmatrix}\delta[\omega-\omega_c-j\delta\omega]\exp\{i[\phi_c+j\delta\phi]\}+\\\delta[\omega+\omega_c+j\delta\omega]\exp\{-i[\phi_c+j\delta\phi]\}\end{Bmatrix}\\&=E(\omega)^++E(\omega)^-\end{aligned}\tag{3-103}$$

光谱强度分布为

$$\begin{aligned}&I(\omega)\propto E(\omega)^+\cdot E(\omega)^{+*}\\&=\pi A_0\sum_{j=\infty}^{\infty}\exp\left(-\frac{2\ln 2j^2\delta\omega^2}{\Delta\omega^2}\right)\delta\{\omega-\omega_c-j\delta\omega\}\exp\{i\{\phi_c+j\delta\phi\}\}\times\\&\quad\pi A_0\sum_{j=-\infty}^{\infty}\exp\left(-\frac{2\ln 2j\delta\omega^2}{\Delta\omega^2}\right)\delta\{\omega-\omega_c-j\delta\omega\}\exp\{-i\{\phi_c+j\delta\phi\}\}\end{aligned}\tag{3-104}$$

由 Shah 函数的取样特性及二维取样函数，对式(3-104)做变换，得

$$\begin{aligned} I(\omega) &\propto \pi^2 A^2 \sum_{j=-\infty}^{\infty} \exp\left(-\frac{4\ln 2 j^2 \delta\omega^2}{\Delta\omega^2}\right)\delta\{\omega-\omega_c-j\delta\omega\} \\ &= \pi^2 A^2 \sum_{n=0}^{\infty} \exp\left(-\frac{4\ln 2\,(n-c)^2\delta\omega^2}{\Delta\omega^2}\right)\delta\{\omega-\omega_c-(n-c)\delta\omega\} \\ &= \pi^2 A^2 \sum_{n=0}^{\infty} \exp\left(-\frac{4\ln 2\,(n-c)^2\delta\omega^2}{\Delta\omega^2}\right)\delta\{\omega-n\delta\omega-\omega_{\text{ceo}}\} \end{aligned} \tag{3-105}$$

可以更清楚地看出光场的频率分布为离散的高斯分布。其构成的频梳具有频率间隔 $\delta\omega$，偏置频率(零阶模频率)为 ω_{ceo}。

当具有宽度为 T，周期为 $T_{\text{a}}=\frac{2\pi}{\delta\omega}l=lT$ 的矩形波函数(l 为整数)：

$$g(t)=\sum_{p=-\infty}^{\infty}\prod(t-pT_{\text{a}})=\sum_{p=-\infty}^{\infty}\left\{u\left(t-pT_{\text{a}}+\frac{T}{2}\right)-u\left(t-pT_{\text{a}}-\frac{T}{2}\right)\right\} \tag{3-106}$$

($\prod(t)$ 为矩形函数，$u(t)$ 为单位阶跃函数)，对式(3-99)表示的电场进行调制时，可得到新的电场：

$$\begin{aligned} E_g(t) &= \frac{A_0\Delta\omega\sqrt{\pi}}{\delta\omega}\sum_{p=-\infty}^{\infty}\prod(t-pT_{\text{a}})\left\{\sum_{m=-\infty}^{\infty}\exp\left(-\frac{(t+mT)^2}{\tau_{\text{p}}^2}\right)\right\}\cos\left[\omega_c t-\frac{\delta\phi}{\delta\omega}\omega_c+\phi_c\right] \\ &= \frac{A_0\Delta\omega\sqrt{\pi}}{\delta\omega}\left\{\sum_{p=-\infty}^{\infty}\exp\left(-\frac{(t-pT_{\text{a}})^2}{\tau_{\text{p}}^2}\right)\right\}\cos\left[\omega_c t-\frac{\delta\phi}{\delta\omega}\omega_c+\phi_c\right] \end{aligned} \tag{3-107}$$

可以看出，新电场的振幅是周期为 $T_{\text{a}}=\frac{2\pi}{\delta\omega}l=lT$ 的函数。其构成的两个脉冲包络的相移为

$$\begin{aligned} \Delta\phi_{\text{cea}} &= \left(\omega_c(T_{\text{a}}+1)-\frac{\delta\phi}{\delta\omega}\omega_c+\phi_c\right)-\left(\omega_c T-\frac{\delta\phi}{\delta\omega}\omega_c+\phi_c\right) \\ &= 2\pi\omega_c l/\delta\omega = 2\pi\left(\frac{l\omega_{\text{ceo}}}{\delta\omega}+lc\right) \end{aligned} \tag{3-108}$$

类似于式(3-105)的推导，新的光谱强度分布为

$$\begin{aligned} I(\omega) &\propto \pi^2 A^2 \sum_{j=-\infty}^{\infty} \exp\left(-\frac{4\ln 2 j^2\delta\omega^2}{\Delta\omega^2}\right)\delta\left\{\omega-\omega_c-j\frac{\delta\omega}{l}\right\} \\ &= \pi^2 A^2 \sum_{j=-\infty}^{\infty} \exp\left(-\frac{4\ln 2 j^2\delta\omega^2}{\Delta\omega^2}\right)\delta\left\{\omega-(cl+j)\frac{\delta\omega}{l}-\omega_{\text{ceo}}\right\} \\ &= \pi^2 A^2 \sum_{k=0}^{\infty} \exp\left(-\frac{4\ln 2\,(k-cl)^2\delta\omega^2}{\Delta\omega^2}\right)\delta\left\{\omega-k\frac{\delta\omega}{l}-\omega_{\text{cea}}\right\} \end{aligned} \tag{3-109}$$

可以清楚地看出，新光场的频率强度分布为离散的高斯分布，与原有光场的频率分布没有区别。其构成的新频梳与原有的频率间隔及偏置频率之间的关系

分别为 $\delta\omega_a=\frac{\delta\omega}{l}$ 和 $\omega_{cea}=\omega_{ceo}|_{mod[\frac{\delta\omega}{l}]}$。

重复频率为 $\delta\omega$ 的振荡器脉冲序列经重复频率为$\frac{\delta\omega}{l}$的脉冲选择器后放大。要使放大脉冲具有相同的 CEP,放大脉冲构成的新的频梳的偏置频率 $\omega_{cea}=\omega_{ceo}|_{mod[\frac{\delta\omega}{l}]}$ 必须为零。这就要求振荡器偏置频率或者通过跟踪控制技术稳定到零频率,或者通过反馈控制技术稳定到振荡器重复频率 $\delta\omega$ 的$\frac{l}{n}$(n 为整数)。

即使振荡器的偏置频率被锁定到所要求的值,但是由于放大器中特别是展宽器及压缩器的不稳定而引起放大脉冲的相移随时间的变化,从而引起脉冲和脉冲之间 CEP 的抖动(图 3-39)。

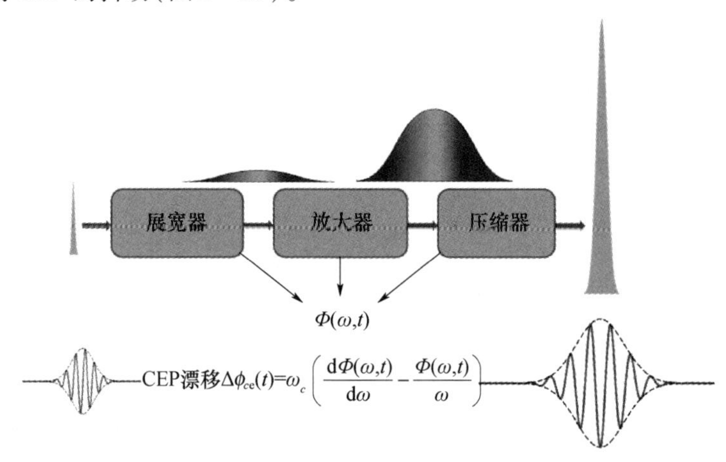

图 3-39 放大器对 CEP 漂移的影响

而引起放大脉冲的相移随时间的变化主要有两个因素:一是光束指向性;二是机械抖动。对这两个因素影响比较大的来自于展宽器及压缩器。所以设计一个对光束指向性及机械抖动不敏感的展宽器及压缩器至关重要。与传统的光栅对展宽器相比,飞秒钛宝石多通放大技术中提到的材料色散展宽器完全不受这两个因素的影响。所以只就这两个因素对压缩器的影响做分析。

对于飞秒钛宝石多通放大技术中所用的双棱镜对压缩器(图 3-9),在式(3-48)的基础上考虑任意入射角(α,β,γ)时,给出光束通过压缩器的相移:

$$\begin{aligned}\phi(\alpha,\beta,\gamma,\omega)&=2(l_1+l_2)\cos\beta\\&+(l_1+l_2)\begin{Bmatrix}\cos(2\theta_1-\alpha_0)\cos\beta_2-\sin(2\theta_1-\alpha_0)\cos\gamma_2\\-\cos(2\theta_1-\alpha_0)\cos\beta_{11}+\sin(2\theta_1-\alpha_0)\cos\gamma_{11}\end{Bmatrix}\\&+l_3\begin{Bmatrix}\cos(2\theta_1-\alpha_0+\delta_2)\cos\beta_4-\sin(2\theta_1-\alpha_0+\delta_2)\cos\gamma_4\\-\cos(2\theta_1-\alpha_0+\delta_2)\cos\beta_{13}+\sin(2\theta_1-\alpha_0+\delta_2)\cos\gamma_{13}\end{Bmatrix}\end{aligned}\quad(3-110)$$

式中：$(\alpha_i,\beta_i,\gamma_i)$ 分别为光在第 i 个棱镜面上的方向矢量。其 CEP 随方向矢量的变化为

$$\mathrm{CEP}(\alpha,\beta,\gamma,l) = \left(\frac{\mathrm{d}\phi}{\mathrm{d}\omega}-\frac{\phi}{\omega}\right)\Bigg|_{\omega_c}\omega_c$$

$$= \frac{\omega_c^2}{c}\left\{\begin{aligned}&(l_1+l_2)\left[\begin{aligned}&-\cos(2\theta_1-\alpha_0)\sin\beta_2\frac{\mathrm{d}\beta_2}{\mathrm{d}\omega}+\sin(2\theta_1-\alpha_0)\sin\gamma_2\frac{\mathrm{d}\gamma_2}{\mathrm{d}\omega}\\&+\cos(2\theta_1-\alpha_0)\sin\beta_{11}\frac{\mathrm{d}\beta_{11}}{\mathrm{d}\omega}-\sin(2\theta_1-\alpha_0)\sin\gamma_{11}\frac{\mathrm{d}\gamma_{11}}{\mathrm{d}\omega}\end{aligned}\right]\\&+l_3\left[\begin{aligned}&-\cos(2\theta_1-\alpha_0+\delta_2)\sin\beta_4\frac{\mathrm{d}\beta_4}{\mathrm{d}\omega}+\sin(2\theta_1-\alpha_0+\delta_2)\sin\gamma_4\frac{\mathrm{d}\gamma_4}{\mathrm{d}\omega}\\&\cos(2\theta_1-\alpha_0+\delta_2)\sin\beta_{13}\frac{\mathrm{d}\beta_{13}}{\mathrm{d}\omega}-\sin(2\theta_1-\alpha_0+\delta_2)\sin\gamma_{13}\frac{\mathrm{d}\gamma_{13}}{\mathrm{d}\omega}\end{aligned}\right]\end{aligned}\right\} \tag{3-111}$$

我们对透射光栅对压缩器做了同样的分析(图 3-40)。

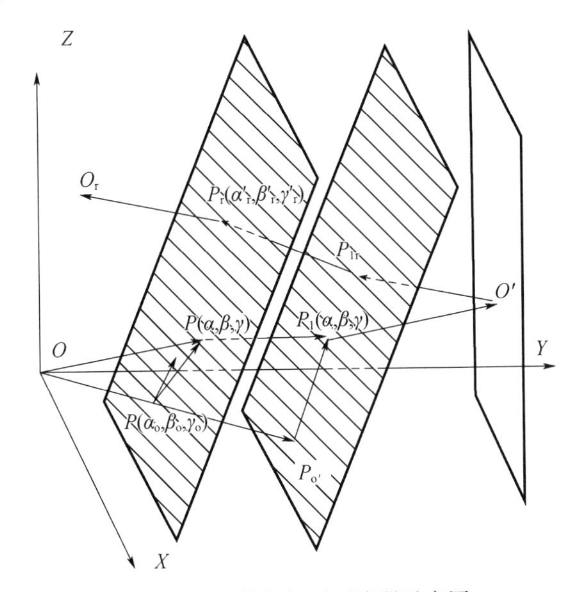

图 3-40 透射光栅对压缩器示意图

光束通过光栅对压缩器的相移为

$$\phi(\alpha,\beta,\gamma,\omega) = 2L\frac{\omega}{c}\cos\beta + |\overrightarrow{PP_1}|\frac{\omega}{c}\left\{\begin{aligned}&1-(\cos^2\alpha+\cos\beta\cos\beta'+\cos\gamma\cos\gamma')\\&-\frac{2\pi mc}{\Lambda\omega}(\cos\beta'\sin\beta_o+\cos\gamma'\cos\beta_o)\end{aligned}\right\}$$

$$+|\overrightarrow{P_{1r}P_r}|\frac{\omega}{c}\left\{\begin{aligned}&1-(\cos^2\alpha-\cos\beta\cos\beta'_r+\cos\gamma\cos\gamma'_r)\\&+\frac{2\pi mc}{\Lambda\omega}(\cos\beta'_r\sin\beta_o+\cos\gamma'_r\cos\beta_o)\end{aligned}\right\} \tag{3-112}$$

其群延时为

$$\frac{\mathrm{d}\phi(\omega)}{\mathrm{d}\omega} = 2L\frac{1}{c}\cos\beta + |\overrightarrow{PP_1}|\frac{1}{c}\{1-(\cos^2\alpha+\cos\beta\cos\beta'+\cos\gamma\cos\gamma')\}$$
$$+|\overrightarrow{P_{1r}P_r}|\frac{1}{c}\{1-(\cos^2\alpha-\cos\beta\cos\beta'_r+\cos\gamma\cos\gamma'_r)\} \quad (3-113)$$

其群延时色散为

$$\frac{\mathrm{d}^2\phi(\omega)}{\mathrm{d}\omega^2} = -\frac{\frac{1}{\omega c}\left(\frac{c}{\omega\Lambda}2\pi m\right)^2 D}{(\cos\beta_0\cos\beta'-\sin\beta_0\cos\gamma')^3}\begin{pmatrix}(\sin\beta_0\cos\beta+\cos\beta_0\cos\gamma)^2\\+(\cos\beta\cos\beta_0-\cos\gamma\sin\beta_0)^2\end{pmatrix}$$
$$+\frac{\frac{1}{c\omega}\left(\frac{c}{\omega\Lambda}2\pi m\right)^2 D}{(\cos\beta_0\cos\beta'_r-\sin\beta_0\cos\gamma'_r)^3}\begin{pmatrix}(\sin\beta_0\cos\beta_r+\cos\beta_0\cos\gamma_r)^2\\+(\cos\beta_r\cos\beta_0-\cos\gamma_r\sin\beta_0)^2\end{pmatrix}$$
$$(3-114)$$

而 CEP 随方向矢量的变化为

$$\mathrm{CEP}(\alpha,\beta,\gamma,D) = \left\{\frac{\mathrm{d}\phi(\omega)}{\mathrm{d}\omega}-\frac{\phi(\omega)}{\omega}\right\}\Bigg|_{\omega_0}\omega_0$$
$$=-\frac{2\pi m}{\Lambda}\frac{D(\cos\beta'\sin\beta_0+\cos\gamma'\cos\beta_0)}{(\cos\beta_0\cos\beta'-\sin\beta_0\cos\gamma')}-\frac{2\pi m}{\Lambda}D\frac{\cos\beta'_r\sin\beta_0+\cos\gamma'_r\cos\beta_0}{(\cos\beta_0\cos\beta'_r-\sin\beta_0\cos\gamma'_r)}$$
$$(3-115)$$

由式(3-106)和式(3-110),分别计算了具有同样群延时色散的两种压缩器的CEP随光束在 yz 面抖动偏移角及随压缩器间隔的变化曲线(图3-41)。

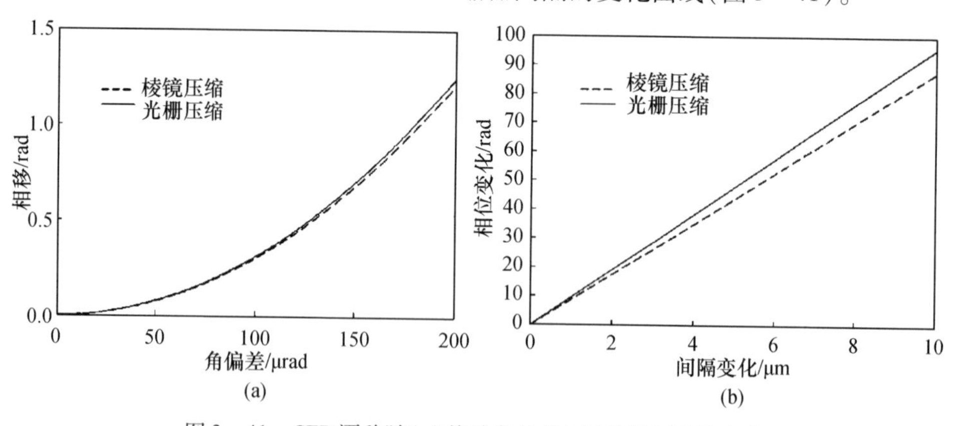

图3-41 CEP 漂移随(a)偏移角及(b)压缩器间隔的变化

可以看出,棱镜对压缩器对光束的指向性比较敏感,而光栅对压缩器对机械抖动等引起的压缩器间隔变化比较敏感。

因为放大器的重复频率一般都在千赫,即重复频率 $\delta\omega_a$ 和偏置频率 ω_{cea} 都在千赫量级,所以用于测量振荡器偏置频率 ω_{ceo} 的方法就无法测量放大器脉冲

的偏置频率 ω_{cea}。虽然无法测量放大器脉冲的偏置频率,但像前面提到的,可以用共线的 $f-2f$ 光谱干涉仪直接测量脉冲的 CEP[46]。

将放大的光脉冲聚焦到钛宝石薄片上产生超连续谱,再将超连续谱聚焦到 BBO 晶体上。其长波波段(如 $\lambda_1=1060$nm)经 BBO 倍频得到偏振方向与基波垂直的短波波段的光(如 $\lambda_s=530$nm)。由于长波及短波波段的光经过聚焦透镜的色散而产生一定的延时,经过 BBO 晶体后两个正交偏振的、具有一定延时的短波波段的光,再经过起偏器后调节为两个强度及偏振度相同的光(图 3-42)。

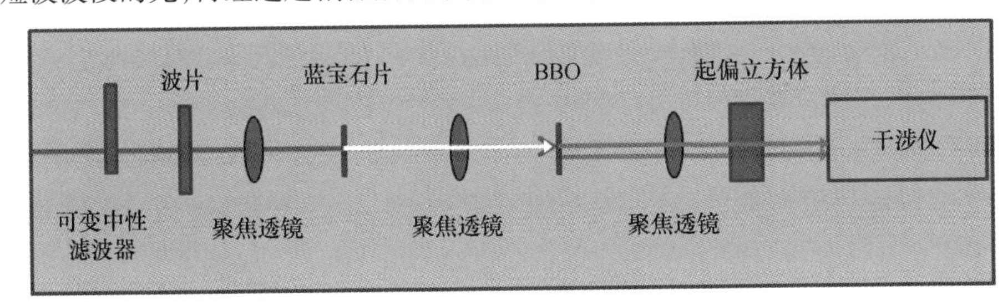

图 3-42　$f-2f$ 光谱干涉仪示意图

这样,两个光在光谱仪中干涉:

$$I(\omega)\propto I_F(\omega)+I_{shg}(\omega)+2\sqrt{I_F I_{shg}}\cos(\omega\tau+\phi_{cep}) \qquad (3-116)$$

式中:$I_F(\omega)$、$I_{shg}(\omega)$ 分别为短波波段的基频光及倍频光光强;τ、ϕ_{cep} 分别为两个光的延时及放大器光脉冲的 CEP。光谱仪测得的干涉光谱见图 3-43。光谱条纹的周期取决于两个光的延时 τ,而光脉冲的 CEP 决定了条纹的位置。因此可以通过计算条纹的位置得到光脉冲的 CEP。

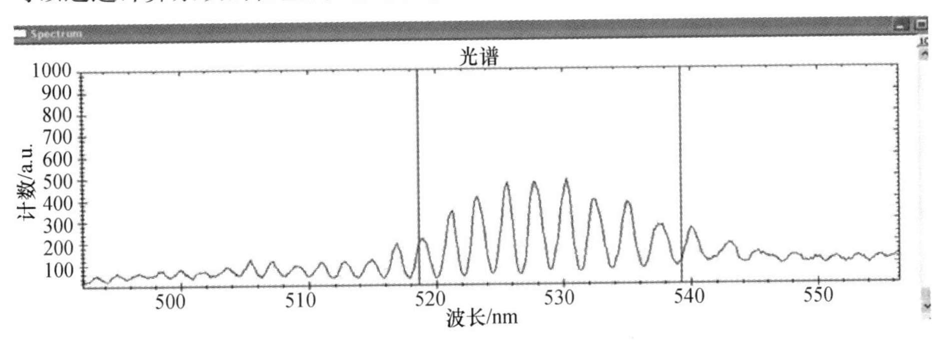

图 3-43　$f-2f$ 光谱干涉仪测得的干涉谱

放大脉冲 CEP 的稳定可以通过反馈控制回路来实现(图 3-44)。将光谱仪测得的 CEP 漂移量经由控制回路反馈到振荡器偏置频率控制电路,通过改变控制电路的工作点而调节放大器注入脉冲的相位偏置,直到放大脉冲的 CEP 稳定。或者将光谱仪测得的 CEP 漂移量,经由控制回路反馈到展宽器中移动斜劈的压电陶瓷控制器。通过改变斜劈的插入量调节放大脉冲的 CEP,直到放大脉冲的 CEP 稳定。后一种方法由于其具有独立的反馈系统,不会干扰种子脉冲偏置频率的稳定。

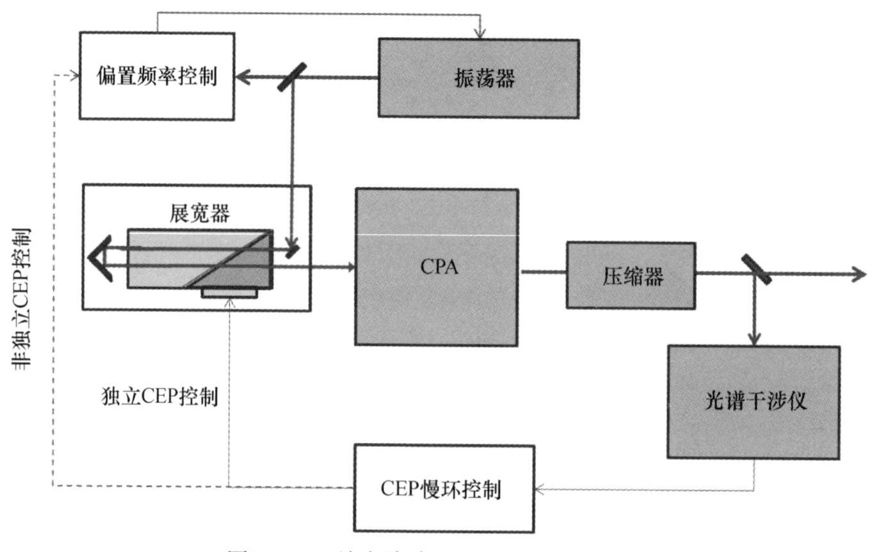

图 3-44　放大脉冲 CEP 反馈控制示意图

我们分别对 1kHz、1mJ 及 5mJ 的多通放大器输出脉冲的 CEP 做了测量。两种系统都采用了超宽带的种子脉冲及材料色散展宽器。1mJ 的系统采用了棱镜对压缩器、啁啾镜高阶色散补偿。而 5mJ 的系统是在 1mJ 系统的基础上增加了二通的二级放大,且采用透射光栅对压缩器及 Dazzler 高阶色散补偿。1mJ 系统种子脉冲的偏置频率的稳定采用了 $0-f$(DFG)共线干涉仪及反馈控制技术,而 5mJ 的系统则采用了 $0-f$(DFG)共线干涉仪及跟踪控制技术。两种系统的 CEP 慢环稳定都通过改变展宽器中斜劈的插入量调节放大脉冲的 CEP。图 3-45(a)、(b)分别给出 1mJ 和 5mJ 脉冲 10min 的 CEP 稳定曲线,其均方根(RMS)分别为 95mrad 和 130mrad。我们也测量了 5mJ 脉冲 16h 的 CEP 稳定性,其 RMS 为 134mrad。因为 CEP 慢环锁定系统的循环周期为 5ms 左右,所以放大器各部分的 CEP 特性决定了放大脉冲 CEP 的短期(<1s)稳定性,而慢环锁定系统的动态范围及种子脉冲偏置频率的长期稳定性决定了放大脉冲 CEP 的长期稳定性。

将 5mJ 的脉冲耦合到充有氦气的具有气压梯度的空心光纤中,经啁啾镜压缩器后,得到能量为 2mJ、脉宽为 5fs 的周期量级光脉冲。该脉冲经 $0-f$(DFG)共线干涉仪及 CEP 反馈控制回路的稳定,其 CEP 可稳定到 RMS 为 210mrad。

3.1.3　阿秒脉冲的产生、测量与应用

1960 年,美国科学家梅曼博士制作出了世界上第一台红宝石激光器,宣告了人类告别经典光学、开始进入现代前沿光学时代(如非线性光学、量子光学)。

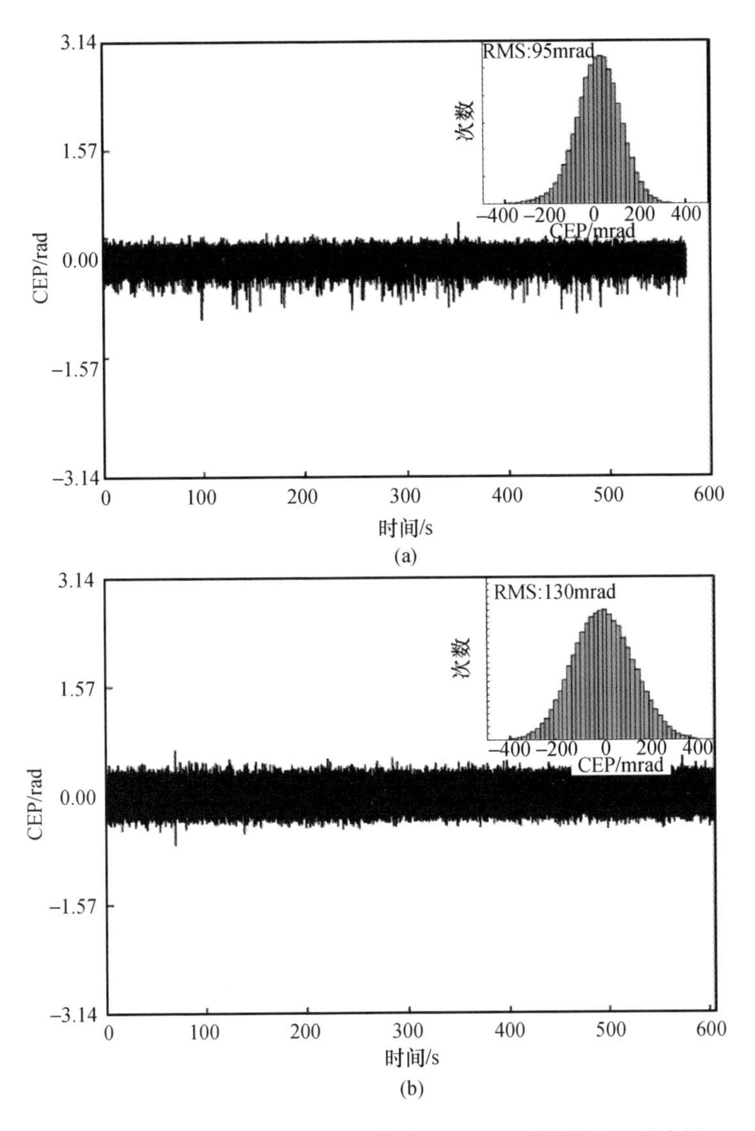

图 3-45 (a)1mJ 系统的 CEP 稳定性;(b)5mJ 系统的 CEP 稳定性。

激光的产生是基于爱因斯坦所提出的光受激辐射原理,这就决定了激光具有高亮度、高方向性、高单色性及高相干性等异于普通光的优点,这些特点促进了激光科学和技术的迅猛发展以及广泛应用,引发了现代科学和技术的重大变革。激光科学与技术与原子能、计算机、半导体技术一起并称为20世纪人类最伟大的"四大发明"。

20世纪60年代,调Q技术和锁模技术的发明使激光的峰值强度不断提高,脉宽不断缩短达到皮秒量级,从而激光与物质相互作用进入了超快光学领域。1985年,啁啾脉冲放大技术的出现以及以掺钛蓝宝石晶体作为增益介质极大地提高了激光的峰值强度,达到 1020 W/cm^2, 脉宽达到数十飞秒,开启了强场激光物理的大门。90 年代,自锁模技术和啁啾镜技术使得超短激光脉冲得到进一步压缩,如广泛使用的钛宝石激光器已经可以产生波长为 800nm、脉宽只有 5fs 的超短激光[51]。由于激光器通常在可见光波段,对应的光学周期最短为几飞秒,而考虑到激光脉冲至少应包含一个光学周期,因此要想产生更短的脉冲,只有向波长更短的波段进军。

紫外以及极紫外波段正是能够突破飞秒极限、产生阿秒脉冲的理想波段。少周期乃至单周期激光脉冲的产生、高次谐波技术的成熟以及载波包络相位锁定技术的应用,为阿秒脉冲的产生准备了足够的条件,为此,2001 年,匈牙利科学家 Ferenc Krausz 于奥地利维也纳大学实验产生了脉宽 650as 的光脉冲,标志着阿秒科学时代的到来[52]。之后,各种产生和测量技术不断涌现,阿秒脉冲的脉宽也在不断刷新着世界纪录,美国中佛罗里达大学的常增虎教授于 2012 年创造了 67as 的最短光脉冲纪录并保持至今[53]。

尽管飞秒激光以其超快响应的特性在基础科学技术研究和应用方面都取得了巨大的成就,然而,要想观察更加快速的过程,如原子、分子内电子的运动规律——电子绕原子核的运动、原子间的电荷转移、原子内不同能级之间的电子跃迁和电子关联等,需要比飞秒更快的探测手段,因为这些转瞬即逝的过程通常是在亚飞秒(即阿秒)时间尺度内就完成了。而观测原子、分子内电子的运动是数代科学家的夙愿,所以阿秒科学被誉为摘取了原子、分子物理的“圣杯”。阿秒科学是受好奇心驱使而发展起来的,同时科学家对未知超快过程的不断探索也开拓了阿秒科学与技术的广泛应用前景,如在提高 X 射线光源高度集成技术,使电子和磁存储达到更低纬度以及更高响应速度,同时在激发化学反应和生物信号传导以及 DNA 破损和修复机制方面有重大应用前景,还有望减少在癌症诊断和治疗过程中对生物细胞的辐射损坏等[54]。

鉴于阿秒科学与技术的发展历程,本节将简要介绍阿秒脉冲的产生原理与测量技术以及应用。

1. 高次谐波与阿秒脉冲的产生

20 世纪 80 年代,高能量飞秒激光脉冲的产生使得激光聚焦后的峰值强度达到了 $10^{20}\sim10^{22}$ W/cm^2,这使得激光与物质(如原子)相互作用进入了强场物理时代。当这种超强飞秒激光脉冲与原子发生相互作用时,其对原子内部电子的作用力甚至远远超过了库仑力(如在氢原子中,其原子核对处于基态的电子所施加的库仑场强为 3.5×10^{16} W/cm^2),原子内的电子会摆脱库仑势的束缚而被激发成自由电子,之后自由电子的运动过程将完全由超强飞秒激光脉冲所支配。被超短超强飞秒激光脉冲激发后,自由电子的运动有两条可控选择的路径:一是原子内的电子完全被电离,电离电子完全摆脱库仑势的束缚而脱离原子核,此前的原子一分为二成为离子和完全被解放的电子;二是原子内的电子未被完全电离而成为母离子,被电离的部分电子有可能被激发到高里德堡态,之后超短飞秒激光脉冲的后沿部分将把电离电子重新拉回到母离子附件,回到原来的基态并辐射出电磁波(或光子)。后者正是高次谐波的产生。

高次谐波现象是在1987—1988年间发现的。实验中,当一束光强为10^{14} W/cm^{2}量级的线性偏振飞秒激光脉冲与稀有气体发生作用时,在输出光束部分就会产生奇数倍于基频光的高次谐波(高达数十甚至数百阶)。正如非线性光学中微扰理论所预测的一样,产生的谐波强度刚开始是随着阶次的增加而衰减的。然而,出人意料的是,紧接着高次谐波谱线存在一个平台区,该平台区横跨多阶谐波而谐波强度却几乎保持不变。理论和实验研究表明,这一平台区可以展宽到成百上千电子伏、拓展到了软X射线范围[55]。这一平台区将会在某一位置(通常称为高次谐波截止点)突然终止。这些特点可以很明显地从高次谐波相对强度与谐波阶次的关系中看出来,如图3-46所示。

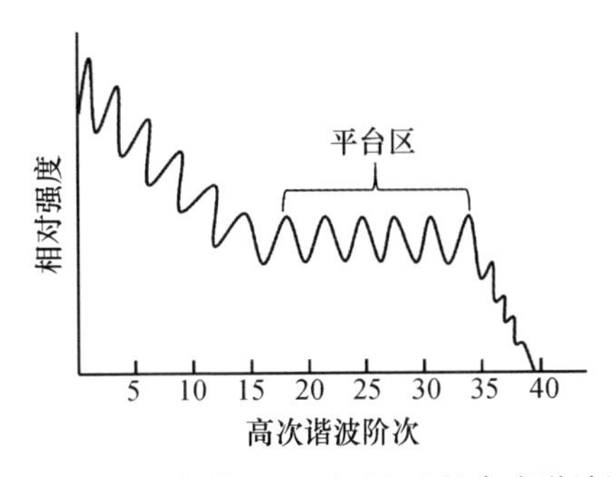

图3-46 强场作用下原子产生的高次谐波谱

尽管高次谐波现象在随后的多个实验以及相关理论计算中都得到了验证,然而对于发生这种现象的物理解析一直难以令人满意,而要回答诸如高次谐波是怎么产生的,为何会存在平台区,为何平台区之后紧接着的就是戛然而止的截止区,为何产生的高次谐波只有基频光频率的奇数倍(而不存在偶数倍)等问题,首先要对高次谐波产生的物理过程有一个清晰的图像,为此,1993年,加拿大理论物理学家Paul Corkum在权威杂志《物理评论快报》上对这一过程做出了合理而有效的物理解析[56]。Corkum把高次谐波过程分解为三步来理解,也称三步模型。如图3-47所示,首先,一般采用光强大于10^{13} W/cm^{2}的超短飞秒激光脉冲作用于原子时,会把原子核对电子的库仑势压低,于是电子就有可能以隧穿电离的方式摆脱库仑势的束缚而成为自由电子;其次,被解放后的自由电子会在飞秒激光的驱动下向前传播,之后由于受到激光场方向的转变很快减速至零,并被重新加速反向传播;最后,不断加速的电子由于从飞秒激光中获得了足够的能量而重新与母离子发生复合,复合的瞬间会发射出光子,也就是高次谐波。

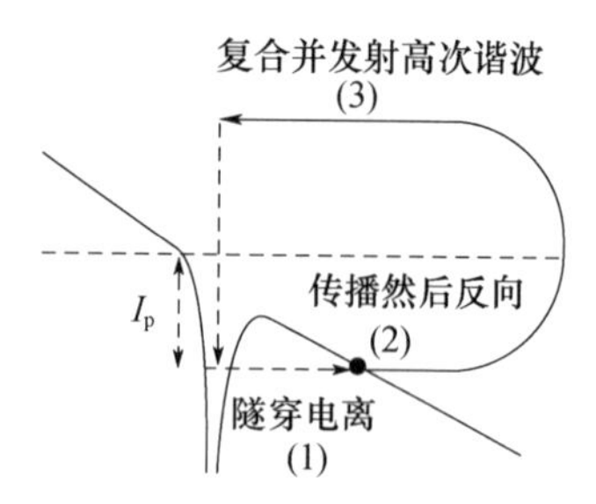

图 3-47　高次谐波产生过程的三步模型

I_p—离化势。

三步模型很好地回答了高次谐波是如何产生的,而平台区的出现是电子在不同传播路径上发生干涉的结果,截止区的解析也可以用三步模型,不过,需要考虑更多的物理过程。要回答产生截止区的原因,首先我们不禁要问:一个电子能从单色的超短超强飞秒激光场中获得多大的能量。理论推导和数值模拟结果均表明,初始束缚在原子中的电子可以获得的最大动能为 $3.17U_p$,其中 U_p 为有质动力势。这一结果不依赖于势能的形式,很好地解析了为何高次谐波谱线中存在突然的截止区。有质动力势 U_p 是一个很重要的概念,其定义为一个光脉冲周期内获得的平均动能: $U_p = \frac{1}{T}\int_0^T \frac{p^2}{2m_e}dt = \frac{e^2E_0^2}{4m_e\omega^2}$,这里,取单色激光场 $E = E_0\cos(\omega t)$,动量为 $p(t) = -eE_0\sin(\omega t)/\omega$。至于产生的高次谐波,只有奇数阶次,那是由原子和激光场的对称性决定的。

尽管对高次谐波产生的物理过程有了清晰明了的解释,然而要想产生单个阿秒脉冲,仍然面临严峻的挑战。首先,把高次谐波谱线的特定阶次叠加可以产生阿秒脉冲串,而不是单个阿秒脉冲,因为在飞秒激光的每半个周期内就会产生一个阿秒脉冲,因此如何分离出单个阿秒脉冲成为一个十分棘手的技术难题;其次,高次谐波转化效率非常低,而传统的飞秒测量手段几乎全部不能成功地复制到阿秒领域,为此,科学家在单个阿秒脉冲的产生和测量方面做了大量积极有效的探索。这里先介绍单个阿秒脉冲的产生方法,测量部分在接下来的一小节里讨论。

为何要产生单个阿秒脉冲?这是因为要对发生在阿秒时间尺度内超快过程进行探测,只需用到单个阿秒脉冲,因此产生单个阿秒脉冲无论是对基础研究还是对相关科学技术乃至高端仪器的开发和应用都具有至关重要的作用。为此,科学家们找准这一目标并不懈努力,终于在高次谐波现象发现 13 年之后,也就是 2001 年,取得了重大突破——在实验中首次产生脉宽为 650as 的单个阿秒脉冲。领导这一工作的是奥地利维也纳工业大学的 Ferenc Krausz 教授。Krausz 教授可谓超快科学的集大成者和领跑者,于 20 世纪 90 年代初在自锁模技术的基础上首次提出并证明啁啾镜可以进一步把飞秒脉冲压缩到只有单个振荡周期，对于产生阿秒脉冲的高质量泵浦源极其重要。Krausz 教授多年来一直活跃在超快光学的最前沿，引领了激光科学 30 载，推动着阿秒科学与技术不断积极稳健地向前发展。

2001 年，单个阿秒脉冲的实现为超快光学的研究掀开了新的篇章，人类得以实时观测诸如原子内电子的运动这些阿秒量级的物理现象，于是一门崭新的学科——阿秒光学便宣告诞生了。随着各种泵浦源技术的提升以及相位匹配的使用，实验中产生的阿秒脉冲变得越来越短，如图 3－48 和图 3－49 所示，Krausz 组在 2004 年把阿秒脉冲进一步压缩为 250as[57]，意大利的 Nisoli 教授于 2006 年产生了 130as 的单个脉冲[58]，Krausz 于 2008 年再次拔得头筹[59]，获得了 80as 的最短脉冲。从产生单个阿秒脉冲纪录的更迭中可以看出，相关阿秒科学与技术研究组主要分布在欧美。值得一提的是，华人科学家常增虎教授于 2012 年产生了 67as 的最短脉冲世界纪录，并保持至今[55]。同时，由于在阿秒光学领域颇有建树的科学贡献，常增虎教授受邀出版了第一部阿秒领域著作 *Fundamentals of Attosecond Optics*[60]。值得一提的是，常增虎教授博士毕业于中国科学院西安光学精密机械研究所，师从我国超快光学知名专家侯洵院士。尽管旅居国外二十余年，作为炎黄子孙，常增虎教授还是心系中国，以各种方式力助国内阿秒光学的研究和发展，如积极参加国内组织的相关学术会议、回国开设短期课程、慷慨接收国内访问学者和联合培养博士研究生等。常增虎教授给国内发展阿秒光学出谋献策并身体力行，正在帮助国内阿秒光学的基础研究稳步迈向国际一流。

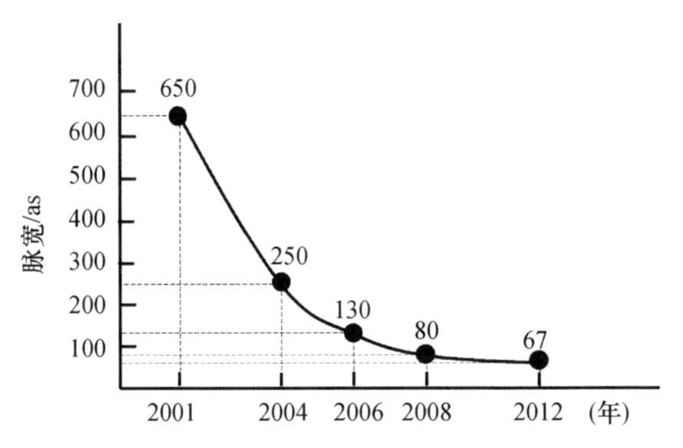

图 3－48　阿秒脉冲记录随时间的演化过程

目前，产生单个阿秒脉冲的方法如雨后春笋般层出不穷，其重要思想是要控制驱动光源的脉宽和波形以及载波包络相位（涉及相位匹配），以期提高阿秒脉冲产生的效率和强度。这些方法大致可以分为以下几种：振幅门、离化门、极化门、双色门、双光学门、时空门（阿秒光屋效应）。关于这些方法的具体介绍可参

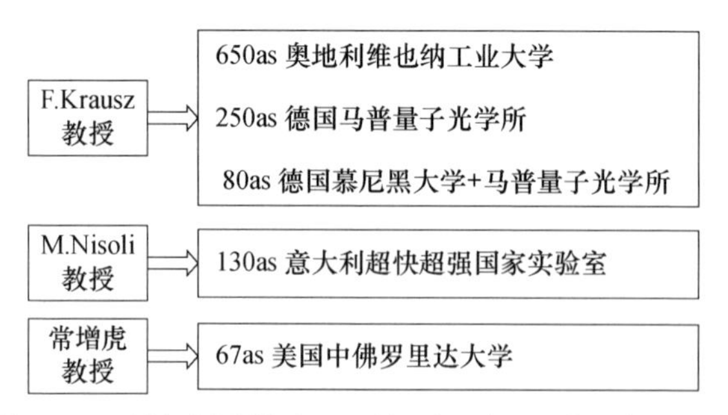

图 3-49　刷新阿秒脉冲纪录的“擘画师”及其研究组分布

考常增虎教授 2014 年在《自然·光子学》发表的一篇综述文章[61]。

2. 阿秒脉冲的测量[60]

如上所述,高次谐波产生过程的三步模型给产生单个阿秒脉冲提供了理论指导,同时,高质量的阿秒驱动光源技术(如少周期和波形可调节技术)和相位匹配技术的发展与应用为实验上产生及测量阿秒脉冲提供了可能。然而,要想证实在实验中测量的光脉冲是阿秒量级的却绝非易事,因为传统的飞秒脉冲测量技术如自相关(强度自相关、干涉自相关)和互相关方法不能直接用于阿秒脉冲的测量。究其原因,首先是阿秒脉冲超出了各种电子元器件的响应速度;其次是阿秒脉冲对应的频谱非常宽(可覆盖极紫外线和软 X 射线波段),其相对应的波长则极短,在非线性介质中传播时具有非常强的吸收作用;再次是实验中产生的阿秒脉冲非常弱,其脉冲能量通常只有亚纳焦而光子能量只有 100eV,这么弱的脉冲难以探测,也不足以产生非线性效应。

传统的机械快门摄影最快只能达到 1ms 左右,电子快门却能够达到皮秒量级。机械快门是利用弹簧、凸轮、齿轮来调节速度的快门,而电子快门是随着电子科学的发展,将电子技术用到照相机的快门上来,用电磁手段（如 CCD 感光系统）来控制曝光的快门。如果只在一个方向或空间维度上成像,响应时间可以得到进一步缩短,达到飞秒量级。这样的设备就是条纹相机。光学条纹相机的工作原理是以快速摄影的方式把时间信息转变为空间信息。具体过程:当光脉冲通过小孔或狭缝打在光电阴极上时,就会向真空中辐射出一束狭窄的电子脉冲,这一光电转换过程是同时发生的,因此电子脉冲可以认为是光脉冲的复制品或替代品。之后电子光学透镜就把条纹信息成像在荧光屏上(电子脉冲的不同时间部分将会在荧光屏中占据不同的位置),最后通过 CCD 相机记录。光学条纹相机之所以把时间信息转变为空间信息,是因为空间信息的测量更加方便、简单。光学条纹相机对 X 射线极其敏感,能够测量亚皮秒量级的光脉冲,同时条纹相机不依赖于非线性光学效应,因此也被广泛使用在同步辐射装置和激光核聚变的研究中。当条纹相机用来测量单个阿秒脉冲的延迟(或宽度)时,其工

作原理就有了很大的改变,以作区分而将之命名为阿秒条纹相机。当一束阿秒脉冲聚焦在一个原子气体靶上时(气体靶当作光电阴极),原子气体中的束缚态电子就可以通过极紫外光子而发射到真空,形成电子脉冲。同样,该电子脉冲可以看做阿秒脉冲的复制品,之后电子脉冲的动量信息可以通过业已成熟的时间飞行谱仪来测量得到。探测过程中,还要增加一束激光脉冲来扫描动量空间中的光电子,作为时间分辨门。因此,阿秒条纹相机既采纳了光学条纹相机的原理,又综合了泵浦—探测原理。所不同的是,阿秒条纹相机的工作原理是把时间信息转变为动量信息。由于阿秒脉冲的光子能量极其低,实验中遇到的一大挑战就是如何获得在某一方向长度压缩极高的原子气体以至于可以吸收到足够多的极紫外光子。另外,被测阿秒脉冲的宽度必须比激光脉冲光学周期的1/2还要短,这样方能避免不同释放时间之间的动量简并。阿秒条纹相机既可以用来测量阿秒脉冲串,又可以测量单个阿秒脉冲。

对于阿秒脉冲的测量,一般需要测量脉冲频谱、脉冲宽度和脉冲能量。而要测量脉冲宽度,通常还需要测量其对应的中心频率和相位信息。鉴于传统的飞秒测量技术在阿秒脉冲领域触礁难行,开发新型的、同时可测量阿秒脉冲的技术显得至关重要和亟不可待。为此,科学家们做了大量积极有效的探索。其中,广泛使用的包括测量阿秒脉冲串的方法——基于双光子跃迁干涉的阿秒脉冲串重构技术(Reconstruction of Attosecond Beating by Interference of Two - photon Transitions, RABBIT)[62],以及测量单个阿秒脉冲的方法——基于频率分辨光学门的阿秒脉冲完全重构技术(Frequency Resolved Optical Gating for Completely Reconstruction Attosecond Bursts, FROG - CRAB)[63]和基于中心频率振荡滤波的相位重构技术(Phase Retrieval by Omega Oscillation Filtering, PROOF)[64]。值得一提的是,这些技术的使用需要最新的探测手段——阿秒条纹相机。

基于双光子跃迁干涉的阿秒脉冲串重构技术(以下简称RABBIT技术)采用了这样的基本方法:高次谐波脉冲串的阿秒时间结构可以通过双光子跃迁获得的相位信息来补偿谱线信息,进而重构出高次谐波阿秒脉冲串。实验中测量的是光电子谱中存在的边带及其随着两个脉冲之间延迟的变化量。其中光电子谱中的边带是由加入一束近红外激光脉冲之后而在高次谐波脉冲中产生的。从其原理中可以看出,RABBIT技术正是光谱相位相干直接电场重构(Spectral Phase Interferometry for Direct Electric field Reconstruction, SPIDER)技术[65]的简化版,对于高次谐波产生来说,其谱线除了具有等间距的谐波峰之外,剩余的全是空的(没有峰结构)。所不同的是,SPIDER技术可以揭示每个谐波带宽直接的结构,而补偿式RABBIT技术能够把不同谐波峰直接的相位关联起来。因此,RABBIT技术能够更加方便地完全表征出双个周期的高次谐波脉冲,其测量极限仅仅取决于光电子谱的分辨力。关于RABBIT技术的实验装置可参考文献[60]。

基于频率分辨光学门的单个阿秒脉冲完全重构技术(以下简称 FROG - CRABB 技术)采用了如下物理思想:当一束单个阿秒脉冲离化一个原子时,该单个阿秒脉冲信息的光电子替代品(阿秒光电子波包)也随即产生;该阿秒光电子波包与一束中等强度的近红外激光脉冲的相互作用就可以用来提取被测单个阿秒脉冲的时间脉冲波形。FROG - CRAB 技术能够从近红外缀饰激光的光电离光谱图中提取得到阿秒脉冲的延迟信息。考虑到单个阿秒脉冲离化原子的同时就会在连续态产生电子波包,而一束低频的近红外缀饰激光就可以作为相位门来使用类比于频率分辨光学门(Frequency Resolved Optical Gating, FROG)技术[66]来测量该电子波包,这也是取名 FROG - CRAB 技术的原因。如图 3 - 48 和图 3 - 49 中所示的 130as 和 80as 的突破性实验就是采用该方法测得的。关于 FROG - CRAB 技术的实验装置可参考文献[60]。

基于中心频率振荡滤波的相位重构技术(PROOF 技术)是由中佛罗里达大学的常增虎教授开发出来的,该技术在表征更短的阿秒脉冲方面具有独特的优势。前面提到的 FROG - CRAB 技术只是看上去很美,而在实际应用中却存在着一个致命的缺陷,因为它用到了中心动量近似,也就是说测量的光电子谱的带宽必须小于其对应的中心波长。中心动量近似是飞秒激光测量 FROG 相位重构技术中不可或缺的,因此当应用到阿秒领域时,自然束缚了 FROG - CRAB 技术的使用——限定了给定中心光子能量后所能测量的最短阿秒脉冲。与此相反,PROOF 技术抛弃了 FROG 相位重构技术,同时也避开了中心动量近似。值得一提的是,除了对近红外缀饰激光的强度要求更低以外,PROOF 技术获得电子谱的实验装置与 FROG - CRAB 技术非常类似,可参考文献[60]。创世界纪录的全球最短阿秒脉冲纪录(67as)就是通过 PROOF 技术获得的。

3. 阿秒脉冲的应用

阿秒科学开创了原子尺度电子运动的新时代,使得人类历史上可以首次深入原子、分子结构的内部观测电子的运动特性——电子在既定轨道上跳“广场舞”。原子内的电子动力学过程都是在阿秒时间尺度内完成的,而这些电子过程决定最后的化学反应,这包括电子绕原子核的运动、原子间的电荷转移、原子内不同能级之间的电子隧穿和电子关联等。因此精确观测原子尺度或亚原子尺度上的电子运动特性,掌握其运动规律并加以推广应用,必将为基础研究和应用领域提供崭新的视觉和带来全新的机会。当前,阿秒科学正值发展春天,其势头非常迅猛,同时在应用领域的研究也是方兴未艾,正面临绝佳的历史机遇。

阿秒脉冲的应用除了在上述提到的基础研究(如原子分子内电子的运动,电荷转移,电子隧,电子关联和纳米结构中的电子运动)之外,也必将带来新的产业革命并推动信息技术不断向前发展。众所周知,现代电子技术发展面临瓶颈,急需破解新方法、新手段,摩尔定律和按比例缩小定律限定了集成电路、微电子技术的发展。当前,CMOS 电子元件尺寸在不断减小、集成度在不断提高,正逼近极限,功耗成为制约其发展的瓶颈。集成电路要想进一步发展,必须走“绿色 IT”的道路,即在提高信息响应速率的同时也要做到降低功耗,这需要在超短空间尺度精确掌握电子的运动规律——目前英特尔的 CPU 已经使用了 22nm 制作工艺,由于存在量子隧穿效应和库仑阻塞效应,当尺寸减小到 10nm 时将会使器件陷入瘫痪的境地。如上所述,电子在纳米结构中的运动是在阿秒量级的,因此,阿秒科学与技术为信息技术的发展提供了新的契机。例如,现代晶体管面临的发展瓶颈就是开关非常不彻底(开关前后电流比为 100:1),以致引发损耗和发热,同时最快响应时间仅有 1.2ps;而阿秒脉冲有望控制绝缘体—半导体的光致转变,以此为基础构建的新型 Mott 晶体管将会是超高速和高效率的完美结合品,速率有望从吉赫提高到拍赫,提高 10^6 倍。同样,阿秒磁化可使磁存储/处理速率提高 1000 倍或更高,带来高速高效磁处理技术的变革。此外,阿秒脉冲控制生物分子中的电荷转移,有望提升人工光合作用效率、操控化学反应,以及为辐射引起的 DNA 破损修复、癌症和肿瘤的发病机理探究与治疗方法探索等提供新的机遇和手段。同时,阿秒科学与技术的发展也为人工合成新材料和提升太阳能电池的转化效率等材料科学及相关产业的升级和发展注入新的活力。

鉴于其前沿性、重要性以及不可限量的应用前景,阿秒科学犹如“宠儿”一般受到世界各国科学家的追捧,成为原子分子物理领域的“香饽饽”。美国将阿秒技术研究列入本国 21 世纪 20 项战略技术之一,日本将其列入六大核心技术之一,德国视之为优先发展技术等。实际上,欧美发达国家对阿秒科学这一块“诱人的蛋糕”早已垂涎三尺,争先恐后加入争夺战,无论是实验室规模和相关基础设施的建设都在紧锣密鼓的扩展当中。首当其冲的是由全球首次测量到阿秒脉冲的领军科学家 Ferenc Krausz 领衔的德国阿秒物理实验室(Laboratory for Attosecond Physics, LAP)。LAP 是由马普量子光学研究所和慕尼黑大学联合建立的,其规模极其庞大,光科研人员就达一百多位;此外,LAP 已经搭建了五套极具影响的阿秒装置,如阿秒条纹谱仪、隧穿电离谱仪、极紫外吸收谱仪、研究分子内部电子和原子核动力学的阿秒装置、测量纳米结构内电子运动特性的阿秒装置;目前,该研究室正在搭建高功率阿秒脉冲产生与应用实验装置。LAP 研究内容极其丰富,覆盖了基础能源科学、固体物理、生物和分子物理、四维微成像、激光生物医学,以及探索构建超高速电子器件。

欧洲极端光设施(Extreme Light Infrastructure, ELI)是阿秒科学和强场物理研究的重大利器,是欧盟发起的一项无与伦比、惊为天人的光研究基础设施。ELI 是一个历史性的、囊括欧洲乃至覆盖全球的“旗舰”项目。ELI 工程于 2007 年启动实施,该工程涉及欧盟成员国将近 40 个研究和学术机构,同时还包括来自美国利弗莫尔劳伦斯国家实验室在内的美国专家参与。ELI 是欧盟东部第一个大尺度科研设施，投资金额超过八亿欧元。ELI 工程决定基于三四个地点形成欧盟的综合集成的激光设施，两个已经报道的是位于捷克首都布拉格的 ELI 光线束设施（ELI－Beamlines Facility）和位于罗马尼亚默古雷莱的 ELI 核物理设施（ELI－Nuclear Physics Facility）。其中 ELI 光线束设施主要研究粒子加速和 X 射线产生，而 ELI 核物理设施主要研究基于激光的核物理和高能物理。另外，位于匈牙利赛格德的重大光源设施将致力于建设一流的阿秒脉冲源（The Attosecond Light Pulse Source, ALPS）简称 ELI－ALPS。ELI－ALPS 的重要目标是产生位于极紫外线和软 X 射线波段的高能量阿秒脉冲源，为深入研究结构变化和原子分子内电子的运动提供新的手段。目前产生单个阿秒极紫外脉冲的方法主要采用高强度的飞秒激光电离稀有气体，辐射出高次谐波，然后把谐波谱线叠加形成阿秒脉冲。由于高次谐波转换效率非常低，通常只有 10^{-6} 左右，因此在稀有气体中很难产生高强度阿秒脉冲。为此，ELI－ALPS 将结合现代光源的以下优势：以短波长和高通量的第三代同步辐射光源作为激光驱动高次谐波种子源。同时，探索在高激光强度下产生更高效率的高次谐波，即利用相对论强度的激光与超稠密等离子体作用，产生高强度高次谐波。超稠密等离子体的优势是能够与非常强的激光作用，而 ELI 产生的激光强度可以达到 $1021\mathrm{W/cm^2}$，这种超高强度的激光能够提供产生强阿秒的驱动光源。其目标是用这种方法产生高强度的阿秒脉冲源，从而能够实现泵浦—探测实验，为实现复杂原子、分子和凝聚态系统中高时空分辨（阿秒时间和皮米空间分辨）的动态电子结构动力学开辟新的道路。ELI－ALPS 的应用范围非常广泛，包括使用阿秒技术探索化学、生物、纳米科学、太阳能电池、人工光合作用、信息技术、材料科学等。

另外，加拿大国家研究委员会与渥太华大学于 2008 年成立了阿秒科学联合实验室，该室除了研究强场作用下原子分子物理的阿秒动力学机制以外，还研究分子光子学，如分子与微纳结构动力学、光电子与离子关联特性。另外，美国于 2010 年在中佛罗里达大学成立了佛罗里达阿秒科学与技术研究所（Florida Attosecond Science and Technology, FAST），联合了美国多所高校和研究机构优势力量（中佛罗里达大学、加州大学伯克利分校、耶鲁大学、亚利桑那州立大学等）。FAST 研究所得到了美国国防部高级研究计划局（Defense Advanced Research Projects Agency, DARPA）和国防部多学科大学研究创新计划（Multidisciplinary University Research Initiative, MURI）以及联邦基金的重点支持。FAST 研究所致力于开发下一代阿秒激光器，同时研究物理、化学和生物中发生的自离现象以及多电子关联相互作用过程（如 Fano 共振）、氦原子中双光子双电离特性、原子间或分子间存在的库仑衰减效应、生物分子中的电荷转移等。

亚洲国家如韩国浦项科技大学和沙特阿拉伯国王大学均与马普量子光学研

究所建立了规模不小的阿秒科学联合实验室,此外,东瀛日本的理化所高等光子学中心、东京大学固体物理研究所和日本电报电话公司(NTT)物性科学基础研究所都在开展阿秒科学与技术研究。

我国在阿秒科学与技术研究领域相对来说起步比较晚,现在亟需奋起直追。目前中国科学院系统的物理所、西安光机所、上海光机所、武汉物数所,以及高校系统的北京大学、华东师范大学、上海交通大学、华中科技大学、国防科技大学、吉林大学、大连理工大学、长春理工大学、兰州大学、西北师范大学、陕西师范大学等(未列全),都在进行阿秒科学与技术的研究工作。虽然我国阿秒科学由于起步比较晚以致研究水准与国际一流水平还有相当的差距,但是在阿秒科学的研究中也有了一定的基础和技术积累,例如在高质量阿秒驱动光源(高功率少周期飞秒脉冲)和载波包络相位锁定技术、超快分子动力学探测技术(飞行时间谱、高分辨电子能谱、冷靶反冲离子动量谱)、条纹相机的设计和研制等方面都积累了相当的经验并培养了大批技术人才,同时一批游学欧美的青年学子也陆陆续续学成归国充实到相关研究队伍中来。

3.1.4 OPCPA 理论与设计

OPCPA 是利用 OPA 技术放大超短脉冲,产生超强、超短光脉冲的最新技术,有望在超短超强脉冲激光领域创造新的极端物理条件。它有以下显著优点:大的增益带宽,且增益越大增益带宽越大,可以支持脉宽极短的脉冲放大;无光谱窄化效应,可以得到近种子脉宽的放大脉冲;非线性过程能有效抑制自发辐射噪声放大,提高了激光脉冲的信噪比;单通能实现超宽带高增益,结构简单。

1. OPCPA 技术的基本概念

OPCPA 的基本结构框图如图 3-50 所示,其主要由四部分组成:高能量泵浦源系统;低能量宽带飞秒种子源系统;超宽带高增益光学参量放大系统;展宽器和压缩器。基本思想:将欲放大的一束低能量飞秒宽带种子信号光脉冲,通过正啁啾色散的方法在时域上展宽(展宽后的脉冲在时域上表现为啁啾脉冲),然后使展宽后的啁啾种子光和一束高能量的窄带泵浦光(泵浦光的典型脉宽约为 1ns)在非线性晶体中进行参量耦合,耦合过程中能量从泵浦光脉冲转移到种子光脉冲,使种子光脉冲放大,同时产生第三束光即空闲光,放大后的种子光脉冲

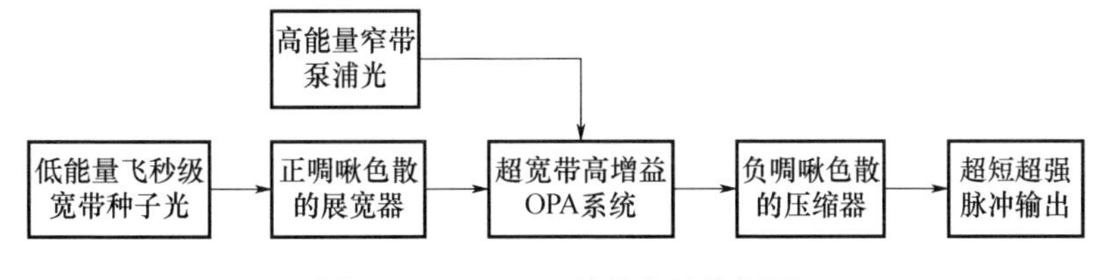

图 3-50 OPCPA 的基本结构框图

通过负啁啾色散的方法再被压缩成飞秒脉冲输出。在 OPCPA 中,对飞秒脉冲进行展宽,使得信号光脉冲和泵浦光脉冲之间实现脉宽匹配,可以提高参量转换效率。一般要求泵浦光脉宽略大于信号光脉宽。

2. 光脉冲展宽和压缩器件的色散特性

在 OPCPA 中,利用色散器件可以实现光脉冲的展宽和压缩。通常采用的色散器件是光栅对和棱镜对。相比较而言,光栅对可提供比棱镜对更多的色散,而且不引入材料自身的色散,提供的总色散量比棱镜对大几个数量级。其主要缺点是插入损耗较大。

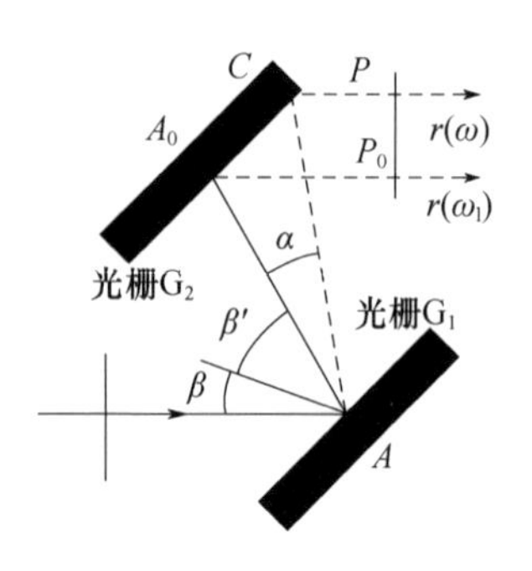

图 3-51　两个互相平行的光栅对产生 GVD 的原理

在此,仅讨论光栅对产生群速度色散(GVD)的特性,并限于讨论光栅的一级衍射。图 3-51 示出了光栅对产生 GVD 的原理。根据光栅理论,入射角和衍射角的关系可以通过光栅方程表示:

$$\sin\beta - \sin\beta' = -\frac{2\pi c}{\omega_1 d} \tag{3-117}$$

$$\sin\beta - \sin(\beta' + \alpha) = -\frac{2\pi c}{\omega d} \tag{3-118}$$

式中:d 为光栅常数。光由 A 点通过光栅 G_2的相移为

$$\phi(\omega) = \frac{\omega}{c}P_{OL}(\omega) + 2\pi\frac{b}{d}\tan(\alpha + \beta') \tag{3-119}$$

式中:POL 是为 A 和输出波前$\overline{PP_0}$之间的光程,且

$$P_{OL}(\omega) = \overline{ACP} = \frac{b}{\cos(\beta' + \alpha)}[1 + \cos(\beta' + \beta + \alpha)] \tag{3-120}$$

式中:b 为光栅 G_1 和 G_2 之间的垂直距离;ω 是入射角为 β 时,与衍射角$(\beta' + \alpha)$相对应的频率。相位 ϕ 的二阶色散为

$$\frac{d^2\phi}{d\omega^2}\Big|_{\omega_1} = -\frac{\lambda_1}{2\pi c^2}\left(\frac{\lambda_1}{d}\right)^2\frac{b}{\sqrt{r}}\frac{1}{r} \tag{3-121}$$

式中:$r = 1 - [2\pi c/(\omega_1 d) - \sin\beta]^2 = \cos^2\beta'$;$\frac{b}{\sqrt{r}}$ 为两光栅沿 $\omega = \omega_1$ 光线的距离。

相位 ϕ 的三阶色散为

$$\frac{d^3\phi}{d^3\omega^3}\Big|_{\omega_1} = -\frac{3\lambda_1}{2\pi cr}\left[r + \frac{\lambda_1}{d}\left(\frac{\lambda_1}{d} - \sin\beta\right)\right]\frac{d^2\phi}{d\omega^2}\Big|_{\omega_1} \tag{3-122}$$

光栅的角色散为

$$\frac{d\alpha}{d\omega}\Big|_{\omega_1} = -\frac{2\pi c}{\omega_1^2 d\cos\beta'} \tag{3-123}$$

为了有一个量的概念,在表3-1中列出了几种典型光学器件的二阶和三阶色散值。

表3-1 典型光学器件的二阶和三阶色散值

器件	λ_1/nm	ω_1/fs^{-1}	$\frac{d^2\phi}{d\omega^2}$/fs^{-2}	$\frac{d^3\phi}{d\omega^3}$/fs^{-3}
石英玻璃($L=1$ cm)	620	3.04	550	240
	800	2.36	362	280
石英玻璃布儒斯特棱镜对 $l=50$ cm	620	3.04	-760	-1300
	800	2.36	-532	-612
光栅对,$b=20$ cm,$\beta=0°$,$d=1.2$ μm	620	3.04	-8.2×10^4	1.1×10^5
	800	2.36	-3×10^6	6.8×10^6

3. 脉冲展宽器和压缩器设计

1) 脉冲展宽器设计

在OPCPA系统中,对飞秒种子脉冲进行有效的展宽是其关键技术之一。自20世纪80年代以来,研究人员相继提出多种脉冲展宽技术和方法,其中基于Öffner望远镜设计的无色差Öffner展宽器具有无色差、高带通和高光束质量的优点以及很高的展宽潜力[67],成为CPA系统中最为常用的展宽器之一。图3-52为Öffner展宽器的原理示意图,由光栅、凹面镜、凸面镜以及长条矩形反射镜组成。凹面镜与凸面镜共心放置,且凹面镜的焦点平面恰为凸面镜的表面,大大削弱了由于球面镜的存在而引入的球差与色差。

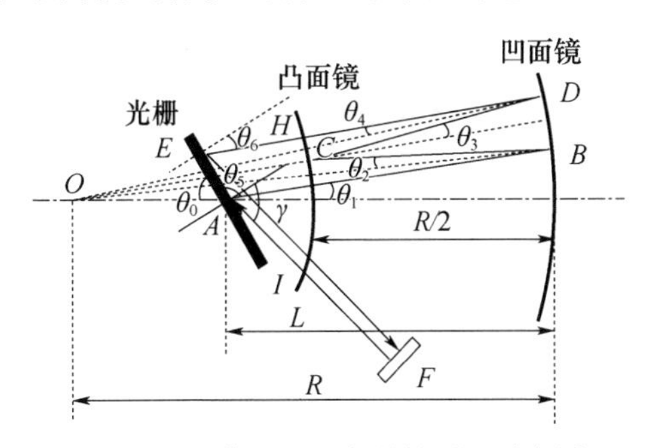

图3-52 Öffner展宽器的原理示意图

由于飞秒脉冲具有较大的光谱宽度,当其入射到光栅后,不同波长分量将沿不同方向衍射,因此在展宽器中的行进路径不同,不同波长成分经历的延时不同(取决于在Öffner展宽器中经历的相移),从而在时域上使脉冲得到展宽。利用光线追迹法对Öffner展宽器进行分析[68]:将在光栅入射点处垂直于入射光线的平面作为参考平面,脉冲沿IA方向入射至光栅,入射点为A,波长为λ的几何光线在展宽器中的径迹为$ABCDE$,最后沿EF方向出射。假设波长为λ的光线经

过展宽器的光程为 $P(\lambda)$，则由该光程引入的相移为

$$\Phi_{P}(\lambda)=\frac{2\pi P(\lambda)}{\lambda}=\frac{2\pi(\overline{AB}+\overline{BC}+\overline{CD}+\overline{DE}+\overline{EF})}{\lambda} \tag{3-124}$$

式中：$\overline{AB}=\dfrac{R\sin(\theta_1-\theta_2)}{\sin\theta_1}$，$\overline{BC}=\overline{CD}=\dfrac{R\sin(\theta_3-\theta_2)}{\sin\theta_3}$

$$\overline{DE}=\frac{R\sin(\theta_1+2\theta_3-3\theta_2)}{\sin(\theta_1+2\theta_3-4\theta_2)}-\frac{[(R-L)\sin(\theta_1+2\theta_3-4\theta_2)+R\sin\theta_2]\sin\theta_0}{\sin(\theta_0+\theta_1+2\theta_3-4\theta_2)\sin(\theta_1+2\theta_3-4\theta_2)}$$

$$\overline{EF}=\frac{[(R-L)\sin(\theta_1+2\theta_3-4\theta_2)+R\sin\theta_2]\sin\theta_5}{\sin(\theta_0+\theta_1+2\theta_3-4\theta_2)}$$

R 为凹面镜的曲率半径；L 为光栅上入射点与凹面镜中心的距离；θ_0 为中心对称轴与光栅平面的夹角；$\theta_1 \sim \theta_6$ 满足下列关系：

$$\theta_1=\frac{\pi}{2}-\theta_0-\arcsin\left(\frac{\lambda}{d}-\sin\gamma\right),\theta_2=\theta_4=\arcsin\left(\frac{R-L}{R}\sin\theta_1\right)$$

$$\theta_3=\arcsin(2\sin\theta_2),\theta_5=\arcsin\left[\frac{\lambda}{d}-\cos(\theta_0+\theta_1+2\theta_3-4\theta_2)\right]$$

其中，γ 为光脉冲在光栅上的入射角；d 为光栅常数。由于入射光与反射光入射于光栅的不同点，需引入一个附加的相位修正因子：

$$\Phi_{C}(\lambda)=\frac{2\pi\,\overline{EA}}{d}=\frac{2\pi}{d}\frac{(R-L)\sin(\theta_1+2\theta_3-4\theta_2)+R\sin\theta_2}{\sin(\theta_0+\theta_1+2\theta_3-4\theta_2)} \tag{3-125}$$

因此，总的相移可以表示为

$$\Phi(\lambda)=\Phi_{P}(\lambda)-\Phi_{C}(\lambda) \tag{3-126}$$

该相移是以 R、L、d 和 γ 为变量的精确解析函数，可以求出 Öffner 展宽器的色散。

介质的折射率 $n(\omega)$ 是频率的函数因而会引起 GVD。光脉冲的 GVD 效应使得不同频率成分的光信号在通过色散介质时，产生的群延迟不同，从而导致光信号在时域上的加宽。当光脉冲经过 L 长度的色散介质时，角频率 ω 产生的群延迟为

$$T(\omega)=\frac{L}{v_{g}}=L\frac{d\kappa}{d\omega}=-\frac{d\Phi}{d\omega} \tag{3-127}$$

式中：$v_g=d\omega/dk$ 为群速度；κ 为复波矢的实部。

其中，
$$k(\omega)=\frac{n(\omega)\omega}{c}\text{或}\kappa(\lambda)=\frac{n(\lambda)2\pi}{\lambda} \tag{3-128}$$

对于带宽为 $\Delta\omega=2\pi\Delta\nu$ 的脉冲，不同频率成分的光脉冲在时域上的展宽为

$$\Delta t=L\frac{d}{d\omega}(T(\omega))\Delta\omega \tag{3-129}$$

由此可得单位带宽单位长度上的脉冲宽度为

$$\frac{\Delta t}{L\Delta\omega}=\frac{\mathrm{d}}{\mathrm{d}\omega}(T(\omega)) \tag{3-130}$$

色散通常定义为脉冲展宽/单位带宽：

$$\frac{\Delta t}{\Delta\omega}=L\frac{\mathrm{d}}{\mathrm{d}\omega}(T(\omega))=-\frac{\mathrm{d}^2\Phi}{\mathrm{d}\omega^2}\text{或}\frac{\Delta t}{\Delta\lambda}=L\frac{\mathrm{d}}{\mathrm{d}\lambda}(T(\omega))=\frac{2\pi c}{\lambda^2}\frac{\mathrm{d}^2\Phi}{\mathrm{d}\omega^2} \tag{3-131}$$

因此，光脉冲经过时域展宽后，脉冲展宽量可表示为

$$\Delta t=L\frac{\mathrm{d}}{\mathrm{d}\lambda}(T(\omega))\Delta\lambda=\frac{2\pi c\Delta\lambda}{\lambda^2}\frac{\mathrm{d}^2\Phi}{\mathrm{d}\omega^2} \tag{3-132}$$

2）脉冲压缩器设计

在 OPCPA 系统中，对放大后的脉冲进行有效的压缩是其关键技术之一。当啁啾光脉冲在线性色散介质中传输时，由于色散引入了啁啾，如果初始啁啾和 GVD 引入的啁啾反向，则两者互相抵消，导致输出脉冲比输入脉冲窄，从而引起脉冲压缩。脉冲压缩器通常采用如图 3-53 所示的用作色散补偿元件的平行光栅对[69]。其基本原理：一对平行放置的光栅作为色散延迟线，对通过的脉冲提供一个反常 GVD，当脉冲入射到两个相互平行光栅中的一个光栅上时，脉冲的不同频率分量以稍有不同的角度衍射，当它们通过光栅对时，各自经受不同的时间延迟，蓝移分量比红移分量提前到达。对正啁啾脉冲，脉冲的后沿产生蓝移分量，而前沿产生红移分量。这样，当脉冲通过光栅对时，后沿将赶上前沿，脉冲被压缩。

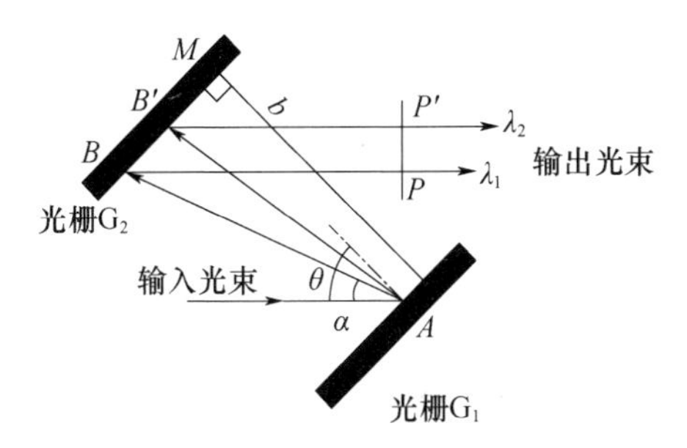

图 3-53 压缩器—平行光栅对

由光栅理论，入射角 θ 与衍射角 $(\theta-\alpha)$ 的关系可以表示为

$$\sin\theta+\sin(\theta-\alpha)=m\lambda/d \tag{3-133}$$

式中：m 为布喇格衍射级数；d 为光栅常数。

光线从 A 点到输出波前 PP' 之间的光程为

$$L=\overline{AB'P'}=\frac{b}{\cos(\theta-\alpha)}(1+\cos\alpha) \tag{3-134}$$

式中：b 为光栅 G_1 和光栅 G_2 之间的距离。由于不同的波长分量之间除了路径长度

差以外,还有一个由于衍射位置不同产生的位相差,即实际的位相除了 $\omega L/c$ 以外,还必须考虑一个位相修正因子。若以 M 作为参考点,则任何一个波长分量的位相修正因子可以表示为 MB' 之间的刻痕数与 2π 的乘积,即 $2\pi\dfrac{b}{d}\tan(\theta-\alpha)$。因此,光由 A 点通过光栅 G_2 的总相移为

$$\phi^{\text{compressor}}=\frac{\omega}{c}L+2\pi\frac{b}{d}\tan(\theta-\alpha) \tag{3-135}$$

令衍射角 $\theta-\alpha=\gamma$,可以得到二阶、三阶以及四阶色散表达式:

$$\phi_2^{\text{compressor}}=-\frac{4\pi^2cb}{\omega^3d^2\cos^3\gamma}$$

$$\phi_3^{\text{compressor}}=-3\phi_2^{\text{compressor}}\omega^{-1}\left[1+\frac{2\pi c}{d}\frac{\sin\gamma}{\omega\cos^2\gamma}\right] \tag{3-136}$$

$$\phi_4^{\text{compressor}}=-3\phi_3^{\text{compressor}}\omega^{-1}\left(4+\frac{6\pi c}{d}\frac{\sin\gamma}{\omega\cos^2\gamma}\right)+3\phi_2^{\text{compressor}}\frac{2\pi c}{d}\left(\frac{\dfrac{2\pi c}{d}+\omega\sin\gamma\cos^2\gamma}{\omega^4\cos^4\gamma}\right)$$

可以看出,色散量的大小与光栅对距离 b 和入射角 θ 等参数有关。这些由光栅对提供的负群延色散,可以用来补偿来自系统的正群延色散,从而压缩被放大的光脉冲,这样的光栅对称为脉冲压缩器。

4. 光参量啁啾脉冲放大

现在讨论光参量啁啾脉冲放大的基本问题——啁啾脉冲放大。图 3-54 给出了一般的啁啾脉冲放大的原理图。对于一个线性放大器,必须满足两个基本条件:①放大器的带宽应超过被放大的脉冲带宽;②放大器不被饱和。如果上述两个条件能完全满足,就可以采用共轭的色散延迟把被放大的脉冲压缩回原始的脉冲宽度,实现啁啾脉冲放大。

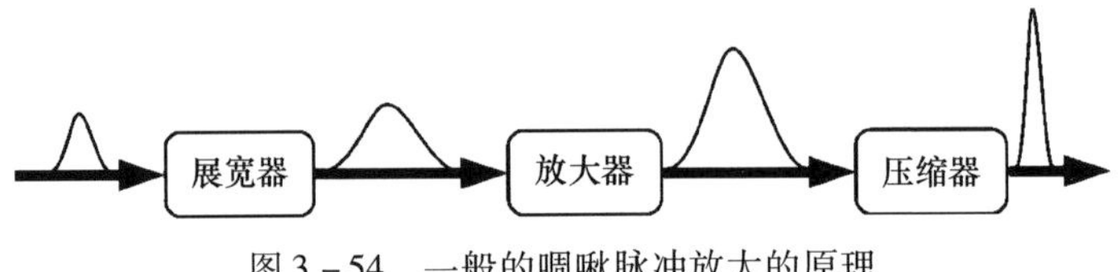

图 3-54　一般的啁啾脉冲放大的原理

根据三个光脉冲参量作用的基本原理,对于光参量脉冲放大器,啁啾放大可以在参量过程中发生,而且脉冲功率越高,其转换效率越高。

在参量过程中,三个相互作用的脉冲频率满足如下关系:

$$\omega_p(t)=\omega_s(t)+\omega_i(t) \tag{3-137}$$

如果把式(3-137)与时间相关的频率改写为与相位的关系:

$$\omega_j(t)=\omega_j+\frac{\mathrm{d}\phi_j(t)}{\mathrm{d}t}(j=s,i,p) \tag{3-138}$$

然后将该关系代入式(3－137)中,可得如下相位关系式:

$$\frac{\mathrm{d}\phi_p(t)}{\mathrm{d}t}=\frac{\mathrm{d}\phi_s(t)}{\mathrm{d}t}+\frac{\mathrm{d}\phi_i(t)}{\mathrm{d}t} \tag{3－139}$$

为了实现有效的参量放大,必须满足相位匹配条件:

$$\boldsymbol{k}_p[\omega_p(t)]=\boldsymbol{k}_s[\omega_s(t)]+\boldsymbol{k}_i[\omega_i(t)] \tag{3－140}$$

在$|\mathrm{d}\varphi_p(t)/\mathrm{d}t|\ll\omega_j$和线性啁啾泵浦脉冲条件下,式(3－139)的泰勒展开式为

$$\left.\frac{\mathrm{d}k_p}{\mathrm{d}\omega}\right|_{\omega_p}\frac{\mathrm{d}\varphi_p(t)}{\mathrm{d}t}=\left.\frac{\mathrm{d}k_s}{\mathrm{d}\omega}\right|_{\omega_s}\frac{\mathrm{d}\varphi_s(t)}{\mathrm{d}t}+\left.\frac{\mathrm{d}k_i}{\mathrm{d}\omega}\right|_{\omega_i}\frac{\mathrm{d}\varphi_i(t)}{\mathrm{d}t} \tag{3－141}$$

因此,三个频率的啁啾是通过群速度v_j联系的,并且由式(3－138)和式(3－141)可以看出,空闲光脉冲、信号光脉冲和泵浦光脉冲之间的瞬时频率关系为

$$\frac{\mathrm{d}\varphi_i(t)}{\mathrm{d}t}=P\frac{\mathrm{d}\varphi_p(t)}{\mathrm{d}t} \tag{3－142}$$

$$\frac{\mathrm{d}\varphi_s(t)}{\mathrm{d}t}=(1-P)\frac{\mathrm{d}\varphi_p(t)}{\mathrm{d}t} \tag{3－143}$$

$$P=\frac{v_p^{-1}-v_s^{-1}}{v_i^{-1}-v_s^{-1}} \tag{3－144}$$

式中:P为啁啾增强系数;v_j为相应ω_j的群速度。

5. OPCPA 基本理论概述[70,71]

OPCPA 技术的核心是光参量放大,光参量放大过程属于差频效应的特例,其相位匹配条件和动量守恒条件为

$$\begin{gathered}\omega_p=\omega_s+\omega_i\\ \boldsymbol{k}_p=\boldsymbol{k}_s+\boldsymbol{k}_i\end{gathered} \tag{3－145}$$

相位失配为

$$\Delta\boldsymbol{k}=\boldsymbol{k}_p-\boldsymbol{k}_s-\boldsymbol{k}_i \tag{3－146}$$

1）小信号近似特性

在三波混频的基本耦合波方程中,如果不考虑泵浦光的抽空效应,并且由于参量光脉宽通常都在纳秒量级,因此群速度失配可以忽略不计,当满足相位匹配条件时,可以求解耦合波方程得到信号光通过非线性晶体后的强度增益G和相位变化φ:

$$\begin{gathered}G=1+(gL)^2(\sinh B/B)^2\\ \varphi=\arctan\frac{B\sin A\cosh B-A\cos A\sinh B}{B\cos A\cosh B+A\sin A\sinh B}\end{gathered} \tag{3－147}$$

式中:$A=\Delta kL/2$;$B=[(gL)^2-A^2]^{1/2}$;$g=4\pi d_{\mathrm{eff}}(I_p/2\varepsilon_0 n_p n_s n_i c\boldsymbol{\lambda}_s\boldsymbol{\lambda}_i)^{1/2}$为有效增益系数;$L$为放大长度;$I_{\mathrm{p}}$为泵浦光强度;$d_{\mathrm{eff}}$为晶体有效非线性光学系数。

信号光通过非线性晶体后的强度增益G可以进一步简化为

$$G = 0.25\mathrm{e}^{2[g^2-(\Delta k/2)^2]^{1/2}L} \tag{3-148}$$

依据式(3-147)或式(3-148)可以对 OPCPA 过程中信号光的放大进行近似计算。

2）考虑泵浦抽空效应的解

在光参量作用增益较大时,必须考虑泵浦光的抽空效应。由三波耦合方程的雅科比椭圆函数解可以推得如下方程:

$$2gz = \pm\int_0^f \frac{\mathrm{d}f}{\sqrt{p(1-f)(f+\gamma_s^2)(f+\gamma_i^2)-(\gamma_s\gamma_i\cos\Phi(0)\sqrt{p}+f\Delta k/2g)^2}} \tag{3-149}$$

式中:

$$g = 4\pi d_{\mathrm{eff}}(I_p/2\varepsilon_0 n_p n_s n_i c\lambda_s\lambda_i)^{1/2}$$

$$f = 1 - I_p/I_p(0) = \text{泵浦光抽空}$$

$$\gamma_s^2 = \frac{\omega_p I_s(0)}{\omega_s I_p(0)},\gamma_i^2 = \frac{\omega_p I_i(0)}{\omega_i I_p(0)}$$

$$p = I_p(0)/[I_p(0)+I_s(0)+I_i(0)]$$

$$\Phi(t) = \phi_p(t) - \phi_s(t) - \phi_i(t)$$

当 OPA 的输入端空闲光为 0 时,式(3-149)可以简化为

$$2gz = \int_0^f \frac{\mathrm{d}f}{\sqrt{p(1-f)(f+\gamma_s^2)f-(\Delta k/2g)^2 f^2}} \tag{3-150}$$

参量放大作用一直持续到式(3-150)的分母变化到 0 为止,此时泵浦光抽空达到最大,其 z 值为 z_{a},泵浦光抽空的最大值由下面方程给出:

$$f_{\max}^2 - \left[1-\gamma_s^2-\frac{1}{p}\left(\frac{\Delta k}{2g}\right)^2\right]f_{\max} - \gamma_s^2 = 0 \tag{3-151}$$

在完全相位匹配下($\Delta \boldsymbol{k}=0$),$f_{\max}=1$,泵浦光被完全抽空,泵浦光转换到信号光的能量转换效率为 $100\% \times (\omega_s/\omega_p)$。随着相位失配的增加,转换效率降低。当 $z > z_{\mathrm{a}}$ 时,参量过程由差频过程转换成和频过程,能量又从信号光和空闲光转移回到泵浦光。式(3-149)只有雅科比椭圆函数解,在对参量过程进行计算时,可依据此方程求数值解。

依据能量守恒条件,泵浦光抽空的能量按信号光和空闲光的频率之比分配给它们,因此信号光强可以写成

$$I_s = fI_p(0)\frac{\omega_s}{\omega_p} + I_s(0) \tag{3-152}$$

对式(3-152)进行空间和时间积分,可以得到估算脉冲能量的表达式:

$$E_s = \iint I_s \mathrm{d}A\mathrm{d}t \tag{3-153}$$

3）OPCPA 的参量带宽

由于参量放大后的信号光光谱带宽越宽，再压缩后的飞秒脉冲宽度就越窄，因此要求参量放大器应具有较宽的本征参量带宽。参量带宽是由参量过程允许的相位失配决定的，参量放大器输出的光谱带宽主要受限于参量放大过程的参量带宽，它给出了增益带宽的最大可能值。通常定义满足 $|\Delta k l_c/\pi|\leqslant 1$ 的参量光波长范围为参量带宽。将波矢按泰勒级数展开为光频率的函数，可求得参量带宽的显式表示[6]]：

$$\Delta\lambda=\begin{cases}\dfrac{\lambda^2}{c}\dfrac{|u_{si}|}{l_c} & \left(\dfrac{1}{u_{si}}\right)\neq 0\\[2ex] \dfrac{0.8\lambda^2}{c}\sqrt{\dfrac{1}{l_c|g_{si}|}} & \left(\dfrac{1}{u_{si}}=0\right)\end{cases} \tag{3-154}$$

式中

$$\begin{cases}\dfrac{1}{u_{si}}=\dfrac{1}{v_i\cos(\alpha+\beta)}-\dfrac{1}{v_s}\\[2ex] g_{si}=\left[\dfrac{1}{2\pi v_s^2}\tan(\alpha+\beta)\tan\beta\left(\dfrac{\lambda_s}{n_s}+\dfrac{\lambda_i\cos(\alpha+\beta)}{n_i}\right)-(g_s+g_i)\right]\\[2ex] g_m=\left(\dfrac{\partial^2 k_m}{\partial\omega_m^2}\right)\Big|_{\omega=\omega_m}(m=s,i)\end{cases}$$

其中，v_s、v_i 为群速度；g_m 为群速度色散；l_c 为晶体的有效长度；α 为泵浦光和信号光之间的夹角；β 为泵浦光和空闲光之间的夹角。α 和 β 满足矢量三角形的关系，共线作用时，$\alpha=0$，$\beta=0$。由式（3－154）可以看出，在简并或非共线相位匹配下，可以实现群速度匹配，从而可以获得极宽的参量带宽。在非简并情况下，利用非共线相位匹配实现种子光和空闲光群速匹配，即实现空闲光群速在种子光传播方向上的投影值与种子光群速相等，这等价于

$$v_s=v_i\cos(\theta) \tag{3-155}$$

式中：θ 为种子光和空闲光间的夹角。可以获得极宽的参量带宽，实现超宽带增益。

4）OPCPA 的增益带宽

参量带宽是参量放大器中参量过程的本征带宽，它给出了增益带宽的最大可能值。参量过程实际能获得的带宽是由增益带宽决定的，而增益带宽是由参量增益决定的。根据已经建立的 OPCPA 理论，可以详细分析参量过程中的增益带宽情况。参量放大过程中参量光通过距离 l_c 所获得的增益为[72]

$$G=0.25\exp\{2[\Gamma_0^2-(\Delta k/2)^2]^{0.5}l_c\} \tag{3-156}$$

式中：$\Gamma_0=4\pi d_{\mathrm{eff}}\sqrt{I_p/[2\varepsilon_0 n_p n_s n_i c\lambda_s\lambda_i\cos(\alpha-\rho)\cos(\beta-\rho)}$；$\rho$ 为泵浦光束的坡印廷矢量走离角。

通常定义满足 $G=0.5G_0$ 的参量光波长范围增益带宽(FWHM),其中 G_0 为完全相位匹配时的增益。可求得参量过程中增益带宽数学显示模型为

$$\Delta\lambda=\begin{cases}\dfrac{0.53\lambda^2}{c}\sqrt{\dfrac{\Gamma_0}{l_c}}\,|u_{si}| & (\dfrac{1}{u_{si}}\neq 0)\\ \dfrac{0.58\lambda^2}{c}(\dfrac{\Gamma_0}{l_c})^{\frac{1}{4}}\sqrt{\dfrac{1}{|g_{si}|}} & (\dfrac{1}{u_{si}}=0)\end{cases} \tag{3-157}$$

式中:u_{si}、g_{si}、g_m 的表达式与参量带宽中相同。当信号光和空闲光满足群速度匹配条件式(3-155)时,增益带宽由式(3-157)中的第二式决定,此时可获得最宽的增益带宽;

6. OPCPA 示例

图 3-55 是 10PW-OPCPA 系统的原理结构框图[73]。信号光的光谱线宽为 150~720nm,可支持小于 30fs 的超短脉冲输出,采用三级 OPA 系统,一级和二级采用 LBO 作为非线性晶体,三级采用大尺寸的 DKDP 作为非线性晶体,经展宽器后,高能泵浦光和信号光的脉宽约为 3ns,有效提高了相互作用效率,可以实现单脉冲能量 300J、脉宽 30fs、峰值功率 10PW 和功率密度大于 10^{23} W/cm^2 的输出。

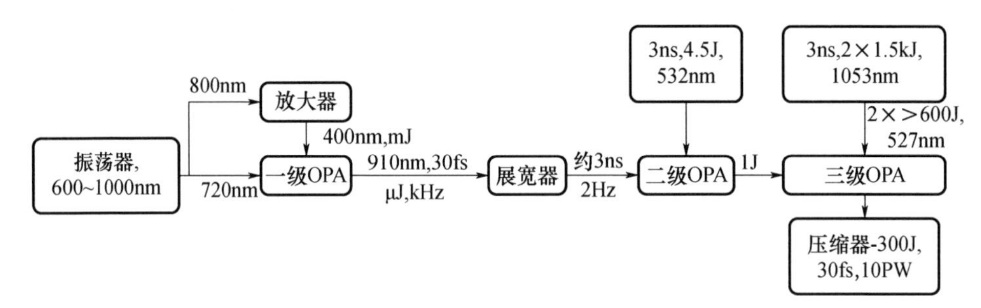

图 3-55 10PW-OPCPA 系统的原理结构框图

3.1.5 新型光纤超快激光产生与放大技术

1. 光纤超快激光产生中的非线性与色散相互作用机理

1) 孤子锁模光纤激光技术

图 3-56 给出了第一台基于非线性偏振旋转技术锁模的亚皮秒全光纤环型激光器。当在时域对锁模进行描述时,可以利用稳态分析的方法来描述激光脉冲,即分别考虑激光器构成成分对脉冲的影响并利用脉冲在腔内循环一圈后应满足自洽条件。假设锁模脉冲在腔内演化一圈所经历的线性和非线性变化量很小,相应的激光腔辐射的电场可以表示为

$$E(t)=u(t)\exp(\mathrm{j}\omega_0 t) \tag{3-158}$$

式中：E 为电场强度（V/m）；u 为脉冲包络复振幅（V/m）；ω_0 为脉冲中心频率（Hz）。

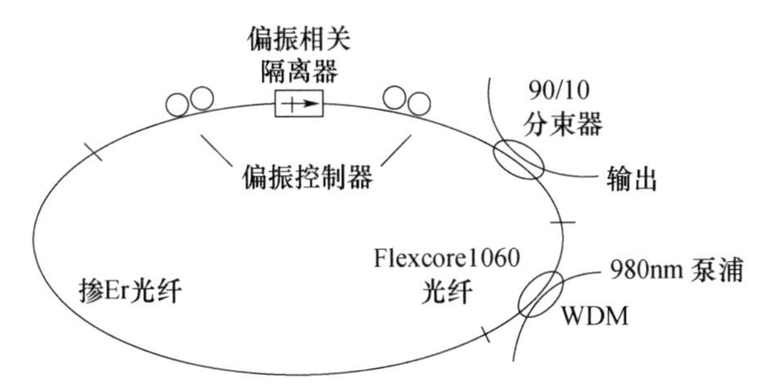

图 3-56 第一台基于非线性偏振旋转技术锁模的亚皮秒光纤孤子环型激光器[74]

当考虑锁模过程中可能的效应时，描述锁模激光器的主方程可以表示为

$$\left\{-\mathrm{j}\psi+g-l+\left(\frac{g}{\Omega_{\mathrm{g}}^{2}}+\mathrm{j}D\right)\frac{\partial^{2}}{\partial t^{2}}+(-\mathrm{j}\delta+\gamma)|u|^{2}\right\}u=0 \qquad (3-159)$$

式中：ψ 为线性相移量；l、g 分别为线性损耗和激光增益。对于激光增益，考虑饱和增益，及假设随着脉冲能量的增加，增益饱和，但是饱和过程相应的时间尺度远远大于脉冲宽度。方程第二项描述激光介质有限的增益带宽对锁模脉冲的影响。群速度色散的影响用 D 表示，并且 $D=1/2k''L_{\mathrm{D}}$，其中 k'' 为群速度色散系数，L_{D} 为色散介质的长度。由克尔介质引起的自相位调制效应对锁模脉冲的影响用参数 δ 表示，$\delta=2\pi n_2 L_{\mathrm{K}}/(\lambda A_{\mathrm{eff}})$，其中 L_{K} 为克尔介质的长度，n_2 为克尔介质的非线性折射率，λ 为波长，A_{eff} 为激光光场在克尔介质中传输时的有效模场面积。参数 γ 描述由可饱和吸收效应引起的幅度调制效应，即脉冲强度高的部分在激光腔内传输时经历小的损耗。

根据 Martinez 等的研究，主方程存在精确的解析解[75,76]，见下式：

$$u(t)=A_0\left[\mathrm{sech}\left(\frac{t}{\tau}\right)\right]^{(1+\mathrm{j}\beta)} \qquad (3-160)$$

式中：A_0 为脉冲包络中心幅度（V/m）；τ 为归一化的脉冲宽度（s）；β 为啁啾参量。

归一化的脉冲宽度 $\tau=0.567\tau_{\mathrm{FWHM}}$，其中 τ_{FWHM} 为脉宽的半高全宽值。在反常色散区，当自相位调制效应提供的正啁啾和反常色散提供的负啁啾刚好平衡时，就能够得到无啁啾脉冲（$\beta=0$）。类似于孤子脉冲，无啁啾的变换极限锁模脉冲包络可以用双曲正割函数表示。考虑到锁模脉冲的形成是激光腔内多种效应综合作用的结果，所以严格意义上这种锁模脉冲称为“平均孤子脉冲”。

图 3-56 中所示激光器的腔长为 4.8m，泵浦源采用连续输出的 Ti:Sapphire 激光器，中心波长为 980nm。增益介质采用掺 Er 光纤，Er^{3+} 掺杂浓度为 1000 ×

10^{-6},光纤数值孔径 NA 为 0.13,模场直径为 8.1 μm。锁模阈值泵浦功率为 50mW,激光器输出平均功率为 240 μW。锁模脉冲可以实现自启动,并且可以实现稳定的单脉冲运转。激光器输出功率随着泵浦功率的增加而增加,当泵浦功率为 85mW 时,相应的输出功率为 384 μW。进一步增加泵浦功率,激光器运转在多脉冲区域。

当激光器工作在孤子锁模区域时,随着泵浦功率增加出现多脉冲现象,这是由孤子脉冲能量量子化引起的[77]。孤子的能量面积理论表明,脉冲的峰值振幅 A_0 和脉宽 τ 的乘积是由平均色散和非线性决定的。

$$\text{孤子区} = A_0\tau = \sqrt{\frac{2|D|}{\delta}} \tag{3-161}$$

当脉冲峰值功率或脉宽受到限制时,相应的脉冲能量为

$$W = 2|A_0|^2\tau \tag{3-162}$$

式中:W 为孤子脉冲能量。

该脉冲能量便受到限制,脉冲峰值功率和幅度调制参数 γ 之间的关系可以表示为

$$\gamma|A_0| = 0.6\pi \tag{3-163}$$

从式(3-163)可以得出,脉冲的峰值功率受到限制,从而由能量面积理论知,孤子脉冲的能量受到限制。

图 3-57 给出的锁模脉冲光谱表现出了与孤子脉冲相应的一些典型的光谱特征。孤子远距离传输[77]及光纤孤子激光器方面[78]的研究工作表明,当放大器间隔或激光器腔长等于 $8Z_0$(其中 Z_0 为孤子的空间周期)时,$8Z_0 = 4\pi\tau^2/|k''|$,会出现一种共振不稳定现象,在光谱中表现出边带的产生。可以从相位匹配的角度来解释孤子脉冲光谱中的边带现象。当孤子脉冲在光纤激光腔中传输时,会受到各种各样周期性的微扰,包括增益介质的增益,有限的增益带宽引入的光谱滤波及各种各样的损耗,包括不同光纤之间的熔接损耗以及输出耦合器引入的激光腔内功率的损失。锁模脉冲为了保持其孤子脉冲的特性,在这些周期性微扰的作用下会以色散波的形式“扔掉”一部分能量。线性的色散波会在孤子光谱的整个光谱范围内的特定波长处产生,相应的色散波的传播常数可以表示为

$$k_{\text{lin}} = -\frac{|k''|}{2}\Delta w^2 \tag{3-164}$$

式中:k_{lin} 为色散波的传播常数(rad/m);k'' 为群速度色散系数(s^2/m);Δw 为频移量(Hz)。

式(3-164)中频移量 Δw 表示色散波频率相对于孤子脉冲中心频率的频移量。

由于波长不同,孤子脉冲和产生的线性色散波在激光器中以不同的相速度

传播。孤子脉冲在激光腔内每传输一次辐射的色散波在通常情况下由于相位匹配条件不满足而会发生相消干涉,从而相应的波长（频率）处便不会产生边带。相反,在特定的波长处,相位匹配条件为

$$Z_p(k_s - k_{lin}) = 2\pi m \tag{3-165}$$

式中:Z_p为激光器腔长(m);k_s为孤子脉冲包络的传播常数(rad/m);

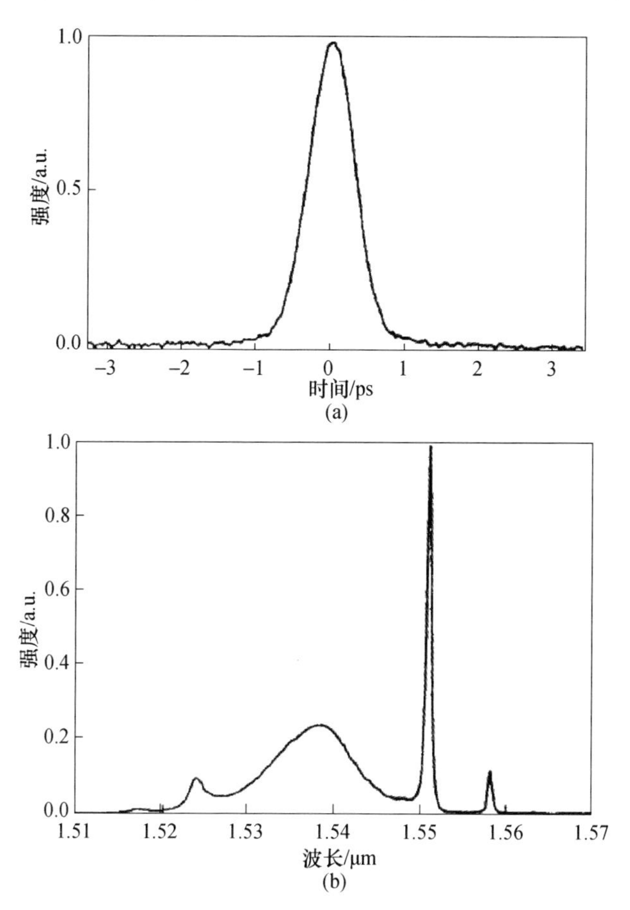

图3-57　全光纤孤子锁模光纤激光器

(a)450 fs 脉冲的自相关曲线;(b)相应的光谱。

式(3-165)中孤子脉冲包络的传播常数可以表示为

$$k_s = \frac{|k''|}{2\tau^2} \tag{3-166}$$

能够得到满足。式(3-165)中 m 为一整数,参数 Z_p表示微扰的空间周期,即激光器腔长,图3-58给出了相应的相位匹配条件。利用式(3-164)~式(3-166)可以得到色散波相对于孤子脉冲中心频率的频移量Δw:

$$\Delta w = \pm \frac{1}{\tau}\sqrt{m\frac{8Z_0}{Z_p} - 1} \tag{3-167}$$

相应的波长偏移量可以表示为

$$\Delta\lambda_m = \pm \lambda_0\sqrt{\frac{2m}{cDZ_p} - 0.0787\frac{{\lambda_0}^2}{(c\tau_{\mathrm{FWHM}})^2}} \tag{3-168}$$

式中:D 为色散参量(ps/(nm·km));λ_0为中心波长(nm);c 为光速(m/s)。

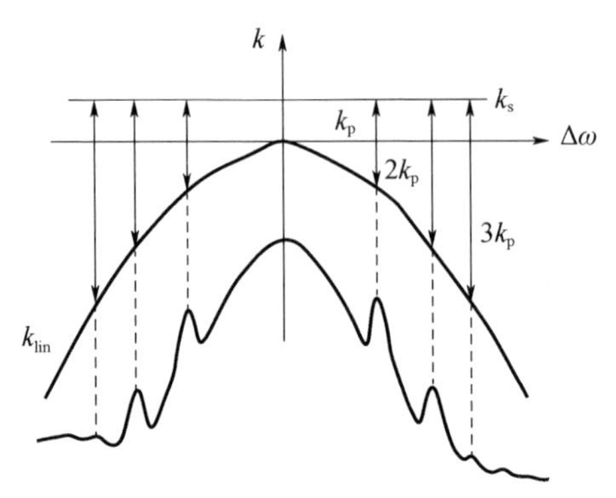

图 3-58　传播常数 k 随角频率Δw 的变化曲线，
孤子边带产生相应的相位匹配条件[79]

在式(3-167)表示的频率处,由于相长干涉,色散波能够建立并得到增强,在孤子光谱中表现为相应波长处边带的出现。式(3-161)中 $D=-2\pi c/\lambda^2 k''$为色散参量。从式(3-167)和式(3-168)中可以看出,在平均色散参量 D 和激光器腔长 Z_p保持不变的情况下,当脉冲宽度 τ_{FWHM}减小时,产生的光谱边带的位置将会向孤子光谱的中心靠近。对于一定的脉冲宽度,当条件 $Z_p=8Z_0$得到满足时,光谱边带相应的频移量$\Delta w=0$,这时便会发生共振不稳定性现象。实验结果表明,对于掺 Er^{3+} 的孤子锁模光纤激光器,能够获得的最短的脉冲宽度满足条件 $Z_p \leqslant 3Z_0$[80]。这表明孤子脉冲在激光腔内每传输一次,所允许积累的最大非线性相移量为 $3\pi/2$,这将进一步限制产生的孤子脉冲的峰值功率和脉宽,即孤子脉冲的能量受到限制。同时从图 3-58 可以看出,光谱边带的幅度正比于孤子光谱在相同频率处的光谱强度。

2）色散管理光纤激光技术

如前所述,光纤孤子激光器的脉宽和能量由于光谱边带及能量量子化效应而受到了限制。解决上述问题的一种方法就是使激光器运转在展宽锁模区域。如图 3-59 所示,展宽锁模激光器由交替出现的正色散和负色散光纤构成,腔内的净色散量偏正但接近于零,脉冲在腔内循环时,将交替性地展宽和压缩。脉宽最大值相对于最小值高一个数量级,因此脉冲的平均峰值功率有效地降低,相应积累的非线性相移量也得到一定程度的抑制。当脉冲在增益光纤中传输时,由于自相位调制效应,光谱得到展宽,同时脉冲能量也被放大。当选择靠近增益光纤的位置作为输出端口,同时增益光纤为正色散时,由于自相位调制效应和正色散均会引入正啁啾,因此输出的脉冲为正啁啾脉冲且啁啾量很大,但主要以线性啁啾为主[82]。在腔外,可以利用负色散的单模光纤、棱镜对和光栅对脉冲进行压缩,实现高峰值功率的超短脉冲输出。同时,由式(3-166)可以看出,由于脉宽交替性地发生变化,相应的波矢也发生周期性变化,这有效地抑制了由于相位匹配而出现的共振光谱边带[83]。

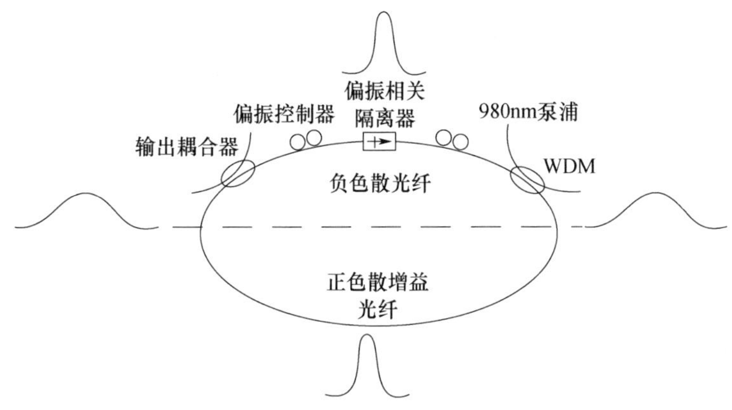

图3-59 展宽脉冲锁模光纤激光器示意图[81]

文献[84]中提出了一种描述展宽锁模光纤激光器的解析理论,该理论从实验结果出发,假设脉冲形状为啁啾高斯脉冲并且脉冲在激光腔内循环一圈后积累的非线性相移量小,即将非线性效应当成微扰来处理。如图3-59所示,理论模型中,正色散光纤的正色散量刚好能补偿负色散光纤的负色散量,在腔内正负色散平衡的位置假设脉冲是变换极限的。

考虑到腔内净色散接近于零,但不是严格等于零,相应地,由于色散的不平衡导致的脉冲变化用下面的色散算符表示:

$$\mathrm{j}D\frac{\mathrm{d}}{\mathrm{d}t}=\mathrm{j}\left(\frac{k''_{\mathrm{p}}L_{\mathrm{p}}}{2}-\left|\frac{k''_{\mathrm{n}}L_{\mathrm{n}}}{2}\right|\right)\frac{\mathrm{d}}{\mathrm{d}t} \tag{3-169}$$

式中:k_i''为群速度色散;L_i为光纤长度;下标 p 和 n 分别表示正色散和负色散。同时,对于脉冲积累的非线性相移量,相应于方程中的幅度调制项和自相位调制项,均采用零阶近似,相应的算符表示为$\gamma_0|A_0|^2$和$-\mathrm{j}\delta_0|A_0|^2$。将时域脉冲的复振幅进行泰勒级数展开,并忽略三阶及以上高阶项后,相应的主方程可以表示为

$$\left[(g-l)+\left(\frac{g}{\Omega_{\mathrm{g}}^2}+\mathrm{j}D\right)\frac{\partial^2}{\partial t^2}+\gamma_0|A_0|^2\left(1-\mu\frac{t^2}{\tau_0^2}\right)-\mathrm{j}\delta_0|A_0|^2\left(1-\mu\frac{t^2}{\tau_0^2}\right)\right]u(t)=-\mathrm{j}\psi u(t) \tag{3-170}$$

脉冲复振幅对时间的依赖性可用抛物线函数来描述，其中参数 $\mu < 1$ 表示抛物线的曲率。式(3－170)具有高斯函数形式的解，相应解的形式可以表示为

$$u(t) = A_0 \exp\left(-Q\frac{t^2}{2}\right) \tag{3-171}$$

将式(3－171)表示的脉冲的复振幅代入式(3－127)，可以得到复参量 Q 的表达形式。高斯脉冲是对真实脉冲的近似，由于幅度调制项和自相位调制项相应的系数均采用零阶近似，即复振幅采用脉冲峰值处的值 A_0，这对于脉冲中心是精确的，但对于脉冲两翼强度弱的部分是不适用或不正确的。因此可以合理地推测脉冲中心强度高的部分是高斯型的，而脉冲前后沿非线性效应不起作用的部分是以指数规律衰减的。实验中得到的展宽脉冲的自相关曲线也同时证实了这一点。

文献[83]中系统研究了腔内净色散量对展宽锁模激光器输出脉冲及光谱的影响，相应的实验结构图如图 3－60 所示，通过改变正色散光纤与负色散光纤长度之间的比例可以实现对腔内净色散量的调节。实验结果表明，当腔内净色散量 $0 \leqslant D_T \leqslant +0.04\text{ps}^2$ 时，相应的锁模脉冲光谱宽度大于 50 m，并且输出脉冲啁啾量大。对应于上述的色散范围，锁模脉冲脉宽的展宽系数为 10～20，自相关曲线和光谱形状都可以用高斯函数进行很好的拟合。在输出耦合器输出端(10%)，利用负色散单模光纤对脉冲进行压缩，脉宽为 76～105fs，相应的时间带宽积为 0.55～0.65。通过优化腔内净色散量的值，当 $D_T \approx +0.011\text{ps}^2$ 时，实验中得到了最干净的脉冲，自相关曲线及锁模光谱如图 3－61 所示。脉冲宽度为 76fs，光谱宽度为 64nm，对应的时间带宽积为 0.60，输出脉冲能量大于 100pJ。

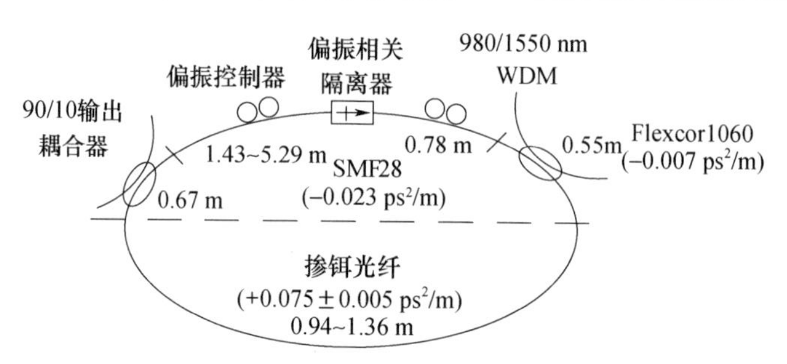

图 3－60　基于掺铒光纤的展宽锁模光纤激光器[83]

3）自相似光纤激光技术

随着展宽锁模光纤激光器的发展，有关脉冲在光纤中传输的理论工作也在持续进行中。1993 年，Anderson 及其同事的研究表明，在脉冲传输过程中，当其啁啾单调变化时，波分裂现象就不会发生，相应地，在正色散区，非线性薛定谔(Schrödinger)方程存在如下形式的解：

$$a(t,z) = a_0\sqrt{1-(t/\tau(z))^2}\exp(\mathrm{i}b(z)t^2) \tag{3-172}$$

式中:$a(t,z)$为脉冲包络复振幅;a_0为脉冲包络振幅(V/m);$b(z)$为线性啁啾参量;$\tau(z)$为脉冲包络宽度(s)。

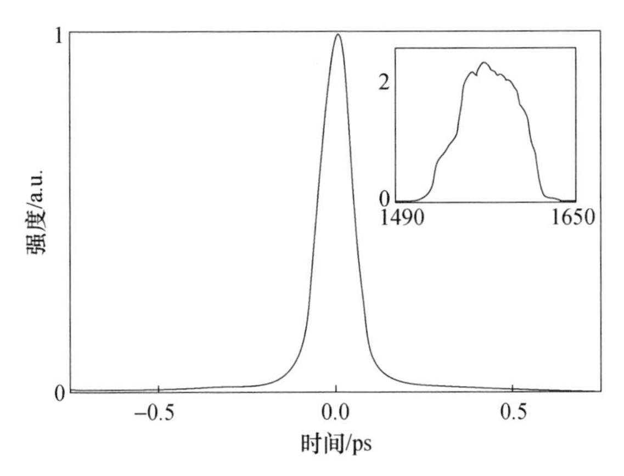

图3-61 全光纤展宽锁模光纤激光器输出76fs锁模脉冲的自相关曲线,插图为相应的光谱[83]

强度分布呈抛物线形,这样的脉冲形式在传输过程中保持其形状不发生变化,以一种"自相似"的方式在介质如光纤中演化。

图3-62给出了支持自相似脉冲实现的激光器结构示意图及脉冲光谱宽度、时间带宽积在腔内的演化规律。由于激光器是一反馈和自洽系统,而抛物形自相似脉冲是非线性波动方程的渐近解,因此在激光器设计过程中,必须考虑两方面的问题:首先,满足自洽条件,即存在一种物理机制,使得脉冲在腔内循环一圈后能够回到初始状态,满足自洽条件。其次,自相似脉冲的形成要求脉冲光谱在介质中传输时是不断展宽的,这与激光介质有限的增益带宽是矛盾的。图3-60给出的激光器结构设计可以解决上述问题。激光器腔长主要由一段长的正色散单

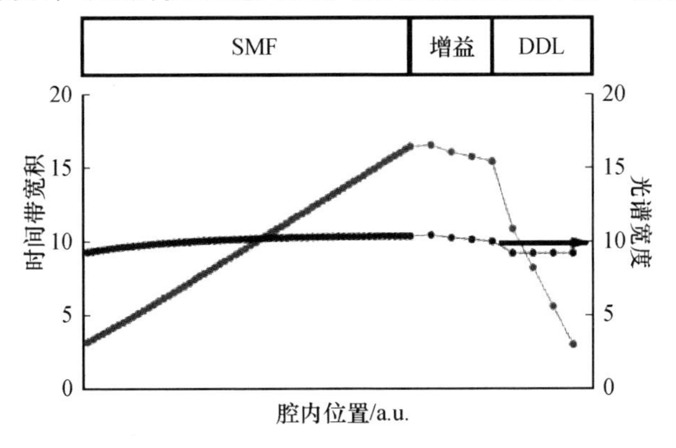

图3-62 支持自相似脉冲实现的激光器结构设计及脉冲光谱宽度、时间带宽积在腔内的演化规律[84]

模光纤构成，激光脉冲的放大由一段短的但能提供足够增益并且色散及非线性效应均可以忽略的增益光纤提供。这样增益介质有限带宽导致的光谱滤波及脉冲的非线性演化分别在短的增益光纤及长的正色散的单模光纤中进行，从而保证了自相似脉冲的形成。可饱和吸收体位于增益光纤之后，提供负色散的色散延迟线位于可饱和吸收体之后。激光腔采用环形结构，色散延迟线之后，脉冲重新回到单模光纤之中。脉冲在自相似演化过程中积累的啁啾量由色散延迟线进行补偿，相应地，在单模光纤中积累的非线性相移量引起的光谱展宽由增益介质有限的增益带宽进行滤波，从而实现激光脉冲的自洽条件得到满足。

图3－63和图3－64给出了掺镱，自相似光纤激光器的实验结构及输出光谱、脉冲自相关曲线。实验中采用6m长的单模光纤和23cm长的掺镱增益光纤，色散延迟线由光栅对构成。实验采用非线性偏振旋转技术实现锁模，可饱和吸收效应由波片及偏振光分束器（PBS）实现。隔离器用于实现光的单向传输，便于锁模过程的自启动，腔内的净色散量为$\beta_{net}=0.004ps^2$。实验中输出端靠近增益光纤且在色散延迟线之前，从而输出脉冲带有正啁啾，且啁啾量最大。图3－64中，脉冲的强度自相关曲线表明脉宽约为4.2 ps，进一步在腔外对脉冲进行压缩得到130 fs近变换极限的脉冲宽度。脉冲光谱中心强度高的部分表现出抛物线形状，而光谱两翼则表现出正色散区锁模光谱典型的特征，即陡峭的光谱前后沿。

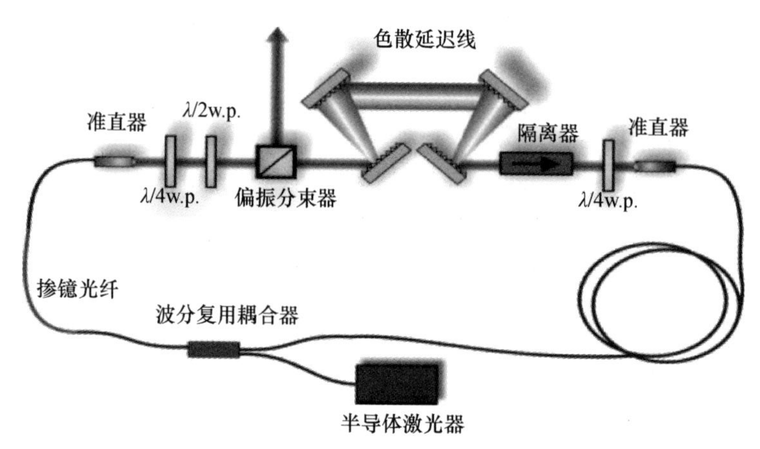

图3－63　自相似的掺镱光纤激光器[85]

4）全正色散光纤激光技术

2006年，美国康纳尔大学的Frank Wise引导的研究小组首次搭建并报道了掺镱光纤全正色散光纤激光器，相应的实验结构图如图3－65所示。激光腔采用3m长的单模光纤，增益由20cm长的高掺杂掺镱光纤提供，纤芯直径为4μm，

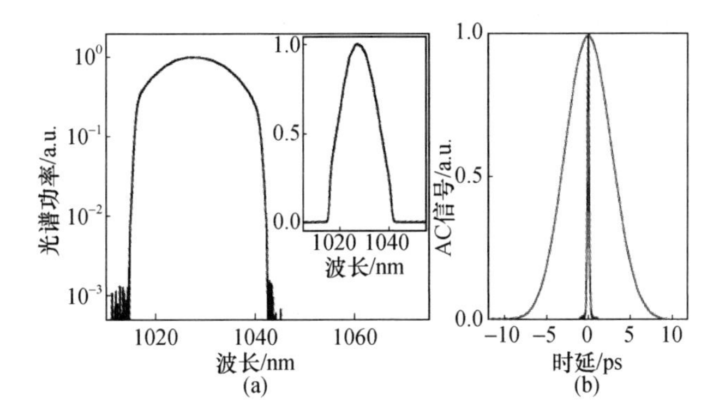

图 3－64　自相似脉冲光纤激光器实验结果

(a)实验光谱,插图为线性坐标;(b) 脉冲压缩前后强度自相关曲线[86]。

用以增强非线性自相位调制效应。增益光纤之后单模光纤长度约为1m。腔内的净色散量约为 $0.1ps^2$。非线性偏振演化过程由两个四分之一波片,一个半波片和一个偏振光分束器实现。激光腔中没有采用任何负色散器件。激光腔内采用一带宽为10nm的带通滤波片实现了啁啾脉冲的光谱滤波,并结合非线性偏振演化,增强了锁模过程中的幅度调制效应,产生并实现了稳定锁模脉冲的输出。实验中将滤波片放置在输出端偏振分束器之后,是为了获得宽的锁模光谱及最大能量的锁模脉冲输出。

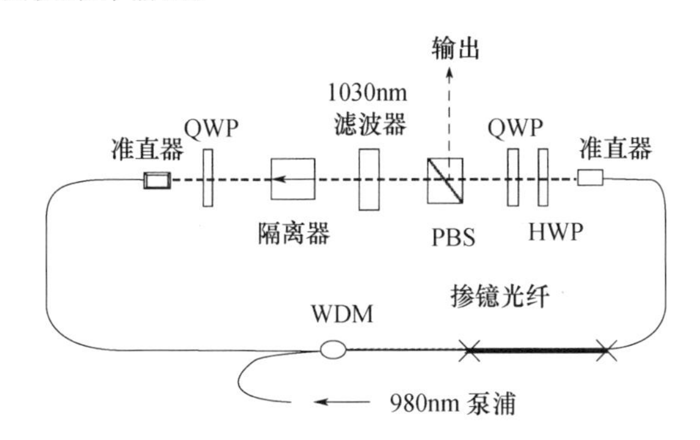

图 3－65　全正色散掺 Yb 光纤激光器。

QWP:四分之一波片,HWP:半波片,PBS:偏振光分束器,WDM:波分复用器[86]

图3－66给出了锁模脉冲光谱及脉冲压缩后的强度自相关曲线,锁模的阈值泵浦功率是300mW,脉冲重复频率为45MHz。激光器输出啁啾脉冲宽度约为1.4ps,经腔外光栅对压缩后脉冲宽度为170fs,压缩前后脉冲的能量分别约为2.7nJ和1nJ,通过采用低损耗高效率的光栅或负色散的光子带隙光纤,可以改善压缩后脉冲的能量。

理论上,对于工作在正色散区的锁模光纤激光器的输出光谱和脉冲特性可

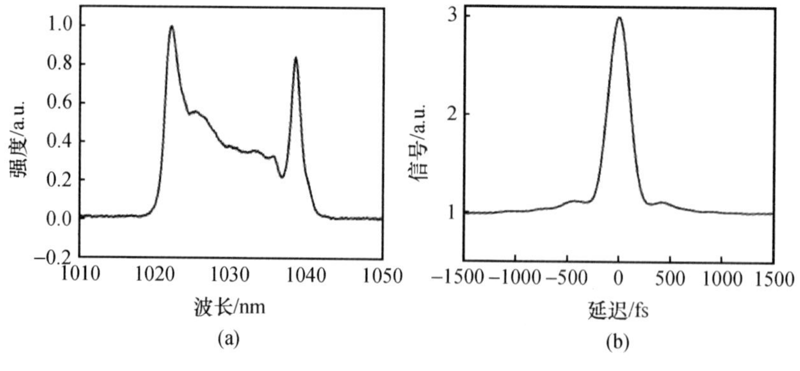

图 3－66　全正色散光纤激光器输出特性

(a)锁模光谱;(b)脉冲压缩后自相关曲线[86]。

以用三阶和五阶可饱和吸收项的金兹堡－朗道(Ginzburg－Landau)方程进行描述[87]:

$$U_z = gU + \left(\frac{1}{\Omega} - \mathrm{i}\frac{D}{2}\right)U_{tt} + (\alpha + \mathrm{i}\gamma)|U|^2 U + \delta |U|^4 U \qquad (3-173)$$

式中:U 为电场的复振幅;z、t 分别为传播距离和延迟的时间坐标;D 为群速度色散系数;g 为净的增益和损耗;Ω 为滤波器带宽;α、δ 分别为三阶和五阶可饱和吸收效应;γ 描述非线性光克尔效应。

式(3－173)的解可以表示为

$$U[t,z] = \sqrt{\frac{A}{\cosh(t/\tau) + B}}\mathrm{e}^{-\mathrm{i}\beta/2\ln[\cosh(t/\tau)+B]+\mathrm{i}\theta z} \qquad (3-174)$$

式中:A、B、τ、β 和 θ 为实数。通过将式(3－174)代入式(3－173)可以得到上述参数满足的方程。文献[86]中通过改变参数 B 的值得到了正色散光纤激光器典型的输出光谱及脉冲特征。

2. 光纤超快激光放大技术

1) 啁啾脉冲放大技术

啁啾脉冲放大技术最早是由 Strickland Donna 和 Mourou Gerard 于 1985 年提出来的[88],其基本思想是为了有效控制和减小非线性效应对脉冲放大过程中脉冲质量及信噪比的影响。图 3－67 为啁啾脉冲放大技术示意图,种子源输出的低能量短脉冲首先经色散延迟线展宽,在群速色散的作用下,脉冲演化为啁啾脉冲,脉宽得以展宽。由于群速度色散提供的啁啾为线性的,所以展宽脉冲为线性啁啾脉冲,经过之后的单模光纤放大、预放和主放级之后,脉冲能量不断放大,由于整个过程中脉冲都是带啁啾的宽脉冲,所以峰值功率得到有效控制,从而有效抑制了非线性效应对放大脉冲质量的影响。主放大级输出的高能量脉冲经压缩后便能得到高峰值功率、大能量的超短脉冲输出。

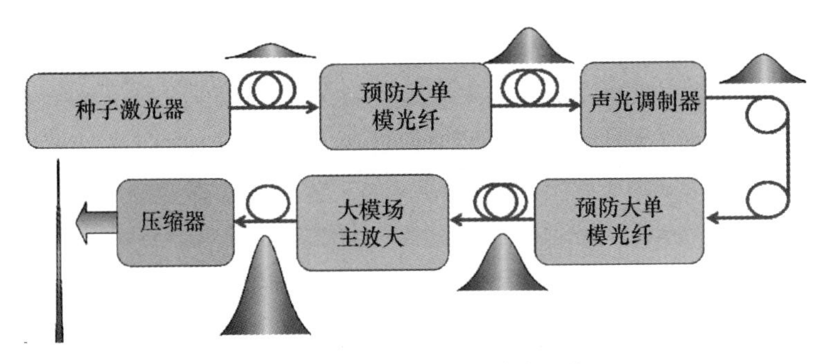

图3-67 啁啾脉冲放大技术示意图

SMF—单模光纤;AOM—声光调制器。

图3-68所示为毫焦级光纤啁啾脉冲放大实验系统[89]。种子源采用1053nm,8字形腔全光纤激光器,重复频率为3.9MHz,锁模脉冲宽度为336ps。经单模掺镱光纤放大后平均功率为80 mW。为了得到高能量的放大脉冲输出,实验中采用声光调制器将脉冲重复频率从3.9 MHz降到10 kHz,考虑到声光调制器高的插损,相应的平均功率降到8μW。为了有效减小非线性效应,如自相位调制效应和受激拉曼散射效应对放大光谱及脉冲质量的影响,预放和主放大级均采用大模场的双包层掺镱光纤。预放级光纤芯径为40μm,纤芯数值孔径为0.03,内包层直径为170μm,数值孔径为0.62,光纤长度为1.2m。当泵浦功率为5.7W时,放大信号光功率为2.3W,单脉冲能量为230μJ。主放大级光纤芯径为140μm,纤芯数值孔径为0.07,D型内包层直径为400μm,数值孔径为0.47,光纤长度为1.5m。当975nm泵浦光功率为27W时,放大信号光功率为11.7W,脉冲能量为1.17mJ,脉冲宽度为360ps,峰值功率是3.25MW。图3-69为CCD相机拍摄的主放大光光场分布图,从图中可以看出放大光中存在高阶模式。如何改善啁啾脉冲放大系统中的模式将是未来该放大技术需要克服的一个重大科学问题。

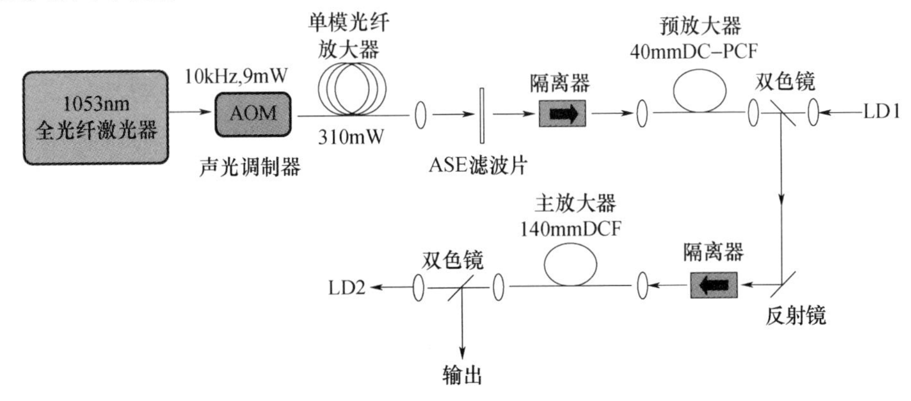

图3-68 毫焦级光纤啁啾脉冲放大实验系统[89]

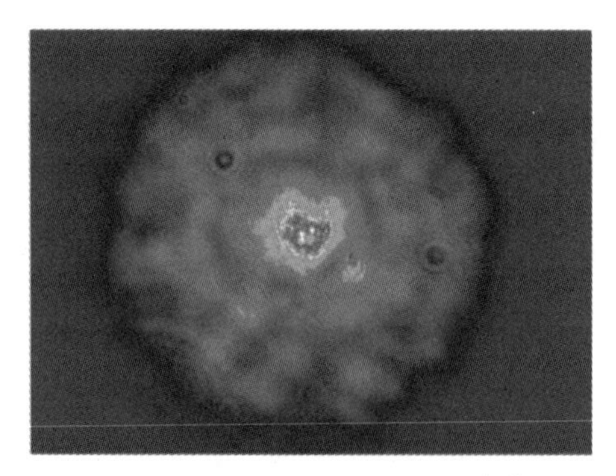

图 3－69　主放大光光场分布[89]

2）自相似脉冲放大技术

2000 年，Fermann 采用自相似理论研究了脉冲在光纤放大器中的传输，系统分析了描述脉冲在光纤中传输的非线性方程的渐近解形式即抛物脉冲的形成，并在掺镱光纤放大器中首次实验验证了自相似抛物脉冲能够在正色散光纤中形成并传输。由于抛物脉冲是严格线性啁啾脉冲，所以能够容易地压缩，实验上成功得到了峰值为 80kW、脉宽为 70fs 的超短脉冲。

当不考虑增益饱和效应并假设脉冲在传输过程中其光谱带宽远远小于放大器的增益带宽时，相应的非线性方程可以表示为

$$\mathrm{i}\frac{\partial A}{\partial z}=\frac{1}{2}\beta_2\frac{\partial^2 A}{\partial T^2}-\gamma|A|^2A+\mathrm{i}\frac{g}{2}A \tag{3-175}$$

式中：A 为脉冲包络复振幅；β_2 为群速度色散参量（s^2/m）；γ 为非线性系数（1/W/m）；g 为增益系数(1/m)。

通过采用对称性降低方法（Symmetry Reduction），得到了渐近极限条件下（$z\to\infty$）非线性方程的自相似解。

在增益系数 $g\neq0$ 及 $\gamma\beta_2>0$ 的条件下，方程的解可以表示为

$$A(z,T)=A_0(z)\{1-[T/T_0(z)]^2\}^{1/2}\exp[\mathrm{i}\varphi(z,T)]$$
$$|T|\leqslant T_0(z) \tag{3-176}$$

式中：$T_0(z)$为脉冲的有效宽度(s)；$\phi(z,T)$为脉冲包络的相位(rad)。

当$|T|>T_0(z)$时，$A(z,T)=0$。式(3－176)表示一抛物线形的脉冲强度分布，相应的相位分布可以表示为

$$\phi(z,T)=\phi_0+3\gamma(2g)^{-1}A_0{}^2(z)-g(6\beta_2)^{-1}T^2 \tag{3-177}$$

式(3－177)中，初始相位 ϕ_0可以假设为一任意常数，相应的脉冲的线性啁啾量 $\delta w(T)=-\partial\varphi(z,T)/\partial T=g(3\beta_2)^{-1}T$。在渐近解的情况下，脉冲能够在光纤中自相似地传输，即传输过程中保持其抛物的脉冲包络形式。脉冲中心的幅值 $A_0(z)=|A(z,0)|$以指数规律增长，其表达式可以用式为

$$A_0(z)=0.5\,(gE_{\mathrm{IN}})^{1/3}(\gamma\beta_2/2)^{-1/6}\exp(gz/3) \tag{3-178}$$

$$T_0(z)=3g^{-2/3}(\gamma\beta_2/2)^{1/3}E_{\mathrm{IN}}{}^{1/3}\exp(gz/3) \tag{3-179}$$

式中:E_{IN}为入射脉冲能量(J);z为传输距离(m);$T_0(z)$为不同传输距离处脉冲的有效宽度参数。从式(3-178)和式(3-179)可以看出,抛物脉冲的幅度和脉宽只取决于入射脉冲的能量,而与入射脉冲的形状没有关系。

利用抛物脉冲放大器结合线性及线性脉冲压缩技术,实验上已经得到了33fs的高质量超短脉冲[90],相关的结果如图3-70所示。实验中种子源输出平均功率为1mW,锁模脉冲光谱宽度为20nm,输出的脉冲为近变换极限脉冲。增益光纤采用两段不同型号的增益光纤,分别对色散和非线性进行控制。放大器输出的4.7ps线性啁啾脉冲经2.9m长低色散斜率(0.3ps/nm^2/km)的PBGF(Photonic Bandgap Fiber)压缩后,得到了近变换极限的120fs脉冲。利用负色散区高阶孤子的演化特性,在PBGF后熔接13cm的OFS公司高非线性光纤后,实验最终得到了33fs平均功率80mW,单脉冲能量1nJ的超短脉冲输出。

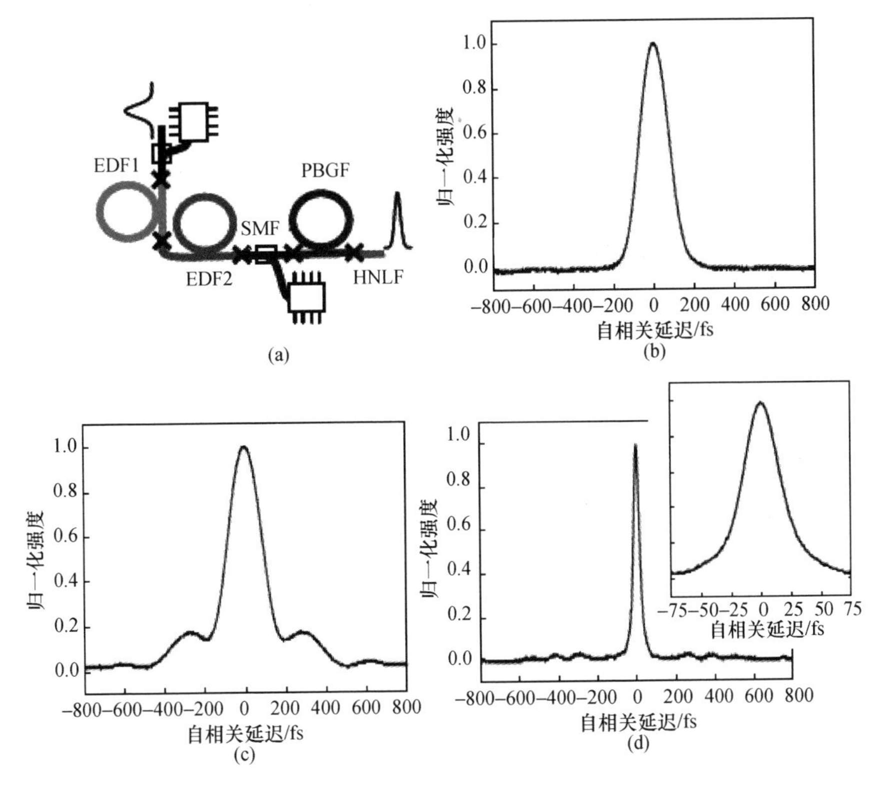

图3-70 抛物脉冲放大器实验相关结果

(a)脉冲经低色散PBGF光纤压缩后的自相关曲线;(b) 脉冲经Crystal公司HC-1550-02 PBGF光纤压缩后的自相关曲线;(c) 脉冲经OFS公司高非线性光纤进行孤子压缩后的自相关曲线[91]

3. 光纤超快激光应用

超短超强激光脉冲一个十分重要的应用就是研究其与物质的相互作用，一个典型的应用就是结合高非线性光纤产生超连续谱。如前所述，基于掺镱光纤啁啾脉冲放大技术，能量高达1.17mJ的皮秒脉冲已经在实验上得到了报道[90]。由于其强的非线性和可控的色散特性，微结构光纤是研究非线性效应作用下脉冲传输特性的良好介质。由于在超短脉冲产生、光学显微和频率计量等领域的应用，利用微结构光纤产生超连续谱得到了广泛的理论和实验研究。

不同于传统的弱导石英光纤，光子晶体光纤（PCF）又称微结构光纤，其横截面由周期排列的空气孔构成，如图3-71所示[92]。光子晶体光纤具有两个自由度：空气孔直径 d 和孔与孔之间的距离（栅距）Λ，通过调节这些几何结构参数，可以改变波导色散从而控制光纤的色散特性。图3-71同时给出了利用式(3-180)计算的商用PCF（SC-5.0-1040，NKT Photonics）的色散曲线，其中空气孔直径 d 为1.6 μm，栅距 Λ 为3.2 μm。从图中可以看出，光纤零色散点相应的波长为1.04 μm。同时，这种光纤非线性系数 γ 为 $11\mathrm{W}^{-1}\cdot\mathrm{km}^{-1}$。

$$D = D_m + D_w = \frac{d(v_g^{-1})}{d\lambda} \tag{3-180}$$

式中：D_m为材料色散参量(ps/(nm·km))；D_w为波导色散参量(ps/(nm·km))；ν_g为群速度(m/s)；λ 为波长(m)。

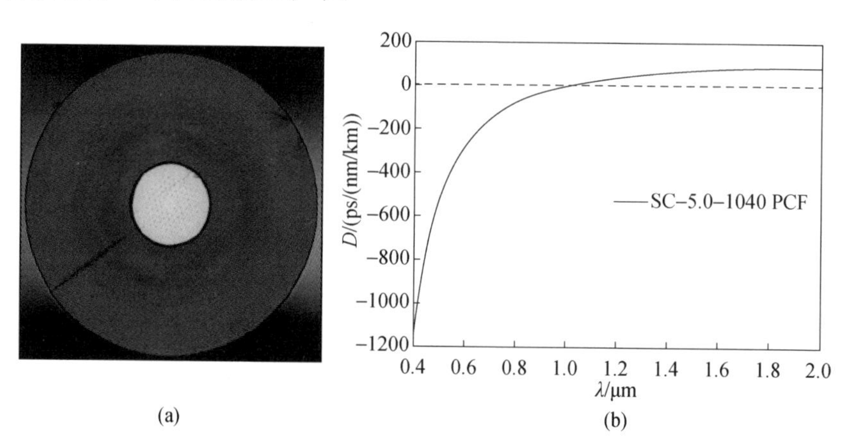

图3-71 光子晶体光纤横截面图及其群速度色散曲线

(a)光纤截面图；(b)群速度色散曲线。

脉冲在光纤中的传输特性及演化规律可以用非线性薛定谔方程进行描述，其一般形式可表示为[93]

$$\frac{\partial A}{\partial z} + \frac{\alpha}{2}A - \mathrm{i}\sum_{k\geqslant 2}\frac{i^k\beta_k}{k!}\frac{\partial^k A}{\partial t^k}$$

$$= i\gamma\left(1 + \frac{i}{w_0}\frac{\partial}{\partial t}\right) \times \left[A(z,t)\int_{-\infty}^{t} R(t') \mid A(z,t-t') \mid^2 \mathrm{d}t'\right] \tag{3-181}$$

式中：$A = A(z, t)$为脉冲包络；α 为光纤的线性损耗系数；β_k为中心频率 w_0处的群速度色散系数；γ 为非线性系数。式(3－181)的右边包含了光纤介质对光场的非线性响应特性，响应函数为 $R(t)$，包括电子的瞬时响应以及延迟的拉曼相应。

$$R(t) = (1-f_{\mathrm{R}})\delta(t) + f_{\mathrm{R}} \cdot h_{\mathrm{R}}(t) \tag{3-182}$$

式中：$f_{\mathrm{R}} = 0.18$ 为延迟的拉曼响应对非线性极化率的贡献比例。拉曼响应函数可表示为

$$h_{\mathrm{R}} = \frac{{\tau_1}^2 + {\tau_2}^2}{\tau_1 {\tau_2}^2}\exp(-t/\tau_2) \cdot \sin(t/\tau_1) \tag{3-183}$$

式中：$1/\tau_1$为声子频率；$1/\tau_2$决定洛伦兹线型函数的宽度。理论计算表明，对于熔融石英光纤，τ_1和 τ_2的值可近似取为 12.2fs 和 32fs[94]。

通过数值求解非线性薛定谔方程式(3－181)，可以研究飞秒脉冲泵浦时的超连续谱产生机理。入射脉冲包络取为双曲正割函数：

$$A(0,T) = \sqrt{P_0}\,\mathrm{sech}\left(\frac{T}{T_0}\right) \tag{3-184}$$

式中：P_0为峰值功率(W)；T_0为 1/e 强度半宽度(s)。

式(3－184)中入射脉冲 1/e 强度半宽度 T_0设为 28.36fs，相应脉冲的半高全宽度值 T_{FWHM}为 50fs。

图 3－72 给出了脉宽为 50fs、峰值功率为 10kW 的飞秒脉冲在长度为 50cm 的非线性光子晶体光纤中传输时的光谱和脉冲演化特性[95]。由于入射脉冲中心波长 1060nm 位于光纤的反常色散区，自相位调制效应引起的正啁啾能够补偿反常色散提供的负啁啾，脉冲因而能以孤子波的形式在光纤中传输。从图 3－71 可以看出，考虑高阶色散和非线性效应时，入射脉冲在传输一定距离后即发生分裂，相应地在频率域光谱迅速展宽。随着传输距离的增加，在时域可以观察到一个稳定传输的孤子脉冲包络。在脉内拉曼散射效应的作用下，光谱不断向长波方向扩展，这种现象称为孤子自频移。红移量随传输距离的变化关系为[93]

$$\Delta\nu_{\mathrm{R}}(z) = -4|\beta_2| T_{\mathrm{R}} z/(15\pi {T_0}^4) \tag{3-185}$$

式中：$\Delta\nu_{\mathrm{R}}$为拉曼红移量(Hz)；T_{R}为拉曼相应时间常数(s)。

式(3－185)表明，拉曼孤子的红移量正比于传输距离 z 和群速度色散系数 β_2 的大小，反比于脉冲宽度 T_0的四次方。

图 3－73 给出了传输 50cm 后输出光谱和时域脉冲图，红移的拉曼孤子标记为 A，表征为高幅值窄脉宽的时域包络形式，色散波表征为低幅度宽脉宽的时域包络特征。从能量守恒的观点，拉曼孤子的红移使得光子能量变低，在高阶色

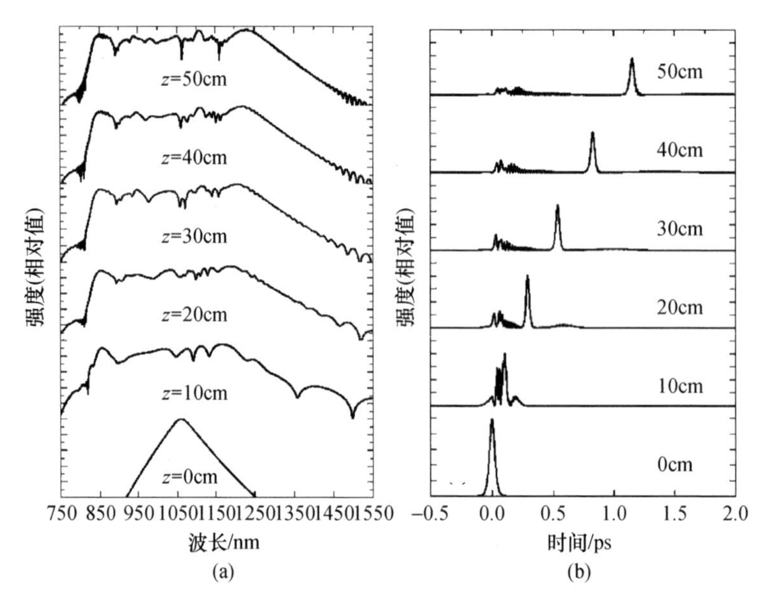

图 3 – 72 脉宽为 50fs、峰值功率为 10kW 的飞秒脉冲在 50cm 长 SC – 5.0 – 1040 PCF 中传输时的光谱和脉冲演化特性
(a)光谱;(b)脉冲。

散的微扰下,在短波一侧相应会有孤子辐射的色散波产生,这种现象称为光谱反冲现象 (Spectral Recoil)[96]。图 3 – 73 同时给出了相应于 SC – 5.0 – 1040 非线性光子晶体光纤的群速度匹配曲线,从图中可以看出,红移的拉曼孤子和短波一侧产生的色散波的群速度是匹配的,由孤子捕获理论知,在传输过程中孤子能够"俘获"其辐射的色散波,实现同步传输。

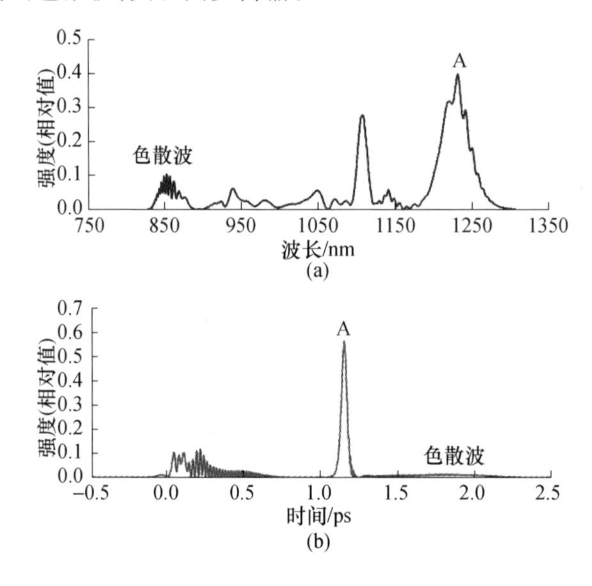

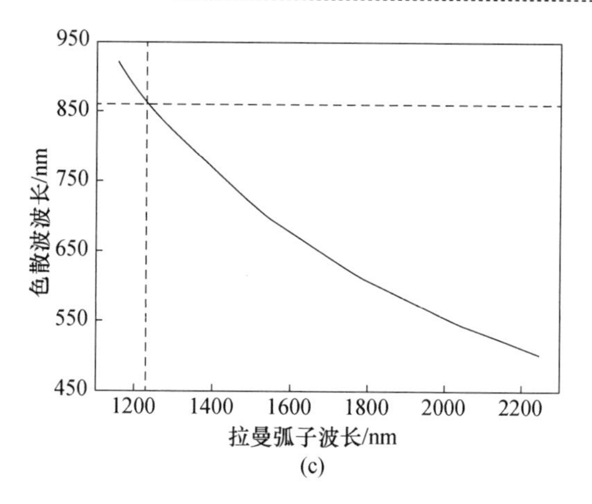

图3-73 入射50fs,10kW双曲正割脉冲在SC-5.0-1040 PCF中传输50cm后输出光谱和时域脉冲图

(a)光谱;(b)脉冲;(c)群速度匹配曲线(右列)。

当用皮秒脉冲泵浦时,我们数值模拟了脉宽为10ps, 峰值功率为10kW的双曲正割脉冲,在100cm长的非线性光子晶体光纤SC-5.0-1040 PCF中传输时的光谱和脉冲演化特性。不同于飞秒脉冲泵浦的情况,当用皮秒脉冲泵浦时,除了泵浦波长处以外,在整个带宽内光谱平坦,强度起伏较大。同时,入射脉冲发生分裂,表现为强度不等的无规则脉冲序列,如图3-74所示。

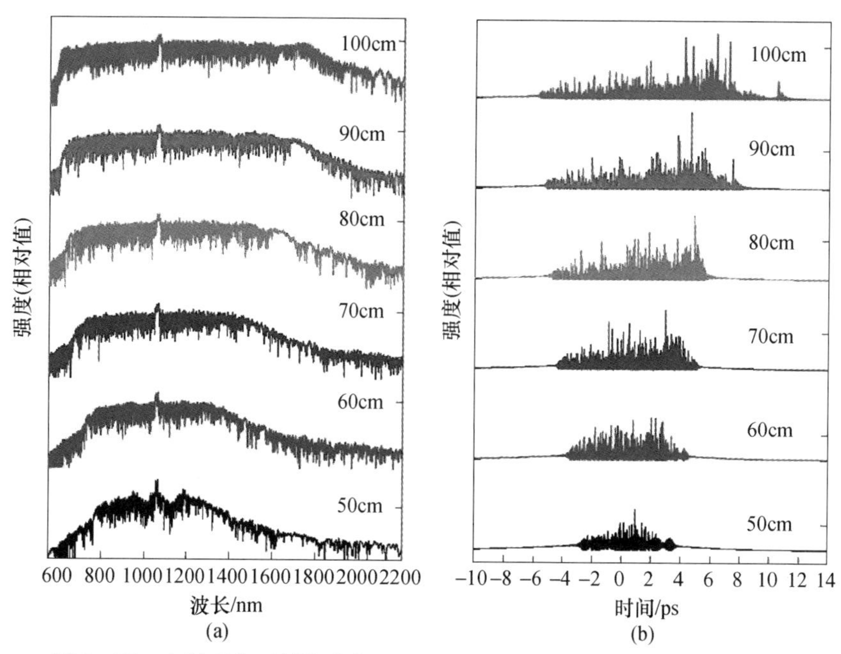

图3-74 入射双曲正割脉冲在SC-5.0-1040 PCF中传输时的演化特性

(a)光谱;(b)脉冲。

图3-75给出了入射脉冲传输40cm后光谱和时域脉冲强度包络曲线，从图中可以看出，对于相同的入射脉冲峰值功率，当用皮秒脉冲泵浦时，脉冲和光谱表现出了不同的演化规律。在泵浦波长处，光谱展宽主要是由自相位调制效应引起的，如图3-75(a)所示[93]，而且其引起的光谱展宽量较小。同时，值得注意的是，在短波和长波一侧出现两条独立的光谱边带，相应地，在时域入射的皮秒脉冲发生分裂形成周期性的短脉冲序列，如图3-75(b)所示。上述特征表明，调制不稳定性效应在脉冲的初始传输过程中起着重要的作用[94]。

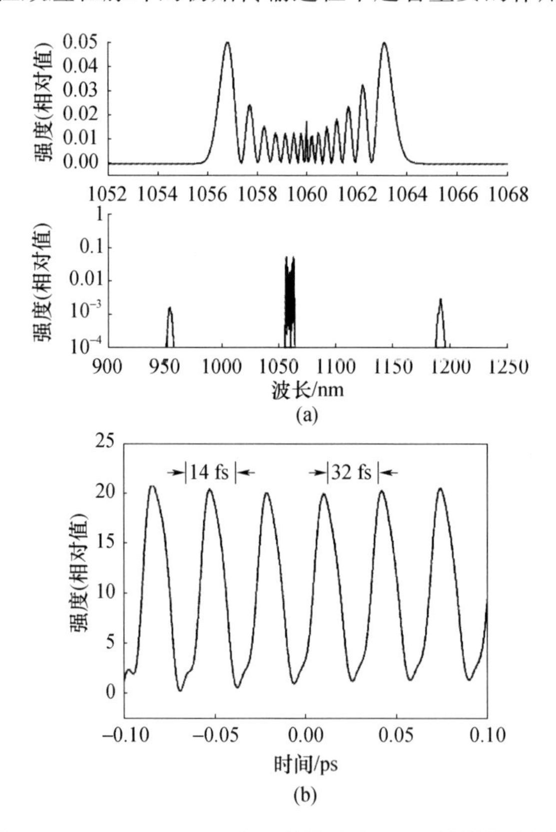

图3-75　10ps、10kW双曲正割脉冲在40cm微结构光纤中传输后的光谱和时域脉冲强度包络曲线

(a)光谱；(b)脉冲。

理论研究表明，高阶孤子分裂和调制不稳定性效应发生的特征长度可以用式(3-165)和式(3-166)表示[97,98]。孤子分裂的特征长度正比于脉冲的宽度T_0，这可以解释飞秒脉冲和皮秒脉冲泵浦产生超连续谱过程中不同的脉冲及光谱的演化规律。

$$L_{\mathrm{fiss}} = \sqrt{L_{\mathrm{D}} L_{\mathrm{NL}}} = T_0 \sqrt{\frac{1}{\gamma P_0 |\beta_2|}} \tag{3-186}$$

式中：L_{fiss}为孤子分裂特征长度(m)；L_D为色散作用特征长度(m)；L_{NL}为非线性作用特征长度(m)。

$$L_{MI} \approx 16L_{NL} = \frac{16}{\gamma P_0} \tag{3-187}$$

式中：L_{MI}为调制不稳定性特征长度(m)。

高平均功率超连续谱的实验产生也得到了广泛的研究[99,100]。在文献[99]中，利用全光纤放大系统输出的100W皮秒脉冲信号泵浦5m长微结构光纤，最终获得了49.8W的高平均功率超连续谱，产生的光谱范围从500nm到1700nm以上，10dB带宽为960nm。图3-76给出了实验系统的装置示意图，其中种子源采用皮秒级锁模脉冲激光器。为实现高平均功率的放大信号输出，实验中采用多级放大的方案。同时，为了有效抑制非线性效应，在功率放大阶段增益光纤采用大模场面积双包层光纤。当总的泵浦功率约为130W时，输出放大信号光功率为100.3W。考虑到非线性光子晶体光纤和大模场面积双包层光纤之间的模场失配问题，实验中采用一个模式匹配器将放大信号光有效地耦合入非线性光子晶体光纤中。

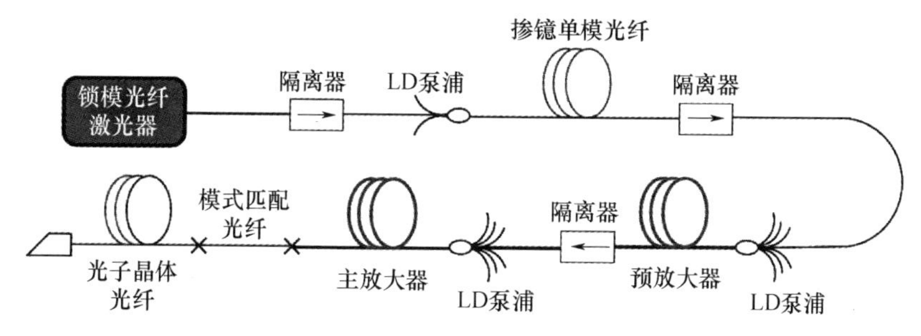

图3-76 全光纤结构高平均功率超连续谱产生实验系统装置示意图[99]

图3-77给出了不同输出功率情况下光谱的演化图。在反常色散区，由于调制不稳定性效应，入射脉冲发生分裂形成大量基孤子脉冲序列，孤子自频移引起的光谱红移和色散波引起的光谱蓝移使得光谱不断展宽形成宽带的连续谱。关于图3-77的详细解释，请阅读文献[99]。

基于超强激光脉冲及非线性光纤的超连续光谱在成像及脉冲压缩等领域都有着广泛的应用。利用超连续谱超宽带特性的光学相干层析X射线照相法(OCT)是一种新型的基于干涉测量法的成像技术，这种技术能够在活的有机体内，实现微米尺度上生物组织样品的成像从而对其形态结构进行分析。理论研究表明，对于OCT，其轴向的图像分辨力可以表示为[101]

$$\Delta z = [2\ln 2/\pi](\lambda_0^2/\Delta\lambda) \tag{3-188}$$

式中：Δz为轴向分辨力(m)；λ_0为光源中心波长(m)；$\Delta\lambda$为光源带宽(m)。

即分辨力反比于带宽$\Delta\lambda$，正比于光源中心波长λ_0的平方。由于波长范围位

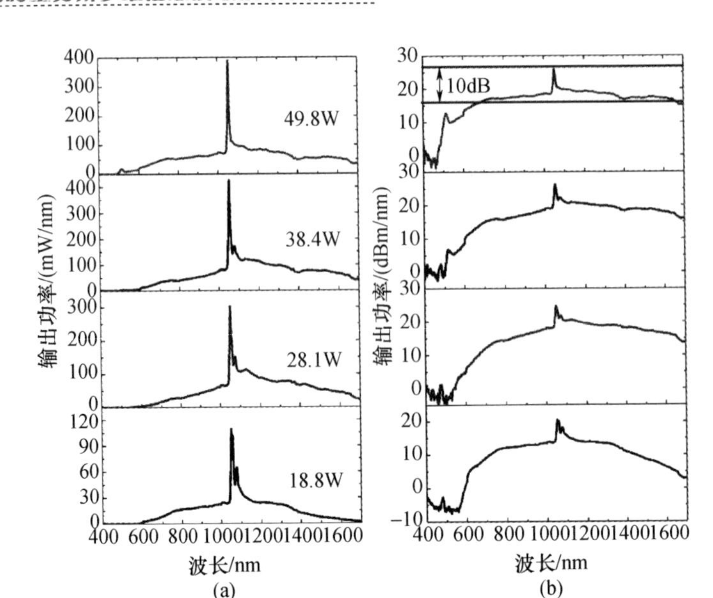

图 3-77　不同输出功率情况下光谱的演化图[99]

(a)线性坐标;(b) 对数坐标。

于 1.2~1.5μm 的光对生物组织具有高的穿透深度,所以这个光谱范围内的 OCT 技术引起了科学家广泛的研究兴趣。由于波长较长,所以为了获得高的分辨力,就要求用于成像的光源带宽足够宽。文献[101]中利用图 3-78 所示的实验系统,通过在 1m 长的微结构光纤中注入 100fs、2nJ 的飞秒脉冲得到了波长在 390~1600nm 的超连续谱输出,最终在中心波长 1.3μm 处实现了 2.5μm 的纵向超高分辨成像。

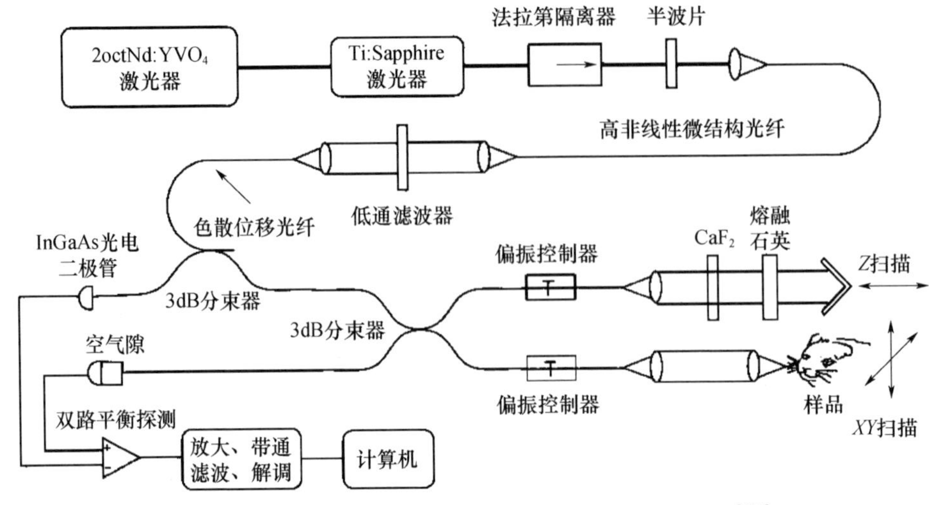

图 3-78　超连续谱作为光源的超高分辨 OCT 实验系统[101]

除了在成像领域的应用以外,科学家也利用超连续谱的宽带宽,来实现脉冲压缩从而得到超短脉冲。在文献[102]中,利用两段掺氩气的空芯光纤产生宽带的超连续谱,一个空间光调制器(Spatial Light Modulator, SLM)进行色散补偿,最终得到了3.8 fs的超短脉冲输出,实验装置如图3-79所示。在实验中,利用SPIDER对脉冲的特征(强度包络和相位)进行实时的测量,将测量得到的光谱的相位进行反转后作为反馈信号叠加到空间光调制器的初始相位(常数)上,从而在连续谱的整个带宽内对其相位进行补偿,如此反复几次便能产生脉宽只有几个光波振荡周期的超短脉冲[102]。

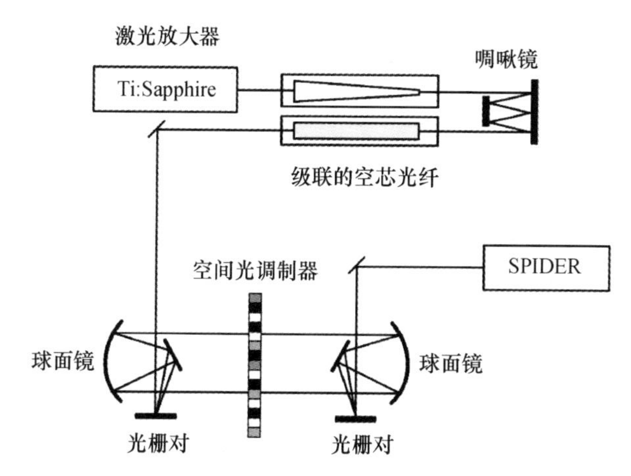

图3-79 基于超连续谱的脉冲压缩实验装置[102]

3.2 一维空间/时间高分辨诊断技术

3.2.1 一维空间/时间高分辨诊断技术概述

超快现象(持续时间小于1μs)广泛地出现在自然或科学技术研究中,超快现象研究对自然科学、能源、材料、生物、光物理、光化学、激光技术、强光物理、高能物理等研究及技术领域具有重要意义。具有超高(皮秒至飞秒)时间分辨力、高空间分辨力、测量可重复性、高灵敏度、大动态测量能力的高时空分辨诊断技术是超快现象研究领域不可或缺的重要手段,而基于时空映射测量的变像管技术是实现皮秒至飞秒量级时间分辨的超快现象时空精密物理量诊断的重要技术途径。从技术实现形式上主要包括扫描(几皮秒至几百飞秒时间分辨/微米空间分辨)、分幅(几皮秒至几十皮秒时间分辨力/微米空间分辨力)、超快电子显微技术(纳米空间分辨力)和光示波器(吉赫重频)等方式,其中以扫描变像管为核心器件的超快诊断技术可实现皮秒时间范围内辐射目标超高速时/空/谱量精密化测量和图像拍摄，在诸多领域有着重要的潜在应用价值。

条纹相机是目前唯一的具有高时空分辨力的超快现象线性诊断工具，在时间分辨的超快现象研究中发挥着重要的作用。它们或者被直接用来测量超短脉冲辐射的强度—时间波形，或者作为高时间分辨的记录设备和其他仪器，如显微镜、光谱仪，构成联合诊断设备，提供超快空间—强度—时间分辨或能谱—强度—时间诊断参数。

评价条纹相机性能的技术指标有时间分辨力、空间分辨力、动态范围、扫描线性、固有延迟、时间畸变、空间畸变、探测灵敏度（光谱灵敏度或积分灵敏度）、阴极均匀性、阴极有效面积大小（大面积阴极有利于提高光谱分辨能力）、光谱响应（X 射线、紫外线、可见光、红外线，以及是否可以探测质子、中子及其他基本粒子等）、工作模式（同步扫描、单次扫描、单基时间扫描、双基时间扫描）、狭缝条数（单狭缝条纹相机或多狭缝条纹相机），以及是否具有扫描分幅的功能等。

1. 国内外研究现状

国际上，条纹相机技术相对发达的国家有日本、美国、俄罗斯、德国以及法国和英国。俄罗斯科学院普通物理研究所（GPI，RAS）在条纹相机的研制方面一直处于领先地位，在飞秒时间分辨条纹相机的研制方面，该所在 20 世纪 90 年代（苏联）便取得成功，其 FV－FS－M 型条纹变像管时间分辨力达 200fs[103]。日本滨松公司是目前条纹相机标准化和商品化水平最高的研究机构。同样在 20 世纪 90 年代，滨松公司已经报道了时间分辨力可达 180fs 的条纹变像管[104]，近年来，该公司推出的商品化飞秒条纹相机时间分辨力为 200fs。美国堪萨斯大学常增虎研究组设计的条纹变像管获得的最高时间分辨力为 280fs[105]。美国劳伦斯伯克利国家实验室（LBNL）冯军研究组目前测得的最大时间分辨力可达 233fs[106]。

在国内，条纹相机的专业研制单位有中国科学院西安光机所和深圳大学，其中西安光机所条纹相机研制工作始于 1963 年。50 余年来，西安光机所先后研制出多种型号的条纹相机，其诊断范围覆盖了纳秒至皮秒量级。1988 年，牛憨笨等人根据噪声理论推导了条纹相机的探测方程和最小可探测能量密度，用概率论和统计学的方法从理论上讨论了极限时间分辨力，并用蒙特卡洛法模拟估计了极限时间分辨力，在此基础上设计了一款理论时间分辨力可达 300fs，静态空间分辨力达 50 lp/mm 的条纹变像管，但该管型的实测时间分辨力为 1.1ps[107,108]。田进寿等人于 2007 年通过理论设计了一款时间分辨力可达 290fs 的电聚焦飞秒条纹变像管[109]。

条纹相机国内外性能对照如表 3－2 所列。

表3-2 条纹相机国内外性能对照

	性能参数		技术指标	研制单位	备 注
1	时间分辨力	国际	200~300fs	日本 Hamamatsu 公司 FESCA-200	200~300fs 的时间分辨力是在极端的条件下得到的，国际普遍的时间分辨力在2ps左右
		国内	2ps	西安光机所/深圳大学	
2	动态范围	国际	10000:1	日本 Hamamatsu 公司 C7700(100ps 时间分辨下测量)	国内外对动态范围的定义方法不同
		国内	6500:1	西安光机所	
3	空间分辨力	国际	25 lp/mm(静态) 5 lp/mm(动态)	日本 Hamamatsu 公司/德国 Optronis 公司/法国 Photonis 公司/俄罗斯 Bifo 公司/英国 Photek 公司	空间分辨能力与阴极有效面积有关，一般有效面积越大，空间分辨力越低，扫描速度越快，动态空间分辨力越低
		国内	25 lp/mm(静态) 10 lp/mm(动态)	西安光机所	
4	阴极狭缝有效长度/mm	国际	35/54	德国 Optronis 公司/法国 Photonis 公司	狭缝长度越长，扫描谱仪的谱分辨能力越高，但狭缝长度太长会造成其他性能指标降低
		国内	17/30	西安光机所	
5	扫描非线性	国际	2%~5%	日本 Hamamatsu 公司/德国 Optronis 公司/法国 Photonis 公司/俄罗斯 Bifo 公司/英国 Photek 公司	扫描线性越好，条纹相机对超快过程的测量值越接近于真实值
		国内	2%~5%	西安光机所	
6	同步条纹相机同步频率	国际	20MHz/80MHz 250MHz 可调	日本 Hamamatsu 公司/德国 Optronis 公司(时间分辨能力在5~15ps)	同步扫描方式扩大了条纹相机对弱信号的探测能力(单光子探测)也扩大了相机的动态范围(100000:1)
		国内	80MHz	西安光机所/	
7	相机的智能化和模块化程度	国际	普遍采用智能化、模块化		选用不同的模块可以组装不同性能的相机，界面友好，操作方便
		国内	部分实现模块化		
8	波长响应	国际	X射线、紫外线、可见光以及红外线(1600nm)		波长响应与阴极材料、窗口材料等有关，国内尚不能制作 AgO:Cs 阴极
		国内	X射线、紫外线、可见光以及近红外线(850nm)		
9	可见光阴极制作方式	国际	转移阴极系统制作		转移阴极系统制作的阴极均匀性好，且制作过程不会造成电极污染
		国内	非转移阴极系统制作		

2. 实用化条纹相机的发展趋势

(1) 条纹相机的探测灵敏度、同步扫描频率、时间分辨力和动态范围进一步提高以实现对更弱、更快以及物理量跨度更大信号的探测。

(2) 标准化、模块化程度提高以利于相机用途和功能扩展,面向多用户。

(3) 时间分辨力。采用电子脉冲空间调制和电四极透镜相结合的技术,时间分辨力提高到 200 ~ 300fs 。

(4) 动态范围。采用提高电子脉冲群速度和一代像增强器技术,动态范围提高到 10^4:1。

(5) 同步扫描频率。采用行波偏转扫描技术和自稳频锁相技术,同步扫描频率提高到 250MHz(时间分辨力为 5ps)。

3.2.2 条纹成像诊断技术

1. 条纹相机的工作原理和结构组成

条纹相机是一种基于扫描变像管的,具有高时间、空间和光强度分辨能力的超快诊断仪器,通过扫描变像管所获得的具有时间、空间和光强度信息的信号,经过增强后被 CCD 读出系统所记录。

条纹相机工作的基本原理是通过光电转化、聚焦成像、扫描偏转、电光转化过程,将超快光的时间变化特性转变为空间变化特性,实现皮秒甚至飞秒时间的超高时空分辨测量。其核心是通过变像管内的扫描模块(扫描速度可以达到 2 ~ 3c,c 为光速),将按照时间顺序排列的超快信号转变为空间上从上到下(沿扫描方向)依次排列的图像信息,利用空间位置信息和扫描速度之间的相关性,反演得到超快现象的时间信息。条纹相机系统一般由扫描(条纹)变像管、像增强器、高低压供电电源、扫描电控系统、前端输入狭缝光学系统、工控模块、后端光锥耦合 CCD 记录系统等部分组成,如图 3 - 80 所示。

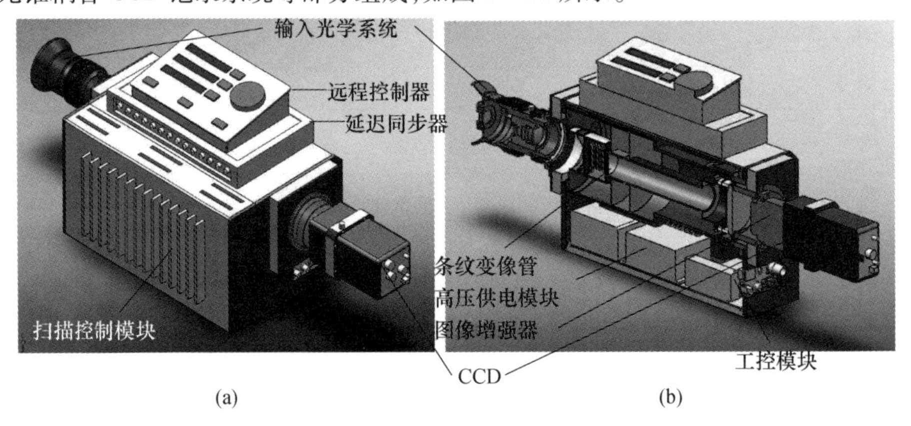

图 3 - 80 条纹相机的基本组成

(a)条纹相机整机图;(b)条纹相机剖切图。

输入光学系统用于将超快现象(光学信号)通过狭缝改造成一维空间信号并清晰地呈现在变像管的光电阴极面上;条纹变像管将超快光学信号通过光电阴极转换成电子图像,通过加速、聚焦、扫描,荧光屏将时间变化的电子像转化成空间变化的光学信号;高低压供电电源主要为变像管提供静态高压电场,完成光电子的加速、聚焦等功能;扫描控制模块为扫描板提供高压斜坡电压,实现电子信号的超快扫描,完成时间信息到空间信息的转换;图像增强器的作用是把来自条纹管荧光屏上强度很弱的图像信号放大,使其强度达到可记录的程度;工控模块是实现条纹相机自动延时控制、聚焦、增益调节、外界环境信息获取以及扫描挡位切换等功能的智能控制模块;后端光锥耦合 CCD 记录系统是将像增强器的光学图像耦合到 CCD 的感光面上,实现图像信号的记录并进一步分析处理,其原理如图 3-81 所示。

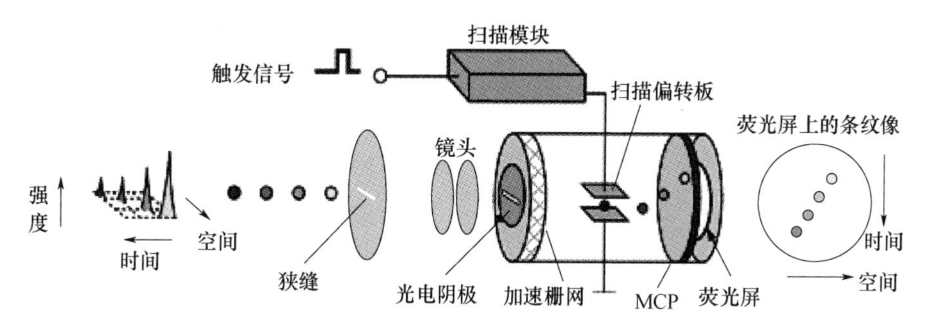

图 3-81 条纹相机的基本原理

可见,条纹相机能够同时提供超快过程的一维空间(或光谱)、一维强度和一维时间共三维超快信息。

2. 条纹变像管的设计理论

条纹相机设计的核心部分是条纹变像管的设计,条纹变像管同时涵盖了加速系统、偏转系统和聚焦系统,是较为复杂的电子光学系统,下面介绍电子光学系统的设计理论基础。

1) 电磁场理论[110]

要获得电子在静电、磁场中的运动规律,首先需要知道电场、磁场的具体分布。一般来说,电子光学系统中的场分布形式比较复杂,是与空间坐标有关的非均匀场。求解电场、磁场的分布问题,在数学上归结为用电动力学和数学物理方法求解场所满足的偏微分方程的边值问题。在电子光学中,一般需要解决的是平面场(如偏转场)和旋转轴对称场(如聚焦电场)。对该类场有以下假定:

(1) 静场,即场与时间无关或随时间变化很慢,也就是说我们所讨论的场只是空间坐标的函数;

(2) 在真空环境中;

(3) 电子速度远小于光速,即不考虑相对论效应;

(4) 忽略电子束本身的空间电荷(或电流)分布对场的影响。

电磁场理论以麦克斯韦方程为基础,真空中静电场和静磁场的麦克斯韦方程组为

$$\nabla \times \boldsymbol{E} = 0, \nabla \cdot \boldsymbol{D} = \rho_f \tag{3-189}$$

$$\nabla \times \boldsymbol{H} = j_f, \nabla \cdot \boldsymbol{B} = 0 \tag{3-190}$$

式中:$\boldsymbol{D} = \varepsilon_0 \boldsymbol{E}$;$\boldsymbol{H} = \boldsymbol{B}/\mu_0$;$\varepsilon_0$、$\mu_0$ 分别为真空中介电常数和磁导率;ρ_f 和 j_f 分别为空间自由电荷密度和电流密度。由前面的假设,电场、磁场空间中没有空间电荷和空间电流,则方程组应为

$$\nabla \times \boldsymbol{E} = 0, \nabla \cdot \boldsymbol{E} = 0 \tag{3-191}$$

$$\nabla \times \boldsymbol{B} = 0, \nabla \cdot \boldsymbol{B} = 0 \tag{3-192}$$

对于无旋静电场(无旋场条件$\nabla \times \boldsymbol{E} = 0$,无源场条件$\nabla \cdot \boldsymbol{E} = 0$)可以用电位函数 V 来描述,即

$$\boldsymbol{E} = -\nabla V \tag{3-193}$$

代入式(3-191)的第二式可得

$$\nabla \cdot \boldsymbol{E} = \nabla \cdot (-\nabla V) = 0$$

即

$$\nabla^2 V = 0 \tag{3-194}$$

这就是无空间电荷时电位函数所满足的拉普拉斯方程。

当有空间电荷时,电位函数满足泊松方程,即

$$\nabla^2 V = -\rho_f/\varepsilon_0 \tag{3-195}$$

对于无源静磁场(无旋场条件$\nabla \times \boldsymbol{B} = 0$,无源场条件$\nabla \cdot \boldsymbol{B} = 0$),可以引进矢量磁位函数 $\boldsymbol{A}$,此处矢量磁位函数只是作为运算工具而引入的辅助概念,本身没有直接的物理意义,只有磁感应强度才具有明确的物理意义,矢量磁位满足

$$\boldsymbol{B} = \nabla \times \boldsymbol{A} \tag{3-196}$$

矢量磁位函数 $\boldsymbol{A}$ 只有它的无源部分是确定的,而其无旋部分可以任意选取,为此,令 $\boldsymbol{A}$ 的无旋部分为零而只有无源部分,即 $\boldsymbol{A}$ 应满足

$$\nabla \cdot \boldsymbol{A} = 0 \tag{3-197}$$

将式(3-196)代入式(3-192),并利用式(3-197),得

$$\nabla \times \nabla \times \boldsymbol{A} = \nabla(\nabla \cdot \boldsymbol{A}) - \nabla \cdot (\nabla \times \boldsymbol{A}) = 0 \tag{3-198}$$

得

$$\nabla^2 \boldsymbol{A} = 0 \tag{3-199}$$

式(3-199)即是在没有自由电流的静磁场中矢量磁位函数 $\boldsymbol{A}$ 必须满足的二阶偏微分方程。

在没有磁化电流的磁场空间,磁场是无旋无源的,即由式(3-192)决定,因

此与静电场一样，可以引入标量磁位 U 来描写磁场，即

$$\boldsymbol{B} = -\nabla U \tag{3-200}$$

标量磁位仅是人为引入的概念，在没有电流的磁空间可以引用，它满足拉普拉斯方程，即

$$\nabla^2 U = 0 \tag{3-201}$$

对于旋转对称静电场，可选择圆柱坐标系(z,r,θ)且使 z 轴与旋转对称轴重合，则拉普拉斯方程式(3-194)表示为

$$\frac{\partial^2 V}{\partial z^2} + \frac{1}{r}\frac{\partial}{\partial r}\left(r\frac{\partial V}{\partial r}\right) + \frac{1}{r^2}\frac{\partial^2 V}{\partial \theta^2} = 0 \tag{3-202}$$

式中：$V = V(z,r,\theta)$。由于旋转对称性，电位函数与 θ 无关，即

$$\frac{\partial V}{\partial \theta} = 0$$

所以，式(3-202)变为

$$\frac{\partial^2 V}{\partial z^2} + \frac{1}{r}\frac{\partial}{\partial r}\left(r\frac{\partial V}{\partial r}\right) = 0 \tag{3-203a}$$

即

$$\frac{\partial^2 V}{\partial z^2} + \frac{\partial^2 V}{\partial r^2} + \frac{1}{r}\frac{\partial V}{\partial r} = 0 \tag{3-203b}$$

同样，对于旋转对称静磁场，在圆柱坐标中矢量磁位满足的二阶线性偏微分方程：

$$\frac{\partial^2 \boldsymbol{A}}{\partial z^2} + \frac{\partial^2 \boldsymbol{A}}{\partial r^2} + \frac{1}{r}\frac{\partial \boldsymbol{A}}{\partial r} - \frac{\boldsymbol{A}}{r^2} = 0 \tag{3-204}$$

其在形式上与拉普拉斯方程相似。

标量磁位满足的拉普拉斯方程的圆柱坐标可表示为

$$\frac{\partial^2 U}{\partial z^2} + \frac{\partial^2 U}{\partial r^2} + \frac{1}{r}\frac{\partial U}{\partial r} = 0 \tag{3-205}$$

式(3-203)~式(3-205)已经给出旋转对称静电、磁场所满足的偏微分方程，接下来需要根据上述拉普拉斯方程来求解电场、磁场的具体分布。但在实际的电子光学系统中，由于边界条件复杂，一般很难用解析法求解拉普拉斯方程或泊松方程。目前电磁场的计算大都是采用数值计算法来求解[110]。

数值计算法实质就是将微分方程离散化，例如在静电场的计算中，从电位函数所满足的偏微分方程（拉普拉斯方程或泊松方程）出发，将连续的函数（场分布）离散为若干有限个节点上分立的值，最终把求解偏微分方程的问题变为求解一系列联立的线性代数方程组的问题，最常用的是有限差分法和有限元法两种。它们的共同特点是必须对计算的场域进行边界封闭，必须对整个封闭区域进行网格剖分和计算，是从微观角度、从场点之间的相互关系来描述场的。20

世纪 70 年代，有人采用积分法求解场的分布，它是从宏观角度描述场，场区中每点的取值取决于所有场源对它的作用。由于离散只在源区进行，只要源区参量已知，即可进行计算，这就是边界积分方程法，在静电场中也称表面电荷密度法，可处理非封闭边值问题。另外，三维电磁场仿真软件 CST 解决各种电磁场问题的方法是以有限积分技术为基础，将积分形式的麦克斯韦方程离散化，而不是离散化微分形式的麦克斯韦方程。以上各种数值计算法都是计算步骤复杂、工作量大，需要依靠大容量快速计算机辅助设计来完成。

2）光电子运动轨迹的数值计算

确定了电子光学系统的电场、磁场分布后，需要研究带电粒子在给定的电磁场中的运动规律，计算电子的运动轨迹。电子在电场、磁场里的运动可以由电子运动方程或电子轨迹方程的解来描述。理论上，给定场的分布函数或轴上电位的分布函数以及初始条件后，就可以求出描绘电子运动的解析表达式，但实际上，场分布往往是由数值计算法得到的一组离散数据，而不是函数形式，所以很难用解析法求解电子轨迹，而是用数值计算方法来描述电子的微分方程。

在旋转对称静电场中，如果阴极区无磁场或忽略电子初速，在圆柱坐标系中，运动方程可简化为

$$\begin{cases}\dfrac{\mathrm{d}^2 z}{\mathrm{d}t^2}=\eta\dfrac{\partial V}{\partial z}\\[2ex]\dfrac{\mathrm{d}^2 z}{\mathrm{d}t^2}=\eta\dfrac{\partial V}{\partial r}\end{cases}\tag{3-206}$$

初始条件为

$$\begin{gathered}z|_{t=0}=z_0,r|_{t=0}=r_0\\ \left.\frac{\mathrm{d}z}{\mathrm{d}t}\right|_{t=0}=\dot{z}_0,\left.\frac{\mathrm{d}r}{\mathrm{d}t}\right|_{t=0}=\dot{r}_0\end{gathered}\tag{3-207}$$

根据上述电子运动方程和初值条件来求解电子轨迹的数值计算法有很多，如降阶法、级数展开法和小步抛物线法等。在电子光学问题中比较流行的是龙格－库塔法，这其实是先利用降阶法将高于一阶的微分方程逐次递降化为一阶微分方程，则计算电子轨迹的问题就转化为求解一阶微分方程的初值问题。

例如式（3－207）是二阶微分方程，为将其化为一阶微分方程，令

$$\begin{cases}\dfrac{\mathrm{d}z}{\mathrm{d}t}=W\\[2ex]\dfrac{\mathrm{d}r}{\mathrm{d}t}=R\end{cases}\tag{3-208}$$

即

$$\begin{cases}\dot{z}=W(z(t),r(t))\\ \dot{r}=R(z(t),r(t))\end{cases}\tag{3-209}$$

式(3-209)表示电子在 z 向和 r 向的速度分量是坐标 z、r 的函数,则式(3-206)简化为

$$\begin{cases}\dfrac{\mathrm{d}W}{\mathrm{d}t}=\eta\dfrac{\partial V}{\partial z}=f(z,r)\\ \dfrac{\mathrm{d}R}{\mathrm{d}t}=\eta\dfrac{\partial V}{\partial r}=g(z,r)\end{cases}\tag{3-210}$$

这样,二阶常微分方程的初值问题,化成了两个一阶常微分方程式(3-208)和式(3-210)的初值问题。

一阶常微分方程的通常形式为

$$\begin{cases}y'=f(x,y(x))\\ y(x_0)=y_0\end{cases}\tag{3-211}$$

数值解法就是要求出 $y(x)$ 在一系列点 $x_1=x_0+h,x_2=x_0+2h,\cdots,x_n=x_0+nh$ 上的解 $y(x_1),y(x_2),\cdots,y(x_n)$ 的近似值 $y_1,y_2,\cdots,y_n$,这里的 h 称为步长,一般取为常数,也可在计算中根据需要改变大小。

龙格-库塔法就是采用计算多次函数值,用某种线性组合来近似代替 $y(x)$ 在 x_{n+1} 的值,即假设

$$\begin{aligned}y_{n+1}=y_n+h[&a_0f(x_n,y(x_n))+a_1f(x_n+b_1h,y(x_n)+c_1h)+\\&a_2f(x_n+b_2h,y(x_n)+c_2h)+a_3f(x_n+b_3h,y(x_n)+c_3h)]\end{aligned}\tag{3-212}$$

式中:a_0、a_1、a_2、a_3、b_1、b_2、b_3、c_1、c_2、c_3 为待定系数。

然后与 $y(x)$ 的泰勒级数的展开式的前四次项:

$$y(x_{n+1})=y(x_n)+hy'(x_n)+\frac{h^2}{2!}y''(x_n)+\frac{h^3}{3!}y'''(x_n)+\frac{h^4}{4!}y^{(4)}(x_n)+O(h^5)\tag{3-213}$$

进行比较,即

$$y(x_{n+1})=y_{n+1}+O(h^5)\tag{3-214}$$

式中:$y(x_{n+1})$ 为 x_{n+1} 点的函数值;y_{n+1} 为 x_{n+1} 点的近似值;$O(h^5)$ 为截断误差。由此可得出 y_{n+1} 的近似式的各个系数 a_0、a_1、a_2、a_3、b_1、b_2、b_3、c_1、c_2、c_3 的值。这种数值计算方法就是龙格-库塔法,计算公式如下:

$$y_{n+1}=y_n+\frac{1}{6}[k_1+2(k_2+k_3)+k_4]\tag{3-215}$$

$$\begin{cases}k_1=hf(x_n,y_n)\\ k_2=hf\left(x_n+\dfrac{1}{2}h,y_n+\dfrac{1}{2}k_1\right)\\ k_3=hf\left(x_n+\dfrac{1}{2}h,y_n+\dfrac{1}{2}k_2\right)\\ k_4=hf(x_n+h,y_n+k_3)\end{cases}\tag{3-216}$$

以上为四阶龙格－库塔公式，适用于求解一阶常微分方程。

将上述四阶龙格－库塔公式应用于式(3－208)和式(3－210)，得

$$z_{n+1}=z_n+\frac{1}{6}(m_1+2m_2+2m_3+m_4) \tag{3-217}$$

$$r_{n+1}=r_n+\frac{1}{6}(\lambda_1+2\lambda_2+2\lambda_3+\lambda_4) \tag{3-218}$$

$$W_{n+1}=W_n+\frac{1}{6}(l_1+2l_2+2l_3+l_4) \tag{3-219}$$

$$R_{n+1}=R_n+\frac{1}{6}(k_1+2k_2+2k_3+k_4) \tag{3-220}$$

由上述四组公式，根据式(3－207)的初始条件，就可以进行电子轨迹的计算。由初始条件先算出 λ_1, m_1, k_1, l_1，再次算出 $\lambda_2, m_2, k_2, l_2, \cdots$，由此求出 z_1, r_1, W_1, R_1。再以此为初始条件重复上述计算，从而得到 z_2, r_2, W_2, R_2 以致整条电子轨迹。

3. 飞秒条纹变像管的设计

条纹相机按性能需求侧重点的不同大致分为三种：飞秒时间分辨条纹相机、大动态范围条纹相机，以及通用型条纹相机。在一维空间、时间高分辨诊断技术中，飞秒条纹相机有着重要的应用。目前，飞秒时间分辨条纹相机的时间分辨能力可达200fs。现具体介绍飞秒条纹相机的核心部件飞秒条纹变像管。

1）加速系统

加速系统的主要目的是提高电子的能量一致性。目前，通常的做法是在阴极上加负高压，并在阴极之后设置超精细结构的栅网。栅网有平面栅网和球面栅网两种类型，球面栅网可增大透镜的接收面并补偿像差，且具有更小的时间弥散和时间畸变。栅网的网格尺寸只有几微米，能在阴栅间形成均匀的加速电场，且电子经过加速后大部分都能穿过栅网继续运动。加速电场可以显著提高电子的能量一致性，从而降低电子的渡越时间弥散。在一定的范围内加速电场强度越大，条纹变像管的时间分辨力就越高。但并非一直如此，H. Niu 等人证实，当加速电场强度达到一定值时，继续增大电场对时间分辨力的提升十分有限[111]。同时，电场强度太高易发生打火。因此在设计条纹变像管时需结合实际工艺水平合理选择加速电场的强度。

2）偏转系统

条纹变像管需要将接收的电子束依照某种规律在荧光屏上产生一定量的位移，这一功能由偏转系统来实现。偏转系统产生一个与电子束流方向垂直的横向电场或磁场，当电子束通过它时，受到横向力的作用而偏离原运动方向，在像面上产生一定量位移。偏移量由电子束进入偏转场的时间和偏转电场(或偏转磁场)决定。通过控制其电场或磁场的变化，就可以将电信号或光信号的时间

轴转变为像面上的空间轴,完成时间信息的测量,还可按一定次序对空间信息逐点扫描,以实现空间信息的存储和阅读。

描述偏转系统性能的主要参量有偏转灵敏度、偏转线性、通频带宽、偏转散焦等。

(1)偏转灵敏度:单位偏转电压(电偏转)或偏转电流(磁偏转)下,电子束在像面上的偏移量。显然,在相同的条件下,偏转灵敏度越高,在像面上产生相同的偏移量所需要的偏转信号就越小,即表示可以用较小的偏转信号灵敏地控制电子束在屏幕上的位移。

(2)偏转线性:电子束偏移量应该与偏转电压(或电流)的大小成严格的线性关系,也就是说,在任何偏转电压(或电流)作用下,偏转灵敏度应该保持常数。当偏转线性不满足时,就不能如实地显示信号或图像原来的形状而不失真。

(3)偏转解聚:电子束在荧光屏中心聚焦很好,截面很小,而在荧光屏边缘部分电子束聚焦变坏,截面变大的一种现象。产生偏转解聚的原因是由阴极发射的电子束到达偏转板入口时不是一个点,而是一个截面,上、下边缘电子受到不同的偏转电压,具有不同的能力,因而偏转量不同。这会导致屏幕上的图像清晰度明显降低。

(4)通频带宽:若偏转系统应用于显示高频信号,则其通频带宽是反映其性能好坏的一个重要参量。通频带宽定义为偏转系统的灵敏度随频率提高而降至直流灵敏度的70%时所对应的频率。

偏转系统按其场的类型可分为电偏转和磁偏转,静电偏转通常由位于电子束两边的一对金属电极所产生,磁偏转所要求的磁场通常由一对通电线圈所产生。由于磁偏转在条纹变像管中应用很少,这里不做介绍,仅介绍静电偏转中常用的平行板偏转器、倾斜板偏转器和应用于高频场合的行波偏转器。

(1)平行板偏转器

平行金属板偏转器由一对平行放置的金属板构成,如图3-82所示,图中V_D为偏转板电位差,d为偏转板间距,l为偏转板长度,L为漂移区长度,Y为电子束到达荧光屏的偏移量。当电子束通过平行板电极所构成的静电场时,将发生相应的偏转。现计算其灵敏度,假设①电子束的直径很细;②偏转板间电位差V_D产生的横向电场只在偏转板区域内(长度为l)存在;③电子以轴向速度v_z进

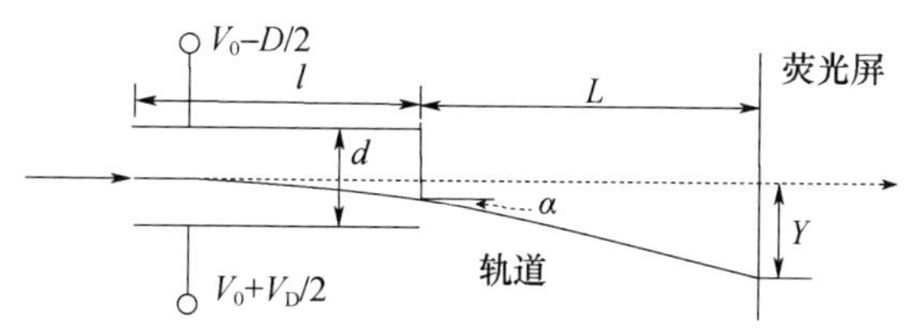

图3-82 平行板偏转器示意图

入偏转板区域，当阴栅间加速电压为 V_A时，电子具有的能量为

$$\frac{1}{2}mv_z{}^2 = eV_A \tag{3-221}$$

平行偏转板内电场分布为

$$\begin{cases} E_z = -\dfrac{\partial V}{\partial z} = 0 \\ E_y = -\dfrac{\partial V}{\partial y} = -\dfrac{V_D}{d} \end{cases} \tag{3-222}$$

在此，直接利用运动方程求解偏转系统的电子轨迹方程。相应的运动方程为

$$\begin{cases} \dfrac{d^2 z}{dt^2} = \eta \dfrac{\partial V}{\partial z} \\ \dfrac{d^2 y}{dt^2} = \eta \dfrac{\partial V}{\partial y} \end{cases} \tag{3-223}$$

将式(3－222)代入，得

$$\begin{cases} \dfrac{d^2 z}{dt^2} = 0 \\ \dfrac{d^2 y}{dt^2} = \eta \dfrac{V_D}{d} \end{cases} \tag{3-224}$$

其初始条件为 $t=0$ 时，$z=0$，$y=0$，对式(3－224)积分，得

$$\begin{cases} \dfrac{dz}{dt} = v_z = \sqrt{2\dfrac{e}{m}V_A} = \sqrt{2\eta V_A} \\ \dfrac{dy}{dt} = \eta \dfrac{V_D}{d}t \end{cases} \tag{3-225}$$

再进行积分，得

$$\begin{cases} z = \sqrt{2\eta V_A}\, t \\ y = \dfrac{1}{2}\eta \dfrac{V_D}{d}t^2 \end{cases} \tag{3-226}$$

消去式(3－226)中的 t，得

$$y = \frac{1}{4}\frac{V_D}{dV_A}z^2 \tag{3-227}$$

在偏转板出口处 $z=l$，电子在 y 方向上的偏转量为

$$h = \frac{1}{4}\frac{V_D}{dV_A}l^2 \tag{3-228}$$

在偏转板出口处，电子的偏转角 α 满足

$$\tan\alpha = \frac{dy}{dz} = \frac{dy/dt}{dz/dt} = \frac{\eta \dfrac{V_D}{d}t}{\sqrt{2\eta V_A}} \tag{3-229}$$

式中：t 为电子在偏转板中运行时间，即

$$t=\frac{l}{v_z}=\frac{l}{\sqrt{2\eta V_A}} \tag{3-230}$$

代入式(3-229)，得

$$\alpha\approx\tan\alpha=\frac{1}{2}\frac{V_D}{V_A}\frac{l}{d} \tag{3-231}$$

则电子束在荧光屏上总的偏移量为

$$Y=h+L\tan\alpha=\frac{1}{2}\frac{l}{d}\left(\frac{l}{2}+L\right)\frac{V_D}{V_A} \tag{3-232}$$

从式(3-232)看出偏转量与 V_D 成正比关系，即

$$Y=PV_D$$

式中：P 为偏转板的偏转灵敏度，表示偏转板加单位电位时电子束在荧光屏上的位移量。

$$P=\frac{1}{2V_A}\left(\frac{l}{2}+L\right)\frac{l}{d} \tag{3-233}$$

注意到偏转灵敏度 P 中不包含电子荷质比 $\eta\left(=\frac{e}{m}\right)$，所以，静电偏转作用对于任何带电粒子都是一样的。

从偏转灵敏度的表达式中看到，偏转灵敏度与阴栅加速电压成反比，如果阴栅加速电压增大，偏转灵敏度必然要降低。为了维持偏转灵敏度不变，需增大偏转器的长度或缩小板间距，但这又降低了电子偏出偏转场的最大偏转角 $\alpha_{max}=\frac{1}{2}d/\frac{1}{2}l=d/l$，从而降低了最大偏转量。因此，平行板偏转器只适用于对偏转灵敏度要求较低的场合。

(2) 倾斜板偏转器。对平行板稍作改进，即将其变成图3-83所示的倾斜板偏转器。在倾斜板偏转器中电子束在偏转场作用下沿偏转板面滑过，这样既可获得较大的偏转灵敏度，又可获得较大的偏移量。

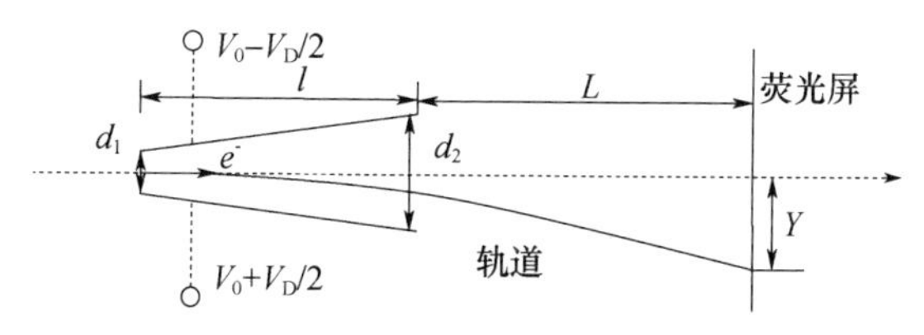

图3-83 倾斜板偏转器示意图

倾斜板偏转灵敏度的推导与平行偏转板类似，区别是倾斜板间电场不均匀，不过，由于场的轴向分量很小，所以可以忽略其轴向电场的变化。y 方向上电场可表示为

$$E_y = -\frac{V_D}{d_z} = -\frac{V_D}{d_1 + \frac{d_2 - d_1}{l}z} \tag{3-234}$$

其他推导过程与平行板类似，这里不再详述。忽略边缘场效应，则倾斜板偏转器的偏转灵敏度为

$$P = \frac{V_D l}{2V_A(d_2 - d_1)}\left[\left(\frac{ld_2}{d_2 - d_1} + L\right)\ln\frac{d_2}{d_1} - l\right] \tag{3-235}$$

显而易见，将平行板和倾斜板偏转器相结合构成平折板能进一步优化偏转器的性能，其具体结构与偏转灵敏度在此不做介绍。

(3) 行波偏转器[112,113]。飞秒相机工作于同步扫描工作模式时，偏转系统需要加高频扫描信号，而上面所讨论的平行板或倾斜板偏转器用于高频偏转时都存在很大的缺点。首先，电子束的漂移速度与扫描电压信号的传播速度不匹配，这导致动态偏转灵敏度随频率提高而下降，即存在电子渡越时间效应。其次，由于电子束在偏转区中的运动速度小于信号传播速度，所以扫描电压波形线性区的持续时间要大于电子束在偏转板中的渡越时间加上光脉冲的持续时间，这导致电压幅度很大，给功率放大器的实现带来困难。为了解决上述问题，人们设计了图 3-84 所示的慢波行波偏转器。这种偏转器采用了两块蛇形弯曲线，扫描电压信号从前端输入，经蛇形线传输，蛇形线结构有效地较低了电压信号沿着轴向的传播速度，使其与电子束的传播速度相匹配，基本上消除了电子渡越时间效应，从而可以加长偏转板长度，提高偏转灵敏度，且这种结构具有较带频宽。因此，采用行波偏转器作为飞秒条纹相机的偏转器具有显著的优势。下面以一行波偏转器的设计为列做简单介绍。

慢波行波偏转器在高频应用下可以当作传输线来处理，其设计主要考虑的性能有通频带宽、色散特性、特性阻抗、偏转特性等。行波偏转器作为高频微波器件，可以采用电磁仿真软件 CST 的微波工作室来模拟设计。CST 微波工作室包含时域、频域和本征模三个求解器。时域求解器只需运行一次即可得到结构的宽带特性，频域求解器主要用于仿真电小至电中的问题及窄带结构。通常要求行波偏转器的通频带宽达到 7GHz 以上，属于宽带结构，所以，选用时域求解器对偏转器通频带宽进行优化。本征模求解器可以计算结构的本征模以及相应的本征值，在行波偏转器的设计中可选用本征模求解器求解电磁波传播相速度和群速度。

① 通频带宽。其定义为偏转系统的偏转灵敏度随频率提高而降至直流灵敏度的 0.7 时所对应的频率。行波偏转器的每一块弯曲线都可看做一个二端口网络，二端口网络的特性可用 S 参数来描述。求二端口网络通频带宽的主要方法为计算入口端口的 S 参量的 S_{21} 分量。S_{21} 的物理含义是从端口 1 输入信号，输出端口 2 接匹配负载时的正向传输系数（通常用分贝表示），则二端口网络的带

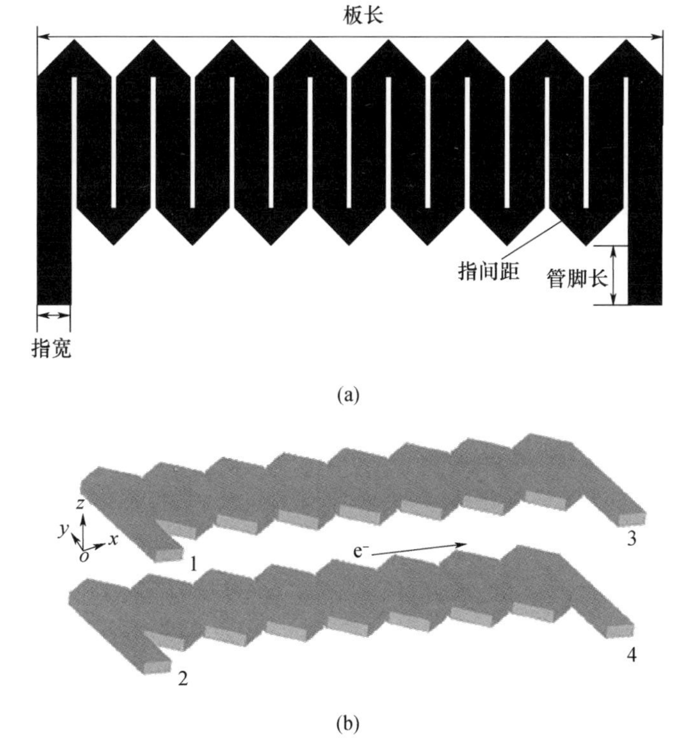

图3－84　慢波行波偏转器结构

(a)俯视图;(b)侧视图。

宽定义为 S_{21} 曲线下降至3dB(半功率点)时对应的截止频率。

利用CST微波工作室设计行波偏转器,首先需要在CST MWS中建立结构模型,然后改变结构参数(如指长、指宽、指间距、板厚等)求其通频带宽,选择最佳的结构参数以得到高的通频带宽。图3－85为CST中建立的行波偏转器模型。由于行波偏转器在实际使用时都是接入50Ω标准同轴线,因此在计算 S 参数时,在其两端分别接入一段50Ω的同轴线,在同轴线的芯层和屏蔽层之间分别接上离散端口(Discrete Port)作为激励信号源。给端口加以适当的激励即可进行时域计算,得到 S 参数。

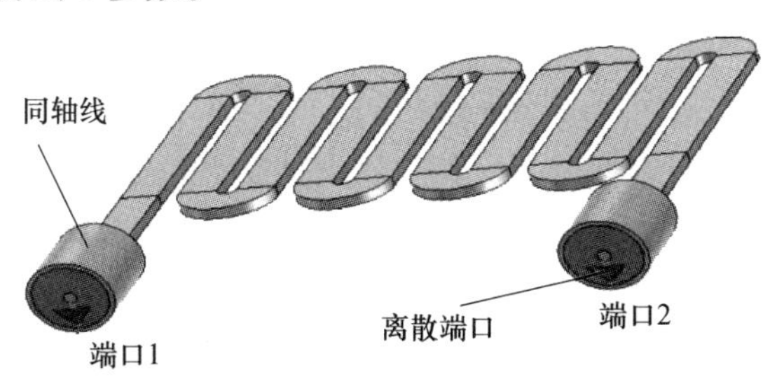

图3－85　CST中建立的行波偏转器模型

图3-86为设计的某一行波偏转器不同指长下的通频带宽。从图中看出，随着指长的增大，S_{21}曲线的3dB带宽逐渐降低。当指长为0.6cm时，带宽达到8.1GHz，即降低指长有利于提高通频带宽。但是指长不能无限制降低，否则电子束通过行波偏转器边缘时会因边缘效应造成偏转像差。类似地，可以对其他结构参数进行扫描，计算S参数，得到通频带宽，在此不一一介绍。

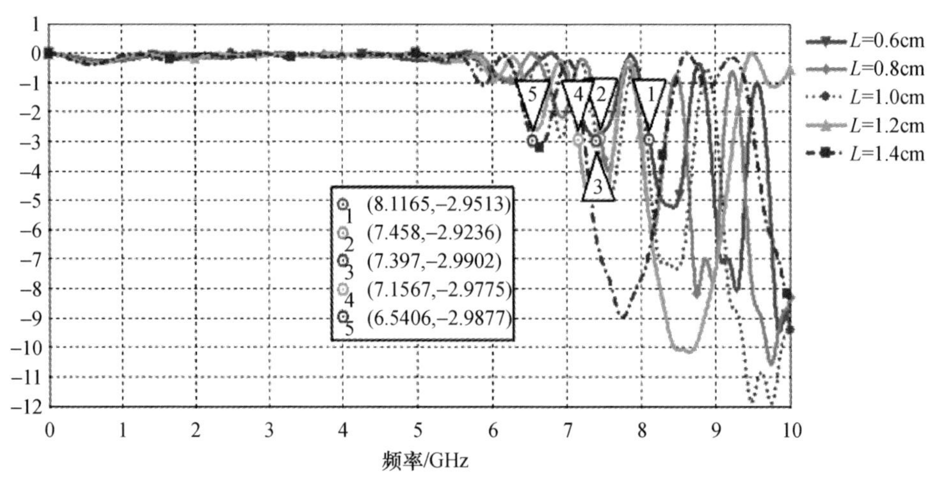

图3-86　不同指长下行波偏转器的通频带宽

② 色散特性。在讨论色散特性前，首先介绍电磁波沿传输线传输的相速度与群速度概念。相速度是单一频率的行波沿某一参考方向上等相面的推进速度。其表达式为

$$v_{\mathrm{p}}=\frac{\omega}{\beta} \tag{3-236}$$

群速度是一群具有非常相近的角频率ω和非常相近的相移常数β的波，在传播过程中所表现出的“共同”速度，这个速度代表能量的传播速度。其表达式为

$$v_{\mathrm{g}}=\frac{\mathrm{d}\omega}{\mathrm{d}\beta} \tag{3-237}$$

色散特性即相速与频率间的关系，作为慢波偏转系统，要求电子束速度与相速匹配，以实现高频场与电子束发生充分的能量传递，使电子束获得尽可能高的偏转灵敏度。由于慢波系统是有色散的，即相速v_{p}随频率而变，因此需要知道v_{p}在整个频带内的值及其变化规律。可以用色散方程：

$$\omega=f(\beta) \tag{3-238}$$

来定量表示慢波系统的色散特性，相应的曲线称为色散曲线。根据色散曲线即可求得任意频率下波的相速度和群速度。慢波的相速度和群速度间有一定的关系，可以从其定义导出：

$$\frac{1}{v_g}=\frac{d\beta}{d\omega}=\frac{d}{d\omega}\left(\frac{\omega}{v_p}\right)=\frac{1}{v_p}-\frac{\omega}{{v_p}^2}\left(\frac{dv_p}{d\omega}\right) \tag{3-239a}$$

或

$$\frac{v_p}{v_g}=1-\frac{\omega}{v_p}\left(\frac{dv_p}{d\omega}\right) \tag{3-239b}$$

式中：$\left|\frac{dv_p}{d\omega}\right|$为波的色散的定量表示。为了在很宽的频带内使慢波与电子束保持同步，希望色散越小越好，从式(3-239)看出，为了得到小色散，相速度应与群速度尽量接近。

在周期性慢波结构中，其内可传播许多次空间谐波，严格来说，分析电子束与谐波的相互作用应该考虑所有可能的空间谐波，然而，在同一时间频率下，不同的空间谐波，其相速是不等的，电子束只能与和它接近同步的谐波发生有效的相互作用，这对电子束与相速的匹配十分不利。不过，一般高次空间谐波的场强很弱，与电子的有效换能小，所以通常只利用基波或 ±1 次空间谐波中的一个与电子束相互作用。

利用 CST 微波工作室的本征模求解器计算不同结构的行波偏转器的相速度和群速度。CST MWS 提供周期性边界条件，设空间周期长度为 l，指定一个周期内的基波相移 phase，求解器计算出谐振频率，取最小本征值 f(因为 $n=0$ 时的基波分量起主要作用)，则可通过下两式确定基波相移常数和与其对应的 ω：

$$\beta_0=\frac{\text{phase}}{l} \tag{3-240}$$

$$\omega=2\pi f \tag{3-241}$$

如果在 0～180°范围内对 phase 进行扫描，就可得到一组(β_0,f)数据，它所描绘的就是所求的色散曲线，从而便可求得各点对应的相速度和群速度，得到相速度和群速度随频率的变化曲线。

图 3-87 所示为某一行波偏转器的相速度随频率变化曲线，从中可以看出随着频率的增加，所有曲线都呈下降趋势；同一频率下，指长越小对应的相速度越大。如果电子进入偏转板入口处的能量知道了，则可求得电子束传播速度，找出曲线中相匹配的相速度及其对应的频率，根据色散大小、通频带宽、频率阈值等选择合适的指长。

③ 特性阻抗。慢波行波偏转器作为传输线，特性阻抗定义为传输线上的横向电压与横向电流之比，即

$$Z(\theta)=\frac{V(\theta)}{I(\theta)} \tag{3-242}$$

式中：$V(\theta)$、$I(\theta)$分别为传输线上的电压和电流；θ 为传输线上电压的相位。特性阻抗与轴向位置无关，各处相等。当高频信号在行波偏转系统中传输，信号传

到偏转板输出端时,会产生一定的反射,反射信号叠加在原信号上将会改变原始信号,抵消一部分入射波的能量,削弱电磁波对电子束的作用。所以在行波偏转器输出端需要加上与其特性阻抗等值的匹配负载并接地,从而有效地降低反射波。

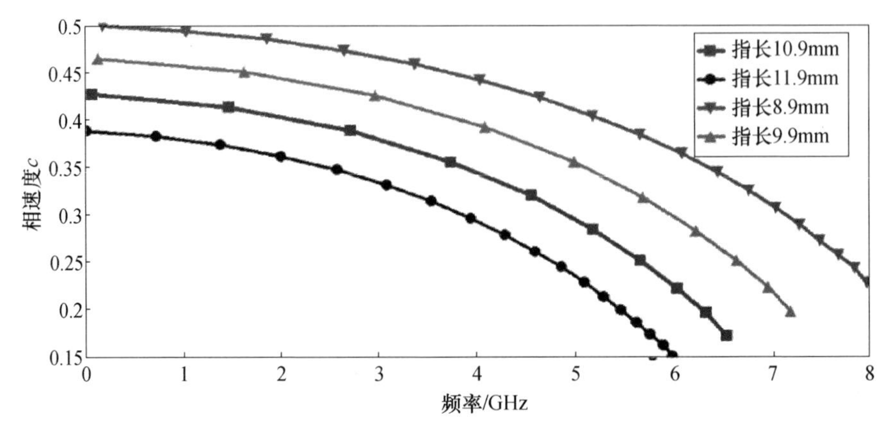

图 3－87　某一行波偏转器相速度随频率变化曲线

④ 偏转特性。行波偏转器除了需要高的通频带宽、小的色散以外还需要高的偏转灵敏度。求解其偏转灵敏度可以像平行板偏转器一样通过求解拉普拉斯方程得到电磁场分布,然后通过电子运动方程计算电子束运行轨迹,不过由于行波偏转器内的电磁场表达式复杂,很难用解析法求解,我们采用数值计算法。利用 CST 粒子工作室的 tracking 求解器追踪电子束进入偏转器后的运行轨迹,得到其在荧光屏上的偏移量,从而确定其偏转灵敏度。

3）聚焦系统

聚焦系统的主要作用是通过电场或者磁场来控制电子的运动方向从而实现电子束聚焦以获得清晰不走样的电子图像。电子光学理论证明,具有旋转对称分布的电场或磁场能够使电子束聚焦成像。把能形成旋转对称电场、磁场或复合场的电子光学系统中的电极系统或磁场系统称为电子透镜[110]。电子透镜的很多方面可以和光学透镜相类比。电子透镜分为静电透镜和磁透镜两大类,静电透镜纯粹由静电场构成,磁透镜纯粹由静磁场构成,由静电场和静磁场混合组成的透镜称为复合透镜。

(1) 静电透镜。静电透镜按轴上电位分布形状不同可以分为膜孔透镜、单(电位)透镜、浸没透镜和浸没物镜(也称阴极透镜)四大类。

① 静电透镜概述。膜孔透镜的结构一般为一块薄的膜片,上面开一个很小的圆孔。膜片隔开两个不同的恒定电场,即在膜片两侧分别具有线性上升或下降的电位区域,如图 3－88 所示[110]。在特殊情况下,膜片的一侧具有恒定电

位，即电场强度为零。单独一个圆孔光阑不能组成一个透镜，在它的两侧必须有其他电极存在，才能保证两侧形成一定的电场，产生透镜作用。可以利用它与其他一些圆孔膜片组合成浸没透镜、单透镜和浸没物镜。膜孔透镜可以为发散或会聚透镜。

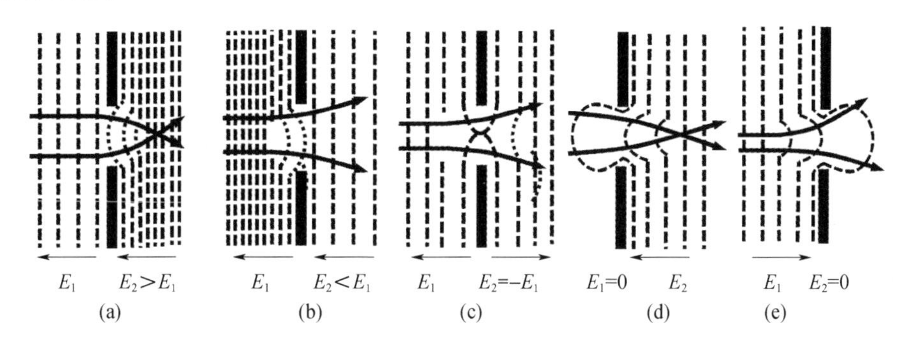

图 3－88　膜孔透镜举例

(a)聚焦；(b)发散；(c)发散；(d)聚焦；(e)发散。

单透镜一般由三个同轴圆筒形电极或膜片组成，如图 3－89 所示[110]。单透镜两边电位为常数，且数值相等，中间电位可以大于或小于两边电位。由于中间电位 V_2 可以为零，因此只需一个电位（如 V_1）就可以工作，所以这种透镜也叫单电位透镜。单透镜总是会聚的。

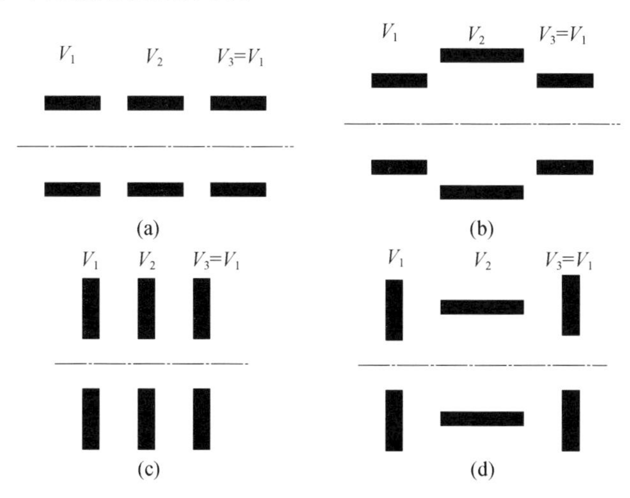

图 3－89　单透镜举例

(a)等径三圆筒对称单透镜；(b)非等径三圆筒对称单透镜；

(c)三膜片单透镜；(d)厚中间电极的对称单透镜。

浸没透镜一般由两个圆筒形电极组成，也可由两个膜片或一个圆筒与一个膜片组合而成，如图 3－90 所示[110]。这种透镜的两侧有恒定电位，但不相同，即透镜两侧电子光学折射率不同。所有浸没透镜也都是会聚的。

浸没物镜也称阴极透镜,透镜场为加速场,阴极浸没在场中。浸没物镜一边总有垂直于对称轴的、通常电位为零的阴极。另外,还有两个膜孔电极,一个是调制极,另一个是电压较高的加速极,如图 3-91 所示[110]。透镜在阴极表面建立加速电场,电子一旦离开阴极就受到场的作用。浸没物镜总是会聚透镜。

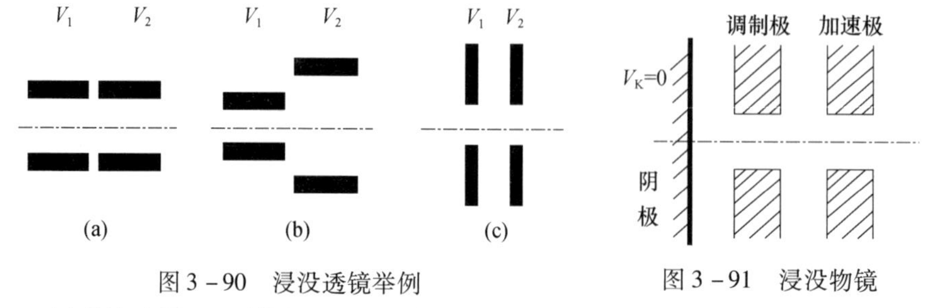

图 3-90 浸没透镜举例

(a)等径双圆筒;(b)非等径双圆筒;(c)等径双膜孔。

图 3-91 浸没物镜

② 静电透镜的电子受力情况分析。对静电透镜的性能分析有三种方法:从轴上电位分布的二次微商来分析电子在透镜中的受力情况,从而确定透镜场对电子起会聚还是发散作用;从电子光学系统中的等位面的形状出发,根据折射定律来分析电子的运动轨迹趋势,从而确定透镜场对电子的作用,或在等位面形状确定后得出电场强度方向及力线分布,由电子的受力情况确定透镜的会聚或发散作用,利用这种方法时,一定要注意等位面两侧的电位高低;由焦距公式计算出的焦距正负来判别是会聚透镜还是发散透镜。不论用哪种分析方法,结果是一样的。下面介绍第一种分析方法。

旋转轴对称场中,在近轴区(离对称轴距离很近的区域,称为近轴区),r 很小,一级近似下,电场强度的级数表达式中的二次项及二次以上的高次项可以忽略,则有

$$E_Z = -\frac{\partial V}{\partial z} = -\varphi'(z) \tag{3-243}$$

$$E_r = -\frac{\partial V}{\partial r} = \frac{1}{2}\varphi''(z)r \tag{3-244}$$

式中:E_Z 为径轴电场强度的轴向分量;E_r 为径轴电场强度的径向分量;V 为电位函数;$\varphi(2)$ 为静电透镜轴上的电位分布;r 为离轴距离。

所以,作用在电子上的电场力为

$$F_Z = e\varphi'(z) \tag{3-245}$$

$$F_r = -\frac{e}{2}\varphi''(z)r \tag{3-246}$$

由此可知,电子所受的径向力与 r 及 $\varphi''(z)$ 成正比,且受力方向由 $\varphi''(z)$ 的

正负号决定。若 $\varphi''(z)>0$，则径向力 F_r 为负，与 r 方向相反，电子受到指向对称轴的径向力，受到会聚作用；反之，$\varphi''(z)<0$，电子受到的径向力是离轴的，受到发散作用。并且，径向力随 r 线性变化，r 越大即离轴越远，电子受到的会聚或发散的力越大。可见，$\varphi''(z)$ 的正负是判别旋转对称静电场对电子起会聚作用还是发散作用的依据。电子所受的轴向力 F_z 则与 $\varphi'(z)$ 成正比，F_z 使电子在轴向受到加速或减速的作用。

另外，由式(3－243)和式(3－246)，得

$$F_r=-\frac{e}{2}\varphi''(z)r=+\frac{e}{2}E'_z r \tag{3-247}$$

由此可见，径向力的产生是由于轴向电场强度有变化，也即当轴上电位分布具有非线性的变化时，才出现径向电场强度，产生径向力。也就是说，只有非均匀的旋转对称静电场才具有使电子束聚焦成像的能力。

根据上述分析方法，以最简单的膜孔透镜为例定性分析其聚焦特性。图3－92(a)所示为膜孔透镜，图3－92(b)所示为膜片两端的电位分布。从图中看出 $\varphi'(z)>0$，$\varphi''(z)>0$，从前面的分析知 $\varphi''(z)>0$，$F_r<0$。径向力与 r 方向相反，电子受到会聚作用。图3－92(a)中虚线所示为透镜中的等势线分布，利用等势线分析法得到同样的结果，电子受到会聚的作用。

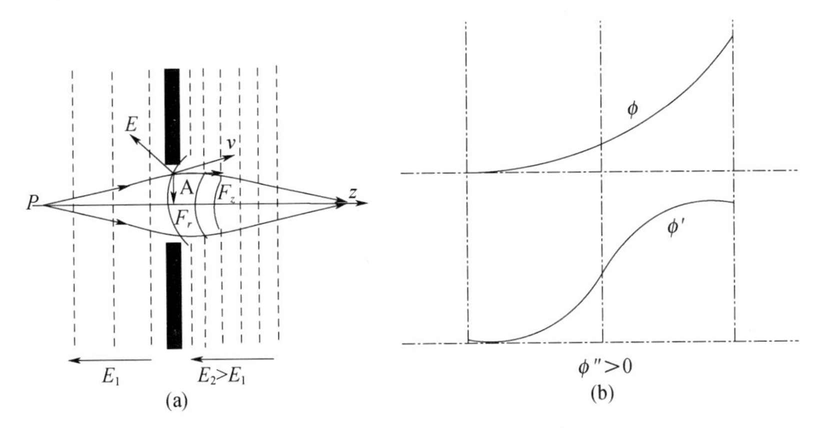

图3－92　膜孔透镜及其电位分布
(a)膜孔透镜；(b)膜片两端的电位分布。

电子光学理论给出了静电透镜的一些特点：

a. 像方和物方空间焦距之比，等于像方和物方空间电位的平方根之比，即 $f_2/f_1=\sqrt{\varphi_2/\varphi_1}$。此时，像方和物方空间电位的平方根类似于光学中的折射率 n。

b. 静电透镜的焦距只取决于沿轴电位分布，而与荷电粒子的荷质比无关。因此静电透镜不论对电子还是较重的负离子，都具有相同的聚焦能力。对于正离子，仅需改变电极的正负号即可获得相同的聚焦特性。

（2）磁聚焦透镜。透镜通常由载流线圈或永久磁铁构成，可产生使电子流聚焦、成像的轴对称磁场。电子在磁场中运动，其受力方向始终与磁场以及速度矢量保持垂直，轨迹形状比较复杂。磁场只能改变运动电子的运行方向，不能改变其能量。磁透镜按轴上磁场分布的形状，一般可分为长磁透镜、短磁透镜和磁浸没物镜。

长磁透镜一般是由通电的长螺线管产生均匀磁场，对电子（或离子）具有聚焦能力。有一定初速度的运动粒子进入透镜后，以恒速率沿磁场方向前进，又以恒速率在垂直于磁场方向的映射面上做圆周运动，即电子轨迹是沿圆柱面做螺旋运动的。容易得到所有从同一点各方向发射的、轴向速率相同的电子这些电子经过 n 个周期、走 n 个螺距的路程后将会聚于同一点。长磁透镜得到的是与原来物大小一致且不倒转的像，即具有移像作用。由此可见，长磁透镜的单向放大倍率为 1，其虽不能获得放大或缩小的像，但可获得高清晰度的像。长磁透镜中，物和像都处在均匀磁场之中。一般用于摄像管或变像管。

短磁透镜由短的多层螺管线圈构成，其所形成的磁场有效作用区的宽度比焦距小很多，物与像都在场外，它只对电子轨迹的一部分起聚焦作用。短磁透镜可以获得放大或缩小的电子像，而且在整个磁场范围内，静电电位相等。短磁透镜可分为开启式（不带铁壳）和屏蔽式（带铁壳）两种。在安匝数相同的情况下，屏蔽式短磁透镜的磁场比开启式的更加集中，而且峰值磁场更强。

磁浸没物镜是在带铁壳的短磁透镜内，加上特殊形状的极靴（由磁导率高的铁磁材料制成），使透镜的焦距缩短，焦点位于透镜场内。为了得到高的放大倍数，应该把物放在焦点附近，即位于场内，所以称为浸没物镜，这种透镜的场分布比短磁透镜更集中，磁场更强，也称强磁透镜。强磁透镜主要应用在电子分析仪器，如电子显微镜。

永久磁铁也能实现电子束聚焦，最常用的是轴向磁化过的磁环。永久磁透镜中磁力线自 N 极发出并终止在 S 极上，因此，对称轴上中心磁通密度的方向与两侧边缘场的方向相反。永久磁透镜中像转角为零，但其缺点是散逸场较大，可用两个相同的磁环反向放置以减小其影响。

在飞秒条纹变像管中，选用短磁透镜作为聚焦系统，下面详细介绍短磁透镜。

① 短磁透镜的聚焦作用。短磁透镜线圈半径可与其长度相比拟，因此其磁场不再是均匀分布，如图 3－93 所示。透镜中心面 M 两侧除了存在轴向磁通密度 B_z 以外，还出现了径向分量 B_r。图 3－93（a）给出了磁力线分布情况，从中看出中心面左侧 B_r 方向指向轴，右侧 B_r 方向离开轴。图 3－93（b）给出了透镜轴上磁通密度的变化，在透镜中心处磁通密度径向分量 B_r 为零，而轴向分量 B_z 最强，往两侧 B_z 则逐渐减弱，其形状似为钟形曲线分布。现从电子在磁场中的受

力情况来分析其运动特性，从而说明短磁透镜的聚焦作用。

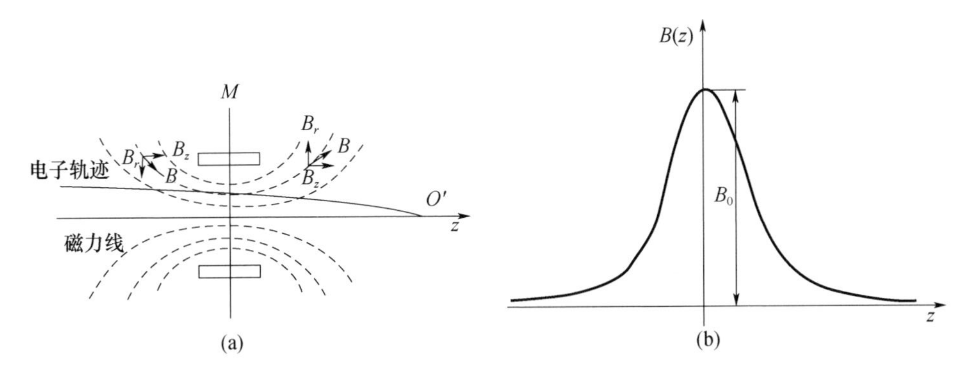

图3-93 短磁透镜磁力线及磁通密度分布

(a)磁力线分布情况;(b)透镜轴上磁通密度的变化。

设一电子从左方平行于轴进入磁场，开始时，电子只有轴向速度分量 v_z，所以只与磁通密度的径向分量 B_r 作用，产生垂直于纸面，且指向纸面外的切向力 $F_\theta = ev_zB_r$。此力使电子产生切向速度 v_θ 向纸外旋转，一旦产生 v_θ，便立即与磁通密度的轴向分量 B_z 作用产生指向轴的径向力 $F_r = ev_\theta B_z$，使电子向轴偏转。电子沿 z 轴行进过程中，因其不断受到 B_r 的作用，v_θ 会不断增大。当靠近中心面时，随着 v_θ 与 B_z 的增大，电子受到的向轴的偏转力 F_r 也不断增大。

电子经过中间平面进入右方磁场后，B_r 的方向与左方相反，因此电子的速度分量 v_z 便于该磁场分量相作用而产生指向纸内的切向力。但因电子离开中心面时，v_θ 已经达到最大值，所以，该力只是起到使电子旋转速度减慢的作用，旋转方向仍保持不变。速度分量 v_θ 与磁通密度 B_z 的作用结果，仍使电子获得向轴的作用力继续向轴偏转，不过由于 v_θ 与 B_z 都减小，偏转力不断减小，旋转速度也不断降低。

电子离开磁场时，v_θ 降低至零以直线飞行并与轴相交于一点，该点便是短磁透镜的焦点。因此短磁透镜能使与轴平行的入射电子流获得聚焦。而且从上面的分析看出，不论在线圈中间平面的左边还是右边，线圈磁场对电子运动的作用都是会聚的，只是在左边时，转速越来越快，经过中间平面后，转速逐渐变慢，到电子飞出磁场时，转速为零。另外，电子绕 z 轴旋转，短磁透镜所成的像有一个转角。

短磁透镜按沿轴磁场分布的延伸范围与焦距的比值大小可分为薄透镜和厚透镜。当磁场增强，使磁场的作用范围与焦距可以比拟时，就是厚透镜。当透镜区很短、焦距很长，可近似认为电子在透镜区内只改变运动方向，而离轴距离不变，且只有一个主平面时，就是薄透镜。

② 短磁透镜的特点及其磁场分布。由电子光学理论知，薄透镜的焦距和像

转角公式为

$$\frac{1}{f} = \frac{e}{8m\varphi}\int_{z_1}^{z_2} B^2(z)\,\mathrm{d}z \tag{3-248}$$

$$\theta = \sqrt{\frac{e}{8m\varphi}}\int_{z_1}^{z_2} B(z)\,\mathrm{d}z \tag{3-249}$$

由式(3－248)和式(3－249)可知:

a. 不论磁场(或线圈电流)方向如何,f 恒为正值,所以,磁透镜总是会聚的。

b. 焦距与电子能量 $e\varphi$ 有关,电子轴向速度越大,透镜场对电子的作用时间越短,透镜的会聚作用越弱,透镜焦距就越长。如果外界电源不稳定,则电子运动速度、磁感应强度和透镜焦距都会随之发生变化,因此在实用时,常需要使用稳压稳流装置以获得高质量的图像。

c. 焦距与磁感应强度有关,磁场越强,透镜会聚能力越强,如能使磁场集中以提高中心部分的磁通密度,则焦距可进一步缩短。在实际使用中,可通过调节通入线圈的电流来改变磁感应强度而得到需要的焦距。

d. 磁透镜的聚焦能力与带电粒子的荷质比有关,其对离子的聚焦能力比电子差很多。

e. 磁透镜存在像转角,且改变磁场或电流方向,则像的旋转方向相反。理论上,可使用一对结构相同的线圈,通以大小相等、方向相反的电流来消除像转角。但实际中,用这种方法实现比较困难,且会产生更大的像差,所以很少采用。实际中,多是用永久磁透镜来消除像转角。

短磁透镜按线圈外面是否加屏蔽罩分为开启式和屏蔽式,图 3－94 给出了它们的剖视图及轴上的磁感应强度 $B(z)$ 分布[110]。从中看出,使用磁屏蔽壳可使磁场在小范围内大大增加,从而成为“薄的”短磁透镜。

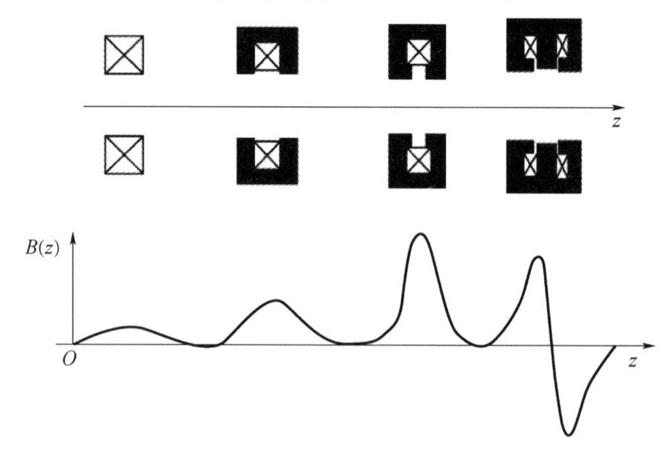

图 3－94　短磁透镜的剖视图及磁感应强度分布

③ 短磁透镜的设计。由于屏蔽式短磁透镜的磁场比开启式更加集中,而且峰值磁场更强,所以实际使用中,一般采用屏蔽式短磁透镜。屏蔽式短磁透镜是由磁壳和线圈组成,磁壳需选用导磁性好、剩磁小的材料(高磁导率的材料,如电磁纯铁),从而可将磁力线限制在磁壳以内,并泄漏在磁隙中,使得磁场的分布更集中,峰值强度更高。这种短磁透镜的设计核心是磁壳的设计和线圈匝数的确定。图3-95给出了磁透镜的主要结构参数,包括前径 D_1、后径 D_2、外径 D、磁隙宽度 W 和磁壳长度 L 等。这些参数中,在线圈安匝数一定的情况下影响磁场的空间分布的主要是前径、后径和磁隙宽度。

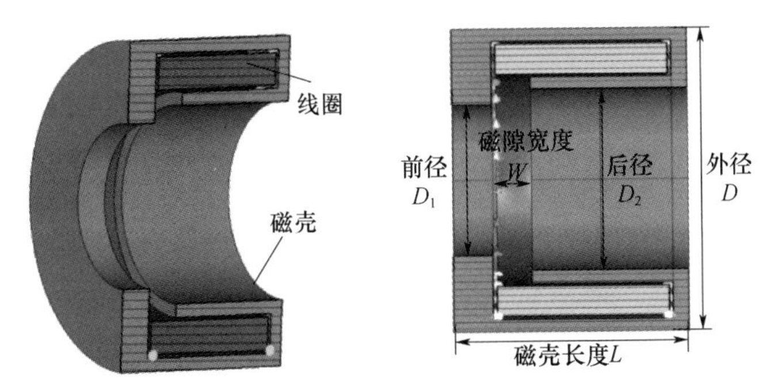

图3-95 短磁透镜的结构参数

另外,在磁壳设计中需要考虑以下三方面的问题:

a. 将磁场泄漏在合适的空间内并保证其峰值强度,这就要求选择合适的磁隙宽度和前后径比。

b. 要考虑线圈在应用中的热积累问题,即线圈安匝数和激磁电流不能太大,否则会导致线圈发热,影响系统稳定性。

c. 要保证透镜后端不对电子飞行造成阻碍。在飞秒条纹变像管中对偏转板施加电压后,电子束会发生偏转,为防止电子束被磁透镜后沿孔径边缘挡住,设计中经常选择前径小于后径。

4. 条纹变像管的性能评价体系

评价条纹变像管性能的主要技术指标有空间分辨力、时间分辨力、时间畸变、动态范围、扫描速度、阴极有效尺寸、荧光屏有效尺寸等,现主要介绍空间分辨力、时间分辨力以及时间畸变等指标。

1) 空间分辨力

一个点状物经过一个理想的电子光学系统后,在荧光屏上所成的像应该是一个理想的像点,物与像之间的关系是线性变换关系,仅是放大或缩小。对于一个实际的电子光学系统,由于存在像差和衍射,其所成的像不再是一个理想的点,而是光强(或电流强度)从中心向外扩展、弥散形成一个中间亮四周渐暗的散射圆斑。空间分辨力就是用来衡量物点经过电子光学系统后所形成像的弥散程度。可以采用光学上的瑞利判据准则来确定分辨距离,不过,目前较全面的评价标准是利用调制传递函数来确定空间分辨力。

空间分辨力主要受到光电阴极发射光电子的初始条件、聚焦系统的像差、空间电荷效应、信噪比以及荧光屏的影响。下面简要介绍像差理论。

理想电子透镜,是指由其构成的成像系统能准确反映物体的形貌特征和几何关系,即要求从物平面上任一点以不同方向发出的电子射线经过电子光学系统将会聚在同一点,且在同一平面上,像相对于物可能放大(缩小)或旋转(绕主轴),但必须与物保持几何形状相似。这样的理想透镜必须满足以下假设条件:

(1) 假定场分布是严格旋转对称的;

(2) 假定电子束为近轴,即射线与对称轴之间的距离很近,所成的角度也很小;

(3) 假定所有电子以同样的初速度离开阴极,或初速度的差异可忽略;

(4) 假定电子束的电流密度不大,空间电荷效应可以忽略;

(5) 图像单元与成像孔径尺寸均比电子波长大得多。

但实际情况并非如此,如电极加工和装配中产生的误差使电场及磁场的分布并不是严格旋转对称的、电子轨迹的旁轴条件很难满足、从阴极发射的电子的初速度存在一定的弥散、空间交叉点处电子束空间电荷效应不可忽略等[111],上述因素均可导致透镜的成像质量下降,通常用像差来描述。根据产生像差的原因,可将像差进行分类,如表 3-3 所列。

表 3-3 透镜像差分类

起因		像差描述
场分布带来的像差	不满足轴对称条件	机械像差(电极形状误差、装配误差)、外电磁场干扰
	不满足旁轴条件	几何像差(球差、彗差、像散、场曲和畸变)
电子束特性带来的像差	电子初速度不一致	色差(像位色差、放大色差、转角色差)
	电子束流密度大	空间电荷像差
图像元素或膜孔孔径与电子波长可相比拟		衍射像差

下面只对各种几何像差的形成做简单介绍。

① 球差。它反映了轴上物点沿不同方向发射的电子束没有交于轴上同一点而造成像的弥散。球差产生的原因在于旋转对称场对离轴远的电子比离轴近的电子有更大的会聚力。如图 3-96 所示,O 点沿两个方向发出两条射线 1 和 2,与主轴的夹角分别为 α 和 β。经聚焦后,电子束 1 和 1′由于离轴较近受到的折射作用较弱,从而汇聚在轴上较远位置 Q 点;而夹角为 β 的电子束则受到较强的折射作用,汇聚在 P 点。无论将观察面置于何处,其像点都是一个同心圆环。根据图中的几何关系,弥散斑的大小是从 P 到 Q 先减小后增大,即在中间

位置的 S 点有最小的光斑，故一般将观察面或荧光屏设于 S 点。

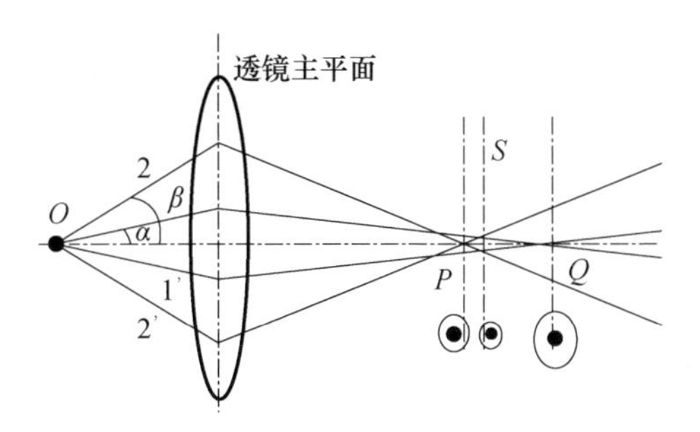

图 3－96　球差形成过程示意图

② 彗差。球差是针对轴上物点而言，而彗差则反映了轴外物点沿不同方向发射电子束聚焦点不一致的问题。从物点 O_1 发出的具有不同角度的射线中，近轴线 0 通过透镜后，在高斯像面上形成点状像 Q_0，如图 3－97 所示，而离透镜中心稍远的射线 1、1′通过透镜时所受到的力比射线 0 更强，所以提前相交，而且射线 1 和射线 1′受力也不一致，因此它们与对称轴的倾角也不同，这种射线在高斯像面上形成圆环 Q_1，同样，离轴更远的电子射线 2 和电子射线 2′在观察面之前相交得更早，在高斯像面上形成更大的圆环。现在若考虑通过光阑孔径的所有电子射线在高斯像面上形成的像差图形，应把不同离轴距离的射线分别构成的无数个圆环叠加起来，则形成一个形似彗星的图形，它在高斯像点上有一个明亮的光点，拖着一条逐渐变宽、逐渐变暗淡的尾巴。彗差主要在大物面的电子束器件（如变像管）中影响较大，可通过减小光阑孔径来减小彗差。

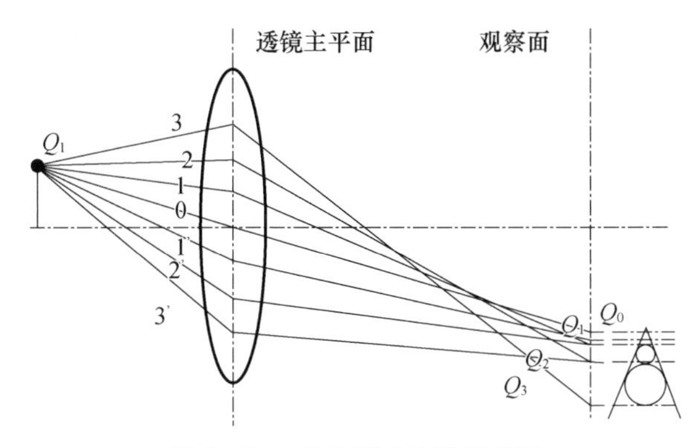

图 3－97　彗差形成过程示意图

③ 畸变。它是由于透镜系统放大率的各向异性导致的。如先不考虑旋转因子，仅考虑放大率的各向异性，则畸变如图 3－98 所示[110]。其中图 3－98(a)为透镜对离轴远的物点的放大率大于近轴物点的情况，常称为枕形畸变；而图 3－98(b)为透镜对离轴远的物点的放大率小于近轴物点的情况，又称为桶形畸

变。当考虑透镜旋转因子(对磁透镜而言,电聚焦透镜像不做旋转)的各向异性时,图像会发生扭曲,如图 3-99 所示[110],这种畸变称为各向异性畸变。畸变一般发生于大物面的电子束器件中,将阴极做成凹形可消除枕形畸变。

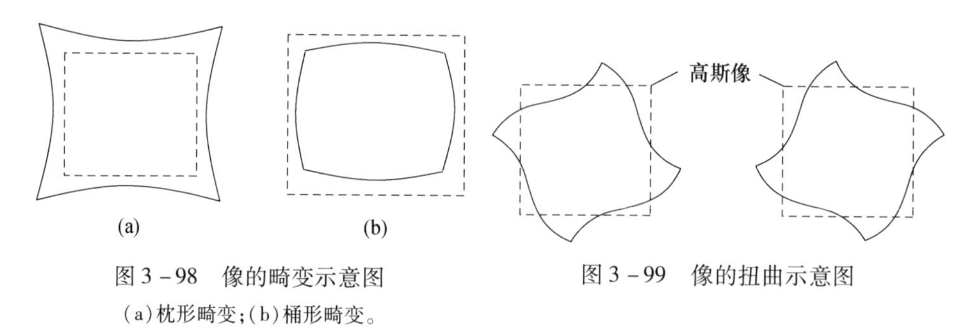

图 3-98 像的畸变示意图

(a)枕形畸变;(b)桶形畸变。

图 3-99 像的扭曲示意图

④ 像散与场曲。像散是透镜对轴外物点不同方向电子束聚焦作用不同,使得弧矢射线和子午射线的焦距不同,从而导致物点在观察面上的像呈椭圆状的现象。如图 3-100 所示,从一点发出的位于子午方向的电子束 1 和电子束 3 将会聚于曲面 M,而位于弧矢方向的电子束 2 和电子束 4 将会聚于曲面 S,则从一点发出的全部电子束在高斯像面上形成一个椭圆光斑。如果物是一个平面,在 S 曲面或 M 曲面上都得不到清晰的像,只有把观察屏幕置于 S 与 M 之间的折中曲面 D 上才能得到相对清晰的像。这种像差即称为像散。

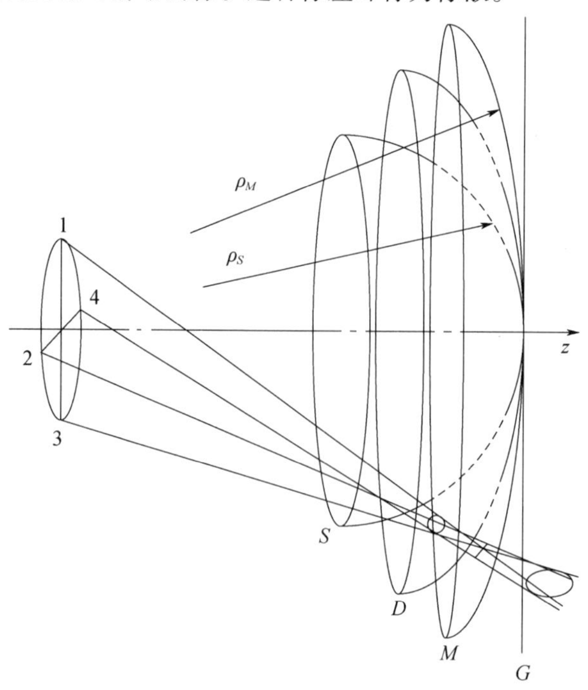

图 3-100 像散和场曲的形成

通过采取适当措施,使曲面 S 与曲面 M 重合,则平面物在曲面 D 上就能得到清晰的像,即消除了像散。采用这种弯曲的视场来消除像散得到清晰的像,这样就产生了场曲像差。可见,像散和场曲是同时并存的,只有消除了像散才会出现场曲。场曲是指大物面各物点经聚焦后所成像不是在一个平面上,而是在一个曲面上(实际为抛物面),因而在平面观察面上不能得到清晰的图像。

2）时间分辨力

条纹变像管的时间分辨力是衡量系统时间展宽的重要参量。时间展宽,是指目标信号的时间尺度经加速、偏转、聚焦和漂移后被放大,其本质原因是电子从阴极表面发出时初始能量(速度)存在弥散,以及光电子在条纹管中运动时会产生渡越时间弥散。通常认为,条纹管的渡越时间弥散由两部分组成:一部分是因库伦推斥和场的非均匀性所造成的物理时间弥散;另一部分是因荧光屏处电子的扫描速度及扫描方向的空间分辨力限制所造成的技术时间弥散。前者概括了静态模式下电子光学系统本身的时间弥散,后者主要反映了动态模式下扫描偏转所带来的弥散。

（1）物理时间弥散。指在不考虑扫描偏转场(静态)的情况下,电子包络由阴极运动至荧光屏时时间尺度的放大效应,用 $\Delta\tau_{\text{phy}}$ 表示。物理时间弥散是一个分布参量,即弥散发生在从阴极到荧光屏的整个过程中。可将物理时间分辨力细分为以下几部分:

$\Delta\tau_{\text{C}}$:阴极弥散,由阴极响应速度等因素影响,光信号转化为电信号的过程中就已经发生了时间展宽,一般阴极弥散小于100fs。为减小这一弥散,阴极应尽量薄,面电阻要小,且必须有良好的导电基底。

$\Delta\tau_{\text{K}}$:加速区弥散,由于阴极发射的电子从阴极表面发出时其速度存在一定的弥散(色散),在经过加速区时发生展宽,因电子在加速区经历了低速向高速的转变,从而这部分的弥散往往是条纹变像管的主要时间弥散。提高阴栅之间的场强和减小阴极电子能量弥散,可以减小这一区域的弥散。

$\Delta\tau_{\text{D}}$:偏转区弥散,电子包络经过偏转区域时发生展宽,为减小这一弥散,应尽量使电子束交叉点位于偏转板入口处。

$\Delta\tau_{\text{L}}$:透镜区弥散,电子经过透镜区(可能发生旋转)发生时间展宽,提高轴上电位,尽量缩短聚焦极长度,有利于减小其弥散。

$\Delta\tau_{\text{PD}}$:漂移区弥散,电子在漂移区中发生的时间展宽。

（2）技术时间弥散。在动态模式下,电子束经扫描偏转后会产生额外的时间展宽,这部分由技术时间弥散来描述。技术时间弥散与条纹变像管偏转器的偏转灵敏度(单位偏转电压下荧光屏上成像的偏转量)、扫描电压的斜率以及阴极像宽有关,定量表示为

$$\Delta\tau_{\text{tech}} = \frac{\Delta x}{KP} \tag{3-250}$$

式中:Δx 为狭缝像宽;K 为扫描电压的斜率;P 为偏转灵敏度。

用高斯近似模型计算条纹变像管的时间分辨力时,对构成条纹变像管总的时间弥散的各个部分给予了相同的权重,即有

$$\Delta\tau_{\text{total}} = \sqrt{\Delta\tau_{\text{phy}}^{2} + \Delta\tau_{\text{tech}}^{2}} \tag{3-251}$$

但 H. Niu 等人从理论上证明了各个部分的时间弥散对总的时间弥散的贡献并不相同[114],即它们占有不同的权重,因此用高斯模型计算条纹变像管的时间分辨力并不准确。目前,采用时间调制传递函数(TMTF)来确定条纹变像管电子光学系统的时间分辨力。

3）时间畸变

时间畸变定义为,从不同初始高度发出的光电子的主轨迹渡越时间和轴上发出的光电子主轨迹渡越时间之差。时间畸变主要是在阴栅空间之后的电子光学系统中形成的,而在等位区造成的时间畸变很小。电子光学系统中形成时间畸变的原因的是,在同一轴向位置而不同径向位置处的电子受到的轴向加速电场不同,离轴越远的电子受到轴向的加速越小,渡越时间越长。因此,从不同初始高度同时发出的电子,在经过该系统后,渡越时间就产生了差异。

时间畸变和时间弥散不同,时间弥散降低了条纹变像管时间分辨力,而时间畸变则使狭缝扫描图像变得弯曲了。产生这一现象的原因是,从光电阴极上不同高度、同一时刻发出的电子,由于时间畸变的存在,它们将在不同时刻到达偏转板入口,而偏转电压是随时间线性变化的,则同一时刻发出的光电子随着初始高度的不同将受到不同的偏转,从而使得输入到光电阴极上的直的狭缝,扫描之后在荧光屏上得到的狭缝扫描图像是弯曲的。可采用球面阴栅结构来减小时间畸变。

4）调制传递函数

根据波动电子光学理论,电子束经过电子透镜作用后物像之间的关系是电子波函数的傅里叶变换关系,透镜的作用起着傅里叶变换的作用,因此可以把电子束在电子透镜或电子光学系统中传播时的空间分布的研究转换成频谱分布的研究,从而对电子光学系统的像质评价建立在客观、全面的基础上。

前面已经提到,一个点状物(其空间分布在数学上可用单位冲激函数,即 δ 函数来表示)经过一个实际的电子光学系统,由于像差的存在,得到的像是一个光强(或电流强度)从中心向外扩展、弥散而形成一个中间亮四周渐暗的光斑,在空间的分布可用一个点扩展函数来表示。点扩展函数的分布,反映了电子光学系统的成像性质。如果把电子光学系统看成一个传输系统,则传输前后的电子束斑就相当于电子光学系统的物和像。如果物是线状的,则经过电子光学系统的传输后,在像平面上的像的分布可用线扩展函数来描写。显然,线扩展函数就是一条直线上无数个点的点扩展函数的集合叠加。

通常，由电子光学系统组成的显示器件所显示的图像，是二维空间分布函数，通过傅里叶变换，它们可表示成无穷多个不同空间频率、不同振幅的谐波（正弦波）的线性组合。这些不同空间频率、不同振幅的正弦物，经过电子光学系统后，其像将会有不同的调制度下降和位相改变。电子光学空间传递函数所描述的就是像的调制度下降和位相改变程度，分别称为调制传递函数 MTF(f)和相位传递函数 PTF(f)。在狭束电子光学中，由于像的分布相对于物的强度分布的位相移动并不很重要，因此，一般只讨论调制传递函数 MTF 即可[110]。电子光学空间传递函数反映了像的频谱，在空间频域上更客观地反映了电子光学系统的质量。

空间调制传递函数（SMTF）的计算表达式为

$$\mathrm{SMTF} = \sqrt{{A_1}^2 + {A_2}^2} \tag{3-252}$$

$$A_1 = \frac{\int_{-\infty}^{+\infty} \mathrm{LSF}\cos(2\pi f \cdot \xi)\,\mathrm{d}\xi}{\int_{-\infty}^{+\infty} \mathrm{LSF}\,\mathrm{d}\xi} \tag{3-253}$$

$$A_2 = \frac{\int_{-\infty}^{+\infty} \mathrm{LSF}\sin(2\pi f \cdot \xi)\,\mathrm{d}\xi}{\int_{-\infty}^{+\infty} \mathrm{LSF}\,\mathrm{d}\xi} \tag{3-254}$$

类似于电子光学空间传递函数，可用时间传递函数来描述电子光学系统的时间响应特性。如在光阴极上输入一光脉冲 $I_\lambda(t)$ 时，该光阴极将发射数目与 $I_\lambda(t)$ 成正比的随时间变化的光电子，其服从的函数 $N(t)$ 本应与输入光具有相同的调制度。但由于光阴极和电子光学系统具有一定的时间响应特性，所以荧光屏上所接收到的光电子服从的函数 $N'(t)$，其调制度和相位发生了变化。时间传递函数描述的就是这种调制度和相位的改变程度。时间传递函数也包括调制传递函数和相位传递函数，所不同的是空间传递函数是对空间频率而言的，时间传递函数是对时间频率而言的，时间频率的倒数即为时间分辨力。

时间传递函数的计算首先要确定电子的时间扩展函数 $P(t)$，则时间调制传递函数（TMTF）的计算表达式为

$$\mathrm{TMTF} = \sqrt{{A_1}^2 + {A_2}^2} \tag{3-255}$$

$$A_1 = \frac{\int_{-\infty}^{+\infty} P(t)\cos(2\pi f \cdot t)\,\mathrm{d}t}{\int_{-\infty}^{+\infty} P(t)\,\mathrm{d}t} \tag{3-256}$$

$$A_2 = \frac{\int_{-\infty}^{+\infty} P(t)\sin(2\pi f \cdot t)\,\mathrm{d}t}{\int_{-\infty}^{+\infty} P(t)\,\mathrm{d}t} \tag{3-257}$$

对条纹变像管而言,调制传递函数包括时间调制传递函数和空间调制传递函数。另外,根据条纹变像管的工作状态,调制传递函数分动态调制传递函数(Dynamic MTF)和静态调制传递函数(Static MTF)。图 3-101 所示为某条纹变像管的时间和空间调制传递函数,调制传递函数曲线的横坐标为时间或空间频率,纵坐标为归一化调制度。通常,两个事件的分辨程度用瑞利判据来判断,瑞利极限所对应的 MTF 值约为 9%,所以通过调制传递函数曲线的调制度下降到 0.1 左右时的空间频率和时间频率来确定空间分辨力和时间分辨力。除了能够得到分辨力参数以外,通过 MTF 曲线还可以客观地评价成像系统的成像质量,如对比度和清晰度等,只是由于条纹变像管的成像一般为黑白图像,因此这些不受关注[110]。

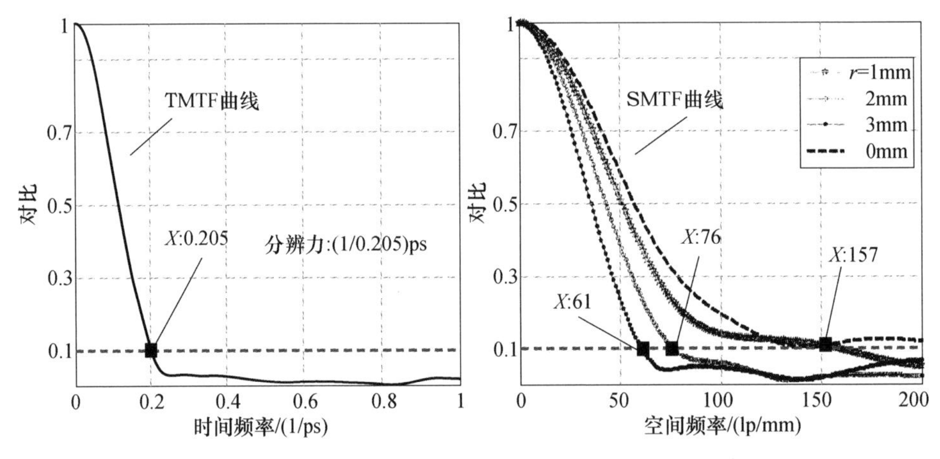

图 3-101　某条纹变像管的时间和空间调制传递函数曲线

3.2.3　条纹成像诊断技术应用

条纹相机是目前超快诊断领域唯一的时间分辨力能进入飞秒量级的仪器设备。由于在时间测量上的独特优势,飞秒条纹相机在诸多领域有着重要的潜在应用价值。

1. 基础前沿研究领域

在基础研究领域,飞秒条纹相机有着很多用武之地。例如在物质的超快磁化过程的研究中,需要使用飞秒条纹相机研究超快磁化发生的时间尺度,同时还可以与电子显微镜等设备相互配合来研究材料超快磁化过程发生的物理机理。美国劳伦斯伯克利国家实验室冯军等人就进行了这一方向的研究,并取得了重要研究成果[115,116]。除此之外,飞秒条纹相机在量子阱半导体的能量弛豫、飞秒时间量级化学反应动力学、碳纳米管中超快荧光发光过程、氧化锌等纳米半导体材料中超快载流子输运过程和飞秒激光微纳加工动力学过程都有着重要的潜在

应用价值[117]。

2. 超快电子衍射仪

探测物质结构动力学中粒子的超快运动是现代科研的重点方向之一,因此,各国科学家都致力于发展时间分辨能力等性能更高的超快电子衍射设备。Mourou 等[118]于 1982 年首次从条纹相机中发展出具有时间分辨能力的超快电子衍射(Ultrafast Electron Diffraction, UED)技术。当时的光电阴极和样品都是 Al,在经过 20keV 的加速以后产生 100ps 的电子脉冲并对金属 Al 在融化过程的相变进行研究[119]。从此以后,UED 技术在物理和化学领域中的瞬态结构变化及超快动力学过程研究中扮演者越来越重要的角色。1995 年,M. Aeschlimann 将皮秒电子脉冲的电子枪用于样品的表面温度上升和下降过程的分析[120]。1998 年,加利福尼亚大学的化学物理实验室在超快化学和超快结晶学等方面也取得了突出的成绩,他们研制的超快电子衍射系统的电子束脉冲宽度达到 300 ~ 600fs,电子束能量为 30keV。该实验室的 A. H. Zewail 教授利用 UED 装置研究了 $C_2F_4I_2$ 中 C—I 键的断裂动力学过程从而获得 1999 年的诺贝尔奖[121-123]。

3.3 二维空间/时间高分辨诊断技术

3.3.1 二维空间/时间高分辨诊断技术概述

X 射线分幅相机(X - ray Framing Camera, XFC)作为一种两维图像测量装置,近年来广泛应用于超快现象的诊断,其应用范围涵盖了核物理学、生物医学光子学、等离子体物理学、强场物理等国内外新兴学科,已经可具体应用于惯性约束聚变、同步辐射、Z 箍缩等离子体、直线加速器的光束测量等实验中[124-129]。如果将阴极更换成近红外或可见光光电阴极,则对激光、光物理、光化学、光生物等瞬态光学现象的研究有广阔的应用前景。

X 射线分幅相机的发展主要经历了快门式分幅相机、阴极选通型分幅相机、光学分幅行波选通型等阶段。

1. 快门式分幅相机

快门式分幅相机最早是 1957 年美国 RCA 公司研制的 RCA73435,它是由光电阴极、控制栅、聚焦电极、偏转板和阳极构成的同心球型系统,是控制栅极快门式变像管,如图 3 - 102 所示。之所以称为快门式分幅变像管,是由于其工作原理类似照相机,当控制栅极上加拒斥场时,阴极发射的光电子不能通过它,也就不能在荧光屏上成像;当控制栅极加上一系列的矩形正脉冲时,在矩形正脉冲存在的时间内,光电子就能通过它并聚焦成像在荧光屏上。RCA73435 型快门式分幅变像管的偏转器是一对楔形平板,当光电子穿过阳极进入漂移区后,给偏转板加以阶梯形偏转电压,并使快门脉冲落在阶梯电压的平顶部分,则可以形成一维排列的多幅图像。管子的曝光时间等于快门脉冲持续的时间，即脉冲的宽度。但是此种管型的栅极快门电压对成像系统影响较大，因而对快门波形和偏转波形要求严格，这种管型的时间分辨力一般在0.1~10μs。

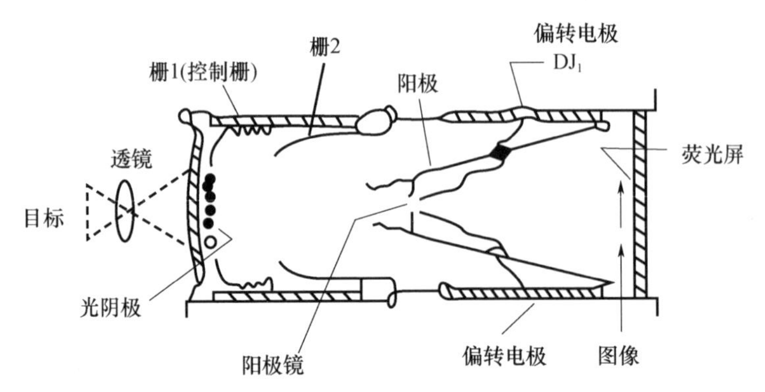

图3-102　RCA公司的RCA73435型快门式分幅变像管原理

1968年，法国的D. R. Chanler等公布了他们在RCA73435基础上研制成功的OBD1105型采用花样偏转器的高速摄影变像管。此偏转器由四叶结构完全相同，彼此绝缘的具有一定花样的电极组成，能使电子在同一空间做两维偏转[130]，可实现两维分幅。20世纪70年代末，我国在OBD1105型的基础上自行设计、研制出了JTG305型变像管[131]，其聚焦系统采用了球面光电阴极、环状快门电极、聚焦电极和阳极的四电极静电聚焦系统。采用了在同一空间实现两维偏转的圆锥形花样偏转器，变像管结构及花样偏转器如图3-103所示，光学纤维面板输出，采用P20型荧光粉，最短曝光时间为30ns。

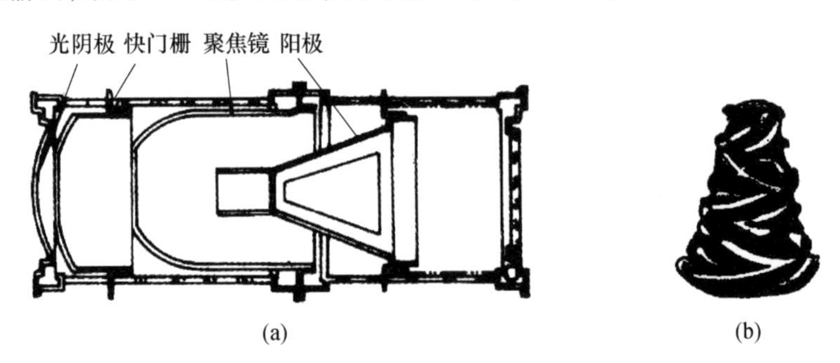

图3-103　OBD1105型变像管结构和圆锥形花样偏转器

(a)变像管结构；(b)圆锥形花样偏转器。

RCA73435、OBD1105、JTG305这一类型变像管的优点是快门脉冲周期等于阶梯电压的周期，对应于各时刻的图像将不致重合，可以在画幅序列中逐幅地改变曝光时间并可能用任何选定地幅间时间间隔记录画幅序列。缺点是为保证快门式分幅变像管动态空间分辨力，快门电压脉冲必须尽量接近于理想的矩形波，

尤其对前沿要求要快,顶部要平,否则会影响成像质量。由于对偏转阶梯波和快门脉冲波形要求严格,曝光时间和画幅间隔不可能做得很短,一般约几纳秒到几十纳秒,无图像增强系统、易产生畸变等,这使它的应用受到限制。20世纪80年代初,我国研制的纳秒变像管分幅相机用的就是JTG305型管子,结构如图3-104所示。

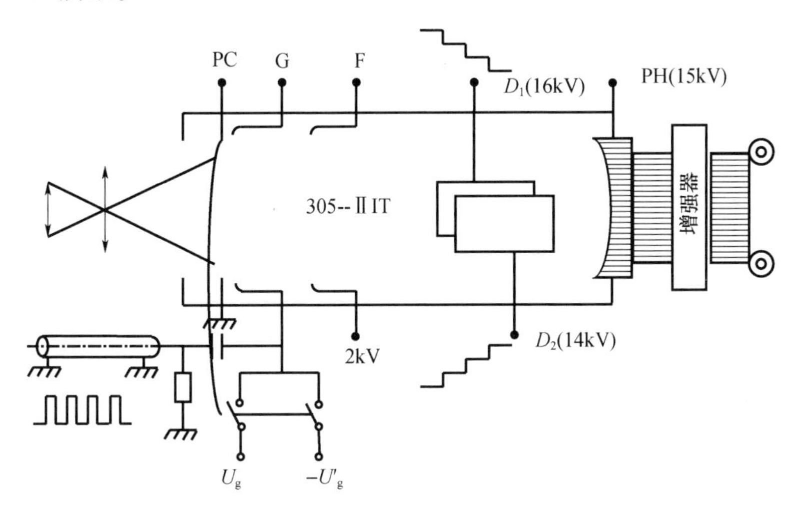

图3-104 快门型纳秒变像管分幅相机

2. 阴极选通型分幅相机

20世纪70年代末,微通道板的发展和工艺完善,促使采用微通道板作为电子倍增器的像增强器技术迅速发展,其中采用双近贴聚焦结构的变像管如图3-105所示。它结构小巧,增益高而调节方便,工作电压较低,有自动限制强光的作用,有效成像面积大,在整个像面上像质均匀、无畸变,整管增益达到10^3以上。

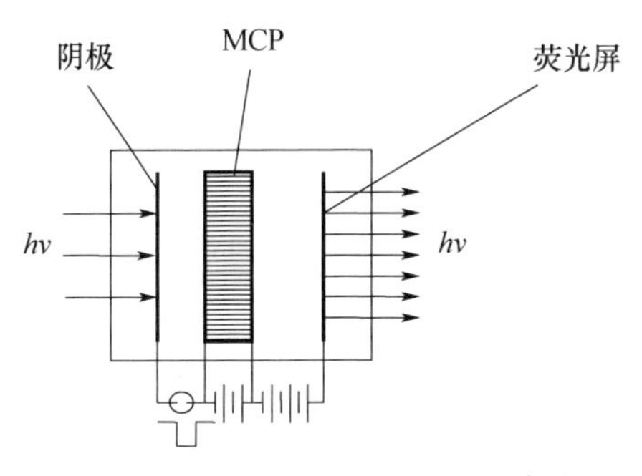

图3-105 双近贴阴极选通变像管

如果在双近贴管的光电阴极和微通道板的输入面之间不加直流高压而代之以矩形高压正脉冲,则仅在脉冲持续期间内才有光电子能通过微通道板倍增并最终轰击荧光屏。这样就构成了一个快门管,曝光时间就是矩形脉冲的宽度。当微通道板不加板压时,阴极产生的光电子不能通过微通道板到达荧光屏,因此,也可以利用在微通道板输出面间施加矩形正脉冲来实现选通。由于微通道板输入端面的电阻较大,以及微通道板与阴极近贴距离间的电容较大,因此这种管型的曝光时间一般为 2 ~ 10ns,它的优点是画幅尺寸可以较大、抗干扰能力强、无空间畸变、动态空间分辨力高、对快门脉冲波形没有严格要求,缺点是只能成单幅像[132]。

1979 年,美国洛斯阿拉莫斯实验室[133,134],将微通道板片堆积起来并加斜坡电压,这样由阴极过来的光电子由斜坡电场而进入不同层的微通道管(Microchannel Plate,MCP),出射到荧光屏上,形成分幅,实际是一种扫描分幅管(图 3 - 106),由于斜坡电压很高,像管的时间分辨力可以到 50ps。

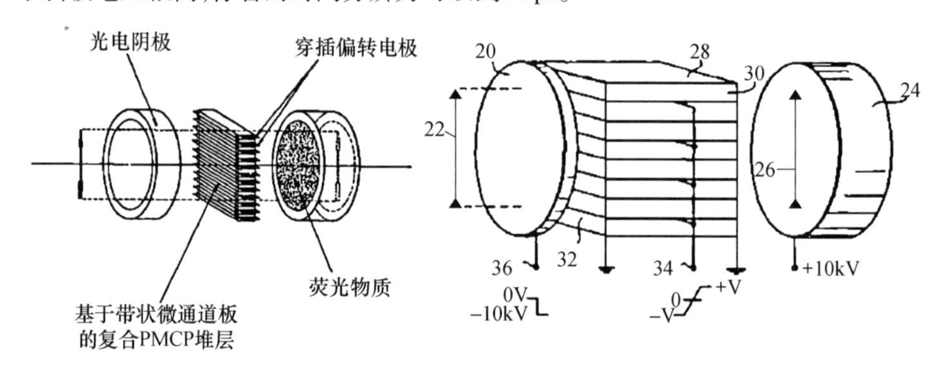

图 3 - 106　美国洛斯阿拉莫斯实验室的 MCP 扫描分幅变像管

英国布莱克特(Blackett)实验室 1983 年提出了将阴极 CsI 制作在 Al 衬底上,形成 50Ω 的微带传输线,加 - 100V DC 或 - 2kV 脉冲,然后加一个铜网作为接地电极,微带线和铜网之间形成电场,在近贴的 MCP 和荧光屏上分别加 1kV 板压和 6kV 屏压,结构如图 3 - 107 所示。采用 GaAs 光电导开关在阴极微带上产生选通脉冲,形成阴极选通型分幅管,得到约 50ps 的时间分辨力结果[135]。

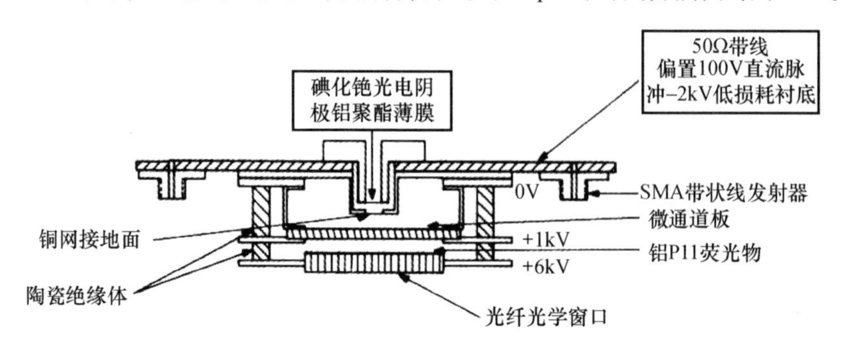

图 3 - 107　英国 Blackett 实验室的阴极选通分幅相机

美国利弗莫尔实验室(LLNL)1986年研制了一个阴极选通型的X射线相机。它在50um厚的铍窗上制作了25mm宽的CsI阴极微带,近贴距离1mm,采用孔径为12μm,$L/D=20$的薄MCP,通过光电导开关在阴极上产生-5kV、50ns的选通脉冲,MCP上不加电压,斜切角4°,只是阻止正入射的X射线通过,提高信噪比,而光电阴极上的光电子被磁场偏转,正好通过MCP后被CCD探测。相机的成像区域约为1cm×1cm,空间分辨力为18lp/mm,时间分辨力为50ps,结构如图3-108所示[136]。

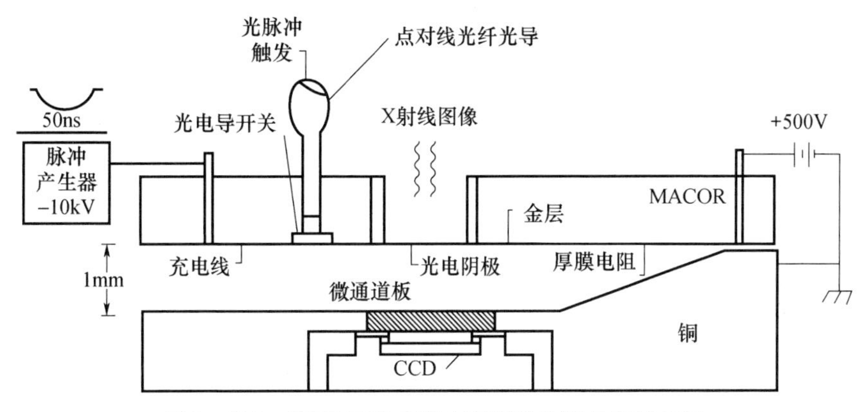

图3-108 美国LLNL实验室的阴极选通X射线相机

这两种相机均是为等离子体研究和ICF研究而发展起来的,可以看出,阴极行波选通近贴式分幅变像管具有结构简单、体积小、时间分辨力高、画幅数多、动态范围大、抗干扰能力强、灵敏度高等一系列优点,但是用光电导开关产生皮秒高压快门脉冲,难以实用化。

3. MCP行波选通软X射线分幅成像诊断技术

国内在20世纪80年代中至90年代初发展了一种光学分幅、MCP选通的X射线皮秒分幅摄影技术。这项技术基于单MCP和四路选通脉冲分别选通四条独立微带,如图3-109所示,时间分辨力可达到60ps[137]。与单条弯曲微带相机相比,这种相机具有测量时间范围大、增益均匀性好、使用中各幅像间的时间间隔灵活可调等优点,因而具有更高的实用性。这项技术与美国J. D. Kilkenny等在80年代末实现的微带线选通MCP皮秒分幅摄影技术[138]基本相同。由于这项技术具有时间分辨力高、图像无畸变、画幅数多、抗干扰等优点,已经广泛用于激光ICF的诊断。近年来还被用于日本的Z-Pinch研究[139]。

就激光束打靶的ICF实验而言,激光与靶的作用非常复杂,它包含着激光、电子、离子、X射线之间复杂的相互作用。掌握这些相互作用的过程需要多种探测手段,如光学的、粒子的和X射线的。在X射线测量方面,有X射线条纹摄影、X射线时间分辨光谱、X射线针孔成像、X射线阴影成像及X射线分幅摄影

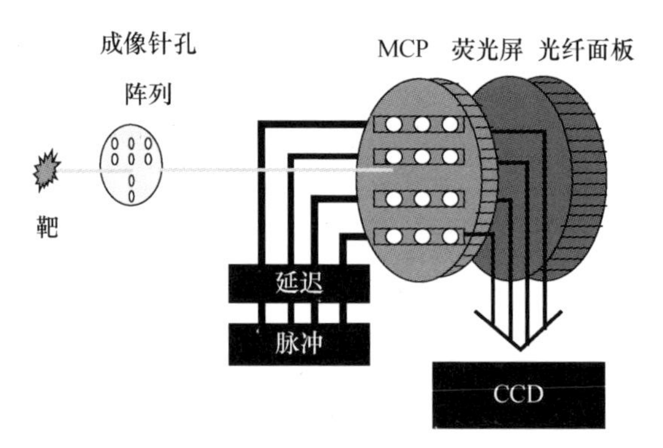

图 3-109 四通道行波选通相机的原理结构

等。在研究靶的对称压缩及不稳定性方面,X 射线分幅摄影是最有效的诊断工具。ICF 对实验过程中等离子体不稳定性和聚爆对称性等的研究希望测出等离子体温度和密度两维空间分布及其随时间的变化。由于其实验的总持续时间为一纳秒至数纳秒,因此要求 X 射线分幅摄影具有数十皮秒的时间分辨能力和一次获得 10 幅左右的图像。

3.3.2 MCP 行波选通软 X 射线分幅成像诊断技术

MCP 分幅管是 MCP 行波选通 X 射线分幅相机(MCP-XFC)最关键的组成部分,由镀制有光电阴极构成的微带线的 MCP 和制作在光纤面板上的荧光屏组成。一束 X 射线或是紫外线照射光电阴极,就会产生光电子,从阴极的入射面出射,进入到 MCP 的通道内,当遇到加速电场时,就会在通道内运动并连续轰击通道壁产生二次电子倍增效应。当 MCP 两端加有直流电压时,光电阴极只是起发射光电子的作用,即单纯的阴极作用,这时分幅管相当于一个像增强器;如果微带线上加载的是一个脉冲电压,那么光电阴极也起微带传输线作用,分幅管就是一个行波选通的分幅变像管。对于像增强器,无须考虑其时间分辨能力,它仅起到转换光电子图像并放大后输出的作用。而对于用于 ICF、Z-Pinch 研究的 MCP-XFC 而言,最受关注的是其时空分辨能力,它与加载在分幅管上的选通脉冲的宽度、幅度、形状以及分幅管的 MCP 的薄厚、孔径比、开口面积、荧光屏压、近贴距离等诸多因素有关,很难用解析法给出定量的描述。也有许多文章进行理论与相关实验的研究,但其理论模型都是建立在一些假设基础上的[140-143]。MCP-XFC 的时空分辨能力与静态或者称为直流状态下 MCP 中电子渡越与倍增特性密切相关,本章首先介绍分幅管的两个重要器件,MCP 和光电阴极的工作机理以及基于“能量正比假设”的 MCP 分幅管的静态电子渡越时间和电子倍增的理论模型,然后在此基础上建立 MCP 分幅管的皮秒脉冲选通状态下的动态工作理论模型。

1. MCP与光电阴极的工作机理

1）MCP的结构与功能

通道式电子倍增器(Channal Electron Multiplier,CEM)是一种连续的电子倍增器。直管式CEM的工作原理见图3－110。它是内壁由具有适当电阻和次级发射系数的材料做成的管子。当两端加高电压(约3kV)时,在管内建立起均匀电场。原电子由电压低的一端进入管子时,在管壁上激发出二次电子,这些二次电子在电场加速下沿抛物线轨迹打到电位更高的对面管壁上,激发出更多的二次电子,这一过程直至电子从高电位端射出为止,增益可高达10^8,也就是MCP的电子倍增效应,如图3－111所示,其电子倍增功能是基于二次电子发射效应的。

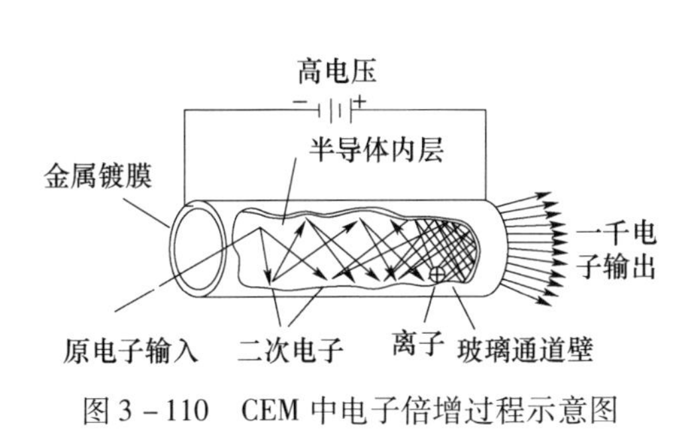

图3－110　CEM中电子倍增过程示意图

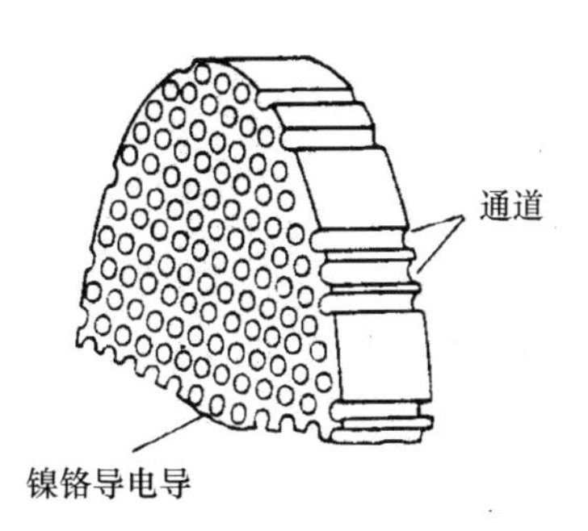

图3－111　MCP结构示意图

二次电子发射效应就是当具有足够动能的电子(或离子)轰击物体表面时,会引起电子(或离子)从被轰击的物体表面发射出来,这种现象称为二次电子发射。轰击物体的电子称为原电子或一次电子,从被轰击物体发射出来的电子称为次级电子或二次电子。二次电子数与原电子数之比称为二次电子发射系数,用δ表示。不同物体的次级发射能力是不同的,应根据使用情况加以选择[144]。

光电子发射模型的三步过程可概况为电子的受激、扩散及越过表面势垒向真空逃逸这样三个依次发生的过程[145]。根据这个模型,一个优良的光电发射体应具备如下条件:

(1) 入射光子应把大部分电子激发到真空能级以上能级;

(2) 受激电子应当能以最小的能量损失扩散到真空表面;

(3) 到达真空界面的电子克服表面势垒,逸入真空成为光电子。

二次电子发射机理可以借用上述光电发射三步过程模型来描述[146]:

(1) 一次电子射入材料体内,激发体内电子到高能态;

(2) 受激电子向表面运动,期间因散射而损失部分能量;

(3) 到达表面的受激电子,若仍具有足够能量克服表面位垒,则会逸入真空,变为二次发射电子。

二次发射系数 δ 是入射的一次电子能量 E_p 的函数，δ 与 E_p 的关系如图 3－112 所示，随着入射电子能量 E_p 的增加，它在体内的穿透深度 d_{in} 将随 $E_p^{1.35}$ 规律而增加，因而会有更多的体内电子受激到高能态，导致 δ 在 E_p 初期增加时不断提高，但随着穿透深度 d_{in} 的增加，受激的二次电子逸出表面的概率却在不断减少，因为

$$P_{out}(x) = -P_o e^{-\frac{x}{d_{out}}} \quad (3-258)$$

式中：P_o 为表面逸出概率；d_{out} 为光电子逸出深度。上述 d_{in} 和 d_{out} 两个相互制约的因素导致了 $\delta(E_p)$ 曲线会出现一个最大值。

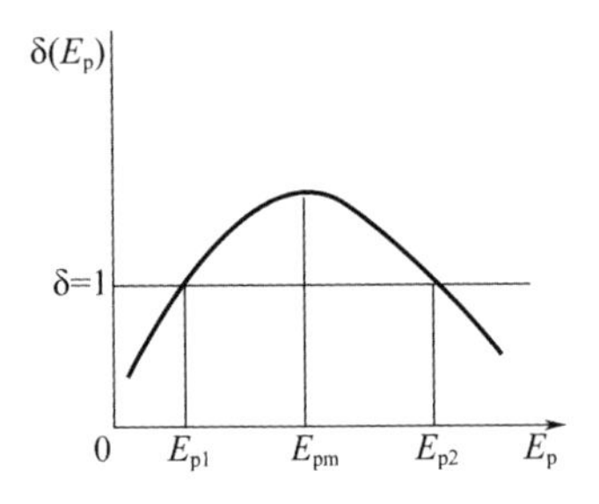

图 3－112　二次电子发射系数 $\delta(E_p)$ 曲线

E_{p1}，E_{p2}—$\delta=1$ 时的一次电子能量；E_{pm}—δ 为最大时的一次电子能量。

MCP 是在通道式电子倍增器的基础上发展起来的。它是把大量的通道式电子倍增器并联起来组合而成的蜂窝状结构，如图 3－111 所示。MCP 的每个通道的内径约为几微米到几十微米，在每平方厘米面积的 MCP 上含有约 10^6 个微通道。由于每个通道内壁都有产生二次电子发射的材料，单个微通道的直径很小，且各通道间又挤得很紧，所以 MCP 既有很大的增益，又有很高的分辨力。

MCP 的制作方法有多种，目前国内多采用实芯法制作，一般是采用高阻（$10^9 \sim 10^{11}\Omega \cdot cm$）的空心玻璃管作为皮料，在空心玻璃管内套以实心玻璃棒（芯料），经过拉单丝、复丝工艺后按某种方式（六角或方形）排列成所需的尺寸。加热加压定形后切成一定厚度的薄片，经过玻璃冷加工后将芯料腐蚀掉。再经过清洗、烧氢后，在空心玻璃丝（废料）的内壁上即可形成一层 $\delta>1$ 的二次电子发射层。最后在薄片两端面上用真空蒸发的方法淀积上导电层作为电极引线，这时即为制成的微通道板。成品微通道板的厚度通常为 0.5～2.0mm，微通道的长度与内径比为 40～50。

单块 MCP 的增益一般可达到 10^4，若多块 MCP 级联使用，如图 3－113 所示，增益可以大大提高，例如两块 MCP 组成的 V 形结构增益一般可以达到 10^6，三块 MCP 组成的 Z 形结构增益一般可以达到 10^8，见表 3－4。

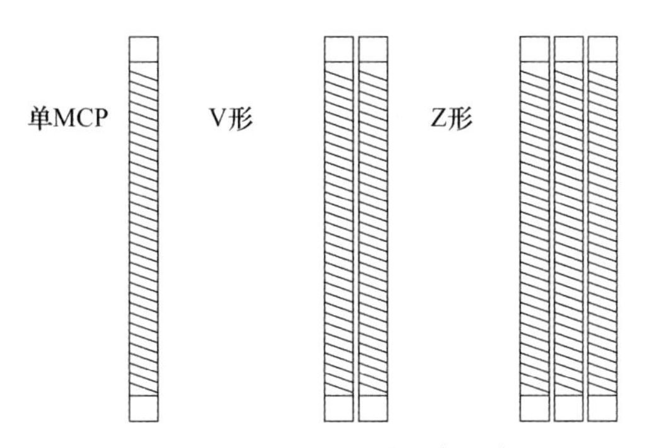

图 3-113 MCP 级联示意图表

表 3-4 三种 MCP 组合结构的特性参数表

结构	L/D 比率	最大电压/V	增益	PHD
单 MCP	40:1	1000	$>4(10)^3$	Neg. Exp.
	60:1	1200	$>1(10)^4$	Neg. Exp.
V 形	40:1	2000	$>4(10)^5$	<175%
	60:1	2400	$>1(10)^7$	<100%
Z 形	40:1	3000	$>3(10)^7$	<120%
	60:1	3600	$>2(10)^8$	<60%

2）软 X 射线光电阴极

在整个 MCP 分幅管中，软 X 射线光电阴极尤为重要的。在一般的 X 射线影像增强器中，实用的 X 射线阴极一般分为透射式（窗玻璃/阴极材料）和反射式（阴极材料/MCP）两种，前者，光电子以“透射”形式从阴极材料的后界面逸入真空；后者，光电子从 X 射线入射面逸入真空。反射式光电阴极的光电发射面与入射光都在光电阴极—真空界面的真空一侧。在研究的分幅相机中，光电阴极直接镀制在 MCP 的输入面，是一种反射式光电阴极结构，如图 3-114 所示。

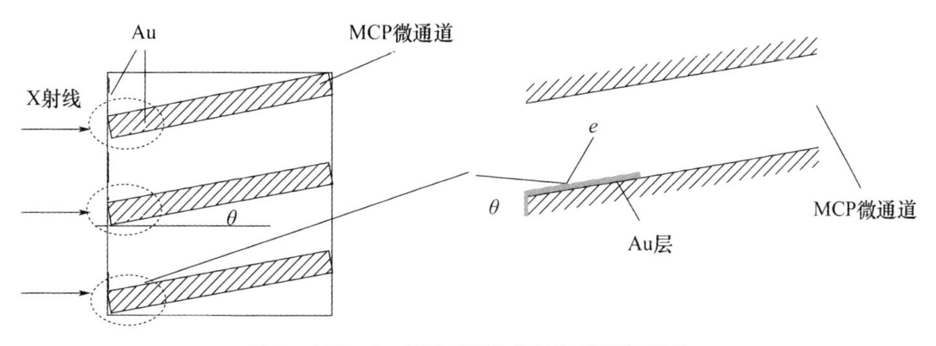

图 3-114 Au/MCP 反射式 X 射线阴极结构

对于反射式光电阴极，其厚度应远大于入射光的穿透深度，这样才会最有效地利用入射辐射，阴极厚度大于电子的逸出深度或光的吸收深度不会影响阴极的量子产额。若要光电阴极的量子产额高，就要求材料的逸出功小和电子亲和势χ小。要获得高量子产额的光电阴极，首先就需要增加对入射光的吸收。

在真空紫外线和软X射线能量范围内，量子产额较高的光电阴极材料为碘化铯(CsI)和金(Au)，其光谱响应曲线如图3-115所示。CsI量子产额比后者高得多[147]，但它容易受潮湿空气的侵害而丧失发射能力，需要在真空环境中使用。Au在空气中有良好的化学稳定性，可以在一个可拆卸的系统中多次使用。光电阴极对真空紫外线和软X射线的光谱灵敏度既与材料本身有关，也与阴极的结构和X射线入射的方式有关。X射线光阴极的量子效率取决于两个物理过程(吸收和逸出)概率的组合贡献，它是一个X射线掠射角的函数。例如对于CsI阴极，当X射线能量为20keV时，CsI层厚2μm，X射线以5°角直接掠射到阴极上，其效率比较高[148]。对于Au阴极，当X射线能量为8keV，Au膜密度为0.194mg/cm^2，X射线入射角为30°时比45°、60°、75°、90°效率高[149]。

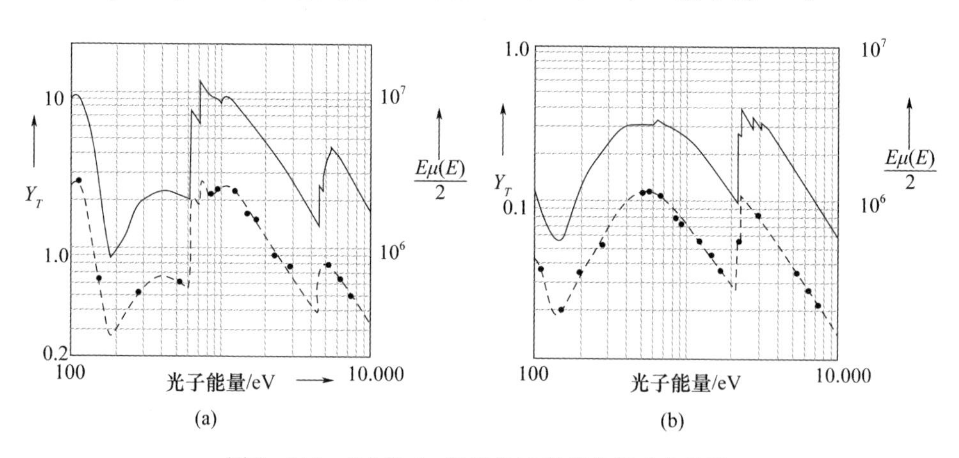

图3-115　CsI和Au阴极的X射线能谱响应曲线

(a)CsI阴极；(b)Au阴极。

当X射线或紫外线照射Au膜时，产生光电子发射，经过MCP倍增后，最终在荧光屏上显示一幅X射线或紫外线强度二维空间分布的可见光图像。当光源与分幅变像管之间存在被检测物体并且光源强度在垂直传播方向的面内均匀时，该图像传递了被检测物体对X射线或紫外线的透过率二维分布或几何形状的信息。当光源与分幅管之间没有非均匀传输介质时，该图像就反映了发射体发射X射线或紫外线的强度分布。当MCP被选通时，就获得了时间分辨的X射线或紫外线二维图像。这就是用于ICF等人研究的基于MCP的X射线相机简单的工作原理。因此电子在MCP通道中倍增及渡越的时间就成为快速而准确获取目标瞬态图像的关键因素。显而易见,镀制几条一致性非常好的光电阴极微带线,是获取高增益、不失真多幅瞬态图像的首要因素。

一般在反射式光阴极结构上蒸镀的 Au 膜层最多有几千埃,但是由于 Au 膜直接镀制在 MCP 上,附着力较差,容易剥落,因此通常先在 MCP 上蒸镀一层 Cu 膜,然后再在 Cu 膜上蒸镀 Au 膜形成 Au/Cu/MCP 结构。这样,Cu 有两个作用:提高 Au 在 MCP 上的附着力和减小选通脉冲在阴极微带上的传输损耗。蒸镀的 Au 膜厚约 1μm,Au/Cu 阴极膜层的厚度控制在 2~3μm。图 3-116 为镀制有反射式阴极的 MCP 的原子力显微镜图,测得 MCP 上 Au/Cu 阴极膜层为 2.3μm。图 3-117 为四微带 MCP 分幅管的紫外激光静态图像及图像均匀性测试曲线。

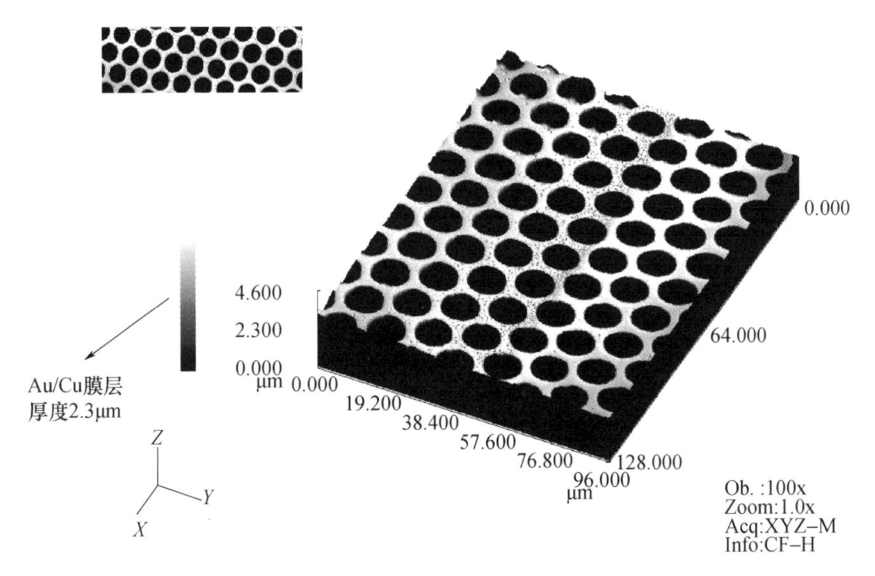

图 3-116 镀制有反射式阴极的 MCP 原子力显微镜(ASM 图)

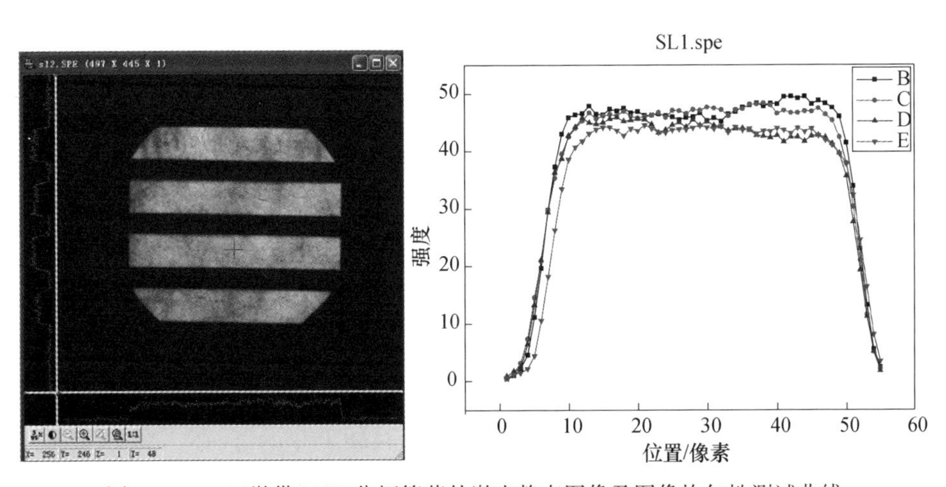

图 3-117 四微带 MCP 分幅管紫外激光静态图像及图像均匀性测试曲线

2. MCP分幅管静态电子渡越与倍增理论

以一个微通道为分析模型(图3－118),管道长为L,通道直径D,$\alpha=\dfrac{L}{D}$表示长径比。在MCP的增益特性的研究中,E. E. Eberhardt提出的“能量正比假定”(Energy Proportionlity Hypothesis)解析模型[150]与实验结果吻合较好。

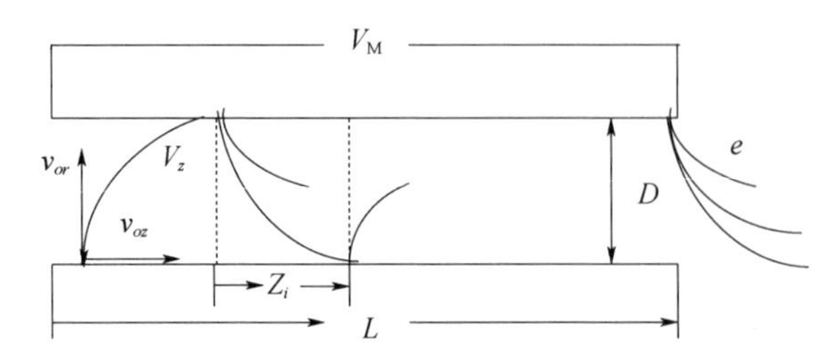

图3－118　MCP微孔电子碰撞模型图

Eberhardt的增益模型认为:在MCP的电子倍增过程中,电子在掠入射条件下,到达相对通道壁时其轴向运动距离Z可由下式表示:

$$Z=\frac{ED^2}{4V_{or}}\left[1\pm\frac{4Z}{D}\frac{(V_{or}V_{oz})^{\frac{1}{2}}}{V_z}\right]\approx\frac{ED^2}{4V_{or}}\text{当}(V_{or}V_{oz})^{\frac{1}{2}}\ll V_z \tag{3-259}$$

式中:e为电子电荷;eV_{oz}为轴向发射的电子能量;eV_{or}为径向发射的电子能量;eV_z为渡越期间电子轴向能量增益量(二次电子碰壁能量);D为通道直径;Z为两次碰撞间电子迁移的距离;E为加在通道内的电场。在最小电流条件下,可认为

$$E=V_z/Z \tag{3-260}$$

如图3－119所示,二次电子轰击壁材料,其本身垂直于通道表面的能量分量主要是径向发射能量eV_{or},外加电场不直接给电子垂直穿入壁内贡献任何能量。

“能量正比假定”认为二次电子运动的平均径向发射能量eV_{or}和轰击的电子能量eV_z成正比关系,即

$$V_{or}=V_z/4\beta^2 \tag{3-261}$$

式中:β为无量纲的比例常数,确切值与MCP材料和制作工艺有关。

由式(3－259)～式(3－261)可知,在两次壁碰撞之间,平均轴向位移Z是常数,由下式给出:

$$Z=\frac{1}{2}\left(\frac{V_z}{V_{or}}\right)^{\frac{1}{2}}D=\beta D \tag{3-262}$$

同时与MCP的板压V_M无关。就平均电子流而言,MCP里的每一个长度Z,其作用就好像在两个不连续的轰击面间或倍增极间的固定间隔一样,用正像一个具有不

连续的倍增极的电子倍增器具有一个固定的倍增极数 n 一样，n 由下式给出：

$$n=\frac{L}{Z}=\frac{\alpha}{\beta} \tag{3-263}$$

由于发射能量和发射角度的随机变化的影响，在通道内电场加速下，电子打向对面的通道壁，产生电子束展宽。但所产生的新的二次电子同样也是直接服从能量比例假设。由式（3－262）知，电子飞行的距离与其初始径向能量成反比，电场中电子获得的能量正比于碰撞前电子飞行的距离。由于先到达的电子运行的直线距离短，从电场获得的能量小，由它激发出的二次电子的径向能量也小，这些二次电子在下一次碰撞前必将运行更长的距离；同样，后到达的电子运行的直线距离长，从电场获得的能量大，由它激发出的二次电子的径向能量也大。这些二次电子在下一次碰撞前运行的距离必然短，则电子在通道内飞行时每发生两次碰撞就出现一次会聚，因此电子束的展宽不会形成连续的叠加，这也体现了离散倍增极模型的合理性[151]（图3－119）。也可以推论：两次碰撞间电子飞行的平均距离与施加的板压无关，对于特定的通道长度，电子发生碰撞的次数是固定的，与两次碰撞间的电子飞行时间和板压有关。

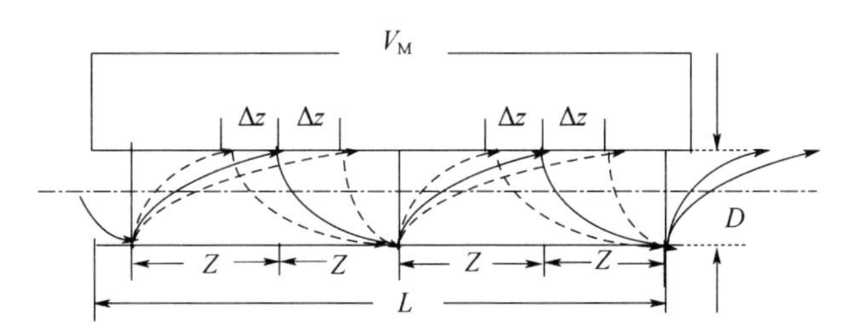

图3－119　微通道中离散倍增极模型

壁间碰撞时的渡越时间为

$$t=D\left(\frac{2m\alpha\beta}{eV_M}\right)^{\frac{1}{2}} \tag{3-264}$$

对 L 长度的MCP，电子总渡越时间为

$$T=nt=L\left(\frac{2m}{eV_M}\right)^{\frac{1}{2}}n^{\frac{1}{2}} \tag{3-265}$$

每一级的电子二次产额为

$$\delta=\left(\frac{V_s}{V_c}\right)^k \tag{3-266}$$

式中：k、V_c 为根据实验结果拟合出来的表征MCP的常量；k 为整个工作电压范围内的二次发射函数的曲率；V_c 为第一跨越电位；V_s 为每一级之间的电子加速电压，且

$$V_s = \frac{V_M}{n} \quad (n \gg 1) \tag{3-267}$$

电子总增益表示为

$$G = \delta^n = \left(\frac{V_M}{nV_c}\right)^{kn} = G_0 V_M{}^{\gamma} = \left(\frac{V_M \beta}{\alpha V_c}\right)^{k\frac{\alpha}{\beta}} \tag{3-268}$$

式(3－268)表示 MCP 增益与工作电压是非线性关系，令 G_0 为初始增益，$G_0 = \left(\frac{1}{nV_c}\right)^{\gamma}$，$\gamma$ 为非线性因子；$\gamma = kn$ 为取决于 MCP 的特性而与 V_M 无关的常数。通过测量 MCP 的增益可以给出 γ 和 V_c 值。虽然 MCP 通道内的 β、γ、V_c 等参数与材料和通道内壁的处理工艺密切相关，使用不同的数据对于定量分析分幅变像管的电子增益和时间分辨力可能会引入一定的误差，但是作为定性分析仍然具有重要的意义。

根据式(3－264)，代入参数 $m = 9.1 \times 10^{-31}$kg，$e = 1.6 \times 10^{-19}$C，$L = 5 \times 10^{-4}$m，$D = 12.5 \times 10^{-6}$m，$\alpha = 40$，MCP 的工作板压 V_M 为 500～1200V，MCP 的特征参数选取：$\beta = 2.47$，$V_c = 29.4$eV，$k = 0.75$，由式(3－100)得 $n = 16$。

由式(3－262)～式(3－266)分别计算长径比为 20 和 40 的 MCP 中随板压变化的平均电子渡越时间的计算值，如图 3－120 所示，由式(3－268)得到长径比分别为 20、30、40 的 MCP 增益随板压的变化曲线，如图 3－121 所示。

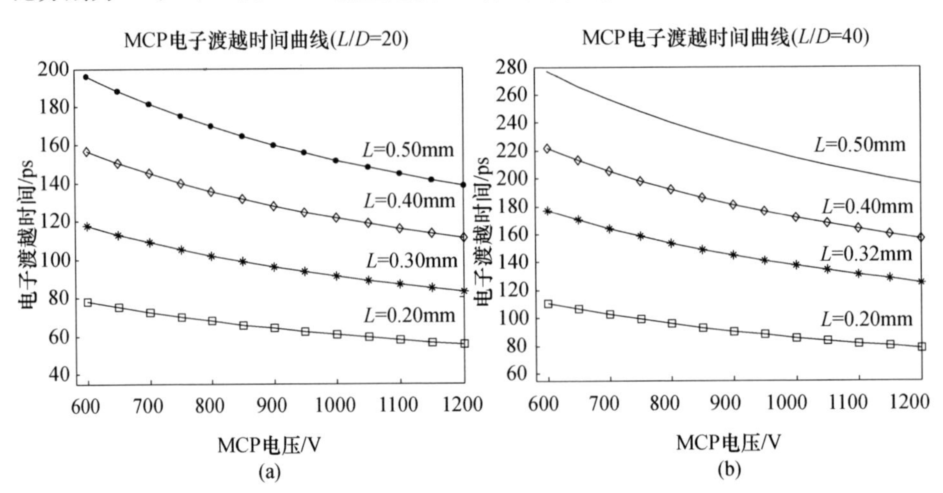

图 3－120　长径比为 20 和 40 的不同厚度的 MCP 中平均电子渡越时间随板压变化的计算值

仿真结果显示：

(1) 提高板压必然会减少电子平均渡越时间。

(2) 长径比相同时，MCP 越薄，电子平均渡越时间越短。

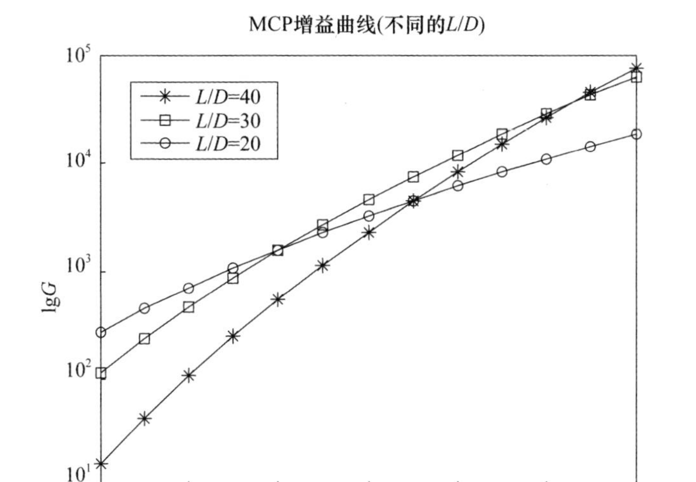

图3-121 长径比为20、30、40的MCP的增益随板压变化的增益曲线

（3）相同板厚，长径比越小，电子平均渡越时间越短。

（4）改变电压，对长径比大的MCP影响大。

要减小分幅变像管的电子平均渡越时间以期使用短脉冲选通，则应选用长径比小、厚度小的MCP。

在常用的厚度为0.5mm、长径比为40的MCP中，在板压范围600～1200V内，电子的渡越时间在190～280ps。由于二次电子从MCP的微通道内壁发射时，具有一定的能量和角度分布，渡越时间会发生展宽。Ito[152]建立了MCP电子渡越时间及其弥散的蒙特卡洛理论模型，得到在近贴聚焦系统中，MCP板压800V时最可几渡越时间约为180ps，渡越时间弥散约为60ps。文献[153]进行了实验验证。

上述理论讨论是在特定参数下，在电子近似掠入射的条件下基于“能量正比假设条件”得到，是一个“直流增益模型”。当选通时间比电子在MCP中的渡越时间长很多时（如纳秒选通时间甚至更长），这种脉冲运转仍可认为符合“直流增益模型”。因此基于这一模型开展选通（选通时间和MCP中电子平均渡越时间相当）时，MCP分幅变像管的特性研究对新型分幅相机的设计具有重要的理论指导和参考价值。

3. MCP分幅变像管皮秒选通理论模型

分幅相机的时间分辨能力定义为MCP分幅管在选通作用下的增益时间曲线的半高全宽值（FWHM）。对于常用的0.5mm厚，长径比为40的MCP中电子，其渡越时间在300ps以内。因此在不考虑不同MCP特性参数的差异下，高速选通的皮秒 MCP 分幅相机的时间分辨力主要受皮秒选通脉冲的脉宽和幅值的影响[154]，其特性研究不宜直接应用静态电子渡越与倍增模型的电子固定倍增次数的理论，而应建立适于 MCP 皮秒选通分幅管的动态选通理论模型，为新型皮秒分幅相机的设计提供理论基础。此外，由于分幅相机是一个一维时间分辨和二维空间分辨的高速诊断系统，除了相机的时间分辨力和空间分辨力两项主要指标以外，每一幅图像还有一幅实际的成幅时间。成幅时间是成像区域大小、选通脉冲在微带上的传输速度和分幅相机的时间分辨力的综合，在有的文献中也称其为相机的曝光时间，实际是指相机拍摄一幅图像所需的时间。

由于阴极是直接镀制在 MCP 的输入面上而无近贴距离，对通道内的首次碰撞而言，入射电子是阴极产生的光电子。在建立通道内电子选通模型前，需要先对首次碰撞的光电子进行初始化，主要是光电子的能量和发射角度两个参数，采取的方法是蒙特卡洛统计法。

1）阴极光电子的蒙特卡洛抽样

（1）光电子发射能量。文献[155]证明倍增电子在通道内的碰撞次数不仅与 MCP 上所加电压 V_m 有关，而且与首次碰撞的光电子的初能量也有直接的关系。

光电阴极选用 Au 阴极，Au 阴极直接制作在微通道板输入面上，X 射线光电子的产生时间约为 10^{-14}s，因此，对光电子的发射时间及其弥散不予考虑[156]。通过实验和计算给出了 X 射线所激发的 Au 阴极的光电子能量 E_x 分布，如图 3－122 所示，并且发现该曲线可用式(3－269)表示：

$$f(E_x)=A\frac{E_x}{(E_x+3.7)^4} \tag{3-269}$$

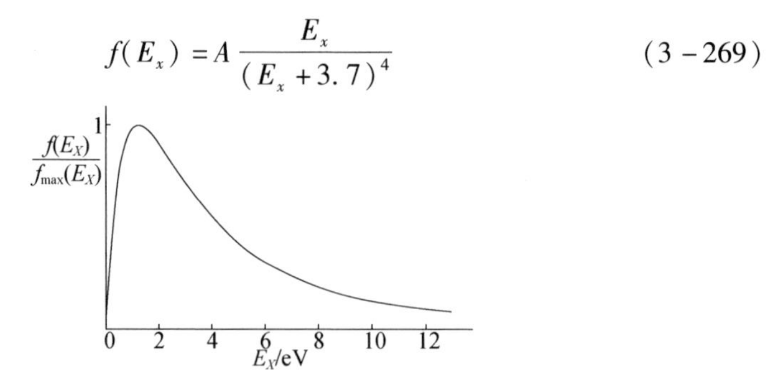

图 3－122　Au 阴极发射的光电子能量分布

由于 $f(E_x)$ 的原函数复杂，采用蒙特卡罗统计法中的舍选抽样法。舍选抽样法是指随机变量 η 在 $[a,b]$ 上有限，且 f_{max} 为其 $[a,b]$ 区间上的 $f(E_x)$ 的最大值，在[0,1]区间上取均匀分布随机数 r_1、r_2，随机变量为

$$\eta=(b-a)r_1+a \tag{3-270}$$

若

$$r_2>\frac{f(\eta)}{f_{max}} \tag{3-271}$$

则继续取随机数 r_1、r_2，到满足下式为止：

$$f_{\max} r_2 \leqslant A \frac{(b-a)r_1 + a}{[(b-a)r_1 + a + 3.7]^4} \tag{3-272}$$

抽样方法如下：

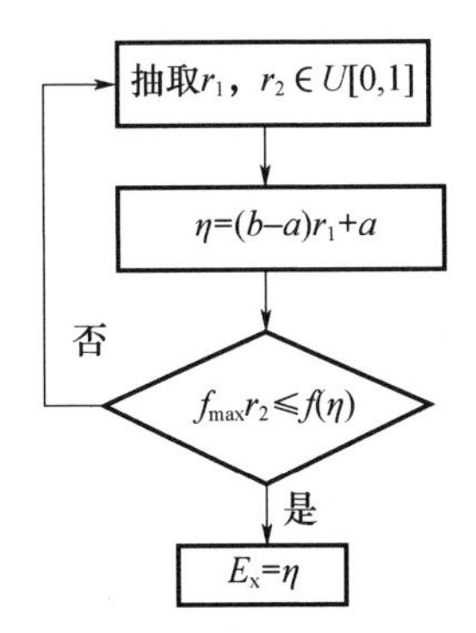

由 $\int_0^{\infty} f(E_x)\mathrm{d}x = 1$，可求出 $A=250$。

由式(3-270)看，E_x 不存在上限，但 E_x 足够大时，$f(E_x)\to 0$，这里取 $E_x \in [0, 20\mathrm{eV}]$。

(2) 光电子发射的角度。通常认为光电子发射角度为兰伯特(Lambert)分布(余弦分布)。忽略微通道的倾斜角，不考虑方位角 β 的分布，只讨论微通道轴截面上的电子发射的轨迹，因此我们认为阴极发射的光电子是各向同性的粒子，各向同性散射角余弦 $Y=\cos X$ 则遵从如下分布函数[157]：

$$f(y) = \begin{cases} \dfrac{1}{2} & (-1 \leqslant y \leqslant 1) \\ 0 & (\text{其他}) \end{cases} \tag{3-273}$$

对于各向同性散射角余弦分布，可以表示成积分分布形式如下：

$$f(x) = \frac{\int_{-\infty}^{\lambda\sqrt{1-x^2}} f(x,y)\mathrm{d}y}{\int_{-\infty}^{+\infty}\mathrm{d}x \int_{-\infty}^{\lambda\sqrt{1-x^2}} f(x,y)\mathrm{d}y} \tag{3-274}$$

式中：$\lambda = 8/3\sqrt{3}$。根据积分抽样方法，各向同性散射角余弦分布的抽样方法为

$$\xi_1^2 + \xi_2^2 \leqslant \lambda \frac{2\xi_1\xi_2}{\xi_1^2\xi_2^2}? \quad \text{否}$$

$$\downarrow \text{是}$$

$$\cos x = \frac{\xi_1^2 - \xi_2^2}{\xi_1^2 + \xi_2^2}, \sin x = \frac{2\xi_1\xi_2}{\xi_1^2\xi_2^2} \tag{3-275}$$

式中：ξ_1、ξ_2 分别为在[0,1]区间服从均匀分布的两个随机数。

利用蒙特卡罗方法模拟得到 Au 阴极光电子的发射能量曲线及发射角余弦分布曲线如图 3－123 所示。

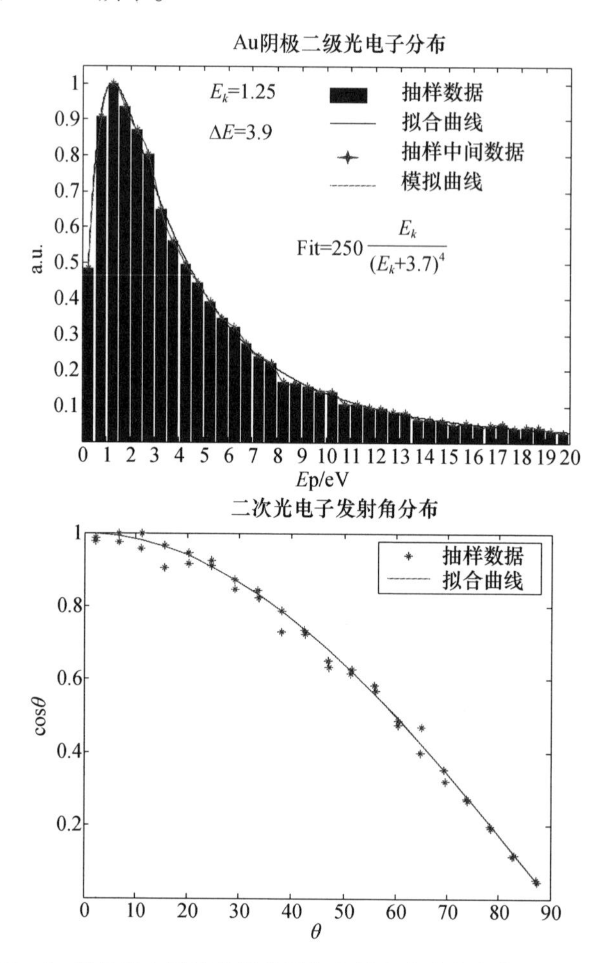

图 3－123　Au 阴极光电子的发射能量与发射角余弦分布蒙特卡洛抽样曲线

2）通道内二次电子皮秒动态倍增模型

为减少计算量，仅对阴极光电子进行蒙特卡洛抽样。进入通道内倍增的电子在窄脉冲的作用下，整个渡越过程不宜直接采用“直流倍增模型”，但考虑每一次的碰撞过程仍可参考它，如图 3－124 所示。参考式(3－261)，在不完全为近掠射入射条件下的碰壁能量和发射能量，设有下式关系：

$$\mathrm{e}V_o = eV/4\beta^2 \tag{3-276}$$

设 MCP 上施加高斯型高压选通电脉冲 V_{M}（峰值为 V_{Mp}，脉冲的半高全宽 FWHM 为 T_{n}），即

$$V_{\mathrm{M}}(t) = V_{\mathrm{Mp}}\exp\left[-4\ln 2\left(\frac{t-T_{\mathrm{n}}}{T_{\mathrm{n}}}\right)^2\right] t\in[0,2T_n] \tag{3-277}$$

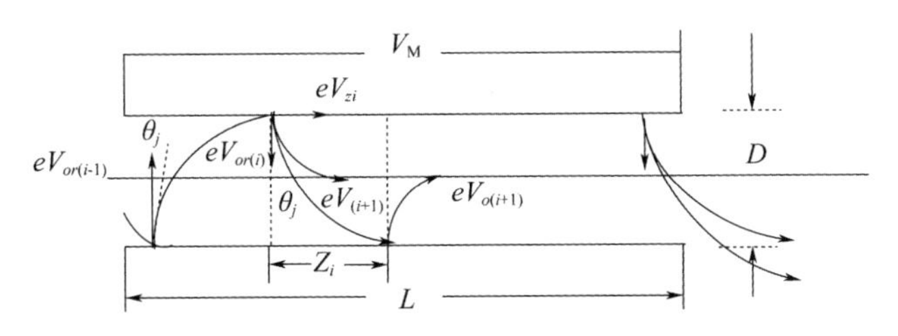

图3－124　微通道中电子碰撞倍增模型

首次电子发射为阴极产生的光电子，ε 为光电子能量分布抽样值，发射角余弦值为 j_c，正弦值为 j_s。

首次径向发射能量为

$$V_{or(1)}=\varepsilon\cdot j_c \tag{3-278}$$

首次轴向发射能量为

$$V_{oz(1)}=\varepsilon\cdot j_s \tag{3-279}$$

t_0为光子入射到MCP入射面的时刻，以下讨论均忽略光电子和二次电子产生的时间。由于选通脉冲在微带线上传输，光脉冲照射光电阴极产生光电子，并在MCP中发生电子倍增现象。在空域上，光脉冲是覆盖整个光电阴极的，但在时域上相对于选通脉冲而言相当于一个 δ 函数作用在选通脉冲的不同时刻点上产生了光电子，并在MCP内倍增，得到电子增益随时间的变化曲线 $G(t)$，也相当于微带上一个单位点上的电子增益曲线，其FWHM即表示时间分辨力。图3－125所示为光脉冲和选通脉冲作用的时域图。因此 t_0的抽样范围为 $t_0\in[0,2T_n]$

碰撞时刻有

$$t_1=t_0+D/\sqrt{2V_{or(1)}/m} \tag{3-280}$$

分析MCP通道内第 i 次碰撞，t_i 为第 i 次二次电子与通道壁相碰撞的时刻，t_{i-1}为第 $i-1$ 次碰撞产生二次电子的时刻，$V_{or(i-1)}$、$V_{oz(i-1)}$ 分别为第 $i-1$ 次碰撞产生的二次电子的径向发射能量和轴向发射能量，$V_{r(i)}$、$V_{z(i)}$ 分别为第 i 次碰撞时的径向碰壁能量和轴向碰壁能量，e、m 分别为电子的电荷量和质量，如图3－124所示，则对第 i 次碰撞有

电子径向碰壁能量为

$$V_{r(i)}=V_{or(i-1)} \tag{3-281}$$

电子轴向碰壁能量为

$$V_{zi}=\frac{1}{2}\mathrm{m}\left[\left(\sqrt{\frac{2V_{oz(i-1)}}{m}}+\int_{t_{i-1}}^{t_i}\frac{e\int_{t_{i-1}}^{t_i}V_{\mathrm{m}}(t)\,\mathrm{d}t}{mL}\mathrm{d}t\right)\right]^2 \tag{3-282}$$

碰壁总能量为

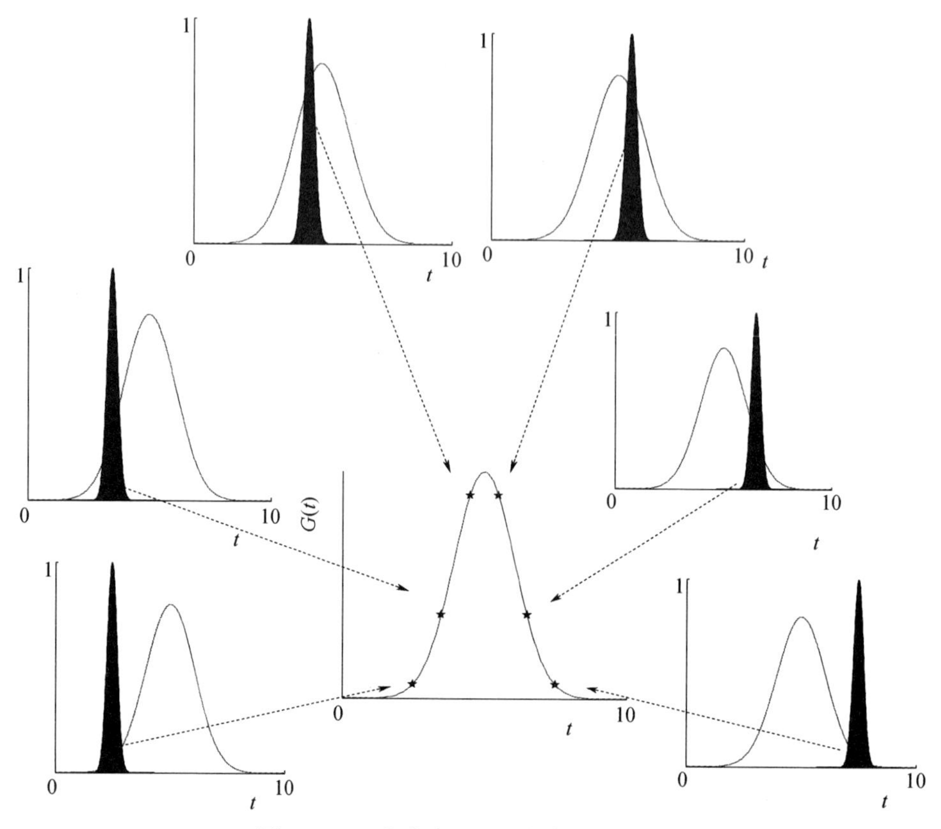

图 3-125 光脉冲和选通脉冲作用的时域

$$V_i = \sqrt{V_{or(i-1)}^{\ 2} + V_{zi}^{\ 2}} \tag{3-283}$$

碰壁时刻为

$$t_i = t_{i-1} + D/\sqrt{(2V_{or(i-1)}/m)} \tag{3-284}$$

此次碰撞产生的二次电子发射系数为

$$\delta_i = (V_i/V_c)^k \tag{3-285}$$

式中：V_c 为微通道板第一跨越电位；k 为整个工作电压范围内的二次发射函数的曲率。

轴向位移为

$$Z_i = \int_{t_{i-1}}^{t_i} \sqrt{\frac{2V_{oz(i-1)}}{m}} \cdot \mathrm{d}t + \int_{t_{i-1}}^{t_i} \frac{e\int_{t_{i-1}}^{t_i} V_m(t)\,\mathrm{d}t}{mL} t\mathrm{d}t \tag{3-286}$$

碰撞产生的第 $i+1$ 次二次电子发射能量为

$$V_{o(i+1)} = V_i/4\beta^2 \tag{3-287}$$

为方便计算，二次电子的发射角选取同光电子一样的余弦分布蒙特卡洛抽样。

则第 i 次二次电子径向发射能量为

$$V_{or(i+1)} = V_{o(i+1)} \cdot j_{\mathrm{c}} \tag{3-288}$$

轴向发射能量为

$$V_{oz(i+1)} = V_{o(i+1)} \cdot j_{\mathrm{s}} \tag{3-289}$$

此时,第 j 个抽样光电子产生的 MCP 的倍增增益为

$$G_j = \prod_{i=1}^{j} \delta_i \tag{3-290}$$

n 个抽样光电子产生的 MCP 的平均总增益为

$$\overline{G} = \frac{1}{n}\sum_{j=1}^{n} G_j \tag{3-291}$$

此模型计算中,MCP 的特征参数选取数值:$\beta = 2.4$,$V_{\mathrm{c}} = 29.4\mathrm{eV}$,$k = 0.75$,$L = 0.5 \times 10^{-3}\mathrm{m}$,$D = 12.5 \times 10^{-6}\mathrm{m}$,并且仅考虑通道内每次倍增的二次发射系数 $\delta_i \geqslant 1$ 的情况。当 $\sum_{i=1}^{n} Z_i$ 大于 L 时,则电子渡越出 MCP。

由此可依次计算出各级倍增过程中的碰撞时刻、碰撞时的轰击能量、碰撞产生的二次电子初能量、二次电子发射系数、碰撞的轴向位移以及电子总增益等参数。

单 MCP 选通软 X 射线皮秒分幅相机(MCP－XPFC)主要由分幅管和电控两部分组成。分幅管的时间分辨力和空间分辨力是分幅相机所有性能指标中最重要的两项,在分幅管结构参数一定的情况下,其动态性能指标和分幅相机选通脉冲的技术参数以及选通脉冲的传输特性密切相关[158－161]。

4. MCP－XPFC 的时间分辨力

相机的时间分辨力定义为 MCP 增益与时间关系曲线的半高全宽(FWHM),即 MCP 某一点对电子的开通时间。在某一选通脉冲峰值电压下,计算所得时间分辨力和峰值增益与电脉冲宽度之间的变化关系如图 3－126 和图 3－127 所示。

由仿真结果知(图 3－128 和图 3－129):随着选通脉冲宽度的增加,增益先是非线性增加,最终将趋于饱和,饱和的临界点约为 250ps。0.5mm 厚、长径比为 40 的 MCP 的最可几电子渡越时间及弥散约为(180 ± 30)ps[162],前面理论计算也知,1200V 板压下的最可几电子渡越时间约为 220ps,因此当经历 250ps 以上时间时,所有电子几乎全部渡越出通道,即使增加脉宽,其倍增的电子数目也将趋于稳定,而最小曝光时间又受微通道板中电子渡越时间的限制,显然,缩短选通电脉冲的宽度有利于缩短相机的曝光时间,提高相机的时间分辨力。但由于 MCP 电子渡越时间的限制,曝光时间小于所加选通脉冲的宽度,如果选通脉冲过窄,逸出 MCP 的电子数将减小,导致增益降低。

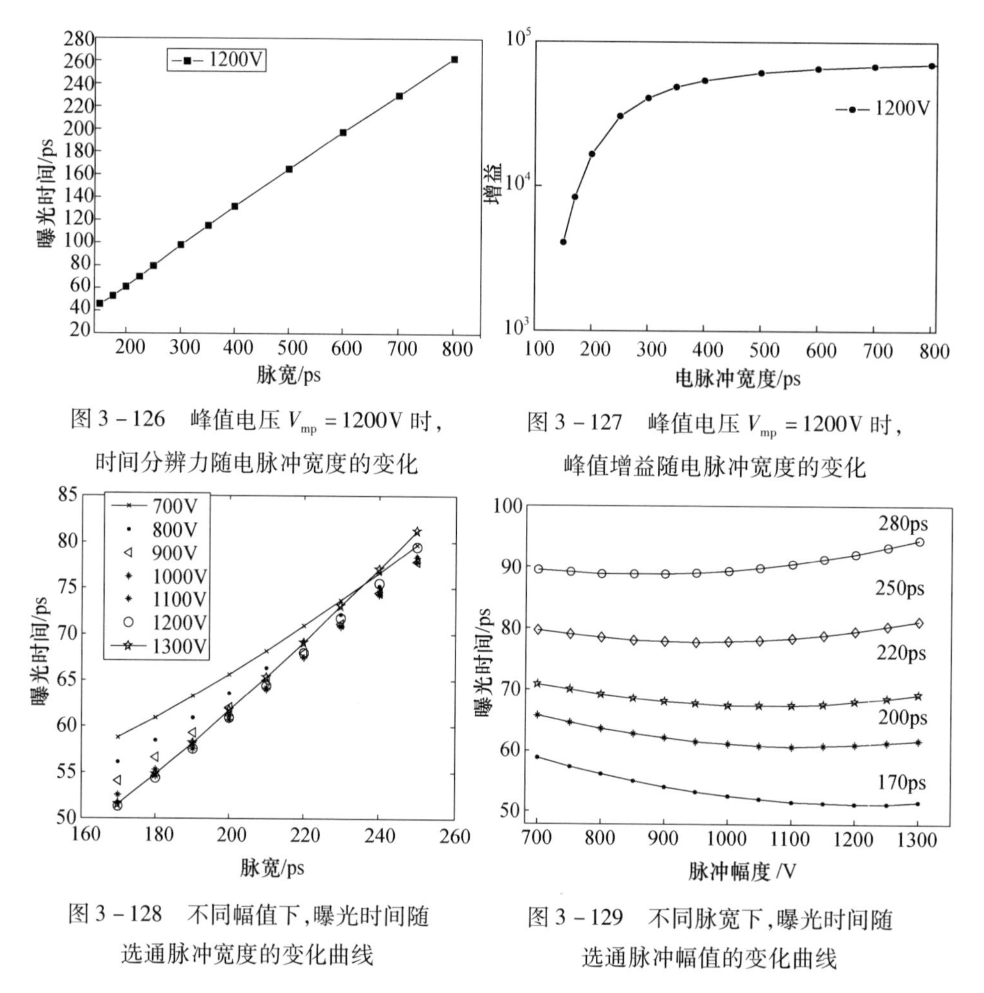

图 3 - 126　峰值电压 V_{mp} = 1200V 时，时间分辨力随电脉冲宽度的变化

图 3 - 127　峰值电压 V_{mp} = 1200V 时，峰值增益随电脉冲宽度的变化

图 3 - 128　不同幅值下，曝光时间随选通脉冲宽度的变化曲线

图 3 - 129　不同脉宽下，曝光时间随选通脉冲幅值的变化曲线

根据所建立的理论模型，从定性的角度探讨了高斯型选通脉冲的脉宽和幅值对分幅管时间分辨力的影响。也认为在选通脉冲峰值电压不变的条件下，减小脉宽可以提高时间分辨力，但并是非线性变化，因为在电脉冲较宽时，增益压窄效应更强；而电脉冲宽度在 400ps 以下，在同一脉宽下，提高峰值电压有利于提高时间分辨力，因为提高板压可以减少 MCP 中的电子渡越时间。

在选通脉冲较窄时，提高脉冲幅值能够在一定程度上提高时间分辨力；而当选通脉冲的脉宽和电子在 MCP 中的平均渡越时间相当或是更长时，提高电压并不能改善相机的时间分辨力，反而会使其略微变大。这可能是由于 MCP 的增益饱和效应，过高的电压可能导致更多的电子入射到通道壁的深处而不能引发二次电子，从而最终影响时间分辨力。但是窄脉冲（200ps 以下）应选择较高幅值电压（900V 以上），以保证有效的增益值，获得好的图像信噪比。

选取两组选通电脉冲 V_1（250ps，-2.5kV）和 V_2（170ps，-2.8kV），实测的

微带线阻抗约为15Ω,实际加载在分幅相机MCP微带线上的脉冲幅值约为V_1脉冲1200V,V_2脉冲1400V,代入回归方程,分别得到时间分辨力$Y_1=81$ps,$Y_2=53$ps。由基本理论模型计算得出的时间分辨力$Y_1=81$ps,$Y_2=54$ps。图3-130为选通脉冲250ps,1200V和图3-131为170ps、1400V作用下的增益曲线及其高斯拟合曲线。

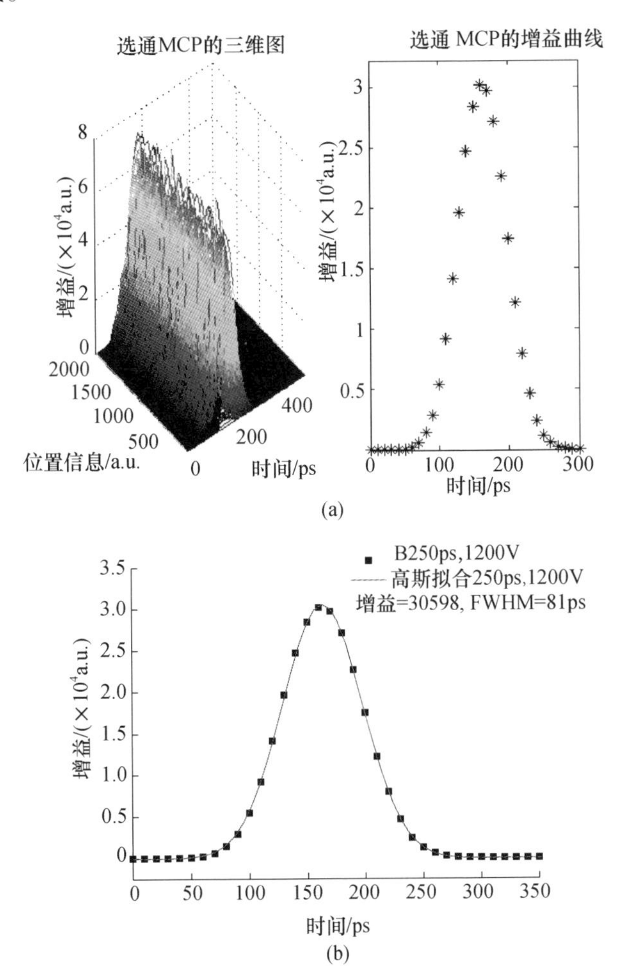

图3-130 选通脉冲250ps,1200V的增益曲线
(a)理论计算值;(b)理论值及高斯拟合曲线。

5. MCP-XPFC动态选通实验结果及分析

实验光源是KrF_2准分子激光器,波长为248.8nm,脉宽为500fs,能量为2~4mJ,重复频率0.5~2Hz可调。图像记录系统为美国普林斯顿仪器公司(PI)的VeryArray 2048×2048型CCD,分辨力2K×2K。

实验装置如图3-132所示,激光通过一个半透半反的镜片M1被分成两

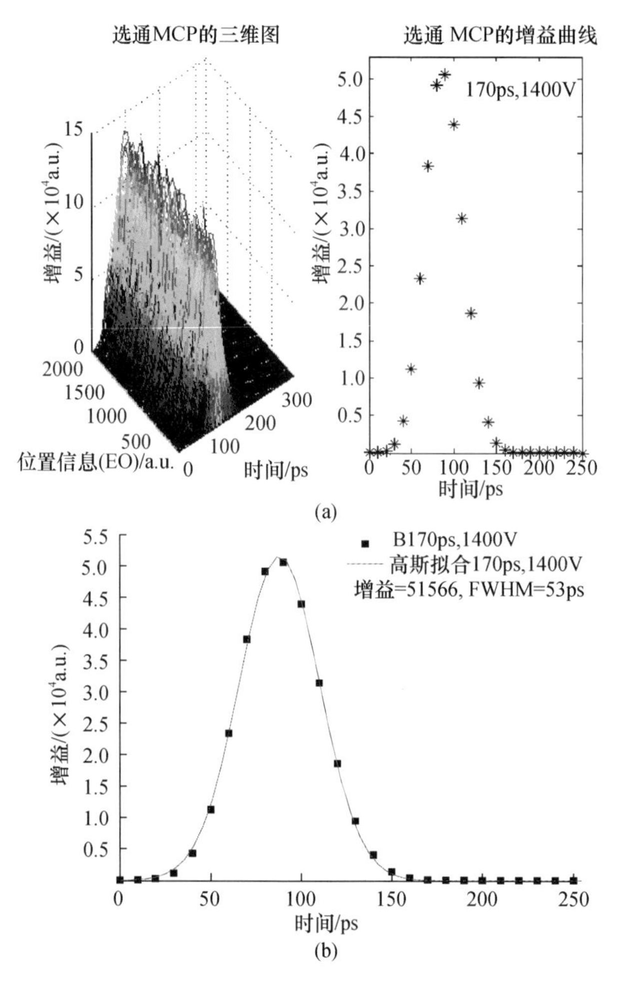

图 3-131　选通脉冲 170ps,1400V 的增益曲线

(a)理论计算值;(b)理论值及高斯拟合曲线。

束,一束经延迟并扩束后均匀照射在分幅管阴极微带上,另一束通过 PIN 探测器触发电控箱产生高压选通电脉冲。调节电控箱上的电路延迟,使光信号和电脉冲到达阴极微带的时间同步。

标定相机的时间分辨力是根据图 3-133 所示原理。一个飞秒光脉冲作用在微带上,在空域上相当作用于微带上一个单位点,选通电脉冲传输过这点,相当阴极微带上一点在选通脉冲的不同时刻点产生光电子,并在 MCP 内倍增,最终得到电子增益和时间的关系,在 CCD 图像上则是用积分强度与位置的曲线来表示,其 FWHM 值所代表的时间就是相机的时间分辨力。因此,要根据脉冲在微带线上的传输速度来标定一个像素点所代表的 CCD 图像长度,并且每次实验根据 CCD 的具体参数和放置的位置不同都要重新标定。具体计算方法如下(图 3-133):

（1）首先测试电脉冲在微带线上的传输速度；

（2）由于微带线的宽度固定为6mm，以此为标准可以标定微带单位尺度内的CCD像素数；

（3）换算脉冲传输方向上单位图像尺度内所占的CCD像素数（像素/mm）；

（4）计算增益曲线的FWHM所占的像素数总数；

（5）
$$\text{时间分辨力}=\frac{\text{增益曲线的 FWHM 像素数}}{\text{脉冲速度}\times\text{像素数/单位图像尺度}}(\text{PS}) \qquad (3-292)$$

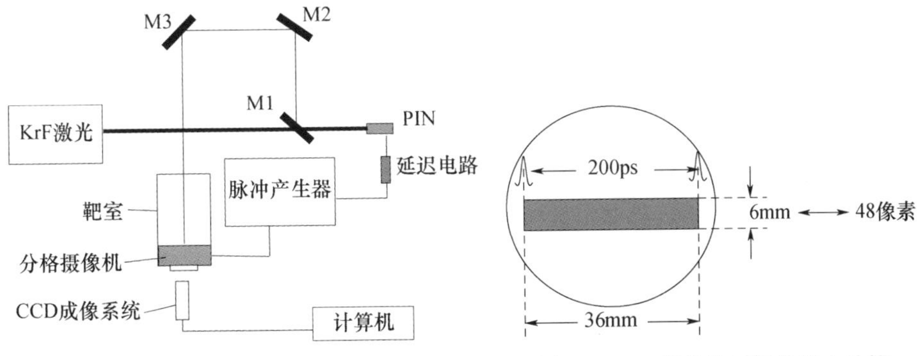

图3－132　皮秒脉冲选通实验装置示意图　　　图3－133　相机的时间分辨力计算

首先利用美国Anligent的86100C型、采样频率70GHz的取样示波器测试了分幅管MCP，电脉冲在36mm微带线上的传输时间是200ps，计算得电脉冲的传输速度为0.18mm/ps；而6mm微带宽度在CCD图像上占48像素，计算得单位图像长度上的像素数为8像素/mm；时间分辨力由式（3－292）得

$$\text{时间分辨力}=\frac{\text{FWHM}}{1.44}\text{ps}$$

实验结果如图3－134所示。

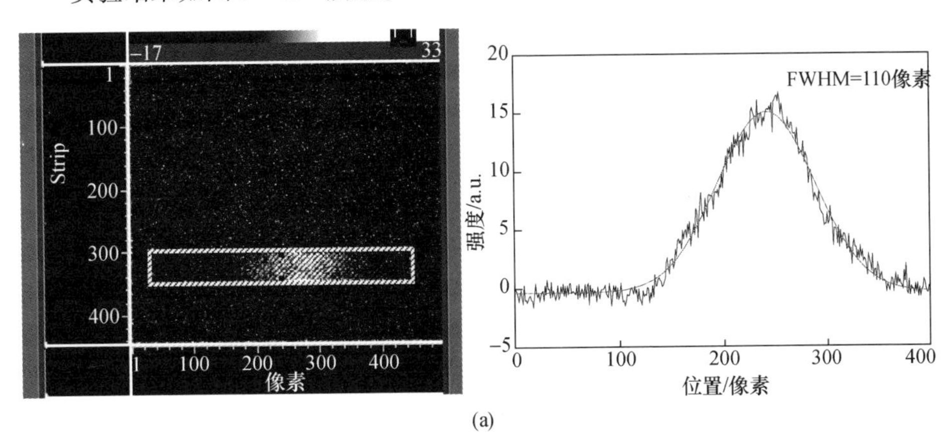

(a)

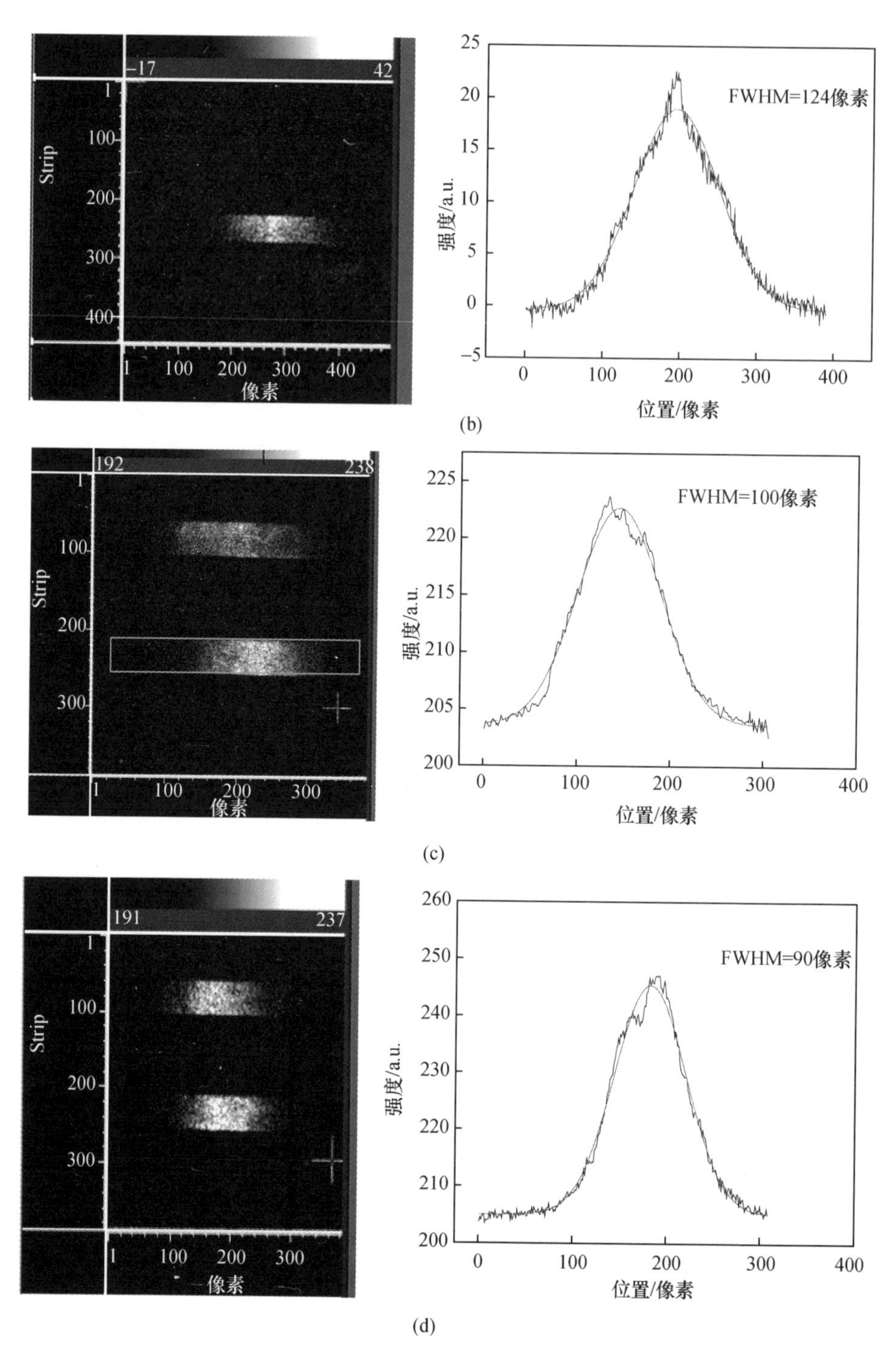

图 3-134 分幅相机动态测试实验结果及高斯拟合曲线

(a) Y_1(fwhm) = 77ps;(b) Y_1(fwhm) = 85ps;(c) Y_2(fwhm) = 69ps;(d) Y_2(fwhm) = 62ps。

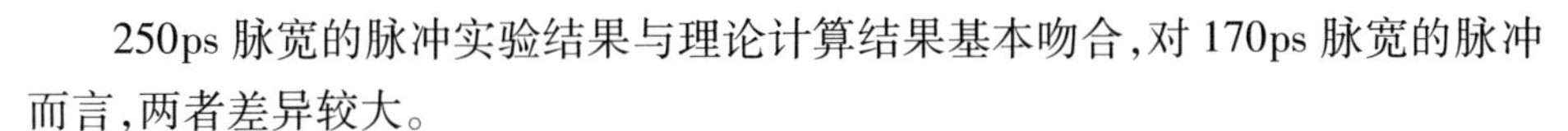

250ps 脉宽的脉冲实验结果与理论计算结果基本吻合,对 170ps 脉宽的脉冲而言,两者差异较大。

实验结果和理论计算结果的误差总的来说可能受以下因素的影响:

(1) 理论模型中,MCP 选取的特性参数 β、V_c、k 与实验使用的 MCP 的参数不一致。

(2) 理论仿真中,抽样的光电子数目恒定,能量满足给定的分布。实验中,每束激光的均匀性和能量起伏对分幅相机的时间分辨力测量有一定的影响。

(3) 实验采用 248.8nm 的激光作为光源,其产生的阴极光电子能量分布与理论模型采用的是 X 射线轰击 Au 阴极产生光电子能量分布不完全一致。

(4) 电脉冲在传输过程中会有一定程度的幅度衰减和波形展宽。

(5) 实验中,首次电子碰撞时间点 t_0 是由激光光源的脉宽(500fs)和选通脉冲的同步时间决定的;而理论模型中 t_0 在$[0,2T_n]$内,这会导致选通脉冲在整个积分区域内的平均选通电压值与实际加载电压值不符。

(6) 由于 0.5mm 的 MCP 的最可几电子渡越时间及弥散约为(180 ±30) ps,电子渡越时间弥散对 170ps 的窄脉冲影响更大。

6. MCP - XPFC 空间分辨力

相机所拍摄的画幅尺寸取决于镀在 MCP 上的微带传输线的宽度。由于微带加宽后其传输阻抗也会随之降低,从而对选通脉冲提出更高要求,因此实际上是线路的驱动能力制约了相机工作的画幅尺寸[163]。整个相机的空间分辨力包括成像针孔的空间分辨力和行波分幅管的空间分辨力,因为成像针孔的空间分辨力与使用条件有关,所以一般所说相机的空间分辨力都仅指后者。

1) MCP - XPFC 空间分辨力理论分析

MCP - XPFC 的空间分辨力由 MCP 分幅管、针孔、图像记录系统的像增强器与 CCD 相机等光学及电子光学系统的空间分辨力所决定,它们之间的关系由随机误差定理决定:

$$\frac{1}{N^2}=\frac{1}{\beta_{PH}^2 N_{PH}^2}+\frac{1}{\beta_T^2 N_T^2}+\frac{1}{\beta_E^2 N_I^2}+\frac{1}{\beta_{CCD}^2 N_{CCD}^2} \tag{3-293}$$

式中:N 为相机系统的空间分辨力(在针孔处);β_X 为相机各部分相对针孔处的放大率;N_{PH}为针孔的空间分辨力;N_T 为变像管的空间分辨力;N_I 为像增强器的空间分辨力;N_{CCD}为 CCD 的空间分辨力。

因为成像针孔与图像记录系统和使用条件有关,所以一般所说分幅相机的空间分辨力都指的是 MCP 分幅管的空间分辨力。MCP 分幅管采用的是近贴聚焦电子光学系统,其空间分辨力主要受其各部分组成元件的特性及其结构的影响,若忽略光电子的初能量和初角度分布、空间电荷效应、噪声等组成元件特性的影响,只考虑结构对相机的影响,并假设系统各部分相对针孔处的放大率为

1,则一般双近贴聚焦管的静态空间分辨力 N 可以用下式表示:

$$\frac{1}{N^2}=\frac{1}{N_{\mathrm{PC\to MCP}}^2}+\frac{1}{N_{\mathrm{MCP}}^2}+\frac{1}{N_{\mathrm{MCP\to PS}}^2}+\frac{1}{N_{\mathrm{PS}}^2}+\frac{1}{N_{\mathrm{FOP}}^2} \tag{3-294}$$

式中:$N_{\mathrm{PC\to MCP}}$为光电阴极到 MCP 输入面这一近贴聚焦电子光学系统的空间分辨力;N_{MCP}为 MCP 的空间分辨力;$N_{\mathrm{MCP\to PS}}$为 MCP 输出面到荧光屏的近贴聚焦电子光学系统的空间分辨力;N_{PS}为荧光屏的空间分辨力;N_{FOP}为光纤面板的空间分辨力。下面分别讨论各部分参数对相机空间分辨力的影响。

(1) $N_{\mathrm{PC\to MCP}}$。X 射线分幅管采用反射式 Au 光电阴极,它直接镀制在 MCP 的输入面上,省略了前近贴聚焦,提高了整个相机系统的空间分辨力和光电阴极的效率。其对整机系统的空间分辨力的影响可忽略。

(2) N_{MCP}。MCP 的微孔是六角形紧密排列的(图 3-135),d 为通道孔的中心间距,在任意方向上的极限分辨能力(仅考虑几何参数)为[164]

$$N_{\mathrm{MCP}}=\frac{1000}{\mathrm{d}\sqrt{3}}(\mathrm{lp/mm}) \tag{3-295}$$

若采用 Φ56、微孔直径 12.5μm、开口面积 60% 的 MCP,其孔中心间距约为 15μm,则

$$N_{\mathrm{MCP}}=\frac{1000}{15\sqrt{3}}\approx 38(\mathrm{lp/mm}) \tag{3-296}$$

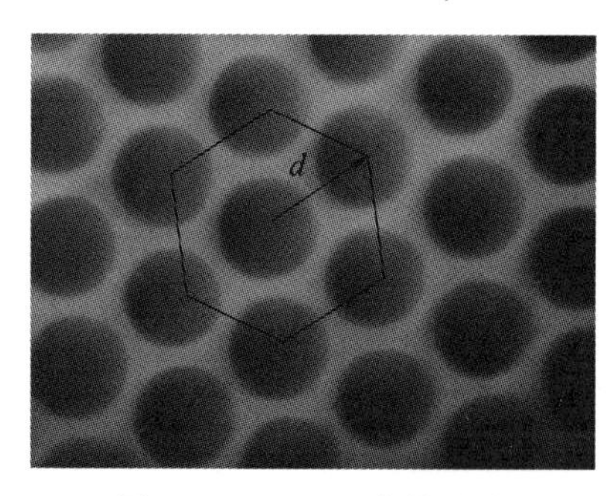

图 3-135 MCP 实物照片

(3) $N_{\mathrm{MCP\to PS}}$:

① 近贴聚焦系统。在近贴聚焦系统中,电子的轨迹呈抛物线。由于电子初能量和出射角度不同,由 MCP 输出面一点出射的电子在荧光屏形成半径为 Δr 的散射圆,Δr 的值由下式确定,偏离量 Δi 取决于 V_i 与 θ:

$$\Delta r=2W\sqrt{\frac{V_i}{V_{\mathrm{p}}}}\sin\theta \tag{3-297}$$

式中:V_i 为电子逸出能量;θ 为电子出射方向与电子光学系统轴线的夹角;V_{p}、W 分别为两电极间的电位差及间距。在一定出射能量下,当电子出射方向与电子

光学系统轴线的夹角为 π/2 时，弥散半径 Δr 达到最大：

$$\Delta r_{\max}=2W\sqrt{\frac{V_i}{V_{\mathrm{p}}}} \tag{3-298}$$

通常可以用此式来作为近贴聚焦电子光学系统像差的衡量指标。为获得较好的成像质量，应减小电极间距 W 及提高极间电位差 V_{p}。

对于皮秒脉冲选通的 MCP 分幅相机，其成像质量并不仅仅受静态电子光学系统的影响。施加的皮秒高压脉冲在 MCP 通道两侧形成一个高斯型交变电场，在不同时刻 MCP 通道内倍增的电子由于通道内加速电场的变化而最终会影响二次电子的出射能量，对 MCP 分幅相机系统的像差引入直接的影响。

② 分幅变像管近贴聚焦系统的空间调制传递函数（SMTF）理论。将 MTF 作为像质指标，能把系统内单个元部件的传递性能联系起来，在设计阶段，也可进行较精确的计算。MTF 反映了系统自低频到高频的传递特性，极限分辨力实际只对应于 MTF 曲线上的一个点（规定了调制度为可以接受的值的 5% 或 10% 的点）。

对于近贴聚焦系统的空间分辨力的评定，一个简单的标准是以像面上最大弥散圆直径的倒数作为空间分辨力的量度，$R=\frac{1}{2|\Delta r|_{\max}}$。仅考虑二次电子由于皮秒电脉冲选通而导致从 MCP 输出面出射动能的不同，则系统的空间分辨力应以像面上最大弥散圆的均方根直径的倒数来表示，$\overline{R}=\frac{1}{2\sqrt{\overline{\Delta r_{\max}^{2}}}}$，并可用指数函数形式近似表示系统的 MTF：

$$\mathrm{MTF}(f)=\exp\left[-\left(\pi\sqrt{\overline{\Delta r_{\max}^{2}}}f\right)^{2}\right] \tag{3-299}$$

式中：$\overline{\Delta r_{\max}^{2}}=\frac{1}{n}\sum_{i=1}^{n}\left(2L\sqrt{\frac{V_{i_{\max}}}{V_{\mathrm{p}}}}\right)^{2}$。

③ 分幅变像管近贴聚焦系统的空间调制传递函数（SMTF）曲线。根据上述 MCP 皮秒选通模型以及 SMTF 理论，讨论 MCP－XFC 在皮秒选通状态下的 SMTF 与屏压 V_{p}、近贴距离 W、微带线上作用的选通脉冲的幅度 V_{mp} 与宽度 T_{n} 等参数的关系。不同参数下的 MCP 选通分幅变像管的 SMTF 数值计算曲线如图 3－136所示。

图 3－136（a）和（b）中的曲线体现了提高 SMTF 值必须减少 W 及提高 V_{p} 的关系。但在实际应用中，这两个参数的选择要保证相机处于稳定工作状态（MCP 与荧光屏之间不打火），由于制作工艺上的限制，一般选择屏压为 2500～4500V，近贴距离控制在 0.5～1.2mm。

图 3－136（c）和（d）中的曲线表明了选通脉冲的形状不同对成像质量也有影响。选通脉冲的电压越低，脉冲越窄，则 SMTF 特性越好。根据式（3－217）～

式(3－221),电脉冲电压越低,电子从 MCP 输出端逸出时的径向动能越小,造成像弥散越小,但是其电子增益的降低同样会影响成像质量。图 3－136(c)中,峰值电压为700V 的选通脉冲和800V 时的 MTF 曲线几乎重合,但是前者的图像增益远小于后者,综合考虑还是选通脉冲峰压 800V 时的成像质量要优于700V 时。

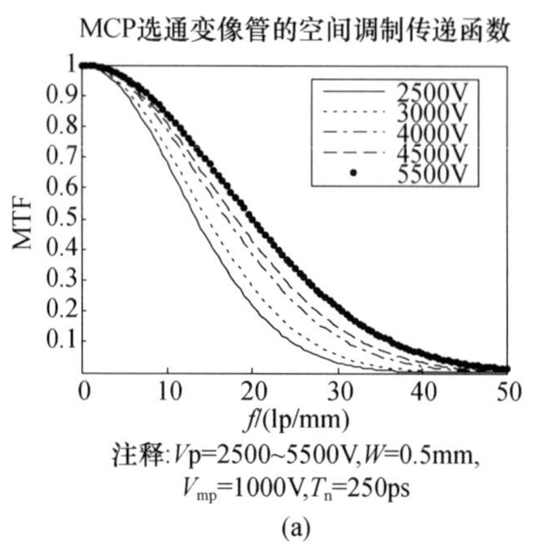

注释:Vp=2500~5500V,W=0.5mm,
V_{mp}=1000V,T_n=250ps

(a)

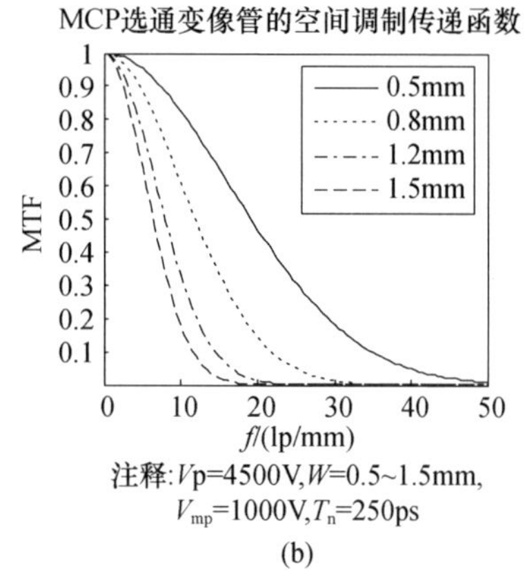

注释:Vp=4500V,W=0.5~1.5mm,
V_{mp}=1000V,T_n=250ps

(b)

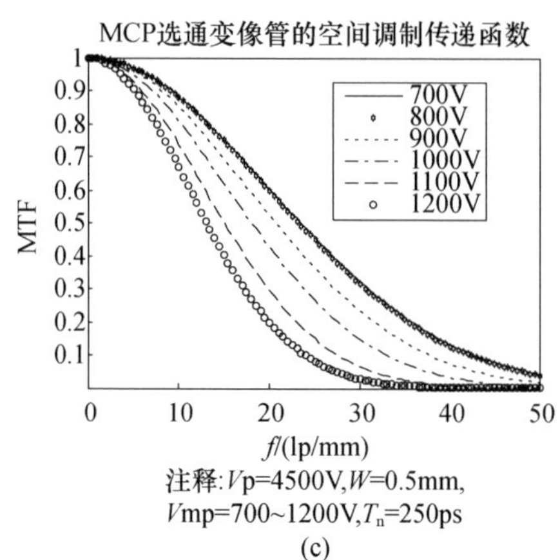

注释:Vp=4500V,W=0.5mm,
Vmp=700~1200V,T_n=250ps

(c)

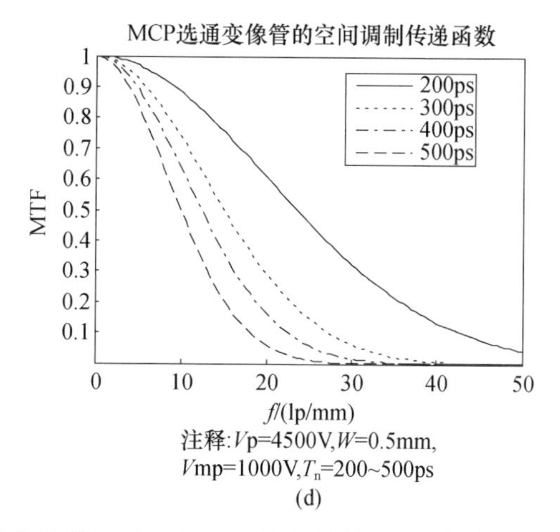

图 3 - 136　在不同参数下的 MCP 选通变像管的空间调制传递函数数值计算曲线

对于选通脉冲的宽度而言,根据式(3 - 281) ~ 式(3 - 286),脉冲幅度一样时,电脉冲作用区域越窄,平均电压越低,则电子从 MCP 输出端逸出动能越小,但是不能忽略电子在通道中的渡越时间,在保证有效的电子增益的前提下,要求 0.5mm 厚的 MCP 上施加的选通脉冲宽度一般不低于 200ps。

(4) N_{PS}:荧光屏的空间分辨力与调制传递函数直接给变像管的空间分辨力与调制传递函数以限制。荧光屏的调制传递函数同样与粉粒大小、屏层厚度、屏基底、粉层涂敷方法及铝膜有关,其空间调制传递函数 MTF 可用经验公式表示[165]:

$$\mathrm{MTF}(f) = \exp\left[-\left(\frac{f}{46}\right)^{1.1} \right] \tag{3-300}$$

经计算得到 MTF 曲线如图 3 - 137 所示,$f = 98$lp/mm(10% 调制度),$f = 125$lp/mm(5% 调制度)。

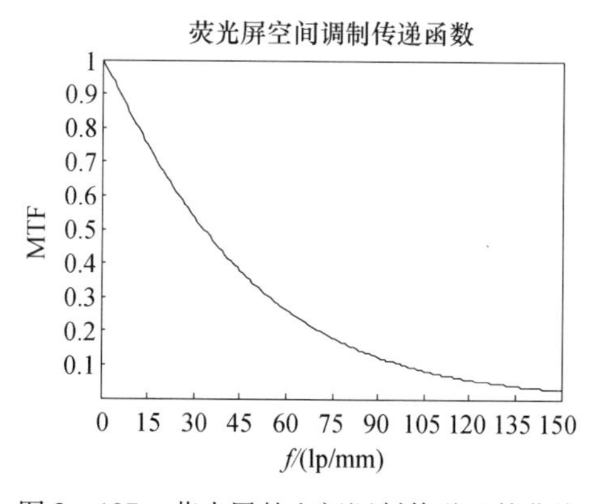

图 3 - 137　荧光屏的空间调制传递函数曲线

(5) N_{FOP}:光纤面板的空间分辨力取决于单根光纤直径、排列方式和光纤中心距 d[166]。对于采用六角形紧密排列的光纤面板(图 3-138),有效传光面积可达 91% 以上,若单根光纤直径为 5m,可认为光纤中心距约为 6m,则光纤面板极限分辨力为

$$N_{FOP}=\frac{1000}{d\sqrt{3}}=\frac{1000}{6\sqrt{3}}(\text{lp/mm}) \tag{3-301}$$

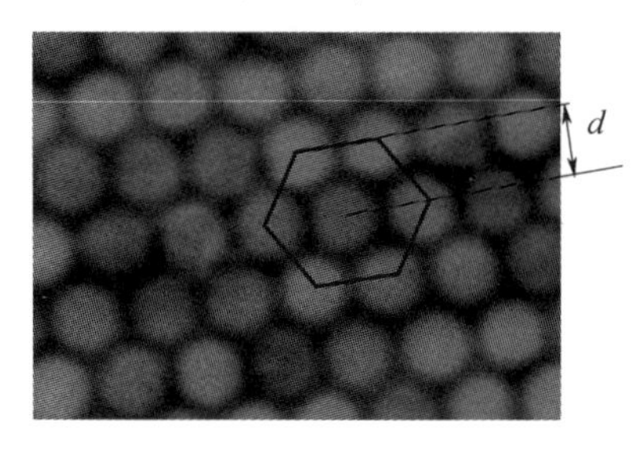

图 3-138　光纤面板实物的光纤排列方式

2）仿真结果

表 3-5 给出了常用实验参数下,近贴聚焦系统和 MCP 分幅相机的空间分辨力理论计算值。实际上,除了结构参数和动态实验参数以外,光电子的初能量与初角度分布、二次电子的能量和角度的分布、微通道板电子噪声以及空间电荷效应等均会影响动态空间分辨力。

表 3-5　常用实验参数下,近贴聚焦系统和 MCP 分幅相机的空间分辨力理论计算值

参数 (V_p, W, V_{mp}, T_n) \ MTF 值	NMCP-PS/(lp/mm)		N(lp/mm)	
	10%	5%	10%	5%
4500V, 0.5mm, 800V, 250ps	42.0	48.0	26.2	27.9
4500V, 0.8mm, 800V, 250ps	26.5	30.0	20.8	22.6
3000V, 0.5mm, 800V, 250ps	34.7	39.5	24.1	25.9
3000V, 0.8mm, 800V, 250ps	21.7	24.8	18.2	20.1
4500V, 0.5mm, 1000V, 250ps	33.0	38.0	23.5	25.5
4500V, 0.8mm, 1000V, 250ps	21.5	24.0	18.1	19.7
3000V, 0.5mm, 1000V, 250ps	27.0	30.0	21.0	22.6
3000V, 0.8mm, 1000V, 250ps	17.5	20.0	15.5	17.3

由于 0.5mm 厚度的单 MCP-XPFC 的时间分辨力一般在 60~100ps 范围内,动态空间分辨力较难测试。一般只进行静态空间分辨力测试。静态空间分

辨力测试是通过在 MCP 分幅变像管的输入面贴一块鉴别率板，用紫外线均匀照明，用近贴相机或是 CCD 相机采集荧光屏上的图像。图 3－139(a)是用近贴相机拍摄的当屏压为 3000V、近贴距离为 0.5mm 时的系统最高静态空间分辨力的测试图，采用 4 号鉴别率板。图 3－139(b)是第 25 组图案局部放大图，对应的分辨力值为 25lp/mm。

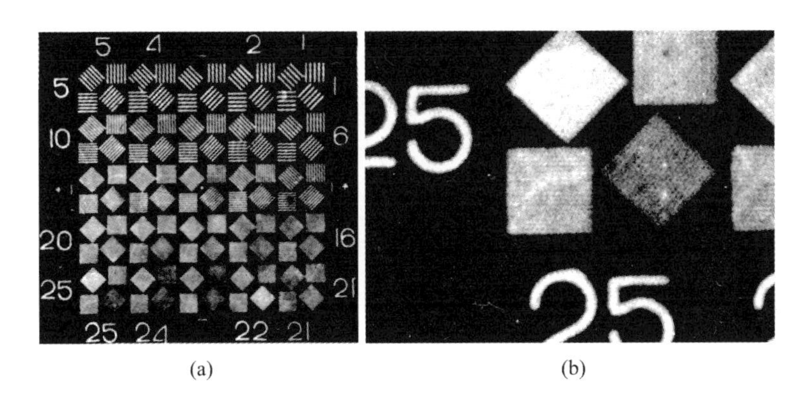

(a)　　(b)

图 3－139　MCP 分幅相机静态空间分辨力测试图

(a)4 号鉴别率板测试图；(b)第 25 组图案局部放大图。

3）提高相机空间分辨力的措施

根据上述讨论，如果选择合理的参数匹配，将在一定程度上提高相机的动态空间分辨力。例如：

(1) 在满足增益的前提下，可以选择更薄的单 MCP，减少电子在微通道内的电子渡越时间，从而可以作用更窄的电脉冲。如前所述，选通脉冲的脉冲越窄，其 SMTF 特性越好。

(2) 可以选择微孔孔径更小的 MCP，提高 MCP 的空间分辨力。而且同样尺寸的 MCP，在保证开口比不变的前提下，微孔孔径减小就会增加通道的数目，大大提高 MCP 电子增益。这样，在满足增益要求的前提下，也同时降低了对电脉冲幅度的要求。如前所述，选通脉冲的电压越低，其 SMTF 特性越好。

(3) 采用新型荧光屏制作工艺来进一步提高 MCP 与荧光屏之间的加速电压和减少近贴距离，如采用高效透明导电膜制作工艺[167]，透明导电膜的导电性好，可以作为电极使用。高压时，相比铝膜荧光屏，两者增益相当，但由于没有蒸镀铝膜时容易形成的孔洞和微小突起，所以不易引起高压打火，可以提高加速电压和减少近贴距离。

(4) 采用在 MCP 的输出端蒸镀一定阻抗的电极，既保证电脉冲的传输特性，又使输出通道端口一段有镀层的通道壁失去发射二次电子的特性。这可使出射电子具有准直效应，因而可以减少输出电子在屏上落点的弥散，从而提高极限分辨力。例如，选用厚度为0.4mm、孔径为8m的MCP，微带传输线上的选通脉冲宽度为180ps、峰值电压为1000V、屏压为5000V、近贴距离为0.5mm、光纤面板单根光纤孔径为6m的参数，理论计算得相机动态空间分辨力$N=31\mathrm{lp/mm}$(10%调制度)，$N=34\mathrm{lp/mm}$(5%调制度)。可见，由于结构参数和实验参数的改变，系统的空间分辨力可提高不少。

4）空间分辨力与屏压关系理论模拟

用Simion软件进行计算模拟光电子在MCP输出面和荧光屏近贴距离之间的轨迹。如图3-140所示，在MCP输出电极处，取某一通道出射的电子作为对象，当改变荧光屏上所加电压时，取空间分辨力MTF下降10%时的电子落点的位置。

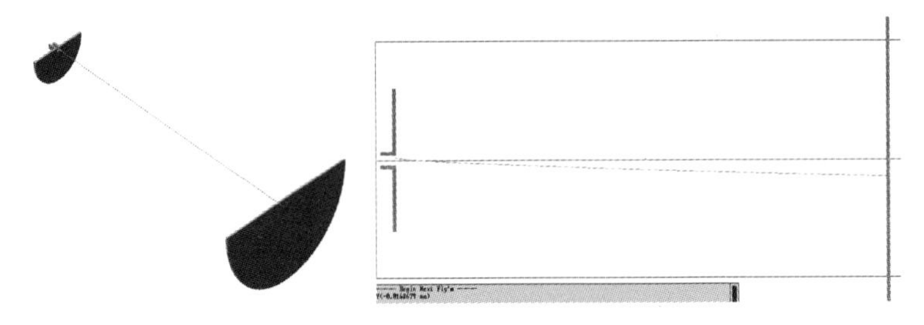

图3-140　单电子的出射弥散轨迹

当取一个电子时，电子能量取5eV，距离通道口7μm处发出，距离通道对称轴的距离为3μm，与轴的夹角为10°。MCP输出面加800V电压，近贴距离不变时，改变荧光屏电压，电子在荧光屏上弥散位置跟着改变。

荧光屏电压为3000V时，垂直方向距离轴的距离为-16.8679μm；

荧光屏电压为4000V时，垂直方向距离轴的距离为-20.1134μm；

荧光屏电压为5000V时，垂直方向距离轴的距离为-21.8142μm；

荧光屏电压为6000V时，垂直方向距离轴的距离为-22.7778μm；

荧光屏电压为7000V时，垂直方向距离轴的距离为-23.2237μm

从所得数据可以看出，单个光电子的弥散距离随着电压的升高而加大，但是弥散距离增大的差值又越来越小，逐渐趋于一个固定值。这应能初步解释实验中，荧光屏所加电压越高，空间分辨力升高至一定程度后不变的现象。当然，单从弥散斑的位置看，随着荧光屏所加电压的增高，空间分辨力应该下降，但是这只是单电子的模拟结果。随着荧光屏所加电压增高，出射光电子能量也随着增高，由3.2节分析的光电子能量决定它在荧光屏中的入射深度，所以激发出的可见光能量也逐渐增大。因此单电子的弥散并不是起决定作用，但是空间分辨力随着电压升高而趋于不变的趋势是被试验结果证实的。

为与单个电子轨迹对比，故取1000个出射电子模拟。假设以大角度发射的电子很可能被通道壁截获而不能从通道内出射，不考虑这样的电子的统计落点，因此电子能量取4 ~6eV 的$\beta(1,4)$分布，方位角服从空间上在$\Phi 10\mu m$的圆面内均匀分布，仰角服从0 ~90°内余弦分布，追踪这1000 个电子的运行轨迹以及到达荧光屏的弥散斑位置。

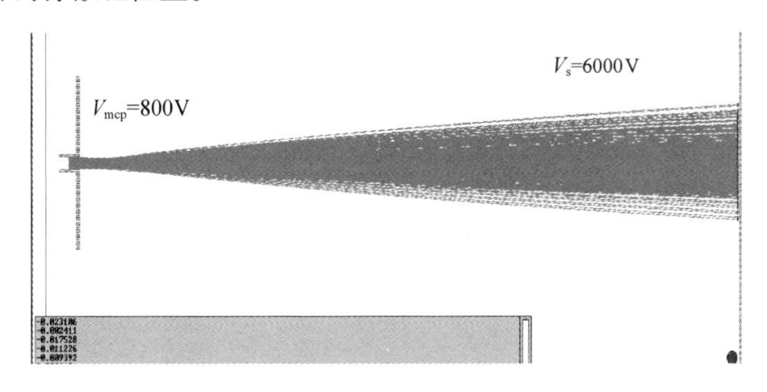

图3 -141　1000 个电子的出射弥散轨迹

图3 -141 是取1000 个电子出射，MCP 输出面加800V 电压，荧光屏加6000V 高压时，获得的一个方向上电子落点位置的统计分布。因为不考虑空间电荷效应，该电场是旋转对称结构，所以根据对称性，另一个方向也基本相似。图3 -142 是图3 -141 中把MCP 输出面附近放大的结果，单纯从电子光学的角度来看，MCP 和荧光屏作为电极，致使从通道里发射出的电子会由于等势线的弯曲而聚束，束腰距离通道口不远，这样，在荧光屏位置电子束就会发散，尤其是屏压越高，发散越严重，就造成电压加高到一定程度，分幅变像管的空间分辨力略有下降。这种公式的计算方法是较粗略的，没有考虑边缘场效应以及相对论效应。

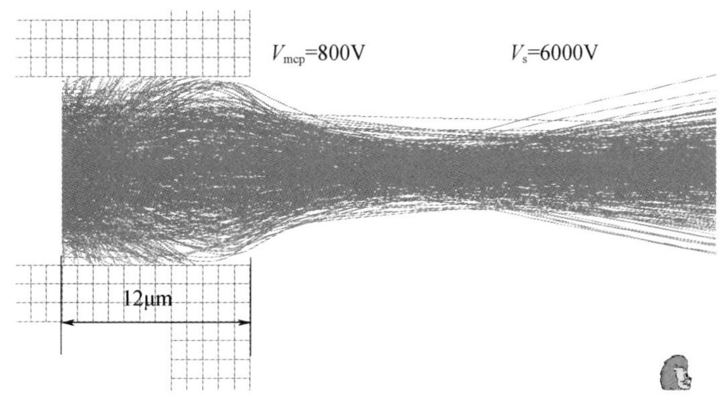

图3 -142　1000 个电子发射透镜束腰的位置

5）分幅管空间分辨力与荧光屏压的关系

仍用上述服从各种分布的1000 个出射电子进行模拟。取近贴距离固定不变时，变换荧光屏上所加电压，比较MTF 均下降至10% 作为标准位置的空间分辨力的变化情况，如图3 -143 ~图3 -147 所示。

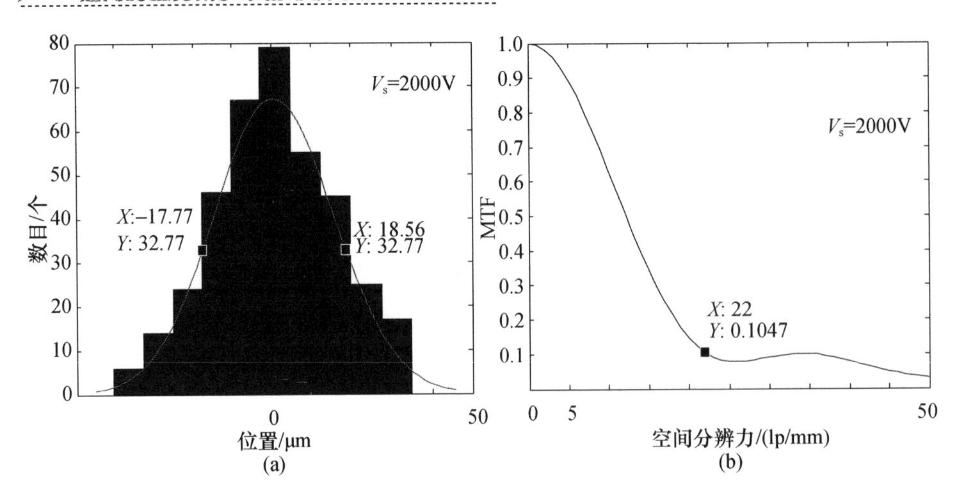

图 3 − 143　屏压 2000V，空间分辨力 22lp/mm

(a)点扩展函数；(b)调制传递函数。

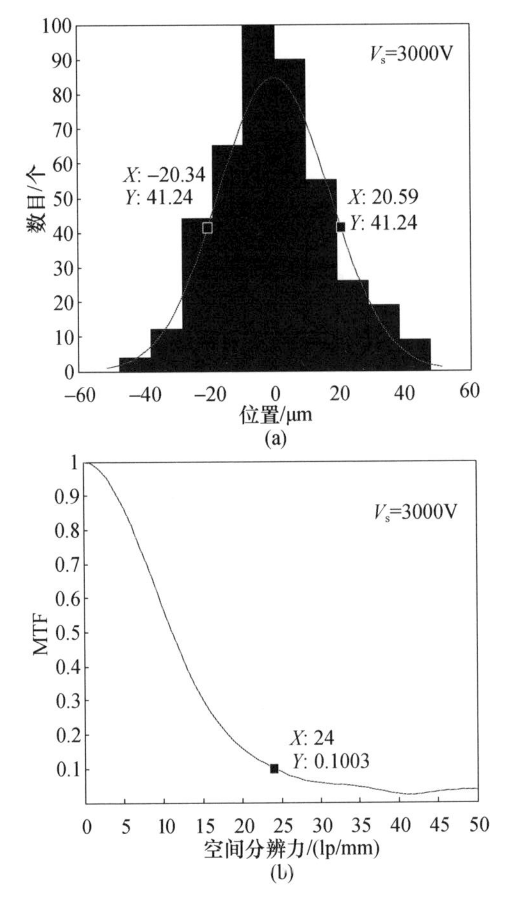

图 3 − 144　屏压 3000V，空间分辨力 24lp/mm

(a)点扩展函数；(b)调制传递函数。

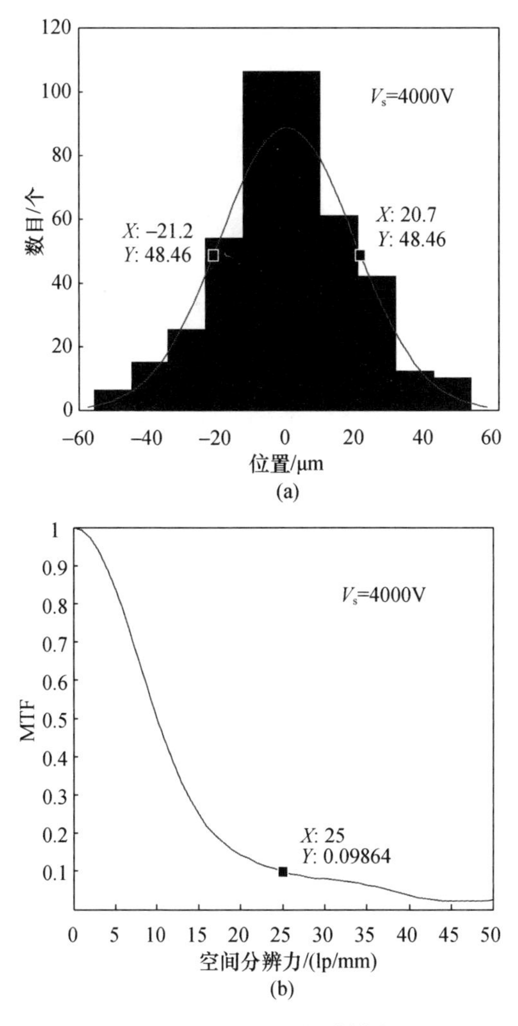

图 3 - 145 屏压 4000V,空间分辨力 25lp/mm

(a)点扩展函数;(b)调制传递函数。

从目前的计算情况来看,只提高荧光屏上所加电压对提高空间分辨力并没有太多的改善,空间分辨力相差不大。而且从图 3 - 143 ~ 图 3 - 147 中得出,空间分辨力随电压升高还有先升后降的趋势,即荧光屏电压加至一定高时,空间分辨力开始下降。这与在实验中得到的结果是吻合的。随着电压的增高,每一个电子激发出的最终光子数增多,此时已经不能单纯地从电子光学角度去解释。从荧光屏发光机理上看,荧光质本身属于一种绝缘体,从它的次级发射特性分析可知,屏面电位将取决于它的平衡位。我们不能从提高电子束的能量来无限制地提高屏的发光亮度,它存在一个极限值。另外,从高能负离子轰击荧光屏所造成的疲劳和灼伤来看,荧光屏的发光亮度和使用寿命也受到一定限制。即使这

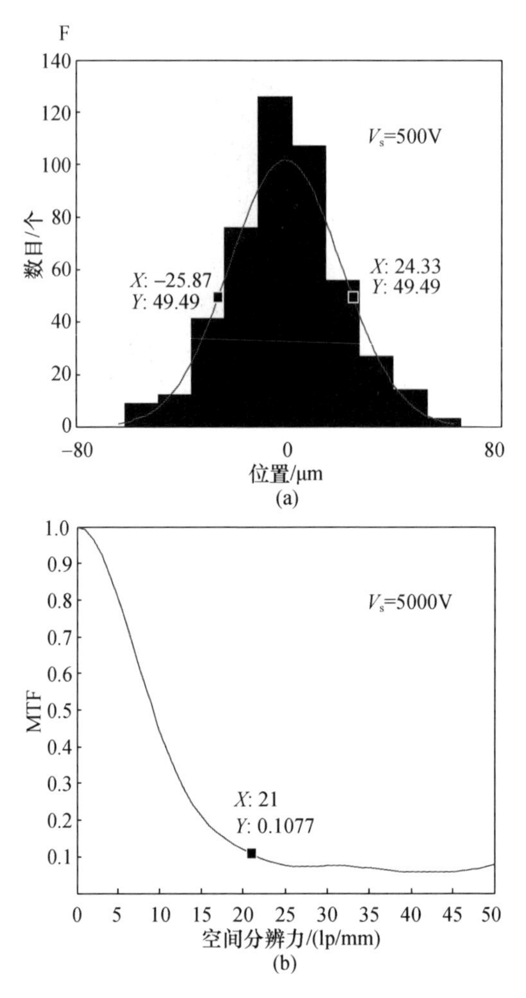

图 3-146　屏压 5000V,空间分辨力 21lp/mm

(a)点扩展函数;(b)调制传递函数。

些问题不考虑,当荧光屏所加电压过高时,电子的加速度更高,它有可能穿透荧光屏层,并不是入射在荧光屏层中间,使激发出的光子数量大大减少。所以发光效率和发光亮度变差,致使空间分辨力下降。

在实验中还得到屏压越低空间分辨力越低的实验结果,这与本节中,从电子光学角度模拟的降低屏压时空间分辨力下降并不明显的模拟结果有些不符。这是因为任何一个成像器件都存在不可消除的噪声,而且电压越低,荧光屏本身的发光效率和发光亮度也较低,便导致空间分辨力下降。而模型设计是基于荧光屏发光效率一样的假设,因此实验中亮度不够,对比度变差,造成能观察到的空间分辨力下降。这是因为电子轨迹过程太复杂,在设计中忽略了很多问题,使计

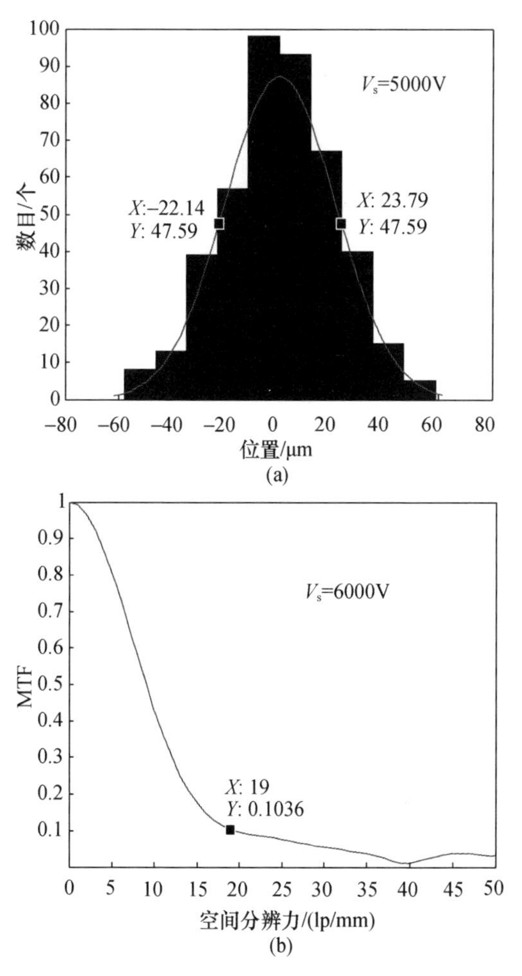

图3－147　屏压6000V,空间分辨力19lp/mm

(a)点扩展函数;(b)调制传递函数。

算模型跟实际情况有一定差距,例如1000个电子出射深度不同,MCP输出电极面取得不够大(但太大计算量会很大),电子发射出来时的能量分布模型和角度分布模型较简单等。

所以提高荧光屏性能,不仅要从结构上改善,而且要与荧光屏本身的发光特性相结合,找寻出最合适的电压和荧光屏最合适的厚度之间的关系。

6）分幅管空间分辨力与荧光屏近贴距离的关系

仍取服从各种分布的1000个电子出射的模拟结果(图3－148)。MCP工作电压为800V,荧光屏电压为 V_s =5000V,只改变MCP输出面与荧光屏之间的近贴距离。当MCP输出面与荧光屏之的近贴距离从0.712mm增大到0.96mm时,MTF下降至10%,空间分辨力从原来的19 lp/mm降到16～17lp/mm,说明

MCP 输出面和荧光屏之间的近贴距离是重要的影响因素。

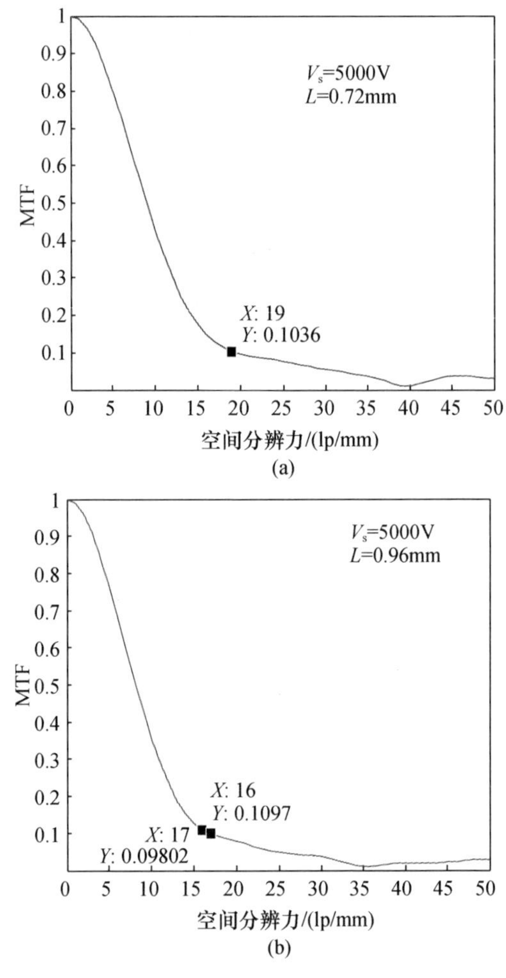

图 3-148　近贴距离变化对空间分辨力的影响

(a) L = 0.72mm; (b) L = 0.96mm。

分别取 MCP 到荧光屏的近贴距离为 18μm、25μm、0.5mm、0.7mm、1mm 等极限和非极限距离进行模拟,并且为了更能体现电子束的束腰,屏压取 7000V。从图 3-149 ~ 图 3-153 中,可以获得 MTF 降至 10% 时不同近贴距离的空间分辨力。可以明显得出:近贴距离越小即 MCP 与荧光屏的距离越近,空间分辨力越高。虽然近贴距离 18μm 和 25μm 以现有的水平很难做到,但是从图 3-151 和图 3-152 中不难看出,近贴距离从 0.8mm 减小至 0.5mm 时,空间分辨力由 28lp/mm 提升至 38lp/mm,现在分变像幅管的近贴距离是 0.8mm,提升至 0.5mm 完全是有可能的,则相机的空间分辨力将得到大幅提升。如何获得牢固可靠不会随着近贴距离的增加而损坏的荧光屏或是采用新结构来减小 MCP 与

荧光屏之间的距离就是研究的方向。

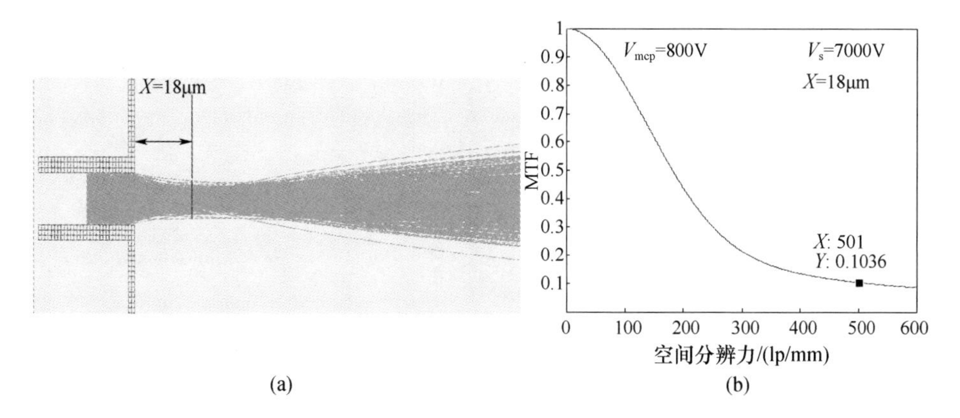

图3-149　近贴距离为18μm,空间分辨力为500lp/mm

(a)电子出射轨迹;(b)调制函数结果。

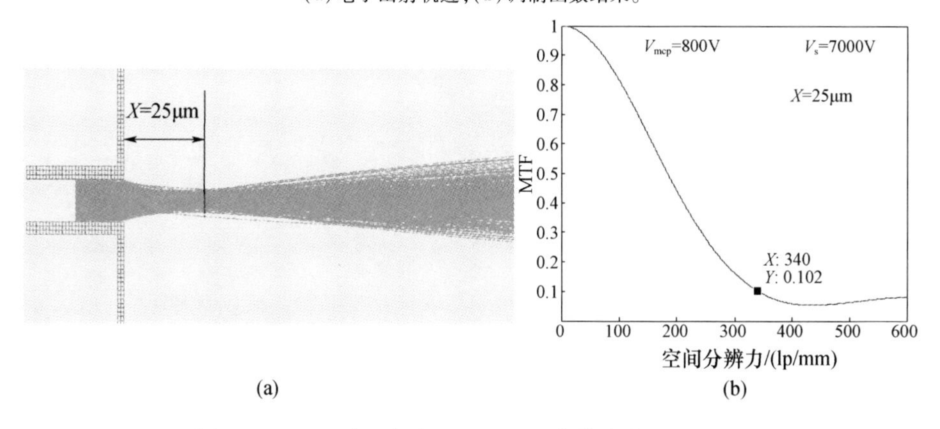

图3-150　近贴距离为25μm,空间分辨力为340lp/mm

(a)电子出射轨迹;(b)调制函数结果。

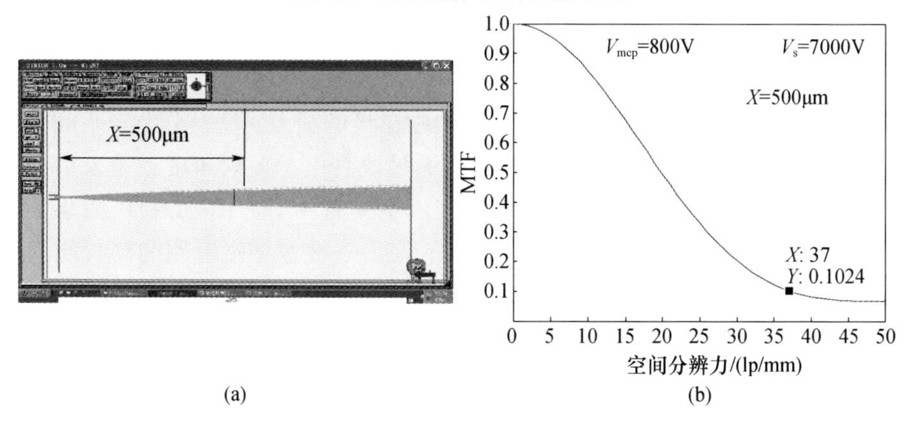

图3-151　近贴距离为500μm,空间分辨力为38lp/mm

(a)电子出射轨迹;(b)调制函数结果。

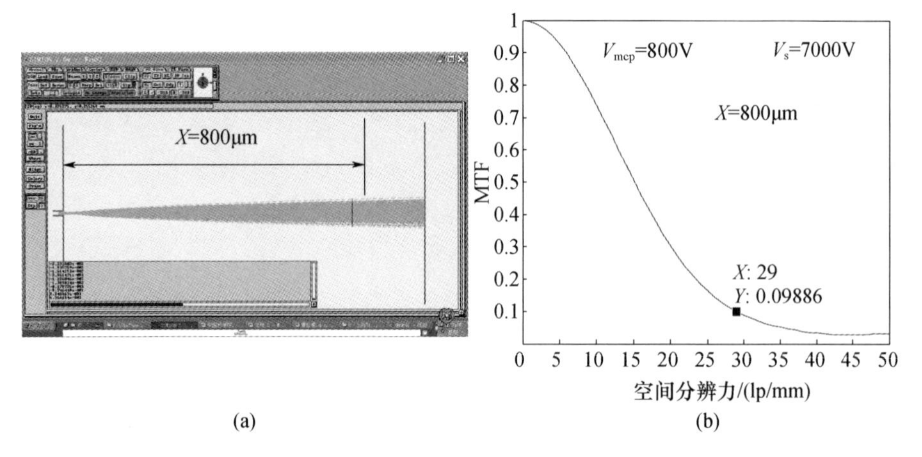

图 3-152　近贴距离为 800μm，空间分辨力为 28lp/mm
(a)电子出射轨迹；(b)调制函数结果。

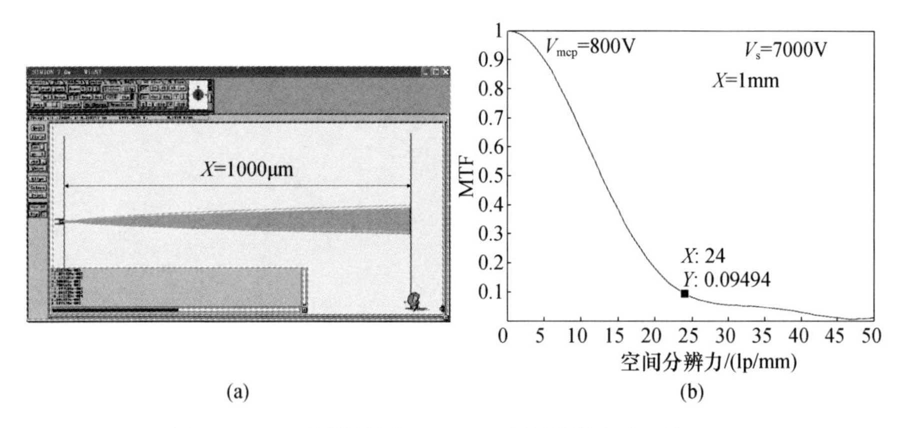

图 3-153　近贴距离为 1000μm，空间分辨力为 24lp/mm
(a)电子出射轨迹；(b)调制函数结果。

7）分幅管空间分辨力与 MCP 输出电极浸入深度的关系

在理论模拟过程中，还发现 MCP 输出端电极的浸入深度对分幅管空间分辨力的影响也是很大的。调研过程中发现，通过改变电子发射角度或是入射角度来提高空间分辨力的途径，已经开始研究。主要有两个方面：①制作凹雕荧光屏。1976 年，J. R. Piedmont 和 H. K. Pollehn 提出一种像增强管用的高分辨力荧光屏新结构——凹雕/金属化荧光屏。这种结构能够大幅度提高荧光屏的调制传递函数。②采用微通道板“末端损坏”（Endspoiling）方法，即让微通道板输出面金属膜层电极深入到通道内一定程度。它们方法虽不同，但目的都是减小弥散。对于荧光屏来说，是减小入射电子转换成光子的角度，这样产生的光子能沿着光纤的方向传输，提高空间分辨力；对于微通道板来说，是减小出射电子的掠出角，达到会聚电子的作用。嵌入荧光粉式荧光屏的工艺：把光纤面板的每根光纤腐蚀出一段凹槽，在其上制作荧光屏，如图3－154所示。对于我们来说有研制设备的难度和经验的缺乏，因此，从微通道板浸入深度入手，首先通过理论模型来研究浸入深度对空间分辨力的影响。

为了使模拟空间分辨力结果更加明显，MCP输出面与荧光屏之间的近贴距离选为0.7mm，MCP工作电压仍为800V，荧光屏电压可调，计算MTF降至20%时的空间分辨力变化。

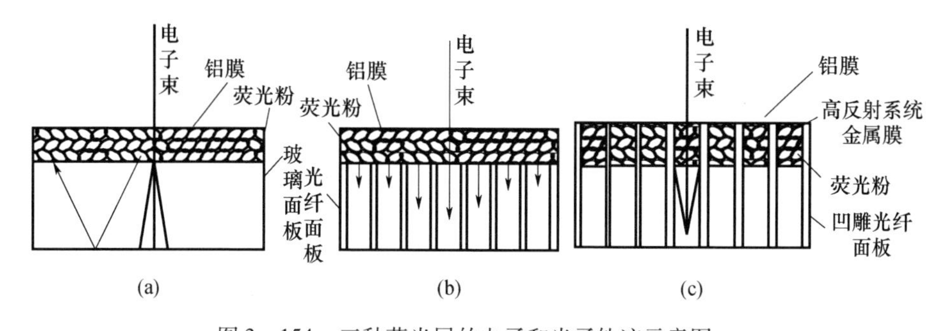

图3－154 三种荧光屏的电子和光子轨迹示意图

(a)玻璃基底荧光屏；(b)光纤面板荧光屏；(c)凹雕/金属化光纤面板荧光屏。

从以下各图中可以得到两个信息，首先继续印证荧光屏电压提升过程也是空间分辨力先升后降的过程。

如图3－155～图3－158所示，选取浸入深度为10μm时，荧光屏电压由2000V逐渐增至7000V，空间分辨力的结果分别是21lp/mm、25lp/mm、26lp/mm、28lp/mm、26lp/mm、23lp/mm。这是一个空间分辨力先升后降的过程。

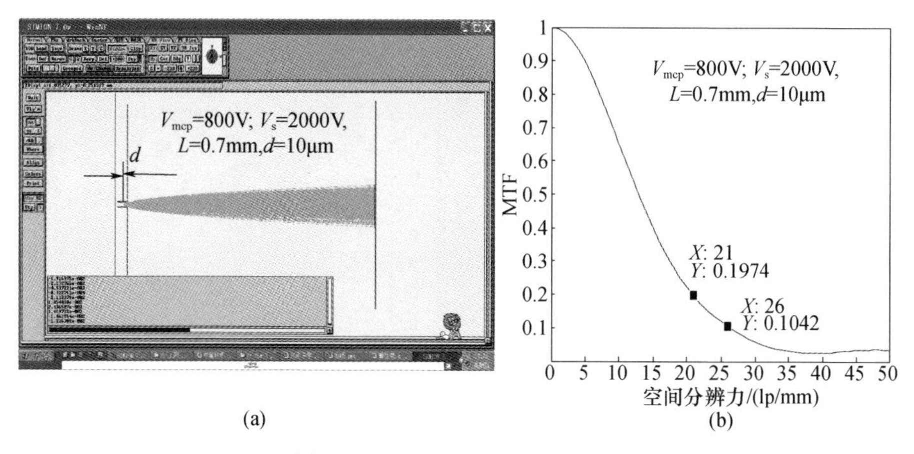

图3－155 $d=10\mu m, V_s=2000V$

(a)电子出射轨迹；(b)调制函数结果。

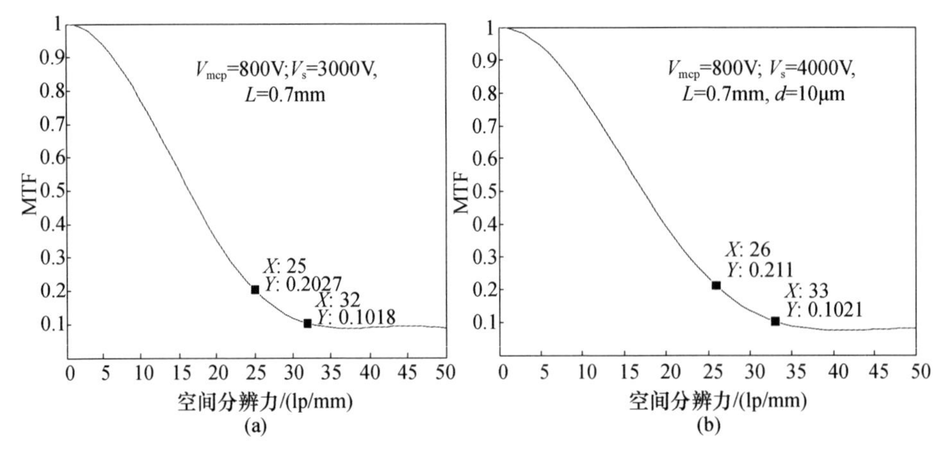

图 3-156　$d = 10\mu m, V_s = 3000V, 4000V$

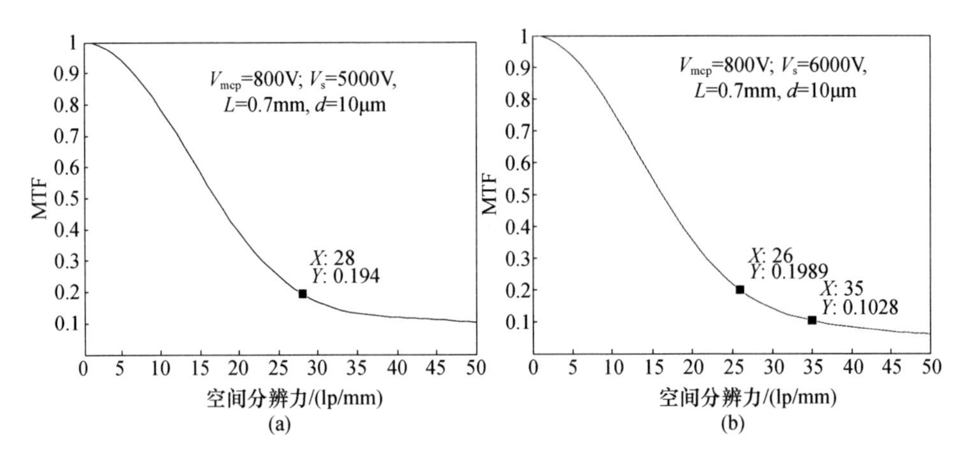

图 3-157　$d = 10\mu m, V_s = 5000V, 6000V$

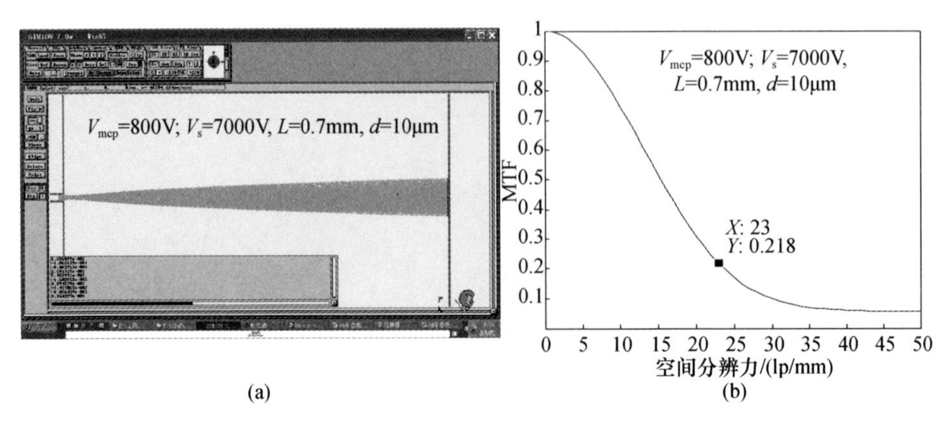

图 3-158　$d = 10\mu m, V_s = 7000V$

(a)电子出射轨迹;(b)调制函数结果。

如图3-159~图3-161所示,选取浸入深度为15μm时,荧光屏电压由2000V逐渐增至7000V,空间分辨力的结果分别是29lp/mm、35lp/mm、28lp/mm、26lp/mm、24lp/mm、22lp/mm。这也是一个空间分辨力先升后降的过程。

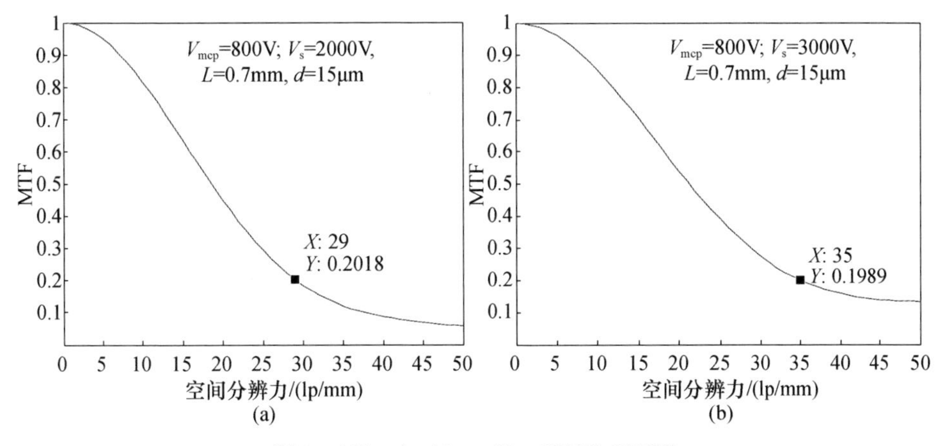

图3-159 $d=15\mu m, V_s=2000V, 3000V$

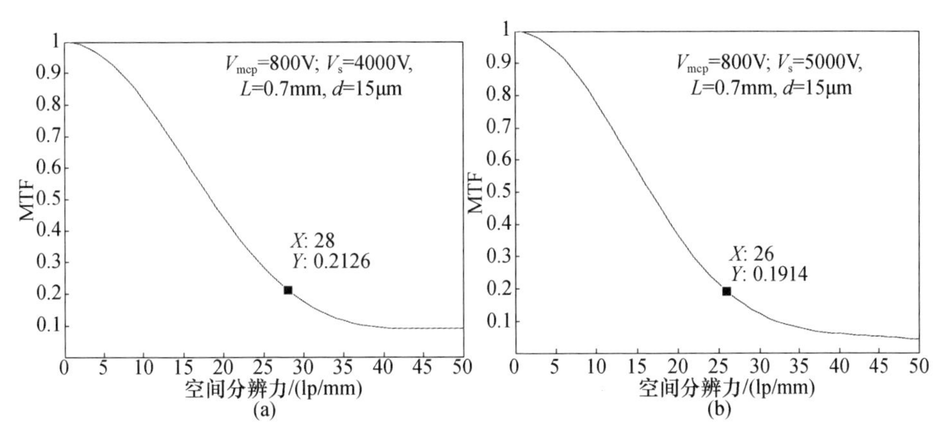

图3-160 $d=15\mu m, V_s=4000V, 5000V$

(a)电子出射轨迹;(b)调制函数结果。

如图3-162~图3-163所示,选取浸入深度为40μm时(大概只有1/10多一点的电子不被通道壁截获),荧光屏电压由2000V逐渐增至4000V,空间分辨力的结果分别是41lp/mm、25lp/mm、22lp/mm。这应该也是一个空间分辨力先升后降的过程,只是低电压情况没有计算。

因此理论结果证明,不能盲目地提高荧光屏电压来提高空间分辨力。

再比较浸入深度分别为10μm、15μm、40μm时,相同电压下的空间分辨力,可以得出第二个信息,也是最重要的结论:随着浸入电极的增大,空间分辨力也

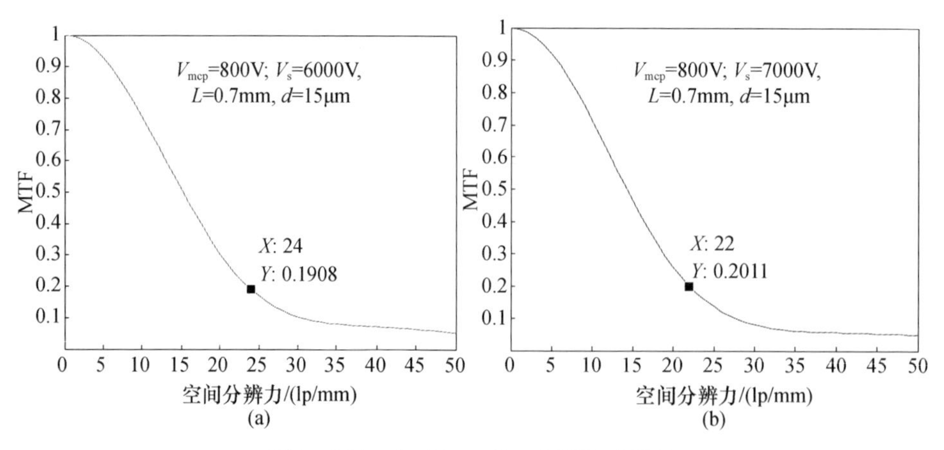

图 3-161 $d = 15\mu m, V_s = 6000V, 7000V$

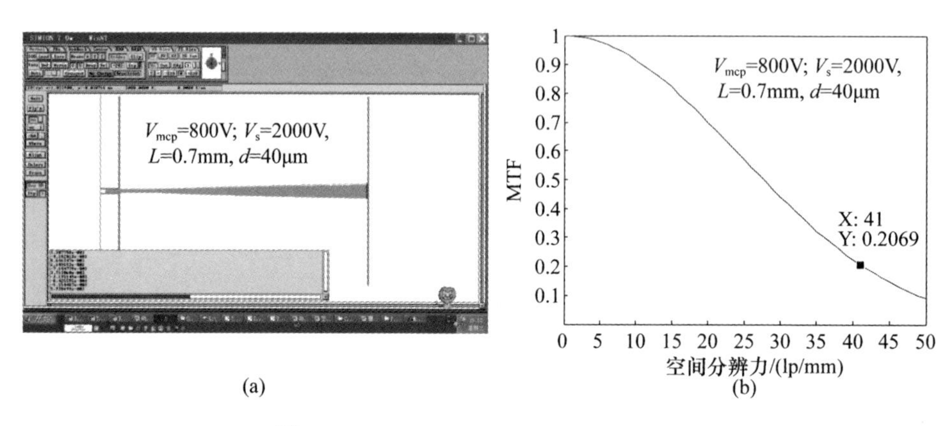

图 3-162 $d = 40\mu m, V_s = 2000V, 4000V$

(a)电子出射轨迹;(b)调制函数结果。

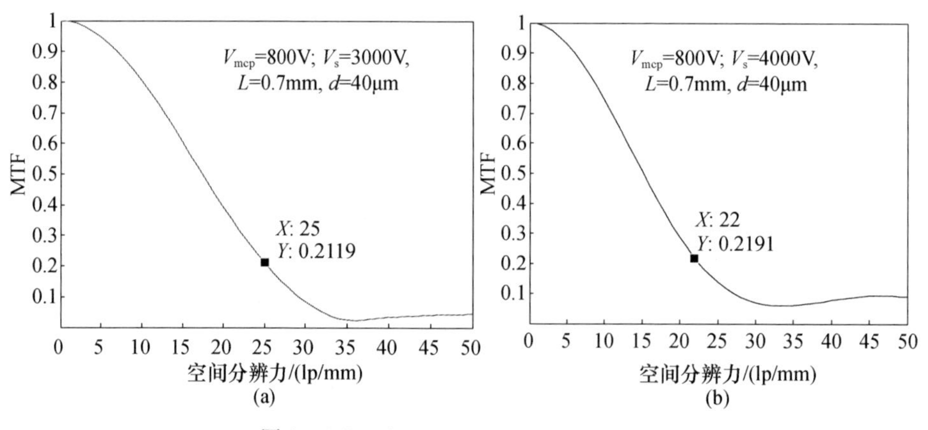

图 3-163 $d = 40\mu m, V_s = 3000V, 4000V$

相应增大。但随着屏压的进一步增高,空间分辨力又会降低。具体在何种程度电压下出现空间分辨力变化的拐点,与电子发射面的浸入深度 d 有很大的关系,d 越大,分辨力拐点对应的电压越低。

微通道板"末端损坏"会损失增益,这是因为 MCP 输出面电极深度越深,起二次倍增作用的通道越短。因此需要模拟计算二者之间的最佳位置。经验值是"末端损坏深度"通常采用 1.0 ~ 2.0 个通道直径,与上面的理论计算是比较吻合的,这可以最大限度提高微通道板入射面一次电子撞击通道内壁,而不是撞击在金属电极镀层上的概率。

8）三个通道的电子轨迹和三电极结构

在建立模型的过程中,从最简单的入手,忽略了一些实际情况。首先,只模拟了一个通道的情况,而 MCP 是上千万个微通道组成,所以又利用 Lorenz 软件模拟了三通道的电子轨迹。其次,只考虑了 MCP 输出面和荧光屏之间的电场关系,把它们当作二电极处理,而忽略了 MCP 输入面的作用,所以也正在对三电极结构进行一些模拟计算。

在计算过程中,对三个通道的电子同时出射也进行了模拟,结果跟单个通道没有明显的区别。这是因为使用 Simion 软件计算时,荧光屏电极的尺寸与微通道电极相比差别太大,相邻通道间壁厚的影响很难体现出来。若是将壁厚设置得太厚,则体现不出实际的情况,太薄,则该软件就认为通道壁只是一个栅网,那么从中间通道发射出来的电子很可能进入相邻通道,并从相邻通道里逃逸出来,这显然跟实际情况有较大的差别。当然,通道口处的细节结构是应该考虑的,但 Simion 软件是用有限元差分法计算电场,加之电极结构差别太大,因此该软件考虑通道的细节结构有困难。而 Lorenz 软件由于是用边界元计算电场,非常适用于这种电极结构差别大、有细微结构差异以及开放边界的电磁场计算。而且 Lorenz 软件集成了二次电子发射、材料的性质(玻璃、导体等不同的磁导率、介电常数等的介质),非常适合现在的计算要求,但该软件的缺点是计算量大、取数据的周期很长。所以只模拟了三个通道六个电子的运动轨迹范围,如图 3 - 164 和图 3 - 165 所示。只能证明电子弥散的透镜束腰位置和在荧光屏上弥散斑的

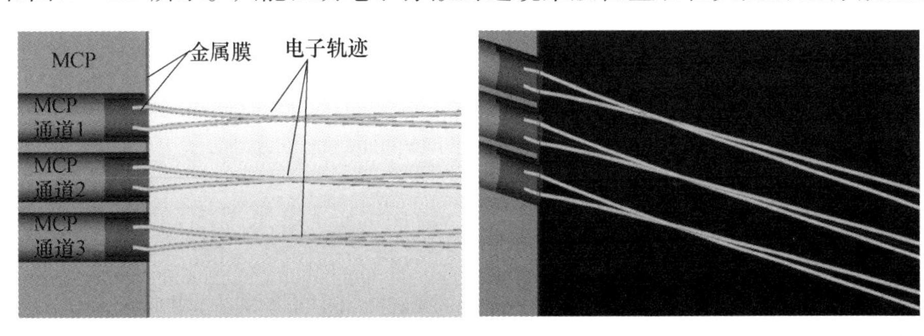

图 3 - 164　三个通道六个电子的运动轨迹

位置与 Simion 软件计算的结果是相似的，而且出射电子的轨迹是交叉的。图 3－166所示为三通道的电场分布时各电极的边界元三维划分图。

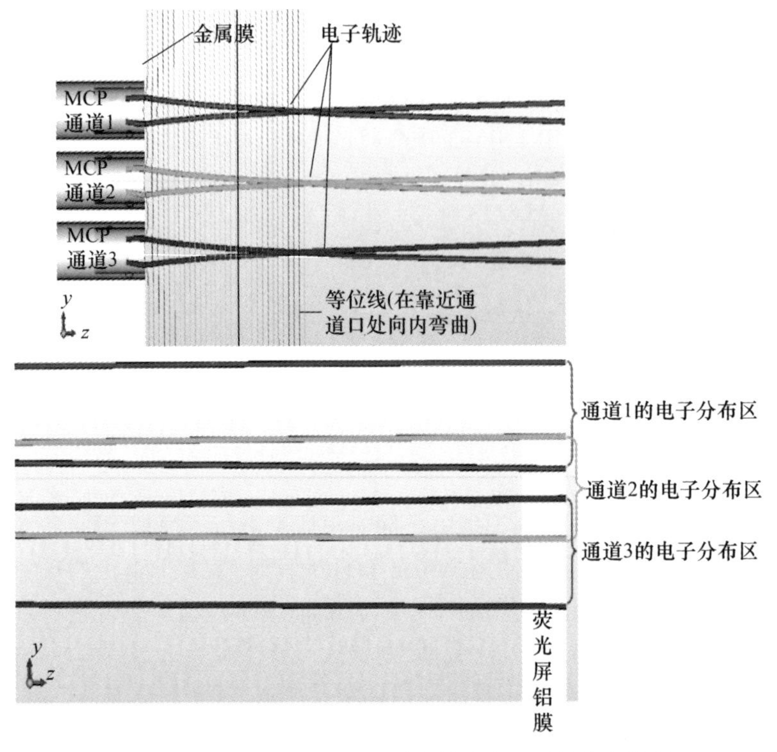

图 3－165　荧光屏上不同通道发射出来电子的分布情况

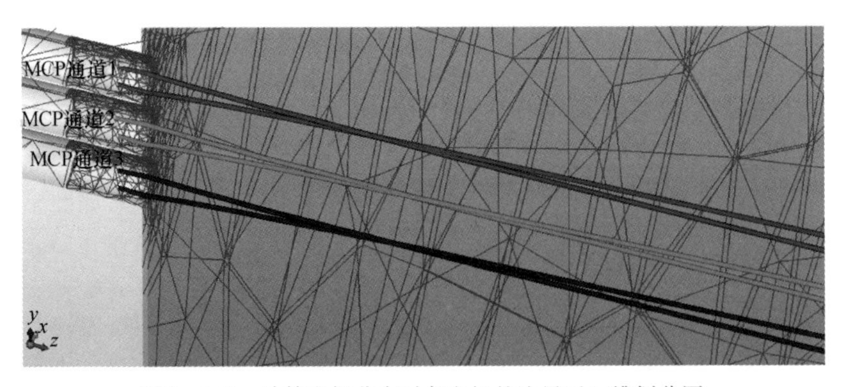

图 3－166　计算电场分布时各电极的边界元三维划分图

将 MCP 输入面、MCP 输出面以及荧光屏作为三电极考虑，计算了分别加 3000V 和 5000V 荧光屏电压时，获得的空间分辨力的情况，如图 3－167～图 3－170 所示。可以看出：电子束的束腰没有二电极结构的那么小，电子束到荧光屏扩散得也不是很厉害，空间分辨力也有所提高。因此建立的模型只有不断完善，

才能准确反映分幅变像管各结构之间的关系。

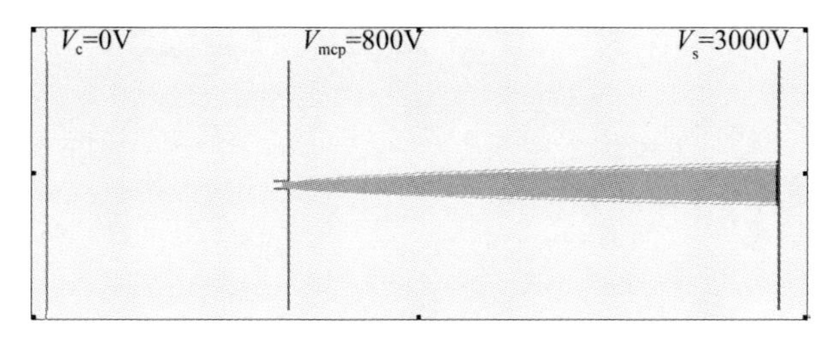

图 3－167　三电极结构：V_s＝3000V

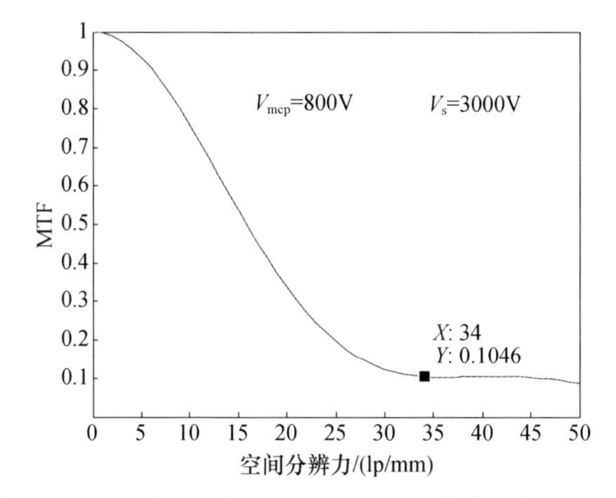

图 3－168　三电极结构：V_s＝3000V，空间分辨力为34lp/mm

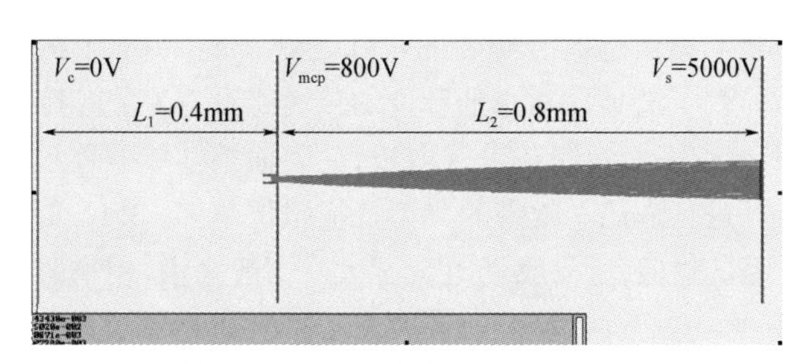

图 3－169　三电极结构：V_s＝5000V

荧光屏是分幅管必要的组成部分，激励电子束打在作为接收器的荧光屏上，电子束能量一部分转换为某种波长的磁辐射能，一般是可见光能输出，从而保证清晰地显示信号和图像，即把电子图像转换为光学图像，其余能量使荧光屏发热、激发X射线以及激励出二次电子等。在制作分幅变像管的过程中，发现为保证分幅变像管整管以致分幅相机整机的性能，对荧光屏的工艺要求是非常高的。虽然开展研究和制作多年，但是提高荧光屏的增益亮度，提高荧光屏空

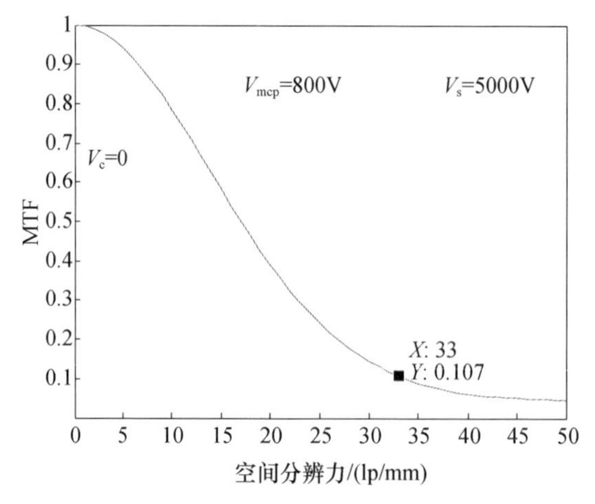

图 3-170　三电极结构：$V_s = 5000V$，空间分辨力为 33lp/mm

间分辨力和它的机械强度或是寿命仍是当今研究的方向。前人通过出射电子的弥散公式，认为减小 MCP 输出电极和提高荧光屏电压都可获得较高的空间分辨力，但是我们在实验中发现，不是一味地提高荧光屏上所加电压就可以获得高的空间分辨力，首先加高压会导致铝膜撕裂或是荧光屏上微凸起颗粒尖端放电，即使铝膜没有发生撕裂，加至一定高压时，空间分辨力也出现不升反降的现象。

6. 传输线理论及设计

1）MCP 阴极微带线

软 X 射线 MCP 行波选通分幅管的特殊之处在于，MCP 上的微带既要保证对 X 射线的灵敏度，又要兼顾对选通脉冲的传输能力。为了得到快的 MCP 选通速度，通常 MCP 的前表面镀制条带式电极，后表面整体镀制连续的导电极。脉冲在微带上传输，进行选通。微带的典型特征阻抗是 1～25Ω，取决于微带宽度和 MCP 厚度。阻抗越低，所需驱动电流越大。一般来说，用来驱动该系统的总脉冲能量取决于总的像宽，也就是微带的长度和 MCP 的厚度。

分幅相机主要用途之一就是用于 ICF 研究的“神光”Ⅲ装置诊断系统中。由于使用场合要求在有限的针孔分幅相机探测面积的情况下获得更多的图像，在分幅变像管的直径 56mm 的 MCP 上设计了四条彼此独立、互相平行的微带线，每一条的宽度是 6mm，相互间的间隔是 4mm。

为了保证高压皮秒脉冲的低损耗传输，MCP 上微带的欧姆电阻要尽可能小，而因为 MCP 本身是一个布满微孔的平板（开口比约 60%），所以在其上制作欧姆阻抗较小且对 X 射线有相当灵敏度的微带阴极难度很大。

通常，微带线由沉积在介质基片上的导体条带和接地板构成。按基本结构可分为非对称式和对称式两种(图3-171、图3-172)。对于微波集成电路中的微带,介质基片使用优良的专用材料(如陶瓷、石英、聚四氟乙烯等),但通常的产品(尤其是RF电路)中却使用常规(双层或多层)PCB来构造微带电路,以此作为降低成本的主要途径。微带线内的场分布为准横电磁波。由于介质的相对介电常数较大,所以电磁场能量大部分集中在导体条带与接地板之间的介质夹层内传输,这比在空气介质中传输损耗减少且工作频率提高。另外,由于微带线中的介质既有空气又有介质基片,属于非匀称介质情况,因而造成场结构的变化,微带线内电磁场将出现纵向分量。但当尺寸选择合适并保证工作频率低于5GHz时,其纵向分量很小,实际中,可仍然按横电磁波(TEM)处理而误差较小。

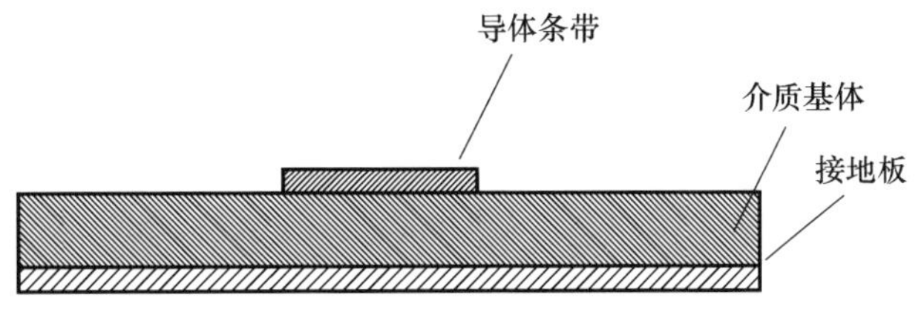

图3-171 非对称式微带线(简称微带线)

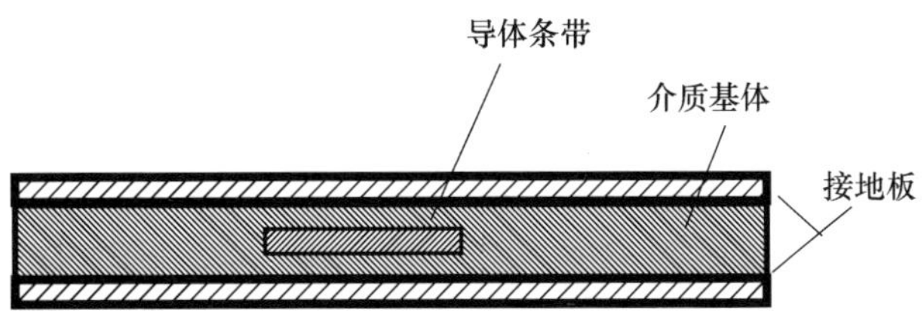

图3-172 对称式微带线(又称带状线)

2)微带线的特性阻抗[168,169]

微带线结构如图3-173所示。

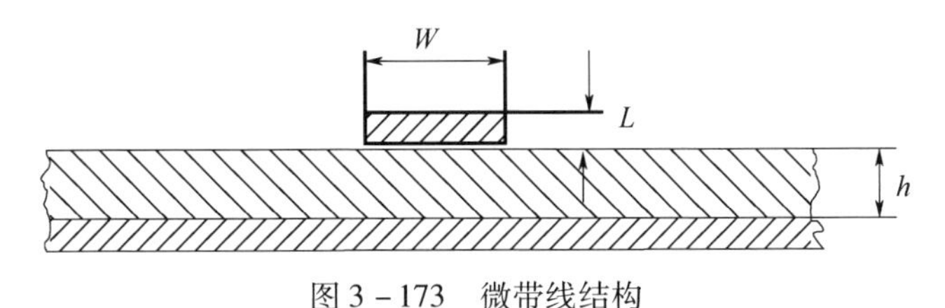

图3-173 微带线结构

微带线电路CAD设计常用公式为

$$Z_0 = \frac{60}{\sqrt{\varepsilon_e}} \ln\left(\frac{8h}{W} + 0.25\,\frac{W}{h}\right)$$

$$\varepsilon_e = \frac{\varepsilon_r+1}{2} + \frac{\varepsilon_r-1}{2}\left[\left(2+\frac{12h}{W}\right)^{\frac{-1}{2}} + 0.041\left(1-\frac{W}{h}\right)^2\right]\left(\frac{W}{h}\leqslant 1\right) \quad (3-302)$$

$$Z_0 = \frac{120\pi}{\sqrt{\varepsilon_e}}\frac{1}{\left[\frac{W}{h}+1.393+0.667\ln\left(\frac{W}{h}+1.4444\right)\right]}$$

$$\varepsilon_e = \frac{\varepsilon_r+1}{2} + \frac{\varepsilon_r-1}{2}\left(1+12\frac{h}{W}\right)^{\frac{-1}{2}}\left(\frac{W}{h}\geqslant 1\right) \quad (3-303)$$

式中：ε_e 为空气—介质混合的有效介电常数；ε_r 为介质的相对介电常数；Z_0 为微带线的特征阻抗。

在 $0.05<\frac{W}{h}<20$，$\varepsilon_r<16$ 范围内，式(3－302)和式(3－303)的精度优于1%。

导体带厚度 $L\neq 0$ 可等效为导体带宽度为 W_e，修正公式为$(t<h, t<\frac{W}{2})$

$$\frac{W_e}{h} = \begin{cases} \frac{W}{h} + \frac{t}{\pi h}\left(1+\ln\frac{2h}{L}\right) & \left(\frac{W}{h}\geqslant\frac{1}{2\pi}\right) \\ \frac{W}{h} + \frac{t}{\pi h}\left(1+\ln\frac{4\pi W}{L}\right) & \left(\frac{W}{h}\leqslant\frac{1}{2\pi}\right) \end{cases} \quad (3-304)$$

微带线电路的设计通常给定 Z_0 和 ε_r，要计算导体带宽度 W，可用式(3－304)得到的综合公式：

$$\frac{W}{h} = \begin{cases} \frac{8e^A}{e^{2A}-2} & \left(\frac{W}{h}\leqslant 2\right) \\ \frac{2}{\pi}\left[B-1-\ln(2B-1)+\frac{\varepsilon_r+1}{2\varepsilon_r}\left\{\ln(B-1)+0.39-\frac{0.61}{\varepsilon_r}\right\}\right] & \left(\frac{W}{h}\geqslant 2\right) \end{cases} \quad (3-305)$$

式中

$$A = \frac{Z_0}{60}\sqrt{\frac{\varepsilon_r+1}{2}} + \frac{\varepsilon_r-1}{\varepsilon_r+1}\left(0.23+\frac{0.11}{\varepsilon_r}\right)$$
$$B = \frac{337\pi}{2Z_0\sqrt{\varepsilon_r}} \quad (3-306)$$

一般情况下，分幅管 MCP 相对介电常数 $\varepsilon_r = 2.9 \sim 4.0$，取均值 $\varepsilon_r = 3.45$，厚度 $h = 0.5\text{mm}$，$W = 6\text{mm}$，故 $\frac{W}{h} = 12$，代入式(3－303)有 $\varepsilon_e = 3.14$，$Z_0 = 14.3\Omega$。

3）传输渐变线

选通脉冲传输通路的传输能力十分重要。因为加在 MCP 上的有效电脉冲是经过外引线传输进来的，同时其频带已相当高，因此传统结构的变像管引线会对选通脉冲造成很大的损耗，并引起波形畸变、反射等一系列不良的后果，使最终加在 MCP 上的波形杂乱或降低有效电压，从而无法实现真正的选通，因此必须设法实现传输的阻抗匹配。

根据分幅管结构，选通脉冲发生器产生的高压皮秒电脉冲经 50Ω 同轴电缆送入分幅管的射频连接器（SMA）插头内，由于 MCP 的输入面上镀有微带线型反射式黄金阴极，若传输线的特征阻抗为 Z_0，经过一段 $50\Omega - Z_0$ 的阻抗变换线与 MCP 上的微带阴极的特征阻抗 Z_0 匹配，高压皮秒脉冲沿 MCP 上的微带传输，再经过另一段 $Z_0 - 50\Omega$ 阻抗变换线，入射到输出端的 SMA 后，经 50Ω 同轴电缆线输出实现阻抗匹配。

限于 SMA 和 MCP 上微带线的尺寸要求，阻抗变换线选择渐变式阻抗变换器。对于多节$\frac{\lambda}{4}$阶梯阻抗变换器，其每个连接处的尺寸变化比较小，而且对于 n 个$\frac{\lambda}{4}$阻抗变换器有 $n+1$ 个连接面，会产生 $n+1$ 个反射波，到达输入端时彼此有一定的相位差，反射波的增多使每一个反射波的振幅变小，这些反射波在输入端叠加，结果总有一些反射波在某些频率上彼此抵消或部分抵消，因此多节$\frac{\lambda}{4}$阶梯阻抗变换器（图 3－174）能在较宽的频带内有较小的反射系数[170]。

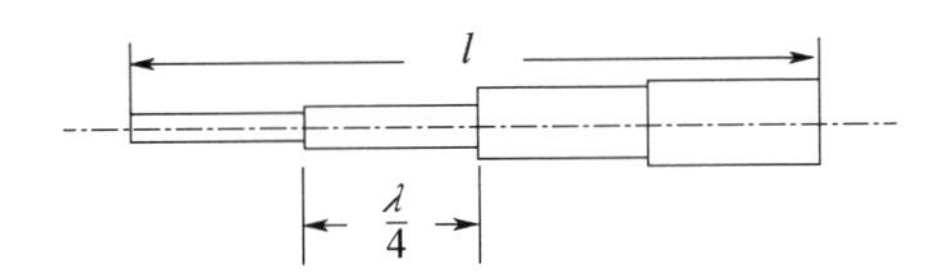

图 3－174　多节$\frac{\lambda}{4}$阶梯阻抗变换器典型结构示意图

用于多节阻抗变换器的渐变线有多种形式，如指数形式渐变线、直线式渐变线、三角式渐变线、切比雪夫式渐变线等，采用指数式渐变线（图 3－175）。指数式渐变线是一种 $\ln\left(\frac{Z}{Z_0}\right)$作线性变化的渐变线，其$\frac{Z}{Z_0}$由 1 到 $\ln\left(\frac{Z}{Z_0}\right)$指数变化，即 $Z(z) = Z_0 e^{az}(0 < z < l)$，其中 $a = \frac{1}{l}\ln\left(\frac{Z_l}{Z_0}\right)$。设计制作的整个微带传输线 PCB 板如图 3－176 所示。

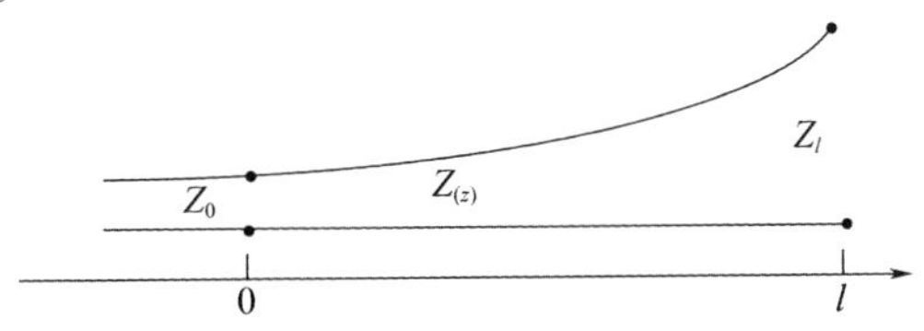

图 3－175　指数线匹配节的阻抗变化示意图

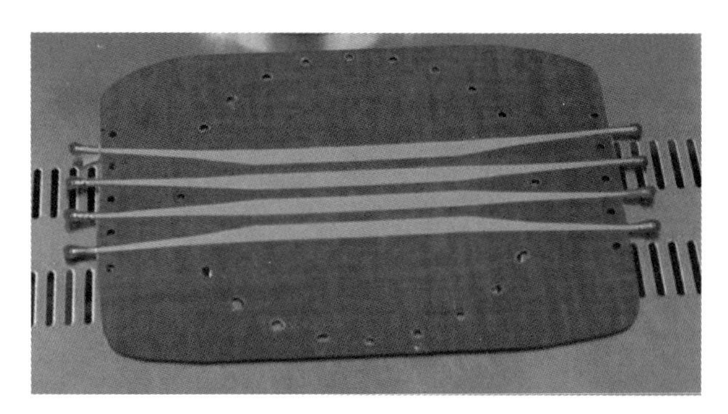

图 3-176　设计制作的整个微带传输线 PCB 板

7. 皮秒高压窄脉冲技术

皮秒高压电脉冲的产生目前主要有两种方法:一种方法是利用半导体材料制成光导开关。利用半导体材料的光导效应,在开关上施加强偏置电场,用超短激光脉冲触发光导开关,在光导开关材料内部产生非平衡载流子,从而在瞬间增加半导体材料的电导率,使开关瞬时导通;光消失后开关闭合,光生载流子很快被复合,则光导开关将输出超短电脉冲。随着皮秒、飞秒激光技术的发展,用光导开关已可较容易产生皮秒级高压电脉冲。在采用如低温生长砷化镓(GaAs)作为开关材料后,将可能产生脉宽几皮秒的更窄脉冲,则其频带也将达到百吉赫至太赫范围,这是光导开关的优势。但输出脉冲会随触发脉冲的强度发生变化,稳定性差,而且所需的触发光源体积较大,不利于分幅相机的工程化。

另一种是用电子学的方法来产生,基于雪崩晶体管的雪崩效应和雪崩晶体管的渡越时间雪崩击穿原理,即用雪崩三极管产生一个有较快前沿的高压斜坡脉冲,再用此斜坡脉冲二次驱动雪崩二极管脉冲形成电路,从而得到皮秒高压电脉冲。与光导开关技术相比,利用纯电子学方法的电路具有触发能量小、输出脉冲不随触发光变化、体积小等优点。

目前,极窄脉冲的产生主要通过雪崩晶体管、隧道二极管或阶跃恢复二极管实现。其中隧道二极管和阶跃恢复二极管所产生的脉冲,上升时间可达几十至几百皮秒,但其幅度较小,一般为毫伏级。

雪崩晶体管在雪崩区运用可以很方便地产生具有毫微秒和亚毫微秒上升时间以及很大峰值功率的脉冲。近年来,专用雪崩晶体管的出现,使得实用的小型化固体高压脉冲源成为可能,在其他脉冲电路中也有许多应用。

一般是先用雪崩晶体管线路产生一个有较快前沿的高压斜坡脉冲,再用此高压斜坡脉冲驱动雪崩晶体二极管脉冲成型线路,从而得到皮秒高压窄脉冲。用于行波分幅的皮秒高压窄脉冲一般幅度为 2~3.5kV,宽度为 200~300ps。

对于四通道行波分幅相机所需的选通脉冲,首要解决的问题就是如何同时产生四路选通脉冲及如何避免四路脉冲源间的串扰。对这种高压超高功率线路而言，产生四路选通脉冲不能简单地将四个脉冲发生器叠加在一起，因为相互间的干扰很大，一个驱动源动作后，其他三个因为干扰信号的影响即使没有触发也可能会动作。

脉冲线路另外还要解决选通脉冲的一致性问题，这主要包括四路脉冲的波形一致性和触发一致性。只有四路脉冲的波形一致，才能保证在四条微带上测得的信号的可比性，而触发一致性则保证了四条微带间时间上的延续性和一致性[171]。图3-177为Kentech仪器公司设计的四条带行波选通分幅相机电源控制器原理图，采用的是一个驱动源直接驱动四路脉冲形成电路。

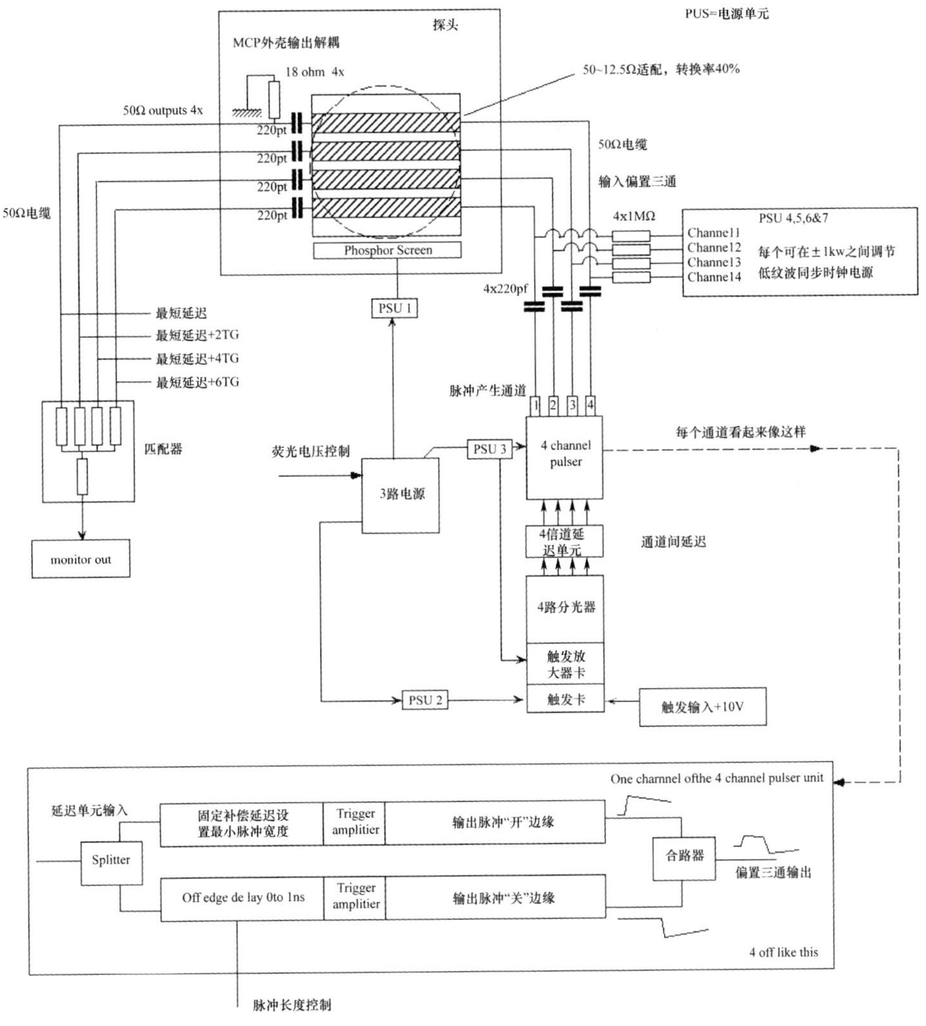

图3-177 Kentech仪器公司设计的四条带行波选通分幅相机电源控制器原理

采用的方案是用一个驱动源来驱动两个脉冲形成电路，最终分出四路选通脉冲，原理如图 3 - 178 所示。这种线路的最大优点是四路选通脉冲同时产生，各脉冲之间几乎没有触发晃动，同时使用同一驱动源也较容易调整成型电路的参数，使各路脉冲波形一致。图 3 - 179 为 250ps、2. 5kV 脉冲的测试波形。

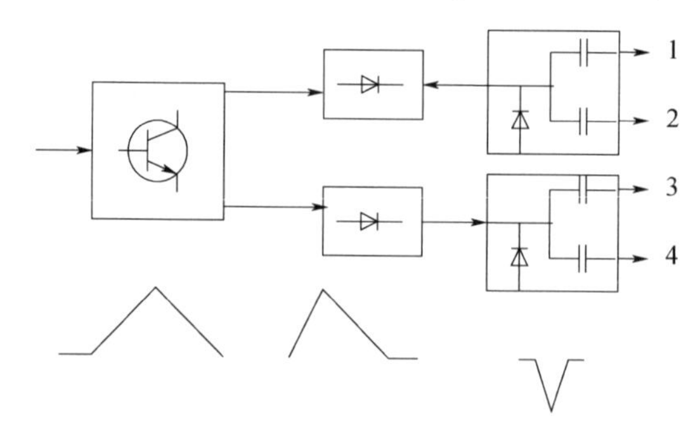

图 3 - 178　高压超快电脉冲产生

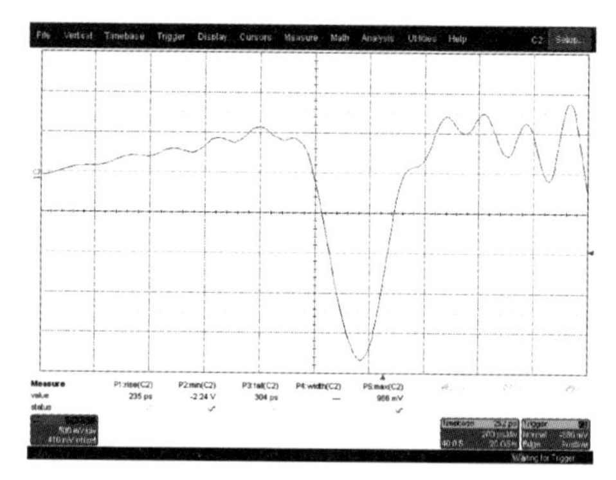

图 3 - 179　250ps、2. 5kV 脉冲的测试波形

参考文献

[1] Toma Toncian, Marco Borghesi, Julien Fuchs, et al. Ultrafast Laser - Driven Microlens to Focus and Energy - Select Mega - Electron Volt Protons[J]. Science, 2006, 312:410 - 413.

[2] Bürvenich, Thomas J, Evers Jörg, Keitel. Christoph H. Nuclear Quantum Optics with X - Ray Laser Pulses [J]. Physical Review Letters, 2006, 96:142501.

[3] Salamin Yousef I. Electron acceleration from rest in vacuum by an axicon Gaussian laser beam[J]. Physical Review A, 2006, 73:043402.

[4] Singh K P. Self - injection and acceleration of electrons during ionization of gas atoms by a short laser pulse [J]. Physics of Plasmas, 2006, 13:043101.

[5] Seres J, Müller A, Seres E, et al. Sub - 10 - fs, terawatt - scale Ti:sapphire laser system[J]. Opt. Lett. , 2003,28:1832 - 1834.

[6] Sartania S, Cheng Z, Lenzner M, et al. Generation of 0. 1 – TW5 – fs optical pulses at a 1 – kHz repetition rate[J]. Opt. Lett. , 1997, 22: 1562 – 1564.

[7] Antonetti A, Blasco F, Chambaret J P, et al. A laser system producing 5. 10 W/cm at 10 Hz [J]. Appl. Phys. B, 1997, 65: 197 – 204.

[8] Le Blanc C, Baubeau E, Salin F, et al. Toward a terawatt – kilohertz repetition – rate laser[J]. IEEE J. Select. Topics Quantum Electron. , 1998, 4:407 – 413.

[9] Nabekawa Y, Kuramoto Y, Togashi T, et al. Generation of 0. 66 – TW pulses at 1 kHz by a Ti:sapphire laser[J]. Opt. Lett. , 1998, 23:1384 – 1386.

[10] Spielman C, Burnett N, Sartania S, et al. Generation of Coherent X – ray Pulses in the Water Window Using 5 fs Laser Pulses[J]. Science, 1997,278:661 – 664.

[11] Bartels R, Backus S, Zeek E, et al. Shaped – Pulse Optimization of Coherent Emission of High – Harmonic Soft X – Rays[J]. Nature,2000, 406: 164 – 166.

[12] Backus S, Durfee Ch. G, Murnane III, M. M, et al. High power ultrafast lasers[J]. Rev. Sci. Instrum. , 1998, 69: 1207 – 1223.

[13] Rundquist A, Durfee C, Chang Z, et al. Ultrafast laser and amplifier sources[J]. Appl. Phys. B, 1997, 65:161 – 174.

[14] Siegman A E. Lasers. California: Mill Valley, 1986.

[15] Cheng Z, Zhao W. Group – delay dispersion in double – prism pair and limitation in broadband laser pulses [J]. Chinese Journal of Lasers,2002, 11:359.

[16] Cheng Z, Krausz F, Spielmann C. Compression of 2 mJ kilohertz laser pulses to 17. 5 fs by pairing double – prism compressor: analysis and performance[J]. Opt. Commun. , 2001, 201:145.

[17] Cheng Zhao, Zhao Wei. Group – delay dispersion in double – prism pair and limitation in broadband laser pulses[J]. Chinese Journal of Lasers, 2002, 11(5):359 – 363.

[18] Fork R L, Martinez O E, Gordon J P. Negative dispersion using pairs of prisms[J]. Opt. Lett. , 1984, 9 (5): 150 – 152.

[19] Sherriff R E. Analytic expressions for group – delay dispersion and cubic dispersion in arbitary prism sequences[J]. J. Opt. Soc. Am. B. , 1998, 15(3): 1224 – 1231.

[20] Proctor B, Wise F W. Quartz prism sequence for reduction of cubic phase in a mode – locked Ti:Al_2O_3 laser [J]. Opt. Lett. , 1992, 17:1295.

[21] Lemoff B E. ,Barty C P J. Cubic – phase – free dispersion compensation in solid – state ultrashort – pulse lasers[J]. Opt. Lett. , 1993, 18(1): 57 – 59.

[22] Zhang R, Pang D, Sun J, et al. Analytical expressions of group – delay dispersion and cubic phase for four – prism sequence used at other than Brewster's angle[J]. Optics & Laser Technology, 1999, 31(5): 373 – 379.

[23] Huang F, Wei Z, Yang J, et al. Investigation of dispersion compensation in self – mode – locked Ti:Al_2O_3 lasers [J]. Laser Technology, 1997, 21(2):96 – 100.

[24] Zhao Wei, Wang Yishan, Cheng Zhao, et al. Compact single – stage femtosecond multipass Ti:Sapphire amplifier at 1kHz with high beam quality [J]. Chin. Phys. Lett. , 2006, 23(8):2098 – 2100.

[25] Bagnoud V, Salin F. Amplifying laser pulses to the terawatt level at a 1 – kilohertz repetition rate [J]. Appl. Phys. B, 2000, 70:165 – 170.

[26] Zhao W, Wang Y S, Cheng Z, et al. Compact single – stage femtosecond multipassTi: sapphire amplifier at 1kHz with high beam quality[J]. Chinese Physics Letters, 2006, 23:2098.

[27] Cheng Z, Krausz F, Spielmann Ch. Compression of 2mJ kilohertz laser pulses to 17. 5fs by pairing double – prism compressor: analysis and performance[J]. Opt. Commun. , 2002, 201: 145.

[28] Hentschel M, Cheng Z, Krausz F, et al. Generation of 0. 1 – TW optical pulses with a single – stage ti:sapphire amplifier at a 1 – kHz repetition rate [J]. Applied Physics B, 2000, 70:161.

[29] Sartania S, Cheng Z, Lenzner M, et al. Generation of 0. 1 – TW 5 – fs optical pulses at a 1 – kHz repetition rate[J]. Optics Letters, 1997, 22: 1562.

[30] Nisoli M, Stagira S, De Silvestri S, et al. Toward a terawatt – scale sub – 10 – fs laser technology [J]. Journal of Selected Topics in Quantum Electronics, 1998, 4: 414.

[31] Nisoli M, De Silvestri S, Svelto O. Generation of high energy 10 – fs pulses by a new pulse compression technique [J]. Appl. Phys. Lett. , 1996, 68: 2793.

[32] Cheng Z, Tempea G, Brabec T, et al. Generation of intense diffraction – limited white light and 4 – fspulses [J]. Ultrafast Phenomena XI, 1998,8: 8.

[33] Marcatili E A J, Schmeltzer R A. Hollow Metallic and Dielectric Waveguides for Long Distance Optical Transmission and Lasers [J]. The Bell System Technical Journal, 1964,1783.

[34] Lehmeier H J, Leupacher W, Penzkofer A. Nonresonant third order hyperpolarizability of rare gases and N_2 determined by third harmonic generation. Opt [J]. Commun. , 1985, 56: 67.

[35] LLE REVIEW [J]. 1989,41: 48.

[36] Lepetit L, Chriaux G, Joffre M. Linear techniques of phase measurement by femtosecond spectral interferometry for applications in spectroscopy [J]. JOSA B, 1995, 12: 2467 – 2474.

[37] Iaconis C, Walmsley I A. Spectral Phase Interferometry for Direct Electric – Field Reconstruction of Ultrashort Optical Pulses [J]. Opt. Lett. , 1998, 23 (10): 792 – 794.

[38] Lozovoy V V, Pastirk I, Dantus M. Multiphoton intrapulse interference 4: Characterization and compensation of the spectral phase of ultrashort laser pulses [J]. Optics Letters, 2004, 29:775 – 777.

[39] DeLong K W, Trebino R, Hunter J, et al. Frequency – Resolved Optical Gating With the Use of Second – Harmonic Generation [J]. J. Opt. Soc. Amer. B, 1994, 11: 2206 – 2215.

[40] Thomas Brabec, Ferenc Krausz. Nonlinear Optical Pulse Propagation in the Single – Cycle Regime [J]. Phys. Rev. Lett. , 1997, 78: 3282.

[41] Weiner A M. Effect of group velocity mismatch on the measurement of ultrashort optical pulses via second harmonic generation [J]. IEEE J. Quantum Electron. , 1983, 19(8): 1276 – 1283.

[42] Diels J C, Wolfgang Rudolph. Ultrashort laser pulse phenomena [J]. New York:Academic Press, 1996.

[43] Taft G, Rundquist A, Murnane M M, et al. Measurement of 10 – fs Laser Pulses [J]. IEEE J. Sel. Top. Quant. Electron. , 1996, 2: 575 – 585.

[44] Baltuška A, Pshenichnikov M S, Wiersma D A. Amplitude and phase characterization of 4. 5 – fs pulses by frequency – resolved optical gating [J]. Opt. Lett. , 1998, 23:1474 – 1476.

[45] DeLong K W, Fittinghoff D N, Trebino R. Practical issues in ultrashort – laser – pulse measurement using frequency – resolved optical gating [J]. IEEE J. Quantum Electron. , 1996, 32: 1253.

[46] Kakehata M, Takada H, Kobayashi Y, et al. Single – shot measurement of carrier – envelope phase changes by spectral interferometry [J]. Opt. Lett. , 2001, 26:1436 – 1438.

[47] Jones D J, Diddams S A, Ranka J K, et al. Carrier – Envelope phase control of femtosecond mode – locked lasers and direct optical frequency synthesis [J]. Science, 2000, 288:635 – 639.

[48] Fuji T, Rauschenberger J, Apolonski A, et al. Monolithic carrier – envelope phase – stabilization scheme [J]. Optics Letters, 2005, 30(3).

[49] Poppe A, Holzwarth R, Apolonski A, et al. Few - cycle optical waveform synthesis [J]. Appl. Phys. B, 2000, 72: 373.

[50] Koke S, Grebing C, Frei H, et al. Direct frequency comb synthesis with arbitrary offset and shot - noise - limited phase noise [J]. Nat. Photonics, 2010, 4:462.

[51] Brabec T,Krausz F. Intense few - cycle laser fields: Frontiers of nonlinear optics [J]. Rev. Mod. Phys. , 2000, 72:545.

[52] Hentschel M, Kienberger R, Spielmann C, et al. Attosecond metrology [J]. Nature, 2001, 414: 509.

[53] Zhao K, Zhang Q, Chini M. et al. Tailoring a 67 attosecond pulse through advantageous phase - mismatch [J]. Opt. Lett. , 2012, 37: 3891.

[54] Krausz F, Ivanov M. Attosecond Physics [J]. Rev. Mod. Phys. , 2009, 81: 163.

[55] Seres J, Seres E, Verhoef A J, et al. Source of coherent kiloelectronvolt x - rays [J]. Nature , 2005,433: 596.

[56] Corkum P B. Plasma perspective on strong field multiphoton ionization [J]. Phys. Rev. Lett. , 1993, 71: 1994.

[57] Kienberger R, Goulielmakis E, Uiberacker M, et al. Atomic transient recorder [J]. Nature, 2004, 427: 817.

[58] Sansone G, Benedetti E, Calegari F, et al. Isolated Single - Cycle Attosecond Pulses [J]. Science, 2006, 314: 443.

[59] Goulielmakis E, Schultze M, Hofstetter M, et al. Single - Cycle Nonlinear Optics [J]. Science,2008, 320: 1614.

[60] Chang Zenghu. Fundamentals of Attosecond Optics [M]. Boca Raton:CRC Press, 2011.

[61] Chini M, Zhao K, Chang Z. The generation, characterization and applications of broadband isolated attosecond pulses [J]. Nature Photon. ,2014, 8: 178.

[62] Muller H G. Reconstruction of attosecond harmonic beating by interference of two - photon transitions [J]. Appl. Phys. B, 2002, 74: S17.

[63] Mairesse Y,Quéré F. Frequency Resolved Optical Gating for Completely Reconstruction Attosecond Bursts [J]. Phys. Rev. A, 2005, 71: 011401.

[64] Chini M, Gilbertson S, Khan S D, et al. Characterizing Ultrabroadband Attosecond Lasers [J]. Opt. Express, 2010, 18: 13006.

[65] Iaconis C, Walmsley I. Spectral Phase Interferometry for Direct Electric - Field Reconstruction of Ultrashort Optical Pulses [J]. Opt. Lett. , 1998, 23: 792 .

[66] Trebino R. Frequency - Resolved Optical Gating: The Measurement of Ultrashort Laser Pulses [M]. New York: Springer, 2002.

[67] Cheriaux G, Rousseau P, Salin F, et al. Aberration - free stretcher design for ultrashort - pulse amplification [J]. Optics Letters, 1996, 21(6): 414 -416.

[68] Jiang Jie, Zhang Zhigang. Toshifumi Hasama. Evaluation of Chirped - pulse - amplification Systems with Offner Triplet Telescope Stretchers [J]. J. Opt. Soc. Am. B, 2002, 19(4): 678 -683.

[69] Treacy E. Optical pulse compression with diffraction gratings [J]. IEEE Journal of Quantum Electronics, 1969, 5(9): 454 -458.

[70] Ross I N, Matousek P, Towrie M, et al. The prospects for ultrashort pulse duration and ultrahigh intensity using optical parametric chirped pulse amplifiers [J]. Optics Communications, 1997, 144 (1 - 3): 125 - 133.

[71] Ross I N, Matousek P, New G H C. An analysis and optimization of optical parametric chirped pulse amplification [R]. Central Laser Facility Rutherford Appleton Laboratory Annual Report, 2000 - 2001: 181 - 183.

[72] 刘红军, 陈国夫, 赵卫, 等. 三波混频光参量放大器中带宽的研究 [J]. 中国激光, 2002,29(8): 680 - 686.

[73] Lyachev A, Chekhlov O, Collier J, et al. The 10 PW OPCPA Vulcan laser upgrade [C]//The European Conference on Lasers and Elecbro - Opbics. OSA/HILAS, 2011.

[74] Tamura K, Haus H A, Ippen E P. Self - starting additive pulse mode - locked erbium fiber ring laser. Electron [J]. Lett. ,1992,28(24): 2226 - 2228.

[75] Martinez O E, Fork R L, Gordon J P. Theory of passively mode - locked lasers for the case of a nonlinear complex - propagation coefficient[J]. Opt. Lett, 1984, 9(5): 156 - 158.

[76] Martinez O E, Fork R L,Gordon J P. Theory of passively mode - locked lasers including self - phase modulationand group - velocity dispersion [J]. J. Opt. Soc. Am. B, 1985, 2(5): 753 - 760.

[77] Mollenauer L F, Gordon J P, Islam M N. Soliton Propagation in long fibers with periodically compensated loss [J]. IEEE J. QE, 1986, 22(1): 157 - 173.

[78] Kelly S M J, Smith K, Blow K J,et al. Average soliton dynamics of a high - gain erbium fiber laser [J]. Opt. Lett, 1991,16(17): 1337 - 1339.

[79] Nelson L E, Jones D J, Tamura K, et al. Ultrashort - pulse fiber ring lasers [J]. Appl. Phys. B, 1997, 65: 277 - 294.

[80] Tamura K, Doerr C R, Haus H A. et al. Soliton fiber ring laser stabilization and tuning with a broad intracavity filter [J]. IEEE Photon. Tech. Lett, 1994, 6(6): 697 - 699.

[81] Tamura K, Ippen E P, Haus H A, et al. 77 - fs pulse generation from a stretched - pulse mode - locked all - fiber ring laser [J]. Opt. Lett, 1993, 18(13): 1080 - 1082.

[82] Tomlinson W J, Stolen R H, Shank C V. Compression of optical pulses chirped by self - phase modulation in fibers [J]. J. Opt. Soc. Am. B, 1984, 1(2): 139 - 149.

[83] Tamura K, Nelson L E, Haus H, et al. Soliton versus nonsoliton operation of fiber ring lasers [J]. Appl. Phys. Lett, 1994, 64(2): 149 - 151.

[84] Ilday F ö, Buckley J R, Clark W G, et al. Self - similar evolution of parabolic pulses in a laser [J]. Phys. Rev. Lett, 2004, 92(21): 3902(4).

[85] Wise F W, Chong A, Renninger W H. High energy femtosecond fiber lasers based on pulse propagation at normal dispersion[J]. Laser & Photon. Rev, 2008, 2(1 - 2): 58 - 73.

[86] Chong A, Buckley J, Renninger W, et al. All normal - dispersion fiber laser [J]. Opt. Express, 2006, 14 (21): 10095 - 10100.

[87] Renninger W, Chong A, Wise F. Dissipative solitons in normal - dispersion fiber lasers [J]. Phys. Rev. A, 2008, 77(2): 023814(4).

[88] Strickland D, Mourou G. Compression of amplified chirped optical pulses [J]. Opt. Commun, 1985, 56 (3): 219 - 221.

[89] Yang Z, Hu X H, Wang Y S, et al. Millijoule pulse energy picosecond fiber chirped - pulse amplification system [J]. Chin. Opt. Lett, 2011, 9(4): 041401(4).

[90] Fermann M E. Self - similar propagation and amplification of parabolic pulses in optical fibers [J]. Phys. Rev. Lett, 2000, 84 (26): 6010 - 6013.

[91] Wang Y, Lim J, Amezcua - Correa R, et al. Sub - 33 fs Pulses from an All - Fiber Parabolic Amplifier

Employing Hollow – Core Photonic Bandgap Fiber [C]. 2008, in Proceedings of Frontiers In Optics FWF5.

[92] Saitoh K, Koshiba M. Empirical relations for simple design of photonic crystal fibers [J]. Opt. Express, 2004, 13(1): 267 – 274.

[93] Agrawal G P. Nonlinear fiber optics [M]. 3rd ed. New York: Academic Press, 2001.

[94] Blow K J, Wood D. Theoretical description of transient stimulated Raman scattering in optical fibers [J]. IEEE J. Quantum Electron, 1989, 25(12): 2665 – 2673.

[95] Hu X, Wang Y S, Zhao W, et al. Nonlinear chirped – pulse propagation and supercontinuum generation in photonic crystal fibers [J]. Appl. Opt., 2010, 49(26): 4984 – 4989.

[96] Skryabin D V, Luan F, Knight J C, et al. Soliton self – frequency shift cancellation in photonic crystal fibers [J]. Science, 2003, 301(5640): 1705 – 1708.

[97] Genty G, Coen S, Dudley J M. Fiber supercontinuum sources (Invited) [J]. J. Opt. Soc. Am. B, 2007, 24 (8): 1771 – 1785.

[98] Dudley J M, Taylor J R. Supercontinuum generation in Optical Fibers [M]. 1st ed. Cambridge: Cambridge University Press, 2010.

[99] Hu X H, Zhang W, Yang Z, et al. High average power, strictly all – fiber supercontinuum source with good beam quality [J]. Opt. Lett., 2011, 36(14): 2659 – 2661.

[100] Zhu S L, Gao C X, He H D, et al. All fiber supercontinuum light source using photonic crystal fibers pumped by nanosecond fiber laser pulses [J]. Laser. Phys., 2011, 21(9): 1629 – 1632.

[101] Hartal I, Li X D, Chudoba C, et al. Windeler. Ultrahigh – resolution optical coherence tomography using continuum generation in an air – silica microstructure optical fiber [J]. Opt. Lett., 2001, 26(9): 608 – 610.

[102] Schenkel B, Biegert J, Keller U, et al. Generation of 3.8 fs pulses from adaptive compression of a cascaded hollow fiber supercontinuum [J]. Opt. Lett., 2003, 28(20): 1987 – 1989.

[103] Babushkin A V, Bryukhnevich G I, Degtyareva V P, et al. Femtosecond streak Im – age converter camera. 20th International Congress on High Speed Photography and Photonics [C]. International Society for Optics and Photonics, 1993: 218 – 225.

[104] Kinoshita K, Ito M, Suzuki Y. Femtosecond streak tube [J]. Review of scientific instruments, 1987, 58 (6): 932 – 938.

[105] Shakya M M, Chang Z. Achieving 280fs resolution with a streak camera by reducing the deflection dispersion [J]. Applied Physics Letters, 2005, 87(4): 041103.

[106] 江少恩,丁永坤,缪文勇,等. 我国激光惯性约束聚变实验研究进展[J]. 中国科学: G辑, 2009 (11): 1571 – 1583.

[107] Niu H, et al. A new picosecond streak image tube [J]. SPIE, 1988, 1032: 46.

[108] Niu H, et al. Theoretical analysis of synchronscan streak camera [J]. SPIE, 1988, 1032: 26.

[109] 田进寿,白永林,刘百玉,等. 飞秒条纹变相管的设计[J]. 光子学报, 2006, 35 (12): 1832 – 1836.

[110] 华中一. 电子光学[M]. 上海:复旦大学出版社, 1990.

[111] Bai X, Liao H, Niu H B. Study on the critical cathode – mesh electric field for designing a streak image tube. Electronic and Mechanical Engineering and Information Technology (EMEIT) [C]. 2011 International Conference on. IEEE, 2011, 7: 3502 – 3504.

[112] 刘月平. 行波偏转系统的理论与应用研究[D]. 西安:中国科学院研究生院西安光学精密机械研究所, 1985.

[113] 刘蓉,田进寿,李昊,等. 行波偏转器前置短磁聚焦条纹变像管理论设计与实验研究[J]. 物理学

报,2014,63(5):058501.

[114] Niu H, Sibbett W, Baggs M R. Theoretical evaluation of the temporal and spatial resolutions of Photochron streak image tubbes [J]. Review of Scientific Instruments, 1982, 53(5).

[115] Bartelt A F, Comin A, Feng J, et al. Ultrafast magnetization dynamics studies using an x – ray streak camera [C]. Optics & Photonics 2005. International Society for Optics and Photonics, 2005: 592019 – 592019 – 6.

[116] Feng J, Wan W, Qiang J, et al. An ultra – fast x – ray streak camera for the study of magnetization dynamics [C]. Optics & Photonics 2005. International Society for Optics and Photonics, 2005: 592009 – 592009 – 8.

[117] 侯洵. 瞬息万变——飞秒激光技术和超快过程研究[M]. 长沙:湖南科学技术出版社,2001.

[118] Williamson Mourou G. Picoseconds electron diffraction [J]. Appl. Phys. Lett. ,1982, 41(1):44 – 45.

[119] Williamsons, Mourou G,Li J C M. Time – resolved laser – induced phase transformation in Aluminum [J]. Phys. Rev. Lett. ,1984, 52(26):2364 – 2367.

[120] Aeschlimann M, Eull E, Cao J, et al. A Picosecond electron gun for surface analysis [J]. Rev. Sei. Instrum. 1995, 66(2):1000 – 1009.

[121] Ihee H, Lobastov V A, Gomez U, et al. Direct Imaging of Transient Molecular Structures with Ultrafast Diffraction [J]. Science, 2001, 291:458 – 462.

[122] Srinivasan Ramesh, Feenstra Jonathan S, Park Sang Tae, et al. Dark structures in molecular radiationless transitions determined by ultrafast diffraction [J]. Science, 2005, 307(5709):558 – 563.

[123] Zewail Ahmed H. Diffraction, crystallography and microscopy beyond three dimensions: structural dynamics in space and time [J]. Phil. Trans. R. Soc. A, 2005, 363:315 – 329.

[124] Bradley D K, Bell P M, Kilkenny J D, et al. High – speed gated X – ray imaging for ICF target experiment [J]. Rev. Sci. Instrum. , 1992, 63(10): 4813 – 4817.

[125] Ze F, Kauffman R L, Kilkenny J D, et al. A new multichannel soft X – ray framing camera for fusion experiments [J]. Rev. Sci. Instrum. , 1992, 63(10): 5124 – 5126.

[126] Shan Bing, Takeshi Yanagidaira, Katsuji Shimoda, et al. Quantitative meanusurement of X – ray images with a gated microchannel plate system in a z – pinch plasma experiment [J]. Rev. Sci. Instrum. , 1999, 70(3): 1688 – 1693.

[127] 常增虎,山冰,刘秀琴,等. 微通道板选通 X 射线皮秒分幅相机[J]. 光子学报,1995, 24(6):501 – 508.

[128] 山冰,常增虎,刘进元,等. 四通道 X 射线 MCP 行波选通分幅相机[J]. 光子学报, 1997,26(5): 449 – 455.

[129] Katayama M, Nakai M, Yamanaka T, et al. MultiframeX – ray imaging system for temporally and spatially resolved measurement of imploding inertial confinement fusion targets [J]. Rev. Sci. Instrum. , 1991, 62(1):124 – 129.

[130] 徐大伦. 变像管高速摄影技术[M]. 北京:科学出版社,1984.

[131] 牛憨笨,宋综贤,任永安. 一种通用快门变像管[J]. 光机技术, 1979,1: 15 – 37.

[132] Eschard G,et al. Proc. 9th Inter. Cong. High Speed Photography and Photonoics [C]. New York: SPIE, 1970:493 – 497.

[133] Lieber A j, Sutphin H D. Picosecond framing camera using a passive microchannel plate [J]. App. Opt. , 1979,18(6):745 – 746.

[134] Lieber Albert J, et al. Proximity focused shutter tube and camera:1979,US. 4,220,975[P]. 1980.

[135] Dymoke A K L, Kilkenny J D, Wielwald J. A gated x - ray intensifier with a resolution of 50 picroseconde [J]. SPIE, 1983,427:78 - 83.

[136] Stearns D G, Wiedwald J D, Cook W M, et al. Development of an x - ray framing camera [J]. Review of Scientific Instruments, 1986, 57(10):2455 - 2458.

[137] 余鸿斌. 软 X 射线皮秒焦平面行波分幅技术[D]. 西安:中国科学院西安光学精密机械研究所,1990.

[138] Kilkenny J D, et al. High - Speed gated X - ray imager [J]. Rev. Sci. Instrum., 1988,59(8): 1793 - 1796.

[139] Shan Bing, Takeshi, Yanagidaira, et al. Quantitative measurement of X - ray images with a gated microchannel plate system in a Z - Pinch plasma experiment [J]. Review of Scientific Instruments,1999, 70 (3):1688 - 1693.

[140] Watt R G, Oerter J, Archeluta T. Gated x - ray imager gain correction using a tapered microchannel - plate stripline[J]. Rev Sci Instru, 1994,65(8):2585 - 2586.

[141] Katayama, Nakai M, Yamanaka T, et al. Multiframe x - ray imaging system for temporally and spatially resolved measurements of imploding inertial confinement fusion targets [J]. Rev Sci Instrum, 1991, 62 (1):124 - 129.

[142] Shiraga H, Heya M, Fujishima A, et al. Laser - imploded core strudure observed by using two - dirnensioral x - ray imaging with 10 - ps temporal resolution [J]. Rev. Sci. Instrum. ,1995, 66(1).

[143] Bradley D K, Bell P M, et al. Derelopmend and charuterization of a pain of 30 - 40ps x - ray framing cameras [J]. Rev. Sci. Instrum, Jan. , 1995,66(1).

[144] 刘元震,王仲春,董亚强. 电子发射和光电阴极[M]. 北京:北京理工大学出版社,1995.

[145] 萨默 A H. 光电发射材料制备、特性与应用[M]. 侯洵,译. 北京:科学出版社,1979.

[146] 向世明,倪国强. 光电子成像器件原理[M]. 北京:国防工业出版社, 1999 .

[147] Henke B L, Knauer J P, Premaratne K. The characterization of x - ray photochthodes in the 0. 1 - 10keV photon energy region[J]. J. Appl. Phys. ,1981,52(3):1509 - 1521.

[148] 谭显详,韩立石. 高速摄影技术[M]. 北京:原子能出版社,1990.

[149] Gaines J L,Hansen R A. X - ray - induced electron emission from thin gold foils [J]. Journal of Applied physics, 1976, 47(9): 3923 - 3928.

[150] Eberhardt E H. Gain model for microchannel plates [J]. App. Opt. ,1979, 18(9):1418 - 1423.

[151] 邱孟通. Z - Pinch 软 X 射线多幅图像诊断系统[D]. 西安:西北核技术研究所,2002.

[152] Ito M, kume H. Computer analysis of the timing properties in MCP photomultipulter tubes [J]. IEEE. Tran. On Nuclear. Sci. ,1984,31(1): 408 - 412.

[153] Yamazaki I, Tamai N, Kume H, et al. Microchannel - plate photomultiplier applicability to the time - correlated photo - counting method [J]. Rev. Sci. Instrum. 1985,56:1187.

[154] 常增虎. 微通道板皮秒选通特性的数值模拟[J]. 光子学报,1995,24 (4): 347 - 352.

[155] 常增虎. 微通道板增益模型的首次碰撞问题[J]. 光子学报, 1995,24(4):318 - 342.

[156] Henke B L, Smith J A. 0. 1 - 10 - keV x - ray - induced electron emissions from solids models and secondary electron measurements [J]. J. Appl. Phys, 1977, 48(58):1852 - 1866.

[157] 裴鹿成,张孝泽. 蒙特卡罗方法及其在粒子输运问题中的应用[M]. 北京:北京科学出版社,1980.

[158] Bradley D K, Bell P M, KilkennyJ D, et al. High - speed gated X - ray imaging for ICF target experiment [J]. Rev. Sci. Instrum. ,1992,63 (10): 4813 - 4817.

[159] ZeF, Kauffman R L, Kilkenny J D, et al. A new multichannel soft X - ray framing camera for fusion

experiments[J]. Rev. Sci. Instrum. ,1992, 63 (10):5124 –5126.

[160] 常增虎,山冰,刘秀琴,等. 微通道板选通 X 射线皮秒分幅相机[J]. 光子学报,1995, 24(6):501 –508.

[161] 常增虎. 微通道板皮秒选通特性的数值模拟[J]. 光子学报,1995,24 (4): 347 –352.

[162] Ito M, Kume H, Oba K. Computer analysis of the timing properties in micro channel plate photomultiplier tubes [J]. IEEE Transactions on Nuclear Science, 1984, NS –31(1):408 –412.

[163] 山冰,常增虎,刘进元,等. 四通道 X 射线 MCP 行波选通分幅相机[J]. 光子学报, 1997,26(5):449 –455.

[164] 邹异松. 真空成像器件:上册[M]. 北京:北京工业学院出版社,1980.

[165] 徐大伦. 变像管高速摄影[J]. 北京:科学出版社,1990.

[166] 刘德森,殷宗敏,祝颂来,等. 纤维光学[M]. 北京:科学出版社, 1987.

[167] 白晓红,刘进元,白永林,等. 高效透明导电膜荧光屏的研究[J]. 光子学报,2006,35(2):176 –179.

[168] Reinhold Ludwig, Pavel Bretchko. 射频电路设计—理论与应用[M]. 王子宇,张肇仪,等译. 北京:电子工业出版社,2002.

[169] Misra Devendra K. 张肇仪,徐承和,译. 射频电路与微波通信电路——分析与设计[M].3 版. 北京:电子工业出版社,2005.

[170] 盛振华. 电磁场微波技术与天线[M]. 西安:西安电子科技大学出版社, 1998.

[171] 时利勇. 新性能 X 射线皮秒分幅相机电控系统研究[D]. 西安:中国西安光机所,2006.

第4章 超高速大容量光子信息传输与处理

4.1 概　述

近年来,随着网络、通信和计算机技术等信息科学技术的发展,计算机处理速度向着每秒千亿次、万亿次甚至更快的高性能方向发展,所以需要超高速大容量的信息传输、处理技术以满足高速信息通信网的飞速发展、信息量的指数增长。光子信息传输与处理具有高速率、大带宽、低能耗、低误码率、高可靠性、低价格、强抗干扰能力、长传输距离等优越性,全球目前80%以上的信息量是通过光网络来传输的,随着波分复用(WDM)、密集波分复用(DWDM)技术的发展与成熟,光纤带宽容量突飞猛进地发展。另一方面,随着光子集成技术和光子信号处理技术的进步,光网络的光传输、处理能力也迅速增长,已经提供了连网。

随着电话、电视、计算机的普及,语音、图像和数据的快速发展,为满足人类社会对带宽和容量的巨大需求,适应互联网迅猛发展,对网络结构和功能提出的新需求,光纤通信网络发生多次重大变革。首先是1550nm波段传输系统的开发以及掺铒光纤放大器(EDFA)和密集波分复用(DWDM)技术的实用化。1998年,利用EDFA和DWDM技术,通过海底光缆在美国纽约和英国伦敦之间实现了通信容量为2.5Gb/s×4的传输。其次是点到点的WDM系统向全光网络的发展和演变。网络节点以及节点间均以全光化的形式存在,突破电子速率由于固有的物理原因向超高速大容量方向迅速发展的瓶颈限制。另外,光网络正向能够实时、动态地调整网络的逻辑拓扑结构,能够快速、高质量地为用户提供各种带宽服务与应用,实现资源的最佳利用和实时流量工程的智能化方向发展,引发了智能光网络。2000年,国际电联提出了实现网络资源按需分配的自动交换光网络(ASON),这成为下一代光网络的发展方向。但是相应的超高速光子网络所涉及的器件、系统、传输技术、处理技术、网络技术以及集成芯片技术等方面都面临巨大的挑战,直接影响着光子网络的传输距离、稳定性、可靠性等。

4.1.1 光子信息传输系统组成

光子信息传输系统是以光为载波,用光来传输信息的通信系统。完整的光子信息传输系统是由数据源、光发射机、光学信道和光接收机组成的。

在光纤通信系统(图4-1)中,光源采用与光通信信道兼容的激光器,将数据源电信号调制成光载波并通过耦合器进入光学信道传输。光学信道中的畸变、衰减、色散等因素的影响,限制了光通信的传输速率和传输距离,针对这些不利因素,开展了相关的技术研究并进行相应的补偿,信道中加入中继器和放大器,补偿光信号在信道中传输时的衰减并且对波形失真的脉冲进行纠错、重新再生整形。光接收是把从远处传来的已被调制的光信号通过会聚、滤波、光电探测器进行光电转换的过程。接收方法有直接检测接收和相干检测接收。直接检测接收是利用光学系统和光电探测器把光学信号直接转换成电信号的过程,优点是简单而实用,缺点是灵敏度低、信噪比小。相干检测接收利用一束本机振荡产生的激光与输入的信号光在光混频器中进行混频,得到与信号光的频率、相位和振幅按相同规律变化的中频信号。这种方式灵敏度高、信噪比大,但设备复杂、技术难度大。

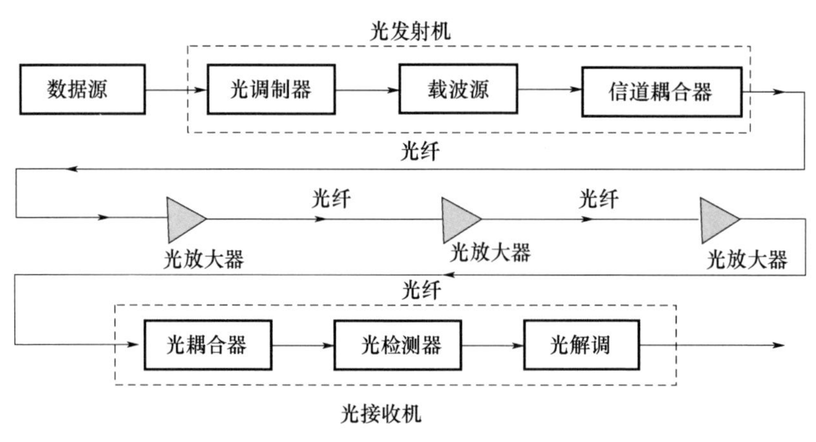

图4-1 光纤通信系统

4.1.2 光子信息传输技术发展与现状[1-5]

目前在光纤通信系统中,通用光纤的损耗为0.2dB/km,中继光放大器间距达100km相对传统电缆中继放大器间距6 km大幅提高。2005年,世界首个光纤通信实用的单信道最高速率100Gb/s的线路在巴黎和法兰克福之间建成。2008年,美国Verizon公司建设了三条100Gb/s实验线路。目前,高速率商用线路以40Gb/s为主,100G技术历经多年的研究,在中国2012年正式开始商用。

然而,为了更大限度提升光通信系统的容量和传输速率,光通信系统采用了密集波分复用(DWDM)技术、时分复用(TDM)新技术,光波分复用和光时分复用相结合等技术。但是仅凭光时分复用技术和波分复用技术来提高光纤通信系统的容量是很有限的,近年来,一些具有高频谱效率的高阶调制和新型复用方法又被引入光通信中,主要有光正交频分复用(OOFDM),正交幅度调制(QAM),正交相位键控(QPSK),极化复用(PM)、模式复用(MDM)、轨道角动量复用(OAMM)等。例如:NEC的研究人员在光纤通信会议上报道了165km的101.7Tb/s高速数据传输实验,这相当于将3个月的高清电视信号在1s中内传输完毕。

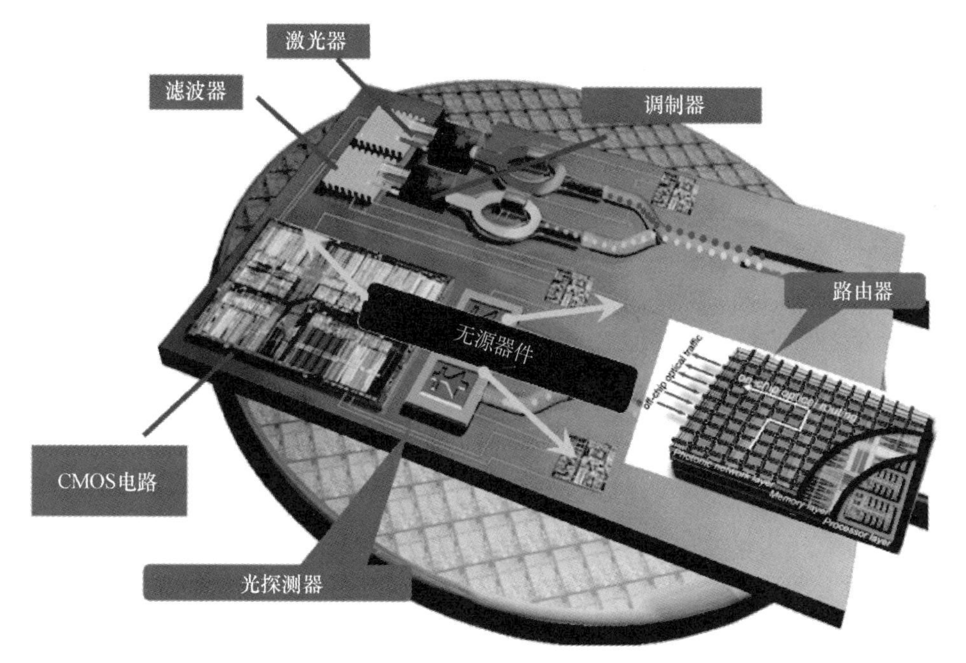

图4-2 片上光子通信系统

光通信用的器件在不断进步。激光器的直接调制速度达到40Gb/s,不需要采用外加的$LiNO_3$调制器。光子集成技术可把许多光器件甚至于把简单的光电系统集成在一起,例如:把4个不同波长的激光器和探测器组成4个收发系统集成在一个单片上;40个波长的光滤波器用平面光线路PLC制成模块;把速率为160Gb/s的相干接收系统单片集成在半导体材料上(通常用$LiNbO_3$)。

光交换技术主要是光开关器件和光缓存技术上存在的问题有待解决。目前,光交换采用的是光电光方式,即把光信号转换成电信号,用电子交换机实现交换后,再把电信号转换为光信号,通信速率受限。光纤通信单波长速率已经超过1Tb/s,交换与传输速率不匹配的矛盾日渐突出。光电转换与耗能的限制，已不适应当前高速率、大容量网络交换的需要，全光交换技术应运而生。光交换技术与高速的光纤传输速率匹配可以实现网络的高速率。根据波长来对信号进行路由和选路与通信采用的协议、数据格式和传输速率无关，可以实现透明的数据传输，保证网络的稳定性，提供灵活的信息路由手段。

未来，光子信息传输技术发展的理想目标是全光网络，这也是未来高速信息通信网络发展的必然趋势。目前，全光网络的发展处于初期阶段，传统光网络已实现了节点间全光信息传输，但网络节点处仍以电器件为主，这在一定程度上制约了通信速率和总容量的增加，因此，网络节点以全光化的形式存在，交换机对用户信息的处理采用光波长为路由交换系统完成。以 WDM 技术与光交换技术为主的全光网络必定成为未来信息网络的核心技术。

4.1.3 耗散孤子理论

1. 基于不同色散分布的被动锁模光纤激光器以及耗散孤子的提出

目前，高能量超短脉冲光纤激光器除了应用于传统的激光通信、光纤传感领域以外，还涉及激光打标、印刷、精密加工、焊接、医疗、生物工程，以及国防军事中的定位、测距、跟踪制导、激光核聚变、深空激光通信和模拟打靶等领域，同时也是非线性光学、光纤光学等基础研究的前沿课题[6,7]。尽管已获得诸多进展，但光纤激光器在许多关键物理参数上（如脉冲能量和峰值功率等）仍然落后于固体激光器。因此，开发超高能量超短脉冲光纤激光器具有重要的实际意义和广阔的市场前景，成为世界范围内热门研究课题。

根据光纤光学原理可知，过度的非线性相移在色散的作用下将导致脉冲发生畸变[8]。由于光纤纤芯极小，在较低平均功率水平下，光纤激光器中产生的脉冲即具有较高的峰值功率密度并导致很高的非线性相移。当累积的非线性相移无法被色散所控制或补偿时，将引起光波分裂，即脉冲发生分裂或者塌陷为类噪声脉冲[8]。因此，必须对激光器内非线性效应进行合理控制才能获得具有较高能量的脉冲。控制非线性相移的一种方案是增大光纤模场面积从而降低功率密度。随着光纤技术的飞速发展，这种方案取得了卓有成效的成果[9]。然而，大模场光纤的使用将使得激光器的构造更加复杂、成本更高，并且丧失了光纤激光器可弯曲和无须准直的优点。另外一种方案是在腔内进行色散控制。根据色散分布特性，锁模光纤激光器一般可分别激发产生传统负色散孤子、展宽脉冲、自相似脉冲和耗散孤子等[7]。各种光纤激光器典型色散及脉冲啁啾分布特性如图 4 - 3 所示。

孤子是自然界普遍存在的现象。在光学领域，孤子一般是指光波在介质传输时由于非线性效应和线性效应之间达到平衡而保持不变[10]。对于传统负色散孤子激光器而言，其锁模原理是通过腔内负色散和光纤非线性效应的平衡从

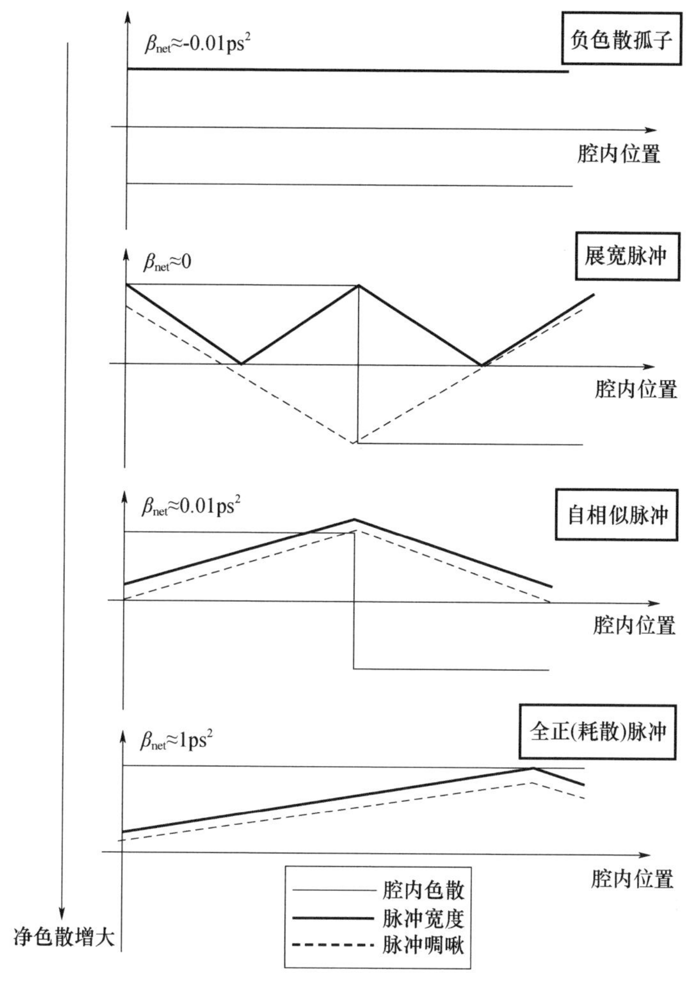

图4-3 不同脉冲光纤激光器典型色散及啁啾分布特性[7]

β_{net}—净色散。

而实现稳定的脉冲输出[8]。腔内引入负色散是为了补偿脉冲在线性传输过程中所累积的线性相移,因此负色散孤子的啁啾近似为零。从数学角度而言,传统孤子一般存在于无损耗的哈密顿系统之中,可以采用无损耗的非线性薛定谔方程(Nonlinear Schrödinger Equation,NLSE)进行描述[11]。由于负色散孤子激光器具有造价低廉、易于自启动和工作稳定等诸多优点,成为过去几十年锁模光纤激光器研究中最重要的课题之一[12]。然而,它也存在着严重的固有缺陷:由于孤子面积理论的限制,这类激光器可输出的最大单脉冲能量通常小于0.1nJ;当脉冲能量较高时,将发生光波分裂(形成多脉冲或者脉冲塌陷)[7,8]。

为获得更高能量脉冲,必须对激光器内的非线性累积进行合理的控制。因此,研究人员曾提出了展宽脉冲激光器,即在腔内总色散近似保持为零的情况下,对激光腔进行色散管理,脉冲在腔内得到周期性展宽和压缩,降低了其在腔内的峰值功率,从而抑制了光波分裂,可获得较高能量脉冲[13]。此外,Anderson等提出,具有单调线性啁啾的脉冲在光纤中能够实现无波分裂传输[14]。此类脉冲在光纤内进行自相似传输而不改变其形状。而且,研究发现,在光纤正色散区域,抛物脉冲可以在放大器中进行自相似演化,因此又称为自相似脉冲[15-17]。与负色散孤子和展宽脉冲对比,自相似脉冲能够容忍更强的非线性而不发生光波分裂。腔内的正色散可以将脉冲所积聚的相位“线性化”,因此可以实现光谱宽度增加而不影响脉冲的稳定性[18]。自相似脉冲在光纤中的演化是单调变化的,从数学角度而言,可以认为是 NLSE 的渐进解[15]。如此的单调渐进解在具有周期性边界条件的光纤激光器中无法形成自洽演化,因此需要额外引入反向作用机制以实现锁模。而且,自相似演化过程将严格受到增益带宽限制,一旦达到或超过此极限,将使该演化终止[16]。

尽管过去几年光纤激光器所产生脉冲的能量及峰值功率增长了几个数量级,然而仍然不能满足人们对高能量脉冲的应用需求。最近,一种新型的耗散孤子激光器引起了研究者的极大兴趣。为了解耗散孤子的特点,首先需了解“耗散”的物理意义。“耗散结构”理论由比利时化学家、物理学家伊里亚·普里高津提出,用以研究一个系统从混沌无序向有序转化的机理、条件和规律,为此,普里高津获得了 1977 年的诺贝尔化学奖[19]。耗散结构是指一个远离平衡状态的开放系统,由于不断与外界环境交换能量物质和熵而能继续维持平衡的结构[19]。耗散结构理论提出后,在自然科学和社会科学的很多领域,如物理学、天文学、生物学、经济学、哲学等,都产生了巨大的影响。

孤子是非线性动力学系统中一类特殊的具有自我局域束缚特性的集合统一体。通常认为,传统负色散孤子存在于可积分(守恒)系统中,只有色散和非线性的相互作用而没有能量流入或者流出该系统。可积分系统实际上是自然界中真实存在的复杂系统的高度简化,可以认为是哈密顿系统的一个分支[20]。守恒系统中的传统孤子和非守恒系统中的耗散孤子虽然本质上都属于非线性波包,但两者又具有本质性的差异。相比之下,耗散系统比哈密顿系统更为真实和复杂,除了非线性和色散效应之外,还包括内部和外部能量的交换流动[20,21]。澳大利亚国立大学的 Akhmediev 等在多部著作和文章中阐述了耗散孤子概念的来源,理论上研究了耗散孤子的产生机理和演化过程,得到了诸如耗散孤子谐振等十分有意义的研究成果[22-24]。与此同时,多个研究小组在实验中观察到了耗散孤子,实现了高能量脉冲输出。例如,康奈尔大学的 A. Chong 等在全正色散掺镱光纤激光器中实现了能量大于 20nJ 的耗散孤子输出,脉冲经过解啁啾后峰值功率可以达到 100kW 左右[25]。针对耗散孤子的研究有重要理论意义,同时耗散孤子所具有的优异物理特性使其同时具有巨大的实际应用潜力,例如,它可广泛应用于精密微机械加工、材料处理、超快诊断、生物医学、光电传感等领域[26]。

2. 不同类型耗散孤子的形成机理及物理特性

与传统孤子不同,耗散孤子最早是在正色散区域发现的。它存在于非守恒系统中,能量流入和流出的动态平衡在脉冲形成过程中起了决定性作用[24]。耗散孤子是一种广义孤子,其脉冲能量和宽度远大于传统孤子,而且在传输过程中,脉冲物理特性将发生剧烈变化[26]。光纤激光器中耗散孤子的产生一般是由光谱滤波效应、克尔非线性效应、正色散、可饱和吸收效应、增益和损耗等共同作用所导致的,这些效应随着泵浦功率以及腔内偏振状态的改变而交互影响,因而耗散孤子激光器可以在极大的参数变化范围内实现锁模,所形成脉冲的种类和演化过程极为丰富[21]。其物理规律和光学特性完全不同于传统光孤子,它能容忍更高的非线性效应,从而能有效避免光波分裂,突破传统光纤激光器所受到的能量限制,实现更高能量脉冲输出[26-28]。

典型的全光纤耗散孤子锁模激光器的结构和具体参数可见文献[29]。实验中设计的激光器为环形光纤谐振腔结构,净色散为 $+1\mathrm{ps}^2$,利用非线性偏振旋转(Nonlinear Polarization Rotation, NPR)技术进行锁模。适当调节偏振控制器状态和泵浦功率,激光器可以实现稳定的自启动锁模脉冲输出。耗散孤子的典型光谱如图4-4(a)所示。当泵浦功率达到阈值后,在增益饱和、光谱滤波及各种非线性效应共同作用下,输出脉冲光谱顶部平坦而边沿陡峭,近似为矩形形状,3dB 光谱宽度约为 10nm。脉冲自相关谱如图4-4(b)所示,如取高斯拟合则脉宽约为45ps,相应的时间带宽积约为55.6。这是由于该激光器的输出耦合器位于掺铒光纤(EDF)之后,在增益光纤的放大过程中,强烈的非线性效应和正色散使得输出脉冲带有很大的正啁啾。图4-4(c)所示为输出的单脉冲序列。研究发现,在增加泵浦功率形成多脉冲的过程中存在不稳定状态,如图4-4(a)中 $P=65\mathrm{mW}$ 曲线所示,输出脉冲的光谱随机变化起伏。此不稳定状态一直持续直到泵浦增加到腔内足以形成两个稳定脉冲。该过程随泵浦增加循环出现,最终形成多个脉冲。图4-4(a)中 $P=328\mathrm{mW}$ 曲线所对应的脉冲序列如图4-4(d)所示。与单脉冲状态相比,多脉冲状态时光谱宽度基本不变,八个等强度的脉冲共存在谐振腔内,说明此类耗散孤子依然遵循孤子能量量子化效应[26,29]。

这种耗散孤子形成的物理机理可以解释如下:对于具有较大正色散的光纤激光器而言,脉冲在增益介质(本小节中为EDF)中受到自相位调制(SPM)等非线性效应的影响,导致光谱逐渐向两侧加宽并形成正的频率啁啾,即时域上的脉冲前(后)沿为频域上红(蓝)移的长(短)波成分。与此同时,在 EDF 极大正色散影响下,脉冲长波成分(时域上脉冲的前沿)的传播速度将远远大于短波成分(时域上脉冲后沿)。正色散与非线性效应共同作用将导致脉冲宽度剧烈展宽,

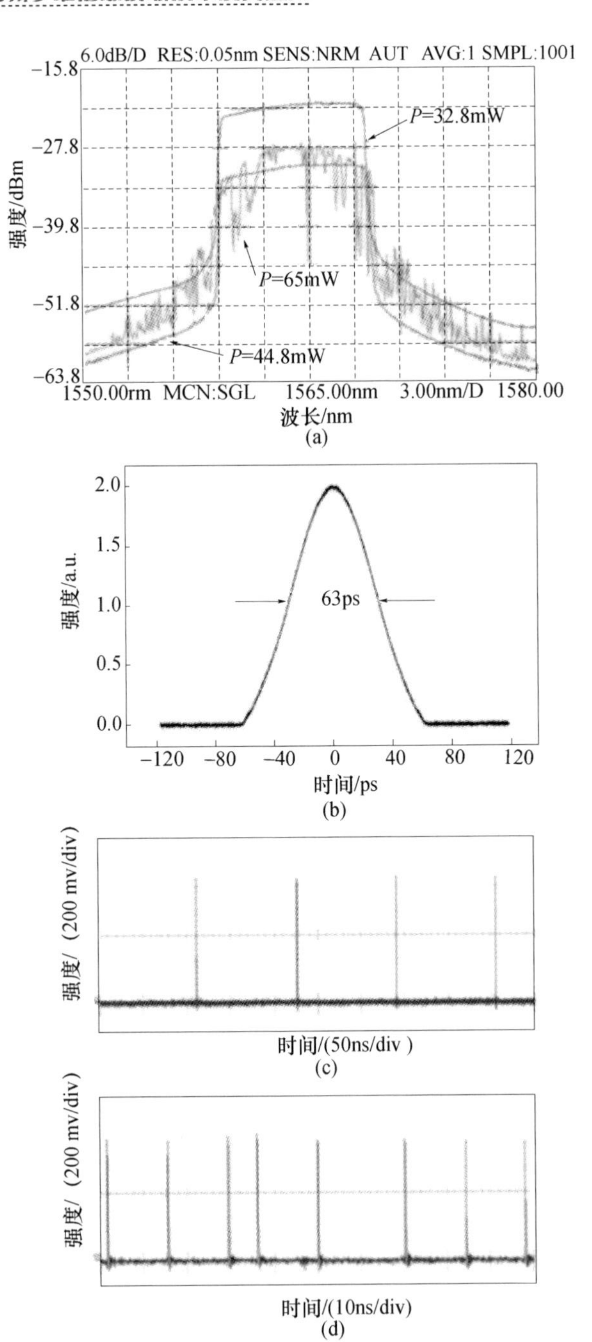

图 4－4 实验中所得耗散孤子在不同泵浦下的物理特性[22]

(a)耗散孤子的典型冲光谱;(b) $P=65$mW 时单脉冲自相关曲线;

(c)单脉冲示波器序列;(d) $P=328$mW 时多脉冲示波器序列。

脉冲啁啾增大。由于采用的EDF长度较大，增益滤波（光谱滤波）效应不能被忽略，因此脉冲光谱在EDF中将受到有效增益带宽限制。换言之，增益滤波效应可以同时起到等效的光谱滤波器和可饱和吸收体的作用，它能够同时在频域和时域上滤除脉冲的前后沿。同理，当脉冲经过NPR部分（等效可饱和吸收体）时，脉冲不仅在时域上被进一步窄化，而且频域的两翼部分也将同时被滤除。在满足具有边界条件的激光腔内，当增益、损耗、正色散、NPR、非线性效应和光谱滤波效应等共同作用且达到动态平衡时，初始输入光波脉冲便可在腔内能够自洽演化，此时激光器将输出稳定的耗散孤子脉冲[21, 26]。

一般而言，光波在光纤中的传输可以采用包含矢量电场形式的耦合模方程来进行数值模拟。脉冲包络在非掺杂光纤中的传输符合耦合模方程[8, 21, 29]，即

$$\frac{\partial u}{\partial z}=-\frac{\alpha}{2}u-\beta_{1x}\frac{\partial u}{\partial t}-\frac{\mathrm{i}}{2}\beta_2\frac{\partial^2 u}{\partial t^2}+\mathrm{i}\gamma\left(|u|^2u+\frac{2}{3}|v|^2u\right)+\mathrm{i}\frac{\gamma}{3}v^2u^*\exp(-2\mathrm{i}\Delta\beta z) \tag{4-1}$$

$$\frac{\partial v}{\partial z}=-\frac{\alpha}{2}v-\beta_{1y}\frac{\partial v}{\partial t}-\frac{\mathrm{i}}{2}\beta_2\frac{\partial^2 v}{\partial t^2}+\mathrm{i}\gamma\left(|v|^2v+\frac{2}{3}|u|^2v\right)+\frac{g}{2}v+\mathrm{i}\frac{\gamma}{3}\mu^2v^*\exp(2\mathrm{i}\Delta\beta z) \tag{4-2}$$

式中：μ、v 为脉冲两个正交偏振态的场强；α 为光纤传输损耗系数。光纤模式双折射满足：$\Delta\beta=\beta_{0x}-\beta_{0y}=2\pi/L_{\mathrm{B}}$。其中 L_{B} 为拍长；β_{0j} 为传输常数（$j=x,\ y$）；β_{1x}、β_{1x} 分别为两个偏振态成分的群速度；β_2 为二阶光纤色散；γ 为三阶非线性系数；t、z 为脉冲在腔内的传播位置。

当光波经过EDF得以增益放大时，式（4-1）和式（4-2）中所包含的衰减项 α 将相应地变为 $\alpha-g$[29]。针对图4-4中使用的激光器，腔长 L（约24m）远大于拍长 L_{B}（约1m），此时式（4-1）和式（4-2）中最后一项（即四波混频效应项）由于周期性改变为正/负符号，平均值为0，因此可以忽略。因此，在EDF中，脉冲包络的振幅可以通过如下方程组获得[8]：

$$\frac{\partial u}{\partial z}=-\frac{\alpha}{2}u-\delta\frac{\partial u}{\partial T}-\frac{\mathrm{i}}{2}\beta_2\frac{\partial^2 u}{\partial T^2}+\mathrm{i}\gamma\left(|u|^2u+\frac{2}{3}|v|^2u\right)+\frac{g}{2}u+\frac{g}{2\Omega_{\mathrm{g}}^2}\frac{\partial^2 u}{\partial T^2} \tag{4-3}$$

$$\frac{\partial v}{\partial z}=-\frac{\alpha}{2}v-\delta\frac{\partial v}{\partial T}-\frac{\mathrm{i}}{2}\beta_2\frac{\partial^2 v}{\partial T^2}+\mathrm{i}\gamma\left(|v|^2v+\frac{2}{3}|u|^2v\right)+\frac{g}{2}v+\frac{g}{2\Omega_{\mathrm{g}}^2}\frac{\partial^2 v}{\partial T^2} \tag{4-4}$$

式中：Ω_{g} 为激光器的增益带宽；$\delta=(\beta_{1x}-\beta_{1y})/2$ 为两个偏振分量模式的群速度差；$T=t-(\beta_{1x}+\beta_{1y})z/2$；$g$ 为EDF的增益函数且具有如下形式：

$$g=g_0\exp(-E_{\mathrm{P}}/E_{\mathrm{S}}) \tag{4-5}$$

其中，g_0 为小信号增益系数；E_{S} 为由泵浦功率所决定的增益饱和能量；E_{P} 为脉冲能量，表达式为[29]

$$E_{\mathrm{P}} = \int_{-T_{\mathrm{R}}/2}^{T_{\mathrm{R}}/2} (|\mu|^2 + |v|^2) \mathrm{d}\zeta \tag{4-6}$$

其中,T_{R}为光波在激光腔内中运转一周所需时间。

光波在光纤中的传输过程可以通过求解具有光谱滤波效应的式(4-3)和式(4-4)获得。当脉冲传输经过EDF时,EDF的有效增益带宽起到了光谱滤波的作用。此处,假设EDF的增益带宽为25nm,其归一化增益谱具有如下形式:

$$g_{\mathrm{nor}}(\omega) = 1/[1 + (\omega/\Delta\omega)^n] \tag{4-7}$$

式中:ω为频率偏移量;$\Delta\omega$为EDF的增益带宽;n为决定增益谱线平坦度的参数(此处假设$n=6$)。

数值模拟结果显示,由于饱和能量与泵浦功率成正比,通过选择合适的起偏器与检偏器的偏振角度以及线性腔相位延迟,模拟中增加的饱和能量等价于在实验中增大的泵浦功率。模型中所选用的参数与实验中真实物理参数尽量一致,即$\alpha = 0.2\mathrm{dB/km}$,$g_0 = 3\mathrm{m}^{-1}$,EDF的$\gamma = 4.5\mathrm{W}^{-1}\cdot\mathrm{km}^{-1}$,单模光纤的$\gamma = 1.3\mathrm{W}^{-1}\cdot\mathrm{km}^{-1}$,$\Omega_{\mathrm{g}} = 25\mathrm{nm}$,$\theta = \pi/3.9$,$\phi = \pi/5$,$\phi_1 = 0.3 + \pi/2$,$\beta_2 = +55\times10^{-3}\mathrm{ps}^2/\mathrm{m}$,$\beta_2 = -22\times10^{-3}\mathrm{ps}^2/\mathrm{m}$,$\beta_{\mathrm{net}} \approx +1\ \mathrm{ps}^2$[29]。适当调整$\theta$和$\phi$的值以及相位延迟项$\phi_1$,腔内激光运转一周产生的耗散孤子数目随泵浦参数$E_{\mathrm{s}}$增加(减小)而逐个增加(减小)。而且,随$E_{\mathrm{s}}$变化,激光器交替在稳定和不稳定状态下运转,如图4-5所示。当激光器实现自洽演化时,脉冲在时域及频域上的形状均趋于稳定,此时便可认为是处于稳定锁模状态。然而,当激光器处于不稳定状态时,脉冲在时域及频域上的形状均呈现出强烈的波动[21]。

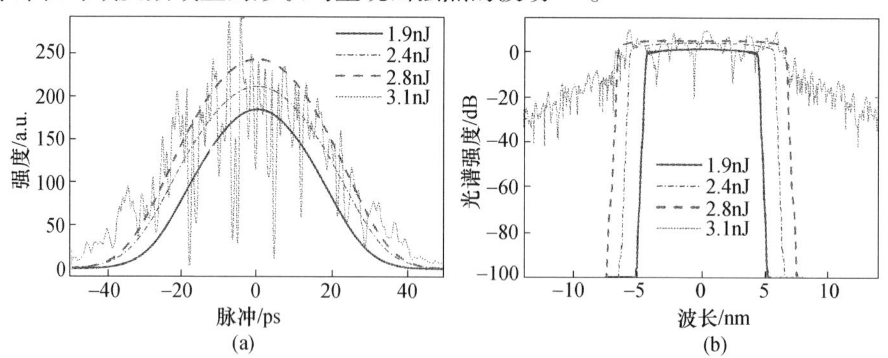

图4-5 脉冲在(a)时域和(b)频域上随不同泵浦参数E_{S}变化的演化规律[29]

虽然上述矩形光谱耗散孤子的能量已经比传统孤子提高了一两个数量级,但仍然无法避免脉冲分裂效应(多脉冲的产生将极大地限制单脉冲能量)。研究发现,在具有极大正色散和极强非线性的光纤激光器中,可以实现一种新型的高能量无波分裂宽带耗散孤子,谐振腔的具体参数见文献[30,31]。相比于目前已报道的其他类型的脉冲,此种宽带耗散孤子可以突破增益介质的带宽极限,具有崭新的物理特性和独特的演化规律[31]。输出脉冲的典型光谱如图4-6

(a)所示。脉冲光谱顶部较为平坦,3dB 带宽可达 83nm 以上。在最高泵浦功率约为 1.1W 时,激光腔内宽带脉冲能量约为 75nJ,峰值功率约为 6kW。利用一个腔外偏振分解系统对上述两种耗散孤子进行分析,发现此种宽带脉冲具有部分偏振的特性[30]。如图 4-6(a)所示,经过偏振分束器(PBS)后,宽带耗散孤子两个正交偏振分量的强度相差极小,仅有 1~2dB。对比之下,矩形光谱耗散孤子的快慢两轴强度差别极大(典型值大于 15dB),如图 4-6(b)所示。因此,任何情况下宽带耗散孤子经过 NPR 锁模器件时均受到强烈的影响,总是至少有 20%~37% 的脉冲能量被滤除[14]。这种脉冲在极高泵浦下不发生分裂或形成多脉冲,因此可积聚更高能量。

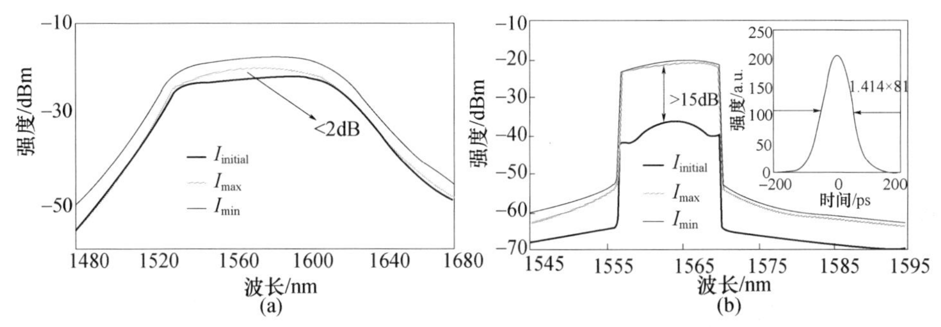

图 4-6 经过 PBS 后两种耗散孤子脉冲典型光谱[30]

(a)无波分裂宽带耗散孤子;(b)矩形光谱耗散孤子。

各图中最大强度曲线为原始脉冲光谱,其余两条曲线分别对应脉冲经 PBS 分束后脉冲快慢两轴的光谱。(b)中插图为对应的脉冲自相关曲线

除了上述两种耗散孤子以外,在耗散型光纤激光器中还可获得另外一种高能量无波分裂方波脉冲。所采用的激光系统包含带有极大正色散 EDF 和负色散的单模光纤,谐振腔净色散为较大的正值,典型物理参数见文献[32]。这种脉冲的物理特性与以往的传统孤子、展宽脉冲、自相似脉冲有着显著的差异,其形成机理已经得到了较细致地理论研究和分析[32,33]。如图 4-7(a)所示,随着泵浦参数 E_s 的增加,脉冲形状从高斯型逐渐变为方波,而且边沿越来越陡峭。值得注意的是,在整个过程中,脉冲峰值功率基本保持不变。图 4-7(b)显示脉冲光谱一直保持为高斯型,完全不同于常规耗散孤子[34]。由于脉冲的峰值强度不变,脉冲所经受的非线性效应基本恒定,因此,随泵浦功率增加脉冲光谱几乎不发生展宽,仅强度持续增加。图 4-7(c)所示为实验测量的脉冲光谱随泵浦功率的演化,其演化规律与理论结果图 4-7(b)几乎一致。理论研究表明,此脉冲在其中间部分具有较低的线性啁啾,而在两侧具有较高的非线性啁啾[32]。中心部分的弱频率啁啾可使脉冲不同的频率分量以近似相等的速度在腔内传输,而边缘较强非线性啁啾有助于脉冲抵御腔内色散的影响[26]。这一特性可保证

脉冲形状在传输过程中几乎不发生改变。在泵浦功率增加过程中,脉冲中部的啁啾随脉宽度增加而减小,但在边缘处脉冲啁啾基本不变。总体而言,脉冲啁啾在脉宽内的累积 $S_1\Delta\tau$ 不受脉冲能量的影响,几乎保持一个常数,如图 4-7(d)所示。此外,实验中发现,此方波脉冲无法被正或负线性色散器件压缩[28],侧面验证了此类脉冲可抵抗色散的影响从而避免了光波分裂。

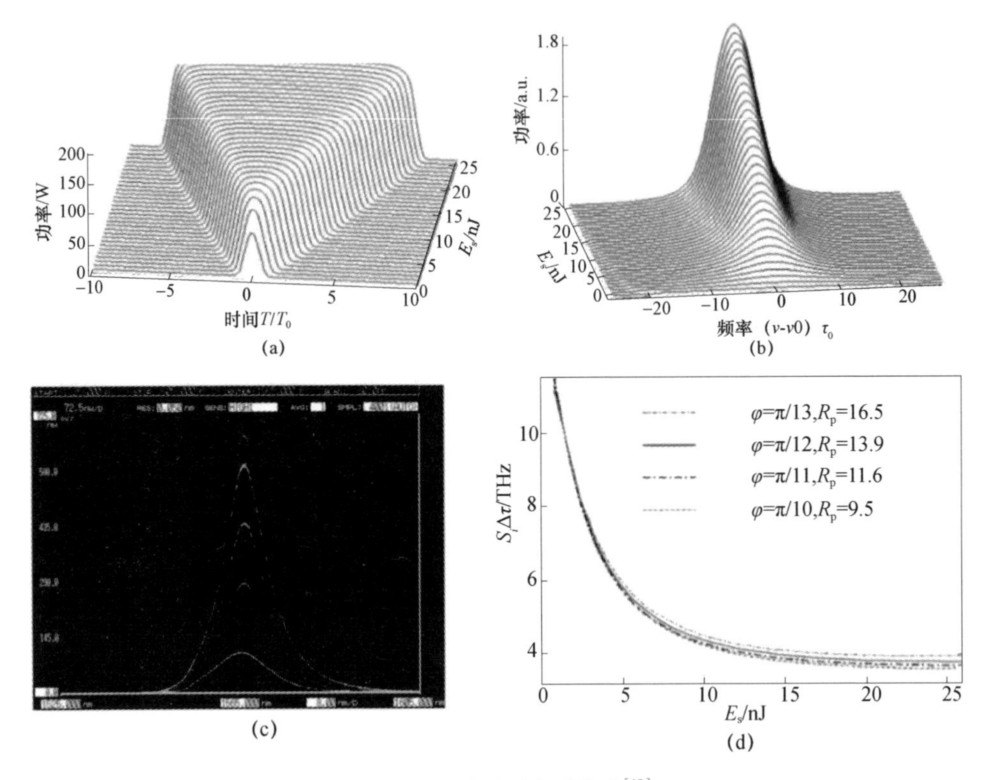

图 4-7　无波分裂方波脉冲[19]

(a)脉冲波形随 E_s 的演变;(b)光谱随 E_s 的演变;(c)实验中所得脉冲光谱[32];

(d)$S_1\Delta\tau$ 随 E_s 的演化规律[33]。

S_1—脉冲中心部分瞬时频率的斜率(即啁啾);$\Delta\tau$—脉宽。

进一步研究发现,此种脉冲的两个正交偏振分量强度差(R_P)处于某个合适范围内,其典型比例在 8~65 之间[33]。众所周知,由于光纤中普遍存在双折射效应,导致脉冲沿光纤两个正交快慢轴分量的传播速度不一致,将出现"走离"(Walk Off)效应。例如,若 $R_P<8$,腔内较大的色散将引起脉冲两个偏振分量走离,从而引起光波分裂[26]。与此同时,由于上述光纤激光系统都是基于 NPR 原理进行锁模的,如果光纤中脉冲的某偏振分量与另一个正交分量差别过于悬殊,NPR 效应将失效从而导致无法实现锁模;因此 R_P 值又不能过大。这种无波分裂

方波脉冲与Grelu等提出的耗散孤子谐振(Dissipative Solitons Resonances)现象相类似[24,35-37]。研究表明,当复Ginzburg - Landau方程的参数为某些特殊值时,脉冲能量将可能实现无限增加,从而产生谐振[24]。这时脉冲能量将随着泵浦增强而线性增加,而脉冲峰值强度保持不变。此外,除了正色散区以外,在负色散区也多次实验观察到了孤子谐振现象[38,39]。

3. 总结和展望

耗散孤子形成于非线性系统,其建立锁模的动力学过程主要依赖于激光系统能量增益和损耗的动态平衡。此类脉冲的形成一般是由光谱滤波效应、克尔非线性效应、正色散、可饱和吸收效应、增益和损耗等共同作用产生。这些效应随着泵浦强度以及腔内偏振状态的改变而交互影响,因而耗散孤子激光器可以在极大的参数变化范围内实现锁模,所形成脉冲的种类和演化过程也极为丰富。耗散孤子的物理规律和光学特性完全不同于传统孤子和其他脉冲,它突破了传统孤子所受到的能量限制,可实现多种无波分裂高能量脉冲输出[26]。

耗散孤子是最近几年提出的新型脉冲,目前的理论和实验研究还不是十分成熟,尚需进一步完善。例如,通过改进腔型结构、采用新型锁模器件,可以构建更高集成度和更低成本的耗散孤子光纤激光器。其次,由于激光腔内的各项参数对脉冲的物理特性起着决定性作用,因此需要进一步仔细地优化其物理参数,从而实现更优异性能的脉冲输出。

4.2 超高速大容量光子信息传输技术

随着信息量的快速增长,通信系统对传送速率和信道容量都提出了更高的要求,为了充分利用现有光纤系统200nm、带宽25000GHz的低损耗窗口,降低通信设备的费用,研究技术人员采用了一系列的信息复用技术来提高信道的容量,主要的复用方法有波分复用、时分复用、频分复用、副载波复用、码分复用、空分复用、轨道角动量复用、高阶调制等。实现这些复用的器件称为复用器,而最后将复用后的信号还原成原来信号的器件称为解复用器。其整个的通信传输过程是,复用器接收来自终端或用户的数据、语音、视频等信息,并将这些低速信号组合成高速数据流在链路中传输,接收端采用解复用器将这种组合的数据路分解并还原成最初的信号分发给目的终端或用户。本节将讨论这种光波通信复用解复用系统。

4.2.1 传统超高速大容量光复用技术

1. 波分复用技术

波分复用(Wave Division Multiplexing,WDM)是指可以在一根光纤上传输多个不同波长的光载波，使得光纤的传输容量成倍增加的技术。WDM 技术原理是在发送端将不同波长的光信号组合起来，并耦合到单根光纤中进行传输，在接收端又将这些组合在一起的不同波长的信号分开，并恢复出原信号后送入不同的终端，如图 4-8 所示。

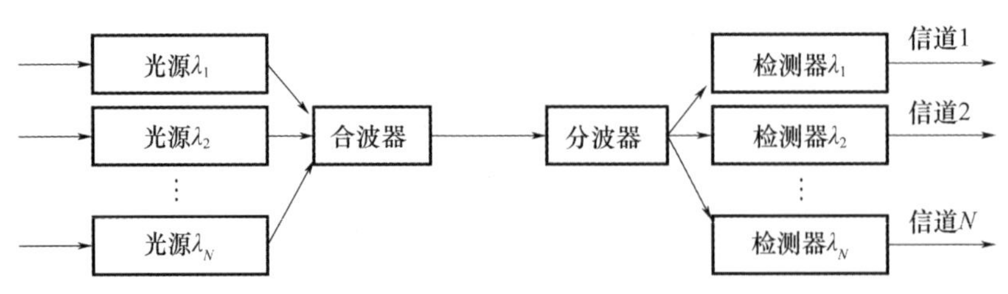

图 4-8　波分复用解复用原理

WDM 是对多个波长进行复用，能够复用多少个波长，与相邻两波长之间的间隔有关，间隔越小，复用的波长个数就越多。信道间隔的大小与可达到的光源波长的稳定性、可容忍的信道间线性和非线性串音、解复用技术等众多因素有关。一般当相邻两峰值波长的间隔为 50 ~ 100nm 时，称为波分复用系统。而当相邻两峰值波长间隔为 1 ~ 10nm 时，称为密集波分复用系统。当复用的波长信道只有几个，且波长间隔更大时，称为稀疏波分复用系统。波分复用和密集波分复用在现在的通信中应用十分广泛。

波分复用系统具有以下特点和优势：①充分利用光纤的低损耗波段，增加光纤的传输容量，是一根光纤传送信息的物理限度增加数倍，目前利用的光纤低损耗谱(1310 ~ 1550nm)只是光纤低损耗谱的很少一部分。②具有在同一根光纤中传送两个或数个非同步信号的能力，有利于数字信号和模拟信号的兼容，与数据速率和调制方式无关，在线路中可以灵活加入或取出。③对已建光纤系统或更早期的光缆，只要功率满足，可进一步增容，实现多个单向信号或双向信号的传送，而不用对原系统进行大的改动，具有很强的灵活性。④由于大量减少了光纤的使用量，成本极大降低，同时有源光设备的共享使得多信号的传送或新业务的增加降低了成本。⑤光通信系统中的有源设备大幅减少，提高了系统的可靠性，用来进行波分复用和解复用的器件分别称为波分复用器和解复用器，波分复用和解复用器件一般可以分为无源波分复用器和有源波分复用器两类，每一类又可以分为若干种。例如：无源波分复用器有棱镜型、熔锥型、光栅型、干涉滤波型等几类；有源波分复用器有波长可调滤波器、波长可调激光器、集成光波导等几类。目前使用的光波分复用器以无源器件为主，它结构简单、体积小、可靠性高、易于光纤耦合、成本低，所以无源波分复用器在实际中使用较多。

2. 时分复用技术

时分复用(Time Division Multiplexer，TDM)是采用同一物理连接的不同时段来传输不同的信号,达到多路传输的目的。时分多路复用以时间作为信号分割的参量,所以可以使各路信号在时间轴上互不重叠。时分多路复用适用于数字信号的传输。由于信道的位传输率超过每一路信号的数据传输率,因此可将信道按时间分成若干片段轮换地给多个信号使用。每一时间片段由复用的一个信号单独占用,在规定的时间内,多个数字信号都可按要求传输到达,从而也实现了一条物理信道上传输多个数字信号。

如图4-9所示,光时分复用技术的实现过程如下:将信息加载到超短脉冲光源,利用超短脉冲及归零码型,通过脉冲间插的方式把多个光数据信道映射到一个低速时钟周期中,在时域上把多路的低速光信号复用成高速光脉冲流,信号经光纤传输后,由光解复用器恢复出各路低速支路信号,通过时钟恢复进行精确同步,恢复出原始信号。OTDM系统中,虽然光纤中传输的是高速光信号,但在源发射端和接收端的信号为低速支路信号,复用和解复用都是利用窄脉冲光信号的间插复用,整个复用和解复用过程都在光域中完成,不需要光电转换,因此就避开了电子瓶颈的限制。

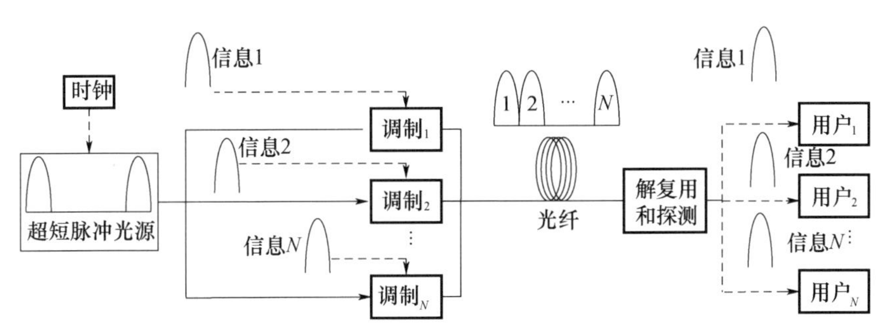

图4-9 光时分复用系统

时分复用的优点是时隙分配固定,便易于调节控制,适于数字信息的传输;缺点是本信道没有数据传输时,其对应的信道会出现空闲,而其他较繁忙的信道无法使用此空闲信道,会降低线路的利用率。

3. 频分复用技术

频分复用(Optical Frequenly Division Multiplexing,OFDM)是指将在频域上划分的多个信道进行复用的技术。通过将各个信道在频域上分割成若干个互相不重叠的子频带,每个信道占用一个子频带并用自己载波来实现频分复用。信道间用一定的保护频带分开,其载波频率略大于信道带宽。

由于OFDM的光载波间隔很密,传统的WDM器件如分波器、合波器等技术已很难区分开光载波,所以要求用分辨力更高的技术来选取各个光载波。目前能采用的主要有相干光纤通信的外差检测加可调谐的光滤波器或者直接检测加调谐光纤滤波器技术等。OFDM一般可以用于大容量高速通信系统或分配式网络系统，如光纤用户网和综合光纤局域网、CATV、广播等，OFDM 特别适合于频分多址应用。

4. 副载波复用

常用的电缆传输微波信号，带宽一般不超过 1GHz，而如果采用光波传输，单通道带宽很容易超过 10GHz，将微波与光载波组合，则系统带宽可超过太赫。由于信号载波是“光载波”，信号由光来传输，是主载波，而微波载波起光载波的副载波作用，称为副载波。因此这种技术的全称是光微波副载波复用，简称为“副载波复用（Optical Subcarrier Multiplexing，OSCM）”。

光副载波复用技术的基本原理是，用户信号调制一个微波频率，再把若干个这样调制过的微波频率组合起来对激光源进行调制，输出光波送入光纤进行传输。再在接收端经光电转换后恢复成射频波，再通过射频检测还原成原始用户信号。原理如图 4-10 所示。

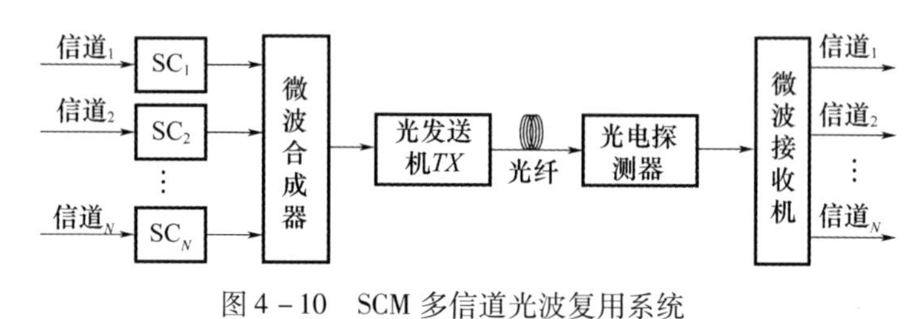

图 4-10　SCM 多信道光波复用系统

副载波复用是扩大光纤通信传输容量和提高传输效率的有效手段，它把成熟的微波技术和先进的光纤通信技术结合起来，可以较好地实现灵活、低成本的宽带综合业务，因此被 CATV 广泛应用。SCM 光波系统还可细分为模拟 SCM 光波系统、相干 SCM 光波系统、多波长 SCM 光波系统等。

5. 光码分复用[40,41]

光码分复用（Optical Code Division Multiplexing，OCDM）技术在原理上与电码分复用技术相似。其原理是通信系统将数据信息用伪随机编码调制，将原信息的频谱扩展到一个较宽的频谱范围内，实现频谱扩展后再传输。相应的接收端在收到信息后采用同样的伪随机编码进行解调和处理，压缩信号频谱并恢复原始数据信息。

OCDM 系统主要由用户低速信息源、超短脉冲光源、光调制器、光 CDM 编码器、光耦合器、光 CDM 解码器、探测电路等组成。通信系统给每个用户分配一个唯一的光正交码的码字作为该用户的地址码。在发送端，对要传输的数据该地址码进行光正交编码，然后实现信道复用；图 4-11 举例说明了 OCDM 系统直接序列编码，传送数据的每个比特用 7 个比特码表示，由 1011001 组成了数据的特征序列编码，编码使有效的比特率增加了 7 倍，频谱得到很大的扩展，不同的数据用户配给不同的特征序列,所有的数据用户进入同一光纤传输。在接收端,用与发端相同的地址码进行光正交解码。OCDM 技术实施过程就是将用户信息加载到光调制器上对超短脉冲光源进行调制,经过调制器的光进入光 CDM 编码器。当携带信息为“0”时,光编码器输出一个全零序列;当携带为“1”时,产生载有用户信息特征的扩频序列并输出光脉冲序列。之后光脉冲序列进入光耦合器,经光纤信道传输到达接收端,通过光 CDM 解码器,完成扩频序列间的解码,再经光电探测器恢复出用户信息。

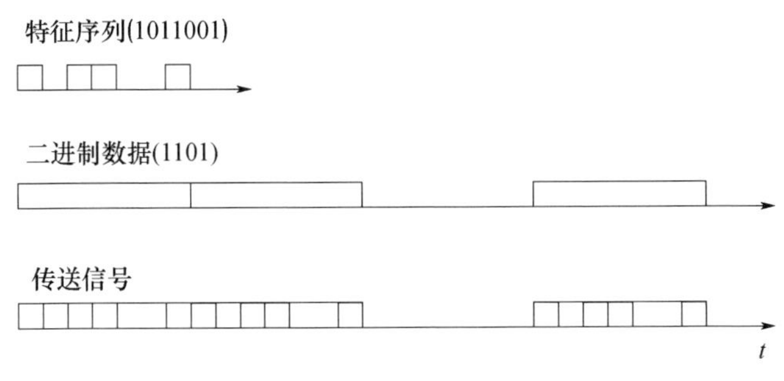

图 4-11 OCDM 系统中二进制数字的多比特特征序列编码

OCDM 的最大特点是具有异步发送和多路复用的能力,但在异步传输时,不能完全保证光正交序列完全正交。因此,可能引起误码,常用最大自相关和最小互相关的伪正交码来降低误码率,但即使如此,这种系统的误码率仍较高,不得不采用一些纠错方法来降低误码率,使其低于 10^{-6}。

OCDM 复用方式的好处是简化了信道线路,可以使用户随时随机接入任何信道,克服了不同用户必须根据固定安排使用信道的缺点,在局域网多路接入时极为方便,具有很大的吸引力。缺点是这种简化牺牲了信道带宽的效率,使信道带宽效率低下。

6. 空分复用

空分复用(Space Division Multiplexing)是指多对光纤共用一条光缆的复用方式,空分复用技术包括两个方面:①光纤的复用,将多根光纤组合成光纤束;②在一根光纤中将光束沿空间分割的多维通信方式。该技术一般使用多芯光纤或者少模光纤。

多芯光纤一般应用在 C 波段和 L 波段来提高频谱效率及承载容量,目前常见的多芯光纤由七个排列成六边形的纤芯组成,而多芯光纤中纤芯间隔距离过于密集将导致和每个纤芯连接变得十分困难,因此需要采用锥形多芯连接器(TMC)来连接每个纤芯,如图 4-12 所示[42]。通过锥形连接器,七路信号光如漏斗一般耦合进光纤,从而实现空分复用。多芯光纤中芯间串扰是一个很严重的问题,串扰的定义为外部六个纤芯测得的光功率和中心纤芯光功率的比值,其与芯间光耦合、模场分布、光纤长度、信号传播常数和传播波长等多种因素有关，要实现长距离传输，必须保证低芯间串扰。

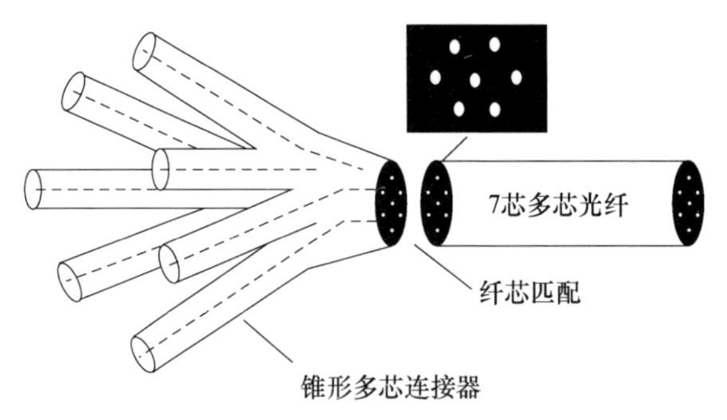

图 4-12　多芯光纤和锥形连接器示意图

4.2.2　新型超高速大容量光复用技术

1. 模式复用

在光纤传输系统中，大容量、高速率的传输系统成为当今不断发展的一个研究方向。高阶调制格式以及波分复用等复用形式的应用会令单模光纤容量很快达到饱和，模式复用被认为是解决该问题的重要方案，同时也是光纤通信系统中的一项重要技术。

在光通信的研究初期，人们就认为光存在多种模式，但是多种模式之间存在串扰。同时，为了避免模式竞争对激光稳定性、相干性等质量的影响，人们将主要精力投入在单模光纤和单模激光器上，目前广泛使用的也多是单模光纤和激光器。随着单模光纤的传输容量趋于饱和，人们开始重新研究光纤中的多种模式。这为模式复用技术提供了器件上的支持。在多模光纤（MMF）或者少模光纤（FMF）中，不同的传输模式之间群速度存在很大的差别，需要在频域利用滤波器来均衡。图 4-13 为模式复用光通信系统简图。

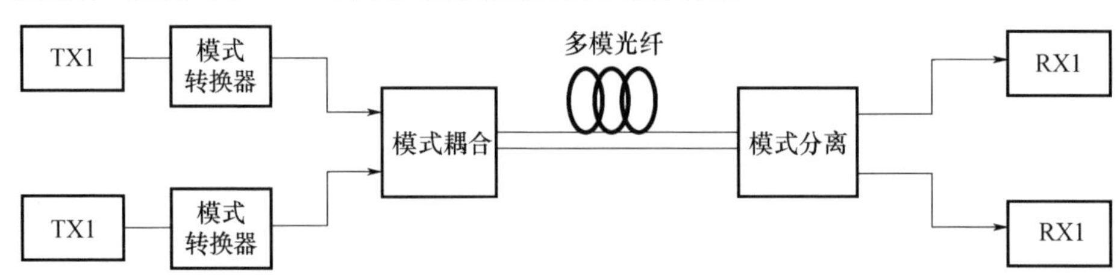

图 4-13　模式复用光通信系统简图

模式复用中另外一个难点是模式转换器的设计，由于现在广泛使用的激光器是单模，而模式复用需要多种模式，所以激光器发出的单模激光需要经过模式转换器转换为多种模式，从而在多模光纤中传输。

2. 轨道角动量复用

作为物理学的一个重要物理量,轨道角动量(OAM)自1992年被Allen等人证实后迅速推动了非线性光学、量子光学、原子光学和天文学等多个学科的新发展。与自旋角动量不同,轨道角动量与螺旋形相位波前联系在一起,理论上可取值无穷且彼此正交。轨道角动量复用与波分复用、时分复用类似,将轨道角动量看做与波长、时隙和偏振等类似的自由度,将具有不同轨道角动量的光信号进行复用,从而提高通信容量和频谱效率。

2012年,华中科技大学王健副教授等在自由空间激光通信中利用轨道角动量复用技术,实现了太比特每秒传输容量,频谱效率更是高达95.7 b/(s·Hz),这是目前为止最高频谱效率记录[43]。如图4-14所示,携带信号的平面高斯光束经过螺旋相位掩模,转变成螺旋相位,从而生成携带信号的轨道角动量光束(OAM1-OAM4),四路信号经过复用器,类似空间光束的叠加,最后复用成一路信号进行传输。

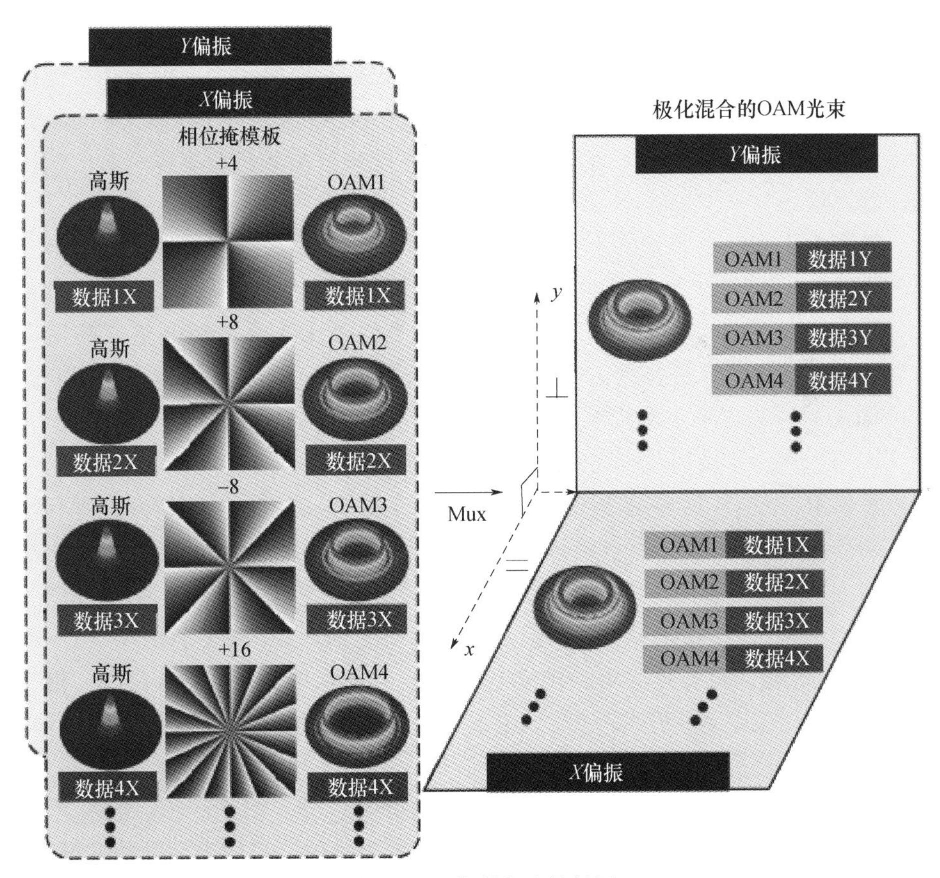

图4-14 轨道角动量复用

可见，轨道角动量类似波长、时隙、偏振等，可以作为一个额外的量纲，用来提高通信容量和提高频谱效率，在通信容量需求飞速增加的当下有着巨大的应用潜力。但是，普通光纤中的通信耦合效应会使轨道角动量不稳定，轨道角动量复用技术应用于光纤通信领域还需要特殊光纤的支持。

4.2.3 新型高阶调制与解调技术[42-54]

新型高阶调制格式被视为光纤通信系统中用以提高频谱效率和充分利用当前光纤结构提高通信容量最具潜力的方式。早在20世纪90年代，已经有研究人员提出利于先进调制格式和相干探测结合的方式来进行光通信，但是掺铒光纤放大器的出现为强度调制/直接探测（IM/DD）系统在提高系统容量上的应用提供了广阔的应用前景，使得这些调研几乎不受关注。

后来，光通信研究的焦点不再仅仅局限于提高频谱效率，而且也关注对光纤传输影响的鲁棒性以及延长传输距离。相比之下，差分二进制相移键控（Differential Binary Dhase Shift Keying）调制格式对非线性损伤有更高的容忍度，而且直接探测仅需要光干涉仪，比强度调制/直接探测更加具有吸引力。差分相移键控（Differential Phase Shift Keying）和差分正交相移键控（Differential Quadrature Phase Shift Keying）越来越多地应用于光通信系统来提高频谱效率以及对传输损伤的容忍度。

随着近年来通信容量的不断增加，仅仅利用幅度或者相位编码的调制格式已经不能满足研究的需要，因此，结合幅度和相位调制的正交幅度调制（Quadrature Amplitude Modulation）格式成为研究的热点以及未来高阶调制格式的发展方向。根据其星座点的排列方式，可将正交幅度调制可以分为星型正交幅度调制（Star QAM）和方形正交幅度调制（Square QAM）。

1. 正交幅度调制信号发射机

星形16-QAM信号星座图如图4-15（a）所示。从图中可以看出，所有符号均匀分布在以r_1和r_2为半径的圆上，而且同一个半径圆上相邻符号之间的相位差均为π/4。方形16-QAM信号星座图如图4-15（b）所示。16个符号点与其直接相邻点之间的距离相等，但是相位有所差别。在内圆（半径r_1）和外圆（半径r_3）上，相邻符号点之间的相位差均为π/2，而在中间圆（半径r_2）上，相邻符号之间的相位差为37°或者53°。星形16-QAM发射机实验方案有很多种，下面以并行结构为例，介绍其发射机原理（图4-16）。

数据先经过多路分配器分为四路，经过差分编码器，先进行符号映射，再进行差分编码，最后将差分编码后的符号再次映射为其他符号输出到脉冲整形器，经过脉冲整形之后，每个符号的前2个比特用来驱动马赫-曾德尔调制器（MZM），第3个比特用来驱动相位调制器（PM），第4个比特用来驱动第3个马

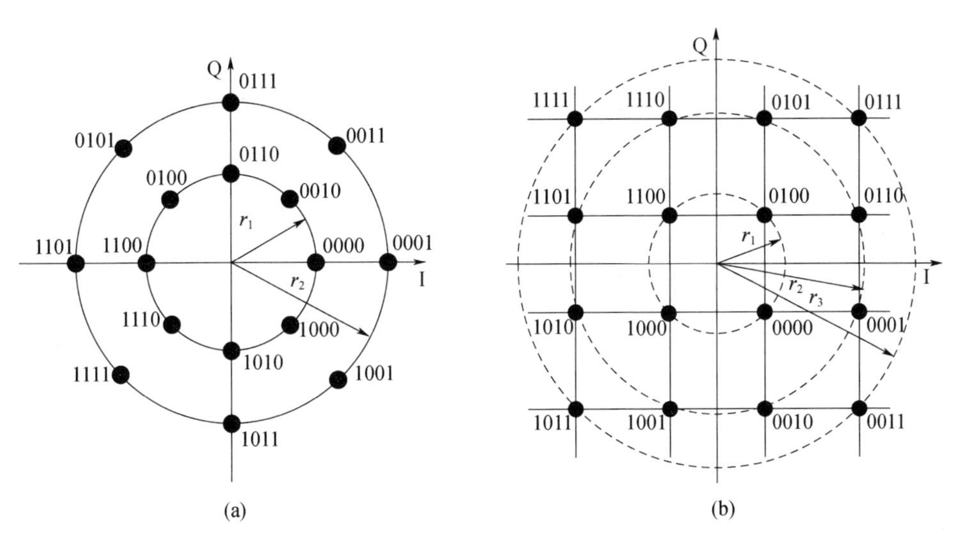

图4-15 (a)星形16-QAM信号星座图;(b)方形16-QAM信号星座图。

赫-曾德尔调制器。光波由连续光激光器(CW)产生,经过3 dB耦合器(OC),分为上下2路,下路先进行90°相位延迟,再经过MZM调制,最后经过3 dB耦合器合并上下两路,输出得到QPSK信号。再经过PM,输出8PSK信号,最后再经过MZM,即可输出星形16-QAM信号。

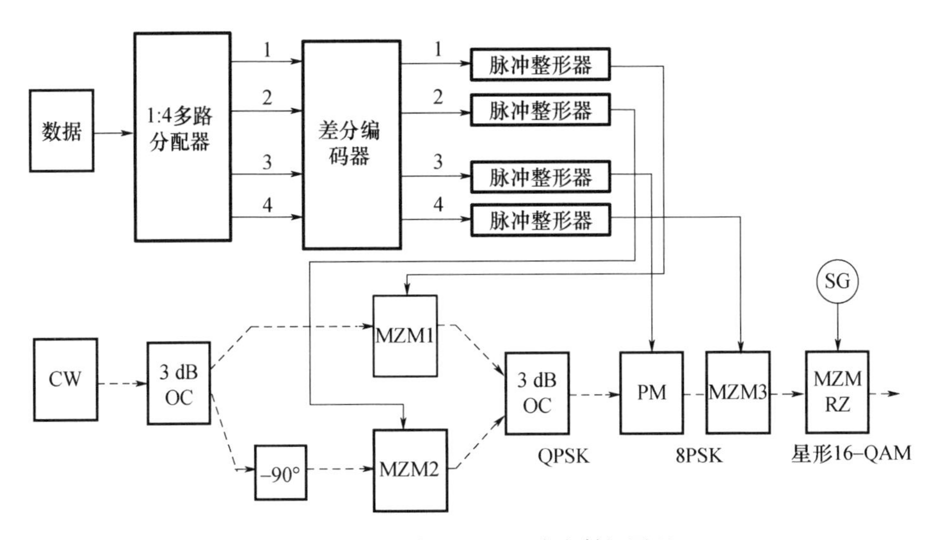

图4-16 星形16-QAM光发射机原理

2. 正交幅度调制信号的探测

对于高阶调制格式信号的探测,有直接探测和相干探测两种方法可以用来解调和恢复信号。

1）直接检测

直接检测是指采用马赫－曾德尔干涉仪（MZI）或混频器进行检测，等效为自零差检测。与相干探测相比，直接探测无须本振激光器和信号光的同步，也无须偏振控制，但是在探测过程中会丢失传输的绝对相位，在电域保存差分编码信号的相位，使得电域的均衡仍然可能实现，但是难度大、效果差。利用延迟干涉仪结构的直接检测接收机简图如图 4－17 所示，接收信号先经过 3 dB 耦合器分为两路：一路作为强度探测分支，信号光直接输入光电探测器探测信号强度；另外一路作为相位探测分支，由第一个耦合器输出光信号再经过一个 3 dB 耦合器分为同相、正交相两路，分别经过两个延迟线干涉仪，在延迟线干涉仪的一臂上通过调节光纤长度，使一路达到合适的时延 T_s，另外一路进行合适的相位变化 ϕ_{DLI}，最后干涉后输入平衡光电探测器，探测出 I 路、Q 路相位信息，结合强度探测分支，最后解调出信号。

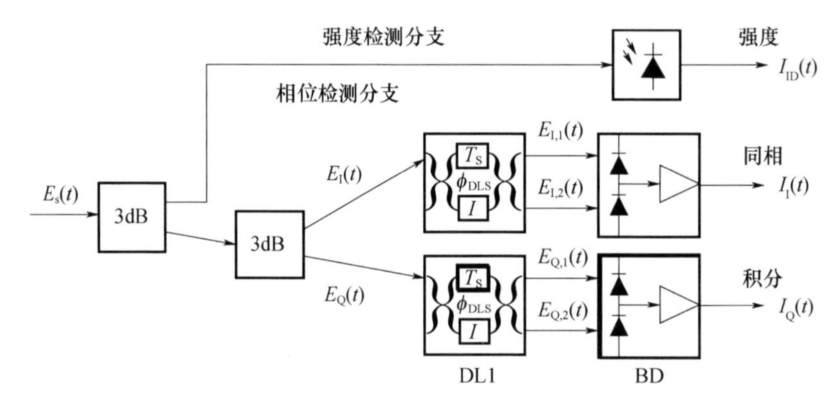

图 4－17　利用干涉仪结构的直接检测接收机结构简图

利用混频器的直接探测接收机结构图如图 4－18 所示，其结构与干涉仪结构大致相同，都需要两个耦合器和分为强度探测和相位探测分支，不同之处在于相位探测分支中，经过第二个耦合器之后，一路经过一个符号持续时间的延时，另外一路经过相移，输入 2×4 90°混频器，最后输入平衡光电探测器，得到 I 路、Q 路相位信息，结合强度分支最后解调出信号。

传输过程中的各种损伤，会使输入接收机的信号光很微弱，信噪比很低，最终使接收机灵敏度下降。为了提高接收机灵敏度，一般会在光滤波器之后、直接探测接收机之前，加入高增益、低噪声的光前置放大接收机，对信号光先进行高增益、低噪声的放大，可大大提高输入接收机的光信噪比，从而提高接收机的灵敏度。

2）相干探测

利用相干探测，光信号里面的所有信息（幅度、相位、偏振等）均能转移到电

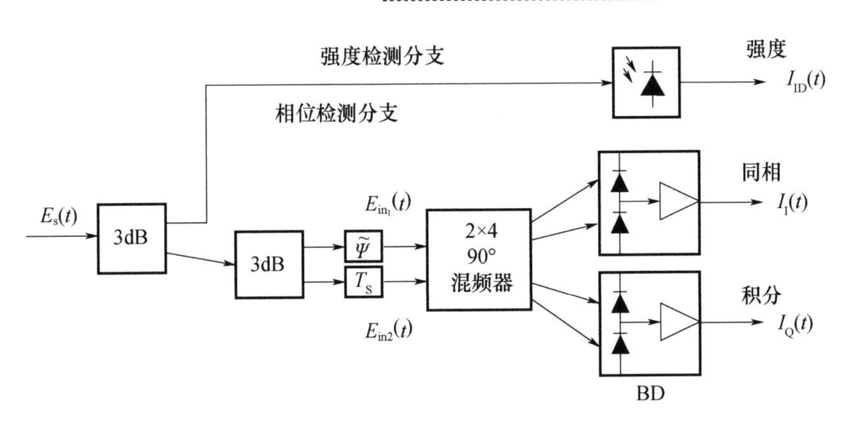

图 4-18 利用混频器的直接检测接收机结构简图

域,因此可以在电域对光信号进行解调,而不是像直接探测那样需要采用将相位转变为强度的光解调结构。相干探测也可以在电域采用数字信号处理技术,对传输中的各种损伤(色散、偏振模色散等)进行补偿,大大提高接收机的性能。而且,相干探测良好的波长选择性,可以使波分复用系统的波长间隔大大减小,从而实现密集波分复用,相比于传统的波分复用系统,能大大提高通信容量。

在相干探测接收机中,将接收的光信号与本振激光经过混频器混频,可以将绝对相位保留在电域,使电域均衡非常有效。将混频器的输出输入平衡光电探测器即可得到 I 路、Q 路信号。根据信号光和本振光频率的关系,相干探测接收机可以分为零差接收机和外差接收机。

3) 光正交前端

对于高阶调制格式信号的探测,为了探测信号的 I 路和 Q 路部分,必须加入光正交前端结构,其结构简图如图 4-19 所示,信号光和本振光由 90°混频器的两输入端口输入,经过混频之后四路输出,分别输入平衡探测器中,进行光电转换,实现高阶调制信号的 I 路、Q 路探测。

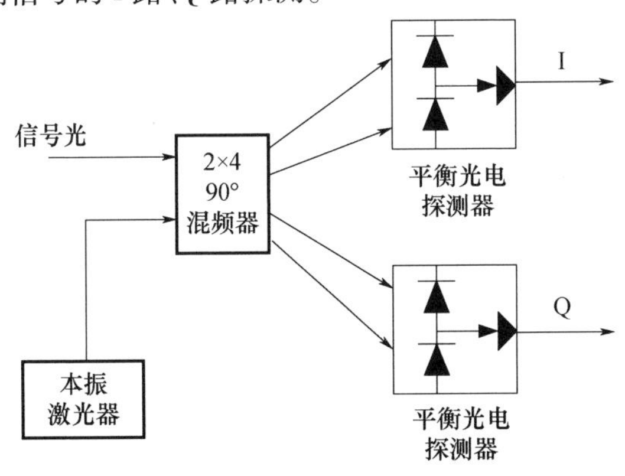

图 4-19 光正交前端结构简图

4）零差接收机

零差接收机是指信号光频率(f_s)和本振激光频率(f_{LO})相同。其要求本振光频率与信号光频率严格匹配,并且要求本振光与信号光的相位锁定。在实际应用中,由于受激光器线宽的影响,本振光和信号光要实现同步,则需要在光域利用光锁相环(OPPL)来实现,其结构简图如图4－20所示,在平衡光电探测器之后对I路和Q路分别进行低通滤波,之后两路合并,其中一部分用于后续判决,一部分从反馈回路返回,经过回路滤波器,将信号反馈到本振激光器,从而对本振激光器进行调节,实现信号与本振光的同步。

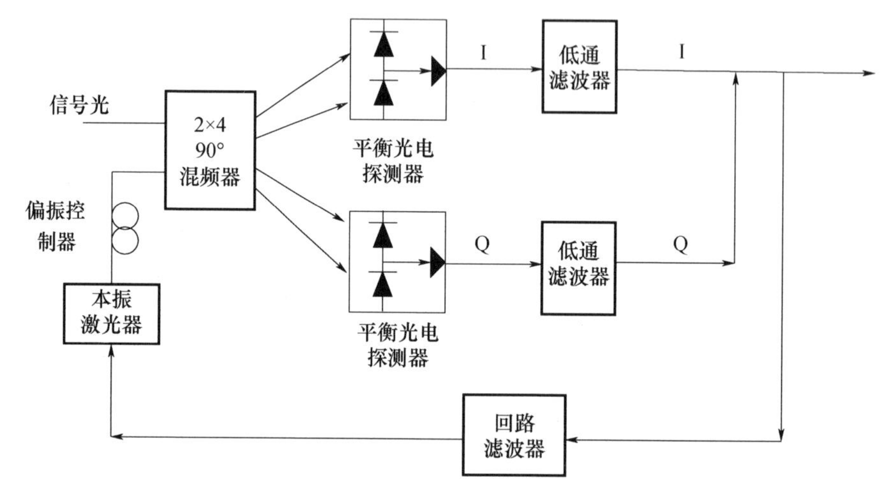

图4－20　利用光锁相环的零差接收机结构简图

5）数字光接收机

基于光锁相环技术的零差光接收机实施难度大,而且对激光器线宽要求很高,尤其对于高阶调制格式信号。近年来,随着数字信号处理(DSP)技术以及高速芯片(如模数转换器(ADC)、现场可编程门阵列(FPGA))等微电子器件的迅速发展,数字相干探测技术成为高阶调制信号的主要接收方式和发展方向。相比于传统的相干接收机,数字相干接收机是利用光电探测器对接收光信号进行光电转换,随后利用高速ADC对电信号进行模数转换,然后再在电域通过数字信号处理算法对传输过程中的各种损耗(如色散)进行补偿,尤其对线性损伤可以完全补偿,这对于商用化是非常有利的优点。传统相干接收机需要利用色散补偿光纤(DCF)来补偿传输中的损伤,利用数字相干接收机可以完全在现在铺设光纤链路条件下进行传输,无须额外铺设光纤链路。另外,利用PBS实现偏振分集相干接收机,可以在电域利用算法实现偏振解复用、补偿偏振模色散(PMD)和偏振相干的损耗等。图4－21为偏振分集数字相干接收机结构图,信号光和本振光先分别经过两个偏振分束器(Polarization Beam Splitter)分为X偏

振态和 Y 偏振态，这两种偏振态光信号分别进入上下路混频器，再经过光电探测器将光信号转变为点信号，再通过 ADC 将模拟电信号转变为数字电信号，最后输入数字信号处理单元，在电域进行偏振解复用以及对各种传输损伤进行补偿。

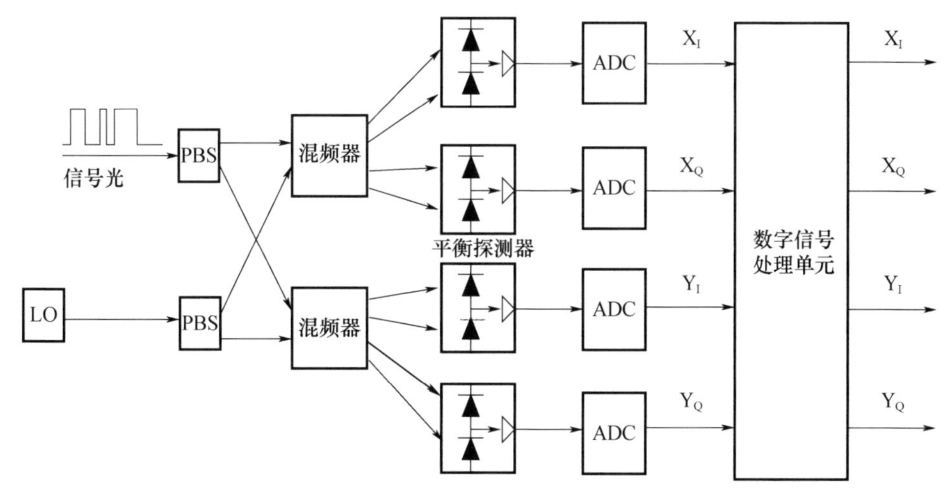

图 4－21　偏振分集数字相干接收机结构

6）外差接收机

外差接收机是指信号光频率（f_s）和本振激光频率（f_{LO}）不相同。其简化了接收机的设计，不需要信号光和本振光的相位锁定和频率匹配，但是信号光和本振光经过混频器及光电探测器获得的是中频信号，中频信号还需二次解调才能被转换成基带信号。根据中频信号的解调方式不同，外差检测又分为同步解调和包络解调。

外差同步解调接收机结构图如图 4－22 所示，平衡光电探测器上输出的中频信号通过一个中频带通滤波器后分成两路，一路用作中频载波恢复，恢复出的中频载波与另一路中频信号进行混频，再由低通滤波器输出基带信号。同步解调中恢复中频微波载波有几种电子方案来实现，但是基本都要求利用电锁相环路来实现，常用的电锁相环路一般有平方环和科斯塔斯（Costas）环。

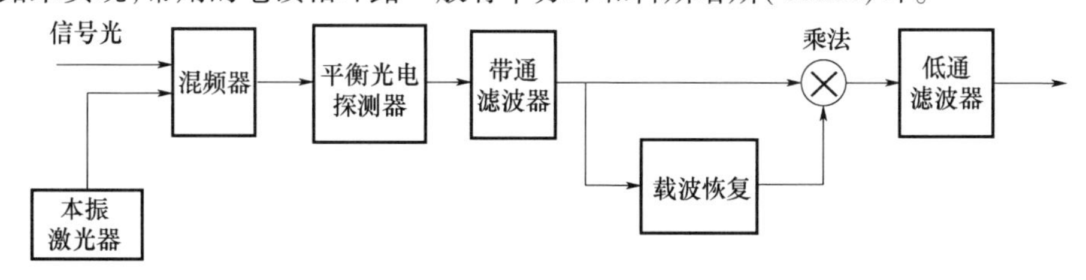

图 4－22　外差同步解调接收机结构

外差异步接收机结构如图 4-23 所示,该接收机不需要额外支路来恢复中频微波载波,光电探测器输出电信号经过带通滤波器滤波,直接输入包络检测器和一个低通滤波器而检测出基带信号。

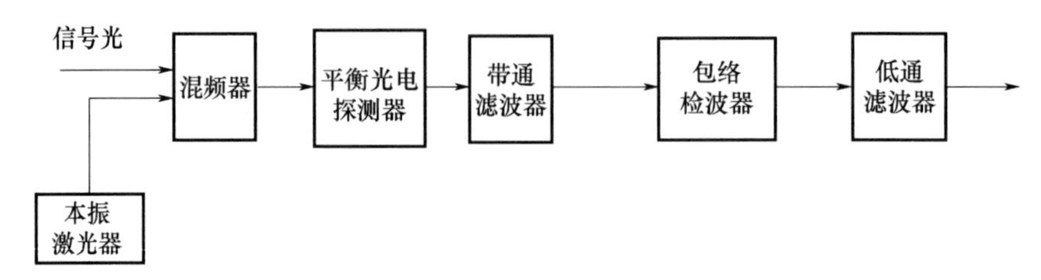

图 4-23 外差异步接收机结构

4.3 超高速光信息采样获取技术

4.3.1 引言

为了满足人们快速增长的互联网需求,研究人员针对高速光通信系统开展了相关研究工作。相干探测、密集调制格式和数字信号处理相结合导致了光纤容量大幅度的增加[55],从 2008 年在 C 带的偏分复用 8 相移键控到 17Tb/s 到 2011 年在 C 带、L 带偏分复用和光频分复用 128QAM 正交幅度调制到 101.7Tb/s[56]。可以预见,在不久的将来,随着高清电视、可视电话、远程网络会议、网络游戏等多媒体数字综合业务的出现,人们对网络通信的速率和带宽要求只会越来越高,因此对于高速光信号需要一种有效的监测手段。

传统的监测方式主要是基于光电转换的电子示波器的监测方式,需要将待检测的高速光信号经过光电探测器转换为电信号,然后对转换得到的电信号进行数据处理,从而实现对光信号的监测。这种方式受限于光电转换器的带宽,存在着“电子瓶颈效应”问题,从而使得目前商用的电学示波器带宽受限于 90GHz,因此无法监测 100Gb/s 甚至更高速率的光信号,而且价格昂贵,使其应用前景受到限制[57,58]。

4.3.2 超高速光学采样技术的国内外研究进展

光学采样技术是将在电域中对信号的取样过程转移到在光域中对信号进行采样,从而可以降低接收端对光电探测带宽的要求。这种技术利用光学采样门直接对信号在光域里进行采样,将所得的样点经光电探测器转换为电信号,然后由模数转换器转换为数字信号,再由数字信号处理恢复出其信号的波形。光学采样门是光学采样系统中的核心器件,并可以分为非线性采样系统

和线性采样系统。在非线性采样的过程中,由于没有办法得到信号的相位信息,所以,非线性光采样系统只能用于幅度调制(AM)信号的质量监测。而不同于非线性光学采样系统,线性光学采样系统不仅可以把光信号的光电场幅度线性地转换到电域,而且可以把光信号的光电场相位、偏振态都线性地转换到电域。因此,不但能对幅度调制信号进行监测,还可以对相位调制信号进行监测。

1. 非线性光学采样系统

基于二阶或三阶的光学非线性效应的光学采样门称为非线性光学采样门。最早的非线性光学采样实验发表于 1986 年[59],实验中利用 $LiIO_3$晶体的二阶非线性效应。随后,出现了很多不同实现方式的基于光学非线性二阶效应的光学采样实验,例如:在 $KTiOPO_4$(KTP)晶体[60-66]、周期性极化 $LiNBO_3$(PPLN)晶体[67-71]、AANP 晶体[72]中进行和频的产生,或者将二次谐波产生与差频产生这两种二阶非线性过程级联[73]等。基于光学三阶非线性效应的光学采样实验主要利用四波混频[74,75]、交叉相位调制[76,77]以及参量放大效应[78],常见的材料为高非线性光纤、半导体光放大器[73,75,79-83]等。

非线性光学取样系统按照采样源是否与信号源时钟关联,可以分为同步非线性光学采样系统和异步非线性光学取样系统两大类。下面将对不同结构的非线性光学采样系统及其眼图观测原理做简要的介绍。

1)同步光采样技术

在同步光采样中,采样光与信号光必须同步,因此该技术需要同步时钟环路[84,85]。典型的同步光采样系统结构如图 4-24 所示。待检测的信号光被分为两路,一路进入采样门由采样脉冲进行全光采样,一路进入时钟恢复系统,产生一个与信号光同步的低速率谐波信号。进入采样门的信号光由采样源进行光学采样,得到低速率的采样光信号,再由低带宽的光电探测器进行峰值探测,实现光电转换,经过模数转换后进行数据处理。

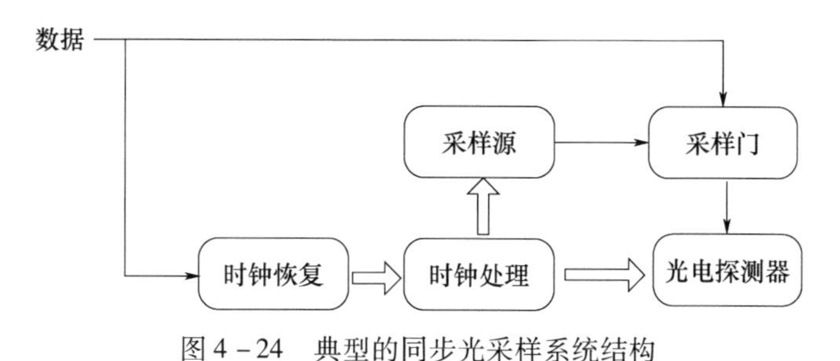

图 4-24 典型的同步光采样系统结构

为了使采样源能够采集到整个时序里的光信号,采样脉冲与信号光之间需要一定的频率偏移,从而实现错位采集。同步光采样系统的主要特点就是其时钟处理系统能将得到的低速率谐波信号加上频偏后，为采样源和后端的数据恢复提供时钟。但是，由于同步时钟直接从高速信号光中提取，对于高速光信号，其时钟提取电路变得十分困难，因此同步采样在高速光信号采样中的应用受到了限制[86,87]。

2）异步光采样技术

异步光采样也称为随机光采样，其结构如图4－25所示。与同步光采样相比，异步光采样没有时钟处理电路，因此不需要采样源与信号源之间的同步。采样时间是通过记录采样脉冲的到达时间来确定的。因此要求光电探测器能记录下采样脉冲到达的精确时间，否则到达时间上的测量误差会转换为采样系统的抖动。相比于同步光采样，这种采样方式省去了时钟处理单元，结构更为简单紧凑。但是，光电转换后的数据采集仍然需要使用从信号光中提取的时钟信号作为采集时钟，因此异步采集方式并没有完全避免使用复杂的高频时钟提取单元，对高速光信号处理依然面临困难[88,89]。

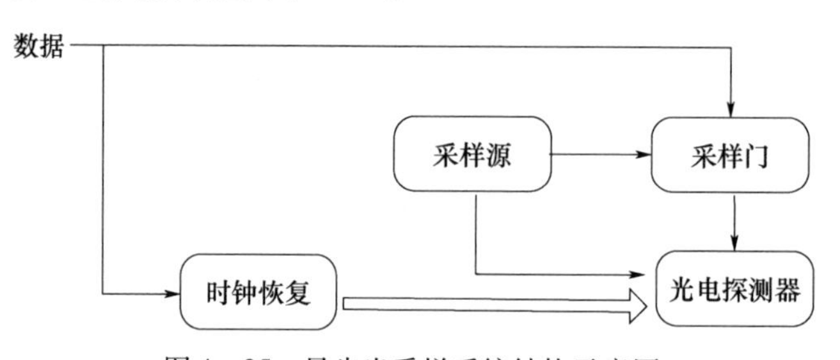

图4－25　异步光采样系统结构示意图

于是，人们采用了利用软件算法提供时钟的软件同步的异步光采样，其结构如图4－26所示。这种光采样系统无须使用时钟恢复单元和时钟处理单元，彻底避免了复杂的时钟提取，其结构最为简单紧凑。由于没有时钟恢复单元，该系统后端光电转换后的数据采集得到的数据完全是随机的。如果直接按照采集顺序进行重构，无法恢复出原始的光信号，因此需要基于一定的算法在时间轴上对采集到的数据进行重构。这种采样系统结构最为简单，并且具有对数据透明等诸多优点，在目前的商用光采样系统中广泛应用[90,91]。

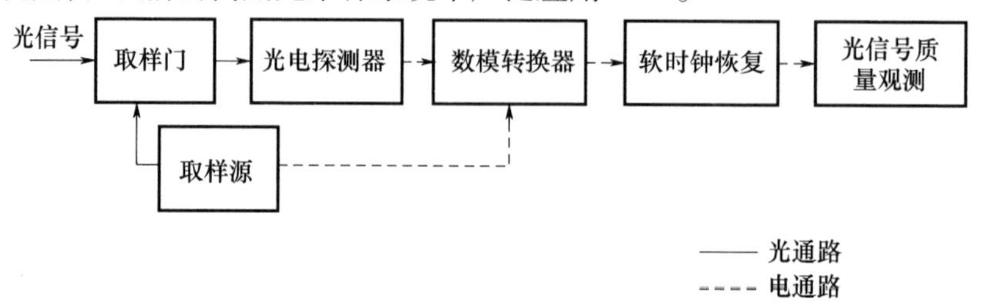

图4－26　异步软时钟同步的异步非线性光学取样系统结构示意图

3）非线性光学采样系统的性能参数

为了更详细地分析基于四波混频效应的光学采样系统的性能，引入一些衡量系统性能的参数。

（1）时间分辨力。定义为采样系统脉冲响应的半最大值全宽。由于全光采样系统的时间分辨力非常高，用一个短信号脉冲来评估光学采样门的性能。然而，采样系统的时间分辨力通常被采样脉冲的持续时间本身限制。

（2）采样效率 η。全光采样门的采样效率定义为在采样门输出的采样样点的功率与输入信号的功率之比。高的采样效率门可以测量比较弱的输入信号。采样脉冲的功率将会影响采样效率值，但是它们之间的具体关系对于不同的采样门来说将会不同。

（3）信号的灵敏度。采样系统的信号灵敏度是测量在采样信号指定的信噪比情况下所需要的输入信号的功率。光学取样系统的输入信号被认为是散粒噪声极限的信号。信号的灵敏度直接被耦合到上面定义的采样效率上。然而，信号的灵敏度也解释了过多的噪声和损失的产生原因。通常情况下，信号的灵敏度定义为在采样后信号的信噪比为20dB时，输入到采样系统的信号的功率。当用这种定义时，采样系统就相当于一个黑盒子，独立于采样门的实现方式并与不同采样技术进行比较。

（4）光学带宽。光学采样系统的光学带宽定义为在保持其他性能相同的条件下，信号能够被测量的波长范围。这种定义下的光学带宽并不是完全清楚的，因为需要相对于时间分辨力和信号灵敏度两者的边界条件。当移动信号波长进一步远离采样脉冲的波长时，采样门的效率通常逐渐减少，这必然减少信号的灵敏度。同时，在采样脉冲和信号之间的色散的走离效率降低采样系统的时间分辨力。

4）软件同步的异步光采样系统中的关键技术

（1）采样脉冲源。它有两个非常重要的参数：时间抖动和脉宽。脉冲源的时间抖动决定了整个采样系统的时间抖动，而脉宽决定了采样系统的时间分辨力。另一个比较重要的参数是脉冲源的重复频率。因为光采样系统中的探测器和模数转换的速率一般为几百兆赫，所以使用一个低抖动、窄脉宽、低重复频率的脉冲源是非常重要的。刘元山等人[92]设计了一个频率范围覆盖在100Hz～100kHz的抖动时间小于75fs、重复频率为49.65～50.47MHz的被动锁模飞秒激光器作为采样源。取样源的结构原理图如图4－27所示。图4－28显示了在重复频率为50.317MHz时测量的激光器输出单边带相位噪声谱，这相当于69.3fs的时间抖动。图4－29分别为采样源在不同输出重复频率和重复频率为49.983MHz时的用频谱仪测量的RF谱。

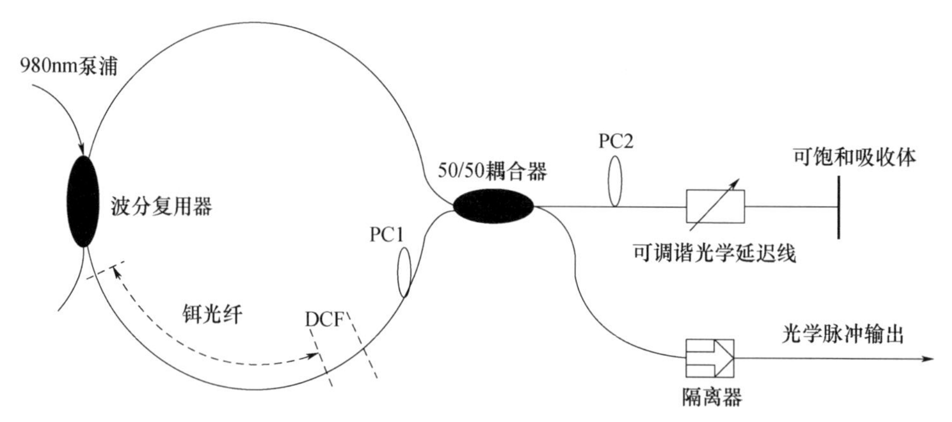

图 4-27　采样源的结构原理示意图

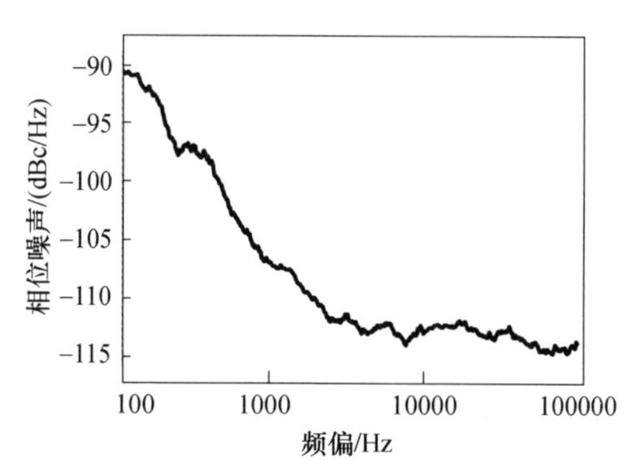

图 4-28　在重复频率为 50.317MHz 时测量的激光器输出单边带相位噪声谱

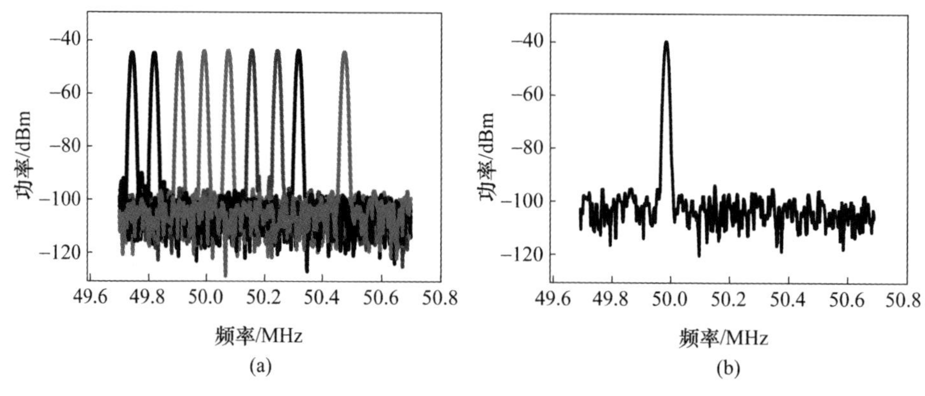

图 4-29　(a)激光器输出不同的重复频率的锁模脉冲链的 RF 谱
(b)激光器输出的重复频率为 49.983MHz 时的锁模脉冲链的 RF 谱

(2) 采样门。光学采样门是光采样系统的核心，其功能相当于一个有采样光脉冲控制的光开关(逻辑“与门”)。目前,绝大多数采样门的实现都是基于光学非线性效应的,然而,刘元山等[93]首次利用20m长的色散平坦的高非线性光子晶体作为采样门的光学取样系统。该系统的实验设计原理图和实验样机如图4-30所示。利用该采样系统,实现了信号波长在1551nm。数据速率为160Gb/s的光学信号眼图的测量。测量结果如图4-31所示。

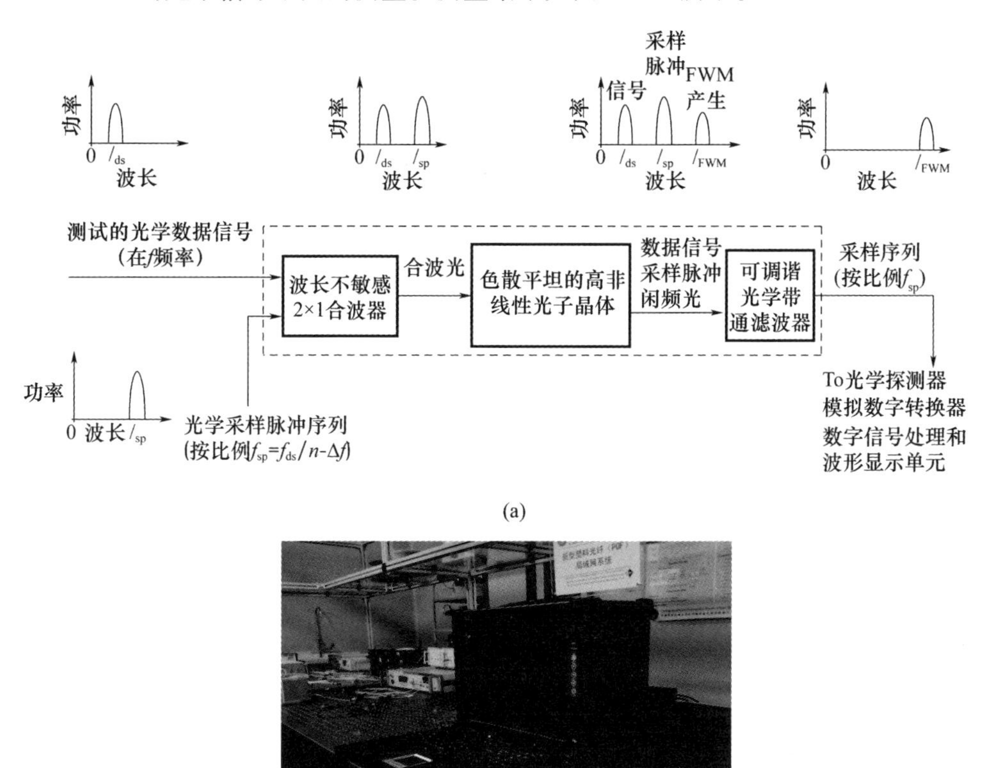

(a)

(b)

图4-30 (a)采样系统的实验结构设计的示意图;(b)研制的采样示波器的样机。

实验样机测得的性能指标如下:

① 分辨力:0.64ps;

② 带宽:500GHz;

③ 测量范围:1510~1640nm。

在此基础上,通过压缩测量的信号光的光脉冲宽度压到1ps,利用光时分复用技术使光信号的速率复用到320Gb/s,得到的眼图如图4-32所示。

电采样示波器和我们的采样示波器测得的波形如图4-33所示。

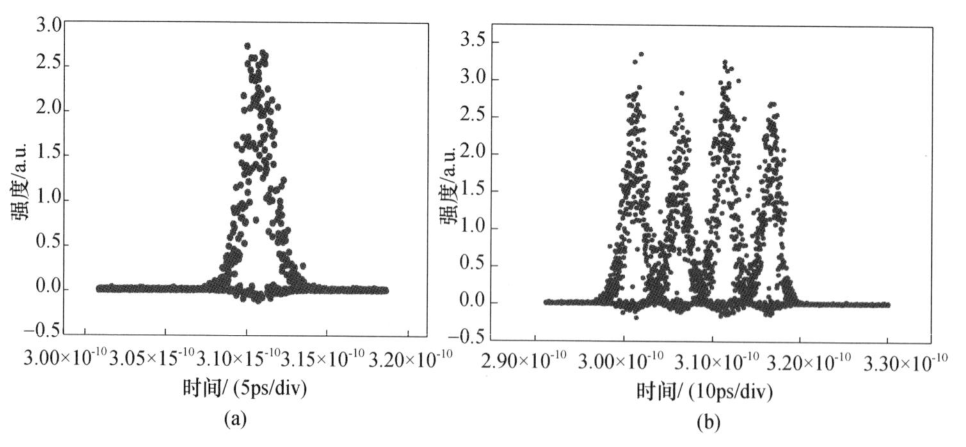

图 4－31　用设计的光学采样示波器测得的(a)10Gb/s 的光信号的眼图(b)经过光时分复用到 160Gb/s 的光信号的眼图

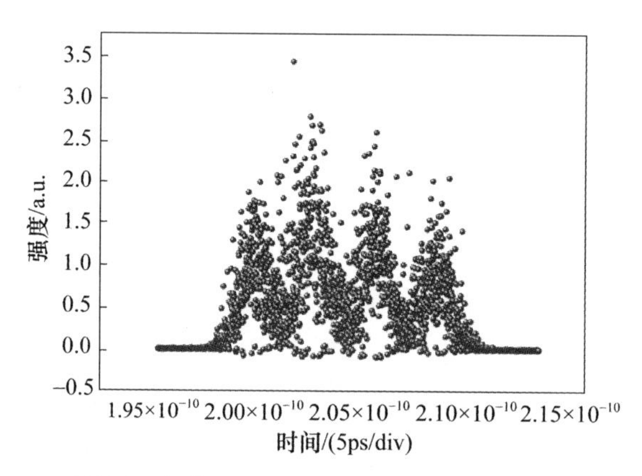

图 4－32　压缩测量的信号光的光脉冲宽度到 1ps，用设计的光学取样示波器测得的经过光时分复用到 320Gb/s 的光信号的眼图

2. 线性光学取样系统

近几年，随着发展下一代超大容量长距离传输光通信网络成为必然趋势，人们对光通信网络中传输信号的调制格式要求也发生了变化，传统的 1 比特/符号的开关键控(OOK)幅度调制信号已经不能满足要求，而相位调制信号，如采用双相相移键控(BPSK) 和四相相移键控(QPSK)调制格式的信号，可以达到 2 比特/符号以上，较大地提高了频谱利用率并且具有适合长距离传输的优点，因此受到越来越多的关注。20 世纪 80 年代和 90 年代早期，观测相位调制信号的相干检测(零差式或外差式)被广泛研究和开发。此类相干检测系统需要全光锁相环将本地振荡器的相位与信号的相位同步，因而整个系统结构复杂而且技术上实现起来难度较大，实用性不强。目前，一种基于数字处理器的相干探测系统

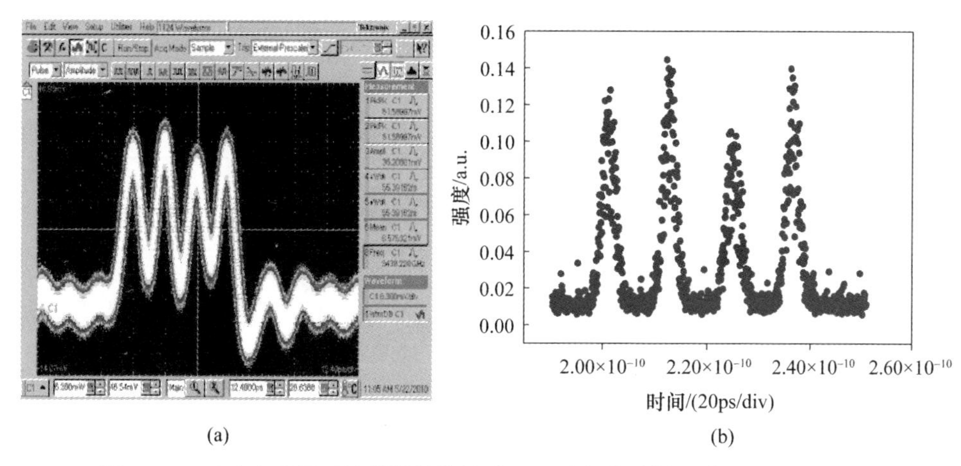

图4-33 (a)电采样示波器测得的波形;(b)我们的采样示波器测得的波形。

的提出[94],使得相干系统不再采用全光锁相环也可以实现对相位调制信号的检测。利用基于DSP的相干检测技术已经可以实现商用40Gb/s的实时检测系统[95]。然而,对于下一代光通信网络(数据速率:400Gb/s~1Tb/s)而言,当前的模数转换器已无法满足其带宽要求。

线性光学采样系统的出现大大地降低了对模数转换器的带宽要求。线性光学采样系统最初由美国罗切斯特大学的C. Dorrer等提出[96]。线性光学采样系统最显著的特点是使用低重频的超短脉冲激光器(也称采样源)替代传统相干探测系统中连续波光源所充当的本地振荡器的角色,从而将对信号光电场信息的采样任务由后续的电子器件转嫁到了脉冲激光器上,也即在光域完成了采样过程,最终达到降低对电子器件处理带宽的要求。线性光学采样系统的采样门一般为共轭混合光波导,信号源与采样源在光波导内发生相干。因此,该系统还具有相干探测所获得的电域信号与原始光域信号成线性关系的特点[97,98],故而称其为线性光学采样系统。

线性光学采样系统在检测过程中能够将信号光电场的所有信息保留下来,使该系统对幅度和相位调制信号都可以进行检测。对幅度调制信号的检测与前面的非线性光学采样系统相类似,同样也以是否具有信号源和采样源的时钟同步单元而分为同步线性光学采样系统和异步线性光学采样系统。与非线性光学采样系统相比,由于只是获得信号幅度的采样过程不同(一个是非线性的,一个是线性的),因此其眼图观测原理也与非线性光学采样系统的相同,此处不再赘述。

对相位调制信号的观测而言,与传统的相干探测系统类似,线性光学采样系统按照信号源与采样源之间有无保持相位同步的光锁相环(OPLL)也可以分为同步和异步两种结构。由于光锁相环结构复杂,技术上难以实现,因此,实际应用中多采用异步线性光学采样系统，只是需要后续的相位测量软件算法来代替光锁相环的作用实现对相位调制信号的观测。异步线性光学采样系统的结构示意图如图 4－34 所示。

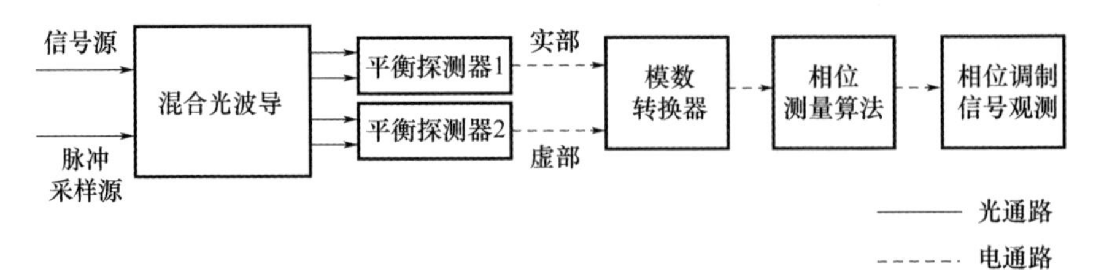

图 4－34　异步线性光学采样系统结构示意图

线性光学采样系统的采样原理与非线性光学采样方法的不同之处在于：线性光学采样通过信号源与采样源相干实现对信号源光电场的采样，而不仅仅只是对信号强度采样。信号源的光电场可写为

$$\varepsilon_{\mathrm{D}}(t)=E_{\mathrm{D}}(t)\exp(\mathrm{i}\omega_0 t) \tag{4-8}$$

式中：ω_0 为载波频率；$E_{\mathrm{D}}(t)$ 为慢变化的解析信号（也是我们所关心的变量，因为会对这一部分进行调制并加载信息）。采样源的光电场为

$$\varepsilon_{\mathrm{S}}(t)=\sum_N E_{\mathrm{S}}(t-NT)\exp[-\mathrm{i}\omega_0(t-NT)+\mathrm{i}N\phi+\mathrm{i}\phi_0] \tag{4-9}$$

式中：E_{S} 为单个采样脉冲的解析信号；T 为采样脉冲周期；$N\phi+\phi_0$ 为第 N 个脉冲的解析信号相对载波的相位。需要注意的是，该式(4－9)是稳态工作模式下锁模激光器或者单色激光器输出脉冲的光电场表达式。图 4－35 为线性光学采样的示意图。信号源与采样源分别先分成两束（其中，采样源分出的一束需经过 π/2 的相移）而后又重新耦合形成两对光电场输出，并通过平衡探测器得到信号源光电场的实部和虚部信息。假定光电探测器的带宽比信号的重复速率大得多却比光电场的带宽小得多，则图中平衡探测器的输出可写为

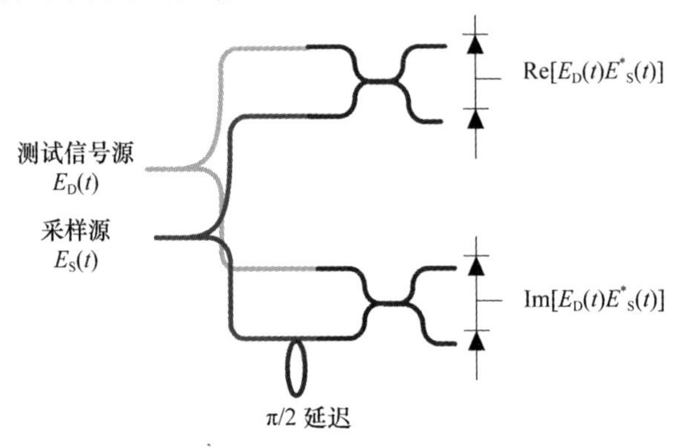

图 4－35　线性光学采样的示意图

$$S_{A,N} = \mathrm{real}\left[\exp[\mathrm{i}(-\omega_0 NT - N\phi + \phi_A - \phi_0)]\int_{-\infty}^{+\infty} E_{\mathrm{D}}(t)E_{\mathrm{S}}^*(t-NT)\mathrm{d}t\right] \tag{4-10}$$

$$S_{B,N} = \mathrm{imag}\left[\exp[\mathrm{i}(-\omega_0 NT - N\phi + \phi_A - \phi_0)]\int_{-\infty}^{+\infty} E_{\mathrm{D}}(t)E_{\mathrm{S}}^*(t-NT)\mathrm{d}t\right] \tag{4-11}$$

式中：ϕ_A 为光程差引起的几何相差，是常数。

将测得的这两部分信号合起来，得

$$\begin{aligned} S_N &= S_{A,N} - \mathrm{i}S_{B,N} \\ &= \exp[\mathrm{i}(-\omega_0 NT - N\phi + \phi_A - \phi_0)]\int_{-\infty}^{+\infty} E_{\mathrm{D}}(t)E_{\mathrm{S}}^*(t-NT)\mathrm{d}t \end{aligned} \tag{4-12}$$

由式(4-12)还可以计算样点的强度和相位，分别为

$$|S_N|^2 = |S_{A,N}|^2 + |S_{B,N}|^2 \tag{4-13}$$

$$\phi_N = \arg S_N \tag{4-14}$$

3. 异步线性取样系统的相位测量(PE)算法设计

根据式(4-12)，可以得到无锁相环的线性采样系统所采集到样点的相位构成：

$$\phi_N = -N(\omega_0 T + \phi) - \phi_0 + \phi_A + \phi_D(NT) \tag{4-15}$$

式中：ω_0为载波频率；T 为取样周期；N 为第 N 个样点(也即第 N 个采样脉冲)；ϕ_0为采样脉冲的初相位；ϕ 为相邻两个采样脉冲之间的相位差；ϕ_A为光程差引起的几何相差，是常数；$\phi_{\mathrm{D}}(NT)$为 NT 时刻的信号相位。从式(4-15)可以看出，样点的相位状态表现在星座图上为以恒定的角度不断旋转，如图4-36所示。

显然，直接从样点的原始星座图上无法观察到信号的相位信息。因此，张慧

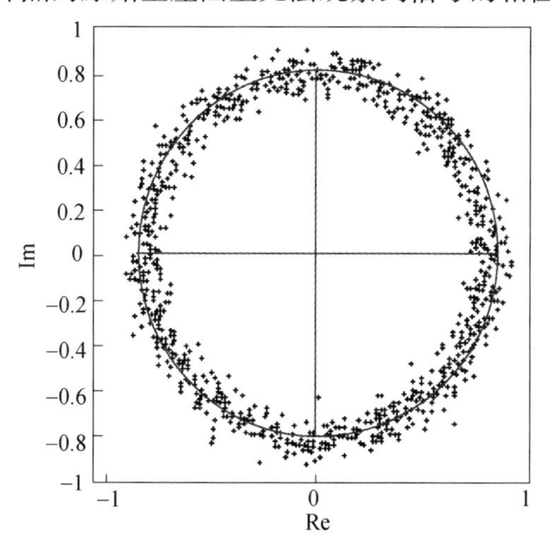

图4-36　未经算法处理的归一化样点星座图(以CW信号为例)

星等[99,100]进行了相位测量(PE)算法的设计,采用相位测量算法将样点相位中非信号相位的干扰信息进行剥离是非常必要的。基于 M 次幂方法[99,100],设计了实验所用的相位测量算法,具体算法流程图如图 4-37 所示。

经过相位测量算法处理后得到的信号星座图如图 4-38 所示。

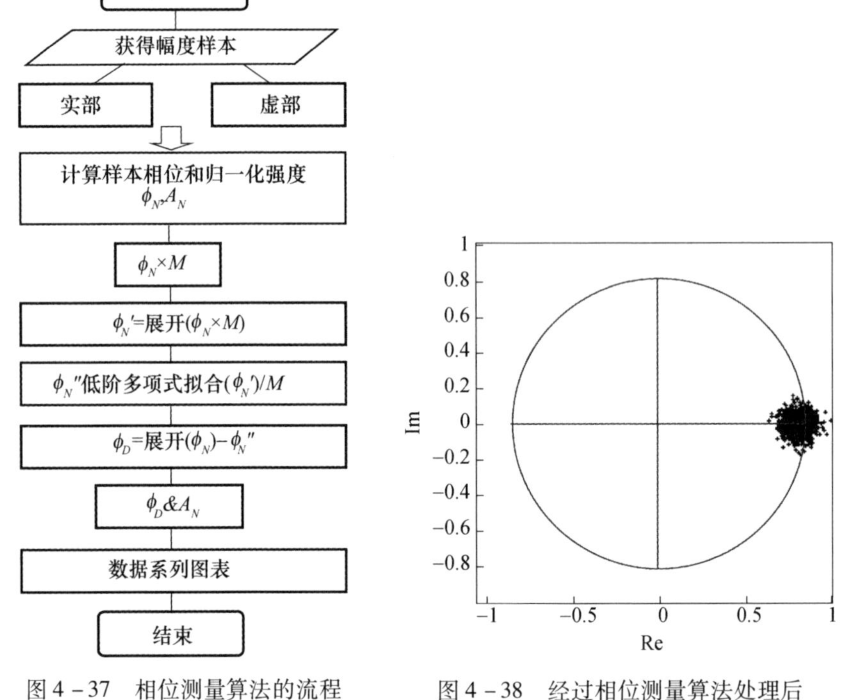

图 4-37　相位测量算法的流程

图 4-38　经过相位测量算法处理后的信号星座图(以 CW 信号为例)

4. 异步线性采样系统的实验研究

线性光学采样通常用来测量被测信号的幅度和相位信息,张慧星等进行了相位测量算法的设计,并通过实验验证了算法的合理性。图 4-39 为基于线性光学取样系统的相位调制信号观测实验装置示意图。用该实验测得 10Gb/s RZ-DPSK、80Gb/s RZ-DPSK、160Gb/s RZ-DPSK、40Gb/s NRZ-DPSK 信号的线性采样实验结果如图 4-40 所示。

图 4-41(a)~(d)分别为 13.375Gb/s、26.5Gb/s、53.5Gb/s、107Gb/s RZ-OOK 信号取样实验中测得的模式图。实验中采集的样点数均为 80000。除了每个信号源的模式长度不相同以外,软时钟恢复(CR)算法所需参数均与表 4-1 相同。

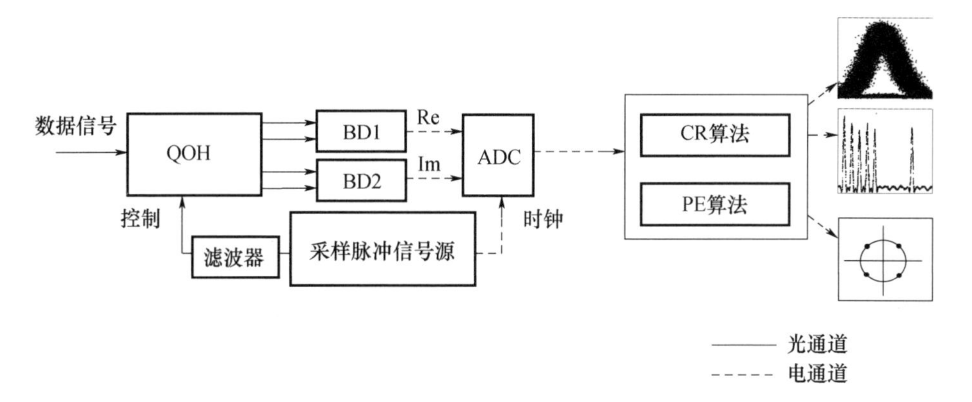

图4-39 基于线性光学采样系统的相位调制信号观测实验装置示意图

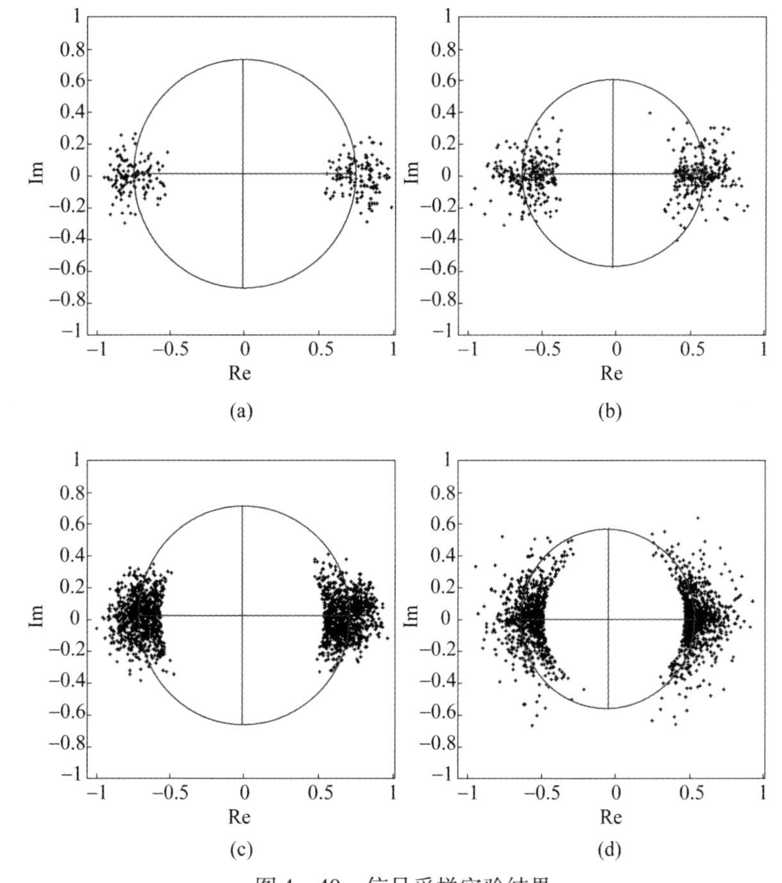

图4-40 信号采样实验结果

(a)经相位测量算法重构的10Gb/s RZ-DPSK信号星座图($N=20000$);

(b)经PE算法重构的80Gb/s RZ-DPSK信号星座图($N=10000$);

(c)经PE算法重构的160Gb/s RZ-DPSK信号星座图($N=1000$);

(d)经PE算法重构的40Gb/s NRZ-DPSK信号星座图($N=10000$)。

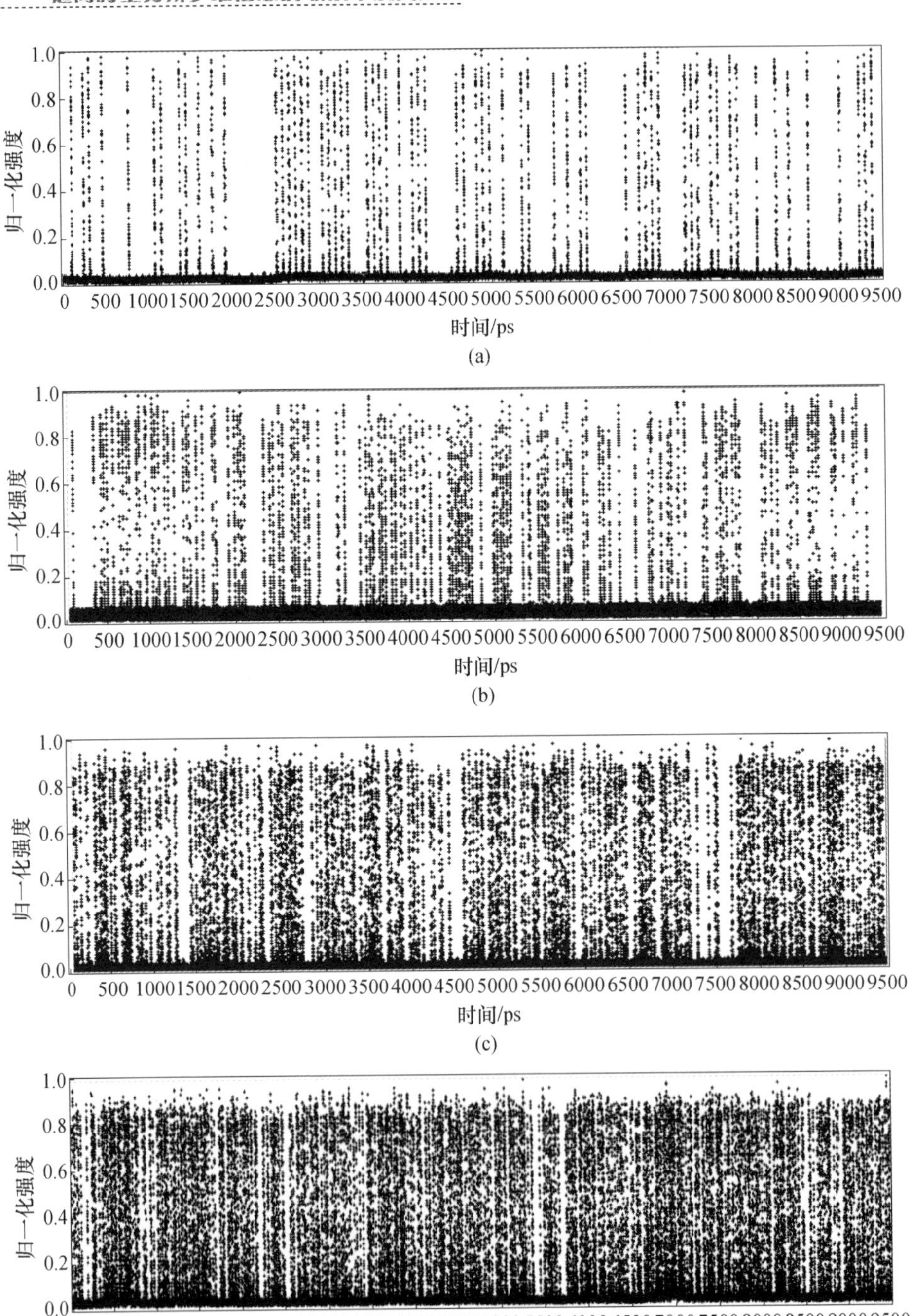

图 4-41　信号采样实验中测得的模式图

(a)13.375Gb/s RZ-OOK 信号模式图($P=2^{7}-1$)；(b)26.75Gb/s RZ-OOK 信号模式图；(c)53.5Gb/s RZ-OOK 信号模式图($P=4\times(2^{7}-1)$)；(d)107Gb/s RZ-OOK 信号模式图($P=8\times(2^{7}-1)$)。

表4-1 各信号源CR算法参数

信号源/(Gb/s)	变换函数$f(x)$	区间样点数L	抽头长度参数K
13.375	$x^{0.1}$	8×104	2800
26.75	$x^{0.3}$	8×104	1400
53.5	x^{5}	8×104	100
107	x^{10}	8×104	200

全光取样系统是超高速光通信网络中必不可少的在线测量信号传输质量的子系统。本章以研究超高速全光采样系统的关键技术为目的,系统地开展了异步非线性、异步线性光学采样系统设计以及实验应用研究。异步系统中DSP算法单元是重要一环。此外,在深入研究了非线性和线性光学采样技术原理的基础上,编写了重构高速光学信号的眼图及相位调制信号星座图的PE算法。

4.4 超高速光子信号处理技术

随着多媒体交互式业务、因特网业务以及宽带综合业务数字通信网络的迅猛发展,对于数据信号的传输速率和传输带宽提出了更高的要求,通信容量急剧增长。单用户带宽需求的急剧增加,推动了光传输网络的快速发展,波分复用技术和光时分复用技术的引进,使得光纤中数据的传输速率和传输容量获得倍增,充分利用了光纤的巨大带宽资源,而大容量的光传输商业化设备也已逐渐成熟。随着超高速光传输信号的全光域处理技术发展,如全光波长变换、光信号低噪声放大、全光再生以及全光在线监测等,同时伴随新一代移动通信网、数字广播电视网及卫星通信等设施在下一代信息基础设施建设中的布局,超高速、大容量、高智能的国家级干线传输网络将逐渐形成。

4.4.1 超高速全光波长变换技术

全光波长变换(AOWC)技术是指不经过任何光电变换,在光域上直接实现将某一波长的输入光信号变换到另一波长。全光波长变换技术可大幅降低大容量、多节点网状网的网络阻塞率,实现OTDM和WDM异种网络的互连,有利于提高网络的灵活性和可扩展性。

1. 全光波长变换方案

利用现有光学器件中的不同非线性效应,可有多种方案实现超高速大容量光信息的全光波长变换[101]。

1) 交叉增益调制效应

半导体光放大器(SOA)的增益与外界注入光强度有关,当注入光强增大时,光信号经过 SOA 后强度增益不明显，而当注入的光信号强度较小时，经过 SOA 后可得到显著的强度增益。利用 SOA 的这一增益特性，将一束不携带任何信息的连续光 λ_{cw} 和一束强度调制的信号光 λ_s 同时注入到 SOA 中，信号光携带的强度信息调制 SOA 的增益，使其饱和增益得到调制，从而另一束共同传输的连续光（泵浦光）的输出光强随增益调制而变换，由此将信息从信号光波长转换到连续光波长上，如图 4－42 所示。

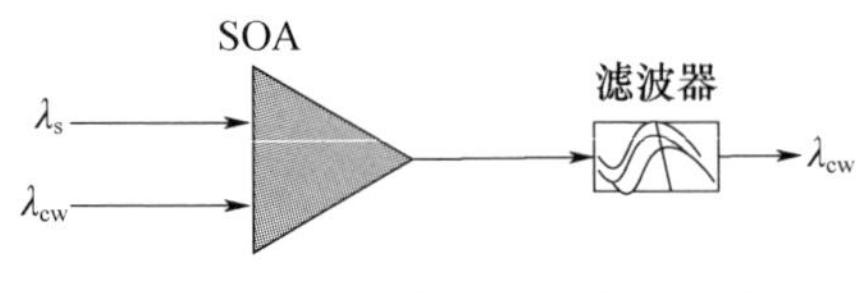

图 4－42　交叉增益调制波长变换

在利用 SOA 的交叉增益调制效应得到的新波长上，光信息与输入的原始信号光信息是反向的，这是由 SOA 的饱和增益效应决定的。利用光带通滤波器（OBF）将新波长滤出，即可得到波长变换后的信号光。

由于 SOA 是可集成的，因此利用 SOA 的交叉增益调制实现波长变换简单且易于集成，由于 SOA 的增益在饱和时对光偏振态不敏感，因此这一方案的变换效率不受输入光信号偏振态变化的影响。但同时，饱和吸收效应，使得变换后光信号的消光比较差，另外 SOA 存在自发辐射噪声，将导致信噪比明显下降，而有源区载流子密度的起伏会引入频率啁啾，这些幅度畸变和频率啁啾以及多次变换后消光比劣化等因素均会导致光信号的质量难以直接被用户接收使用。

在基于 SOA 交叉增益调制波长变换方案中，新波长只能复制信号光的强度信息。同时 SOA 的载流子恢复时间限制了信号光的传输速率，新兴的量子点半导体光放大器（QD－SOA）极大地缩短了载流子寿命，可以使基于 SOA 交叉增益调制效应的波长变换速率达到 160Gb/s[102]。

2）交叉相位调制效应

交叉相位调制（XPM）效应是指当两个或多个不同频率的光波在非线性介质中同时传输时，每一频率的光波的幅度变化均会引起介质的有效折射率产生变化，其他频率的光波在变化折射率的作用下产生非线性相位调制[103]。

XPM 效应在非线性光纤和 SOA 中均可实现。利用 XPM 效应进行全光波长变换时，将需要进行波长变换的原始信号光与另一束探测光在非线性介质中共同传输一段距离，信号光的强度信息通过 XPM 效应感应的非线性相移对探测光的相位信息进行调制，再利用干涉原理将这一非线性相移转变为幅度信息，从而将光信息从原始波长转移到新波长上。

目前常用基于 SOA 和非线性光纤中的 XPM 效应实现波长变换，两种结构如图 4－43 所示。

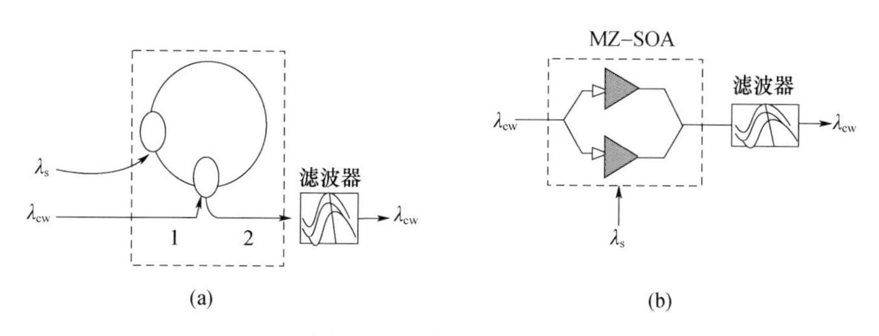

图 4－43　波长变换方案

(a)基于光纤非线性环境结构;(b)基于平衡马赫－曾德干涉仪结构。

在图 4－43(a)中,不携带信息的连续光从端口 1 输入后分成功率相等、方向相反的两束光,经过一圈传输后,在输出端产生干涉,当环中无信号光注入时,连续光两路分支在端口 2 处发生干涉相消效应,端口 2 没有输出;当待波长变换的信号光耦合进环路并沿某一方向传输时,由于非线性光纤中的 XPM 效应,与其同向传输的连续光得到非线性相移调制,而与其反向传输的连续光则因相互作用时间短,相位变化可忽略。于是在端口 2 进行光学滤波即可得到被调制的转换光。在图 4－43(b)中,两个 SOA 分别放置在马赫－增德(Mach－Zehnder)干涉仪两臂上,连续光输入后,其功率均匀分配到两个干涉臂,经过 SOA 后在交叉点干涉输出,信号光则只耦合进入其中一臂的 SOA。信号光强度变化引起 SOA 折射率改变,使连续光经过马赫－曾德干涉仪两臂时光程不相等而产生相位差,则在输出端滤波得到光信号光强随携带信号光强度变化信息。

基于 XPM 效应得到的全光波长变换输出信号光的消光比高、啁啾小,且信号光的随机偏振态变化对变换效率影响较小。由于光纤中克尔非线性效应的响应速度高(响应时间在飞秒量级),通过优化光纤的参数以及连续光与信号光的失谐量,可以实现对高达 160Gb/s 的数据速率信号光进行全光波长变换,同时,封装好的 MZ－SOA 器件已经商用化,更利于其光子集成。

值得注意的是,XPM 效应进行波长变换的过程是将非线性效应产生的相位调制干涉换为强度调制信息,在这一过程中,原始信号的相位信息没有保留,对相位调制格式(如 DPSK 信号)的通信系统不再适用。若希望利用 XPM 效应实现全光波长变换,需要对信号光及转换后的变换光进行码型转换,这将使整个系统变得非常复杂。

3) 超连续谱效应

当功率较强的信号光在非线性光纤中传输时,由诸如自相位调制效应、自聚焦效应以及四波混频效应等一系列复杂的非线性光学过程,导致光脉冲的频谱展宽到很大的频谱范围,这种频谱展宽现象称为超连续谱效应。

利用超连续谱效应进行全光波长变换,其结构简单,将输入的信号光功率进行高功率放大后,注入一段高非线性光纤中使之产生超连续谱,再利用光滤波器在特定的波长位置处滤波,即可得到不同波长处的变换光信号。缺点是得到的转换光信号没有保留原始信号光的相位信息,不能应用于相位调制的光通信系统中。

4) 光参量混频效应

非线性介质中的四波混频效应是与三阶极化率$\chi^{(3)}$有关的三阶参量过程,当几个不同频率的强光进入非线性介质时,光学非线性克尔(Kerr)效应使它们之间发生能量与动量的交换,同时有新的光学频率产生。新产生的光波强度、频率以及相位均与原始光相关。在这一过程中,系统的能量和动量守恒。

利用四波混频(FWM)进行波长变换时,将两束不携带信号的连续光与待波长变换的信号光一同经过功率放大后,注入一段非线性介质中,则由于非线性四波混频效应,在输出端的光谱中将产生新的频率分量,新产生的光波其强度和相位均与原始信号光有关,从而在新频率成分处滤波,得到波长变换后的信号光。基于四波混频效应的波长变换方案如图4-44所示。在图4-44中,如果两束泵浦光频率分量相等,即$\omega_1=\omega_2$,则称为简并的四波混频过程。在实际波长变换中常用的是简并四波混频过程。

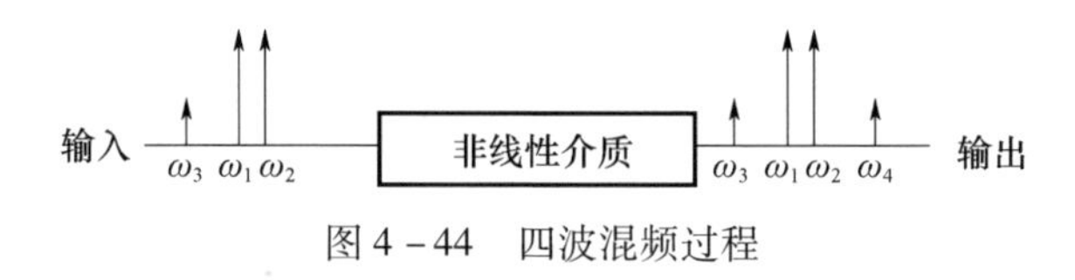

图4-44 四波混频过程

此外,利用非线性介质的二阶非线性效应也可实现全光波长变换,此时泵浦光和信号光经二阶非线性效应产生和频或者差频(SFG/DFG)光信号分量,新产生的光信号也携带了原信号的强度、相位和频率信息。

基于FWM效应实现全光波长变换的一个显著优点是新产生的频率成分携带了原始信号光的相位信息。在未来超高速、大容量光传输系统中,速率为100Gb/s的PolMux-QPSK调制光信号将成为主流,因此网络的交换节点在进行全光波长变换时,保留信号的相位信息是非常必要的。利用FWM效应可同时对多路光信号进行波长变换,这一特性将大大提高交换节点的效率。而光纤中的非线性效应响应时间几乎是瞬时的,因此利用光纤中的FWM效应进行波长变换对数据速率没有任何限制。

但同时FWM效应也面临一些问题,如FWM效应对输入光信号功率要求较高,这就需要在交换节点处额外增加高功率的光放大器,FWM的效率较低,对信号光和泵浦光的匹配程度要求较高,同时信号光和泵浦光的频率失谐间隔也会影响FWM的效率;最关键的一点是,FWM效应对信号光与偏振光之间的偏振匹配要求非常高,而实际应用中,由于信号光经长距离传输后偏振态为随机变化,对基于FWM效应实现全关波长变换方案非常不利。

目前,已有多种方案来降低FWM效应的偏振敏感程度,最为常见的是利用非简并的四波混频过程,并且保持两个泵浦光偏振态严格垂直或者严格平行[105,106],但这种方法将使整个系统变得比较复杂。

采用偏振分离的单泵浦环形结构(图4-45)在实现FWM效应偏振不敏感的同时,也将会使系统的复杂度降低,目前,利用这一方案可进行速率为1.28Tb/s的光信号[107],且对偏振复用的信号也同样适用,因此在利用FWM效应进行全光波长变换方面,这一方案显示出巨大的优势。

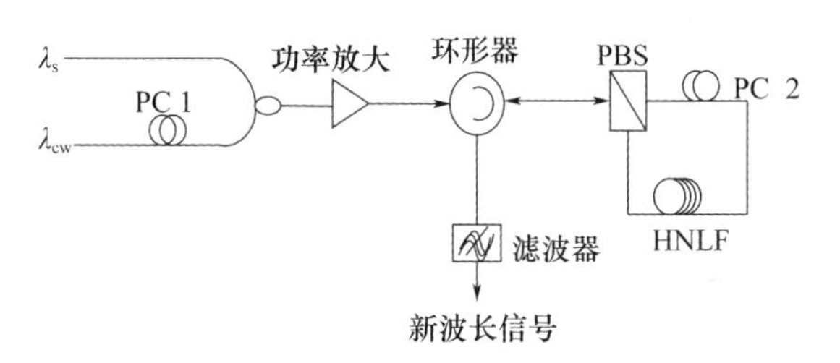

图4-45 偏振分离的单泵浦环形结构

5)其他波长变换方案

除了上述几种全光波长变换方案之外,基于半导体激光器和电吸收调制器的增益饱和吸收效应、半导体激光器的载流子光消耗效应,以及非线性介质中的自相位调制效应等,均可实现全光波长变换[108,109]。

2. 总结

全光波长变换利用非线性介质中的光非线性效应,直接在光域内将某一波长上的光信息转移到另一波长上,是解决全光网络中波长路由竞争的关键器件,由于是在全光域内进行变换,不会受到电子瓶颈速率的限制,因此这种方式对于高速大容量通信系统实现光互联、光交换,增强网络适应性等有重要作用。

实现全光波长变换有诸多方案,每个方案各有优缺点,可根据实际系统需求选择。为了尽量延长光通信系统的传输距离和传输容量,同时避免过多增加系统设备,码型调制成为长距离、高速光传输系统的关键技术之一。随着多种新码型调制格式的出现,可以预见,在未来光传输网络中将会有多种不同调制格式的信号同时传输、路由。而基于FWM效应的全光波长变换方案可同时保留原始信号的强度和相位信息,通过参数匹配、方案改进等方法使其效率增加,并使其对信号光偏振态随机变化不敏感,在未来多调制格式并存的全光网络交换节点处,这一波长变换方法极具优势。

4.4.2 超高速光信号低噪放大技术[110-118]

光放大器在超高速大容量光子信息网络中应用非常广泛(图4-46),可以作为线上放大器、功率放大器或前置放大器使用。目前,商用的光放大器主要有半导体光放大器、拉曼光纤放大器和掺铒光纤放大器。这些放大器均属于相位不敏感光放大器(PIA),噪声指数的量子极限值是3dB,即输入光信号经过PIA放大后信噪比至少劣化3dB。近几年来,随着先进调制/相干探测技术和光时分复用技术的发展,单通道数太比特每秒的超高速光通信已可实现。先进调制光时分复用信号对相位和幅度噪声更加敏感,为实现超高速大容量光子信息的长距离无中继传输,对光放大器的噪声特性提出更加苛刻的要求,传统的相位不敏感光放大器越来越无法满足技术发展的需求。

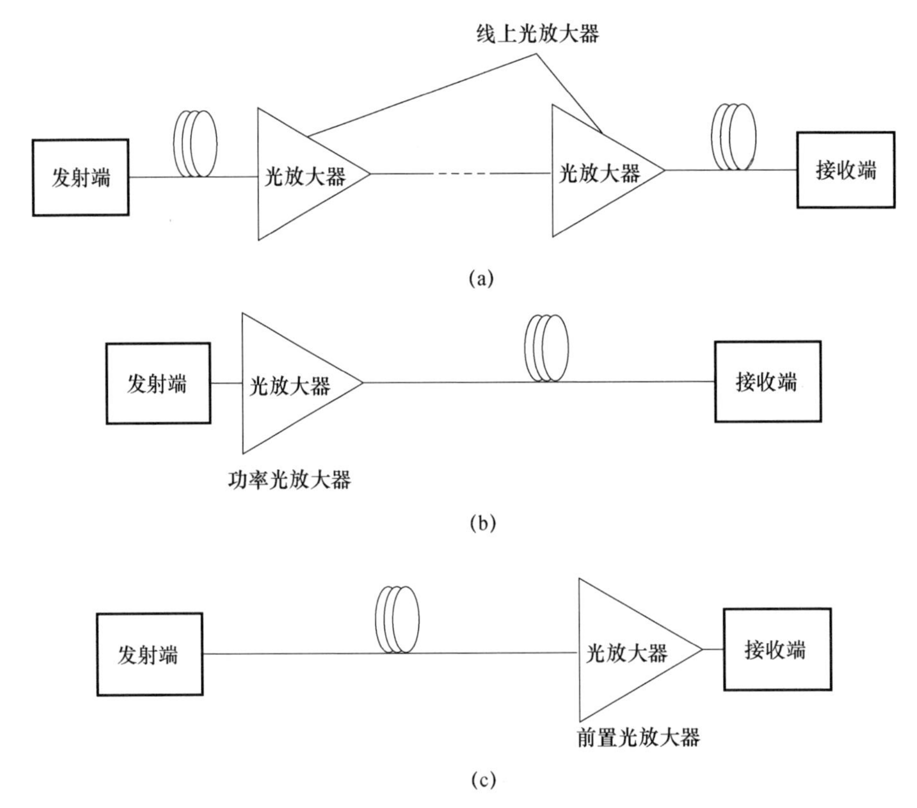

图4-46 光放大器在光纤通信系统中三种典型应用

(a)线上光放大器;(b)功率光放大器;(c)前置光放大器。

相位敏感光放大器是一种光参量放大器,由于光放大过程要求信号光/闲频光/泵浦光保持相位和波长的锁定,因此称为相位敏感光放大器。相位敏感光放大器噪声指数的量子极限值是0dB,它可以实现光信号的无噪声放大,可满足超高速大容量光子信息网络技术发展的需求，已经成为光纤通信领域的研究热点。

相位敏感光放大器可以通过频率简并（信号光和闲频光频率相同）和频率非简并（信号光和闲频光频率不同）两种方式实现。频率简并相位敏感光放大器可基于二阶或三阶非线性材料实现。而频率非简并相位敏感光放大器主要基于三阶非线性材料实现，国际上对两种相位敏感光放大器都进行了大量的理论和实验研究工作，并取得一系列重要的研究成果。

频率简并相位敏感光放大器具有相位压缩特性，即只放大输入光信号的一个分量，另一个正交分量承载的信息将被衰减，如图4－47所示。利用相位压缩特性，频率简并相位敏感光放大器可以作为全光数据处理器，实现先进调制光信号的相位和幅度再生，但由于增益不高，对固定泵浦结构只能实现单波长通道光放大，调制格式不透明等，不适于先进调制光时分复用信号的宽带放大。

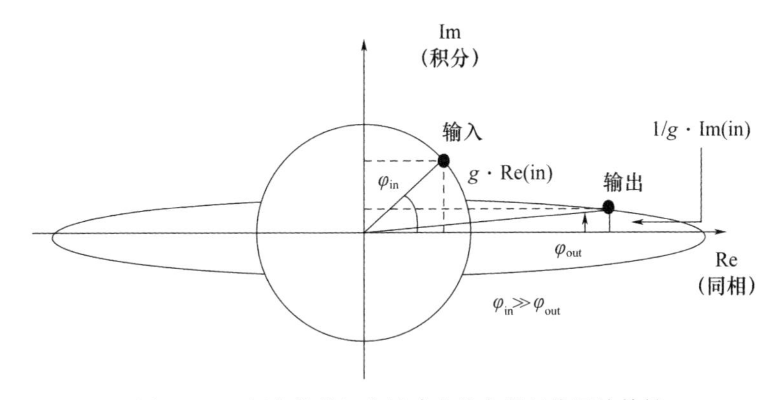

图4－47 频率简并相位敏感光放大器相位压缩特性

频率非简并相位敏感光放大器可以实现多通道调制格式透明的无噪声放大，同时具有增益高、与现有波分复用系统兼容等优点，极有可能成为超高速大容量光子信息网络新一代的光放大器。频率非简并相位敏感光放大器需要保证信号/闲频/泵浦严格的相位和波长锁定。目前可以通过电调制边带产生和复制－相位敏感光放大两种方案实现。电调制边带产生方案由于受到电调制带宽的限制，无法实现宽带光放大。复制－相位敏感光放大方案由一个参量相位不敏感放大器进行复制，后面跟着一个或多个相位敏感放大器组成，光放大带宽不受限制，同时可以获得很高的增益，目前得到广泛而深入的研究。理论和实验结果表明，复制－相位敏感光放大系统相对于传统的相位不敏感光放大或全部采用相位敏感光放大的系统，可以实现6dB和3dB噪声指数的改善。这意味着复制－相位敏感光放大链路具有最好的信噪比性能。Z. Tong等利用复制－相位敏感光放大方案实现了噪声指数1.1dB、增益大于26dB的超低噪声光放大，是目前为止性能最好的实验结果，实验方案如图4－48所示。

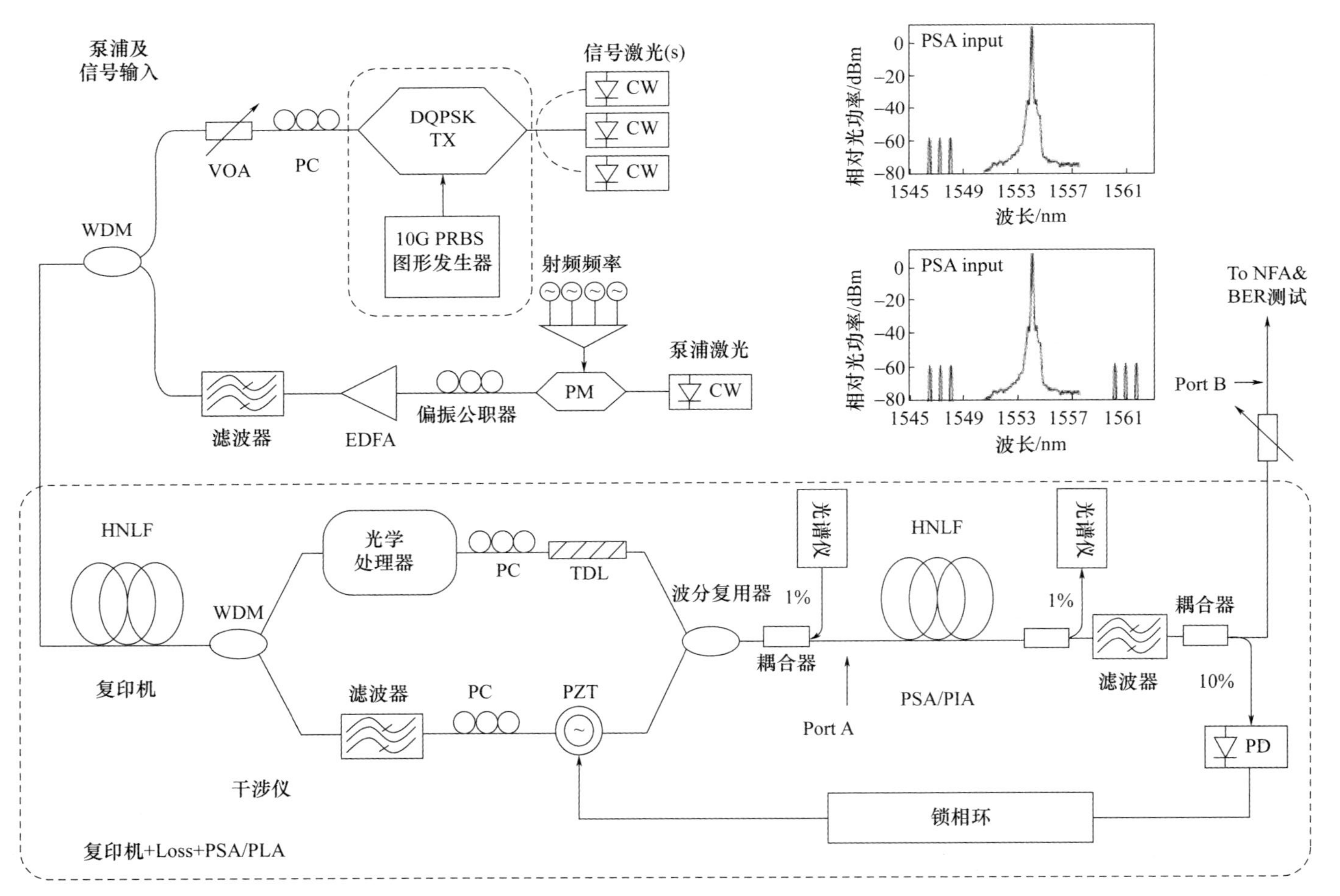

图4-48 复制—相位敏感光放大实验方案

近几年来,相位敏感光放大器已经得到世界范围内的关注和研究。为满足实际应用的要求,还需要解决 SBS 抑制、泵浦光再生、相位/色散/延迟/偏振控制、WDM 信道串扰等问题。随着研究工作的不断深入,相位敏感光放大将作为新一代的光放大器在超高速大容量光子信息网络中得到广泛的应用。

4.5 高速光子集成技术

光子集成的历史要追溯到 1969 年,最早由贝尔实验室的 S. E. Miller[119] 提出。受工艺与技术的限制,光子集成最初的二十几年基本停留在思想与概念提出的层面。1985 年之后,基于光子集成思想的单元器件逐渐出现,其中最具代表性的是基于 SiO_2的平面集成回路(Planar Lightwave Circuits, PLC),以无源器件为主,包括阵列波导光栅、分波器、分束器等。随着微纳加工工艺和电磁/波导等理论的不断进步以及需求的日益迫切,光子集成在 2000 年左右迎来了快速发展的时期。其中最具代表性的是以 InP 等Ⅲ-Ⅳ族半导体材料为基础的大规模光子集成回路和以 Si 等Ⅳ族半导体材料为基础的硅基光子集成。除此之外,伴随光子晶体、表面等离子体、超材料、石墨烯等新材料新技术的不断涌现,基于新型微纳光子器件的光子集成在理论与技术上开始多元化发展。与电子集成相比,光子集成自身独特的特点包括:

(1) 多材料平台。Ⅲ-Ⅴ族、Ⅳ族、金属(表面等离子体)、混合光电平台(OEIC)、石墨烯等都可以作为光子集成的基础载体。不同材料平台有其各自的优缺点,发展也不均衡,应用领域也不尽相同。

(2) 制作、封装工艺复杂,不同材料平台差异较大,同时无源与有源器件的能耗差异很大。

(3) 光子集成没有类似于电子集成中逻辑门等标准基本单元,光子集成的基本单元只能分类到功能级,如光源、探测器、调制器以及各种无源器件等。

(4) 光子集成涉及复杂的片上和片间的光、电、热以及机械耦合过程,这些严重影响了光子集成的发展与实际性能。

(5) 与制作工艺相比,光子集成的设计理论与软件发展滞后,目前无法实现设计与制作的分离,尤其在反向设计理论、综合布线理论等方面急需突破性进展。

光子集成的核心驱动力在于高速、低耗、高可靠性以及小型化,其最终的发展是受光通信与高性能计算两个领域的核心诉求推动的(图 4-49)。

在光通信领域,一方面,传统分立元件构成的通信系统受器件尺寸、组装连接以及工艺等的限制在能耗、可靠性与速度以及成本上已经无法满足未来光通信的需求;目前,光通信依靠垂直整合的办法已经很难再进一步降低,因此,如何

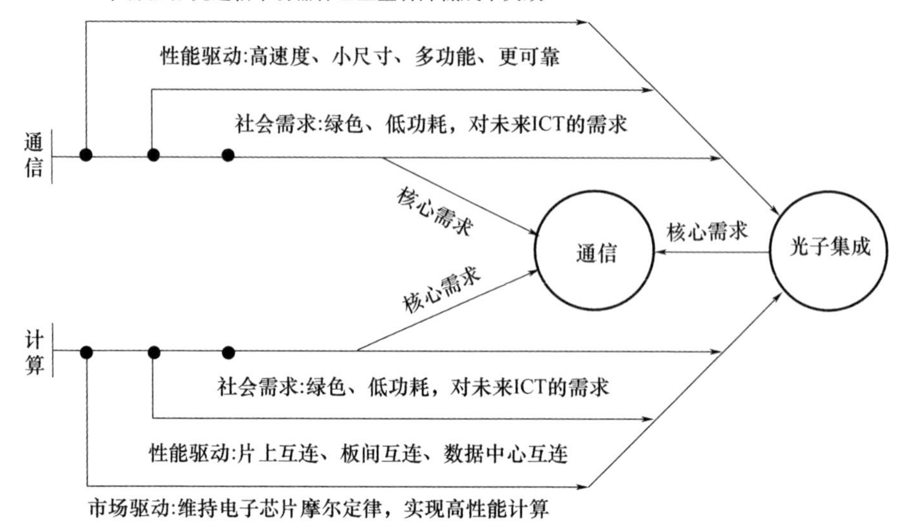

图 4-49　光子集成的核心驱动力与诉求

通过新的技术手段降低系统尺寸、能耗同时提高系统性能与可靠性是光通信进一步发展的重点,大规模光子集成芯片在尺寸、能耗甚至速率上有潜力对传统光通信系统进行大幅改善,同时在很大程度上降低系统生产、制造与维护成本。另一方面,新的应用也迫切需要光子集成参与其中,如光纤直接到家庭(FTTH)接入系统,小型化、集成化与高稳定性是市场对 FTTH 光收发机提出的要求,因此基于光子集成的 FTTH 器件将成为未来光纤到户的最终解决方案。

在计算领域,伴随信息的爆炸性增长,计算机的处理能力必须保持快速的发展与提高。过去几十年内,依靠纳米电子单元线宽的减小不断提高集成度,大规模集成电路(VLSI)的性能一直遵循摩尔定律(每 18 个月翻一番)不断提高。然而,受电子在微小尺寸上相互作用的影响,伴随尺寸的不断缩小,VLSI 在噪声、功耗、散热以及延时等方面面临诸多问题,目前,VLSI 的发展已经面临电子瓶颈,摩尔定律在未来 20 年之内将失效。因此,单纯依靠减小尺寸、提高集成度已经不是计算机性能提高的最有效手段,如何在电子器件尺寸达到极限后继续维持计算机性能按照摩尔定律不断提高,是国际学术界、工业界迫切需要解决的问题。根据国际半导体技术发展路线图预测,计算机性能的进一步提升要依赖于计算机体系结构的变化,三维芯片以及多核结构将成为未来计算发展的技术路线。多核微处理器或片上多处理器(Chip Multiprocessor, CMP)系统性能的改善取决于核间协作效率以及本地处理器与远程存储单元的通信效率。因此,CMP 之间的互连越来越倾向于复杂的片上网络(Network - on - Chip, NoC)而不是传统的总线互连,因此,基于光子集成的片上光互连技术成为未来计算机性能提高

的必由之路。无论是通信领域还是计算领域,光子集成芯片拟解决的问题都是通信问题,这也是未来信息技术对光子集成的核心需求,光子集成芯片在功耗、速度、可靠性以及成本等方面的巨大优势使得光子集成在未来信息领域占据不可取代的地位,这些构成了光子集成的市场、性能以及社会需求。

4.5.1 光子集成芯片关键材料与器件

光子集成芯片最重要的三种材料平台分别为 SiO_2 材料平台、InP 材料平台以及 Si 基材料平台。SiO_2 基平面光子回路的特点为波导损耗小、制作成本低,适用于无源光子器件的集成,但是由于玻璃材料强的电、热、光以及温度稳定性,不适用与主动器件以及调控器件的实现,因此,SiO_2 基光子集成回路以及相应芯片整体集成度不高、功能复杂度也较低。与之相比,以 InP 材料为代表的Ⅲ－Ⅴ族半导体材料有着良好的发光特性,因此在光子集成最重要的发光器件方面具有独特的优势,也是目前发展最成熟的光子集成技术,有希望实现大规模光子集成回路超高速(>Tbps)光通信芯片。InP 基光子集成芯片集成度远大于 SiO_2 基光子集成芯片,其芯片的功能复杂度也较高。InP 光子集成器件的缺点在于其波导损耗相对 SiO_2 基波导与 Si 基较高,在无源器件方面相对劣势,同时受限于Ⅲ－Ⅴ族半导体加工工艺,其制作成本也相对较高。受益于成熟的 CMOS 加工工艺,Si 基光子集成回路有希望与电子集成回路融合,因此具有更高的集成度,虽然受限于间接带隙(目前 Si 基光子集成回路整体的功能复杂度不如 InP 基光子集成回路),但是其应用前景十分广阔。基于三种材料平台的光子集成优缺点如图 4－50 所示。

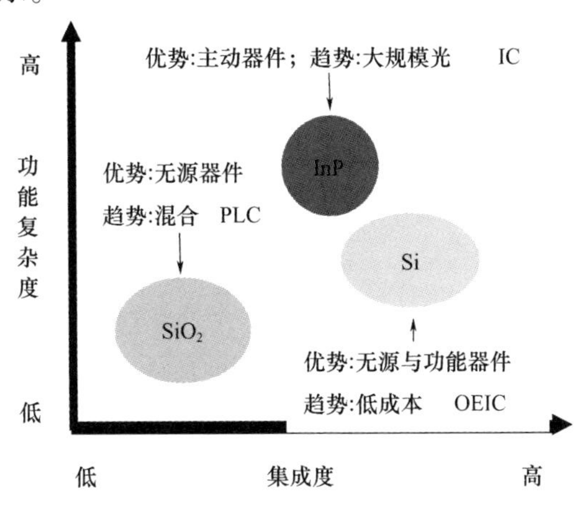

图 4－50　基于三种材料平台的光子集成优缺点

光子集成回路并没有类似于电子集成回路逻辑门电路的基本单元,光子集成回路的基本单元为功能器件,包含激光器、调制器、探测器以及其他无源光子器件。

1. 片上激光器

激光器件的发光过程必须满足能量和动量守恒，InP 等Ⅲ－Ⅴ族半导体材料可以同时满足这两个条件，但是晶体 Si 无法同时满足上述两个条件。因此，InP 材料具有良好的发光性能，而如何实现 Si 基材料的激光器一直以来都是光子集成面临的最重要的挑战。InP 和 Si 的能带结构如图 4－51 所示[120]，InP 是直接带隙材料，其导带和价带的最低能量点处在同一波矢量点，因此具有相同的晶格动量；而 Si 是间接带隙材料，自由电子优先驻于其能带的 X 点，无法与价带的自由载流子结合，因此其发光过程必须有第三方（一般为声子）的参与以实现动量守恒，效率十分低下，Si 材料的内量子效率一般在 10^{-6} 量级，发光十分困难。

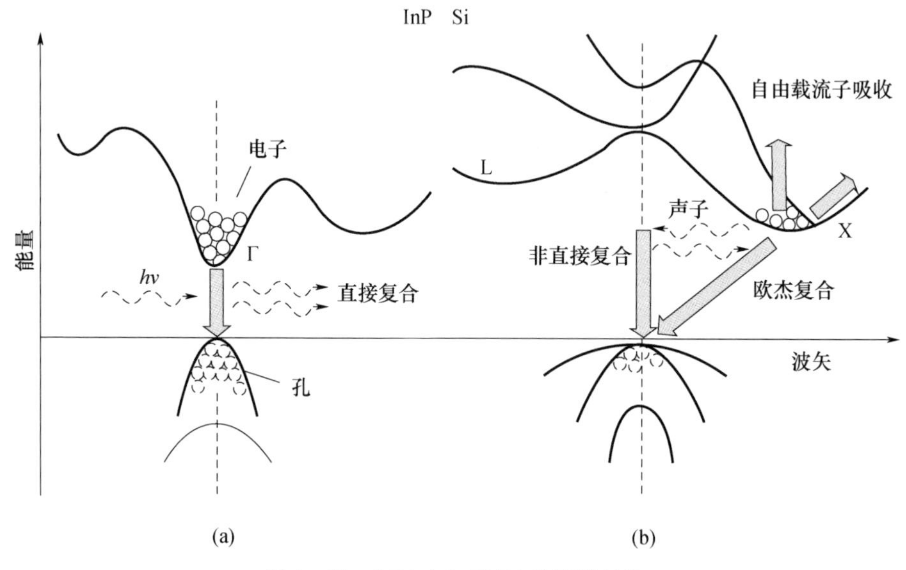

图 4－51 InP(a)和 Si(b)的能带结构

基于以上原因，InP 基片上光源发展较为成熟，已经可以大规模商用，典型的 InP 基片上光源为分布式反馈（DFB）激光器以及量子阱/量子点激光器。相对量子阱/量子点激光器，InP 基 DFB 激光器更加成熟，其典型结构如图 4－52 所示，电注入电极直接沉积在激光器顶部和侧面，激光腔由高反射 DFB 光栅构成，由于激光器模场与导光波导模场尺寸上失配，需要引入模场变换器与其他 InP 器件进行耦合。目前，基于 InP 的 DFB 相对成熟，Infinera 以及 One－chip 等公司的商用光子集成芯片均是基于以上结构的。

相对 InP 基激光器，Si 基片上激光器的发展严重滞后，这也是目前 Si 光子集成迫切需要解决的关键问题。目前主要有三种方案实现 Si 基发光：Ⅲ－Ⅴ/

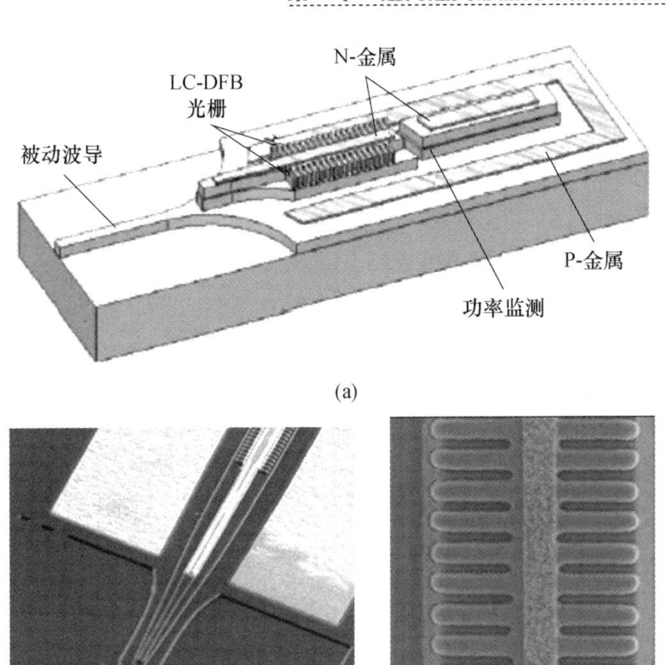

图4－52 (a)InP基DFB激光器结构;(b)激光器与无源器件连接器;(c)光栅。

Si混合激光器、Si基拉曼激光器以及Ge/Si激光器。

Ⅲ－Ⅴ/Si混合激光器将硅基衬底与Ⅲ－Ⅴ族材料有效结合,弥补了硅基发光效率低下的不足。典型Ⅲ－Ⅴ族半导体复合材料GaAs、InP与Si的晶格失配分别为4.1%和8.1%,热膨胀系数失配分别为102.4%和76.9%,在Si基衬底上外延生长GaAs和InP材料通常具有较大的畸变与失配[120]。如何在硅基衬底上生长高质量Ⅲ－Ⅴ族半导体材料是硅基混合激光器的关键。在硅基材料商外延生长Ⅲ－Ⅴ族材料之后,可以通过冷却等手段释放应力改善Ⅲ－Ⅴ族膜层特性进而改善其发光特性。通过这种方法可以制作高质量硅基混合激光器。典型DFB硅基混合激光器结构如图4－53(a)所示[120],与传统DFB激光器相似,典型DFB硅基混合激光器的最大区别在于Si基衬底以及Si基耦合波导的存在。Si基混合F－P腔激光器以及量子阱激光器目前也在实验室中得以实现,尤其加州大学圣巴巴拉分校的AlGaInAs量子阱激光器是混合硅基激光器领域近年来最重要的突破,其结构如图4－53(b)所示[121]。AlGaInAs量子阱激光器制作在硅波导顶部,通过倏逝波将量子阱中产生的光子耦合到硅波导之中,利用类似结构分别实现了光注入和电注入脉冲激光器以及连续光激光器。目前英特尔公司的光子芯片均是基于此类激光器。为了提高光子集成芯片的集成度,如何降低器件尺寸也是片上激光器的一个重要问题,美国加州大学伯克利分校的研究人员通过在 Si 基衬底上生长纳米柱激光腔实现了混合硅基纳米激光器，其结构如图 4-54 所示[122]。纳米柱成六边形，内层(核)材料为 GaAs，外层材料(包层)材料为 InGaAs，截面尺寸约为 500nm，利用这种结构实验上成功观察了 950nm 附近的激光输出，并且可以通过调节 In 原子的比例控制调谐激光的输出波长。整体来看，目前限制混合硅基激光器商用的问题在于量子效率的提高、高效热控制的实现以及在标准 CMOS 工艺之外增加工艺的成本控制。爱尔兰的研究人员最近利用一种压印技术将Ⅲ-Ⅴ族半导体晶圆上的结构直接转换到 Si 基衬底上，这为降低混合 Si 基激光器制作成本提供了一条行之有效的方法。利用这种制作方法，研究人员成功实现 824nm 的 F-P 低阈值激光输出，其输出功率大于 60mW，可以在大于 100℃ 的高温下工作[123]。

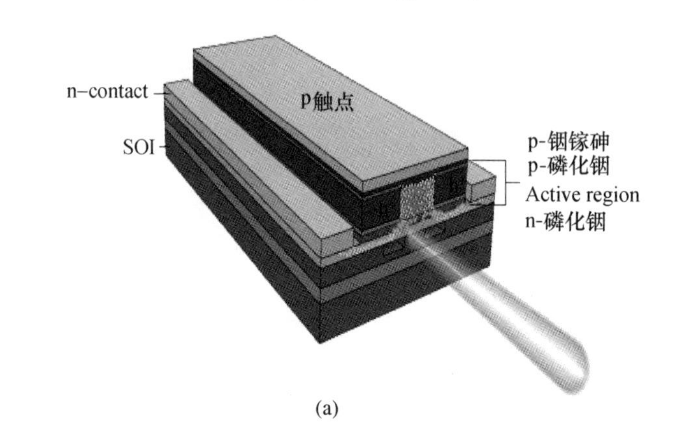

(a)

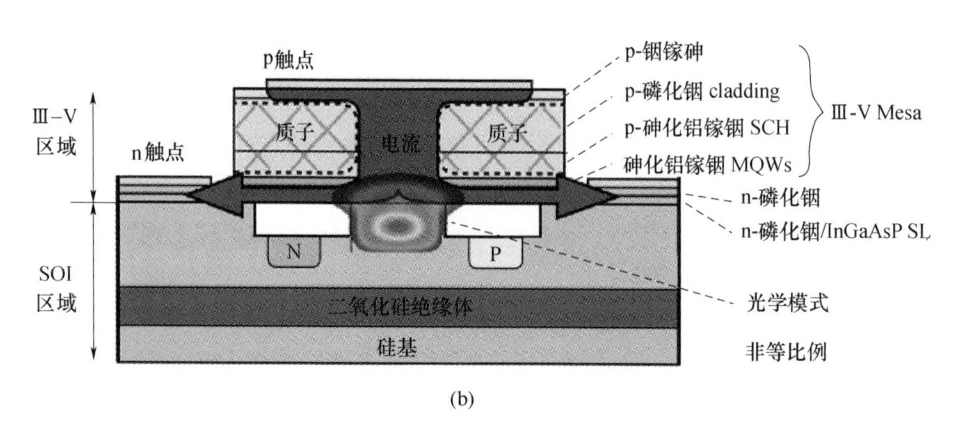

(b)

图 4-53 (a)混合硅基 DFB 激光器；(b)混合硅基量子阱激光器。

Si 基拉曼激光器是利用受激拉曼效应的激光器。相比组成光纤的玻璃材料，Si 材料的拉曼增益系数高 5 个数量级以上，虽然其损耗也远大于普通光纤，但是由于 Si 波导的模场很小，具有较高的能量密度，因此在 Si 波导中，较低泵浦

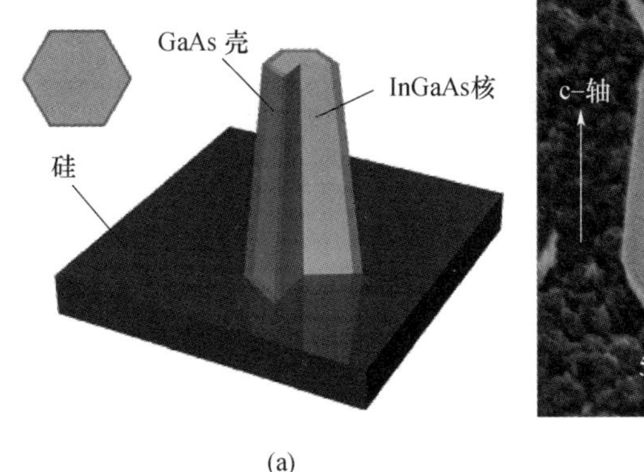

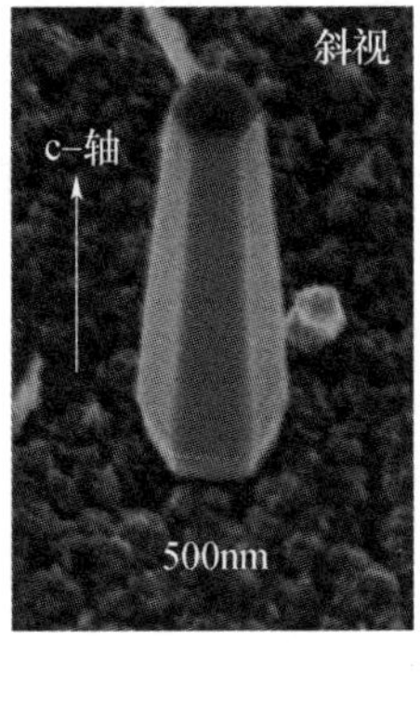

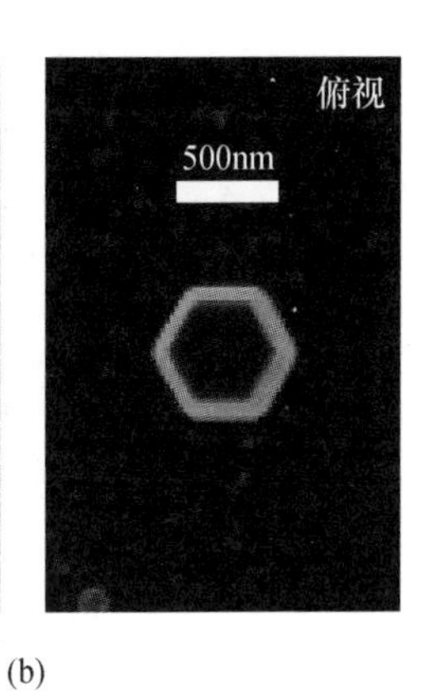

(a) (b)

图4-54 Ⅲ-V/Si 混合纳米激光器

功率即可以激发受激拉曼散射效应,Si 基拉曼激光器具有较低的阈值,其性能的提升关键在于低损耗 Si 波导的制作。加州大学洛杉矶分校的研究人员最早研究了 Si 基拉曼增益效应[124],通过波长为 1427nm、功率为 1.6W 的连续光泵浦在 1542.3nm 波长获得 0.25dB 的受激拉曼增益。在高功率泵浦下,Si 材料的双光子吸收(TPA)效应降低了拉曼激光器的效率。通过窄脉冲结合长脉冲间隔激光泵浦 Si 基拉曼激光器可以克服 TPA 损耗,获得低阈值 Si 基脉冲激光器。另外还可以通过增加结构中载流子的表面辐射复合率来降低 TPA 效应[120]。英特尔公司的研究人员在低阈值硅基拉曼激光器方面取得一系列突破性的成果,第一个低阈值 Si 基连续光激光器的泵浦功率约为 182mW[125],通过高品质因子环形腔以及优化的 P-I-N 结构,可以进一步降低拉曼激光器的阈值[126]。硅基拉曼激光器的另外一个优点在于其波长的可调谐性,因此可以获得一些特殊波长的片上激光器,利用相似的结构,Intel 的研究人员实现了 1848nm 激光输出的级联 Si 基拉曼激光器,其泵浦波长为 1550nm,激光阈值约为 100mW,输出功率超过 5mW[127]。

片上激光器是光子集成芯片最关键的功能单元,也是目前光子集成最需要解决的问题,相比片上激光器,片上调制技术和探测技术以及片上无源器件在技术上更加成熟。

2. 片上调制器

调制器一般通过外加物理作用来改变材料折射率的实部与虚部来实现,其中外加作用可以是力、热、光、电等多种物理过程。以电调制为例,电致折变效应以及电吸收效应分别对应电场对折射率实部(Δn)与虚部($\Delta\alpha$)的改变。电吸收调制技术是目前 InP 基光子集成芯片中最主要的调制手段。在 Si 材料中,电致色散效应由其自由电子和空穴浓度决定,其折射率与吸收系数的变化可以通过实验数据得到,在 1550nm 为[128,129]

$$\Delta n = \Delta n_e + \Delta n_h = -[8.8 \times 10^{-22} \times \Delta n_e + 8.5 \times 10^{-18} \times (\Delta n_h)^{0.8}]$$

$$\Delta \alpha = \Delta \alpha_e + \Delta \alpha_h = 8.5 \times 10^{-18} \times \Delta n_e + 6.0 \times 10^{-18} \times \Delta n_h$$

式中：Δn_e、Δn_h分别为自由电子和空穴引起的折射率实部改变，对应 $\Delta\alpha_e$和 $\Delta\alpha_h$分别为虚部的改变。依据实验公式，可以计算 Si 材料的折射率改变。为了实现在 Si 基材料中更高效的调制手段，可以引入 Ge 材料，利用 Ge 材料的量子局域斯塔克效应[130]实现高性能片上调制器。常用的调制器结构分为马赫－曾德干涉仪型和微环形/圆盘谐振腔型，利用上述结构和不同的调制机理，目前已经实现速度大于 10Gb/s（最高 40Gb/s）信号的调制。其中环形腔结构的高速调制器典型结构如图 4－55 所示[129]。

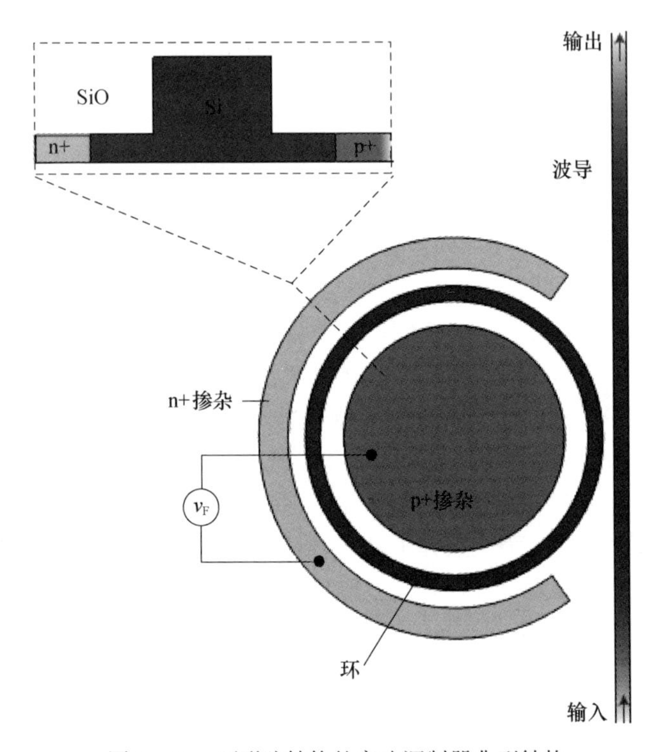

图 4－55　环形腔结构的高速调制器典型结构

3. 片上探测器

图 4－56 给出的是不同材料的吸收曲线，从图中更可以看出，在通信波段Ⅲ－Ⅴ族半导体化合物与 Ge 具有良好的吸收性能，因此十分适合制作片上光探测器。在片上光探测器材料的选择上，要根据光子集成平台的主体材料进行选择，以 Si 基光子集成芯片为例，目前研究的热点是针对 Si 基 Ge 探测器的研究，包含 PIN 和 APD 两种机理的片上光探测器。目前主要的 Si 基 Ge PIN/MSM 探测器性能参数如表 4－2 所列[131]。

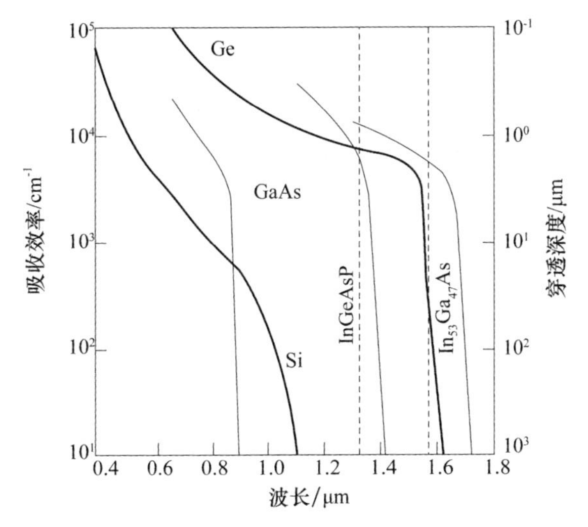

图 4-56 不同材料的吸收曲线

表 4-2 Si 基 Ge PIN/MSM 探测器性能参数

响应率/($A \cdot W^{-1}$)(1550nm) 垂直入射设计	3dB 带宽/GHz	暗电流强度/(mA/cm^2)	暗电流/μA	二极管设计	年份
0.13(1.3μm,0V)	2.3(3V)	0.2	0.2	p-i-n	1998
0.75	2.5	15	0.14	p-i-n	2002
0.035	38.9(2V)	100	0.31	p-i-n	2005
0.56	8.5	10	0.79	p-i-n	2005
—	36.5(2V)	1×10^6	4×10^3	MSM	2005
—	39(2V)	375*	0.075	p-i-n	2006
0.28	17(10V)	180*	0.57	p-i-n	2006
0.037	15	27	0.035	p-i-n	2007
波导耦合设计					
1	4.5(3V)	0.7	0.0002	Butt,p-i-n	2006
1.08	72	1.3×10^3	1	Top,p-i-n	2007
1	25(6V)	6.5×10^5	130	Butt,MSM	2007
0.89	31.3(2V)	51(2V)	0.17(2V)	Bottom,p-i-n	2007
0.85	26		3	Bottom,p-i-n	2008
1.1	32	1.6×10^4	1.3	Butt,p-i-n	2009

在 APD 探测方面,IBM 和英特尔公司都进行了大量的研究工作,英特尔公司的研究人员于 2008 年实现了增益带宽积为 340GHz 的 Ge APD 探测,对于 10Gb/s 信号可以探测小于 -28dBm 的光信号,工作波长在 1300nm 通信波段[132]。Intel 公司的 APD 探测器如图 4-57(a)所示。IBM 公司于 2010 年实现了低噪声 APD Ge/Si 探测器,其示意图如图 4-57(b)所示,对于速度大于

30GHz 的信号，在偏置电压为 1.5V 时即可以实现 10dB 以上的雪崩增益，同时放大噪声降低超过 70%[133]。

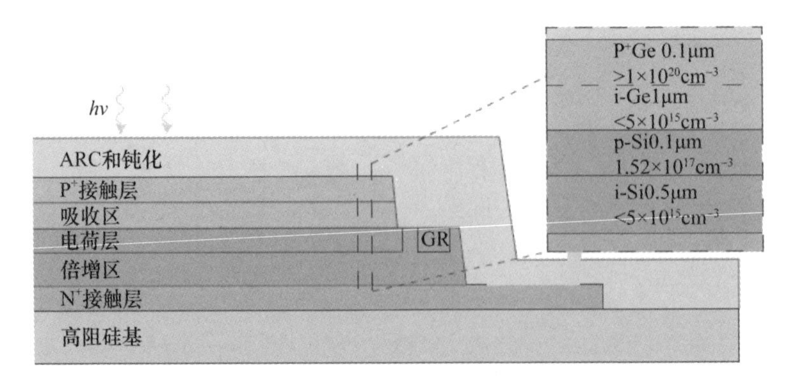

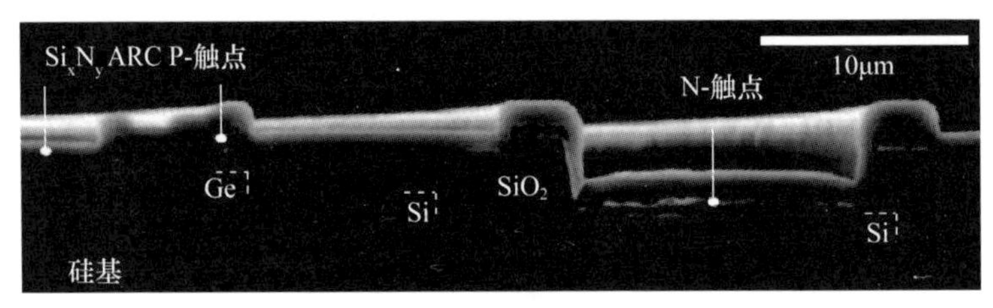

(a)

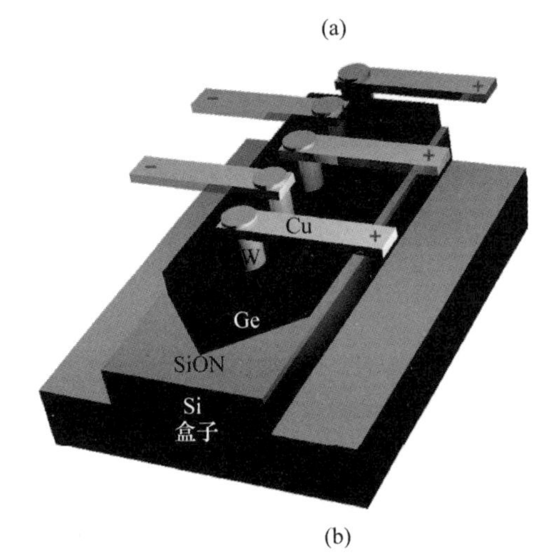

(b)

图 4－57　(a) Intel 公司 Ge/Si APD 探测器；(b) IBM 公司 Ge/Si APD 探测器。

4. 片上无源光子器件

片上无源光子器件包含波导、耦合器、滤波器、偏振器件、复用器件等，除了基于传统光波导（如条形波导、脊型波导等）以外，还有基于光子晶体的多种片上光子器件。光子晶体是具有波长量级周期性结构的新型人工材料，具有类似于半导体电子带隙特性的光子带隙。光子晶体为片上限光与操控提供了新的机理与方法。目前,基于光子晶体的激光器、调制器、探测器、波导、偏振器件、滤波器等都已经在理论与实验上得以实现。

以光子晶体偏振器件为例,最典型的通信用无源偏振器件包含波片与上下话路器。光子晶体本身具有较高的双折射,但是光在光子晶体中传播具有较强的发散效应,因此必须利用一定的技术手段实现控制光束的发散。光束自准直效应是光子晶体的独特性质,可以控制光在光子晶体中沿直线传播,因此基于光子晶体自准直效应的波片具有低发散与小型化的特性,同时通过结构设计,自准直光子晶体波片还具有宽带消色差的性质。通过结构设计,由半导体材料与空气两种介质构成的正方晶格光子晶体中特殊频段光的传播特性如图 4 - 58 所示,可以实现 TE 和 TM 两种偏振的无发散传播,此种光子晶体可以实现消色差带宽大于45nm 的低阶波片[134]。巨双折射效应以及更宽消色差带宽可以利用一维光子晶体波导实现,其双折射效应可以大于 1.5,同时消色差带宽大于 100nm[135]。

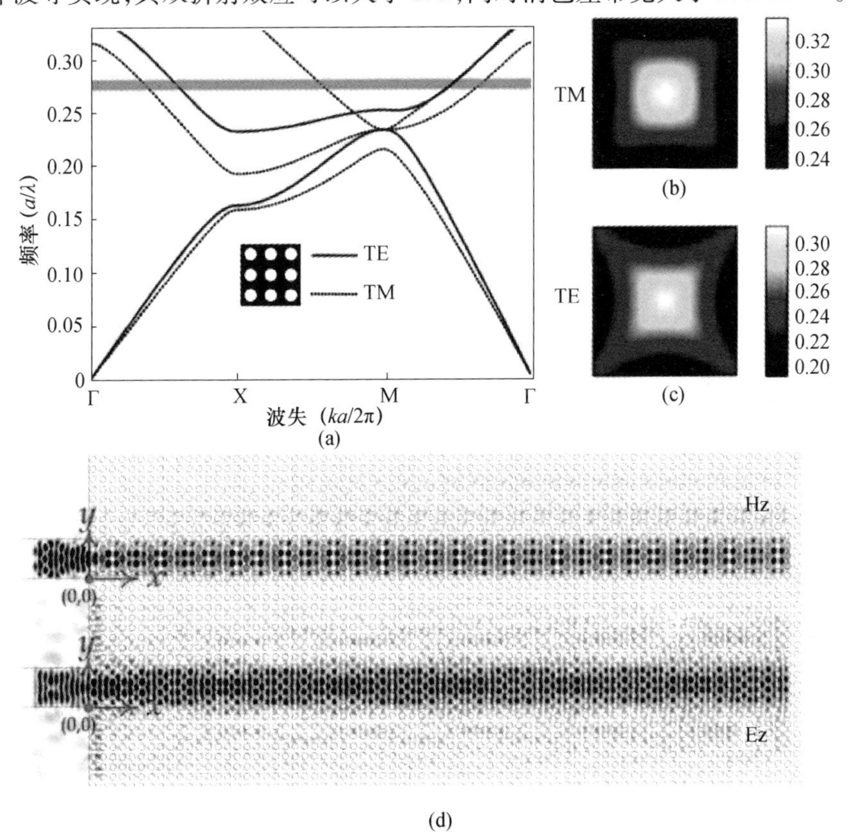

图 4 - 58 正方晶格光子晶体中特殊频段光的传播特性

(a)正方晶格光子晶体色散曲线;(b)TM 波等频面图;(c)TE 波等频面图;(d)TM 和 TE 波在光子晶体中的传播。

在复用器件方面,传统用于波分复用的上下话路器件已经不能满足目前高速光通信的需求,因此需要引入偏振复用进一步提升通信速度。在偏振复用与波分复用的混合系统中,需要偏振/波长上下话路器,基于光子晶体波导与微腔耦合作用,可以实现高性能偏振/波长上下话路器件。其结构如图4-59(a)所示,滤波特性如图4-59(b)所示,从图中可以看出,在工作波段可实现TE偏振的上下话路功能,同时还可以实现TE和TM波的偏振分束[136]。

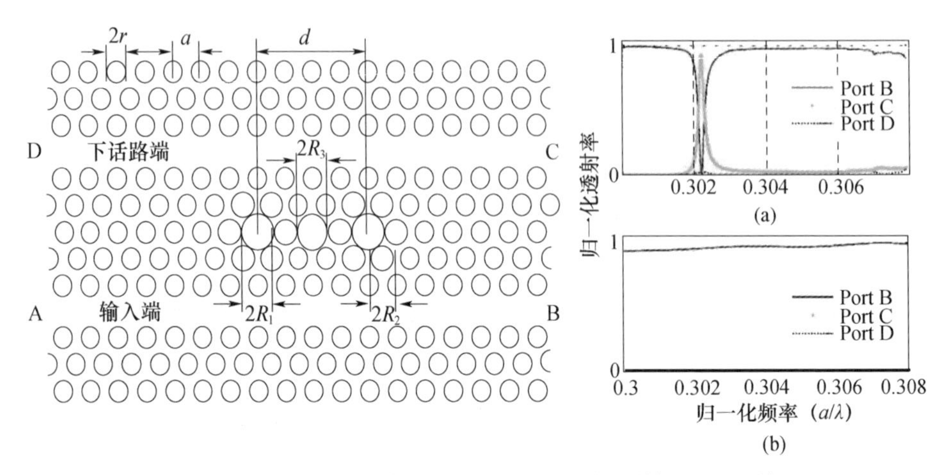

图4-59 (a)光子晶体偏振/波长上下话路器结构;(b)频谱。

4.5.2 面向计算的超高速光互连

推动微处理器性能不断提高的因素主要为两个:半导体加工技术的不断进步以及微处理器体系结构的不断发展。制作技术的不断进步使得芯片集成度不断提高同时处理器主频不断增长。然而,目前单纯依靠尺寸的减小和主频的增加来改善微处理器性能的空间已经十分有限。目前的芯片精细结构的特征尺寸(主流为32nm芯片,下一代为22nm芯片)已经很接近极限,而微处理器主频的提高同时带来三个问题:指令级并行性壁垒、存储壁垒以及功耗限制。其中以功耗限制问题最为严重,其随主频的增加三次方指数增长。目前,单核芯片处理速度的提高已经达到收益递减的关键点,单纯集成度的提高已经不能实现所期望的计算性能。因此,微处理器性能的进一步提升就依赖于体系结构的进步:通过在一个芯片上集成多核来降低主频要求同时提高程序的并行性。从国际半导体技术蓝图可以看出:多核处理器已经成为处理器体系结构发展的一个重要趋势。目前,各大计算机硬件厂商AMD、英特尔公司以及IBM公司均在发展以多核处理器为基础的计算机架构,多核微处理器已经成为计算机的主流配置。

多核微处理器或片上多处理器(Chip Multiprocessor, CMP)系统性能的改善取决于核间协作效率以及本地处理器与远程存储单元的通信效率。因此,CMP之间的互连越来越倾向于复杂的片上网络(Network - on - chip, NoC)而不是传统的总线互连。目前,主流的互连手段为基于金属线的片上 NoC,但是受能耗、带宽以及延时等因素的限制,电互连网络已经成为 CMP 性能继续提高的瓶颈。从国际半导体技术发展蓝图可以看出,片上光子网络(Optical Network - on - chip, ONoC)有潜力、有希望在这些方面得到改善,因此,在 2000 年之后,基于 ONoC 的 CMP 互连算法与方案不断提出,尤其随着硅光子技术的发展,ONoC 可以与 CMOS 芯片实现单片集成,这为 CMP 的光互连提供了无限可能,惠普公司研究人员 McLaren 在刚刚过去的国际光纤通信会议(OFC 2012)上提出:光互连技术已经成为工业界广泛认可的技术,并且预测在未来 10 年之内,光互连技术将成为计算机多处理器之间的必要技术(图 4 - 60)。

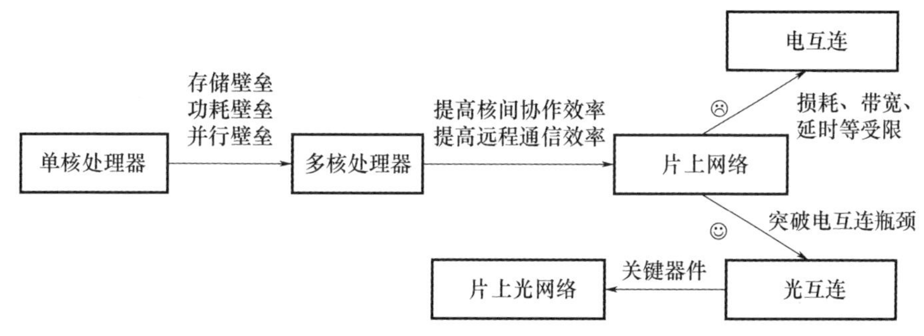

图 4 - 60 计算机的发展与光互连的必要性

ONoC 的关键器件为片上光路由器,其核心功能为光信号的选路与交换。正因为片上光路由在 ONoC 中的核心作用,其设计与制作得到研究人员的高度重视。根据选路元件的不同,目前报道的片上光路由大致可以分为基于微环形腔(Microring Resonator, MRR)和基于马赫 - 曾德干涉仪两种。对于 MRR 结构,2007 年,美国哥伦比亚大学的研究人员提出了一种基于 MRR 的四端口无阻塞片上光子路由,并且由康奈尔大学 M. Lipson 领导的小组实验验证,如图 4 - 61 所示[137]。香港科技大学 A. Poon 教授领导的小组报道了基于 MRR 结构的五端口片上光路由设计[138]。我国研究人员也针对基于 MRR 的片上光路由展开研究,并于 2011 年取得重要进展,如图 4 - 62 所示。中国科学院半导体所杨林研究员领导的小组先后报道了四端口和五端口的 Si 基片上无阻塞光子路由[139,140],同时浙江大学杨建义领导的小组实验验证了四端口片上波长路由[141]。对于 MZI 结构也有相关实验报道,2010 年,IBM 公司 Y. A. Valsov 领导的小组成功实现电调谐 Si 基 MZI 四端口无阻塞片上路由,如图 4 - 63 所示[142]。

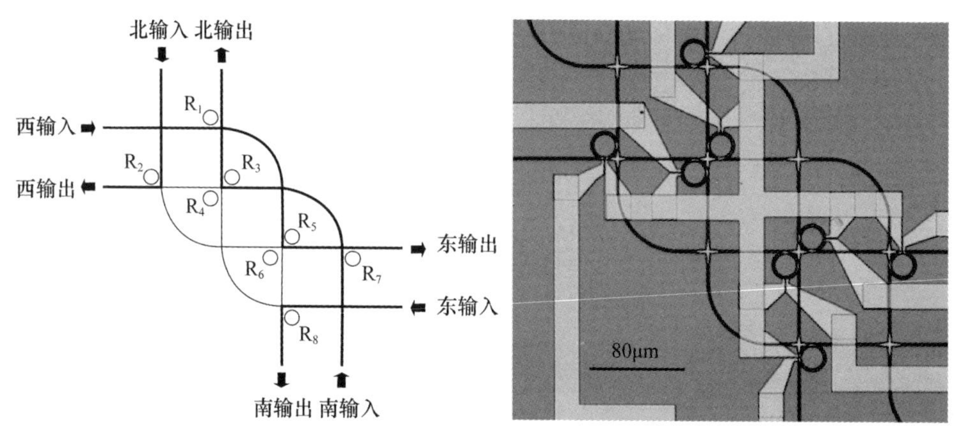

图 4-61 康奈尔大学 4×4 无阻塞路由器

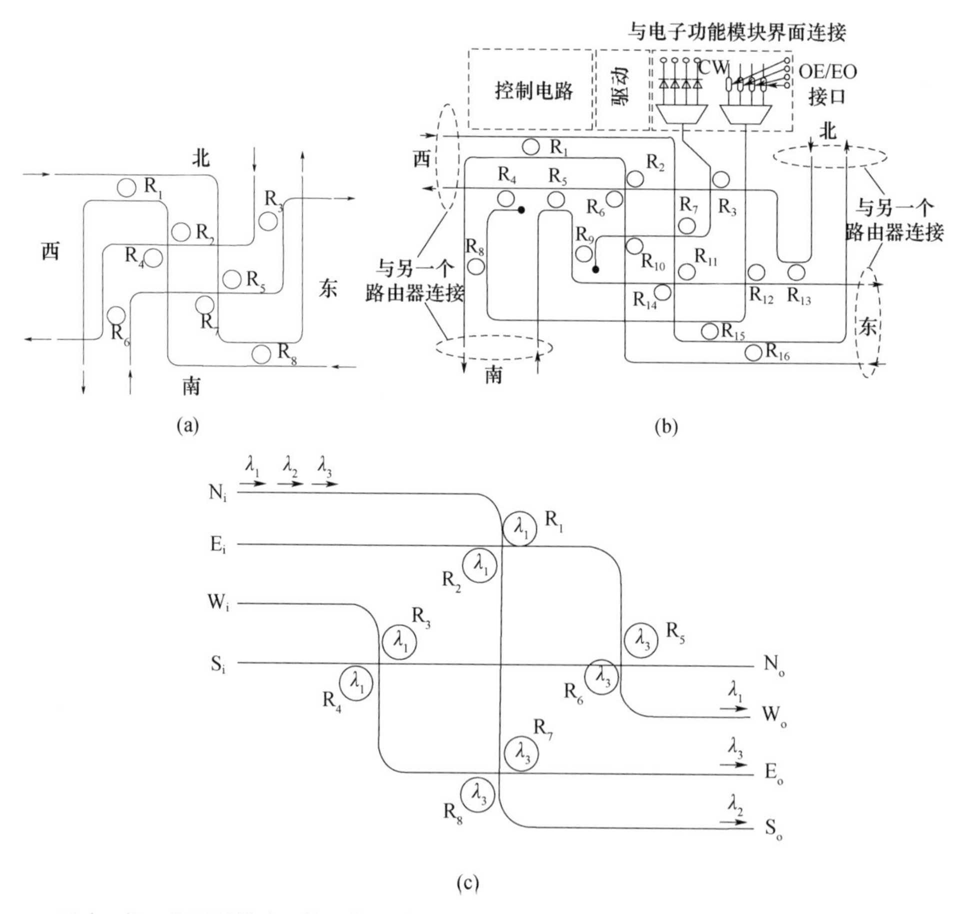

图 4-62 中国科学院 4 端口与 5 端口无阻塞路由器以及浙江大学 4 端口波长路由器

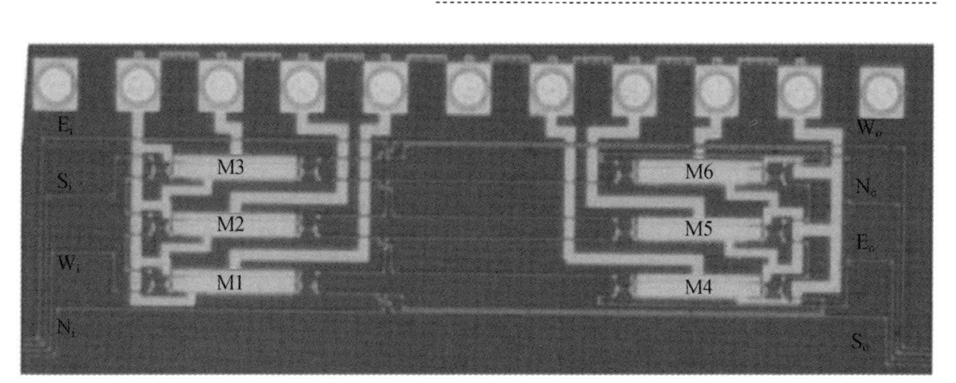

图4-63 IBM 4端口 M-Z无阻塞路由器

4.5.3 高速光通信集成芯片技术

光通信集成芯片的核心驱动力在于降低成本、较小尺寸同时增加稳定性。如图4-64所示,传统100Gb/s(10×10Gb/s)通信器件无论是在体积还是在系统复杂度等方面都远远大于单片集成通信芯片,目前通信用高速光子集成芯片主要在FTTH等低速领域,也要高速相干光通信芯片以及超高速(大于太比特每秒)片上通信系统的商用,未来用于数据中心的40G/100G通信芯片以及超高速通信芯片是通信用光子集成芯片最主要的发展方向。

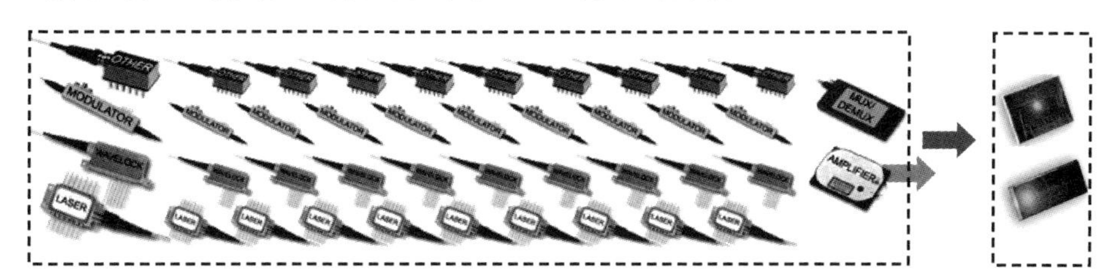

图4-64 传统100Gb/s(10×10)通信器件与PIC通信芯片比较

FTTH的芯片关键器件在于无源光网络(PON)中的光收发机(Tx+Rx),以及分波器等无源器件。基于PIC的FTTH器件目前有一定发展,其中基于平面集成回路(PLC)是最早的解决方案,PLC器件主要用以实现WDM分束以及能量分束等,光源、调制器与探测器等主要元件通过特定技术与PLC封装在一起;InP基PIC FTTH器件是另外一个主流解决方案并取得较快的发展,加拿大One-Chip公司2009年发布InP基单片集成PON模块,实现PON模块中有源与无源器件的单片集成,如图4-65所示;Si基PIC FTTH器件是另外一类最具潜力的集成解决方案,也是目前发展最快的集成技术,2010年,新加坡IME成功实现10Gb/s单片集成FTTH收发机[143]。由于Si基发光器件仍然是集成光子技术的难题,IME通过上行链路与下行链路分别在不同光纤中传播回避了光源问题,其原理示意图如图 4－66 所示。

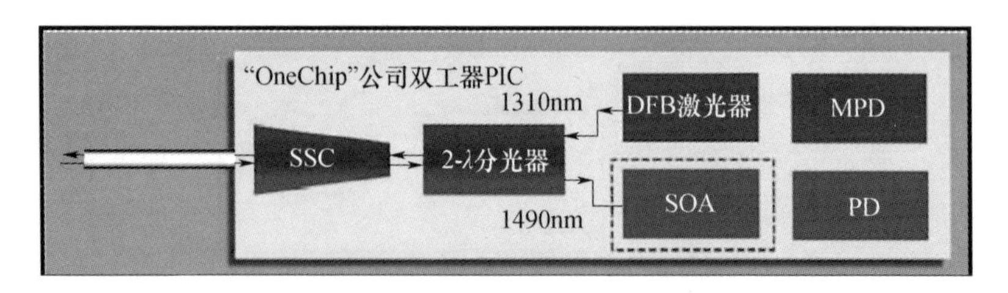

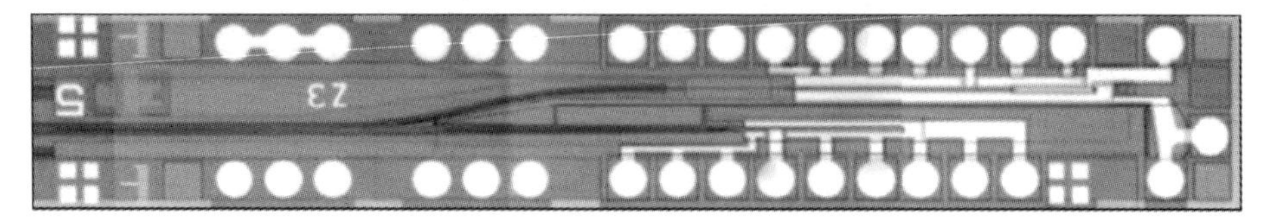

图 4－65　One Chip 公司 FTTH 芯片

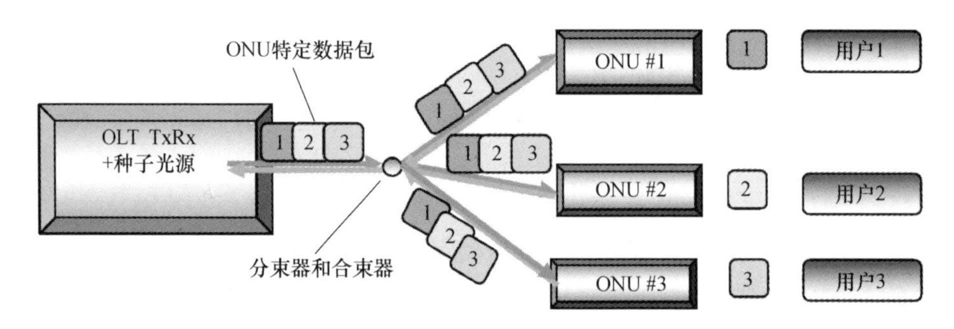

图 4－66　IME FTTH 器件

相干光通信是未来光通信领域最重要的发展方向，目前被认为是下一代大容量、高速率光网络的必要技术手段，因此，基于相干光通信的光子集成芯片也得到了高速的发展，最新的研究成果已经实现 Tbps 相干光通信收发机芯片[144]，并且成功实现点对点的传输验证。Infinera 的 Tbps 相干光发射端芯片和接收端芯片如图 4－67(a)、(b)所示，10 路信号的调制方式为 PM－QPSK，波特率在 28G，总容量为 1.12Tb/s，其星座图如图 4－68 所示。

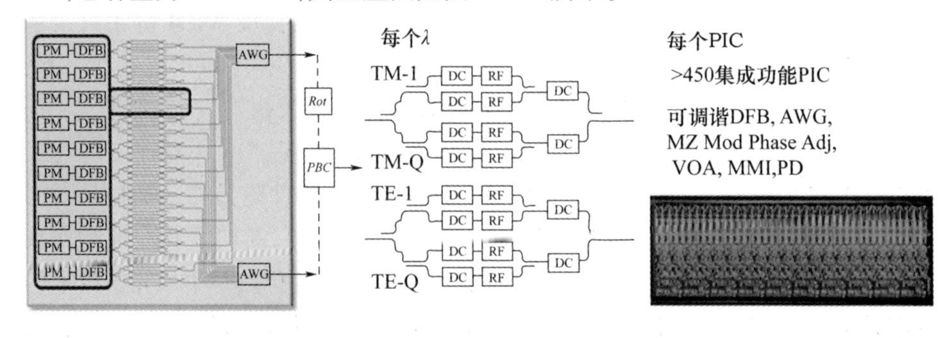

(a)

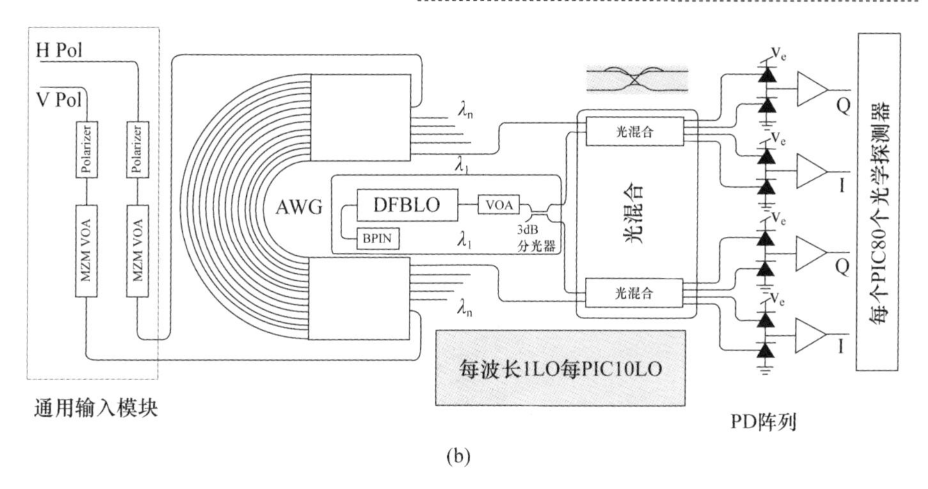

(b)

图4-67 Tb/s相干光收发芯片示意图
(a)发射端;(b)接收端。

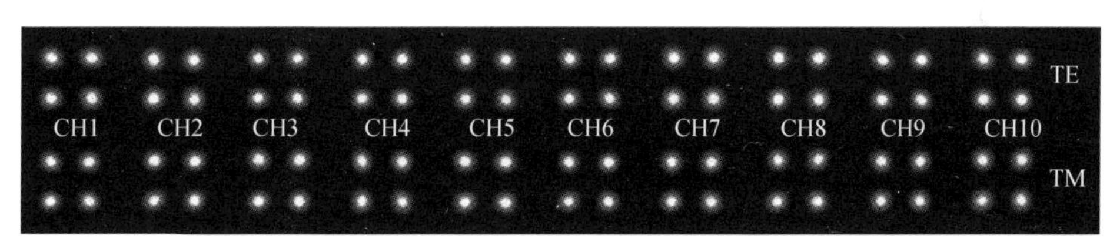

图4-68 28Gbaud,PM QPSK 星座图

光通信一直以来的发展方向都是大容量、高速率,这也是通信用光子芯片的主要发展方向,根据 Infinera 公司的预测,大容量光子集成芯片的发展路线如图4-69所示,目前已经在单片上实现 Tb/s 光信息传输,如图4-70所示,充分利用波分复用与高阶调制的办法,可以实现更高速光通信芯片,未来芯片的速率仍然会不断提升,向10Tb/s以上速率发展。

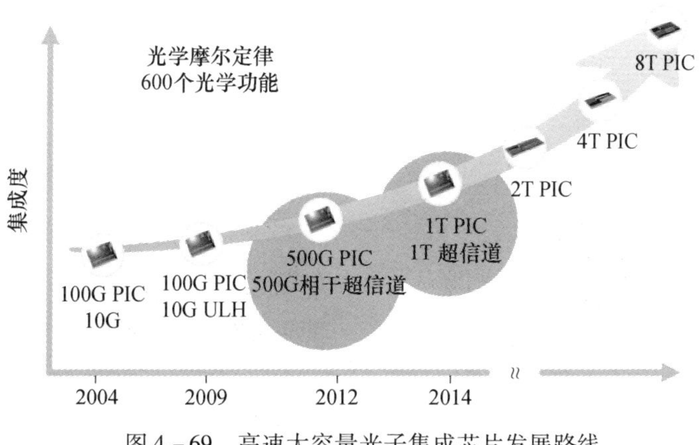

图4-69 高速大容量光子集成芯片发展路线

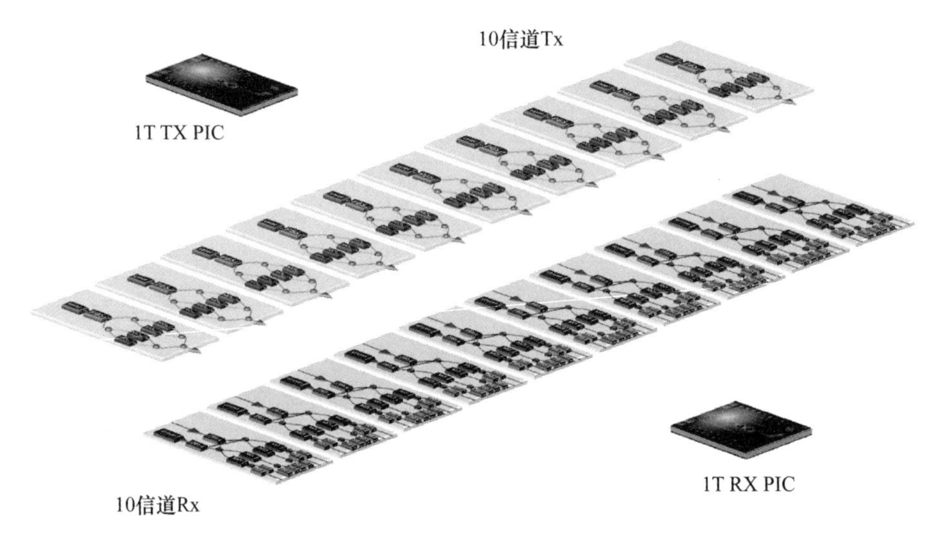

图 4-70　Tbps 光子集成收发机芯片，包含 10 个 WDM 信道，每信道速率 100Gb/s

4.5.4　MEMS 微显示芯片技术

MEMS 微显示芯片，全称微显示成像芯片，也称空间光调制微阵列器件。它是通过现代集成电路技术在晶圆上实现微观尺度的运动结构，通过微电子学驱动与控制，以物理或机械的方式，借助反射、衍射和干涉等微光学方法，对均匀平行入射光束产生点阵阵列的高阶数字灰度调制，实现芯片上反射或透射微成像。微显示芯片是现代数字微显示投影系统中关键核心技术之一，其基本光学调制方式决定了投影成像光学系统的核心构架。

凭借其微型化和低能耗的优势，以微显示芯片为核心的嵌入式微型投影显示技术，在 2008 年美国拉斯维加斯国际消费电子大展（CES）上正式亮相，就立刻引起了强烈反响。全球主要的手机制造商三星已推出基于 DLP 技术的高端投影手机产品 Galaxy Beam（图 4-71）。微投影显示具有广阔的系统应用市场发展潜力，涉及移动电话、掌上游戏机、多媒体机、数码相机、笔记本电脑和汽车车载显示等多个终端系统领域。

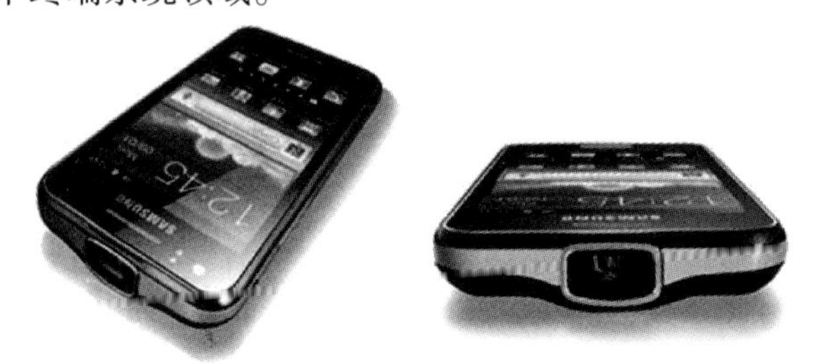

图 4-71　三星 Galaxy Beam 投影手机

微型投影显示技术的核心是微显示光电集成显示芯片,简称微显示芯片,以及与之配套包括光源在内的微投影显示光机系统,简称微显示光机。目前,最为常见也相对较为成熟的主流微显示光机系统路线包括GLV(美国SLM公司发明的光栅光阀)、Mirasol(高通公司开发的IMOD干涉调制技术)和DLP(德州仪器公司开发的DMD数字光调制技术)。

由美国SLM公司发明和开发的GLV,凭借其超高速光调制的明显优势,加上SONY和Evan & Sutherland等国际知名投影系统厂商的系统优化,取得了激光超大屏幕线扫描投影的瞩目成功。GLV技术通过控制相邻光栅的移动,利用光线的反射和衍射,将反射光线遮挡,并将衍射的光线通过狭缝投射到扫描镜面。根据扫描镜面的旋转位置不同,光线投射到屏幕的不同位置。利用人眼的视觉暂留效应,形成投影画面。GLV光栅器件工作原理如图4-72所示。

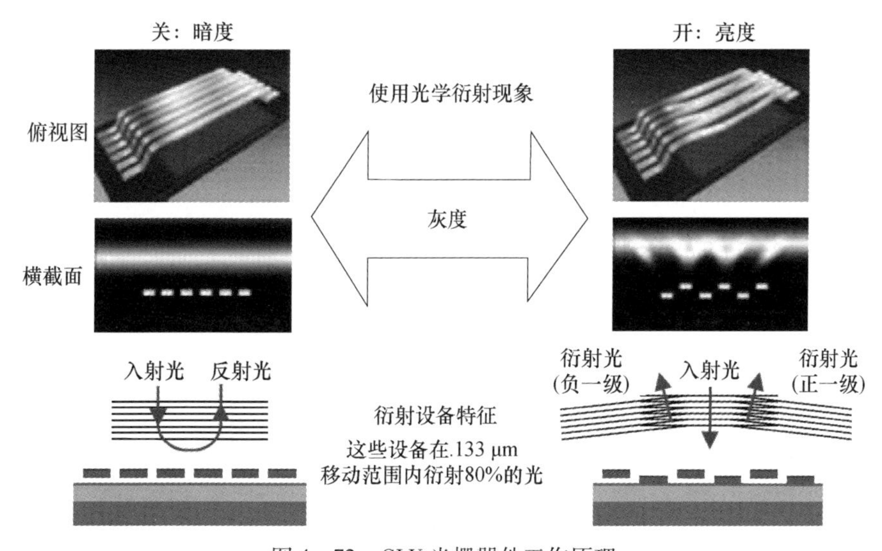

图4-72 GLV光栅器件工作原理

但是由于GLV技术系统设计非常复杂,而且要实现高亮度大平面投影,必须使用大功率激光束亮度调试与同步扫描,一方面对激光器的调制、功耗和成本造成更大的压力,另一方面也将大大增加使用过程中激光束对人眼可能产生致命性伤害的风险。GLV最终的商业化没有成功。

高通公司的IMOD技术利用的是光线相干原理(图4-73),显示屏由三原色像素矩阵组成。每个像素由玻璃基板、反射膜和滤色膜层组成,反射膜处于滤色膜层和玻璃基板之间,玻璃基板和反射膜之间是空气层。每个像素滤色膜层和玻璃基板之间的距离不同,是为了对不同颜色的光线做相干,从而实现光线反射和相干抵消。通过高低电压控制反射膜和玻璃基板的相对位置,当反射膜与玻璃基板之间的厚度为零时,像素即呈现黑色,当间隙最大时,会呈现红、绿、蓝三色之一。

Mirasol 产品目前由于成品率过低以及市场接受度的原因,没有大规模推广。

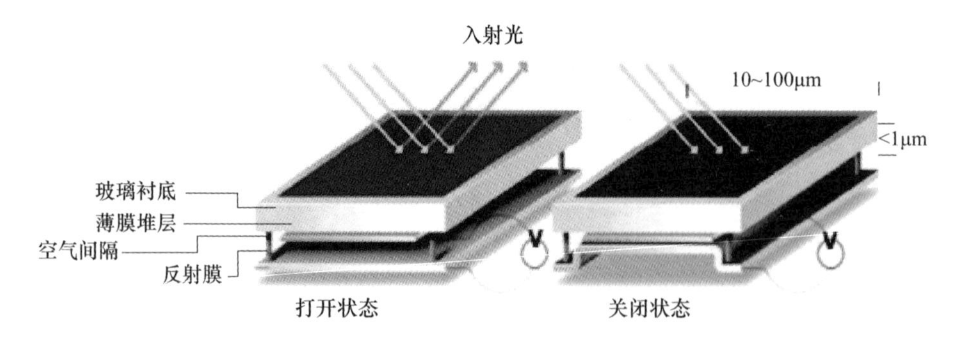

图 4-73　IMOD 干涉显示原理

与上述两种技术相比较,DLP 利用的是光线反射。光源光线经过平行化处理后,入射到 DMD 微镜面上。DMD 微镜通过高低电压控制可以实现正负角度的翻转,当微镜处于 +12°翻转时,光源入射光线经反射后进入成像光学系统,投射到投影屏幕上,对应投影屏幕上的像素点为亮色;当微镜处于 -12°翻转时,光源入射光线镜反射后进入光线吸收平面,对应投影屏幕上的像素点为黑色(图 4-74)。入射光源由三原色分时组成,经 DMD 微镜矩阵反射,在投影屏幕上形成彩色画面。DLP 由于其成熟的技术,是目前投影显示的主流产品。

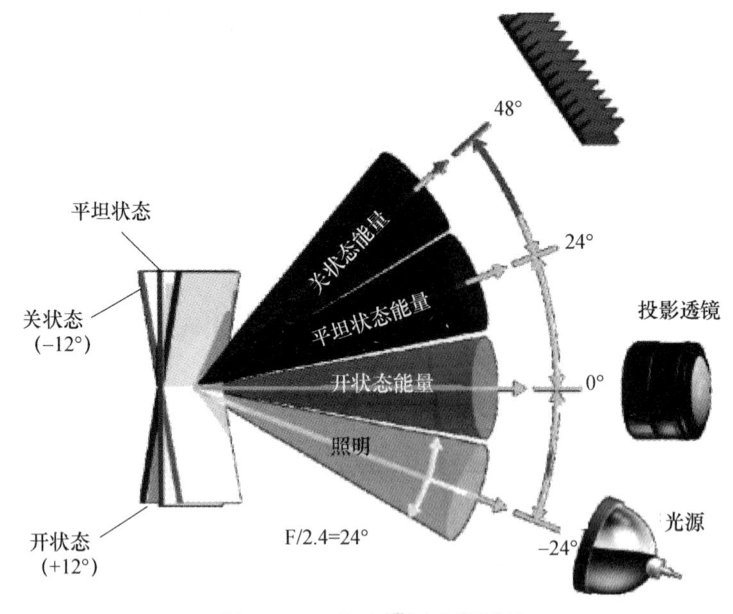

图 4-74　DMD 镜面反射原理

西安光学精密机械研究所目前基于自主研发的 CMOS - MEMS 工艺平台,

成功试制出基于反射式的微显示矩阵芯片，通过施加驱动电压，已投射出固定模式的图像（图4－75）。

图4－75 微镜矩阵电子扫描照片

由于近年来三维数字显示技术市场的迅猛启动，立体微显示投影也成为业界最为关注的系统技术之一，这会成为微显示投影产业未来最高附加值的发展领域，而通过同步或分屏方式实现立体画面显示，对核心微显示芯片的微光学调制模式、速度和分辨力等重要关键技术指标，提出了更高的要求。

参考文献

[1] 帕勒里斯．光纤通信[M]．王江平，等译．北京：电子工业出版社，2011.

[2] Djafar K Mynbaev，et al. Fiber－communications Technology [M]. New York：Pearson Education. 2001.

[3] Govind PAgrawal. Fiber－Optic communications（影印本）[M]．北京：清华大学出版社，2004.

[4] 胡先志．光纤通信有/无源器件工作原理及工程应用 [M]．北京：人民邮电出版社，2011.

[5] 苏翼凯．冷鹿峰．高速光传输系统[M]．上海：上海交通大学出版社，2009.

[6] Keller U. Recent developments in compact ultrafast lasers[J]. Nature，2003，424（6950）：831－838.

[7] Wise F W，Chong A，Renninger W H. High－energy femtosecond fiber lasers based on pulse propagation at normal dispersion[J]. Laser Photon Rev，2008，2（1－2）：58－73.

[8] Agrawal G P. Nonlinear Fiber Optics [M]. 4th ed. Boston：Academic Press，2007.

[9] Lefrançois S，Kieu K，Deng Y，et al. Scaling of dissipative soliton fiber lasers to megawatt peak powers by use of large－area photonic crystal fiber [J]. Opt Lett，2010，35（10）：1569－1571.

[10] Stegeman G I，Segev M. Optical spatial solitons and their interactions：Universality and diversity [J]. Science，1999，286（5444）：1518－1523.

[11] Haus H A，Wong W S. Solitons in optical communications [J]. Rev Mod Phys，1996，68（2）：423－444.

[12] Liu X M，Wang T，Shu C，et al. Passively harmonic mode－locked erbium－doped fiber soliton laser with

a nonlinear polarization rotation [J]. Laser Phys, 2008, 18(11): 1357 – 1361.

[13] Chen Y, Kärtner F X, Morgner U, et al. Dispersion – managed mode locking [J]. J Opt Soc Am B, 1999, 16(11): 1999 – 2004.

[14] Anderson D, Desaix M, Karlsson M, et al. Wave – breaking – free pulses in nonlinear optical fibers. J Opt Soc Am B, 1993, 10(7): 1185 – 1190.

[15] Ilday F Ö, Buckley J R, Clark W G, et al. Self – similar evolution of parabolic pulses in a laser [J]. Phys Rev Lett., 2004, 92(21): 213902.

[16] Bale B G, Wabnitz S. Strong spectral filtering for a mode – locked similariton fiber laser [J]. Opt Lett., 2010, 35(14): 2466 – 2468.

[17] Oktem B, Ulgudur C, Ilday FÖ. Soliton – similariton fibre laser [J]. Nat Photonics, 2010, 4(5): 307 – 311.

[18] Grischkowsky D, Balant A C. Optical pulse compression based on enhanced frequency chirping [J]. Appl Phys Lett, 1982, 41(1): 1 – 3.

[19] 沈小峰, 胡岗, 姜璐. 耗散结构论[M]. 上海: 上海人民出版社, 1987.

[20] Rozanov N N. Dissipative optical solitons [J]. J. Opt. Technol., 2009, 76(4): 187 – 198.

[21] 王擂然. 耗散孤子光纤激光器的研究[D]. 北京: 中国科学院研究生院, 2011.

[22] Akhmediev N, Ankiewicz A. Dissipative Solitons: From Optics to Biology and Medicine: Lecture Notes in Physics [M]. Heidelberg: Springer, 2008.

[23] Akhmediev N, Soto – Crespo J M, Grelu P. Roadmap to ultra – short record high – energy pulses out of laser oscillators [J]. Phyks Lett, A, 2008, 372(17): 3124 – 3128.

[24] Grelu P, Akhmediev N. Dissipative solitons for mode – locked lasers [J]. Nat Photonics, 2012, 6(2): 84 – 92.

[25] Chong A, Renninger W H, Wise F W. All – normal – dispersion femtosecond fiber laser with pulse energy above 20 nJ [J]. Opt Lett, 2007, 32(16): 2408 – 2410.

[26] 刘雪明, 毛东, 王擂然. 耗散孤子光纤激光器的研究进展和应用 [J]. 科学通报, 2012, 57(32): 3039 – 3054.

[27] Chichkov N B, Hausmann K, Wandt D, et al. High – power dissipative solitons from an all – normal dispersion erbium fiber oscillator [J]. Opt Lett, 2010, 35(16): 2807 – 2809.

[28] Kieu K, Renninger W H, Chong A, et al. Sub – 100 fs pulses at watt – level powers from a dissipative – soliton fiber laser [J]. Opt Lett, 2009, 34(5): 593 – 595.

[29] Liu X M. Hysteresis phenomena and multipulse formation of a dissipative system in a passively mode – locked fiber laser [J]. Phys Rev A, 2010, 81(2): 023811.

[30] Mao D, Liu X M, Wang L R, et al. Partially polarized wave – breaking – free dissipative soliton with super – broad spectrum in a mode – locked fiber laser [J]. Laser Phys Lett, 2011, 8(2): 134 – 138.

[31] Wang L R, Liu X M, Gong Y K, et al. Ultra – broadband high – energy pulse generation and evolution in a compact erbium – doped all – fiber laser [J]. Laser Phys Lett, 2011, 8(5): 376 – 381.

[32] Liu X M. Pulse evolution without wave breaking in a strongly dissipative – dispersive laser system [J]. Phys Rev A, 2010, 81(5): 053819.

[33] Liu X M. Mechanism of high – energy pulse generation without wave breaking in mode – locked fiber lasers [J]. Phys Rev A, 2011, 82(5): 053808.

[34] Liu X M. Dynamic evolution of temporal dissipative – soliton molecules in large normal path – averaged dispersion fiber lasers [J]. Phys Rev A, 2010, 82(6): 063834.

[35] Mao D, Liu X M, Wang L R, et al. Experimental investigation of square dissipative soliton generation and propagation [J]. Appl Opt, 2010, 49(25):4751 -4755.

[36] Chang W, Ankiewicz A, Soto - Crespo J M, et al. Dissipative soliton resonances [J]. Phys Rev A, 2008, 78(2): 023830.

[37] Chang W, Soto - Crespo J M, Ankiewicz A, et al. Dissipative soliton resonances in the anomalous dispersion regime [J]. Phys Rev A, 2009, 79(3): 033840.

[38] Duan L, Liu X M, Mao D, et al. Experimental observation of dissipative soliton resonance in an anomalous - dispersion fiber laser [J]. Opt Express, 2012, 20(1): 265 -270.

[39] Mao D, Liu X M, Wang L R, et al. Generation and amplification of high - energy nanosecond pulses in a compact all - fiber laser [J]. Opt Express, 2010, 18(22): 23024 -23029.

[40] Salehi A J. Code division multiple - access techniques in optical fiber networks - part I:fundamental principles [J]. IEEE Trans. Commun, 1989, 37(8):824 -833.

[41] 张崇富. 光码分复用(OCDM)关键技术及应用研究[D]. 成都:电子科技大学,2009.

[42] 胡先志. 光纤通信有/无源器件工作原理及其工程应用 [M]. 北京:人民邮电出版社,2011.

[43] Wang Jian, Yang Jengyuan , Fazal Irfan M,et al. Terabit free - space data transmission employing orbital angular momentum multiplexing [J]. Naturephotonic, 2012,6(7):488 -496.

[44] Palais Joseph C. 光纤通信[M]. 王江平,等译. 北京:电子工业出版社,2011.

[45] 苏翼凯,冷鹿峰. 高速光纤传输系统[M]. 上海:上海交通大学出版社,2009.

[46] 董天临,等. 光纤通信与光纤信息网[M]. 北京:清华大学出版社,2005.

[47] 赵梓森. 光纤通信工程[M]. 修订本. 北京:人民邮电出版社,1995.

[48] 杨祥林. 光纤通信系统[M]. 北京:国防工业出版社,2000.

[49] 顾畹仪. 光纤通信[M]. 北京:人民邮电出版社,2006.

[50] 吴德明. 光纤通信原理与技术[M]. 北京:科学出版社,2004.

[51] Agrawal Govind P. Fiber - Optic Communication Systems[M]. 3d ed. NY:John Wiley & Sons,2002.

[52] 及睿,忻向军,张琦. 光通信中的新型复用形式[J]. 新型工业化,2011(8).

[53] 黎原平. 数字光通信[M]. 朱勇,项鹏,王永强,等译. 北京:电子工业出版社,2011.

[54] Kazovsky Leonid G, Georgios Kalogerakis, Shaw Weitao. Homodyne Phase - Shift - Keying System: Past Challenges and Future Opportunities [J]. Journal of Lightwave Technology,2006,24 (12).

[55] Yu J,et al. Warelength conrersion for 112Gbit/s PolMux - RZ - QPSK signals based on four - ware mixing in high - nonlinear fiber wing digital coherent, detection [C]. Proc. ECOC,2008.

[56] Qian D Y, Huang M F, Ip E, et al. 101. 7Tbit/s PDM - 128QAM - OFDM transmission over 3 * 55 km SSMF using Pilot - based Phase Noise Mitigation. Optical fiber communication Conferance & Exposition. IEEE,2011:1 -3.

[57] Umbach A, Unterborsch G, Bach H G, et al. Photoreceivers for 100 Gbit/s Applications[C]. 2007 Digest of the IEEE/LEOS Summer Topical Meetings, 2007, 258 -259.

[58] Doerr C, Winzer P, Raybon G, et al. A single - chip optical equalizer enabling 107 - Gb/s optical non - return - to - zero signal generation . European Conference on[J]. Optical Communication, 2005, 6: 13 -14.

[59] Kanada T, Franzen D L. Optical waveform measurement by optical sampling with a mode - locked laser diode[J]. Optics Letters, 1986, 1 (1): 4 -6.

[60] Ohta H, Nogiwa S, Oda N, et al. Highly sensitive optical sampling system using timing - jitter - reduced gain - switched optical pulse [J]. Electronics Letters, 1997, 33(25): 2142 -2143.

[61] Ohta H, banjo N, Yamada N, et al. Measuring eye diagram of 320 Gbit/s optical signal by optical sampling

using passively mode - locked fiber laser [J]. Electronics Letters, 2001, 37(25): 1541 - 1542.

[62] Shake I, Otani E, Takara H, et al. Bit rate flexible quality monitoring of 10 to 160 Gbit/s optical signals based on optical sampling technique [J]. Electronics Letters, 2000, 36(25): 2087 - 2089.

[63] Takara H, Kawanishi S, Morioka T, et al. 100 Gbit/s optical waveform measurement with 0.6 ps resolution optical sampling using subpicosecondsupercontinuum pulses[J]. Electronics Letters, 1994, 30(14): 1152 - 1153.

[64] Otani A, Otsubo T, Watanabe H. A turn - key - ready optical sampling oscilloscope by using electro - absorption modulators [C]. In proceedings of European Conference and Exhibition on Optical Communication, Nice, France, 1999, 374 - 375.

[65] Takara H, Kawanishi S, Saruwatari M. Optical signal eyediagram measurement with subpicosecond resolution using optical sampling [J]. Electronics Letters, 1996, 32 (15): 1399 - 1400.

[66] Yamada N, Ohta H, Nogiwa S. Jitter - free optical sampling system using passively mode - locked fibre laser [J]. Electronics Letters, 2002, 38 (18): 1044 - 1045.

[67] Yamada N, Nogiwa S, Ohta H. 640 Gb/s OTDM signal measurement with high - resolution optical sampling system using wavelength - tunable soliton pulses[J]. Photonics Technology Letters, 2004, 16 (4): 1125 - 1127.

[68] Shirane M, Hashimoto Y, Yamada H, et al. Optical sampling system using compact and stable external - cavity mode - locked laser diode modules [J]. IEICE Transactions on Electronics, 2004, E87 - C (7): 1173 - 1180.

[69] Nogiwa S, Otha H, Kawaguchi K, et al. Improvement of sensitivity in optical sampling system [J]. Electronics Letters, 1999, 35(11): 917 - 918.

[70] Nogiwa S, Kawaguchi Y, Ohta H, et al. Highly sensitive and time - resolving optical sampling system using thin PPLN crystal [J]. Electronics Letters, 2000, 36 (20): 1727 - 1728.

[71] Ohta H, Banjo N, Yamada N, et al. Measuring eye diagram of 320 Gbit/s optical signal by optical sampling using passively mode - locked fibre laser [J]. Electronics Letters, 2001, 37 (25): 1541 - 1542.

[72] Takara H, Kawanishi S, Yokoo A, et al. 100 Gbit/s optical signal eye - diagram measurement with optical sampling using organic nonlinear optical crystal [J]. Electronics Letters, 1996, 32(24): 2256 - 2258.

[73] Kawanishi S, Yamamoto T, Nakazawa M, et al. High sensitivity waveform measurement with optical sampling using quasi - phasematched mixing in LiNbO waveguide [J]. Electronics Letters, 2001, 37(13): 842 - 844.

[74] Shirane M, Hashimoto Y, Yamada H, et al. A compact optical sampling measurement system using mode - locked laser - diode modules [J]. Photonics Technology Letters, 2000, 12(11): 1537 - 1539.

[75] Schmidt C, Schubert C, Watanabe S, et al. 320 Gb/s all - optical eyediagram sampling using gain - trans - parent ultrafast nonlinear interferometer (GT - UNI) [C]. In proceedings of European Conference and Exhibition on Optical Communication, Copenhagen, Denmark, 2002, 1 - 2.

[76] Andrekson P A. Pico - second optical sampling using four - wave mixing in fiber [J]. Electronics Letters, 1991, 27(16): 1440 - 1441.

[77] Li J, Westlund M, Sunnerud H, et al. 0.5 Tbit/s eye - diagram measurement by optical sampling using XPM - induced wavelength shifting in highly nonlinear fiber [C]. In proceedings of European Conference and Exhibition on Optical Communication, Rimini, Italy, 2003, pp. 136 - 137.

[78] Nelson B P, Doran N J. Opticalsampling oscilloscope using nonlinear fiber loop mirror [J]. Electronics Letters, 1991, 27(3): 204 - 205.

[79] Li J, Hansryd J, Hedekvist P, et al. 300 – Gb/s eyediagram measurement by optical sampling using fiber – based parametric amplification [J]. Photonics Technology Letters, 2001, 13(9): 987 – 989.

[80] Furukawa H, Takakura H, Kuroda K. A novel optical device with wide – bandwidth wavelength conversion and an optical sampling experiment at 200 Gbit/s[J]. IEEE Transactions on Instrumentation and Measurement, 2001, 50(3): 801 – 807.

[81] Diez S, Ludwig R, Schmidt C, et al. 160 – Gb/s optical sampling by gain – transparent four – wave mixing in a semiconductor optical amplifier [J]. Photonics Technology Letters, 1999, 11(11): 1402 – 1404.

[82] Deng K L, Runser R J, Glesk I, et al. Single – shotoptical sampling oscilloscope for ultrafast optical waveforms [J]. Photonics Technology Letters, 1998, 10(3): 397 – 399.

[83] Kang I, Dreyer K F. Sensitive 320 Gb/s eye diagram measurements via optical sampling with semiconductor optical amplifier – ultra – fast nonlinear interferometer [J]. Electronics Letters, 2003, 39(14): 1081 – 1082.

[84] Schmidt C, Futami F, Watanabe S, et al. Complete optical sampling system with broad gap – free spectral range for 160 Gbit/s and 320 Gbit/s and its application in a transmission system [C]. Opt. Fiber Commun. Conf. Techn. Dig., Anaheim, USA, March 2002, 528 – 530.

[85] Shirane M, Hashimoto Y, Yamada H, et al. Optical sampling system using compact and stable external – cavity mode – locked laser diode modules [J]. IEICE Trans. Electron., 2004, E87 – C (7): 1173 – 1180.

[86] Ohta H, Banjo N, Yamada N, et al. Measuring eye diagram of 320 Gbit/s optical signal by optical sampling using passively modelocked fiber laser [J]. Electron. Lett., 2001, 37: 1541 – 1542.

[87] Watanabe S, Okabe R, Futami F, et al. Novel fiber kerr – switch with parametric gain: Demonstration of optical demultiplexing and sampling up to 640 Gb/s[C]. Proc. 30th Eur. Conf. on Opt. Comm. (ECOC' 04), Stockholm, Sweden, 2004, postdeadline paper Th4. 1. 6.

[88] Schmidt – Langhorst C, Schubert C, Boerner C, et al. Optical sampling system including clock recovery for 320 Gbit/s DPSK and OOK data signals. Proc [C]. 30th Opt. Fiber Commun. Conf. (OFC 2005). Washington, DC: Optical Society of America, March 2005, paper OWJ6.

[89] Jungerman R L, Lee G, Baccafusca O, et al. 1 – THz bandwidth C – and L – Band optical sampling with a bit rate agile timebase [J]. IEEE Photon. Technol. Lett., 2002, 14: 1148 – 1150.

[90] Westlund M, Sunnerud H, Karlsson M, et al. Software – synchronized alloptical sampling [J]// Optical Fiber Commun. Conf., 2003, 1(2): 409 – 410.

[91] Westlund M, Sunnerud H, Karlsson M, et al. Software – synchronized all – optical sampling for fiber communication systems [J]. J. Lightw. Technol., 2004, 23: 1088 – 1099.

[92] Liu Y S, Zhang J G, Chen G F, et al. Low – timing – jitter, Stretched – pulse Passively Mode – locked Fiber Laser with Tunable Repetition Rate and High Operation Stability [J]. Journal of Optics, 2010, 12: 1 – 6.

[93] Liu Y S, Zhang J G, Zhao W. Design of wideband, high – resolution opticalwaveform samplers based on a dispersion – flattened highly nonlinear photonic crystal fiber[J]. Journal of optics A: pure and applied optics. 2012, 14: 2040 – 8978.

[94] Noé R. Phase noise – tolerant synchronous QPSK/BPSK baseband – type intradyne receiver concept with feedforward carrier recovery [J]. Journal of Lightwave Technology, 2005, 23(2):802 – 808.

[95] Sun H, Wu K, Roberts K. Real – time measurements of a 40 Gb/s coherent system[J]. Optics Express, 2008, 16(2): 873 – 879.

[96] Dorrer C, Kilper D C, Stuart H R, et al. Linear optical sampling[J]. Photonics Technology Letters, 2003,

15(12):1746 - 1748.

[97] Fludger C, Geyer J C, Duthel T, et al. Real - time prototypes for digital coherent receivers [C]. In proceedings of Optical Fiber Communication Conference, Sandiego, CA, 2010, 1 - 3.

[98] Pfau T, Hoffmann S, Adamczyk O, et al. Coherent optical communication: Towards realtime systems at 40 Gbit/s and beyond [J]. Optics Express, 2008, 16(2):866 - 872.

[99] Zhang Huixing ,Zhao Wei . Clock drift - tolerant optical bit pattern monitoring technique in asynchronous undersampling system [J]. Opt. Eng. , 2011, 50,doi:10. 1117/1. 3640828.

[100] Zhang Huixing, Zhao Wei. Quantitative monitoring of relative clock wander between signal and sampling sources in asynchronous optical under - sampling system[J]. Chin. Opt. Lett. , 2012,10: 030601.

[101] Ernesto Ciaramella. Wavelength Conversion and All - Optical Regeneration: Achievements and Open Issues[J]. Journal of Lightwave Technology, 2012, 30(4).

[102] Contestabile G, Maruta A, Sekiguchi S, et al. 160Gb/s corss gain modulation in quantum dot SOA at 1550nm[C]. Eur. Conf. Opt. Commun. , Cienna, Austria, 2009, Postdeadline, Paper 1. 4.

[103] 石顺祥,陈果夫,赵卫,等. 非线性光学[M]. 西安:西安电子科技大学出版社,2003.

[104] Rau L, Wang W, Camatel S,et al. All - optical 160 - Gb/s phase reconstructing wavelength conversion using cross - phase modulation (XPM) in dispersion - shifted fiber[J]. IEEE Photonics Technology Letters, 2004,16: 2520.

[105] Mingfang H, Jianjun Y, Geekung C. Polarization Insensitive Wavelength Conversion for 4 × 112Gbit/s Polarization Multiplexing RZ - QPSK Signals [J]. Optics Express, 2008, 16 (25).

[106] Jianxin M, jianjun Y, Chongxiu Y,et al. Wavelength Conversion Based on Four - Wave Mixing in High - Nonlinear Dispersion Shifted Fiber Using a Dual - Pump Configuration [J]. Journal of Lightwave Technology, 2006, 24(7).

[107] Hu H, Palushani E, Galili M, et al. 640Gbit/s and 1. 28Tbit/s polarization insensitive all optical wavelength conversion [J]. Optics Express, 2006, 18(9 - 12): 1046 - 1048.

[108] 余重秀. 光交换技术[M]. 北京:人民邮电出版社,2008.

[109] Agrawal Govind P. 非线性光纤光学原理及应用[M]. 2 版. 贾东方,余震虹,等译. 北京:电子工业出版社,2010.

[110] Agrawal Govind P. Fiber - Optic Communication Systems[M]. New York: John Wiley & Sons, 2002.

[111] Desuvire E. Erbium - Doped Fiber Amplifiers, principles and applications [M]. New York: John Wiley & Sons, 2002.

[112] Guan P, Hansen Mulvad H C, Tomiyama Y, et al. 1. 28 Tbit/s/ch single - polarization DQPSK transmission over 525 km using ultrafast time - domain optical Fourier transformation [C]. presented at the Eur. Conf. Opt. Commun. (ECOC'10), Turin, Italy, Sep. , Paper We. 6. C. 3.

[113] Tong Z, Bogris A, Karlsson M, et al. Full characterization of the signal and idler noise figure spectra in single - pumped fiber optical parametric amplifiers [J]. Opt. Express, 2010,18: 2884 - 2893.

[114] Slavik R,Parmigiani F,Kakande J,et al. All - optical phase and amplitude regenerator for next - generation telecommunications systems[J]. Nature Photonics, 2010, 4:690 - 985.

[115] Imajuku W, Takada A, Yamabayashi Y. Low - noise amplification under the 3dB noise figure in high - gain phase - sensitive fibre amplifier [J]. Electron. Lett. , 1999, 35 (22):1951 1953.

[116] Tong Z, McKinstrie C J, Lundstr'om C,et al. Noise performance of optical fiber transmission links that use nondegenerate cascaded phase - sensitive amplifiers [J]. Opt. Express, 2010, 18(15):15426 - 15439.

[117] McKinstrie C J, Karlsson M, Tong Z. Field - quadrature and photonnumber correlations produced by para-

metric process[J]. Opt. Express, 2010, 18(19): 19792 – 19823.

[118] Tong Z, Lundström C, Andrekson P A, et al. Towards the ultra – sensitive optical links enabled by low – noise phase – sensitive amplifiers[J]. Nature Photon. 2011,5(7):430 – 436.

[119] Miller S E. Integrated Optics: An Introduction [J]. Bell Syst. Tech. J. , 1969,48: 2059 – 2069.

[120] Liang D, Bowers J E. Recent progress in lasers on silicon [J]. Nat. Photonics, 2010, 4 (8):511 – 517.

[121] Dai D, Fang A, Bowers J E. Hybrid silicon lasers for optical interconnects [J]. New Journal of Physics, 2009, 11: 125016.

[122] Chen Roger, Tran Thai – Truong D, Kar Wei Ng, et al. Nanolasers grown on silicon [J]. Nat. Photonics, 2011,5:170 – 175.

[123] Justice John,Bower Chris, Meitl Matthew, et al. Wafer – scale integration of group Ⅲ – Ⅴ lasers on silicon using transfer printing of epitaxial layers [J]. Nature Photonics, 2012,6: 610 – 614.

[124] Ricardo Claps, Dimitri Dimitropoulos, Yan Han, et al. Observation of Raman emission in silicon waveguides at 1. 54 μm[J]. Opt. Express, 2002,10:1305 – 1313.

[125] Rong H,et al. A continuous – wave Raman silicon laser[J]. Nature, 2005,433:725 – 728.

[126] Rong, H,et al. Low – threshold continuous – wave Raman silicon laser[J]. Nature Photon. 2007, 1:232 – 237.

[127] Rong, H,et al. A cascaded silicon Raman laser[J]. Nature Photon. ,2008, 2:170 – 174.

[128] Soref R, Bennett B. Electrooptical effects in silicon[J]. IEEE J. Quant. Electron. ,1987,23:123 – 129.

[129] Reed G, Mashanovich G, Gardes F Y, et al. Thomson. Silicon optical modulators [J]. Nature Photon. , 2007,4:518 – 526.

[130] Kuo Y H, Lee Y K, Ge Y, et al. Strong quantum – confined Stark effect in germanium quantum – well structures on silicon[J]. Nature, 2005,437: 1334 – 1336.

[131] Michel J, Liu J, Kimerling L. High – performance Ge – on – Si photodetectors [J]. Nat. Photonics, 2010, 4(8): 527 – 534.

[132] Assefa S, Xia F, Vlasov Y A. Reinventing germanium avalanche photodetector for nanophotonic on – chip optical interconnects[J]. Nature, 2010,464 (7285): 80 – 84.

[133] Assefa S, Xia F, Vlasov Y A. Reinventing germanium avalanche photodetector for nanophotonic on – chip optical interconnects[J]. Nature, 2010, 464(7285): 80 – 84.

[134] Zhang W, Liu J, Huang W P,et al. Self – collimating photonic – crystal wave plates[J]. Opt. Lett. , 2009, 34: 2676.

[135] Zhang W, Liu J, Huang W P,et al. Giant birefringence of periodic dielectric waveguides [J]. IEEE Photon. J. , 2011,3: 512.

[136] Zhang W, Liu J, Zhao W. Design of a Compact Photonic – Crystal – Based Polarization Channel Drop Filter [J]. IEEE Photon. Technol. Lett. 2009,21:739 – 741.

[137] Nicolás Sherwood – Droz, Wang Howard, Chen Long, et al. Optical 4 × 4 hitless slicon router for optical networks – on – chip (NoC) [J]. Opt. Express, 2008,16:15915 – 15922.

[138] Poon A W, et al. Cascaded Microresonator – Based Matrix Switch for Silicon On – Chip Optical Interconnection [J]. Proc. of IEEE, 2009,97:1216.

[139] Ji R, et al. Microring – resonator – based four – port optical router for photonic networks – on – chip [J]. Opt. Express, 2011,19: 18945.

[140] R. Ji, et al. Five – port optical router for photonic networks – on – chip [J]. Opt. Express, 2011, 19: 20258.

[141] Hu T, et al. Wavelength - selective 4 ×4 nonblocking silicon optical router for networks - on - chip [J]. Opt. Lett. , 2011,36: 4710.

[142] Yang M, et al. Non - Blocking 4 ×4 Electro - Optic Silicon Switch for On - Chip Photonic Networks [J]. Opt. Express, 2011,19: 1094.

[143] Zhang Jing, Liow Tsungyang, Lo Guoqiang, et al. 10Gbps monolithic silicon FTTH transceiver without laser diode for a new PON configuration[J]. Opt. Express, 2010,18: 5135 -5141.

[144] Nagarajan R, et al. Terabit/s class InP photonic integrated circuits[J]. Semicond. Sci. Tech. ,2012, 27: 094003.

第5章 强激光驱动器中的精密控制与诊断技术

爱因斯坦的质能方程显示原子核的结合能是巨大的,原子核结合能释放的方式有两种:一种是“核裂变”的释放方式,即重核裂变为轻核;另外一种是“核聚变”的释放方式,即轻核聚变为重核。总之,两种方式都能释放出巨量的核能量。

“核裂变”和“核聚变”各自存在不同程度的优缺点,就目前而言“核裂变”较“核聚变”技术上更成熟、更完善。“核聚变”能量的可控性释放已经在核反应堆等领域得到了较好的利用,但核裂变后的废物处理却是一个相当棘手的问题。相比较而言“核聚变”是一个更洁净、同等质量下释放能量更多的能量释放方式,也被人们称为理想的能源;但是“核聚变”反应的实现条件较“核裂变”更加苛刻,它必须使带正电的原子核在高温环境下进行高速运动,克服两个轻原子核之间的库仑力从而结合成一个重原子核释放出巨量能量。这种聚变能量仅在能量不可控的氢弹爆炸试验中得到了验证,可控性“核聚变”是最近这些年各国正在致力研究的问题。

可控性“核聚变”有磁约束聚变和惯性约束聚变(Inertial Confinement Fusion,ICF)两种方式,只要聚变反应满足点火条件劳森(Lawson)判据即可实现聚变点火。惯性约束聚变的基本概念是利用激光或者离子束驱动器提供的能量辐照靶丸,通过聚心内爆将聚变燃料压缩聚焦到高密度,并使之在短于惯性约束时间(靶丸解体时间)内完成聚变反应。

由于激光的能量可以在时间和空间上进行高度集中,因此能够在激光焦点上获得非常高的功率密度,激光作为惯性约束聚变的驱动器首先被提出。要满足惯性约束聚变的点火条件,就需要获得高能量、高功率密度的会聚激光,强激光的概念也随之而出。目前,世界各国在建或已经建成运行的激光装置有:美国劳伦斯·利弗莫尔实验室的国家点火装置 NIF,192 路激光总能量 1.8MJ;日本大阪大学激光所 Gekko XⅡ,12 路激光总能量 20kJ。

5.1 强激光参数概述

强激光装置要实现其高能量、高功率状态,需要进行多级放大,这包括预放大、反转与主放大等组件,各个组件中又包含多件功能元件。在装置的运行过程中,任一功能模块的故障或者缺陷都会装置运行的失败。因此为监测装置中重要功能模块的运行状态,在激光装置的主放、预放、反转、靶场三倍频四个功能模块位置设置激光参数诊断系统,以及为全面监测激光参数的状态而设置的激光参数综合诊断系统。在激光参数测量以及激光参数综合诊断测量中所涉及的主要测量项如下:

(1) 激光时间特性的测量。通过快速响应二极管(或者光纤)和示波器的组合完成时间高动态范围的测量;通过条纹相机完成时间的高分辨测量。

(2) 激光能量的测量。通过多级缩束系统和衰减系统将光束口径缩束至能量计的口径范围内,并将光束能量衰减至能量计探测器的最佳响应范围内完成激光能量的测量。

(3) 激光近场分布的测量。将激光光束缩束、衰减至近场测量探测器的口径以及响应范围以内,通过探测器记录近场分布情况。

(4) 激光波前的测量。通过波前哈特曼完成激光束波前的测量,同时将波前值反馈给波前校正镜,通过波前校正镜来校正激光波前,以此反复迭代校正激光波前。

(5) 激光远场光斑特性的测量。通过会聚物镜将激光远场光斑成像到探测器上或者通过列阵相机将激光光斑阵列成像到探测器上,完成激光光斑远场特性的测量。

(6) 激光光谱特性的测量。通过光谱仪完成激光光谱特性的测量。

在激光装置的运行过程中,除了对激光主要参数的监测以外,还要监测激光远场准直、近场准直等光路控制参数。

激光光束质量作为激光器的一个重要技术指标,主要是指光束传播中其横截面上的场强分布及变化。目前,激光光束质量测量已经形成了专业的激光参数诊断的研究,事实也证明,激光参数诊断在强激光装置的运行中发挥着主要的作用。

5.2 强激光参数诊断技术

5.2.1 激光时间特性诊断

时间波形是强激光装置中一项重要的激光参数,主要是激光脉冲宽度的测量。通常的测量方式有光电管和示波器组合(或者光纤和示波器组合)完成时间高动态范围的测量,时间特性的条纹相机测量。在激光装置的实际测量中可以根据测试项来选择测量方法。

1. 光电管和示波器组合

光电管原理是光电效应,光电效应由德国物理学家赫兹于 1887 年发现,该发现对发展量子理论起了根本性作用。在光的照射下,物体中的电子脱出的现象称为光电效应。

光电管有两种类型,一种是半导体材料类型的光电管,它的工作原理是利用半导体的光敏特性制造的光接收器件。当光照强度增加时,PN 结两侧的 P 区和 N 区因本征激发产生的少数载流子浓度增多,如果二极管反偏,则反向电流增大,因此,光电二极管的反向电流随光照的增加而上升。光电二极管是一种特殊的二极管,它工作在反向偏置状态下。还有一种是电子管类型的光电管,它的工作原理用碱金属(如钾、钠、铯等)做成一个曲面作为阴极,另一个极为阳极,两极间加上正向电压,这样,当有光照射时,碱金属产生电子,就会形成一束光电子电流,从而使两极间导通,光照消失,光电子流也消失,使两极间断开。

示波器是一种电子测试仪器,从之前的阴极射线示波器发展到现代的数字存储示波器,它允许观察不断变化的信号电压,通常是针对一个二维图形中的一个或多个电势差异,使用 y 轴绘制出以时间为 x 轴的函数,许多信号可以被转换成电压,并通过这种方式显示。它的信号往往是周期性的,并不断重复,这实际上是随时间变化的信号显示为一个稳定的画面。许多示波器(存储示波器)也可以在指定的时间捕获非重复的波形,并显示稳定的拍摄片段。

光电管和示波器组合测试脉冲激光时间波形的原理:待测激光束经过光束取样、缩束和衰减后, 以一定的光强辐照光电转换器阴极, 它在一定的偏置电压下将激光的光强信号线性地转换为电压(电流)信号并输出。该电压信号经过电衰减器衰减后, 以一定的幅值输入数字示波器。数字示波器对输入的信号进行采集、处理、存储并输出, 从而得到脉冲波形分布,实现脉冲激光时间波形的测量。测试原理如图 5-1 所示,光电管和示波器组合所测时间波形如图 5-2 所示,其中纵坐标为示波器电压值,横坐标为激光脉宽[1-2]。

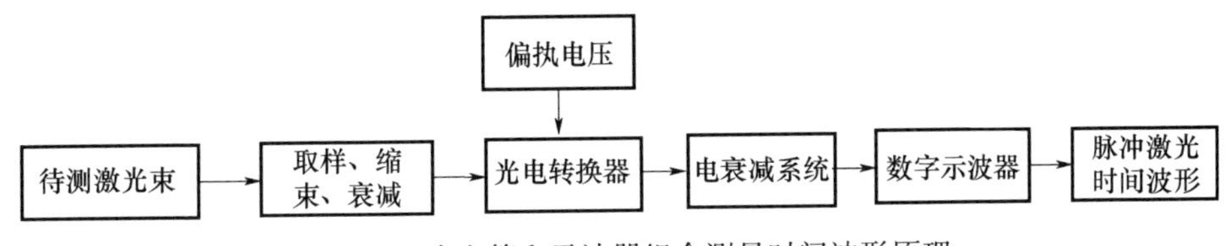

图 5-1 光电管和示波器组合测量时间波形原理

2. 光纤和示波器组合

取样光纤的长度相对较小,可以忽略传输损耗带来的影响,只需重点考虑色散和耦合效率。根据传输模式的不同,可以把光纤分为单模光纤和多模光纤。单模光纤没有模间色散,只有模内色散,带宽很宽。然而,单模光纤芯径很小,仅有几微米,要把取样光束稳定地耦合进光纤非常困难。多模光纤又分为阶跃折射率多模光纤和渐变折射率多模光纤,它们的纤芯直径都比较大,通常在 50μm

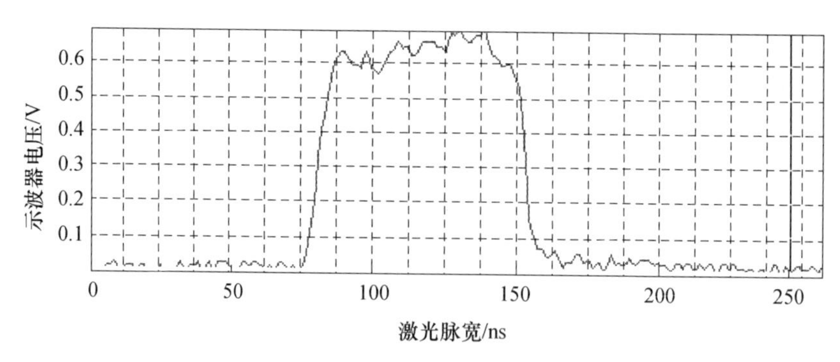

图 5－2　光电管和示波器组合测量时间波形

以上。阶跃折射率多模光纤由于存在较大的模间色散，其传输带宽很窄，通常低于 100MHz/km。渐变折射率多模光纤的模间色散很小，传输带宽较大，通常可以做到 0.3～3GHz/km，对于传输距离较短的取样光纤，其带宽要大于该数值。因此，渐变折射率多模光纤既能满足测量系统对带宽的要求，又能保证光纤的耦合效率，是取样光纤的最佳选择。在研究高功率激光器的性能及激光与等离子体相互作用的过程中，必须准确了解激光的脉冲时间波形，对纳秒量级的激光脉冲要求脉冲展宽量不超过 100ps，通常采用皮秒条纹相机或快响应光电探测器结合高速数字示波器的方法进行测量，测量精度已能满足惯性约束聚变物理实验的要求[3]。然而，随着"神光"－Ⅲ原型装置的建立及"神光"－Ⅲ主机的研制，测量脉冲时间波形的激光束数按量级增长，因此多束数、多诊断点是激光参数诊断系统必须解决的难题。为了降低成本、提高诊断系统的抗干扰能力，采用传统的点对点诊断取样已不现实，必须寻找既具有高动态范围传输，又能集成多路激光束的瞬时功率测量技术。光纤具有易弯曲、可集成、长距离传输等优点，采用光纤作传输介质是降低测试系统造价、保证激光脉冲波形测量精度的有效的解决方法[4]。

在激光聚变研究领域，法国原子能委员会军事应用局 1999 年提出了通过光纤集成的方法来测量 240 束 LMJ 激光装置的瞬态波形。美国利弗莫尔国家实验室在国家点火装置的概念设计中也采用多路传输的多模光纤束作为传输介质。国内对激光脉冲在光纤中的传输也开展了一些理论和实验研究，并在高功率激光装置中得到了应用。光纤和示波器组合测试原理如图 5－3 所示，光纤和示波器组合所测时间波形如图 5－4 所示。

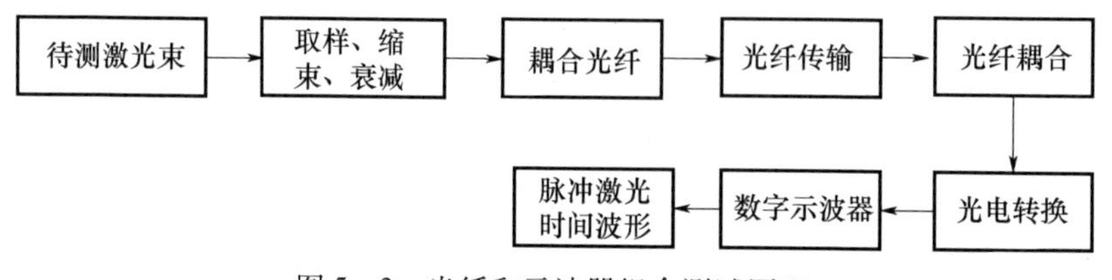

图 5－3　光纤和示波器组合测试原理

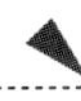

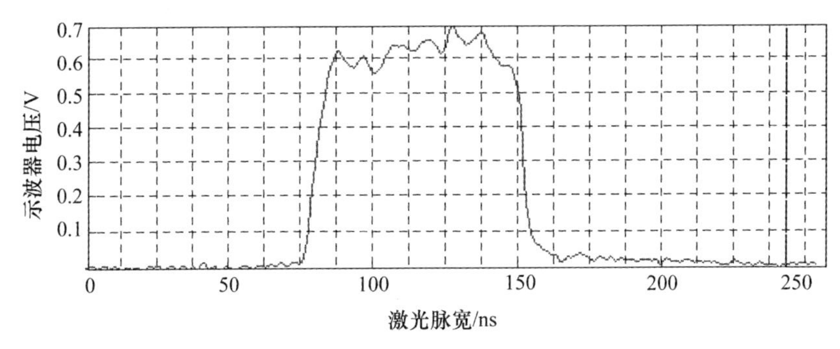

图5－4　光纤和示波器组合所测时间波形

3. 时间特性的条纹相机测量法

条纹相机，又称变像管扫描相机，它可以将光信号的时间轴信息转换为空间轴信息，再通过CCD相机进行信号的采集和分析。在时间分辨光谱的分析仪器中，条纹相机是唯一一种可以同时显示信号的空间信息和时间信息的探测设备。其超高的（飞秒至皮秒量级）时间分辨力和可调的时间记录长度，便于在实验中获得绝佳的探测精度和方便灵活的观察视野，从而有效提高实验的效率和可靠性。

条纹相机的测量原理：首先将被测激光分为两束，一束作为触发光，经过光电二极管系统完成光电转换以电信号触发条纹相机的扫描电路。另一束作为被测光，经过一定方式的取样后入射到条纹相机的光学狭缝上。光学成像系统将入射到狭缝上的激光成像到扫描变像管的光电阴极上，经过光电阴极进行光电转换产生光电子，光电子在阴极高压的作用下沿电场方向运动，经过变像管聚焦极，到达扫描偏转板。偏转板在扫描斜坡脉冲电压的作用下产生偏转电场，使光电子在时间上分离并成像在像增强器输入端面，经像增强器增强亮度，最后在荧光屏上成像，并由图像记录系统记录供计算机处理，实现脉冲激光时间波形的测量。

用条纹相机测量激光脉冲时间波形的方法有两种：一种是直接输入测量法；另一种是光纤输入测量法。直接输入测量法就是将待测激光分为两束：一束作为触发光，此光束经过光电二极管系统完成光电转换，再经信号延迟电缆及信号延迟箱进行延时，触发条纹相机的扫描电路。另一束为被测光束，经过取样、缩束、延时光路、衰减及匀化后进入条纹相机光学狭缝进行测试。直接输入测量法如图5－5所示。

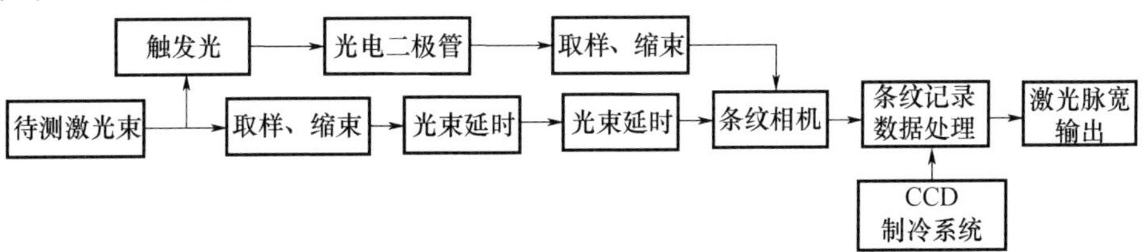

图5－5　直接输入测量法

光纤输入法同样需要将入射光束分为两束:其中一束作为触发光,另外一束作为被测光,所不同的是被测光束经过取样、缩束、衰减后进入光纤耦合器,经过光纤传输后在经过光纤耦合器输入条纹相机的光学狭缝进行测量。条纹相机输出的图像信息经过记录系统及数据处理系统进行处理,读取激光脉冲波形的数据并输出、存储。光纤输入测量法如图 5 -6 所示。

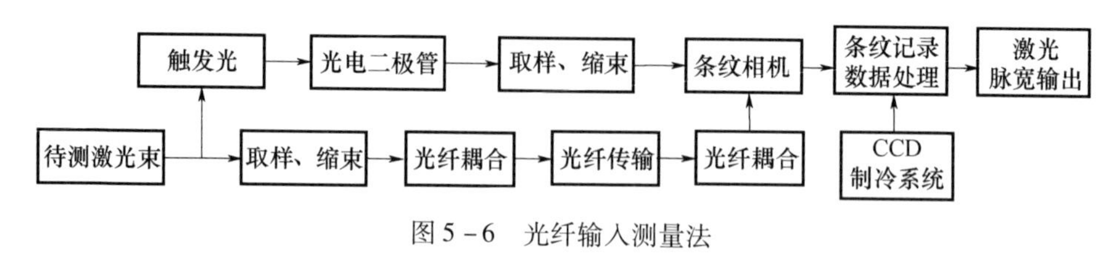

图 5 -6　光纤输入测量法

5.2.2　激光能量参数诊断

根据能量计的结构特点,能量计主要分为体吸收型激光能量计和面吸收型激光能量计。体吸收型能量计主要用于测量能量在几十毫焦以上,单次发射的激光脉冲能量测量,在强激光装置中常用的能量计为体吸收型能量计;面吸收型能量计主要适用于几十微焦到几十毫焦以内,重复频率低于 2Hz 的激光能量测量。

传统的面吸收激光能量计是在表面上喷涂黑层或化学发黑吸收层,这种面吸收层不适用于强激光脉冲能量的照射。这是因为吸收层的瞬时温升与吸收层的吸收系数、吸收层上的能量密度以及激光作用时间有关。当激光作用时间很短时,吸收层表面很容易被激光打坏。因此,近年来,强激光脉冲能量的测量吸收体大多数采用体吸收。体吸收体的吸收过程是在整个体积内进行的, 因而可以承受较高的激光能量密度。

体吸收激光能量计的工作原理是基于热力学定律的。当能量计的吸收体接收激光能量后,温度随时间变化的曲线如图 5 -7 所示。

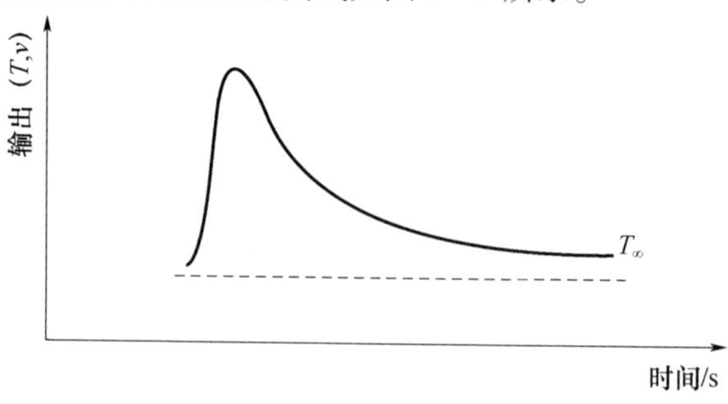

图 5 -7　能量计响应特性曲线

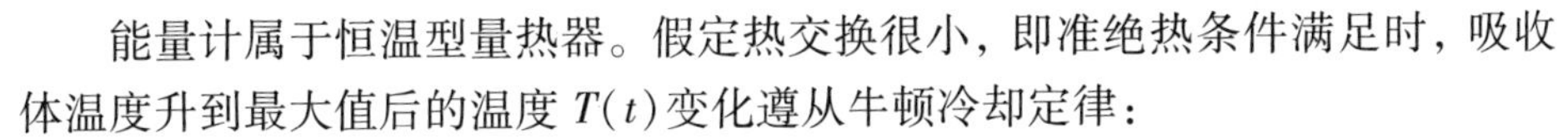

能量计属于恒温型量热器。假定热交换很小，即准绝热条件满足时，吸收体温度升到最大值后的温度 $T(t)$ 变化遵从牛顿冷却定律：

$$dT/dt = -K(T - T_{\infty}) \tag{5-1}$$

式中：K 为热交换系数；T_{∞} 为环境温度。能量计吸收体的温升与输入能量有下式关系：

$$E = \mu cm\Delta T \tag{5-2}$$

式中：μ 为比例常数；c 为吸收体的比热容；m 为吸收体的质量。对能量计吸收体接收的光能产生的温升与电定标时电能产生的温升进行比较，就可以算出被测激光能量的绝对值。

体吸收激光能量计的模型如图5-8所示，能量计由吸收体、加热器、导热体、热电堆、恒温体及双层外壳等组成，吸收体和导热体合起来统称为接收器。吸收体用来接收被测激光能量，电加热器用电能模拟被测激光能量作绝对标定，导热体使光能或电能产生的温度横向均匀分布，热电堆对光能或电能产生的温度变化做出响应，恒温体用来保持热电堆冷端温度不变，双层外壳起屏蔽作用。

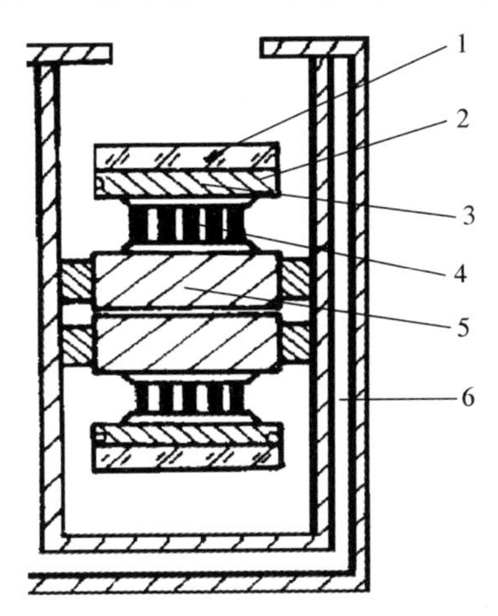

图5-8　体吸收激光能量计模型

1—吸收体；2—加热器；3—导热体；4—热电堆；5—恒温体；6—双层外壳。

体吸收激光能量计有如下的特点：

(1) 体型吸收，不易损坏。体吸收激光能量计采用中性离子着色玻璃作吸收体，激光在玻璃吸收介质中的传播是按指数方程衰减而被吸收的，即 $E(x) \sim E\exp(-ax)$，式中 x 为激光在玻璃吸收介质中的前进路程；E 为入射激光单位面积上的能量密度；a 为玻璃吸收介质的吸收系数。这个式子表示在体吸收激光能量计的吸收过程中，激光能量不是沉积在吸收体表面，而是进入吸收体内部，使接收器表面不致被强激光打坏，其单位面积的能量密度比一般面吸收能量计提高1~2个量级。

（2）保证高功率激光脉冲能量测量真实可靠。碳斗能量计的接收面是倒圆锥形，激光束经过多次反射到达锥顶，高功率激光集中到锥顶就有可能在锥顶形成等离子体。从激光等离子体研究可知，激光等离子体对激光有很强的反射作用。因此，一束激光前半部到达锥顶形成等离子体，后半部到达的激光就有可能被形成的等离子体反射，使测量激光能量值不真实。而体吸收激光能量计接收面是平面型的，没有形成等离子的可能性，所以测量激光能量的量值是真实可靠的。

（3）灵敏度高、性能稳定。体吸收激光能量计采用半导体合金材料组成的P型和N型元件作热电转换元件比采用金属丝作热电转换元件的碳斗能量计灵敏度提高两个数量级。而且PN型元件是刚性固熔体，焊接牢固，做成能量计后，其灵敏度一经标定可以永久不变，因此，体吸收激光能量计的性能十分稳定。而碳斗能量计采用形状易变的金属细丝作热电转换元件，粘贴不牢固，引起灵敏度易变，性能不稳定。

（4）体吸收激光能量计响应迅速、复原快，实验周期比使用碳斗能量计缩短90%，便于实验数据的分析和处理。

（5）实现激光能量的绝对测量。体吸收激光能量计可以采用电脉冲绝对能量模拟被测激光能量的作用方式对能量计灵敏度进行绝对标定，使测量的激光能量是绝对量值。

能量测量原理：待测试激光束经过取样、缩束、衰减后进入能量探测器；在能量测试之前完成能量测量系统在线标定；激光发射后，一定强度的激光入射到能量计吸收体上，能量探测器将接收到的能量转化为一定的电压，经线性放大后，得到对应的电压值，在显示器上显示出来，从而完成激光脉冲能量的测量。测量原理如图5-9所示。

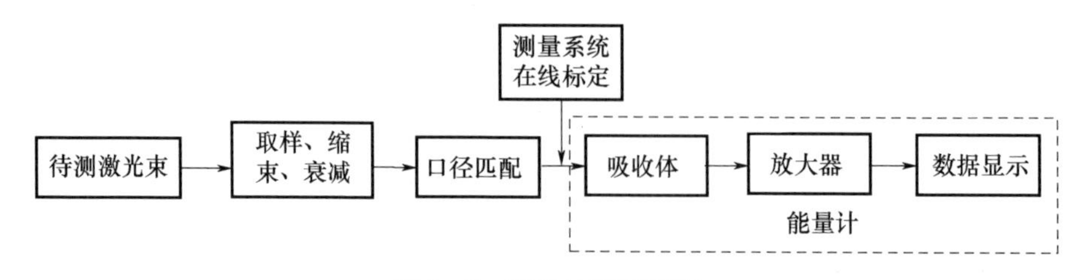

图5-9　能量计测量原理

能量计测量数学模型：激光反射后用能量计显示的读数乘以已标定好的光路系数再除以能量计灵敏度系数，得到的就是本次激光发射的能量值，计算公式如下：

$$E = CN/S \qquad (5-3)$$

式中：E 为被测能量值（mJ）；C 为光路系数（无量纲）；S 为能量计的灵敏度（μV/mJ）；C 为能量计面板显示电压测量值（μV）。

能量测量是激光参数测量最重要的参数之一。在具有多波长激光打靶功能的高功率激光装置上，要求测量的能量参数包括多路基频（1053nm）、20ct（526.5nm）、30ct（351nm）激光能量以及一些特殊的能量参数[5-8]。影响激光能量测量精度的主要因素有能量探测器的精度和灵敏度，取样方式的选择，非测量光对入射光探头的干扰和能量探测过程中产生的非线性现象。能量探测器的精度和灵敏度是由探测器的制作工艺决定的。

5.2.3 激光近场参数诊断

激光近场是评价激光装置光束质量的一项重要指标，它能够反映出激光光束在传播过程中所引入的外部缺陷，包括激光束的能量分布缺陷、激光装置中关键部位的元件缺陷等。通过对关注位置的近场测量完成对此部分元件或者光路的监控。

1. 近场分布测量原理

近场分布测量光路原理见图5-10。通过像传递关系，将待测位置的激光近场分布情况传输到其共轭位置上，通过在共轭位置放置探测器，完成待测近场物面的近场分布测量；其中共轭位置的光场强度分布情况可以真实反映测量位置的强度分布情况，实现对主光路中某位置的近场分布测量和波前检测要求。

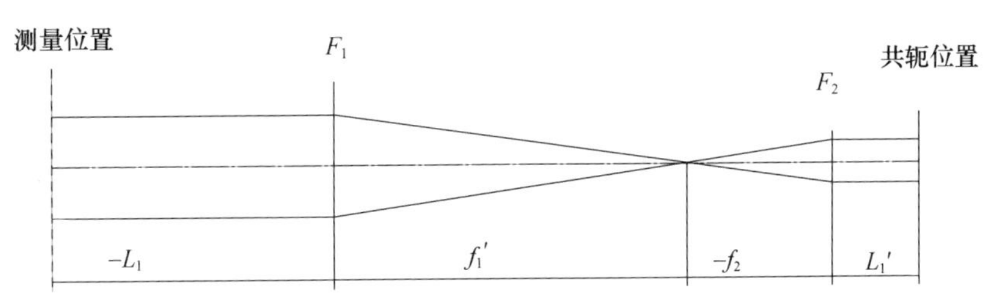

图5-10 近场分布测量光路原理

近场分布测量主要考虑强度分布的均匀性，目前，高功率激光近场分布评价主要采用光束强度调制度和光束强度对比度两个参数。理想的光束近场强度分布应该是“平坦”的，但由于各种原因会导致强激光近场出现调制。

在实际激光装置近场测量中，同样采用像传递技术，利用光束取样器对待测激光束进行取样，通过口径匹配，成像系统把大口径光束压缩到探测器能够接受的口径。通过衰减系统对取样激光束进行光能量衰减，保证进入探测器内的能量在探测器的线性动态范围之内。将测得的近场图通过数据处理软件处理得到所需要的近场调制度、近场对比度的数值，工作流程如图5-11所示。

2. 近场分布测量数学模型

激光束空间分布的全强度口径内峰值强度与平均强度之比，称为光束强度调制度，用于半定量地描述激光束宏观的近场分布均匀性。当激光光强在CCD

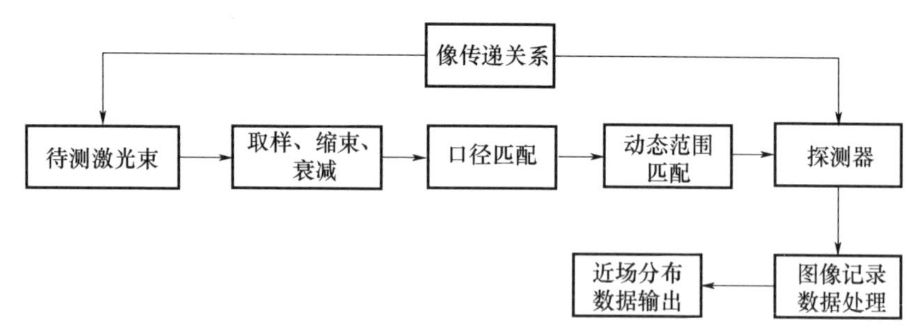

图 5－11　激光束近场测量工作流程

的线性动态范围之内时，CCD 相机的图像处理软件会自动给出描述激光近场的调制度、对比度等参数。光束强度调制度测量的数学模型为

$$M = I_{\max} / I_{\mathrm{avg}} \tag{5-4}$$

式中：M 为光束强度调制度；$I_{\max}$为空间分布的峰值强度；I_{avg}为空间分布的平均强度。

调制度反映的是近场整体起伏量，实际光束近场调制度越小，近场越均匀，高功率激光装置一般要求 $M<1.5$。

激光束空间强度分布起伏的均方根值，称为近场对比度，用于定量描述高强度激光束传输过程中小尺度自聚焦引入的中高频强度调制度。其数学模型为

$$C = \left(\sum (I_i - I_{\mathrm{avg}})^2 / N_0 \right)^{1/2} \tag{5-5}$$

式中：I_{avg}为平均光强；I_i为取样区域内测量点 i 处的实测光强；N_0为测量点数。

对于理想均匀激光光束对比度 $C=0$，高功率激光装置希望近场对比度 $C<10\%$。激光近场图片如图 5－12 所示，近场图像强度分布均匀，近场调制度 $M=1.15$，近场对比度 $C=0.05$。

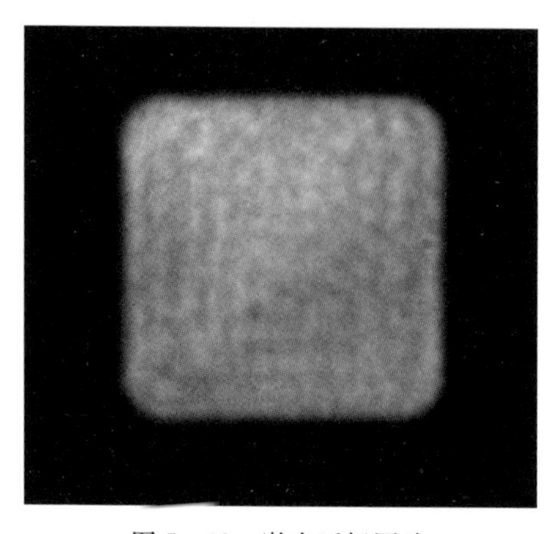

图 5－12　激光近场图片

3. 影响近场分布测量的关键技术

激光束近场分布是通过 CCD 探测器来完成测试的，一般探测器的最佳响应范围都在百纳焦量级，从主光路取样的激光能量远大于百纳焦，因此需要再次进行多级取样或者衰减以匹配探测器的最佳响应范围。同时，从主光路取样的激光束口径一般较大，其口径远大于探测器靶面，因此在进行光路能量衰减的同时，还需要加入各级缩束系统将取样光束口径缩束到探测器的口径范围。

能量匹配过程的衰减有多种方式，可以分为透射式衰减、反射式衰减，或者镀膜式衰减、不镀膜式取样衰减，再有就是有色玻璃吸收式衰减。如此多种类的吸收方式需要根据衰减器在光路中所处的位置、衰减器位置激光阈值的大小、衰减器位置光束口径的大小等多个因素进行综合考虑平衡来确定所选用的衰减方式。但是不论所采用的是哪种衰减方式，都需要遵从以下两个基本原则：一是所选择衰减器带入测量光路的波前畸变需要进行分析控制；二是所选择衰减器带入测量光路的疵病（包括元件材料的疵病、元件表面的疵病以及元件表面的灰尘等）需要进行分析控制[9]。以上两个原则是影响近场分布的两个关键因素。

衰减器的选择一般遵从以下规律：

（1）在大口径、高能量的光路中一般采用不镀膜的菲尼尔反射取样衰减，不镀膜的取样衰减方式可以提高衰减器元件的抗激光损伤阈值能力，增长元件的使用寿命；大口径元件的膜层均匀性难以保证，此种衰减方式后的激光近场分布较镀膜衰减后的激光近场分布更均匀，几乎不会破坏激光衰减前的近场分布，有利于激光近场分布的测量。如图 5－13 所示的取样衰减器，衰减器第一面不镀膜，透过衰减器的剩余激光束能量可以进行吸收处理或者进行其他测量利用。

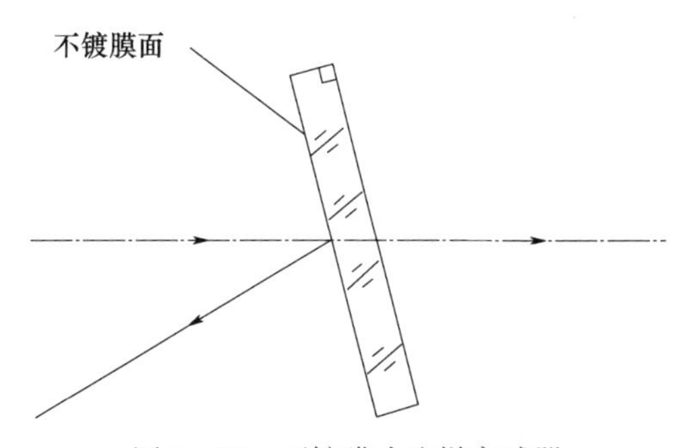

图 5－13　不镀膜式取样衰减器

（2）在小口径光路中，一般采用透射式可切换衰减。从主光路取样后的激光束经过前面大口径元件的取样衰减后，激光束的能量迅速降低，对元件的损伤危害同时大大降低，因此可以考虑使用透射式衰减方式。对于强激光装置来说，被测激光束的能量一般至少在 10^5 以上的能量测量范围，而探测器的最佳响应范围是较窄的，难以适应如此大的激光能量测量范围，因此就需要后续的测量光路进行衰减能量匹配。根据入射激光束的能量段范围,选择不同的衰减器倍率,当入射激光束能量段变化时,对应的衰减器就需要随之而变。

针对小口径光路段选用透射式衰减器或者反射式衰减器的问题,可以分析如下:如果所适应的入射激光束能量段较窄,例如 3 倍以内的能量测量范围,可以优先选择反射式衰减器(分光膜衰减或者不镀膜式衰减),此时衰减器不需要进行挡位切换,并且反射式衰减器只有反射面参与光路,避免了透射式衰减器材料带给近场分布的影响,如图 5-14 所示。但是,如果所适应的入射激光束能量段较宽,例如 10^5 以上的能量测量范围,此时的衰减器需要进行能量的挡位切换,可以优先考虑透射式衰减器,在衰减器挡位的切换过程中,透射式衰减器更容易保持切换前后光路指向的稳定性,避免了反射式衰减器带给光路的双倍切换误差,如图 5-15 所示。

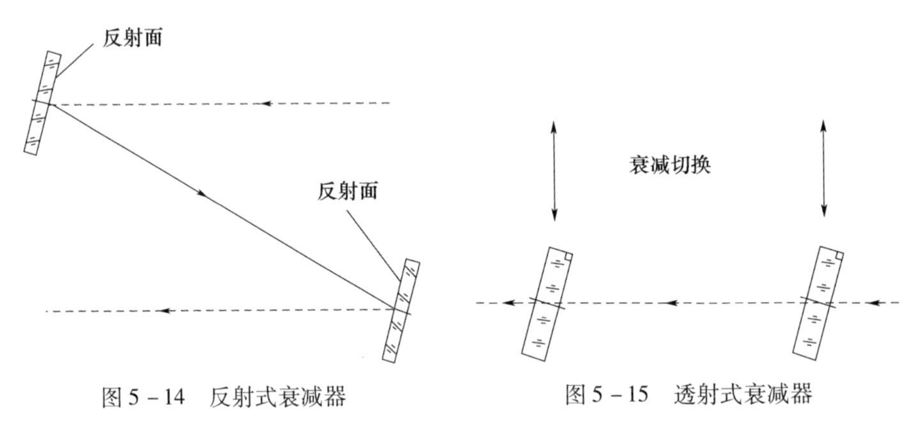

图 5-14　反射式衰减器　　　　图 5-15　透射式衰减器

在探测器入口处的衰减一般为透射式衰减,其主要作用是在前面光路衰减的基础上进行探测器最佳响应范围匹配,可以为镀膜式衰减器或者是吸收式衰减器。

5.2.4　激光波前参数诊断

在高功率固体激光系统中,有诸多的因素导致激光的波前畸变,按时间特性可将波前畸变分为静态波前畸变和动态波前畸变。静态波前畸变主要来源于系统中光学元件材料的不均匀性、面形加工精度等因素带来的加工误差,以及由重力、紧固应力、对位等因素带来的装校误差。动态波前畸变主要来源于放大器中的泵浦不均匀性、激光介质被辐照后的热残余效应、空气的湍流以及非线性自聚焦效应等。在多程放大激光系统中,包含数量相当多的大角度斜放的片状激光放大介质等大口径光学元件,它们是产生波前畸变的主要来源;激光多次往返通过多程高功率固体激光系统,使得其中的波前误差相干叠加,更进一步加剧了上述各类效应所导致的波前畸变。

在高功率固体激光系统中，激光束的波前畸变将给传输、倍频和聚焦带来较大的影响。这些影响最终可归结为激光能量在角度上的发散，而发散角度与远场焦斑的尺寸是对应的，足够小的远场焦斑尺寸就可以保证在其他两方面符合要求。因此，远场焦斑的尺寸是波前误差控制所关注的中心[10]。

传统的光学系统广泛采用波前峰—谷值、均方根值等来评价光束波前畸变。激光光束波前相位畸变将影响激光光束的聚焦和远场传输性能，研究激光束的波前相位畸变是分析激光腔镜变形原因、提高激光波前性能从而提高激光光束质量的重要手段[15]，因此，激光光束波前特性既是光束质量的一个评价指标，也是激光器性能的一个技术指标。所以对激光光束波前特性的研究已经越来越受到国际激光学术界及激光应用领域的高度重视。

在大功率激光装置中，出射激光的波前畸变以及大气湍流效应会对近场光束质量、聚焦特性以及激光传输能力产生影响。因此，对中高频位相畸变进行抑制和补偿成为保证激光光束质量的关键[11]。几年来，自适应光学技术成功应用到超强激光波前畸变校正中，使得激光脉冲的聚焦能力和峰值功率密度大大提高。

1. 波前测试的方法

从测量原理上，波前测试可以分成两类：一类是根据几何光学原理，测定波前几何像差或面形误差，主要有哈特曼 - 夏克(Hartmann - Shack)波前传感器、曲率传感器和 Pyramid 波前感器等；另一类是基于干涉测量原理，探测波前不同部分的干涉性以获取波前信息，主要有剪切干涉仪、波前传感器和相位获取传感器等。从数学模型亦可分为两类：一类是通过测量波前斜率(即波前一阶导数)获得波前相位信息，较典型的有哈特曼 - 夏克波前传感器、剪切干涉仪波前传感器等；另一类是测量波前曲率(即波前二阶导数)来获得波前相位信息，主要有波前曲率传感器，新近发展起来的由像面光强分布反演出光瞳面相位分布的方法也归于此类。在强激光装置中，为完成激光束波面的测量，使用较好的波前测试仪有哈特曼波前传感器、剪切干涉仪[12-17]。

(1) 哈特曼波前传感器。随着光学与微电子技术相结合发展起来的二元光学技术制作微阵列透镜方法的成熟，CCD 传感器与灵巧的微阵列透镜及相应计算机技术结合，使得哈特曼波前传感器产生了突破。哈特曼波前传感器作为一种新型的波前检测元件，与其他传统的波前传感器相比，具有灵敏度较高、原理简单、探测速度快、可以直接反应波前畸变模式等优点。

哈特曼波前传感器由微透镜和光电传感器构成，是一种基于斜率测量的波前测量仪。哈特曼波前传感器的原理如图 5 - 16 所示，微透镜阵列将入射孔径分割成许多子孔径，并聚焦到 CCD 探测器上，形成一个光斑阵列。事先用一束标准平面波标定各个光斑的原始位置(图 5 - 16(a)(b))，并予以保存。当对畸变波前探测时(图 5-16(c)),入射到每个子孔径上的波前倾斜将造成该子孔径光斑位置的移动(图 5-16(d)),移动量正比于波前斜率和微透镜的焦距,通过 CCD 探测器测量光斑在两个垂直方向上相对于事先标定的原始位置的位移量,就可以测量出该子孔径内波前在两个方向的斜率,最后利用波前复原算法通过波前斜率重建出波前相位。从重构的波前相位可以得到波前信息参数,如波前相位的 PV 值和 RMS 值及泽尼克系数等。

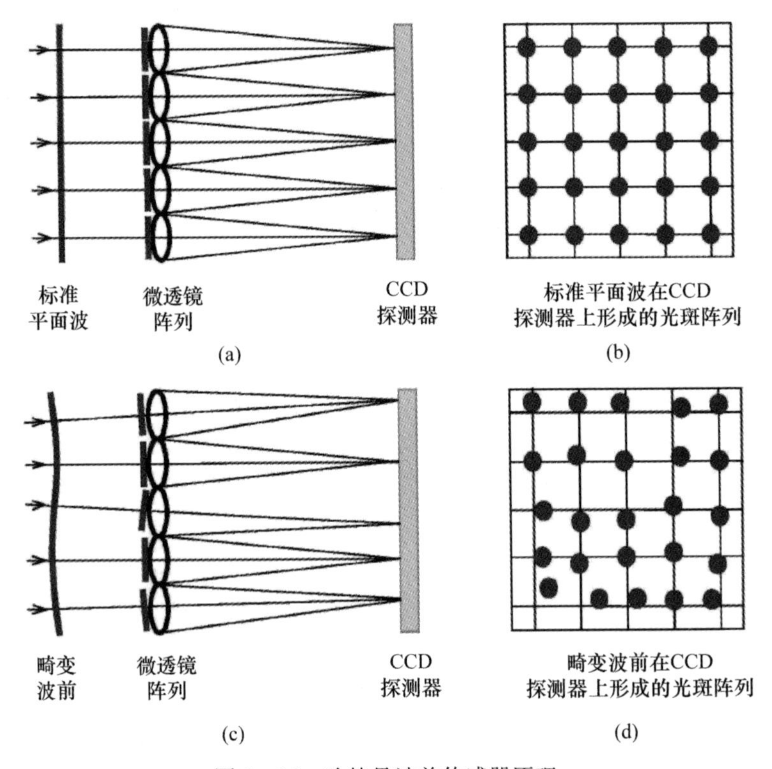

图 5-16　哈特曼波前传感器原理

哈特曼波前传感器测试的激光波前图片如图 5-17 所示,波前 PV $=0.21\lambda$, PV $=0.03\lambda$, $\lambda=1053$nm。

(2) 剪切干涉仪波前传感器。它利用光束自身的错位就可以形成干涉条纹,不需要额外提供参考波面,根据干涉条纹的成因采取相应算法就可以重构出波前位相分布,因此在进行瞬态波前检测的场合受到格外重视。其弱点是对测量环境较为敏感,剪切后形成的干涉图形判读比较困难,波前复原繁琐,难以适用于大口径衍射极限波面的高精度检测,一般用来检测光学仪器的相差。

下面主要比较横向剪切和径向剪切干涉两种方法。横向剪切干涉法可以用较小的干涉仪对较大的被测物进行测量,因此应用范围最广。其原理就是通过

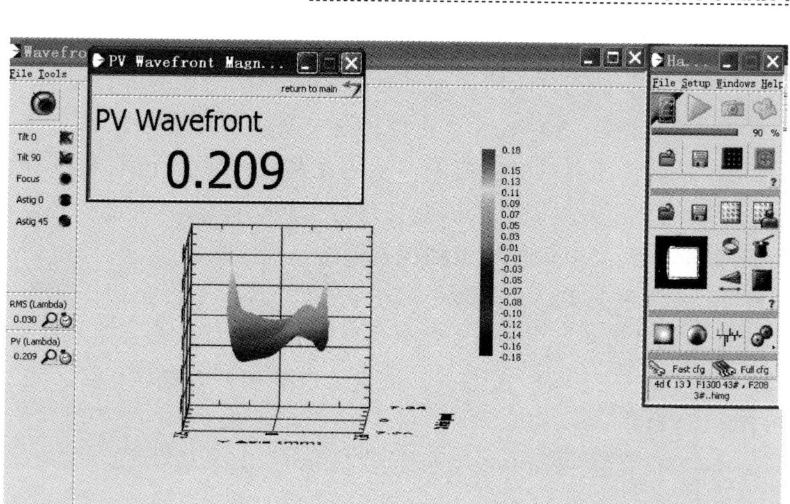

图5-17 哈特曼波前传感器测试的激光、波前图片

横向移动被测波面,使原始波面与错位波面之间产生重叠并发生干涉,从而产生横向剪切干涉图。如图5-18给出一种简单有效的平行平板激光横向剪切干涉结构图,其中光束从平板的两个平面反射,产生两个横向错位的波面。

径向剪切干涉体系的原理早在20世纪六七十年代已有许多经典的研究。其基本原理是用一定的装置将一个具有空间相干性的波前激光分裂成两个完全相同或相似的波前激光,让这两个波前激光彼此产生一定量的相位错位,在错位后的两波面重叠区形成一组干涉条纹。如图5-19所示,以不同倍率形成的同轴被检验波前之间发生相互干涉。对原始波面实现剪切后的两个波面孔径相对于原始波面孔径,其缩放比例不同,整个干涉仪可以看做一个成像光学系统,能同时对一个物体成不同放大倍数的两个像。

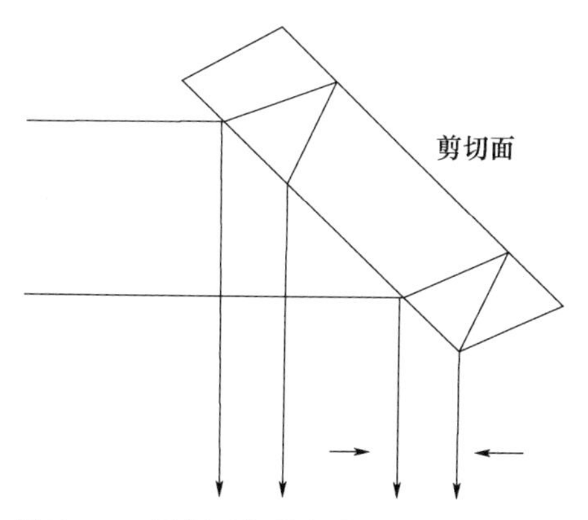

图5-18 平行平板横向激光剪切干涉结构

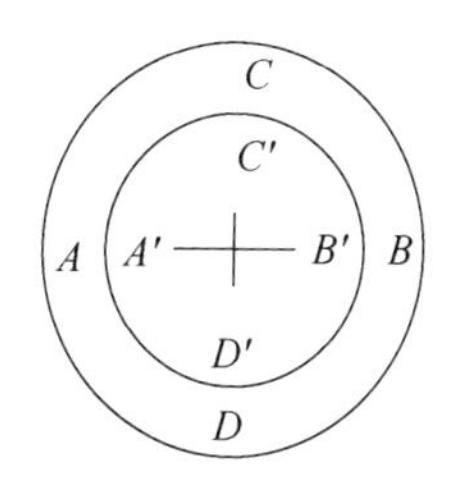

图5-19 径向剪切干涉仪原理

2. 高功率激光波前测试的关键技术

高功率激光波前是通过哈特曼波前传感器来测试完成的，同近场分布测量原理图，哈特曼波前测量光路也是通过像传递关系将光束进行缩束，并进行能量衰减以适应哈特曼传感器的响应范围。从主光路取样的激光束口径一般较大，其口径远大于哈特曼传感器靶面，因此在进行光路能量衰减的同时，还需要加入各级缩束系统将取样光束口径缩束到探测器的口径范围。

光束缩束系统根据实际光束能量大小、光束口径等情况可以采用不同的缩束方式：例如反射式缩束系统（图5－20）、反射＋透射式缩束系统（图5－21）、透射式缩束系统等，其中透射式缩束系统又可以分为开普勒式（图5－22）和伽利略式（图5－23）。

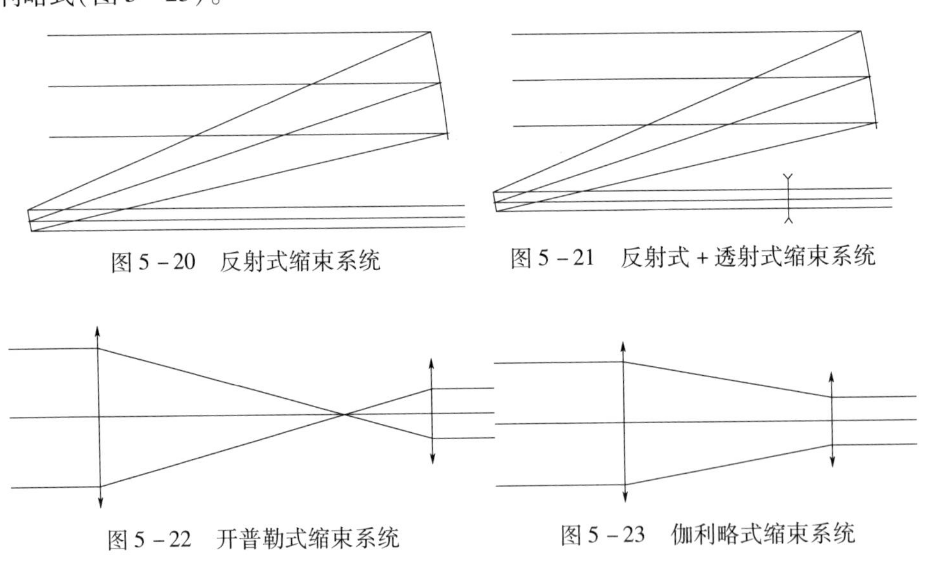

图5－20　反射式缩束系统

图5－21　反射式＋透射式缩束系统

图5－22　开普勒式缩束系统

图5－23　伽利略式缩束系统

通常情况下，在激光束的第一级缩束系统中采用没有实焦点的伽利略式缩束系统，这样可以避免激光在实焦点处会聚后产生空气电离，影响激光束的传输。而在距离哈特曼传感器最近的缩束系统一般采用开普勒式缩束系统，开普勒缩束系统带有实焦点，而此时的激光束能量经过多级的衰减之后已经非常低，实焦点位置不会再产生空气电离，同时在开普勒缩束系统的实焦点处可以放置光栏进行消杂光等处理，有利于提高系统的信噪比。

5.2.5　激光远场参数诊断

在强激光束传输过程中，其激光焦斑尺寸和能量分布直接影响激光束的可聚焦功率，而波前是决定激光束聚焦特性的主要因素之一，光束波前畸变对聚焦焦斑的主瓣大小和旁瓣的分布均有直接影响[15]。在强激光参数的诊断中，除了波前可以间接地反映远场质量之外，还可以通过其他的测试手段来直接完成激光远场焦斑的测量。通过焦斑的测量结果来反推激光束波前,进行激光波前的校正,即波前测量和远场测量之间可以形成一个良好的闭环,通过闭环内的良性循环来调整激光束的质量,使其达到最好状态。

目前,测量远场的方法有多种:远场的基本测量法、高动态范围远场测量法以及焦斑列阵远场测量法。远场的基本测量法就是在物镜的会聚点位置放置CCD探测器进行测量的一种方法,它可以在CCD的动态范围之内完成激光远场焦斑的测量。高动态范围远场测量法是完成激光远场焦斑大于1000:1倍的动态范围焦斑测量。其测量方法较为复杂,由于动态范围非常大,需要通过两个光路测量同一发激光,然后再通过激光焦斑重构的方式完成。焦斑列阵远场测量法是由会聚物镜、两对反射镜和探测器三部分组成。入射的光束经过会聚物镜会聚后,由镀分光膜的两对反射镜将光束分别在水平方向和竖直方向展开,从而在探测器上形成光斑列阵,完成远场测量。以下分别论述。

1. 高动态范围远场测量法

高动态范围远场焦斑测量需要测量的远场动态范围高达1000:1以上,它包含远场"主瓣"和"旁瓣"的测量,"主瓣"和"旁瓣"是由于ICF打靶入射孔对激光的过孔需求而提出的概念。"主瓣"以焦斑(强度)分布的包络中心起算,相对于焦距f'的打靶透镜,全角θ_1范围内的光斑。"旁瓣"为"主瓣"的外范围,全角$\theta_1-\theta_2$范围内的远场部分。

由于焦斑测试所要求的动态范围高达1000:1,目前的单块探测器难以达到如此高的动态范围要求,要完成远场焦斑的测试,采用"主瓣"测量光路和"旁瓣"测量光路两个光路同时测量同一发次的主激光,通过在旁瓣光路中挡住相对应的"主瓣"区域(称为"纹影"挡光),从而获得"旁瓣"图像,和同一发次获得的"主瓣"图像进行焦斑重构,从而完成激光的远场焦斑测量。

取样后的激光首先经过前段光路的多级衰减、缩束后,经过分光镜的分光分别入射至"主瓣"测量光路和"旁瓣"测量光路,再经过各自的衰减、放大后分别成像到"主瓣"CCD和"旁瓣"CCD上,光路如图5-24所示。

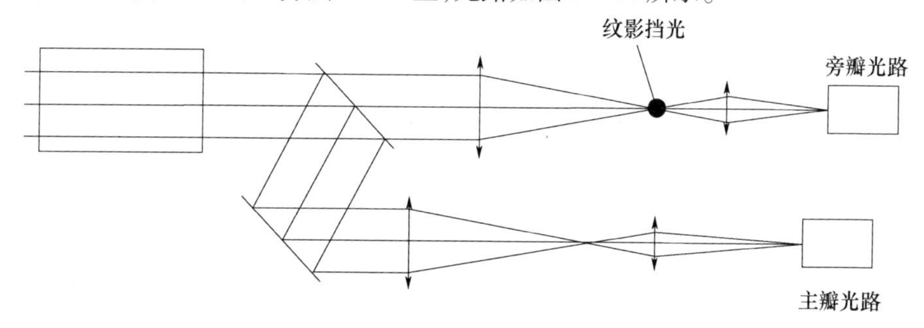

图5-24 高动态范围远场焦斑测量光路

焦斑重构前“主瓣”图像如图 5－25 所示,“旁瓣”图像如图 5－26 所示,重构后焦斑图像如图 5－27 所示,焦斑动态范围大于 1000:1。

图 5－25　焦斑重构前“主瓣”图像

图 5－26　焦斑重构前“旁瓣”图像

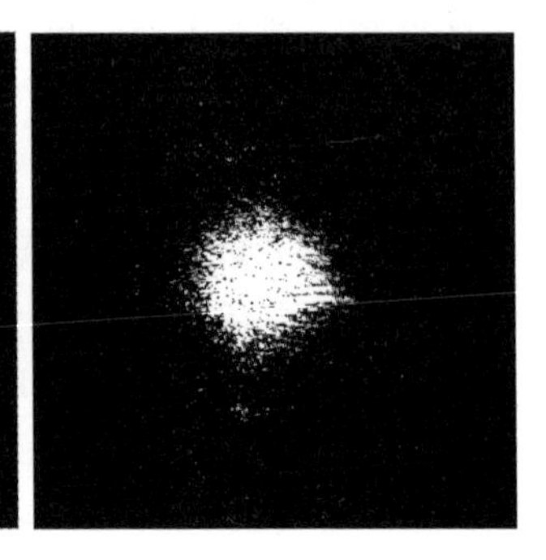

图 5－27　焦斑重构后“焦斑”图像

2. 焦斑列阵远场测量法

焦斑列阵远场测量可以获得激光远场光斑列阵,同时能够完成激光在发射阶段高、低能量两个状态下的像面相对变化量测量。

焦斑列阵远场测量光路由会聚物镜,与光轴倾斜放置的楔板组 1、2 以及探测器三部分组成,如图 5－28 所示。入射光束经过会聚物镜之后,进入与光轴倾斜放置的楔板组,两个楔板空气隙间的相邻面为平行平面。其中第一块楔板的迎光面镀制高增透膜,第一块楔板的透射面镀制分光膜;第二块楔板的迎光面镀制高反膜,第二块楔板的透射面镀制增透膜。两对楔板组的膜层要求是相同的。

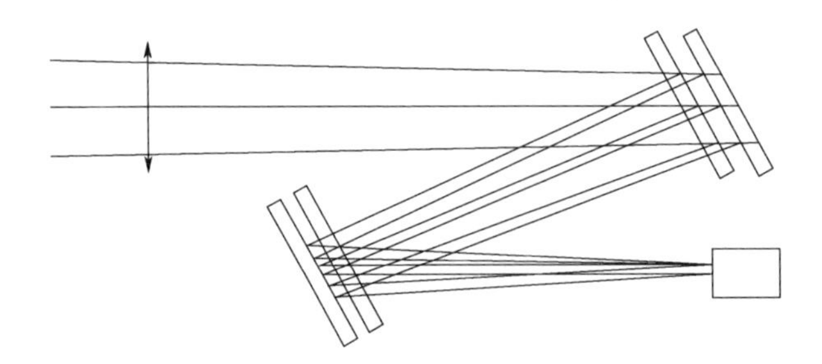

图 5－28　三倍频动态焦面测量

入射光束经过会聚物镜会聚到楔板组上,由于楔板组第一块楔板的透射面镀制了分光膜,因此会对入射的光束进行反射和透射分光,分光的结果是楔板对将入射的会聚光束分成具有固定强度的一列光斑成像到探测器上。从楔板组 1 出射的一列光束入射到楔板组 2 上,楔板组 1、2 相互垂直放置,因此入射到楔板组 2 上的一列光斑将会在垂直于列光斑的方向上展开,从而形成一个列阵光斑。

由于各光斑到达像面上的光程不同,因此各光斑的焦点位置也不同,在探测器上就会形成大小不一的光斑列阵,通过选取光斑最小、成像最清晰的一个光斑作为焦面基准位置,如果入射到相机上的光束波面发生变化(对应待测系统的远场焦面发生变化),则在探测器上形成的光斑最小,成像最清晰的光斑较基准光斑位置发生偏离,通过在探测器上读出偏离量(设为 a)可计算得出待测激光测量系统的远场焦面漂移量。待测激光测量系统的焦面漂移量计算方法如下。

设待测激光测量系统会聚透镜组合焦距为 f_1,焦面漂移量为 Δ_1,焦面测量相机会聚透镜的焦距为 f_2,焦面漂移量为 Δ_2,由几何成像公式,得

$$\Delta_1 = (f_1/f_2)^2\Delta_2 \tag{5-6}$$

通过测量胶片上最佳光斑的偏离量,即可计算出焦面测量相机会聚透镜的焦面漂移量为 Δ_2,将 Δ_2 代入式(5-6)即可得到 Δ_1。焦斑列阵如图5-29所示。

图5-29 激光远场焦斑列阵

5.2.6 激光光谱诊断

光谱仪是将成分复杂的光,分解为光谱线的科学仪器,它由棱镜或衍射光栅等构成。光谱仪由一个入射狭缝、一个色散系统、一个成像系统和一个或多个出射狭缝组成。光谱仪有多种类型,除了在可见光波段使用的光谱仪以外,还有红外光谱仪和紫外光谱仪。按照狭缝输出的谱线宽度可以分为单色仪和多色仪两种,单色仪是通过狭缝只输出单色谱线的光谱仪器。按色散元件的不同可分为棱镜光谱仪、光栅光谱仪和干涉光谱仪等。表征光谱仪基本特性的参量有光谱范围、色散率、带宽和分辨本领等。

激光光谱测量是将取样后的激光束经过衰减、缩束后匹配到光谱仪的响应范围和口径,光束入射通过光谱仪的狭缝后进入谱仪内部完成光谱的测量。强激光装置中需要测量的光谱主要有三种:1053nm、527nm 和 351nm。

5.3 强激光驱动器中的光路控制技术

激光束的光路控制技术是强激光装置运行的一项重要环节,随着强激光装置的逐步庞大,光路的自动准直技术已经成为光路控制技术的核心内容,它关系

到装置的运行成败、运行效果以及运行效率等。因此快速、精确的自动准直技术也成为强激光装置中需要研究的重要方向,它是整个装置正常工作的有力保障。

随着激光聚变技术的迅速发展,光束口径和路数急剧增多,光路长度和元器件数目成倍增长,对光路自动准直的精度、速度和效率提出了越来越高的要求。为确保系统每次运行时,从振荡器发出的激光束能够稳定、精确地穿过预放大器、主放大器、倍频器、靶室,并精确地照射到微型靶丸上,激光装置均配置了光路自动准直系统。自动准直系统已成为大型激光装置必不可少的重要组成部分[18-23]。

5.3.1 光路控制原理

对于一个已调整好的激光系统,元器件的位置均已固定,但由于温度变化、反射镜机械结构蠕变、地基和支撑框架微振动、振荡器输出光束方向漂移和其他随机因素的影响,造成光束偏离原定光路,因此在激光装置新的发射前需要重新校正。光路自动准直的任务就是通过逐段检测光束位置和方向的误差,反馈控制一对反射镜,使光束恢复到原定光路上,逐段由前向后依次调整,直至靶点。

为实现这一要求,光路自动准直系统应包括如下几项关键技术:①选取调整光源和光路基准,获取光束参数信息;②设计反馈控制程序及伺服执行机构。可以选择光路上相隔一定距离的两个光束中心点作基准,依据两点决定一条直线的原理来复原光路,其精度取决于两点间的间距。为了保证足够的精度,距离越长越好。为此,选择一个近场点和一个远场点,远场点等效于无穷远处点,代表光路的指向信息;近场基准点可选用光路上某个光学元件的几何中心,代表光路的平移信息。以 CCD 为探测器,把这两个点记录下来,作为光路准直的零点。当被调整的光束近、远场中心与基准点偏离时,用误差信号反馈控制这段光路上的两块反射镜,使光束恢复通过基准点,实现光路的复原,从而达到光路准直的目的。依据光束近、远场位置的误差信号,通过计算机反馈控制一对反射镜转动,根据控制量解算方法,解算出伺服反射镜的步进电动机应该转动的步数和转动方向,最终使光束近远场和基准点重合。光路自动准直是通过计算机控制系统自动调节反射镜来进行光路调节的,将光束的位置偏差转化为伺服反射镜的步进电动机转动量的算法,是光路自动准直的关键技术。光路自动准直系统主要包括伺服反射镜分光镜、探测器和计算机,其光路闭环控制流程如图 5-30 所示。

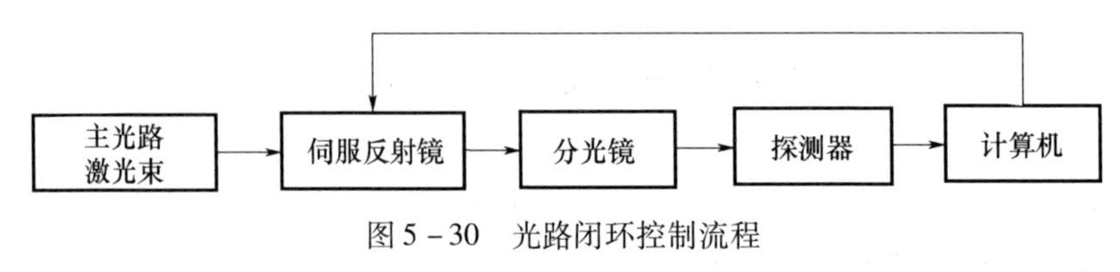

图 5-30　光路闭环控制流程

5.3.2　光路控制模型

分析强激光装置光路运行的特点，可以得出用于计算机快速调整的大型激光器光路自动准直控制数学模型，该模型是进行计算机自动光路准直调整的算法基础。光路准直的原理是成熟的，即"两点定一线的原理"；光路准直的目标是使激光光轴和传输光路中预先设置的基准重合，光路基准一般设定两个，即远场基准和近场基准，即为"两点"，远场决定了激光指向，近场决定光束的偏离；光路调整是通过设置在光路中的两块反射镜实现的；而光路偏离基准的偏差是通过设置在光路中的CCD相机测量实现的，整个光路自动准直控制是一个多变量的闭环反馈控制系统。

图5－31是待调整激光光路原理图，以此为例分析准直光路的光学特性。图中，L_0表示注入透镜，L_f表示准直成像透镜；FFCCD表示远场偏差测量相机，NFCCD表示近场偏差测量相机；IM2、IM3为准直调整的电动反射镜，具备小角度范围方位、俯仰二维调整功能；JZ为光束近场的基准十字叉，能够进出光路，设置在L_0的前焦面上。

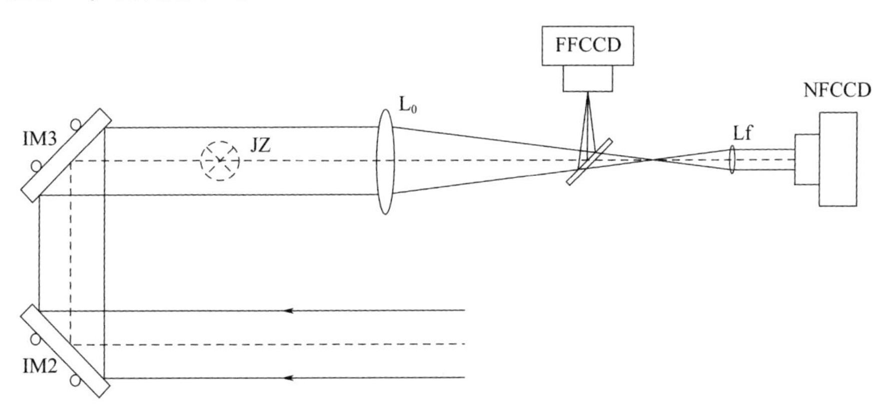

图5－31　待调整激光光路原理

光路准直的工作过程为FFCCD、NFCCD分别对远、近场基准成像，作为调试的基准点，同时FFCCD、NFCCD实时记录远、近场图像中心偏离基准中心的偏差量，计算机得到偏差量后根据一定的算法解算IM2、IM3的方位、俯仰调整量，如此闭环迭代直至远、近场偏差在要求的误差范围内。

首先分析图5－31光路中IM2、IM3调整与偏差量间的关系。FFCCD位于L_0的焦面上，故远场偏离量只与L_0前光束的指向相关，IM2、IM3的角度调整量与CCD相机上监视到的远场点移动量之间的关系为

$$\Delta l_y = f'_{L_0}\tan 2\alpha \tag{5-7}$$

式中：Δl_y为FFCCD上远场光斑的移动量；f'_{L_0}为注入透镜焦距；α为反射镜IM2

或 IM3 的角度调整量。在小角度范围内(CCD 的接收视场为 0.07°,同时光路准直调整范围为微量调整),式(5-7)可线性化表示为

$$\Delta l_y \approx 2f'_{L_0}\alpha \tag{5-8}$$

NFCCD 对基准 JZ 位置成像,NFCCD 上的近场光斑移动量与 JZ 位置的光束移动量之间的关系由系统的放大倍率唯一决定:

$$\Delta l_j = f'_{L_f}\Delta l_{JZ}/f'_{L_0} \tag{5-9}$$

式中:Δl_j 为 NFCCD 上近场光斑的移动量;f'_{L_f}为准直成像透镜焦距;Δl_{JZ}为 JZ 位置的光束移动量。Δl_{JZ}与 IM2 或 IM3 的角度调整量 α、IM2 或 IM3 与 JZ 位置的距离 l 之间的关系(小角度线性化处理)为

$$\Delta l_{JZ2} \approx l_2 \times 2\alpha \text{ 或 } \Delta l_{JZ3} \approx l_3 \times 2\alpha \tag{5-10}$$

式中:l_2为 IM2 与 JZ 位置之间的距离;l_3为 IM3 与 JZ 位置间的距离。由式(5-9)、式(5-10)得

$$\Delta l_{j2} = 2f'_{L_f}l_2\alpha/f'_{L_0} \text{或 } \Delta l_{j3} = 2f'_{L_f}l_3\alpha/f'_{L_0} \tag{5-11}$$

分析式(5-8)、式(5-11)可以得出如下结论:

(1) 在相同的角度调整量 α 下,当光路条件满足 $f'_{L_f}l_3 < 2\,(f'_{L_0})^2$ 时,FFCCD 上远场光斑的移动量较 NFCCD 近场光斑移动量大,即远场调整更敏感一些。

(2) 在相同的角度调整量 α 下,IM2 引起的 NFCCD 上光斑移动量较 IM3 引起的 NFCCD 上光斑移动量大,IM2、IM3 引起的 FFCCD 上光斑移动量相同。

(3) 小角度范围内将角度量分解为方位、俯仰的调整,分别对应光斑在 CCD 上的 X、Y 方向线性移动,说明光路准直控制系统是一个线性系统,可以采用线性系统相关理论进行处理。以上基本结论是光路准直调整的基础。

大型激光装置普遍要求采用计算机控制实现光路的自动准直调整,其控制的基本模式如图 5-30 所示。光路自动准直系统是一个闭环控制系统,图像传感器为传感器件,电动反射镜为执行器件,控制计算机为控制器件。控制的输入误差量为图像传感器求解的光斑与基准偏差,控制的输出控制量为电动反射镜驱动步进电机的步数,输入量和输出量之间的联系为控制算法,也就是本书推演的数学模型。

控制的误差量包括远场传感器得到的光斑在 X、Y 方向的误差 Δ_{xY}、Δ_{yY},以及近场传感器得到的光斑在 X、Y 方向的误差 Δ_{xJ}、Δ_{yJ};控制的输出量为电动反射镜 IM2、IM3 方位、俯仰电机调整的角度(步数)$\Delta\alpha_2$、$\Delta\beta_2$、$\Delta\alpha_3$、$\Delta\beta_3$。由此可见,区别于传统的控制系统,光路自动准直控制系统是一个四变量的闭环控制系统,不能直接套用传统的 PID 控制算法进行控制,需要解算输入量和输出量之间的准确转换关系。显然,确定四变量之间的转换关系是比较复杂的,但小角度调整范围内方位、俯仰的调整与光斑在 CCD 上的 X、Y 方向移动是独立的,即方位的移动引起光斑在 X 方向的移动,俯仰的移动引起光斑在 Y 方向移动,用函数表示

如下：

$$\begin{cases}\Delta_{xY}=\psi_1(\Delta\alpha_2,\Delta\alpha_3)\\ \Delta_{xJ}=\psi_2(\Delta\alpha_2,\Delta\alpha_3)\end{cases},\begin{cases}\Delta_{yY}=\varphi_1(\Delta\beta_2,\Delta\beta_3)\\ \Delta_{yJ}=\varphi_2(\Delta\beta_2,\Delta\beta_3)\end{cases} \tag{5-12}$$

式(5-8)、式(5-11)的分析表明，ψ、φ 的关系为线性一次的，且当 $\Delta\alpha=\Delta\beta=0$ 时，$\Delta x=\Delta y=0$，表达式中应不包含常数项，因此上述关系式可用矩阵表达如下：

$$\begin{aligned}\begin{bmatrix}\Delta_{xY}\\ \Delta_{xJ}\end{bmatrix}&=\begin{bmatrix}a_{11}&a_{12}\\ a_{21}&a_{22}\end{bmatrix}\times\begin{bmatrix}\Delta\alpha_2\\ \Delta\alpha_3\end{bmatrix}\\ \begin{bmatrix}\Delta_{yY}\\ \Delta_{yJ}\end{bmatrix}&=\begin{bmatrix}b_{11}&b_{12}\\ b_{21}&b_{22}\end{bmatrix}\times\begin{bmatrix}\Delta\beta_2\\ \Delta\beta_3\end{bmatrix}\end{aligned} \tag{5-13}$$

矩阵 $\boldsymbol{A}=\begin{bmatrix}a_{11}&a_{12}\\ a_{21}&a_{22}\end{bmatrix}$，$\boldsymbol{B}=\begin{bmatrix}b_{11}&b_{12}\\ b_{21}&b_{22}\end{bmatrix}$ 为输入量 Δx、Δy 和输出量 $\Delta\alpha$、$\Delta\beta$ 之间的转换矩阵，其物理含义表现为光路准直系统硬件的设计关系，求解过程如下。

在式(5-13)中，如果设反射镜 IM2 的方位转过单位角度、反射镜 IM3 不动，即 $\Delta\alpha_2=1$，$\Delta\alpha_3=0$，则有

$$\begin{cases}\Delta_{xY}=a_{11}\times l\\ \Delta_{xJ}=a_{21}\times l\end{cases} \tag{5-14}$$

由此可知，a_{11} 表示反射镜 IM2 方位的单位角度（步长）转动在 FFCCD 上引起的光斑横向移动量；a_{21} 表示反射镜 IM2 方位的单位角度（步长）转动在 NFCCD 上引起的光斑横向移动量，称之为控制当量，分别由式(5-8)、式(5-11)求出。考虑到系统硬件加工的实际参数和设计参数的差异，可以通过实际标定得出控制当量，其方法是实际控制反射镜旋转，求解光斑的移动量，二者之比即为控制当量。

采用这种方法可以分别求出矩阵 $\boldsymbol{A}$、$\boldsymbol{B}$ 中的系数值。

同时，由于电动机的转动有正负，光斑的移动也有方向，为便于计算机控制，需规定控制的符号体系。在 CCD 坐标系中规定偏差量按如下方式计算：

$$\begin{aligned}\Delta_x&=x_{\text{base}}-x_{\text{image}}\\ \Delta_y&=y_{\text{base}}-y_{\text{image}}\end{aligned} \tag{5-15}$$

式中：x_{base} 为基准的 x 坐标；x_{image} 为当前光斑的 x 坐标；y_{base} 为基准的 y 坐标；y_{image} 为当前光斑的 y 坐标。

反射镜的角度转动方向由控制电动机的前进和后退决定，约定电动机方位、俯仰的前进方向为正。当电动机前进时，若由式(5-15)决定的光斑偏差量 Δ_x（或 Δ_y）>0，则由式(5-8)、式(5-11)求出的矩阵系数为正，若由式(5-15)决

定的光斑偏差量 Δ_x(或 Δ_y) <0,则由式(5-8)、式(5-11)求出的矩阵系数为负;反之则反。

通过以上方法将转换矩阵的系数完全求出,当转换矩阵 $\boldsymbol{A}$、$\boldsymbol{B}$ 已知时,根据传感器测量的 Δx、Δy,由式(5-13)可得电动反射镜方位、俯仰的调整量为

$$\begin{bmatrix}\Delta\alpha_2\\\Delta\alpha_3\end{bmatrix}=\begin{bmatrix}a_{11}&a_{12}\\a_{21}&a_{22}\end{bmatrix}^{-1}\times\begin{bmatrix}\Delta_{xY}\\\Delta_{xJ}\end{bmatrix}$$

$$\begin{bmatrix}\Delta\beta_2\\\Delta\beta_3\end{bmatrix}=\begin{bmatrix}b_{11}&b_{12}\\b_{21}&b_{22}\end{bmatrix}^{-1}\times\begin{bmatrix}\Delta_{yY}\\\Delta_{yJ}\end{bmatrix}\tag{5-16}$$

如此闭环实现光路的自动准直控制。其特点是能够根据一次的远、近场偏差测量,同时控制调整两个电动反射镜的输出,当偏差量已知后,该模型理论上经过一次闭环调整即可实现准直收敛,减少了准直迭代的次数,缩短了准直时间。

参考文献

[1] 孙志红,王文义,刘华,等. 多路激光功率平衡测量技术[J]. 中国激光,2009,36(6):1493-1497.

[2] 郭大浩,王声波,洪昕,等. 高功率激光的时间、空间和频率特性的测量[J]. 强激光与粒子束,1997,9(3):433-436.

[3] 徐隆波,刘华,彭志涛,等. 高功率激光脉冲光纤取样的实验研究[J]. 光学与光电技术,2008,6(3):35-37.

[4] 夏彦文,孙志红,唐军,等. 脉冲激光在光纤中时间波形传输特性研究[J]. 光学与光电技术,2008,6(6): 5-8.

[5] 凌鸣逸,王柳水,杨镜新,等. 三倍频能量测量误差分析[J]. 光学学报,1997,17(6):750-753.

[6] 林康春,田莉,凌鸣逸,等. 用于多波长高功率激光能量测量的体吸收能量计[J]. 应用光学,1998,19(4):22-25.

[7] 林康春,田莉,沈丽青,等. 神光装置倍频激光能量测量[J]. 中国激光,1994,21(6):453-456.

[8] 孙宝贵. 激光能量测量装置及脉宽对测量的影响[J]. 现代计量测试,1998,6:45-47.

[9] 孙志红,彭志涛,刘华,等. 高功率激光近场空域计算方法[J]. 中国激光,2008,35(4):544-547.

[10] 袁静,魏晓峰,粟敬钦,等. 产生旁瓣的激光波前功率谱密度与焦斑性能分析[J]. 强激光与粒子束,2000,12(1):153-156.

[11] 李锡善. 关于强激光系统建造中的光学质量工程问题[J]. 激光与光电子学进展,2001,1:1-4.

[12] 谢娜,王晓东,胡东霞,等. 超短脉冲激光装置波前校正实验研究[J]. 强激光与粒子束,2010,22(7):1433-1435.

[13] 柴丽群,石琦凯,魏小红,等. 大口径平板中频波前均方根的测量方法[J]. 中国激光,2012,39(1):0108003-1-1018003-6.

[14] 郭爱林,朱海东,唐仕旺,等. 高功率激光驱动器波前残余像差研究[J]. 光学学报,2013,33(8):0814002-1-0814002-6.

[15] 刘红婕,景峰,左言磊,等. 激光波前功率谱密度与焦斑旁瓣的关系[J]. 中国激光,2006,33(4):504-508.

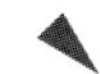

[16] 相里微. 大功率激光波前测试系统的设计[D]. 西安:西安电子科技大学,2012.

[17] 胡东霞. 高功率固体激光系统波前校正技术优化研究[D]. 绵阳:中国工程物理研究院,2003.

[18] 刘代中,朱健强,徐仁芳,等. 4 程放大光路自动准直系统研究[J]. 强激光与粒子束,2004,16(5):582-586.

[19] 周维,胡东霞,赵军普,等. 高功率固体激光器光路自动准直算法与流程优化[J]. 中国激光,2010,37(1):78-81.

[20] 吕百达,季小玲,罗时荣,等. 高功率激光技术中的光束控制和相关问题[J]. 红外与激光工程,2003,32(1):52-56.

[21] 何为,陈庆浩,徐仁芳,等. 激光核聚变装置中基于像传递的激光自动准直技术研究[J]. 光学学报,1999,19(9):1279-1283.

[22] 刘代中,徐仁芳,范滇元. 激光聚变装置光束自动准直系统的研究进展[J]. 激光与光电子学进展,2004,41(2):1-5.

[23] 吕百达. 强激光传输变换和光束控制研究的进展[J]. 红外与激光工程,2000,29(1):40-45.

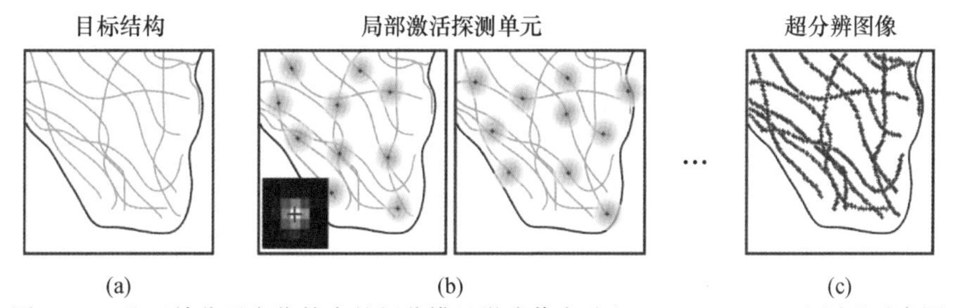

图 1-1　基于单分子定位技术的超分辨显微成像方法（PALM & STORM）原理示意图

每次只激发少数离散的荧光分子发光，并且不会产生空间上的重叠。不断重复激发和探测，最终可以精确地定位出足够多的荧光分子，利用这些多幅子图像重建出超分辨的图像。在图（b）左下角显示的实验图像中，蓝色部分表示单个荧光分子显微图像，红色十字是该荧光分子的精确位置[18]。

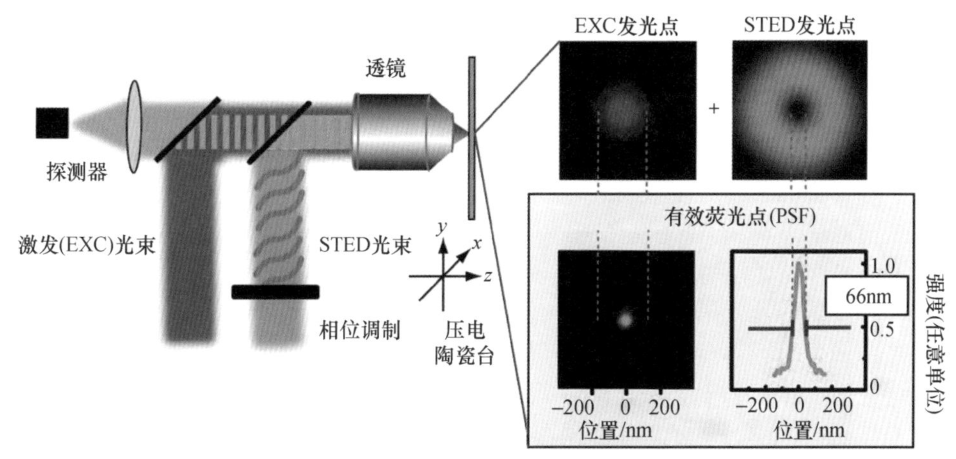

图 1-3　STED 荧光显微成像原理示意图

紫色代表的是激发激光，黄色代表的是空心受激发射损耗激光（STED 激光），两束激光经过时间和空间调制后同时照射在样品上。由右图中可以看出，激发光斑（紫色）经 STED 激光（黄色）调制后，极大地减少了荧光分子发光的光斑大小（绿色），其半高宽可以达到 66nm[25]。

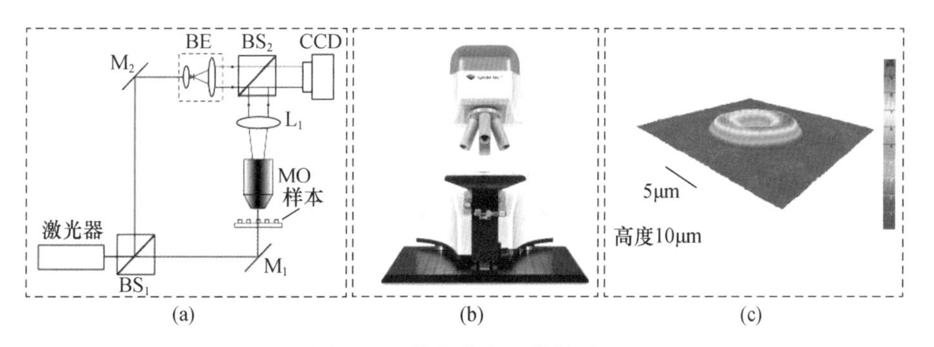

图 1-5　数字全息显微的原理

（a）原理示意图；（b）实物图；（c）血红细胞的三维图像[31]。

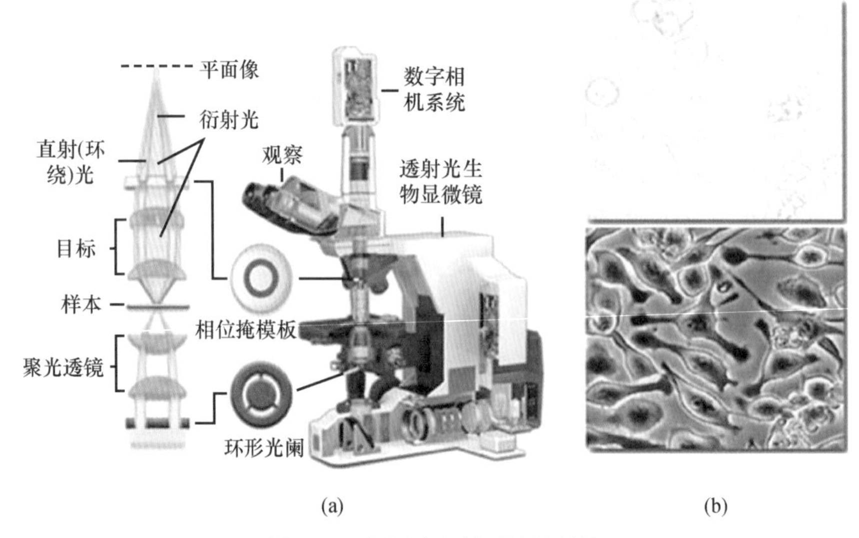

图 1－8　泽尼克相衬干涉显微镜

(a)泽尼克相衬干涉显微装置图;(b)生物细胞在普通明场显微镜和泽尼克相衬干涉显微镜下的成像[41]。

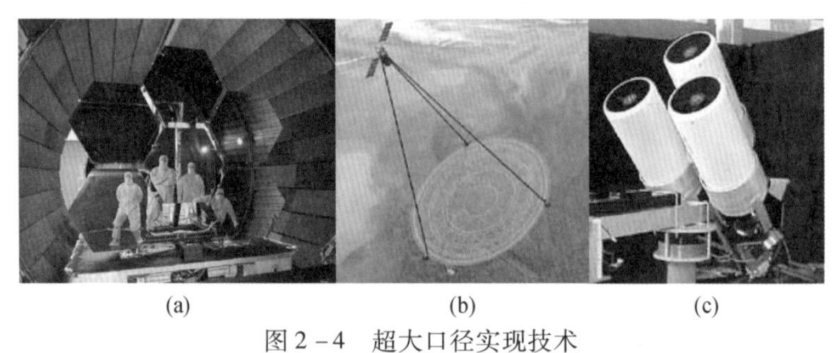

(a)　(b)　(c)

图 2－4　超大口径实现技术

(a)“韦伯”空间望远镜;(b)大口径薄膜反射镜概念;(c)Golay－3 成像。

图 2－5　“嫦娥”1 号 CCD 立体相机照片

图 2 - 6 “嫦娥”2 号卫星有效载荷 CCD 立体相机及其推扫示意图

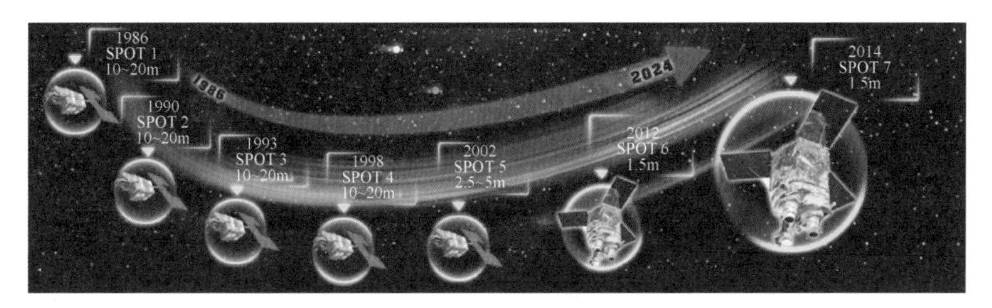

图 2 - 8 SPOT 卫星系列发展路线

图 2 - 9 WorldView - II 卫星照片

图 2 - 19 “环境”1 号超光谱成像仪及其应用实例

图 2 - 20 “嫦娥”1 号卫星干涉成像光谱仪及其成像原理

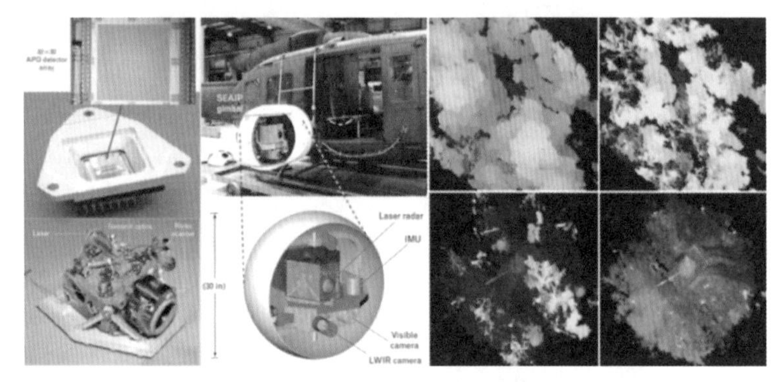

图 2 - 27 MIT 林肯实验室采用 32 × 32 的 Geiger - Mode APD 阵列探测器研制的激光三维成像雷达样机及机载成像试验结果

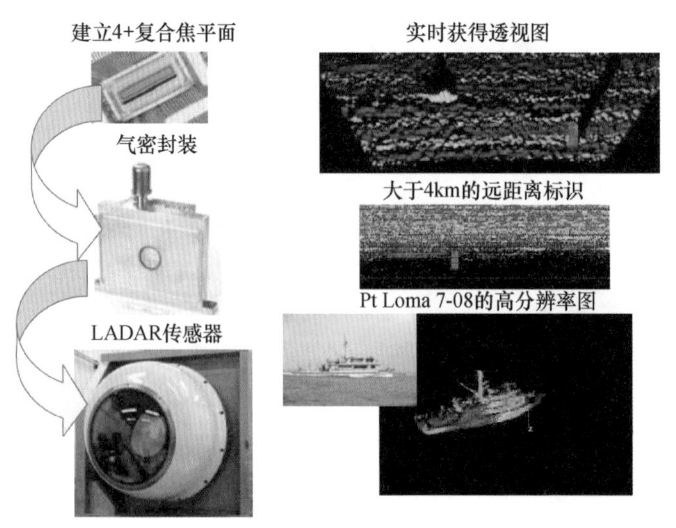

图 2 - 29 Raytheon 公司采用线性光子计数模式 128 × 2 HgCdTe APD 探测器阵列研制的激光三维成像雷达样机及成像试验结果

图 2－30　ICESat－I 在轨运行示意图

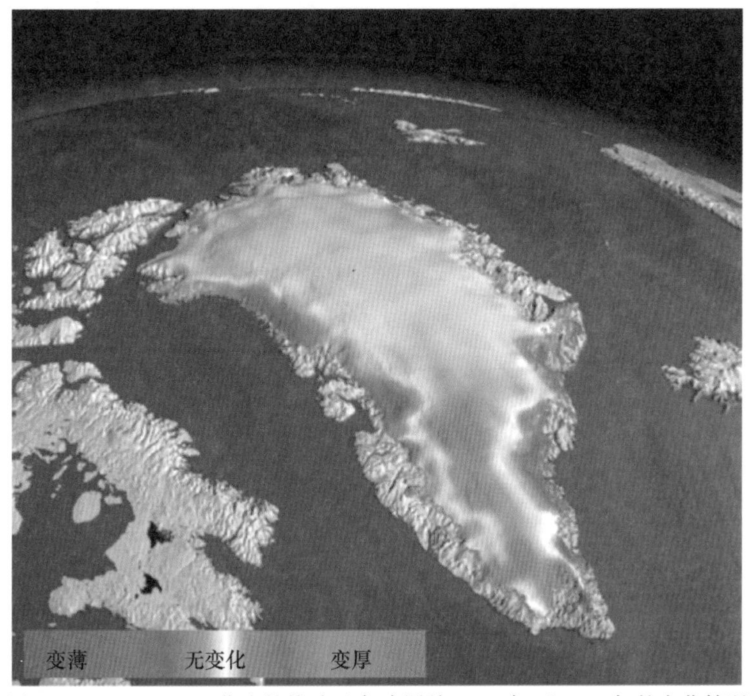

图 2－31　ICESat－I 获取的格陵兰岛冰层从 2003 年至 2006 年的变化情况

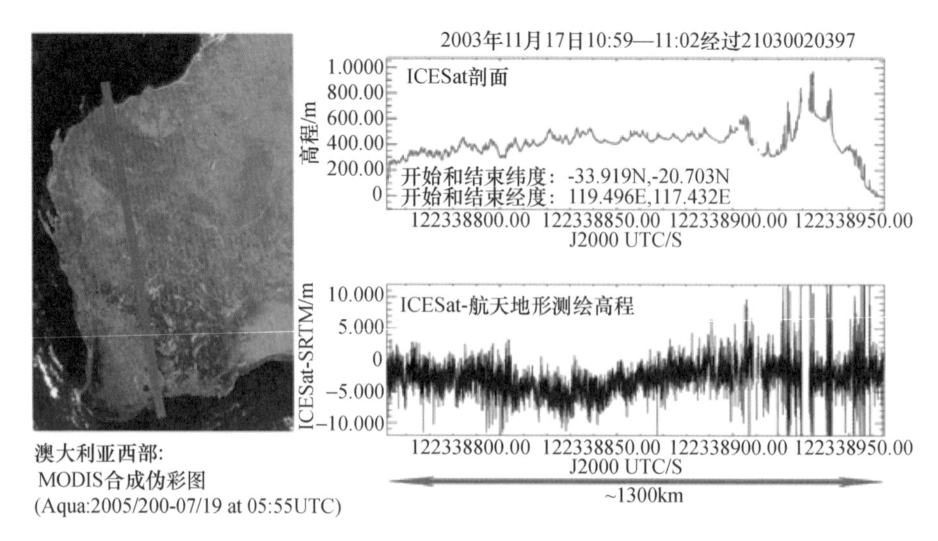

图 2－32　ICESat－I 可获取高精度的地表高程数据,用于验证和校正 DEM 数据

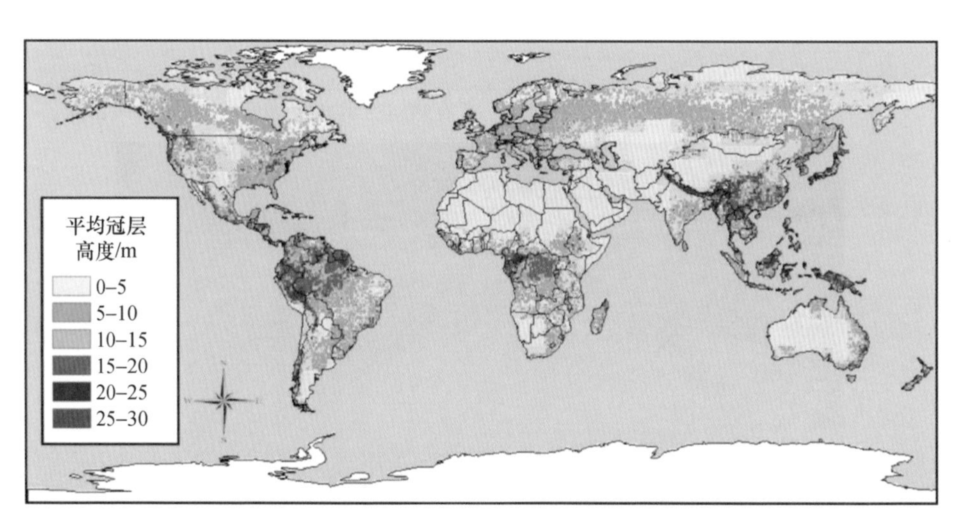

图 2－33　ICESat－I 获取的全球树冠平均高度评估图

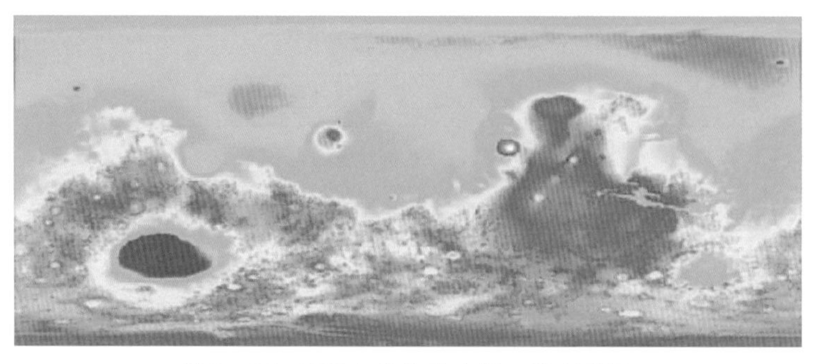

图 2－35　MOLA 获取的火星三维高程图

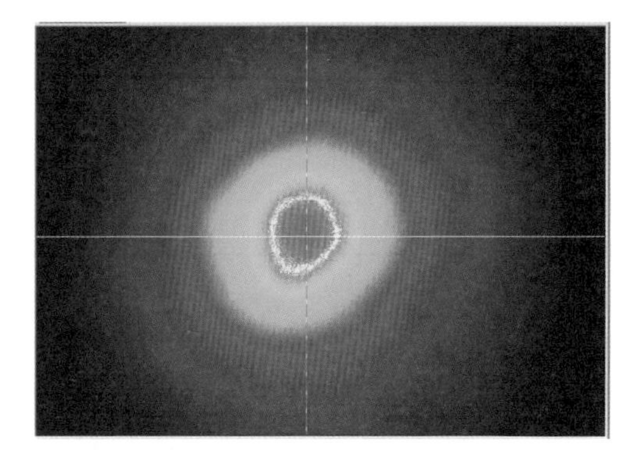

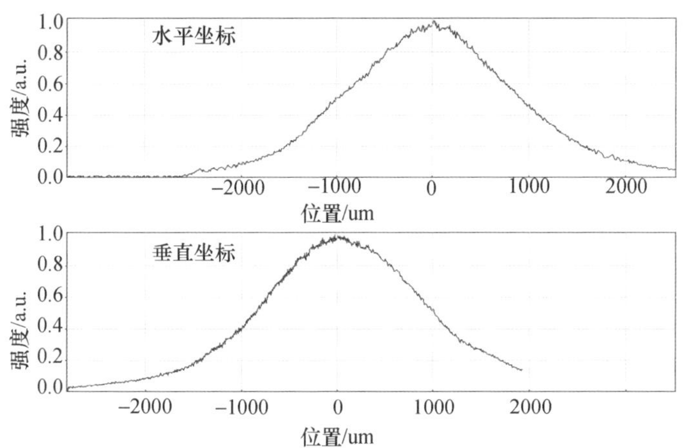

图 3－17　放大压缩后的输出光斑分布

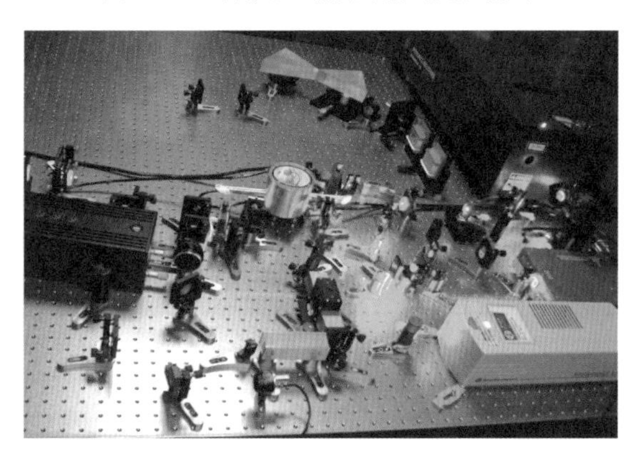

图 3－18　建立的飞秒钛宝石多通放大器实验系统

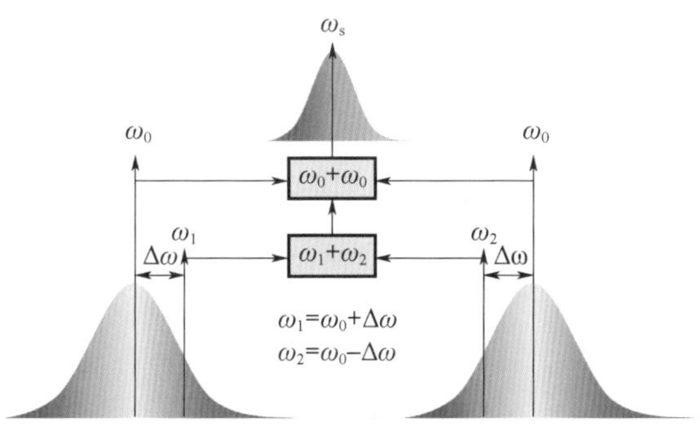

图 3－26　和频及二次谐波对频谱分量 ω_s 的贡献

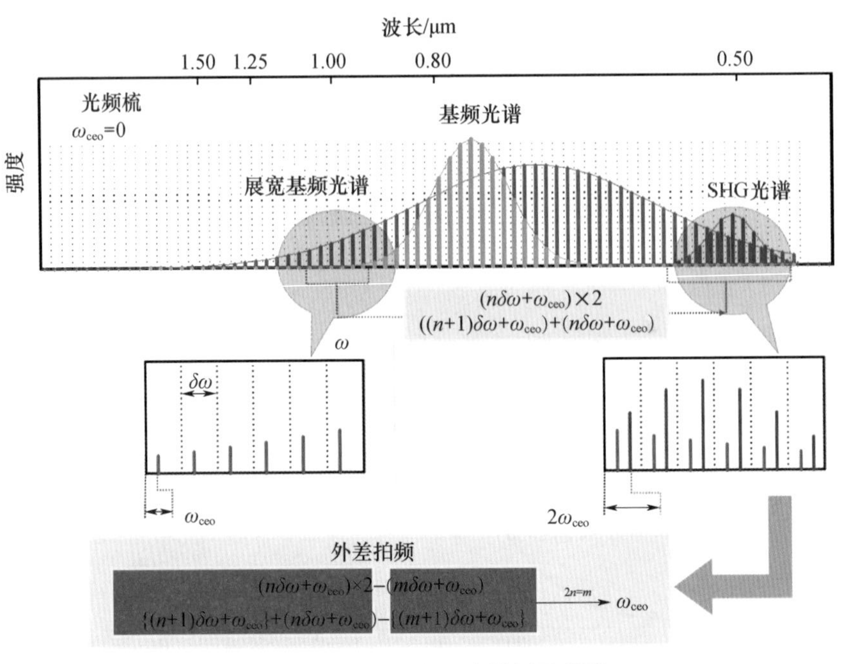

图 3－35　$f-2f$(SHG)拍频示意图

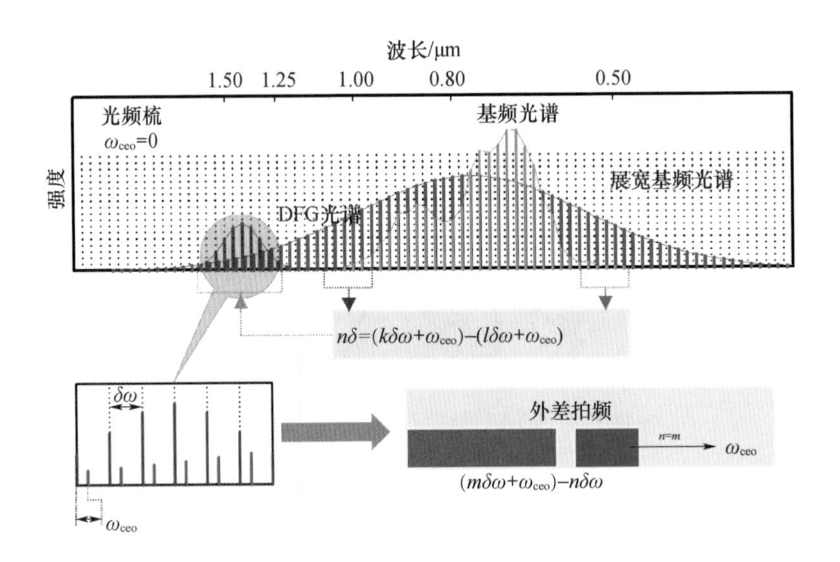

图 3－36　$0-f$(DFG)拍频示意图

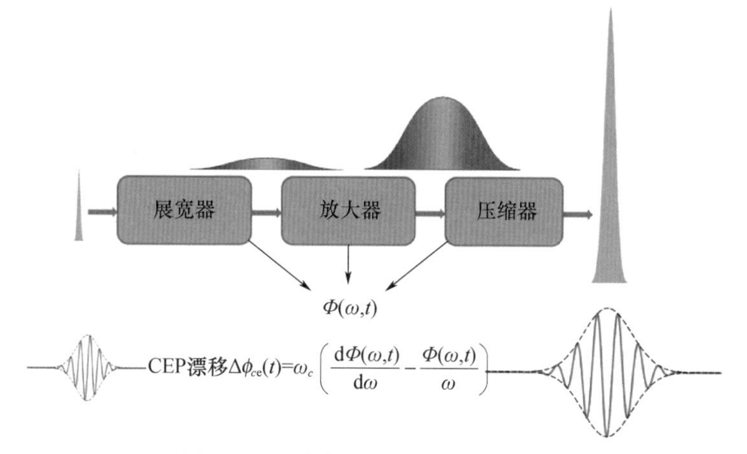

图 3－39　放大器对 CEP 漂移的影响

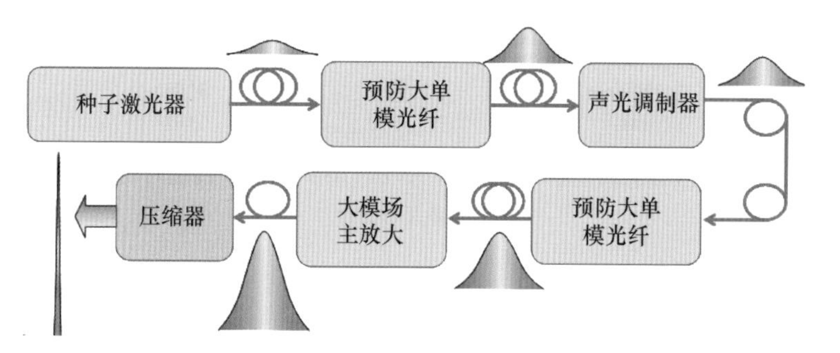

图 3－67　啁啾脉冲放大技术示意图

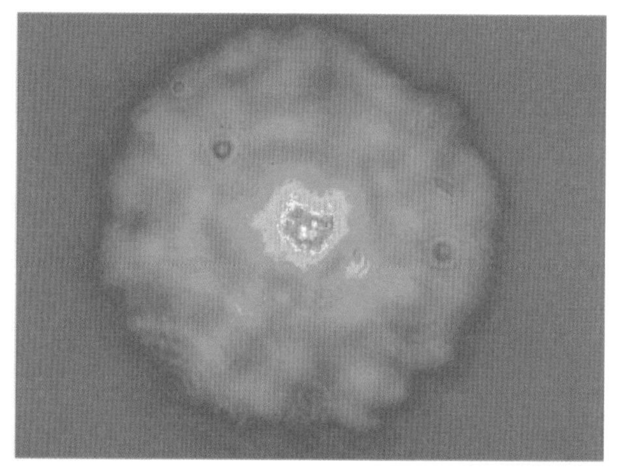

图 3－69　主放大光光场分布[89]

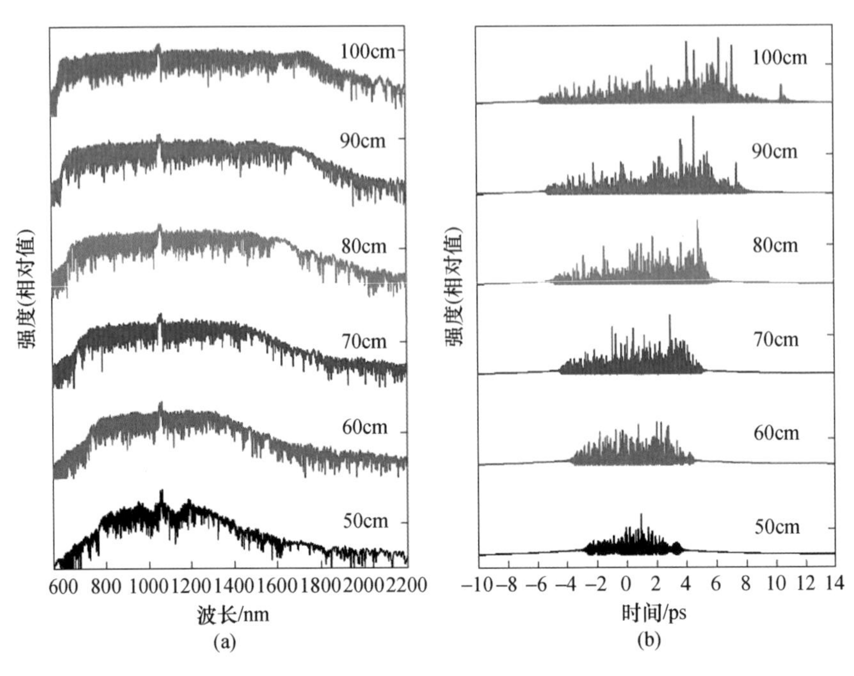

图 3-74　入射双曲正割脉冲在 SC-5.0-1040 PCF 中传输时的演化特性
(a)光谱;(b)脉冲。

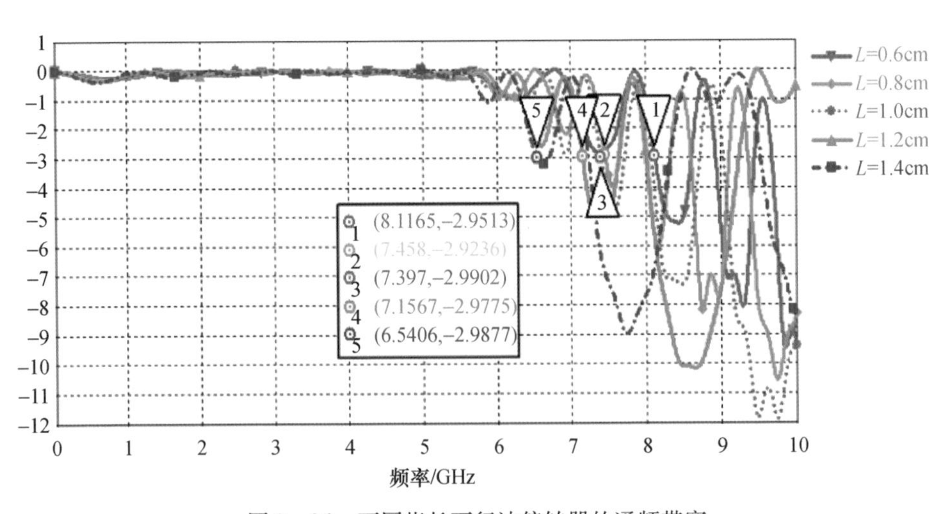

图 3-86　不同指长下行波偏转器的通频带宽

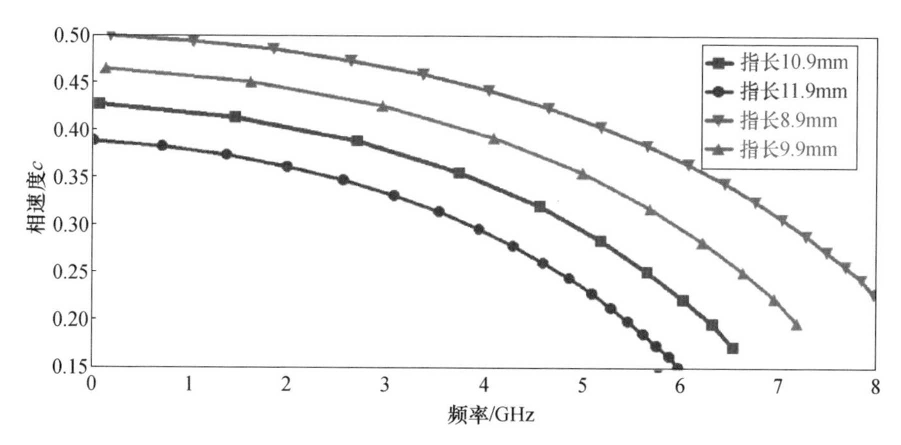

图 3-87 某一行波偏转器相速度随频率变化曲线

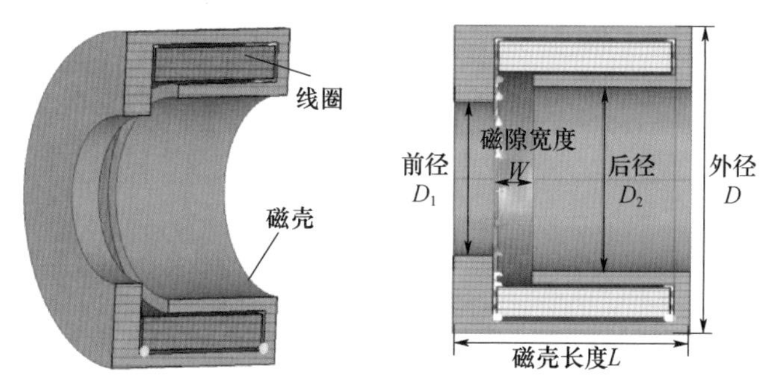

图 3-95 短磁透镜的结构参数

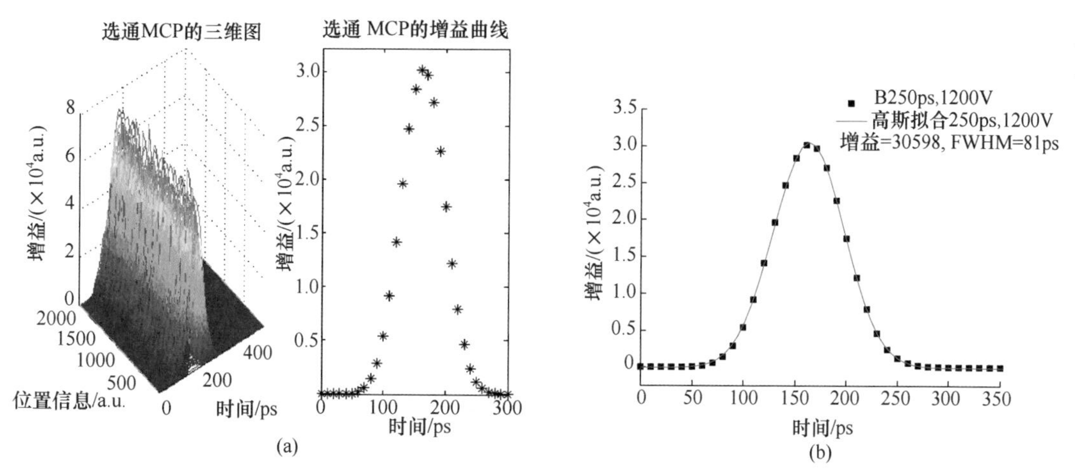

图 3-130 选通脉冲 250ps,1200V 的增益曲线

(a)理论计算值;(b)理论值及高斯拟合曲线。

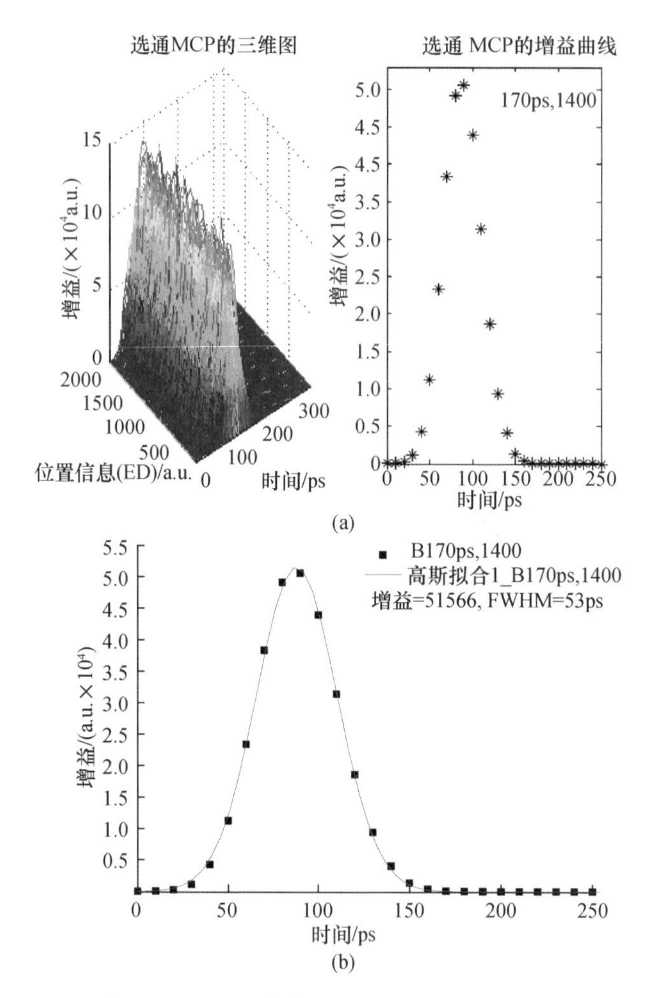

图 3－131 选通脉冲 170ps,1400V 的增益曲线

(a)理论计算值;(b)理论值及高斯拟合曲线。

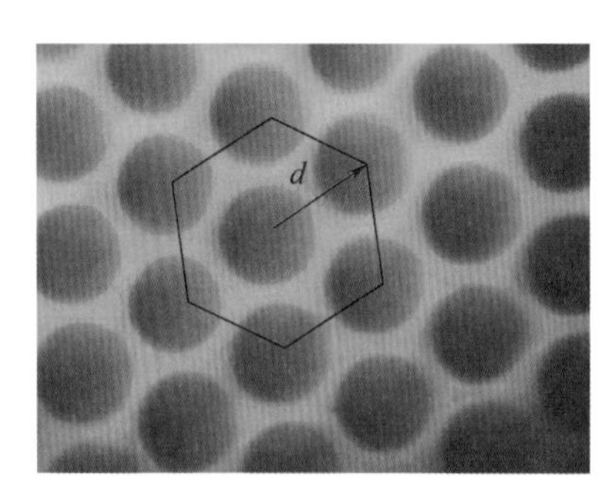

图 3－135 MCP 实物照片

图 3－138 光纤面板实物的光纤排列方式

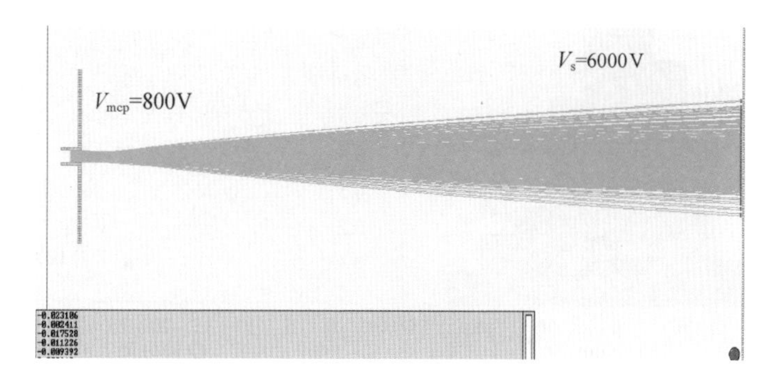

图 3－141　1000 个电子的出射弥散轨迹

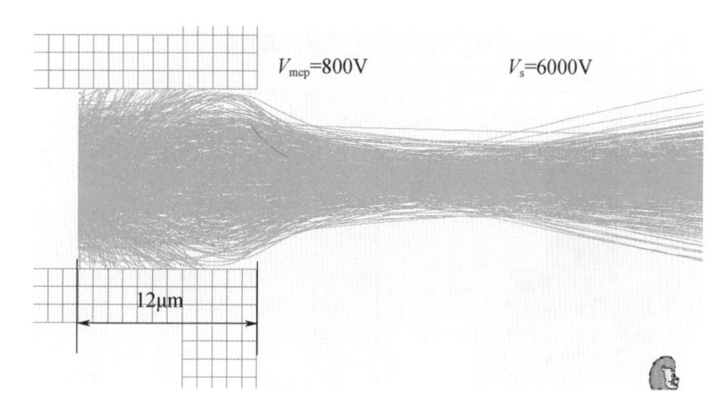

图 3－142　1000 个电子发射透镜束腰的位置

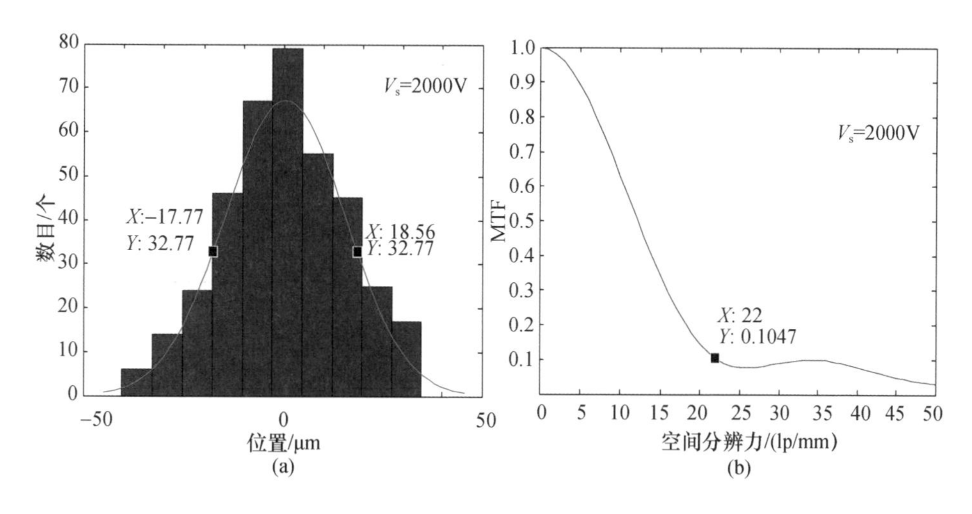

图 3－143　屏压 2000V，空间分辨力 22lp/mm

(a)点扩展函数；(b)调制传递函数。

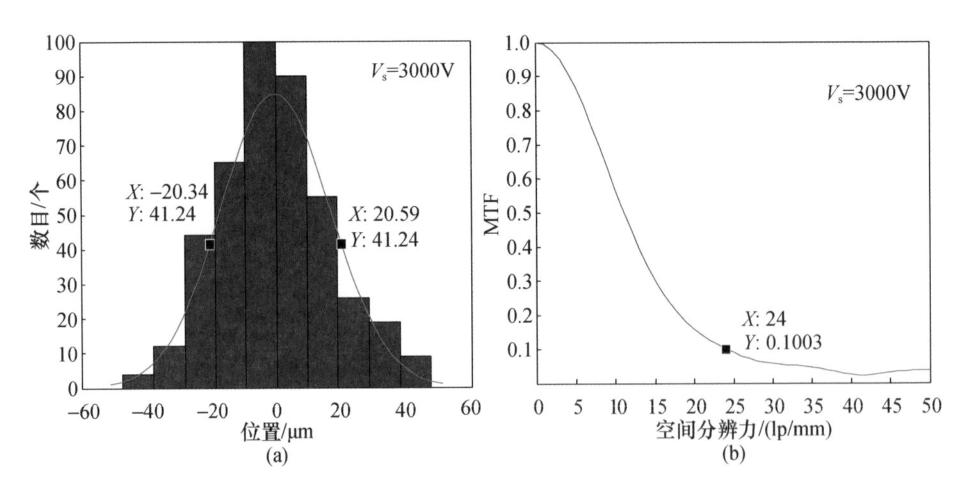

图 3－144　屏压 3000V，空间分辨力 24lp/mm

(a)点扩展函数；(b)调制传递函数。

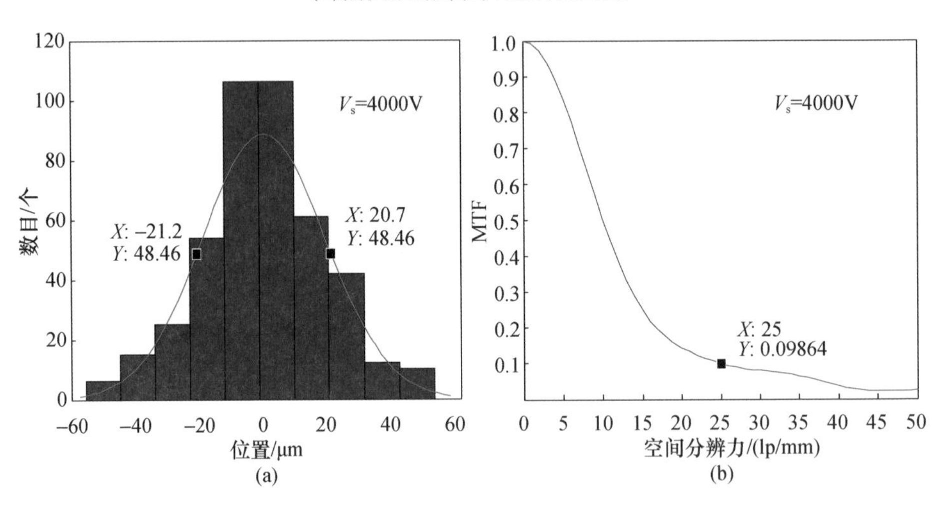

图 3－145　屏压 4000V，空间分辨力 25lp/mm

(a)点扩展函数；(b)调制传递函数。

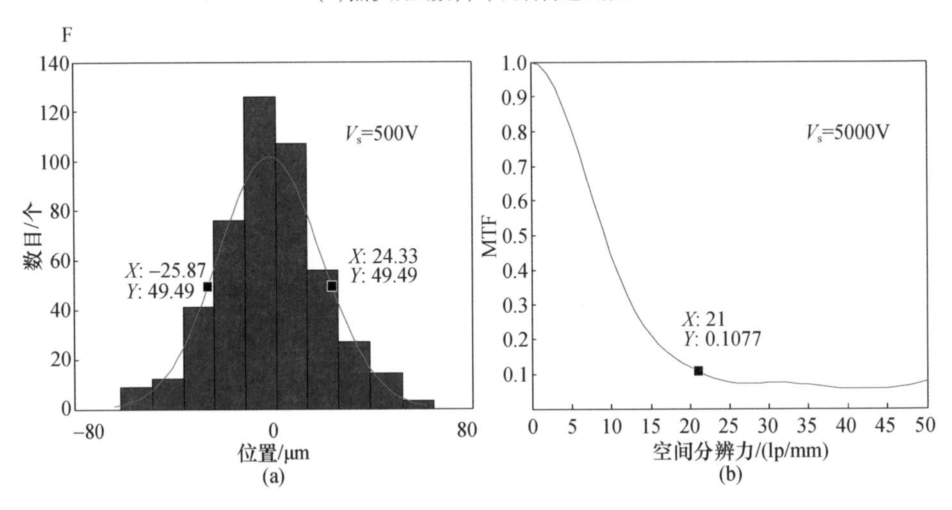

图 3－146　屏压 5000V，空间分辨力 21lp/mm

(a)点扩展函数；(b)调制传递函数。

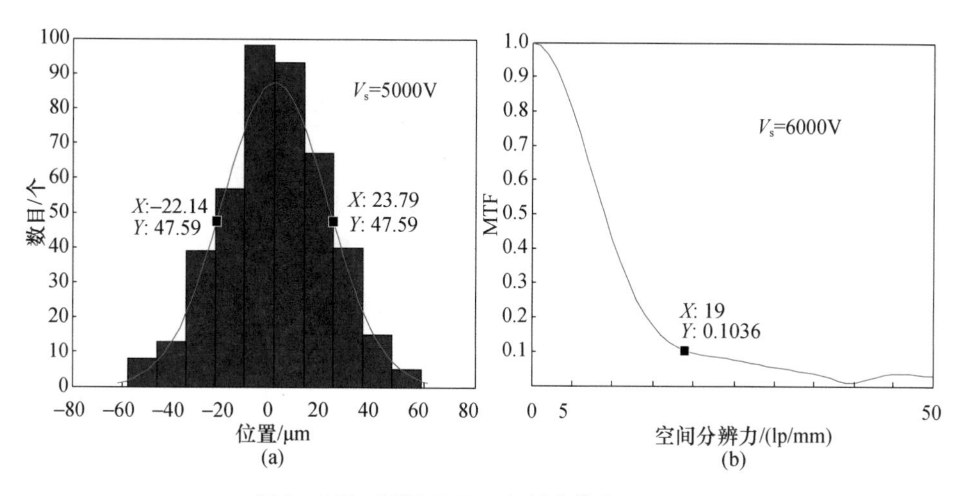

图 3-147 屏压 6000V,空间分辨力 19lp/mm

(a)点扩展函数;(b)调制传递函数。

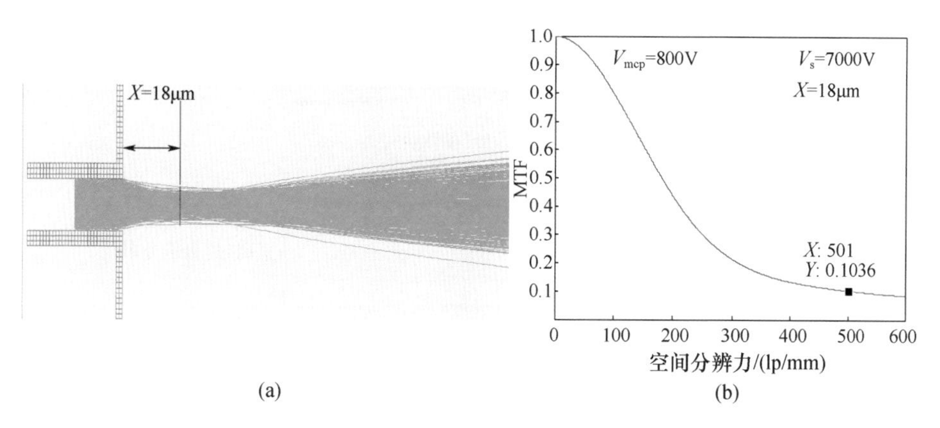

图 3-149 近贴距离为 18μm,空间分辨力为 500lp/mm

(a)电子出射轨迹;(b)调制函数结果。

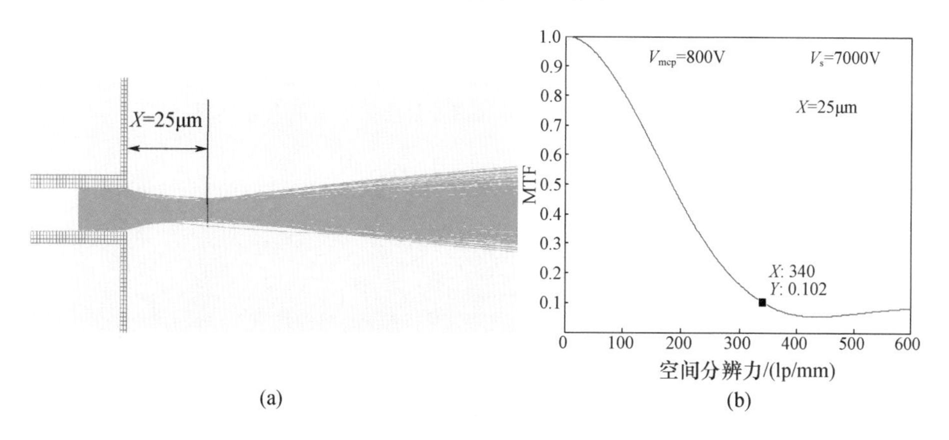

图 3-150 近贴距离为 25μm,空间分辨力为 340lp/mm

(a)电子出射轨迹;(b)调制函数结果。

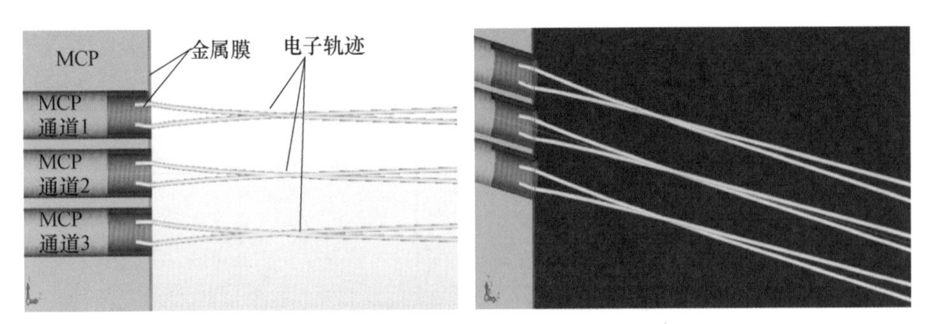

图 3－164　三个通道六个电子的运动轨迹

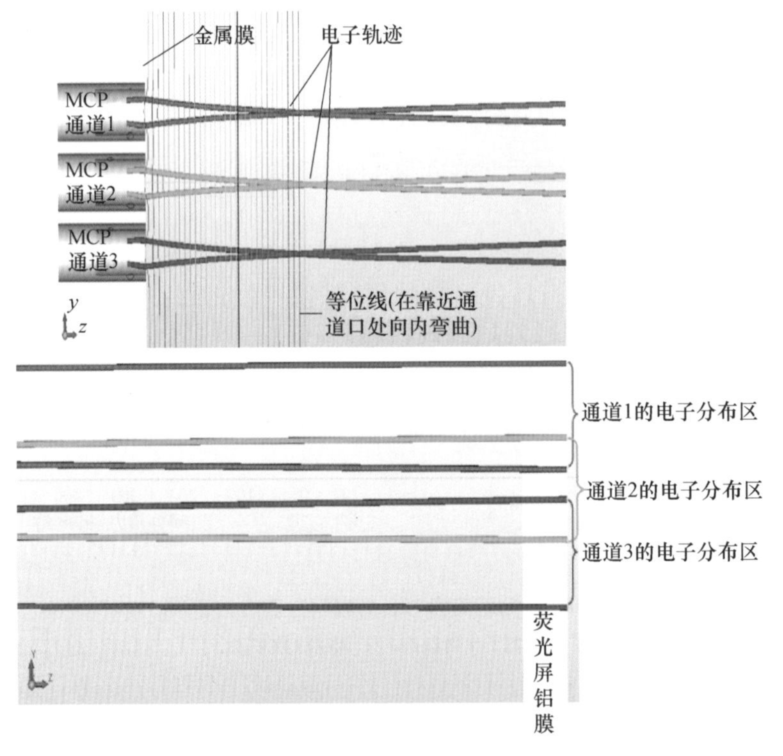

图 3－165　荧光屏上不同通道发射出来电子的分布情况

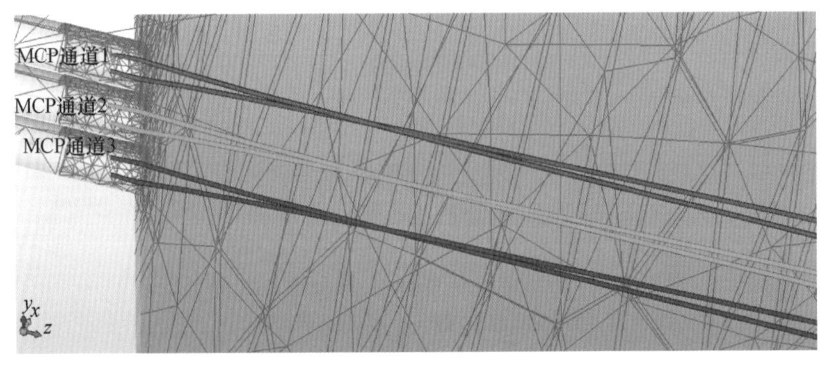

图 3－166　计算电场分布时各电极的边界元三维划分图

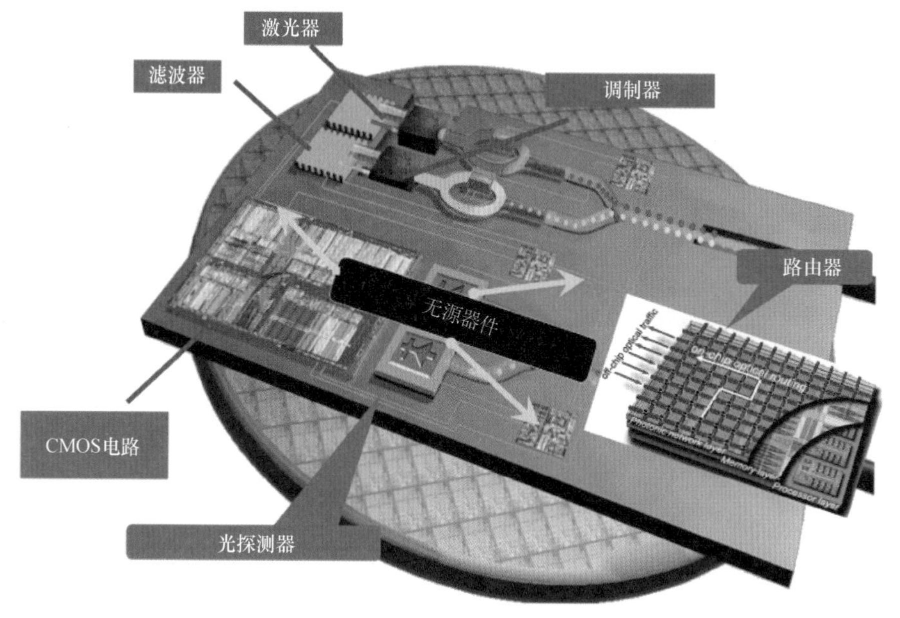

图 4-2　片上光子通信系统

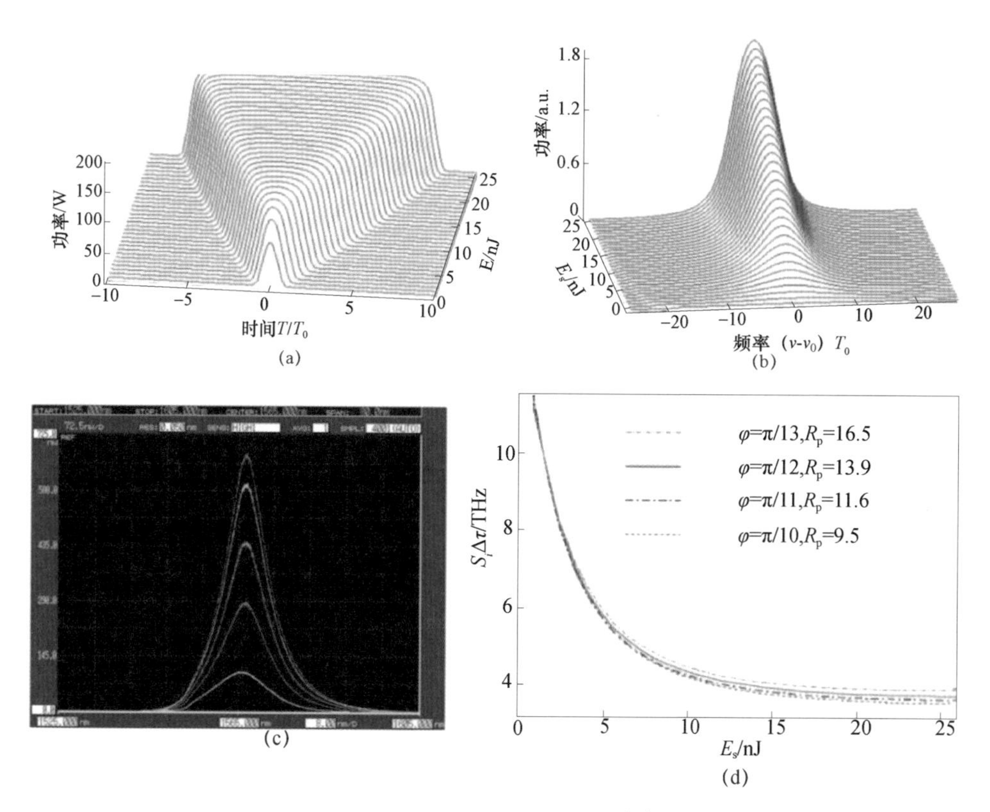

图 4-7　无波分裂方波脉冲[19]

(a)脉冲波形随 E_s 的演变;(b)光谱随 E_s 的演变;(c)实验中所得脉冲光谱[32];

(d)$S_1\Delta\tau$ 随 E_s 的演化规律[33]。

S_1—脉冲中心部分瞬时频率的斜率(即啁啾);$\Delta\tau$—脉宽。

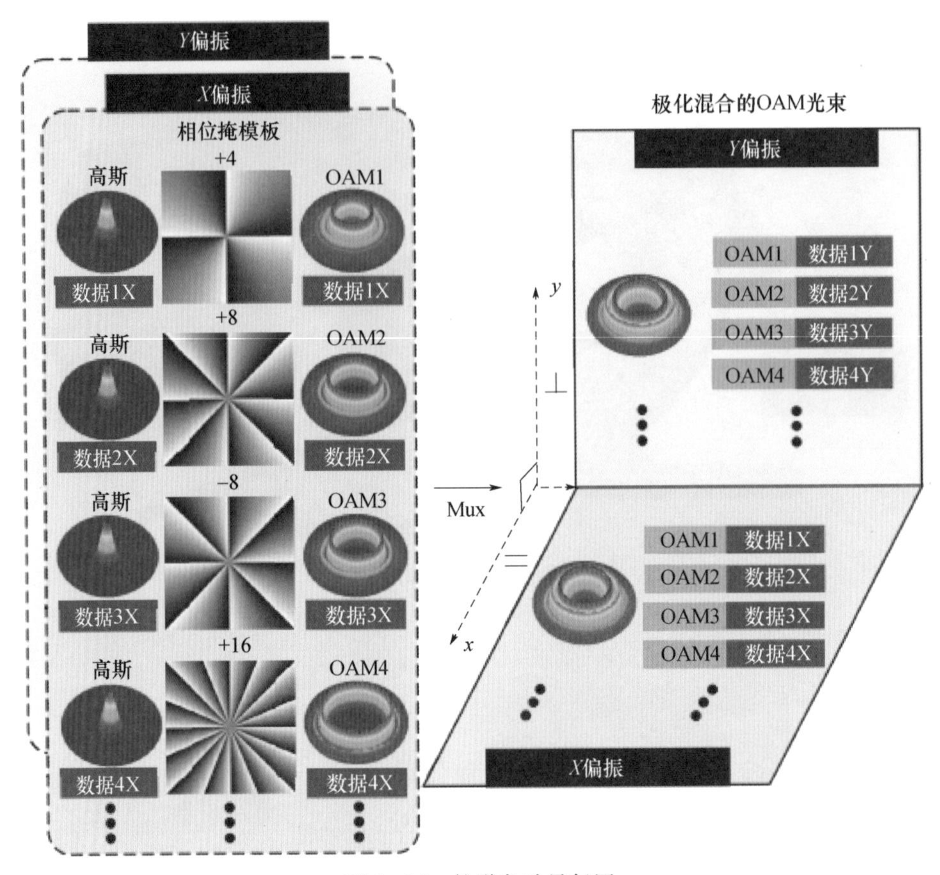

图 4-14　轨道角动量复用

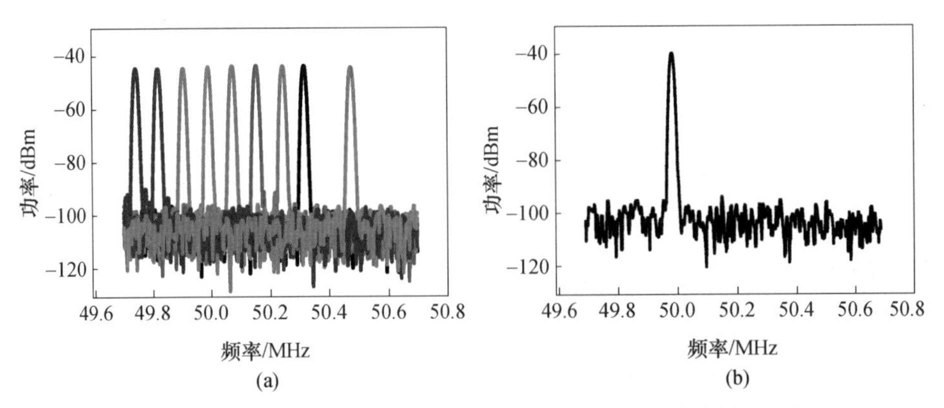

图 4-29　(a)激光器输出不同的重复频率的锁模脉冲链的 RF 谱；
(b)激光器输出的重复频率为 49.983MHz 时的锁模脉冲链的 RF 谱。

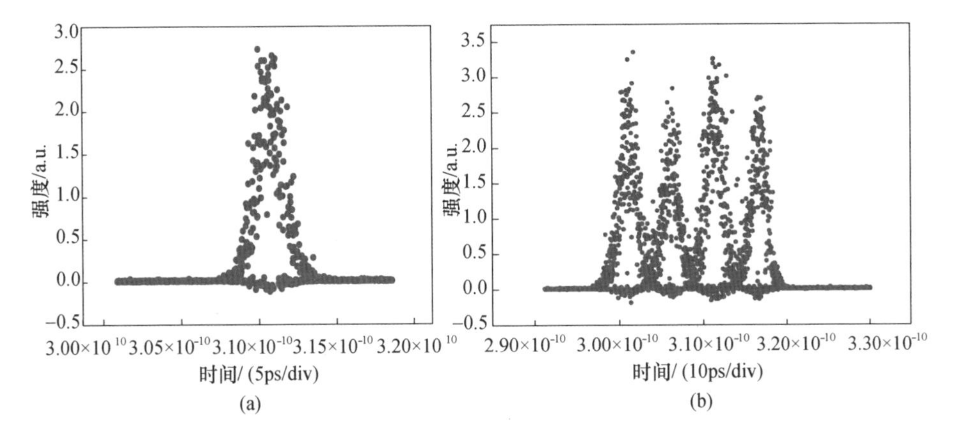

图 4-31　用设计的光学采样示波器测得的光信号的眼图

(a)10Gb/s 的光信号的眼图;(b)经过光时分复用到 160Gb/s 的光信号的眼图。

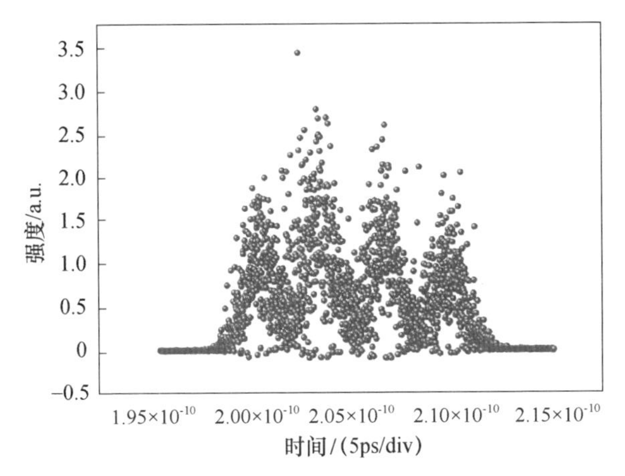

图 4-32　压缩测量的信号光的光脉冲宽度到 1ps,用设计的光学取样示波器测得的经过光时分复用到 320Gb/s 的光信号的眼图

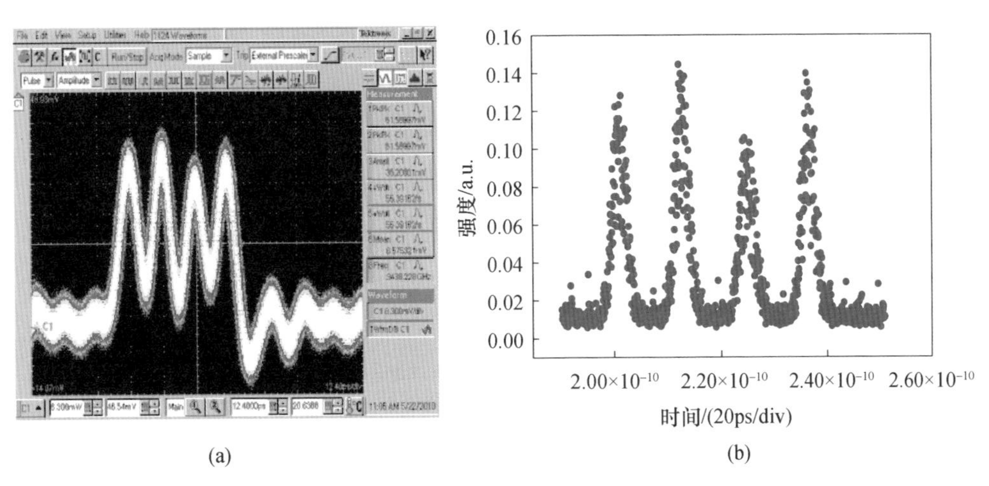

图 4-33　波形图

(a)电采样示波器测得的波形;(b)我们的采样示波器测得的波形。

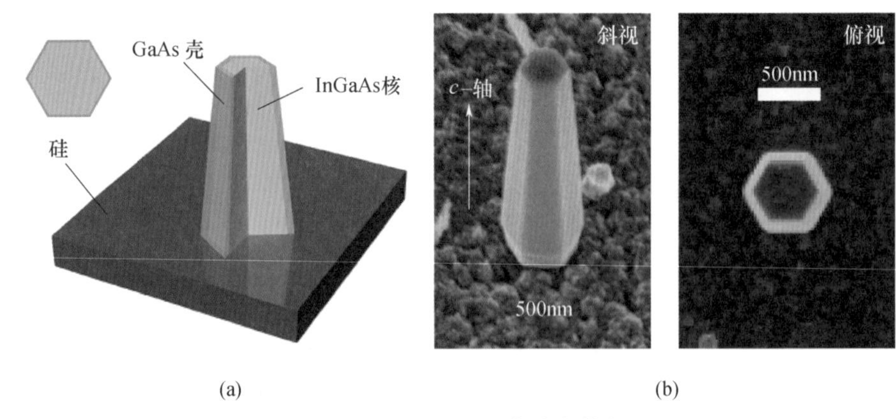

图 4 - 54　Ⅲ - V/Si 混合纳米激光器

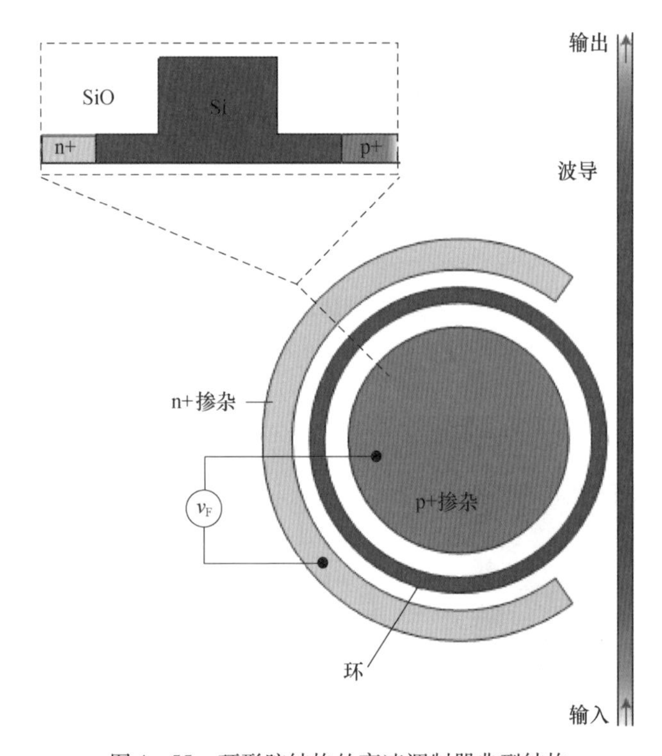

图 4 - 55　环形腔结构的高速调制器典型结构

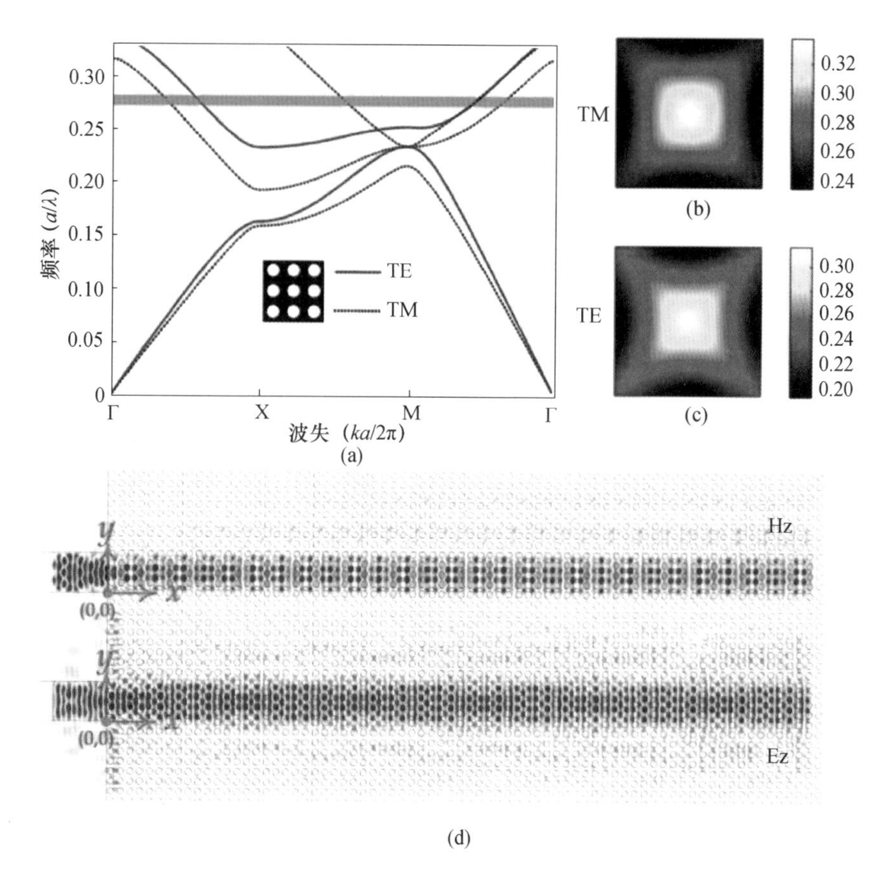

图 4 – 58　正方晶格光子晶体中特殊频段光的传播特性

(a)正方晶格光子晶体色散曲线;(b)TM 波等频面图;(c)TE 波等频面图;
(d)TM 和 TE 波在光子晶体中的传播。

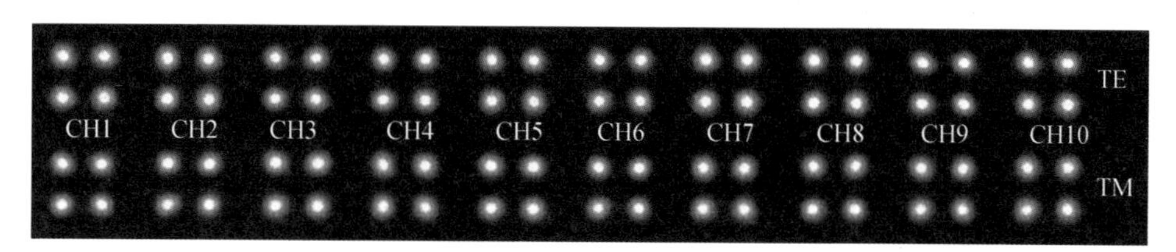

图 4 – 68　28Gbaud,PM QPSK 星座图

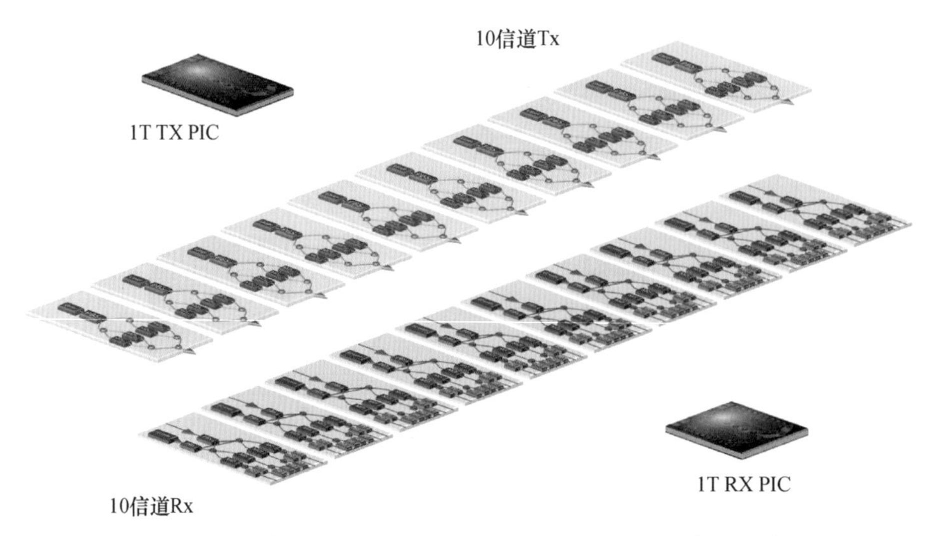

图 4 - 70　Tbps 光子集成收发机芯片，包含 10 个 WDM 信道，每信道速率 100Gb/s

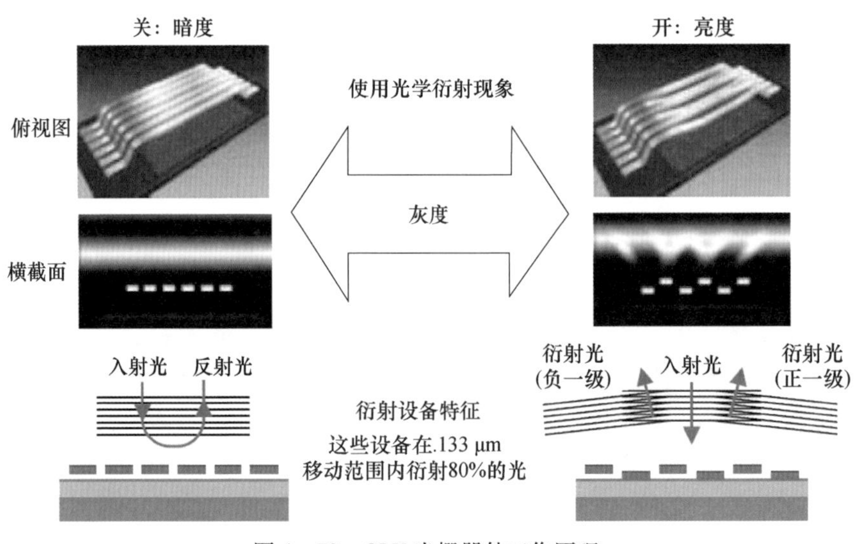

图 4 - 72　GLV 光栅器件工作原理

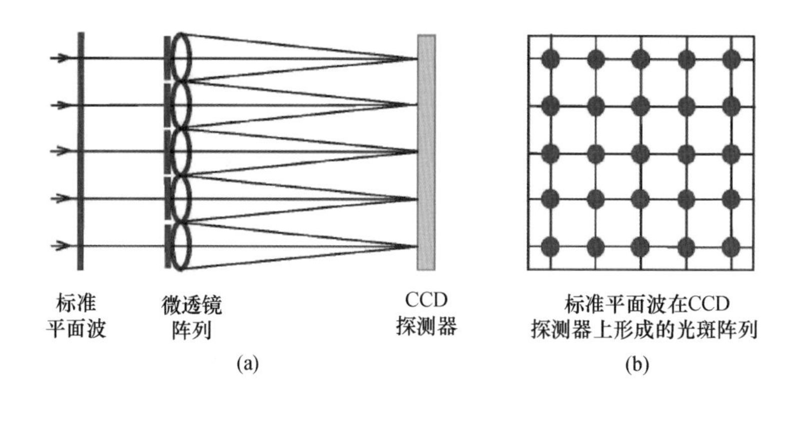

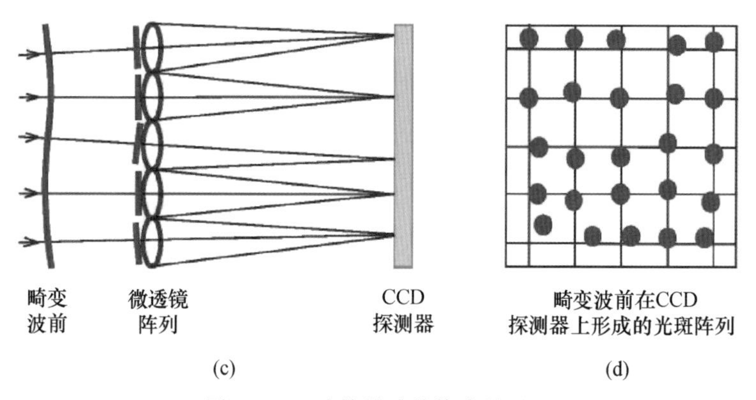

图 5－16　哈特曼波前传感器原理

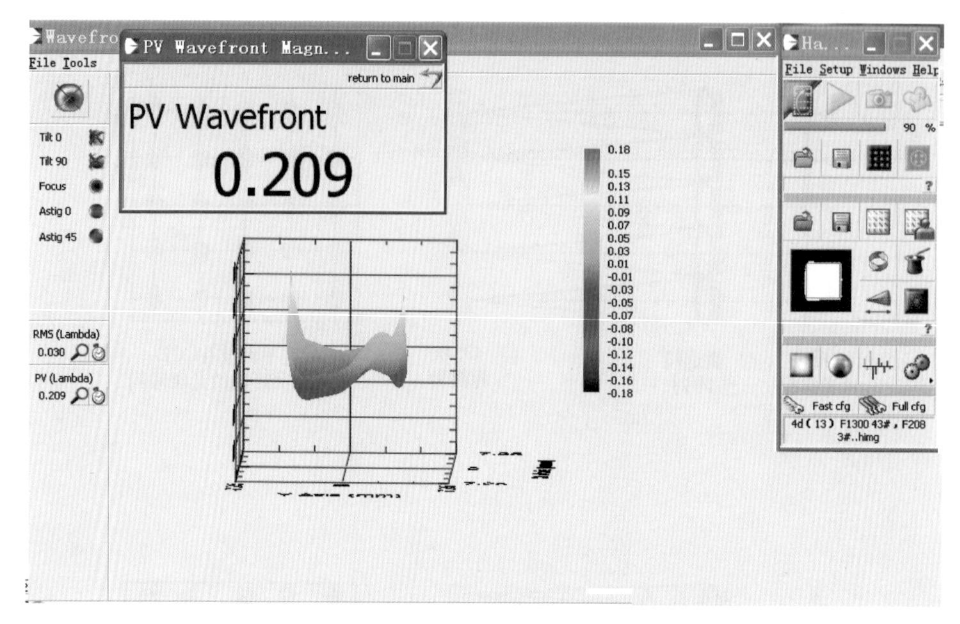

图 5-17　哈特曼波前传感器测试的激光、波前图片